中国细菌耐药监测

—— 实用手册 ——

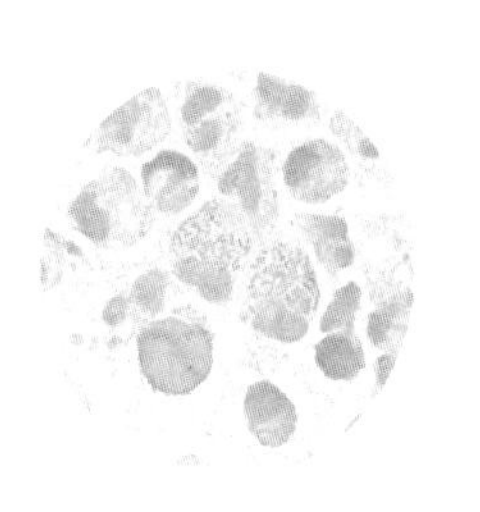

全国细菌耐药监测学术委员会
中国药师协会
组织编写

简 翠 孙自镛 主 编

中国健康传媒集团
中国医药科技出版社

内容提要

细菌耐药性监测是一项十分复杂的、行政与技术相互融合的系统性工作，需要各级行政管理部门、医疗机构多学科相关人员等共同参与。本书是一本面向全国细菌耐药监测网成员单位的专业性实用工具书，紧扣细菌耐药监测工作，通过对微生物检测基本技术等系统、直观介绍，使相关人员能够在短时间内全面了解细菌耐药监测的任务内容并快速上手，从而为政府部门制定遏制微生物耐药相关政策、评估干预措施的有效性，为临床抗感染治疗、医院感染防控及实验室质量改进等方案的制修订提供数据支撑。

本书可供医疗机构、从事感染性疾病相关工作人员使用。

图书在版编目（CIP）数据

中国细菌耐药监测实用手册 / 全国细菌耐药监测学术委员会，中国药师协会组织编写；简翠，孙自镛主编 . 北京：中国医药科技出版社，2024.6. --ISBN 978-7-5214-4762-0

Ⅰ. Q939.1-62

中国国家版本馆CIP数据核字第20249D7S59号

责任编辑 曹化雨
美术编辑 陈君杞
版式设计 南博文化

出版 **中国健康传媒集团** | 中国医药科技出版社
地址 北京市海淀区文慧园北路甲22号
邮编 100082
电话 发行：010-62227427 邮购：010-62236938
网址 www.cmstp.com
规格 889×1194mm $^{1}/_{16}$
印张 21 $^{1}/_{4}$
字数 540千字
版次 2024年6月第1版
印次 2024年6月第1次印刷
印刷 北京盛通印刷股份有限公司
经销 全国各地新华书店
书号 ISBN 978-7-5214-4762-0
定价 108.00元

《中国细菌耐药监测实用手册》编写委员会

组织编写 全国细菌耐药监测学术委员会

中国药师协会

主　　编 简　翠　孙自镛

编　　委（以姓氏汉语拼音为序）

陈东科　陈宏斌　褚云卓　付陈超　胡付品　黄　磊

黄　勋　黄湘宁　贾　伟　康海全　李　彬　李　刚

刘晓琳　刘亚丽　罗燕萍　马　旭　牛司强　王　辉

王齐晖　温海楠　夏　云　徐雪松　徐英春　鄢　超

喻　华　张　泓　张　菁　郑　波　郑　铭

前言

这是一本面向全国细菌耐药监测网成员单位的专业性实用工具书。编写本书的目的，是希望通过对临床微生物检测基本技术、抗微生物药物基本知识、细菌耐药监测数据基本分析方法的系统、直观介绍，使参与细菌耐药监测人员能够在较短的时间内，全面了解细菌耐药监测的任务内容并快速上手完成监测工作，保障监测的时效和质量，从而为政府部门制定遏制微生物耐药相关政策、评估干预措施的有效性，为临床抗感染治疗、医院感染防控及实验室质量改进等方案的制修订提供数据支撑。

本书紧扣细菌耐药监测工作，阐述了抗微生物药物耐药性及细菌耐药性监测的历史、现状及重要性；临床微生物标本采集和运送、细菌培养和非培养检测技术、抗微生物药物敏感性试验和耐药表型检测、结果报告和解释、质量控制和质量保证；细菌耐药监测数据的上报、分析和应用等内容。特别是临床微生物学实验室的质量控制和质量保证，包括各个环节的质量控制，尤其是质量评估和审核、质量改进及诊断管理，以及实验室中的错误预防和质量改进实例；在介绍抗微生物药物及耐药性基础上，结合全国细菌耐药监测技术方案及国际标准，描述了抗微生物药物敏感性试验的指征，药敏试验中药物的选择与分级，常规药敏试验方法原理、特点、操作和结果判读注意事项，快速药敏试验方法及重要耐药菌筛查，药敏试验质量控制及常见失控处理，抗微生物药物敏感性试验结果确认及报告；简述了耐药性分子检测技术的特点及其临床应用，以及全基因组测序技术应用于细菌耐药监测的可能性；详细介绍了细菌耐药监测数据的审核、上报、分析、报告和应用，审核上报的标准化字典，可使用的分析工具，分析抗微生物药物谱的基本原则、常规分析和报告方式，以及特殊情况的处理，并提供了报告示例。

细菌耐药性监测是一项十分复杂的、行政与技术相互融合的系统性工作，需要各级行政管理部门、医疗机构多学科相关人员等共同参与。本书的另一个突出特点即适用性广，全国不同地区、各级各类医疗机构、各级别感染性疾病相关多学科专业技术人员，都可以从中获取相应的指导和建议。

本书在国家卫生健康委合理用药专家委员会的指导下完成编写，编委由我国临床检验医学界的知名专家、全国细菌耐药监测学术委员会及青年委员会的骨干成员组成。对编委为本书的辛勤付出，表示衷心感谢。由于首次编写，虽尽心竭力，不足和瑕疵在所难免，殷切希望读者提出宝贵意见，以便进一步修订和完善。

编　者

2024年6月

目 录

第一章 抗微生物药物耐药性及细菌耐药性监测

细菌作为微生物在地球的历史中可以追溯至30亿年前，而人类仅是在数百万年前才崭露头角。人类的存在时间远晚于细菌。细菌无处不在，它们广泛分布于土壤、水体等自然环境中，同时也存在于人体及动物的体表、消化道、呼吸道和生殖道等多个部位。人类在长期的生物进化过程中，通过自身固有的免疫机制和后天获得的免疫能力，与细菌达成了一种动态的平衡，为多种细菌提供了适宜的生长环境，同时也从这些微生物中获得了诸多益处。例如，肠道内的细菌能够协助人体合成必需的营养物质，并在一定程度上抵御其他毒力强的细菌侵袭。然而，有研究表明，肠道微生态的平衡一旦被打破，便可能引起多种疾病。

当某种病原体侵入宿主体内并在其组织内定居，通过一系列机制逃避宿主免疫系统的识别和攻击，进而造成细胞损伤和组织功能障碍时，我们称之为病原体感染。虽然轻度的感染通常不会对人类的健康和寿命产生显著影响，但某些感染却可能给人类的健康带来严重威胁，如脑膜炎可影响中枢神经系统功能、心内膜炎可损害心脏瓣膜功能、肺部感染可能导致呼吸衰竭等。在某些情况下，感染甚至可能导致死亡。

细菌性感染性疾病对人类健康与生命构成持续且重大的威胁。在未应用抗菌药物的时期，霍乱、白喉、肺炎、伤寒、鼠疫、肺结核及梅毒等感染性疾病广泛流行于全球各地，成为导致人类疾病与死亡的主要原因。在当时，诸多今日看来可以治愈的疾病，如肺结核和细菌性心内膜炎等，都是极具致命性的疾病。

在第一次世界大战期间，众多士兵因伤口感染而不幸离世，其数量远超战场上的直接阵亡人数。当时，人类的生命显得异常脆弱，即便是破伤风、败血症、链球菌感染，或是轻微的皮肤擦伤，都可能致命。因此，人类迫切地寻找着能够对抗细菌感染的“神奇武器”。终于，在1928年，弗莱明发现了青霉素这一具有划时代意义的抗生素（抗生素、抗菌药物、抗微生物药物的定义见本书第七章）。然而，直至1943年，人们才发现能高效产生青霉素的菌种，成功改善了发酵技术，使青霉素的产量大幅提升，进而实现了其商品化上市。青霉素的出现，为战场上治疗伤口感染提供了有力武器，拯救了成千上万士兵的生命。在那个时代，青霉素被誉为“救命药”。在第二次世界大战期间，抗生素的发现和应用更是为无数士兵带来了生的希望。战争结束后，人类迎来了抗菌药物的黄金时代。青霉素作为第一个被用于临床治疗的抗生素，不仅被誉为现代医学史上最具价值的贡献，更标志着抗生素时代的正式开启。

青霉素目前仍然是治疗肺炎链球菌所致社区获得性肺炎等疾病的有效药物。这一药物在20世纪被誉为十大发明之一，在其问世后，链霉素、土霉素等新型抗菌药物陆续被发现或研发并广泛应用于临床。随着抗菌药物的不断发展，1969年美国卫生及公共卫生部部长甚至认为“可以宣告现在是把传染病书籍收起来的时候了”。据统计，全球已发现的抗菌药物种类超过4000种，其中百余种在临床医学中展现出实际的应用价值。研究数据表明，抗菌药物的广泛应用，使得人类社区获得性肺炎的病例减少了25%~30%，心内膜炎的病例减少了75%，脑膜炎和中枢神经系统感染的病例减少了60%，以及蜂窝织炎导致的死亡率降低了11%。更有观点认为，抗菌药物的发明和应用，使人类的平均寿命延长了整整十年。

抗菌药物的发明对医学技术的进步起到了推动作用，尤其在器官移植和肿瘤化疗等领域。随着免疫抑制剂、化疗药物以及介入性治疗在临床上的普及，人体感染细菌的风险也随之增加。因此，抗菌药物的研发确保了这些治疗手段能够安全实施，有效延长了患者的寿命。

进入20世纪，随着工业化进程的加速、失去专利保护的药物数量增加以及WHO基本药物政策的推广，抗菌药物迎来了发展的“黄金时期”。无论是发达国家还是发展中国家，抗菌药物的使用量均呈现出持续增长的态势。据统计，从2000~2015年，全球范围内抗菌药物的使用量增加了65%。

长期以来，抗菌药物不仅在人类医疗领域发挥重要作用，同时也在动物疾病防治、生长促进及畜禽产品品质提升等方面扮演关键角色。通过降低动物发病率和死亡率，提高饲料利用率，抗菌药物对畜牧业发展具有显著贡献。特别是20世纪70年代，饲料中添加抗菌药物成为推动养殖业快速发展的关键因素。自1946年美国首次报道磺胺类药物及链霉素在饲料中促进雏鸡生长的效果后，四环素、青霉素、金霉素、泰乐菌素等抗菌药物也相继被发现具有促生长、增重、增产、提高饲料利用率等多重功效。

1951年，美国食品药品监督管理局（Food and Drug Administration，美国FDA）正式批准将抗菌药物作为饲料添加剂使用，随后这一做法也在多个欧洲国家得到推广。随着全球人口增长和对动物蛋白需求的增加，畜牧业生产持续快速增长，并逐渐向集约化转变。在这一过程中，抗菌药物的使用成为不可或缺的一部分。预计未来，全球抗菌药物使用量中的三分之二将用于畜牧业生产。据研究报道估算，每生产1kg牛肉、鸡肉和猪肉分别需要消耗45mg、148mg和172mg抗菌药物。在美国，约80%的抗菌药物用于食用动物，其中52.1%通过饲料用于疫病防治和促生长。从我国各类兽用抗菌药物使用目的来看，用于治疗用途的比例达71.31%，其余28.69%为促生长用途。2010年，中国在全球食用动物消耗抗菌药物的比例达23%，位居世界第一。近些年来，我国多措并举加强兽用抗菌药监管。中国养殖动物产品抗菌药物平均使用量从2014年的350mg/kg降到2019年的159mg/kg。2021年10月，我国农业农村部发布的《全国兽用抗菌药使用减量化行动方案（2021-2025年）》中提到，将进一步开展促生长类抗菌药物饲料添加剂退出、兽药二维码追溯等系列整治活动，预计促生产用途的兽用抗菌药比例将持续下降。尽管近年来发达国家在动物促生长、预防及预防性治疗中使用抗菌药物的量已大幅减少。

一、抗微生物药物耐药性及其危害

细菌抗微生物药物耐药性，亦被称为细菌耐药性，是指细菌对原本能有效抑制或杀灭其生长的抗微生物药物产生的抵抗能力。此现象为细菌生存机制中的独特展现，具体分为固有耐药和获得性耐药。固有耐药，又称为天然耐药，如革兰阴性菌对万古霉素、替考拉宁和达托霉素等原本用于抑制革兰阳性菌的药物表现出天然耐药。而获得性耐药则指细菌在与抗菌药物接触后，通过改变其内部代谢途径来规避药物的抑制或杀灭作用，如金黄色葡萄球菌对甲氧西林的耐药性和肺炎克雷伯菌对碳青霉烯类药物的耐药性等。

细菌获得性耐药的发展，实质上是细菌为了生存而与人类进行的持续斗争。为应对这一挑战，人类不断研发新型抗菌药物。然而，由于抗菌药物在人类、动物饲养、食品加工等领域的广泛应用，增加了细菌与药物的接触机会，导致许多新上市的抗菌药物在短时间内即出现耐药性（表1-1）。

尽管在多种因素的影响下，新抗菌药物的研发速度有所放缓，但细菌耐药性的发展并未因此减缓。这一现象对人类健康构成了严重威胁，亟待全球共同关注和应对。

表1-1 抗菌药物上市及细菌耐药性出现时间

抗菌药物	上市时间	耐药细菌种类	耐药出现时间
青霉素	1941年	青霉素耐药金黄色葡萄球菌	1942年
		青霉素耐药肺炎链球菌	1967年
		产青霉素酶淋病奈瑟菌	1976年
万古霉素	1958年	万古霉素耐药屎肠球菌	1986年
		万古霉素耐药金黄色葡萄球菌	2002年
甲氧西林	1960年	甲氧西林耐药金黄色葡萄球菌	1960年
广谱头孢菌素	1980年（头孢噻肟）	产超广谱β-内酰胺酶大肠埃希菌	1983年
阿奇霉素	1980年	阿奇霉素耐药淋病奈瑟菌	2011年
亚胺培南	1985年	产KPC酶肺炎克雷伯菌	1996年
环丙沙星	1987年	环丙沙星耐药淋病奈瑟菌	2007年
达托霉素	2003年	达托霉素耐药金黄色葡萄球菌	2004年
头孢他啶/阿维巴坦	2015年	头孢他啶/阿维巴坦耐药肺炎克雷伯菌	2015年

对细菌耐药性发展历程的深入了解，有助于认识到长期或大量使用抗菌药物是如何推动细菌耐药性形成的。肠球菌属，作为一种兼性厌氧革兰阳性菌，对多种常用抗菌药物，如头孢菌素、磺胺类、克林霉素和低浓度氨基糖苷类等，具有天然耐药性。抗菌药物的广泛应用对肠球菌属耐药性的产生和扩散起到了重要推动作用。

粪肠球菌主要定植于人类消化道和口腔，正常成年人粪便中粪肠球菌的数量达到10^7CFU/g，而25%的正常成年人粪便中携带屎肠球菌的数量为10^5CFU/g。临床分离的肠球菌属主要以粪肠球菌和屎肠球菌为主。随着抗菌药物如万古霉素、头孢西丁、头孢曲松和氨苄西林等的广泛应用，屎肠球菌的医院感染病例逐渐增多。虽然屎肠球菌的毒力较粪肠球菌弱，但其对抗菌药物的耐药性却更强。

万古霉素是治疗肠球菌感染的重要抗菌药物之一。然而，1988年首次发现了万古霉素耐药肠球菌（Vancomycin-Resistant *Enterococci*，VRE），随后VRE在全球范围内广泛出现并呈上升趋势。由于其对人类健康的严重威胁，2017年万古霉素耐药屎肠球菌（Vancomycin-Resistant *Enterococcus faecium*，VREM）被列入世界卫生组织（World Health Organization，WHO）公布的耐药菌名单。目前，大多数VRE分离株为屎肠球菌，而粪肠球菌对万古霉素的耐药率仍相对较低。VRE感染患者的治疗选择有限，且死亡率明显增加。根据2019年报道，美国有54500例由VRE引起的医疗保健相关感染，导致5400人死亡。而在美国发布的2022年特别报道即COVID-19对抗微生物药物耐药性的影响中指出，在COVID-19大流行期间，从住院期间开始，耐药性感染呈现出惊人的增长，从2019~2020年至少增长了15%，许多医疗相关病原体的感染均显著增加，如碳青霉烯类耐药不动杆菌、产超广谱β-内酰胺酶的肠杆菌目细菌、VRE和耐药念珠菌。其中VRE病例率增加了16%，扭转了2012年以来的大幅下降趋势。欧洲抗菌药物耐药监测网（EARS-Net）2022年的监测报道显示，2010~2022年期间，全部欧盟国家VREM的检出率由7%上升至17.6%，但各国检出率差异较大，介于0~67.7%之间。全国细菌耐药监测网（China Antimicrobial Resistance Surveillance System，CARSS）2022年度的监测报道指出，全国范围内VREM的检出率为1.7%，但北京市的VREM检出率居全国之首，达到11.7%。

肺炎克雷伯菌是一种兼性厌氧的革兰阴性杆菌，普遍存在于自然环境和人体的呼吸、消化系统中，属于条件致病菌。当宿主免疫力降低时，该菌可引发全身多个部位，包括呼吸道、泌尿道、肝胆系统和血液的感染。1997年，Mackenziel等人首次描述了碳青霉烯类耐药肺炎克雷伯菌（Carbapenem-Resistant *Klebsiella pneumoniae*，CRKPN），即对亚胺培南、美罗培南、多立培南及厄他培南中任一种碳青霉烯类抗菌药物耐药。2007年，我国首次报道了产碳青霉烯酶的肺炎克雷伯菌。此后，由于抗菌药物的过度使用和临床检测技术的进步，CRKPN的检出率及院内感染率逐年上升。据CARSS监测报道显示，我国肺炎克雷伯菌对碳青霉烯类的耐药检出率已从2014年的6.4%上升至2022年的10.0%。研究显示，我国CRKPN感染患者的病死率高达40%。

自20世纪80年代台湾首次报道高毒力肺炎克雷伯菌感染以来，亚洲地区如韩国、日本、越南和中国等地的病例逐渐增多，同时，美国、欧洲、非洲和澳大利亚等地也相继出现相关病例，引起了全球的关注。目前，大部分高毒力肺炎克雷伯菌对第三代头孢菌素敏感，但已有部分菌株产生超广谱β-内酰胺酶，甚至出现了对碳青霉烯类抗菌药物耐药的菌株。2024年2月，欧洲CDC发布快速评估报道，自2021年最近一次快速风险评估以来，高毒力肺炎克雷伯菌（hvKp）序列型（ST）23的欧洲联盟（EU）和欧洲经济区（EEA）国家的数量从4个增加到10个，这些国家向ECDC报道的病例数从12个增加到143个。目前肺炎克雷伯菌已成为医院内常见的获得性细菌感染之一，并位列革兰阴性杆菌菌血症的第二大致病菌。特别是碳青霉烯类耐药肺炎克雷伯菌在全球范围内的传播，给人类的健康和生命安全带来了严重威胁。

对于常见细菌感染包括尿路感染、败血症、性传播感染和某些形式的腹泻，在全球范围内观察到用于治疗这些感染的常用抗菌药物的耐药率很高，这表明我们正在耗尽有效的抗菌药物。以全球抗微生物药物耐药性和使用监测系统（Global Antimicrobial Resistance and Use Surveillance System，GLASS）2022年报道为例，考虑所有国家和地区时，大肠埃希菌血流感染对三代头孢菌素的中位耐药率为41.8%。

此外，新耐药机制的出现，如万古霉素耐药肠球菌和碳青霉烯类耐药肺炎克雷伯菌等，加剧了细菌感染的治疗难度，一些感染甚至无药可用，从而增加了患者的死亡率。特别是在医疗操作（如外科手术，包括剖腹产或髋关节置换、癌症化疗和器官移植）中，耐药菌感染的风险进一步上升。因此，我们需要有效的措施和工具来预防和治疗耐药菌感染，同时改善现有的和新的有质量保证的抗菌药物的获取途径。这将有助于降低因感染导致的治疗失败率和死亡率。

2022年1月的一份报道评估了2019年204个国家和地区的23种病原体和88种病原体-药物组合可归因于细菌性耐药并与之相关的死亡和残疾调整生命年，研究显示抗菌药物耐药性是全球导致死亡的主要原因，在资源匮乏的国家中负担最高。根据预测统计模型，2019年全球与细菌抗微生物耐药性（Antimicrobial Resistance，AMR）相关的死亡人数估计为495万（362万~657万），其中归因于细菌AMR的死亡人数为127万。在区域层面，估计归因于耐药性的全年龄死亡率在撒哈拉以南非洲西部最高，为27.3/10万（20.9~35.3），在澳大拉西亚最低，为6.5/10万（4.3~9.4）。在AMR感染导致的死亡负担中，下呼吸道感染、血流感染和腹腔感染是前三位的主要感染性疾病，共占AMR感染相关死亡患者的78.8%，其中约30%脓毒症新生儿死于对一线抗菌药物耐药的细菌感染。与耐药性相关的六种主要病原体（大肠埃希菌、金黄色葡萄球菌、肺炎克雷伯菌、肺炎链球菌、鲍曼不动杆菌和铜绿假单胞菌）分别导致92.9万（66万~127万）例AMR归因死亡和357万（262万~478万）例AMR相关死亡。在高收入地区，大约一半的感染死亡是由金黄色葡萄球菌和大肠埃希菌引起的，而在贫困地区，如撒哈拉以南地区，导致死亡最多的细菌是肺炎链球菌和肺炎克雷伯菌。

美国疾病预防控制中心2019年抗生素耐药威胁报道，美国每年超过3.5万人因抗生素耐药感染死亡。根据欧洲CDC的研究数据，2016~2020年每10万人口归因于抗生素耐药细菌的死亡人数为30730~35813人。由此可见，细菌耐药问题已成为全球性的公共卫生挑战。

根据Lord Jim O’Neil团队的研究预测，如果不采取有效应对措施，至2050年，全球每年因耐药细菌感染导致的死亡人数恐将达到一千万人，这一数字将超越因心血管病和肿瘤所造成的死亡人数。耐药细菌的出现不仅增加了感染患者的死亡率，还给个人和国家带来了沉重的经济负担。这些负担包括住院成本（涉及抗菌药物治疗、住院时间延长、ICU入住时间、诊断检查以及医护人员人力投入）、门诊成本（涵盖医师人力、抗菌药物治疗、随访和康复中心费用）、患者成本（因生产力损失和旅途花费造成的个人经济压力）以及社会成本（由于抗菌药物效力下降所带来的广泛影响）等。

考虑到不同国家和地区在经济与科技发展水平上的差异，耐药菌感染治疗所带来的经济负担在不同年代和地区呈现出较大的差异性。我国一家教学医院的研究数据显示，与碳青霉烯类敏感肺炎克雷伯菌相比，碳青霉烯类耐药肺炎克雷伯菌血流感染患者的住院时间明显延长（35天 vs. 24天），28天死亡率也有所增加（45.5% vs. 32.1%），直接导致医疗花费显著上升（$24940.1 vs. $16864.0）。同样，与碳青霉烯类敏感铜绿假单胞菌相比，碳青霉烯类耐药铜绿假单胞菌血流感染患者的住院期间花费增加近两倍（$17762.45 vs. $8075.10）。

此外，我国的一项细菌耐药所致健康和经济负担的系统评价研究结果显示，多重耐药菌感染者与非多重耐药菌感染者相比，其总住院时长的平均值或中位数高出1.2~2.1倍，两者总住院时长的平均值或中位数之差为2.9~18.0天。同时，多重耐药菌感染者的总诊治费用平均值或中位数是非多重耐药菌感染者的1.5~2.8倍，两者总诊治费用的平均值或中位数之差为3965.1~126825.0元。这些数据充分表明，耐药细菌感染对个人健康和社会经济带来的深远影响不容忽视。

2021年美国发表的一项针对2007~2015年回顾性研究显示，不论是社区获得性感染还是医院获得性感染，患者因不同耐药菌感染而产生的医疗花费存在显著差异。对于甲氧西林耐药金黄色葡萄球菌（Methicillin Resistant *Staphylococcus aureus*，MRSA）、VRE、碳青霉烯类耐药肠杆菌目（Carbapenem-Resistant Enterobacterales，CRE）以及碳青霉烯类耐药鲍曼不动杆菌（Carbapenem-Resistant *Acinetobacter baumannii*，CRAB）感染的社区感染患者，他们的人均医疗支出分别为19749美元、17490美元、8354美元和62396美元。相对应的，这些耐药菌的医院感染患者，其人均医疗支出则分别为30998美元、37893美元、54614美元和74306美元。此外，据估计，美国在

2017年用于治疗耐药菌感染患者的总医疗支出高达46亿美元。而在2022年，另一项专门针对美国65岁及以上患者的研究显示，MRSA、VRE、CRE和CRAB的住院患者，他们的人均医疗支出分别为15994美元、14399美元、45668美元和54494美元。

WHO针对全球抗菌药物研发状况发出警告，指出抗菌药物研发不足将进一步加剧耐药性危机。历史数据显示，自20世纪80年代以来，新抗菌药物获得批准的数量持续下滑。具体来说，1983~1987年间，共有16种新药获得美国FDA的批准；然而，1988~1992年，这一数字已减少至14种；1993~1997年进一步减少至10种；1996~2000年间，仅有6种新药获得批准；而2003~2007年间更是锐减至5种。

新抗菌药物研发的困难以及上市后难以避免的耐药性问题，导致其商业回报率降低，进而使得许多制药公司减少或放弃在抗菌药物研发上的投资。在2003年至2013年期间，尽管医药研发领域共吸引了380亿美元的风险投资，但仅有18亿美元被用于抗菌药物研究。

2019年WHO发布的报道显示，目前研发中的新抗菌药物数量不足，且正在研发的50种抗菌药物与现有治疗方法相比并无明显优势。更令人担忧的是，针对革兰阴性菌这一感染最严重细菌的新研发抗菌药物寥寥无几。

为了积极应对细菌耐药性问题，WHO于2016年创立了全球抗生素研究与研发伙伴关系（Global Antibiotic Research and Development Partnership）。随后，在2017年发布了首份抗菌药物耐药“重点病原体”清单。病原体的选择标准主要基于以下几个方面：引起感染的致命程度，是否需要长期住院治疗，社区成员接触现有抗菌药物时出现耐药的频率，在动物之间、从动物到人以及人与人之间传播的难易程度、预防的可能性（如通过卫生习惯和疫苗接种）、现有治疗方案的可选择性，以及是否已有新的抗菌药物治疗方法在研发中。

根据对新型抗菌药物的迫切需求程度，该清单被分为三个类别：关键优先级、高度优先级和中等优先级。在关键优先级的病原体包括CRAB、碳青霉烯类耐药铜绿假单胞菌、CRE及第三代头孢菌素类耐药肠杆菌。而关键优先级则包括：万古霉素耐药屎肠球菌、MRSA/万古霉素中介和耐药金黄色葡萄球菌、克拉霉素耐药幽门螺旋杆菌、氟喹诺酮类耐药弯曲菌属、氟喹诺酮类耐药沙门菌属、第三代头孢菌素类耐药/氟喹诺酮类耐药淋病奈瑟菌。中等优先级则涵盖：青霉素不敏感肺炎链球菌、氨苄西林耐药流感嗜血杆菌、氟喹诺酮类耐药志贺菌属。

这份清单的发布，旨在为全球的抗菌药物研究与开发工作提供明确的方向和目标，以应对当前日益严峻的细菌耐药性问题。期望通过制定此清单引导和推动新型抗菌药物的研究与开发进程。针对病原体优先清单研发的新型抗菌药物，将有望降低世界各地因耐药感染所导致的死亡病例。根据WHO 2021年的报道，目前进入临床阶段的抗菌药物共有45种传统抗菌药物和32种非传统抗菌药物。在传统抗菌药物中，有27种（60%）对WHO清单中重要细菌病原体具有活性。

2024年5月WHO发布了其更新的《2024年细菌类重点病原体目录》。增加利福平耐药结核分枝杆菌为关键优先级，大环内酯类耐药化脓链球菌及肺炎链球菌、青霉素耐药无乳链球菌为中度优先级。调整碳青霉烯类耐药铜绿假单胞菌、氟喹诺酮类耐药志贺菌属到高度优先级。删除了克拉霉素耐药幽门螺杆菌、氟喹诺酮类耐药弯曲菌属、万古霉素耐药金黄色葡萄球菌、青霉素不敏感肺炎链球菌。

新冠疫情的全球蔓延加剧了AMR问题的复杂性。鉴于此，越来越多的国家开始关注“一体化健康（One Health）”理念，并据此制定了未来5~10年的遏制耐药性战略计划。这些计划覆盖了人类、动物与环境等领域，并伴随着一系列相关法规的密集出台，如人医用药禁令、兽药法规以及耐药病原菌向环境迁移的监测与管理条例等。

我国国家卫生健康委员会联合多个部门，已先后制定了《遏制细菌耐药国家行动计划（2016-2020年）》和《遏制微生物耐药国家行动计划（2022-2025年）》。根据后一行动计划，未来几年的主要目标包括持续提高人类和动物抗微生物药物的应用水平以及耐药监测网络的覆盖率，计划研发并上市1~3种全新的抗微生物药物。

二、细菌耐药性监测

为深入掌握细菌对抗菌药物的敏感性变化，全球众多国家和地区已积极开展细菌耐药监测工作。此类监测研究能够获取全球、国家及地区等不同范围的致病菌感染发生率和耐药动态数据。这些数据有助于明确需要重点关注的致病菌对不同抗菌药物的敏感性变化，预测细菌耐药性的发展趋势，精确掌握耐药菌的分布及其变化。这些重要信息对于指导采取针对性的防控措施至关重要，能为临床医生的适宜的经验性治疗提供指导，同时促进相关细菌感染性疾病治疗指南和共识的更新。此外，这些数据还能有效评估所采取措施（干预）的有效性，为新抗菌药物的研发提供明确的方向，以期最终实现延缓细菌耐药性产生或发展的目标。在国际范围内具有代表性的细菌耐药监测网络，如欧洲抗微生物药物耐药监测系统（European Antimicrobial Resistance Surveillance System，EARSS）、美国国家医疗安全网络（The National Healthcare Safety Network，NHSN）、澳大利亚抗微生物药物使用和耐药监测系统（Antimicrobial Use and Resistance in Australia，AURA）、韩国抗微生物药物耐药监测系统（South Korean Antimicrobial Resistance Monitoring System，KARMS）、日本医院感染监测（Japan Nosocomial Infections Surveillance，JANIS）以及中国的全国细菌耐药监测网（CARSS）等，都在这一领域发挥着重要作用。

（一）全球抗微生物药物耐药性和使用监测系统

为了遏制抗菌药物耐药对人类的危害，WHO于2015年启动了全球行动计划，同时启动了全球抗菌药物耐药监测。WHO GLASS的收集标准为每个患者第一个阳性数据，以填补知识空白，并为各级战略提供信息。据设想，该系统将逐步纳入人类抗微生物药物耐药性监测、抗微生物药物使用监测、食物链和环境中的抗微生物药物耐药性监测的数据。该系统为各国和各地区收集、分析、解释和共享数据提供了一种标准方法，并监测现有和新的国家监测系统的状况，重点关注数据收集的代表性和质量。世界卫生组织的一些区域已经建立了监测网络，为各国提供技术支持，并为使用该系统提供便利。

（二）欧洲耐药性监测

欧洲抗微生物药物耐药监测系统（EARSS）是在1998年由欧盟健康和消费者总司与荷兰卫生、福利和体育部共同设立的。自2010年1月1日起，其管理和协调工作已由欧洲疾病预防和控制中心接手，同时更名为欧洲抗微生物药物耐药监测网（European Antimicrobial Resistance Surveillance Network，EARS-Net）。该网络覆盖了欧盟所有成员国，以及欧洲经济区的冰岛和挪威。监测的目的是收集具有可比性、代表性和准确性的AMR数据，分析欧洲抗菌药物耐药在时间和空间上的变化趋势，并及时提供 AMR 数据以支持政策决策。此外，EARS-Net还致力于鼓励实施、维护和改进国家AMR监测计划，并通过提供年度室间质量评价，支持国家系统努力提高诊断准确性。

监测网的数据收集来自其成员的临床实验室的常规抗菌药物敏感性试验结果，数据来源仅限于血液和脑脊液标本中分离出的病原菌。这种有针对性的收集方式有助于减少因临床病例定义差异、标本采集频率不同以及医疗条件差异所带来的数据不一致性，从而避免在收集所有解剖部位分离细菌耐药数据时可能出现的混淆。但必须强调的是，这些监测结果并不能全面反映其他感染部位（如尿路感染、肺炎和伤口感染等）细菌的耐药状况。目前正在监测的病原菌有八种，包括肺炎链球菌、金黄色葡萄球菌、粪肠球菌、屎肠球菌、大肠埃希菌、肺炎克雷伯菌、铜绿假单胞菌和不动杆菌属细菌。监测结果将通过网站以表格、图像和地图等多种形式进行呈现，并定期发布年度报道和相关资料，使人们能够直观、全面地了解耐药性的变化情况。

2022年，所有欧盟/欧洲经济区国家首次向欧洲抗微生物药物耐药性监测网络报道了数据。最常见的细菌种类是大肠埃希菌（39.2%），其次是金黄色葡萄球菌（22.1%）、肺炎克雷伯菌（12.3%）、粪肠球菌（8.2%）、铜绿假单胞菌（6.1%）、屎肠球菌（5.9%）、肺炎链球菌（3.7%）和不动杆菌属（2.5%）。2023年6月13日，欧盟理事会通过了一项关于在“一体化卫生”方针下加强欧盟抗击抗微生物药物耐药性的行动的建议（2023/C 220/01），提出了欧盟到2030年要实现的目标。该目标包括三项AMR目标，即到2030年，欧盟耐MRSA、第三代头孢菌素耐药大肠埃希菌和CRKPN血流感染的总发病率与2019年基线年相比分别降低15%、10%和5%。2019~2022年，欧盟耐MRSA和第三代头孢菌素耐药大肠埃希菌血流感染的发病率呈良好的下降趋势，CRKPN（2022年为10.9%）和VREM（2022年为17.6%）的发病率持续上升。值得注意的是，细菌种类、抗菌药物类别和地理区域之间存在较大差异。总体而言，北欧国家报道的耐药菌AMR百分率和耐药菌血流感染估计发生率最低，南欧和东欧国家报道的耐药菌血流感染百分比和估计发生率最高。

2022年欧洲耐药监测结果显示，超过半数的大肠埃希菌和近三分之一的肺炎克雷伯菌对至少一种抗菌药物组表现出耐药性，且多重耐药性更为普遍。具体数据显示，大肠埃希菌对喹诺酮类、第三代头孢菌素和碳青霉烯类的耐药率分别为22.0%、14.3%和0.2%。相较之下，肺炎克雷伯菌对第三代头孢菌素的耐药率高达32.7%，显著高于大肠埃希菌。值得注意的是，近三分之一的欧盟/欧洲经济区国家报道肺炎克雷伯菌对碳青霉烯类的耐药率超过10%，碳青霉烯类耐药肺炎克雷伯菌血流感染的估计发生率呈现显著增长趋势，达到49.7%。此外，铜绿假单胞菌和不动杆菌对碳青霉烯类的耐药率分别为18.6%和36.3%，高于肺炎克雷伯菌。

就金黄色葡萄球菌而言，2016年至2022年期间，欧洲地区的甲氧西林耐药率由19.3%下降至15.2%。然而，肺炎链球菌的大环内酯类药物耐药性和青霉素非野生型耐药率在过去五年中呈现显著增长趋势。具体而言，肺炎链球菌对大环内酯类药物的耐药率由2018年的16.6%上升至2022年的17.9%，青霉素非野生型耐药率从2018年的14.0%增加到2022年的16.3%，联合耐药性也从2018年的8.6%增加到2022年的9.7%。值得关注的是，屎肠球菌对万古霉素平均耐药率也从2016年的11.6%上升到2022年的17.6%。

（二）美国耐药性监测

美国疾病预防控制中心（CDC）设立的国家医疗安全网络（NHSN）致力于识别并监控医疗保

健领域持续存在的威胁，包括COVID-19、医疗保健相关感染（HAIs）以及AMR菌感染等。该网络汇聚了25000多家医疗机构的数据资源，为各级卫生部门、跟踪系统以及州、地区或全国范围内的决策提供必要的数据，以便准确识别问题区域、衡量预防措施的进展，并致力于最终消除医疗相关感染。

该网络重点关注不同感染部位、医院感染病原菌种类及其耐药性状况。数据显示，美国每年发生的抗微生物药物耐药性感染超过280万例，导致35000多人死亡。2021年的报道显示，大肠埃希菌对第三代头孢菌素、氟喹诺酮类和碳青霉烯类的耐药率分别为23.9%（成人23.9%，儿童23.2%）、34.7%（成人34.9%，儿童28.9%）和0.8%（成人0.7%，儿童1.0%）。肺炎克雷伯菌对第三代头孢菌素和碳青霉烯类的耐药率分别为25.2%（成人25.5%，儿童18.8%）和5%（成人5.2%，儿童1.6%）。同时，铜绿假单胞菌和不动杆菌属对碳青霉烯类的耐药率分别为14.0%（成人14.2%，儿童8.6%）和39.5%（成人41.7%）。金黄色葡萄球菌甲氧西林耐药率为40.0%（成人40.7%，儿童29.5%），屎肠球菌万古霉素耐药率高达66.8%（成人67.7%，儿童18.1%），粪肠球菌万古霉素耐药率为3.4%（成人3.5%，儿童0.7%）。

美国疾病预防控制中心（CDC）于2013年首次发布抗生素耐药性威胁报道，并于2015年制定了遏制细菌耐药国家行动计划，2020年进行了更新。根据美国CDC2019年发布的抗生素耐药威胁报道，通过加强医院感染控制机制与完善抗菌药物合理应用等多项举措，与2013年相比，2019年美国因抗菌药物耐药导致死亡的患者减少18%。其中，因抗菌药物耐药导致的住院患者死亡人数减少了28%，万古霉素耐药肠球菌感染患者人数显著下降，由8.48万人/年减少至5.45万人/年，降幅高达41%。同时，多重耐药铜绿假单胞菌感染患者减少了29%，CRAB感染患者减少了33%，MRSA感染患者减少了21%。值得注意的是，2012年至2017年期间，因CRE感染住院患者人数相对稳定，保持在每年11800人至13100人之间。然而，产ESBL肠杆菌目细菌感染住院患者数量则从2012年的13.19万人/年逐步攀升至2017年的19.74万人/年，估计2017年因此导致的死亡人数为9100人。

2022年COVID-19对美国抗菌药物耐药影响报道显示，受COVID-19疫情影响，原本用于应对抗菌药物耐药的公共资源被迫转用于应对疫情本身，2020年CDC抗菌药物耐药实验室网络收到的标本或菌株数量比2019年下降了23%。此外，疫情还严重影响了抗菌药物的使用。部分COVID-19患者错误地使用了抗菌药物，这不仅延长了他们的住院时间，还加剧了患者保护设备的短缺和医护人员的短缺。因此，与2019年相比，2020年美国耐药微生物医院感染患者数量和死亡人数至少增加了15%。其中，CRAB医院感染患者数量增加78%，CRE感染患者数量增加35%，产超广谱β-内酰胺酶肠杆菌目细菌感染患者数量增加32%，VRE感染患者数量增加14%，多重耐药铜绿假单胞菌感染患者数量增加32%，MRSA感染患者数量增加13%。

（三）澳大利亚耐药性监测

澳大利亚抗微生物药物使用和耐药监测系统（AURA）是一个综合性平台，汇集了澳大利亚抗微生物药物耐药被动监测系统（The Australian Passive Antimicrobial Resistance Surveillance，APAS）、Sullivan Nicolaides病理信息系统（Sullivan Nicolaides Pathology information system）以及澳大利亚抗微生物药物耐药组（Australian Group on Antimicrobial Resistance，AGAR）的数据资源，分析了澳大利亚抗菌药物使用和抗菌药物耐药数据。截至2024年，该系统已成功发布了五期关于澳大利亚抗菌药物使用和耐药性的报道。

APAS是澳大利亚卫生保健安全与质量委员会于2015年建立的监测系统，其监测范围覆盖新南威尔士州、维多利亚州、昆士兰州、南澳大利亚州、西澳大利亚州、塔斯马尼亚州以及澳大利亚首都领地的公立医院和健康服务机构。此外，昆士兰州和南澳大利亚州的部分私立医院也被纳入其监测范围。值得一提的是，自2021年起，该系统进一步扩展了数据来源，纳入了来自公共和私人医院以及老年护理机构的检测结果，从而使监测范围更广泛、更全面。Sullivan Nicolaides病理信息系统则专注于收集昆士兰州和新南威尔士州北部实验室的数据。这些实验室主要服务于当地的私立医院、社区医疗机构和老年护理院。与此同时，澳大利亚抗微生物药物耐药组（AGAR）则侧重于从澳大利亚各实验室收集关于特定病原菌的最小抑菌浓度（MIC）数据。

2023年报道显示，血标本MRSA分离率为15.3%，其他标本为18.5%，VREM在血、尿和其他标本的分离率分别为35.9%、30.1%和36.2%。大肠埃希菌对第三代头孢菌素（头孢曲松或头孢噻肟）耐药率和氟喹诺酮类（环丙沙星或诺氟沙星）耐药率分别为7%~12%和11%~14%，对碳青霉烯类（美罗培南）耐药率小于0.1%。肺炎克雷伯菌对第三代头孢菌素（头孢曲松或头孢噻肟）和碳青霉烯类（美罗培南）耐药率分别为4%~5%和≤0.3%。铜绿假单胞菌和鲍曼不动杆菌复合群对碳青霉烯类（美罗培南）分别为2.8%和1.4%。

（四）韩国耐药性监测

2002~2015年韩国疾病预防控制中心（KCDC）建立了全国范围的韩国抗微生物药物耐药监测系统（KARMS），从哨点医院收集实验室数据，以监测抗菌药物耐药状况，然而，该系统有其局限性。首选，各参与实验室的药敏试验方法不统一，影响了试验的可靠性。其次，没有对重复的分离样本进行充分过滤，这可能会导致高估全国的AMR感染率。最后，由于临床数据不足，这项研究的流行病学解读有限。2016年，KCDC从KARMS建立了一个名为Kor-GLASS的改进型GLASS兼容AMR监测系统，该系统从哨点医院的不同标本中收集非重复菌株，并使用标准方法进行集中分析。哨点医院数量在试验阶段为6家，第一阶段（2017~2019年）为8家，第二阶段（2020~2022年）为10家。此外，还建立了一个质量控制中心和一个数据处理设施。

Kor-GLASS收集所有血标本分离的非重复菌株，包括金黄色葡萄球菌、粪肠球菌、屎肠球菌、肺炎链球菌、大肠埃希菌、肺炎克雷伯菌、沙门菌属、铜绿假单胞菌和不动杆菌属细菌。每个月分两次将菌株转送到中心实验室。同时，还收集了人口资料（年龄和性别）、感染来源（医院获得还是社区获得）、住院类型（门诊患者、普通病房或重症监护病房）。在中心实验室采用飞行质谱对菌种种类进行复核，并根据 CLSI 要求使用纸片扩散法和微量肉汤稀释法进行抗微生物药物敏感性试验。

Kor-GLASS第一阶段监测结果显示，血标本分离细菌中最常见的细菌是大肠埃希菌（20.9%）、肺炎克雷伯菌（7.5%）、金黄色葡萄球菌（7.1%）、屎肠球菌（3.0%）和不动杆菌属细菌（2.8%）。

金黄色葡萄球菌中甲氧西林耐药率为49.6%，红霉素和克林霉素耐药率分别为36.4%和21.6%。粪肠球菌青霉素耐药率为27.9%，青霉素耐药粪肠球菌氨苄西林敏感率为90.6%。粪肠球菌万古霉素耐药率为0.9%。屎肠球菌万古霉素耐药率高达38.1%，全部携带*vanA*耐药基因。肺炎链球菌青霉素耐药率为7.3%，但中介率达30.7%。红霉素耐药率高达78.8%。

大肠埃希菌对头孢噻肟耐药率为36.0%，对环丙沙星耐药率为39.9%，对碳青霉烯类耐药率为

0.2%。肺炎克雷伯菌对头孢噻肟耐药率为26.0%，对碳青霉烯类耐药为1.4%。

铜绿假单胞菌对头孢他啶耐药率为12.9%，对碳青霉烯类耐药率超过20%（亚胺培南为21.3%，美罗培南为22.1%）。鲍曼不动杆菌对碳青霉烯类耐药率超过90%，主要耐药基因为blaOXA-23。鲍曼不动杆菌对米诺环素和替加环素耐药率分别为4.7%和8.0%。

（五）日本耐药性监测

日本医院感染监测（Japan Nosocomial Infections Surveillance，JANIS）是由日本厚生劳动省提供经费，国立感染症研究所管理，医疗机构自愿参加的一个全国性抗菌药物耐药监测网。2022年，参加JANIS的成员单位达到2289家，占全国医疗机构的27.9%（2289/8205）。根据医院床位数，床位数超过900张的医院上报率为88.5%（46/52），床位数在500~899张的医院上报率为82.6%（280/339），床位数在200~499张的医院上报率为51.2%（1060/2072），床位数少于200张的医院上报率为15.7%（903/5742）。从以上数据可以看出，JANIS监测以大型医院为主。医疗机构和临床实验室定期通过网络向JANIS上报所有标本细菌培养结果，虽然医疗机构上报的数据包括门诊和住院患者，但JANIS在2018年以前只统计和分析住院患者数据，2018年后开始分别统计门诊患者和住院患者抗菌药物耐药状况。该监测网收集数据特点是既包括培养阳性结果，也包括培养阴性结果，因此，可以获得采集标本的患者数量。JANIS采用美国CLSI标准判断抗菌药物敏感性，为了比较耐药率变迁，JANIS一直采用CLSI2012标准，即系统自动删除30天内来自同一患者相同耐药表型的细菌，并每年生成年度耐药监测报道，以英文和日文版本在线发布（https://janis.mhlw.go.jp/english/index.asp）。此外，JANIS每月向每个参加监测的医疗机构发送反馈报告，内容包括按标本种类和病区统计的标本数量、主要病原菌、特殊细菌全院耐药率及与上一年全国耐药率比较。JANIS的年度报道目前只针对住院患者监测结果，包括上报数据医院数量，根据标本类型上报数据医院数量、标本和细菌数量，血/脑脊液/呼吸道/尿标本分离细菌耐药状况，主要细菌患者数量和分离率，主要耐药菌患者数量和分离率，特殊耐药菌上报百分率。

为进一步监测耐药基因和毒力基因的流行状况，近年还开展了日本抗微生物药物耐药细菌监测（Janpan Antimicrobial Resistance Bacterial Surveillance，JARBS），从176家医院收集三代头孢菌素耐药大肠埃希菌、肺炎克雷伯菌，碳青霉烯类耐药肠杆菌目细菌、不动杆菌属细菌和铜绿假单胞菌，万古霉素耐药肠球菌。采用多重PCR方法检测耐药基因，如肠杆菌目细菌，检测基因包括blaTEM、blaSHV、blaCTX-M-1、blaCTX-M-2、blaCTX-M-8和blaCTX-M-9，以及主要碳青霉烯酶基因（blaTEM、blaSHV、blaCTX-M-1、blaCTX-M-2、blaCTX-M-8和blaCTX-M-9）。

日本于2016年制定了遏制抗菌药物耐药国家行动计划（2016~2020），针对一些细菌的耐药率设定了目标，如金黄色葡萄球菌甲氧西林耐药率，2015年为51.1%，2020年降低至20%以下；大肠埃希菌喹诺酮类耐药率，2015年为38%，2020年降至25%以下；铜绿假单胞菌亚胺培南和美罗培南耐药率2015年分别为18.8%和13.1%，2020年降至10%以下；2015年大肠埃希菌对亚胺培南和美罗培南耐药率分别为0.3%和0.6%，2020年保持在0.2%以下。

根据JANIS监测报道，2020年金黄色葡萄球菌甲氧西林耐药率为47.5%；大肠埃希菌头孢噻肟耐药率为26.8%，碳青霉烯类耐药率为0.1%，喹诺酮类耐药率为41.5%；肺炎克雷伯菌亚胺培南和美罗培南耐药率0.2%和0.4%，铜绿假单胞菌亚胺培南和美罗培南耐药率分别为15.9%和10.5%。

（六）中国细菌耐药监测

我国政府高度重视抗菌药物合理应用和细菌耐药监测工作。2004 年，原卫生部、国家中医药管理局、原解放军总后勤部卫生部联合颁布了《抗菌药物临床应用指导原则》，为推进我国抗菌药物合理应用奠定了基础。为配合《抗菌药物临床应用指导原则》的实施，原卫生部于2005 年印发通知（卫办医发［2005］176 号），成立“全国细菌耐药监测网”，并委托北京大学第一医院临床药理研究所承担了全国细菌耐药监测网的组织实施工作，根据我国地域广阔、医疗水平存在巨大差异、各医疗机构临床微生物发展状况不均一等情况，在对各地医疗机构调查的基础上，选择各地具有代表性医院组成原卫生部全国细菌耐药监测网（Ministry of Health National Antimicrobial Resistance Investigation Net，Mohnarin）。2012年，为贯彻落实《抗菌药物临床应用管理办法》（卫生部令84号），原卫生部办公厅、国家中医药管理局办公室、原总后勤部卫生部药品器材局联合发布“关于加强抗菌药物临床应用和细菌耐药监测工作通知”（卫办医发［2012］72号），对全国细菌耐药监测网（China Antimicrobial Resistance Surveillance System，CARSS）进行了扩大建设，由国家卫生健康委医政司组建和管理，国家卫生健康委合理用药专家委员会负责日常运行。2021年，根据《国家卫生健康委关于进一步加强抗微生物药物管理遏制耐药工作的通知》（国卫医函〔2021〕73号）要求，全国二级以上医疗机构积极响应要求加入细菌耐药监测网，经过多年连续不断的发展和建设，截至2024年，监测网成员单位达到6809所，其中核心成员单位2217所，基础成员单位4592所，监测网覆盖全国31个省、直辖市和自治区（包括新疆生产建设兵团）。全国细菌耐药监测网设有3个技术分中心和31个省级监测中心，设立了全国细菌耐药监测学术委员会、全国细菌耐药监测学术委员会青年委员会、质量管理中心、数据分析工作组、标准与规范起草工作组及13 个实践培训基地等，充分发挥组织管理优势和技术优势，加强制度建设，规范技术标准，注重人才培养，保证质量水平，常年开展“培微计划”“技术下基层”等培训教育活动，指导和带动监测网成员单位不断提高监测能力，促进抗菌药物临床合理使用、感染性疾病诊疗水平的提高以及临床微生物学科的发展和建设。

全国细菌耐药监测网包括主动监测和被动监测两种形式，常规开展被动监测，不定期开展主动监测。收集网点医院按规范化操作、自临床标本中分离的有临床意义和公共卫生意义的普通细菌及其抗菌药物敏感性试验结果，目标细菌为自临床标本中分离的有临床意义的细菌，包括以下标本及细菌：无菌部位标本（血液、脑脊液、骨髓、胸腹水、膀胱穿刺尿液、无菌腔隙穿刺液、组织等）来源的所有非污染细菌；开放部位合格标本（痰、咽拭子、尿液、粪便等）来源的具有临床意义的细菌。多年来，通过该监测网络获得了大量具有较高科学价值的细菌耐药性及变迁信息。耐药监测结果显示，甲氧西林耐药金黄色葡萄球菌、第三代头孢菌素耐药大肠埃希菌、碳青霉烯耐药铜绿假单胞菌的分离率呈逐年下降趋势，分别由2014年的36.0%、59.7%和25.6%下降至2022年的28.9%、48.6%和16.6%。但碳青霉烯类耐药肺炎克雷伯菌分离率由2014年的6.4%上升至2022年的10.0%。万古霉素耐药屎肠球菌分离率一直维持在低水平（<3%）。

耐药监测结果有助于及时掌握细菌耐药性流行趋势及新威胁，为政府和卫生行政部门制定相关政策、评估干预措施提供技术支持，为细菌感染性疾病的治疗和抗菌药物临床合理应用提供依据，在构建和完善遏制细菌耐药社会治理体系中发挥重要作用。

第二章 临床微生物学实验室的质量控制和质量保证

通过分析细菌耐药性监测结果，可以获得国家、地区、医院等病原菌感染流行率和耐药动态，明确需要重点关注的病原菌流行趋势，发现新的威胁，了解细菌耐药性的产生与抗菌药物应用之间的关系，预测细菌耐药趋势。此外，细菌耐药性监测结果能够为政府和卫生行政部门制定政策、评估干预措施的有效性，为临床医生经验性治疗、更新治疗方案，以及为新药研发提供客观依据。因此，细菌耐药性监测质量结果的准确性至关重要。

临床微生物实验室工作人员在日常处理标本、检测病原微生物过程中，面临已知和潜在的危害，存在实验室感染的风险，应遵循国家、地方现行的有效标准，例如，国家卫生健康委员会发布的《人间传染的病原微生物目录》、临床实验室生物安全指南（WS/T 442）等，建立生物安全管理制度并遵照执行，确保工作人员的安全。

第一节 质量控制

临床微生物检验质量控制（Quality Control，QC）是通过评估标本质量，监控检验程序、试剂、培养基、仪器性能和人员能力，审核实验结果，记录实验方法的有效性，从而保证检验报告的准确性、可靠性、重复性。实验室应制定相应操作规范，以方便标本采集、运送和处理人员查阅和遵照执行。

一、标本采集和运送

标本的正确采集和运送是保证检验结果准确的前提。微生物检验标本通常由医师或护士采集，运送到实验室。实验室应制定标本采集及运送指南，提供合适的容器，以保证标本质量。标本采集和运送指南至少包括以下内容。

（一）申请单填写

申请单设计应遵循国家、地区和当地规定，包括足够的信息，以便识别或追溯患者和申请者。至少包括以下内容：①患者信息：姓名、性别、出生年月或年龄、患者唯一编码（如住院号）、科室或病区等。②申请医生。③标本信息：标本类型、采集日期及时间，适用时，说明采集部位、采集方法。④检测项目。⑤临床诊断。必要时，提供有助于病原体检测的相关信息，如临床表现、抗微生物药物使用史、旅行史等。

（二）标本采集和运送的方法和步骤

标本采集和运送规范通常包括以下内容：①患者准备。②标本采集部位和采集方法。③标本唯一标识（以便识别或追溯患者和标本信息）。④标本运送要求［因标本种类和检测的目标致病体不同而异；所有标本均应尽快送到实验室；多数标本应在2h内送达，标本量较少的体液（<1mL）、组织（<$1cm^3$）标本宜在30min内送达；有些标本需要运送培养基和特殊的运送条件］。⑤标本延迟运送时的贮存方法（如冷藏尿液）。⑥标本安全运送的方法（如密封容器、无标本外漏）等。标本运送基本原则见表2-1。

（三）标本接收或拒收标准

制定并执行标本接收或拒收标准，是保证检验结果准确的关键环节。标本拒收标准可包括如下内容：①无标识或标识错误；②容器不规范，如容器有裂缝或破损导致标本泄露，非无菌容器等；③标本运送不当，如厌氧培养标本在有氧条件下运送，淋病奈瑟菌培养被冷藏保存，标本采集至实验室接收间隔时间过长；④标本种类与申请单不符；⑤标本含固定剂或防腐剂；⑥拭子干涸；⑦24h内重复送检的培养标本（血培养除外）；⑧标本种类不适用申请项目。

实施标本拒收标准过程中应加强与临床的沟通，如医生坚持继续检测，则需在结果报告中说明标本质量，并注明“应临床要求完成检测”。通常，不应接收或处理缺乏正确标识的标本。然而，若被检测物质不稳定，且标本不可替代，可以先行处理，待申请医师或采集者识别并确认后，发送检测报告。

表2-1　标本运送基本原则

标本种类	容器、运送时间、保存温度
需氧菌培养标本	无菌容器，室温保存，立即送检 拭子转运管，室温保存，2h送达
需氧菌+厌氧菌培养标本	无菌厌氧容器，室温保存，立即送检 厌氧拭子转运管，室温保存，2h送达
真菌培养标本，抗酸杆菌培养标本	无菌容器，室温保存，立即送检 拭子转运管，室温保存，2h送达
病毒培养标本	病毒转运培养基，冷藏保存，立即送检 病毒拭子转运管，室温保存，2h送达
疑似生物恐怖病原体标本	遵循国家相关要求
血清学检测标本	血清分离胶促凝采集管，室温保存，2h送达
抗原检测标本	密闭容器，室温保存，2h送达
核酸扩增检测标本	EDTA抗凝管，室温保存，2h送达 密闭容器，室温保存，2h送达

二、抗微生物药物敏感性试验

抗微生物药物敏感性试验（Antimicrobial Suceptibility Test，AST）结果准确性受多种因素影响。这些因素包括菌株活性，接种量，药物稳定性，孵育时间、温度和气体环境，培养基成分、离子含量和pH值，结果判读等。人工判读结果主要取决于操作者的技术能力。仪器判读结果取决于分析软件和仪器性能。可通过遵循国内外抗微生物药物敏感性试验标准操作规范、制造商说明书进行控制。通常，相关的抗微生物药物敏感性试验规范每年修订，实验室至少应遵循上一年的技术标准。当某种抗微生物药物室内质控失控时，不应签发该药物的检测结果，应分析失控原因及影响后重新检测。

当实验室拟建立抗微生物药物敏感性试验新方法，或报告新品种药物敏感性时，应连续检测20~30天或替代质控方案，即连续5天，每天对每一组药物/细菌重复测定3次（详见本书第七章）。采用自动或半自动仪器检测MIC时，应按照制造商的要求进行质控。

CLSI推荐抗微生物药物敏感实验的检测体系发生变化时，应增加质控频次验证新的改变对药物敏感实验体系的影响（详见本书第七章）。

（一）质量控制失控处理

抗微生物药物敏感性试验质量控制失控通常是由于污染或使用不合格的质量控制菌株造成；纠正措施首先选择使用新鲜传代的质控菌株纯培养物进行重复试验。如果问题仍未解决，可参考表2-2和表2-3进行分析处理。表2-2提供了使用MH琼脂检测药物敏感性试验时质控失控的原因和纠正措施，表2-3提供了初次使用CAMHB肉汤进行肉汤微量稀释法抗微生物药物敏感性试验，质控失控时的问题和纠正措施指南。

表2-2 纸片扩散法质量控制失控处理表

抗微生物药物	质控菌株	现象	可能原因	注释/建议措施
β-内酰胺合剂	鲍曼不动杆菌ATCC 13304 大肠埃希菌ATCC 35218 大肠埃希菌ATCC 13353 肺炎克雷伯菌ATCC 700603 肺炎克雷伯菌ATCC BAA-1705	抑菌圈太大或对β-内酰胺类单药敏感 对β-内酰胺合剂质控在控	编码β-内酰胺酶的质粒自发性丢失	使用新的冷冻或冻干保存的菌种 使用其他常规QC菌株（如有） 上述菌株应储存于-60℃或以下环境，并避免反复传代 注：肺炎克雷伯菌BAA-2814稳定，不需要进行QC菌株完整性检测
	鲍曼不动杆菌ATCC 13304 大肠埃希菌ATCC 35218 大肠埃希菌ATCC 13353 肺炎克雷伯菌ATCC 700603 肺炎克雷伯菌ATCC BAA-1705 肺炎克雷伯菌ATCC BAA-2814	抑菌圈太小或β-内酰胺类单药和β-内酰胺复合剂均耐药	抗微生物药物降解	换用其他批次纸片 检查贮存条件和包装完整 亚胺培南和克拉维酸尤其不稳定
羧苄西林	铜绿假单胞菌ATCC 27853	抑菌圈太小	QC菌株在反复传代后产生耐药	避免反复传代
头孢吡肟	鲍曼不动杆菌NCTC 13304 大肠埃希菌NCTC 13353	抑菌圈内有散在菌落	当30μg头孢吡肟纸片测试分离菌时，抑菌圈内出现散在菌落	出现该情况时，量取无菌落生长的内圈直径
亚胺培南	肺炎克雷伯菌ATCC BAA-1705 肺炎克雷伯菌ATCC BAA-2814	抑菌圈内有散在菌落	当10μg亚胺培南纸片测试分离株时，抑菌圈内出现散在菌落	出现该情况时，量取无菌落生长的内圈直径
青霉素类	任何菌株	抑菌圈太大	培养基pH太低	pH允许范围：7.2~7.4 避免CO_2环境孵育，以免pH降低
		抑菌圈太小	培养基pH太高	pH允许范围：7.2~7.4

续表

抗微生物药物	质控菌株	现象	可能原因	注释 / 建议措施
β-内酰胺类药物	任何菌株	抑菌圈直径最初在允许范围，但随着时间的推移，抑菌圈直径变小或失控	亚胺培南、克拉维酸和头孢克洛特别不稳定纸片已失去效力	换用其他批号纸片 检查贮存条件和包装完整性
氨基糖苷类 喹诺酮类	任何菌株	抑菌圈太小	培养基pH太低	pH允许范围：7.2~7.4 避免CO_2环境孵育，以免pH降低
		抑菌圈太大	培养基pH太高	pH允许范围：7.2~7.4
氨基糖苷类	铜绿假单胞菌ATCC 27853	抑菌圈太小	Ca^{2+}和（或）Mg^{2+}含量太高	换用其他批号培养基
		抑菌圈太大	Ca^{2+}和（或）Mg^{2+}含量太低	换用其他批号培养基
克林霉素 大环内酯类	金黄色葡萄球菌ATCC 25923	抑菌圈太小	培养基pH太低	pH允许范围：7.2~7.4 避免CO_2环境孵育，以免pH降低
		抑菌圈太大	培养基pH太高	pH允许范围：7.2~7.4
喹诺酮类	任何菌株	抑菌圈太小	培养基pH太低	pH允许范围：7.2~7.4 避免CO_2环境孵育，以免pH降低
		抑菌圈太大	培养基pH太高	pH允许范围：7.2~7.4
特地唑胺	粪肠球菌ATCC 29212	肠球菌属抑菌圈不易阅读	MHA上弱生长	粪肠球菌ATCC 29212作为补充质控菌株，用于人员培训和评估阅读准确性
四环素类	任何菌株	抑菌圈太大	培养基pH太低	pH允许范围：7.2~7.4 避免CO_2环境孵育，以免pH降低
		抑菌圈太小	培养基pH太高	pH允许范围：7.2~7.4
		抑菌圈太小	Ca^{2+}和（或）Mg^{2+}含量太高	换用其他批号培养基
		抑菌圈太大	Ca^{2+}和（或）Mg^{2+}含量太低	换用其他批号培养基
磺胺类 甲氧苄啶 甲氧苄啶/磺胺甲噁唑	粪肠球菌ATCC 29212	抑菌圈≤20mm	培养基中胸腺嘧啶含量过高	换用其他批号培养基
各种药物	肺炎链球菌ATCC 49619	抑菌圈太大 菌落生长稀疏	制备接种物的平板放置太久并含有过多的死亡菌体 应使用孵育18~20h培养物制备接种物	QC菌株重新传代，并重复质量控制试验，或者重新复苏保存的质控菌株
	各种菌株	抑菌圈太小	污染，使用放大镜观察抑菌圈	用肉眼观察到的可见生长来测量区域边缘 必要时传代分纯并重新试验
	任何菌株	多数抑菌圈太小	接种菌量太高 接种菌悬液制备有误 培养基太厚	使用0.5麦氏浊度标准 若使用硫酸钡或乳胶浊度定标，应检查其有效期和贮存是否符合要求 所用琼脂厚度约为4mm。更换新批号MHA重新检查

续表

抗微生物药物	质控菌株	现象	可能原因	注释/建议措施
各种药物	任何菌株	一个或多数抑菌圈太小或太大	测量错误 抄写错误 纸片随机缺陷 纸片未紧贴于琼脂表面	重新阅读检查是否为测量或抄写错误 重新试验 如果重新试验的结果超出范围而未查出错误，则启动纠正措施
	各种菌株	抑菌圈太大	测量抑菌圈时，未包括圈内轻微生长（如双圈，抑菌圈边缘模糊生长）	用肉眼观察到的可见生长来测量区域边缘
	任何菌株	对同一种抗微生物药物，某一QC菌株失控，但其他QC菌株结果在质量控制范围内	该QC菌株能更好地提示质控结果存在的问题	重新检测该菌，以确认可接受结果的重复性 用已知MIC值的替代菌株进行评估对有问题的质量控制菌株/抗微生物药物采取纠正措施
		同一种抗微生物药物，2株QC菌株均失控	提示纸片有问题	换用其他批号的纸片 检查贮存条件和包装是否完好
		抑菌圈重叠	平板上药敏纸片过多	直径150mm的平板最多贴12张纸片，直径100mm平板最多贴5张纸片 某些苛养菌会产生更大的抑菌圈，贴的纸片则应更少

表2-3　MIC法质量控制失控处理

抗微生物药物	质控菌株	现象	可能原因	注释/建议措施
β-内酰胺合剂	鲍曼不动杆菌ATCC 13304 大肠埃希菌ATCC 35218 大肠埃希菌ATCC 13353 肺炎克雷伯菌ATCC 700603 肺炎克雷伯菌ATCC BAA-1705	β-内酰胺类单药MIC太低或敏感 β-内酰胺合剂QC在控	编码β-内酰胺酶的质粒自发性丢失	使用新的冷冻或冻干保存的菌种 使用其他常规QC菌株（如有） 上述菌株应储存于-60℃或以下环境，并避免反复传代 注：肺炎克雷伯菌BAA-2814稳定，不需要进行QC菌株完整性检测
	鲍曼不动杆菌ATCC 13304 大肠埃希菌ATCC 35218 大肠埃希菌ATCC13353 肺炎克雷伯菌ATCC700603 肺炎克雷伯菌ATCC BAA-1705 肺炎克雷伯菌ATCC BAA-2814	MIC太高或对β-内酰胺类单药和β-内酰胺合剂均耐药	抗微生物药物降解	使用新批次试验材料 检查贮存条件和包装完整性 亚胺培南和克拉维酸尤其不稳定
羧苄西林	铜绿假单胞菌ATCC 27853	MIC太高	QC菌株在反复传代后发展为耐药	每两周从冰冻或冻干的菌种中重新传代培养，以防止丧失活力并避免反复传代
头孢噻肟-克拉维酸 头孢他啶-克拉维酸	肺炎克雷伯菌ATCC 700603	ESBL检测阴性	编码β-内酰胺酶的质粒自发性丢失	菌株应储存于-60℃或以下环境，并避免反复传代

续表

抗微生物药物	质控菌株	现象	可能原因	注释 / 建议措施
碳青霉烯类	铜绿假单胞菌 ATCC 27853	MIC 太高	培养基中 Zn^{2+} 浓度太高	使用另一批次产品
			抗微生物药物降解	使用另一批次产品 检查存储条件及包装的完整性 采用铜绿假单胞菌 ATCC 27853 重新测试亚胺培南 QC 结果，如仍在 QC 范围上限可能提示抗微生物药物降解
青霉素	金黄色葡萄球菌 ATCC 29213	MIC 太高	QC 菌株产β-内酰胺酶，接种物浓度过高可导致 MICs 升高	仔细调节接种物浓度，重复试验
青霉素类	任何菌株	MIC 太低	培养基中 pH 太低	可接受 pH 范围 7.2~7.4 避免 CO_2 环境孵育降低 pH
		MIC 太高	培养基中 pH 太高	可接受 pH 范围为 7.2~7.4
β-内酰胺类	任何菌株	MIC 最初在允许范围，但随着时间的推移，MIC 超出可接受范围	亚胺培南、头孢克洛和克拉维酸 尤其不稳定 抗微生物药物降解	使用另一批次产品 检查存储条件及包装完整性
氨基糖苷类 喹诺酮类	任何菌株	MIC 太高	培养基 pH 太低	可接受 pH 范围 7.2~7.4 避免 CO_2 环境孵育降低 pH
		MIC 太低	培养基 pH 太高	pH 允许范围：7.2~7.4
氨基糖苷类	铜绿假单胞菌 ATCC 27853	MIC 太高	培养基中 Ca^{2+} 和（或）Mg^{2+} 含量太高	可接受范围 Ca^{2+} 20~25mg/L，Mg^{2+} 10~12.5mg/L
		MIC 太低	培养基中 Ca^{2+} 和（或）Mg^{2+} 含量太低	可接受范围 Ca^{2+} 20~25mg/L，Mg^{2+} 10~12.5mg/L
头孢曲松	铜绿假单胞菌 ATCC 27853	MIC 太高	质控菌株经过反复传代后产生耐药性	每两周从冰冻或冻干的菌种中重新传代培养，以防止丧失活力，并避免反复传代
黏菌素	大肠埃希菌 ATCC 25922 铜绿假单胞菌 ATCC 27853 大肠埃希菌 NCTC 13846 大肠埃希菌 ATCC BAA-3170	MIC 太高	药物吸附在试管或板条表面导致测试培养基中的药物浓度不足	检查在实验试剂制备和 MIC 检测过程中使用的容器（试管、板条）材质 使用未经处理的聚乙烯制备而成的试管或板条 MIC 检测应使用当天在试管或板条中制备的黏菌素储存液 仅使用多黏菌素类的硫酸盐 不能使用黏菌素的甲磺酸盐（属于非活性的前体药，在溶液中缓慢分解）
		MIC 太低	在实验肉汤或接种稀释液中加入了表面活性剂	检查并确保在实验培养基或接种稀释液中没有添加表面活性剂（如聚山梨酯-80）
达巴万星 奥利万星 特拉万星	金黄色葡萄球菌 ATCC 29213 粪肠球菌 ATCC 29212	MIC 太高	培养基中缺少聚山梨酯-80	在 CAMHB 培养基中加入终浓度为 0.002%（*v/v*）聚山梨酯-80

续表

抗微生物药物	质控菌株	现象	可能原因	注释 / 建议措施
氯霉素 克林霉素 红霉素 利奈唑胺 特地唑胺 四环素	金黄色葡萄球菌ATCC 29213 粪肠球菌ATCC 29212 肺炎链球菌ATCC 49619	MIC太高	拖尾现象	从拖尾现象开始的第一孔阅读结果 忽略微弱生长
利奈唑胺 特地唑胺	金黄色葡萄球菌ATCC 29213	MIC太高	拖尾现象	金黄色葡萄球菌ATCC 25923可作为该药补充QC菌株 该菌株拖尾现象较少，MIC终点更易阅读
奥利万星	金黄色葡萄球菌ATCC 29213 粪肠球菌ATCC 29212	MIC太高	溶剂和稀释液中缺少聚山梨酯-80	采用含终浓度0.002%（*v/v*）聚山梨酯-80的溶剂溶解抗微生物药物 并进行稀释
		MIC太高	使用组织培养处理过的微量稀释 板	该药只能采用未经处理微量稀释板
克林霉素 大环内酯类 酮内酯类	金黄色葡萄球菌ATCC 29213 粪肠球菌ATCC 29212	MIC太高	培养基pH太低	可接受pH范围7.2~7.4 避免CO_2环境孵育降低pH
		MIC太低	培养基pH太高	pH允许范围：7.2~7 4
达托霉素	金黄色葡萄球菌ATCC 29213 粪肠球菌ATCC 29212	MIC太高 MIC太低	Ca^{2+}浓度太低 Ca^{2+}浓度太高	CAMHB中可接受Ca^{2+}含量为50μg/mL
四环素类	任何菌株	MIC太低	培养基pH太低	pH允许范围：7.2~7.4
		MIC太高	培养基pH太高	可接受pH范围7.2~7.4 避免CO_2环境孵育降低pH
		MIC太高	培养基中Ca^{2+}和（或）Mg^{2+}含量太高	可接受范围Ca^{2+}20~25mg/L，Mg^{2+}10~12.5mg/L
		MIC太低	培养基中Ca^{2+}和（或）Mg^{2+}含量太低	可接受范围 Ca^{2+} 20~25mg/L，Mg^{2+} 10~12.5mg/L
奥玛环素 替加环素	任何菌株	MIC太高	CAMHB非新鲜制备	CAMHB制备好12h内必须使用或冰冻储存MIC板
各种药物	肺炎链球菌ATCC 49619	MIC太低 生长轻微	制备接种物的平板放置太久并含有过多的死亡菌体 应使用孵育18~20h培养物制备接种物	每两周从冰冻或冻干的菌种中重新传代培养，以防止丧失活力 传代QC菌株并重复QC试验，或者重新复苏保存的QC菌株 平板接种应使用孵育18~20h培养物制备接种物
	大肠埃希菌ATCC 35218 肺炎克雷伯菌ATCC 700603	MIC太低	编码β-内酰胺酶的质粒自发性丢失	避免反复传代
	粪肠球菌ATCC 51299	MIC太低	QC菌株经过反复传代后产生耐药性	避免反复传代 每两周从冰冻或冻干的菌种中重新传代培养，以防止丧失活力
	任何菌株	一药物QC结果失控，但此抗微生物药物不向患者报告（如不在医院处方表中）	N/A	假如失控抗微生物药物不需正常报告，其他预防失控抗微生物药物结果在控，则不需重复试验

续表

抗微生物药物	质控菌株	现象	可能原因	注释/建议措施
各种药物	任何菌株	很多MICs太低	接种菌量太低 接种物制备错误	使用0.5麦氏浊度标准或标准化设备重新调浊度 若使用硫酸钡或乳胶作标准，应检查其有效期和贮存是否符合要求 检查接种物制备和接种步骤。接种后和孵育前应立即对生长对照孔进行菌落计数（大肠埃希菌ATCC 25922大约5×10^5CFU/mL）
		大多数MICs太高或太低	CAMHB质量不佳	使用另一批次产品
		大多数MICs太高或太低	可能在判读/抄写中存在错误	重新进行判读 使用另一批次产品
		大多数MICs太高	接种物浓度太高	使用0.5麦氏浊度标准或标准化设备重新调浊度 若使用硫酸钡或乳胶作标准，应检查其有效期和贮存是否符合要求 检查接种物制备和接种步骤 接种后和孵育前应立即对生长对照孔进行菌落计数（大肠埃希菌ATCC 25922大约5×10^5CFU/mL）
		跳孔现象	污染 未正确接种或接种物混合不充分 该孔内实际药物浓度不准确 该孔内肉汤体积不准确	重新进行QC试验 使用另一批次产品
		对同一种抗微生物药物，有一株QC菌株结果失控，但其他QC菌株结果在控	某株QC菌株可能更好地提示QC问题（如铜绿假单胞菌ATCC 27853比大肠埃希菌ATCC 25922更好地反映亚胺培南的降解）	如果在控QC菌株测试有问题药物结果在允许范围极值，重新测试QC菌株确认结果可重复性 用已知MIC值的菌株进行评估 对出现问题的QC菌株/抗微生物药物组合采取纠正措施
		对同一种抗微生物药物，2株QC菌株结果均失控	提示抗微生物药物有问题，也可能存在系统问题	采取纠正措施
		一株菌株QC结果失控，但此抗菌药物不向患者报告（如不在医院处方表中）		如失控抗微生物药物不需常规报告，并采取了适当措施以防止报告超出范围的抗微生物药物，则不需重复试验。仔细检查相同类型抗微生物药物是否有类似失控结果的趋势 假如有问题抗菌药物持续失控，请联系厂家解决

三、试剂和耗材的质量控制

（一）一般原则

实验室应制定文件化程序用于试剂和耗材的接收、验收、存储和库存管理，并作为质量控制体系记录的一部分。管理程序中应有明确判断试剂和耗材质量符合性的方法和标准。实验室应尽可能选用有国家批准文号的试剂，应保留并确保其易于获取制造商提供的试剂性能参数。试剂和耗材应按制造商的说明进行储存。当由于试剂或耗材直接引起不良事件和事故，应按要求进行调查并向制造商和相应的监管部门报告。

试剂和耗材管理系统可以帮助实验室人员时刻了解试剂和耗材的库存量和保质期。健全的库存控制系统应记录与检测质量相关的每一种试剂和耗材信息，包括试剂或耗材的名称、来源（制造商名称和批号）、联系人信息、收货日期、失效日期、收货时的状态（如合格或损坏），以及制造商的说明书及确认试剂合格记录。其他可选择添加的信息包括入库者姓名或简称。实验室自配试剂，应记录配制日期、有效期、配制者、试剂成分及其批号和制造商名称，质控者签名（若非配制者）。

（二）商品化试剂和耗材验收

新批号和新货次商品化试剂和耗材在投入临床使用前应确认其性能满足要求。常用试剂和耗材验收方法如下。

1.新批号及每一货次试剂和耗材使用前，应通过直接分析参考物质、新旧批号平行实验或常规质控等方法进行验证，并记录。

2.新批号及每一货次试剂和耗材，如吲哚试剂，杆菌肽，奥普托辛，X、V、X+V因子纸片等应使用阴性和阳性质控物进行验证。

3.新批号及每一货次的药敏试验纸片使用前应以标准菌株进行验证。

4.新批号及每一货次的染色剂（革兰染色、特殊染色和荧光染色）应用已知阳性和阴性（适用时）的质控菌株进行验证。

5.新批号及每一货次直接抗原检测试剂（无论是否含内质控）应用阴性和阳性外质控进行验证。

6.培养基外观良好（平滑、水分适宜、无污染、适当的颜色和厚度，试管培养基湿度适宜），新批号及每一货次培养基应进行无菌试验，并以质控菌株验证相应的性能，包括生长试验、与旧批号平行试验、生长抑制试验（适用时）、生化反应（适用时）等。

7.一次性定量接种环每批次应抽样验证。

（三）使用中试剂的质量控制

各种试剂日常质控方法和频率不尽相同。不常使用试剂可每次实验时进行质控，使用频率高的试剂可执行以下建议。

1.使用中的染色剂，宜每周（如革兰染色，若检测频率低于每周1次，则实验当日）、当日（如抗酸染色）或每次（如抗酸杆菌荧光染色）用已知阳性和阴性（适用时）质控菌株检测。

2.凝固酶、过氧化氢酶、氧化酶、β-内酰胺酶，实验当日应做阴性和阳性质控，商业头孢菌素试剂的β-内酰胺酶试验应遵循制造商的建议。

3.诊断性抗血清试剂，实验当日至少应做多价血清阴性和阳性质控。

4.定性试验试剂每次检测时应至少包括阳性和阴性质控菌株。

5.不含内质控的直接抗原检测试剂，实验当日应检测阳性和阴性外质控。

（四）自配培养基的质量控制

实验室自配培养基需要在每批次培养基制备完成或使用前进行质量控制，质控菌株的选择取决于培养基的使用目的，以确保培养基满足目标菌所需的生长特性、选择性、增菌和生化反应。针对自配培养基，实验室应有一种标识和记录培养基的方法，其内容应包括批次或批号、储存要求、制备日期、使用日期、失效日期和制备者信息等。用于制备培养基的试剂容器上应标明接收日期和开启日期。

四、质控菌株的选择

临床微生物实验室开展涂片染色镜检、分离培养、菌种鉴定及药物敏感试验等检测时，应进行质量控制。最理想的质控菌株是标准菌株，如来自中国医学细菌保藏管理中心（CMCC）、美国典型菌种保藏中心（ATCC）等的标准菌株。然而，实验室难以获得与其检测能力相对应的所有标准菌株，可依次选择标准菌株、能力验证或室间质评菌株，以及其他来源的已知菌株用于质量控制。使用保存的质控菌株之前，应将其在适宜的培养基上传代至少两次，值得注意的是，多次传代培养可影响质控菌株的稳定性。

（一）常用培养基验证试验质控菌株的选择

培养基是微生物实验室完成微生物学检验的关键试剂，是能否从标本中分离出致病菌的关键因素，实验室在使用培养基前需确认培养基处于无菌状态且具有相应的特性。因此，实验室需储存质控菌株，用于培养基质量验证。常用培养基验证试验选择的质控菌株及判定标准见表2-4。

表2-4　常用培养基质控菌株的选择及判定标准

培养基	质控菌株*	判断标准
营养琼脂培养基	金黄色葡萄球菌 ATCC 25923 铜绿假单胞菌 ATCC 27853	生长 菌落无色或浅绿色
血琼脂培养基	化脓链球菌 ATCC 19615 肺炎链球菌 ATCC 49619	生长，β 溶血 生长，α 溶血
巧克力琼脂培养基	流感嗜血杆菌 ATCC 49247	生长
中国蓝培养基	大肠埃希菌 ATCC 25922 奇异变形杆菌 ATCC 49005 粪肠球菌 ATCC 29212 肠沙门菌鼠伤寒血清型 ATCC 14028	生长，蓝色菌落 无色菌落，迁徙生长被抑制 不生长 无色菌落
SS培养基	大肠埃希菌 ATCC 25922 福氏志贺菌 ATCC 12022 肠沙门菌鼠伤寒血清型 ATCC 14028 粪肠球菌 ATCC 29212	红色菌落，生长受抑制 生长，无色菌落 生长，无色菌落，中心有黑色 不生长
麦康凯琼脂培养基	大肠埃希菌 ATCC 25922 奇异变形杆菌 ATCC 49005 粪肠球菌 ATCC 29212	生长，粉红色或红色 无色菌落，迁徙生长被抑制 不生长

续表

培养基	质控菌株*	判断标准
XLD培养基 （木糖赖氨酸脱氧胆盐琼脂培养基）	肠沙门菌鼠伤寒血清型ATCC 14028 宋内志贺菌CMCC（B）51592 大肠埃希菌ATCC 25922 粪肠球菌ATCC 29212	生长，红色菌落，中心有黑色 生长，红色菌落 生长，黄色菌落 不生长
TCBS琼脂培养基	霍乱弧菌非O1群HB081127A1或溶藻弧菌ATCC 17749 副溶血弧菌ATCC 17802 大肠埃希菌ATCC 25922 粪肠球菌ATCC 29212	生长良好，黄色大菌落 生长良好，绿色大菌落 生长被抑制 不生长
淋病奈瑟菌选择培养基	淋病奈瑟菌ATCC 49226 大肠埃希菌ATCC 25922	生长 生长被抑制
营养肉汤培养基	大肠埃希菌ATCC 25922 金黄色葡萄球菌ATCC 25923	生长 生长
牛脑心浸液培养基	肺炎链球菌ATCC 49619 流感嗜血杆菌ATCC 49247	生长 生长
巯基乙酸盐肉汤培养基	金黄色葡萄球菌ATCC 25923 普通拟杆菌ATCC 8482	生长 生长
厌氧血琼脂培养基	脆弱拟杆菌ATCC 25285 产气荚膜梭菌ATCC 13124	生长 生长
沙保弱琼脂培养基	白念珠菌ATCC 90028	生长
罗氏培养基或分枝杆菌液体培养基	堪萨斯分枝杆菌ATCC 12478 大肠埃希菌ATCC 25922	生长，黄色菌落 不生长
B群链球菌选择性肉汤	无乳链球菌ATCC 12386 大肠埃希菌ATCC 25922	生长 不生长
念珠菌显色培养基	白念珠菌ATCC 90028	绿色
克氏双糖铁培养基	大肠埃希菌ATCC 25922 奇异变形杆菌ATCC 49005 福氏志贺菌ATCC 12022 铜绿假单胞菌ATCC 27853	斜面黄色/底部黄色 斜面红色/底部黑色，H_2S+ 斜面红色/底部黄色 斜面红色/底部红色

注：*可采用标准菌株、质控菌株或其他来源的已知菌株

（二）常用生化试验质控菌株的选择

微生物实验室常根据细菌不同的生化特性利用各种生化试验对其进行鉴别，应采用质控菌株对生化试验进行质量控制，详见表2-5。

表2-5 常用生化试验质控菌株

生化试验	质控菌株（试验结果）*	阳性判定标准
触酶试验	金黄色葡萄球菌ATCC 25923（+） 化脓性链球菌ATCC 19615（-）	立即出现气泡
氧化酶试验	铜绿假单胞菌ATCC 27853（+） 大肠埃希菌ATCC 25922（-）	立即呈粉红色并转为紫红色
凝固酶试验	金黄色葡萄球菌ATCC 25923（+） 表皮葡萄球菌ATCC 12228（-）	玻片法：血浆中有明显的颗粒出现而盐水中无自凝现象 试管法：血浆凝固
DNA酶试验	黏质沙雷菌ATCC 14041（+） 大肠埃希菌ATCC 25922（-）	培养基改变颜色或形成晕圈

续表

生化试验	质控菌株（试验结果）*	阳性判定标准
杆菌肽试验	化脓链球菌ATCC 19615（敏感） 无乳链球菌ATCC 12386（耐药）	抑菌圈直径≥10mm为敏感；7~10mm需要重复试验；6mm为耐药
CAMP试验	无乳链球菌ATCC 12386（+） 化脓链球菌ATCC 19615（-）	金葡菌与待检菌交叉处出现箭头型或方型溶血增强现象
反向CAMP试验	溶血隐秘杆菌（+） 化脓链球菌ATCC 19615（-）	金葡菌与待检菌交叉处溶血环出现凹陷
动力试验	大肠埃希菌ATCC 25922（+） 肺炎克雷伯菌ATCC 13883（-）	穿刺线模糊或有扩散生长的痕迹
β-内酰胺酶试验（头孢硝噻吩纸片法）	金黄色葡萄球菌ATCC 29213（+） 金黄色葡萄球菌ATCC 25923（-）	红色
奥普托欣敏感试验（纸片直径6mm）	肺炎链球菌ATCC 49619（+） 粪肠球菌ATCC 29212（-）	抑菌圈≥14mm
卫星试验	流感嗜血杆菌ATCC 49247（+） 副流感嗜血杆菌ATCC 7901（-）	流感嗜血杆菌需要X+V因子才能生长
胆盐溶菌试验	肺炎链球菌ATCC 49619（+） 粪肠球菌ATCC 29212（-）	试管法：菌液变清亮 平板法：菌落被溶解或菌落变扁平
新生霉素敏感试验	腐生葡萄球菌（耐药） 金黄色葡萄球菌ATCC 25923（敏感）	抑菌圈直径>16mm（或≥12mm）为敏感；≤16mm（或<12mm）为耐药
吲哚试验	大肠埃希菌ATCC 25922（+） 铜绿假单胞菌ATCC 27853	两液面交界处呈红色
脲酶试验	奇异变形杆菌ATCC 12453（+） 大肠埃希菌ATCC 25922（-）	呈红色
拉丝试验	大肠埃希菌ATCC 25922（+） 金黄色葡萄球菌ATCC 25923（-）	接种环向上拉起可见明显拉丝

注：*可采用标准菌株、质控菌株或其他来源的已知菌株

（三）常用诊断血清质控菌株的选择

诊断血清主要用于对肠道致病菌进行血清学分型鉴定，常用的质控菌株选择见表2-6。

表2-6　微生物实验室常用血清学试验质控菌株

血清学试验	质控菌株*
沙门菌属血清鉴定试验	肠沙门菌伤寒血清型ATCC 50096 O9：Hd（+） 大肠埃希菌ATCC 25922（-）
志贺菌属血清鉴定试验	福氏志贺菌ATCC 12022（+） 大肠埃希菌ATCC 25922（-）
致泻性大肠埃希菌血清鉴定试验	致泻性大肠埃希菌（+） 大肠埃希菌ATCC 25922（-）
O157：H7出血性大肠埃希菌血清鉴定试验	大肠埃希菌NCTC 12900（+） 大肠埃希菌ATCC 25922（-）
O1群、O139群霍乱弧菌血清鉴定试验	霍乱弧菌ATCC 14035（O1群+） 大肠埃希菌ATCC 25922（-）

注：*可采用标准菌株、质控菌株或其他来源的已知菌株

（四）染色液质控菌株的选择

染色液应采用相应的质控菌株对染色的着色情况进行控制，质控菌株选择见表2-7。

表2-7 染色液的质控菌株选择及判定标准

染色方法	质控菌株*	判定标准
革兰染色	大肠埃希菌 ATCC 25922 金黄色葡萄球菌 ATCC 25923	红色 紫蓝色
抗酸染色（萋尼法）	龟分枝杆菌 ATCC 93326 大肠埃希菌 ATCC 25922	红色 蓝色
抗酸染色（荧光法）	龟分枝杆菌 ATCC 93326 大肠埃希菌 ATCC 25922	橙黄色荧光 无荧光
真菌钙荧光白染色	黑曲霉 大肠埃希菌 ATCC 25922	孢子和菌丝呈亮蓝色荧光 无荧光
墨汁染色	新生隐球菌 ATCC 32609 白念珠菌 ATCC 90028	可见透亮的荚膜 无荚膜
六胺银染色	白念珠菌 ATCC 90028	棕黑色
乳酸酚棉兰染色	烟曲霉	孢子和菌丝着蓝色

注：*可采用标准菌株、质控菌株或其他来源的已知菌株，使用商品化染液应遵循产品说明书

（五）自动化细菌鉴定仪质控菌株的选择

商品化的鉴定板卡在选择质控菌株时应遵循制造商的要求。需注意的是选择的质控菌株应覆盖板卡中所有生化反应的阳性和阴性结果。

（六）抗微生物药物敏感试验质控菌株的选择

药敏试验应选用标准菌株。药敏试验质控所用标准菌株和药物的种类和数量应覆盖向临床报告药敏结果的菌种和药物种类，同时兼顾方法学要求。实验室应保存标准菌株的来源、传代等记录，并有证据表明标准菌株性能满足要求，至少贮存以下标准菌株：大肠埃希菌ATCC 25922、大肠埃希菌ATCC 35218、铜绿假单胞菌ATCC 27853、金黄色葡萄球菌ATCC 25923（纸片法）、金黄色葡萄球菌ATCC 29213（MIC法）、肺炎链球菌ATCC 49619、粪肠球菌ATCC 29212（MIC法）、流感嗜血杆菌ATCC 49247或ATCC 49766（取决于所测试药物）。如需向临床提供淋病奈瑟菌药敏结果，质控菌株可选择淋病奈瑟菌ATCC 49226。厌氧菌的MIC法应选择脆弱拟杆菌ATCC 25285、多形拟杆菌ATCC 29741、艰难拟梭菌（原艰难梭菌）ATCC 700057和迟缓埃格特菌ATCC 43055。详细内容可参考美国临床实验室标准化协会（Clinical and Laboratory Standards Institute，CLSI）、欧洲抗微生物药物敏感性试验委员会（European Committee on Antimicrobial Susceptibility Testing，EUCAST）等国内外专业组织制定的文件。

五、检验结果一致性比对

为保证检测结果的一致性，实验室需定期对检测人员进行一致性比对。除此以外，还应定期进行实验室信息系统、医生护士信息系统、结果打印机、手机客户端及各种检测系统的信息传递，相关项目检测结果的一致性比对。

（一）人员比对

实验室应对由多名专业人员实施的操作进行比对，确保检验结果的一致性。应规定比对周期、项目、各项目标本数量/构成、标本来源、参比结果确定、一致性判定标准、比对通过标准。

1.比对项目

由多人进行的操作需要进行人员比对，至少包括显微镜检查、培养结果判读、抑菌圈测量、结果报告。实验室若开展直接抗原试验或感染血清学手工方法检查，亦应进行人员比对。

2.比对频率

应有计划，定期进行比对。建议每6个月一次，每次至少使用5份标本（含阳性结果）进行检验人员的结果比对并记录。最好选择临床标本，也可采用室间质评材料。若涉及的比对项目标本数量不够，可酌情延长比对时间。

3.比对方法

采用实验室常规检测方法。

（1）显微镜检查：根据比对项目，选取菌种或临床标本进行湿片镜检、革兰染色，或抗酸染色等显微镜检查，由所有参与检测人员独立完成制片、染色、镜检等操作，并报告显微镜检查结果。

（2）培养结果判读：根据比对要求，选取实验室已接种的平板，由所有参与检测人员记录菌落生长情况（包括菌量、有无溶血等），挑选目标菌落实施下一步操作。

（3）纸片扩散法药敏试验结果判读：采用经检定的量具测量抑菌圈大小。

（4）结果报告：对指定的临床标本的培养和药敏结果进行报告，宜包括痰液、粪便等有菌部位标本的可疑病原菌报告和特殊药敏机制报告。

4.比对结果合格性判断

实验室根据比对方案，制备比对材料，确定参比结果，比较每一标本检测结果的一致性，计算每个项目（操作）、每位操作者比对结果的合格率，判定相应项目（操作）、操作者比对结果是否达到所制定的合格率标准。临床标本可以本实验室技术能力强的专业技术人员的检测结果、室间质评材料以室间质评结果作为参比结果，其他人员检测结果与此进行一致性比较，计算相应合格率，确定是否通过。未通过比对人员/项目（操作）应分析不合格原因，采取相应纠正和纠正措施后，重新评估。

5.记录保存

人员比对结束后，应整理原始数据、汇总结果、总结报告，由指定人员审核、签字，按规定保存。

（二）信息系统不同终端检验结果比对

应定期对信息系统不同终端的检测结果进行比对，包括检测系统与实验室信息系统、医生工作站、手机端及打印终端。信息系统升级后，应进行数据传输的完整性、正确性比对，比对一致方可启用。

（三）不同项目检测结果的一致性

临床微生物实验室可以通过比较不同项目检测结果的一致性来保证检测结果的准确性。例如，将血液、组织、脑脊液等培养结果与革兰染色涂片显微镜检查结果进行比较。当显微镜检查结果与培养结果不一致时，需查找原因，必要时采取纠正措施。

六、检验结果准确性

微生物实验室为了保证检测结果的准确性，需制定一个针对检测准确性的全面核查计划，该计划应覆盖单个检测项目每次检测结果的准确性，即质量控制结果的监测、持续跟踪评估，以及实验室能力验证计划，包括室间质量评价、实验室间比对。

（一）质量控制结果的监测及持续跟踪评估

实验室应如实记录质量控制结果，及时识别质控偏差。当出现失控时，实验室应分析原因，立即纠正。除此以外，还应评估本次失控对患者标本检测结果的影响，采取相应措施，必要时，采取纠正措施。

实验室质量控制方法和频率宜遵循行业规范，应满足制造商的要求。近年，美国提出了个性化质量控制计划（Individualized Quality Control Plan，IQCP）。

IQCP是实验室自愿参与的，由风险评估、质量控制计划、质量评估三个关键内容组成。风险评估（Risk Assessment，RA）是识别、评价和控制潜在错误来源的过程。对于IQCP，这些来源包括与标本、环境、试剂、检测系统，以及检测人员相关的风险，并涵盖分析前、分析中和分析后全过程。质量控制计划（Quality Control Plan，QCP）是发现错误和降低风险的综合策略，可基于风险评估识别的风险，采取相应措施，预防潜在风险的发生。质量评估（Quality Assessment，QA）是监测IQCP计划有效性的方法。实验室通过QA识别的错误或风险，修订IQCP，不断提高IQCP的有效性。

（二）实验室间比对

微生物实验室应参加适于相关检验和检验结果解释的实验室间比对计划（如外部质量评价计划或能力验证计划），尽量选择接近临床实际的、模拟患者标本的比对试验，具有检查包括检验前和检验后程序的全部检验过程的功用（可能时）。除国家、省、市卫生健康委员会临床检验中心组织的实验室间质量评价活动外，还有其他机构组织的质量评价计划供选择。

当无实验室间比对计划可利用时，实验室应采取替代方案并提供客观证据确定检验结果的可接受性。这些方案应尽可能使用适宜的物质，包括有证标准物质或标准样品、以前检验过的标本、细胞库或组织库中的物质、与其他实验室交换标本，或实验室间比对计划中日常检测的质控物。

实验室应建立参加实验室间比对计划和替代方案（适用时）的程序，包括职责规定、参加说明，以及不同于实验室间比对计划的评价标准，并应监控实验室间比对计划、替代方案检验结果，当不符合预定评价标准时，应分析原因，采取纠正措施。

值得注意的是，实验室间比对或替代方案均应由日常工作人员，采用与患者标本相同的方法进行检测，不得特殊对待，结果上报之前严禁与其他实验室交流结果。

七、检验方法性能验证

检验方法性能验证是指通过提供客观证据，确认未加修改而使用的已确认的检验方法（亦称为检验程序），能达到方法开发者规定的性能要求，与检验结果的预期用途相关。实验室应单独进行验证。除检验方法的性能与方法开发者声明相符外，性能验证还应确定该检验方法在本实验室能够实施，工作人员具备获得准确和可重复性结果的能力，并满足本实验室管理的要求。

实验室常选择体外诊断医疗器械使用说明规定的、公认或权威教科书、经同行审议过的文章或杂志发表的、国际公认标准或指南中的，或国家、地区法规中的检验方法。实验室在新检验方法应用于患者标本检测之前，应进行性能验证。当严重影响分析性能的情况发生，重新启用检验方法时，应对所有受影响的性能进行验证。常规使用期间，为满足检验结果的预期用途，可基于检验方法的稳定性，利用日常工作产生的检验和质控数据等，定期对检验方法的分析性能进行评估，确保经验证的检验方法持续符合方法开发者的性能参数要求，本实验室持续具备获得准确和可重复性结果的能力，并持续满足本实验室的管理要求。

实验室应根据分析类型和用途进行验证程序的设计、结果的统计学分析和建立可接受性能标准。验证方案和可接受标准应符合相关的国家、行业标准，权威出版物等文件，并满足实验室管理的要求。检验方法性能验证前准备、性能验证试验及验证后质量保证程序可参照《临床微生物培养、鉴定和药敏检测系统的性能验证》（WS/T 807）。

第二节　质量保证

质量保证（Quality Assurance，QA）是有计划、系统地评估和监测患者诊疗质量的整个过程，以便及时发现问题，采取有效措施，提高质量和服务。过去，质量保证的重点在于发现问题，随着质量管理理念的发展，质量保证的重点转变为基于质量评估，实施持续质量改进，以满足客户的需要。

临床微生物实验室是以诊断、预防、治疗感染性疾病或评估健康提供信息为目的，对标本进行微生物学检验，并提供咨询服务，包括结果解释和为进一步适当检查提供建议。为了实现检验结果高度的准确性、重复性，不断提高检验效率和效益，必须实施全面质量管理，包括患者识别及准备，标本采集、标识、保存、运送、处理、检测后贮藏，报告发送等整个过程，涉及微生物检验所需的试剂、培养基、设备、环境和信息资源，以及人员、技术和专业知识等。微生物实验室的质量保证应以文件形式明确规定，内容符合相关标准，并及时更新。本节重点介绍质量评估和质量改进。在达到质量标准和持续改进过程中，机构内各级人员各司其职，尤其是全员积极参与至关重要。此外，由于质量评估在数据收集和分析方面耗费时间，有必要建立计算机信息系统，以提高工作效率。

一、质量评估和审核

实验室应策划并实施所需的评估和内部审核过程，以证实检验全过程以及支持性过程按照满足用户需求和要求的方式实施、符合质量管理体系要求、质量管理体系持续改进有效。申请认可的实验室，应符合相应准则的要求，如ISO15189医学实验室质量和能力认可准则。

质量指标（Quality Indicator）是一个对象的大量特征满足要求的程度，可测量实验室满足用户需求的程度和运行过程的质量，以产出百分数（在规定要求内的百分数）、缺陷百分数（在规定要求外的百分数）、每百万机会缺陷数（Defects per Million Opportunities，DPMO）或六西格玛级别表示。实验室应建立质量指标以监控和评估检验前、检验和检验后关键环节的性能。质量指标监控的策划内容包括质量指标建立目的、方法、解释、限值、措施计划和监控周期。实验室可收集、分析数据，与纵向监测结果或质量标准进行比较，以发现潜在的危害因素，针对高风险因素，及时采取适当的纠正措施。此外，实验室还可通过参加质量指标的外部评价计划，与同行数据比较，评价本实验室的质量和服务。

实验室应选择能够区分质量和服务好坏的指标，表2-8列举了临床微生物实验室的一些质量指标。内部审核应涵盖识别出的风险、外部评审及之前内部审核的输出、不符合的发生、事件、投诉、影响实验室活动的变化等，应将审核结果报告给相关员工，及时采取适当的纠正和纠正措施。表2-9以痰一般细菌培养为例，列举了审核内容。

表2-8 临床微生物实验室质量指标示例

各检验过程	监测目的	质量指标举例
检验前过程	医嘱申请	单份痰找抗酸杆菌标本比率 未送检尿常规的尿培养标本比率（脓尿培养） 痰、尿液、大便等细菌/真菌培养标本送检每天超过一次比率（数量）
	标本采集	血培养污染率 24h内成人单套血培养送检比率 痰标本合格率
检验过程	检验结果精确性	涂片检查结果与培养结果一致率
	报告及时性	血培养阳性一级报告及时率
检验后过程	报告正确性	错误报告率
	结果应用	脑脊液涂片革兰染色阳性结果报告后使用/调整抗微生物药物患者比率

表2-9 痰一般细菌培养审核内容

审核目的	审核内容	是/否
文件控制	1.痰一般细菌培养相关文件是否有经授权人员审核、批准、发布记录？	
	2.现场使用的痰一般细菌培养相关文件是否有发放记录？接收人员签收记录？	
	3.相应岗位人员是否方便查阅痰一般细菌培养相关文件？	
	4.相应岗位人员使用的痰一般细菌培养操作卡等相关文件是否现行有效？	
	5.痰一般细菌培养相关文件是否按要求定期评审？	
	6.工作人员对于该文件的补充、建议。	
实验环境控制	1.实验区空间是否足够实验人员进行安全的、规范的操作？	
	2.实验室环境是否满足检测设备的要求？	
	3.实验区洗眼器、喷淋安装是否规范？是否定期检测其功能？	
	4.工作人员对实验环境的其他建议？	
标本接收	1.痰一般细菌培养送检标本容器是否正确？	
	2.是否按文件规定拒收不合格标本？	
	3.标本是否有唯一标识？是否可溯源？	
	4.是否遵循标本接收程序？	
	5.工作人员对标本接收过程的建议。	
人员能力	1.是否定期进行人员能力评估？	
	2.是否有培训计划和培训记录？	
	3.新职工培训、考核、授权记录。	
	4.工作人员对人员能力评估的建议。	
检验程序	1.标本涂片、接种、鉴定、药敏，以及结果报告等操作过程是否符合痰一般细菌培养相关文件？	
	2.工作人员对本环节的建议。	

续表

审核目的	审核内容	是 / 否
室内质控和实验室间比对	1.室内质控方法、频率、失控处理是否符合文件要求？	
	2.主管是否定期查看质控结果，分析质控趋势，必要时采取措施？	
	3.是否按计划参加实验室间比对？无实验室间比对计划的项目是否有替代方案？	
	4.实验室间比对、替代方案是否由检测人员以与患者标本相同的检测流程进行检测？	
	5.当实验室间比对、替代方案结果不符合预定的评价标准时，是否实施纠正措施？	
	6.相同或不同的程序、设备，多人实施的手工操作等检验结果是否有定期比对记录？	
	7.工作人员对本环节的建议。	
结果报告	1.结果在被授权者发布前是否得到复核？	
	2.标本储存、保留、处置是否符合文件要求？	
	3.危急值处理（适用时）是否符合文件要求？	
	4.结果报告内容是否符合文件要求？	
	5.报告修改是否符合文件要求？	
	6.分级报告结果与最终报告结果不一致时，是否查找原因采取相应的纠正措施？	
	7.工作人员对本环节的建议。	

二、质量改进

实验室应通过评估和审核来确定与实验室活动相关的风险和改进机会，从而不断改进其质量管理体系的有效性，以预防或减少实验室活动中的不利因素和潜在问题，降低患者医疗风险，把握改进机会，确保管理体系达到预期效果，实现实验室目标。

实验室可通过风险评估、操作程序评审、数据和室间质量评价结果分析、内部审核发现、外部评审报告、员工建议、患者和用户建议和反馈、投诉、纠正措施和管理评审等识别改进机会。

质量改进可采取步骤：①设立目标：应基于工作人员的建议、出现的缺陷，或普遍接受、适当的实践模式来设立目标，一般应考虑检验全过程，如标本的采集与转运、项目的选择、检验结果的应用等方面。鱼骨图的建立有助于全面梳理目标涉及的各方面，聚焦容易出现问题的特定环节，同时形成概述性报告，分析质量改进过程及其实施基础。②达成共识：所有参与者充分交流，以理解设立的目标并承诺实施。③质量指标：选择并监测能够区分质量和服务好坏的指标。④数据分析和改进策略：根据经验、适当的医疗要求和科学数据确定质量指标可接受标准（也称为阈值），并作为采取行动或实施指南的依据。阈值设置过于宽松可能导致虚假的安全感或者错过潜在的改进机会。机构间的比较（也称标杆管理）有助于阈值的设定。应通过分析错误及其发生频率，选择高风险因素实施改进。⑤记录：应将改进程序、数据收集和分析、拟采取行动形成文件，如制定日志表单，明确监测指标、结果、数据分析标准（如阈值）和行动，以方便数据收集，并及时发现趋势性变化，以便采取行动进行适当的调整，实施质量改进。

值得注意的是，质量改进是一个持续的、缓慢的过程，采取纠正措施后所取得的成绩往往并不显著。因此，质量标准或改进目标设定不应过高，当实际情况与既定目标存在较大差距时仍应继续努力。

三、诊断管理

诊断管理（Diagnostic Stewardship）是医疗卫生机构能力建设和质量改进有效而重要的工具，包含一系列协调指导和干预措施，以提高实验诊断的质量和能力，推动实验诊断在患者管理中的合理使用。微生物诊断管理的作用包括两方面。一方面，基于及时、准确的实验诊断结果实施的感染性疾病防控措施，使患者管理更安全有效。另一方面，准确和有代表性的抗微生物药物耐药性监测结果，为感染性疾病诊疗指南和抗微生物药物耐药性控制战略提供信息。此外，还有助于优化资源利用和提高抗微生物药物耐药性监测质量。

诊断管理涵盖实验诊断过程的所有环节和要素，首先是项目规范和标本种类选择、患者准备、标本采集，以及临床、人口统计和流行病学信息收集，这些信息应随每个标本采集一起完成。它还包括标本的正确保存和运送，实验室规范地接收、登记和处理标本，结果的报告和解释，以及最终将检验结果用于患者管理。这一过程中各环节的成功取决于良好的质量管理和现有资源的有效利用。

诊断管理是人类抗微生物药物耐药性监测以及抗微生物药物耐药性控制总体战略的重要组成部分。2016年世界卫生组织配套全球抗微生物药物耐药性监测系统（Global Antimicrobial Resistance Surveillance System，GLASS）实施手册发布了《诊断管理》（Diagnostic Stewardship，A Guide to Implementation in Antimicrobial Resistance Surveillance Sites），该文件包括诊断路径和诊断管理组织两部分。“诊断路径”部分概述了与标本管理直接相关的操作步骤，主要针对临床医生和其他医务人员、实验室工作人员等。“诊断管理组织”部分概述了医疗卫生机构实施诊断管理应具备的组织和结构要素，主要针对行政管理人员和决策者，为医疗卫生机构将微生物诊断管理纳入日常工作提供参考。《诊断管理》全文，可在网站WHO-DGO-AMR-2016.3-eng.pdf下载。

四、实验室常见错误的预防和质量提升

临床微生物学检验全过程技术复杂，手工操作步骤多，人员培训周期长，容易发生错误导致结果不正确或报告不及时。建立质量管理体系，制定科学有效、操作性强、表述清晰的标准操作规程（Standardized Operating Procedure，SOP）并遵照执行，能够预防错误的发生。通过日常监督、定期检查，能够保证检验行为规范，并及早发现错误。一旦发生错误，立即纠正能够减少对患者结果的影响，分析产生错误的根本原因，采取纠正措施，如修订质量管理体系文件，并进行培训、考核、监督执行，能够防止类似错误再次发生，进而扩大核查范围，举一反三，可以预防相关错误的发生。实验室质量的提升，一方面可以通过对日常监督和定期检查中发现的错误采取纠正措施，不断完善质量管理体系来实现。另一方面，可以通过评估和审核分析现状和趋势，或参与外部质量评价活动，将本实验室现状与标杆实验室相比较，识别改进机会，在风险评估的基础上选择质量改进项目，逐步提高检验质量和能力。以下是A群链球菌抗原检测的质量提升实例。

问题：技术人员对A组链球菌抗原快速试验检测结果判读不一致。

行动：在开始行动之前，全面分析A组链球菌抗原检测阳性率的影响因素。例如，A群链球菌感染咽炎多发于5~7岁儿童；针对病毒性咽炎的检测标本量冬季高于夏季，而A群链球菌感染检测标本量夏季高于冬季；由于午夜至凌晨送检患者往往病情严重，A群链球菌检测阳性率可能

较高。因此，执行该调查项目时应考虑以上因素，收集数据进行分组分析。

1.数据收集

收集某段时间内送检A组链球菌抗原检测结果。数据内容包括患者登记号、年龄、性别、标本号，标本采集日期、时间，A群链球菌抗原检测结果、检测者。

2.数据分析

根据患者年龄、标本采集季节和（或）标本采集时间分别计算A组链球菌抗原阳性率。每个检测者检测结果阳性率与相应总阳性率进行统计学分析，识别出阳性率过高和过低的“异常”检测者，即个人检测结果阳性率与相应总阳性率差异有统计学意义者，逐个分析导致“异常”检测结果原因。针对“异常”结果产生原因采取纠正措施，如调整工作流程、修订标准化操作规程、调整培训/考核方案等，并在必要时进行再次培训和考核。定期对调查项目进行持续观察。

预期成果：A群链球菌抗原快速试验检测结果的一致性满足要求。

需要注意的是，从项目选择、患者准备、标本采集，到实验室发出检验报告的检验全过程，以及人员、设施和环境、设备、试剂和耗材、方法学各要素，任何环节不规范均会影响检验结果的准确性和及时性。本示例仅以A群链球菌抗原快速试验检测结果一致性为例，介绍质量提升方法，该试验的准确性等其他质量指标（性能参数）同样重要，应予以充分重视。

第三章 标本采集、运送和处理

正确的标本采集、运送和处理对于获得准确的检测结果至关重要，而准确的检测结果反过来又会影响患者的诊疗及预后。反之，不正确的标本采集、运送和处理可能会使实验室检测工作复杂化或报告假阳性或假阴性结果，进而导致不必要、不适当或不及时的抗微生物治疗。因此，应向临床提供标本采集手册，明确合适的标本采集规范及运送条件，并定期予以修订。在处理标本之前，必须确保按照临床要求对标本进行处理，且对怀疑的微生物进行相应处理。

第一节 标本采集和运送

微生物实验室应遵循行业标准或指南编写，定期审核标本采集和运送标准化操作程序，供医务人员查阅并遵照执行。“标本采集手册”除符合通用要求外，还应明确规定不同部位标本的采集方法，例如，明确说明并执行血培养标本采集的消毒技术和采血量；诊断成人不明原因发热和血流感染时，应在24h内不同部位至少采集2套，每套2瓶（需氧、厌氧各一瓶）；合格的标本类型、送检次数、标本量；需要尽快运送的标本；合适的运送培养基；延迟运送标本的保存方法及期限和安全运送方法（如密封容器、无标本外漏等）。

一、感染部位及感染类型

标本采集取决于感染或疑似感染的解剖部位及感染类型。表3-1列举了在不同感染部位及感染类型中，最为常见且与患者疾病具有一定关联的微生物，包括细菌、真菌和病毒，以及寄生虫。此表格旨在指导临床和实验室工作人员选择合适的方法，以确保获得病原学诊断。

二、标本采集和运送方法

标本采集和运送方法因感染部位和类型而异，应根据患者感染部位、接触史或暴露史及疑似病原体的特性等选择合适的标本类型、标本量和采集方式；根据申请的检测项目和检验方法，采集足量或足够大小的标本，应能反应患者的病理生理状况。表3-2列出了不同感染部位及类型细菌培养标本的采集和运送。病原体培养标本采集和运送的通用原则如下。

（1）标本采集应遵循严格的无菌操作技术。

（2）标本采集尽可能在抗微生物药物使用前，在疾病的早期、急性期。

（3）组织和抽吸物通常是首选标本。

（4）应以拭子采集：咽喉、结膜、浅表皮肤病变（仅需氧培养）、微生物筛查试验、某些鼻和鼻咽标本、某些阴道标本、直肠标本等。

（5）不应以拭子采集：用于真菌、厌氧菌或分枝杆菌培养的标本、手术区域的组织、任何体液、下呼吸道标本、眼内炎和角膜炎标本、鼻窦、中耳炎、活检、脓肿、成型粪便、会厌炎、腹泻疾病标本（常规不应送检直肠拭子）。

（6）标本采集时应避免定植菌污染，如痰、鼻窦、浅表伤口、瘘管和其他含有大量正常微生物群的部位的标本。

（7）标本应置无菌容器或含合适运送培养基的容器运送，并防止渗漏，不可污染容器外表面。

（8）采集后的标本应尽快运送至微生物实验室，如无法在规定的时间内送达，须根据申请项目、标本类型等选择适当的保存温度和（或）转运系统。

（9）除一般要求外，申请单宜提供其他对实验室有帮助的信息，如疑似微生物和（或）目前的抗微生物治疗。

三、血流及心血管系统感染

当血液中微生物繁殖速度超过网状内皮系统清除它们的能力时，发生血流感染（Bloodstream Infection，BSI）。如果宿主防御系统无法将感染局限于原发感染部位，或清除、引流失败，或未有效治疗局部感染，则可能导致持续性BSI。当血培养分离到临床重要的病原体时，不仅可确定患者的感染原因，而且还可进行抗微生物药物敏感性试验和优化治疗。

（一）血培养采集指征

当患者出现表3-2中的表现时，应送检血培养。

（二）血培养套数及采血量

采血量是从BSI患者体内分离微生物的最重要变量。成人及儿童应于24h内在2~3个穿刺点采集标本。对于每个穿刺点，成人采集一套，包括需氧、厌氧各一瓶，儿童仅采集需氧瓶。出现以下高危因素的儿童应考虑厌氧瓶，包括母亲产褥期患腹膜炎的新生儿，慢性口腔炎、鼻窦炎、蜂窝组织炎、有腹腔感染的症状和体征、咬伤、接受类固醇治疗的粒细胞缺乏患儿。怀疑感染性心内膜炎时应采集3套血培养，若24h培养结果为阴性，应再采集2套，共5套血培养。

成人每瓶血量8~10mL（血液与培养肉汤比例为1：5~1：10），或按照血培养瓶说明书采集。新生儿、婴幼儿和儿童采血量不超过患儿总血量的1%或按照体重采集（表3-3）。使用蝶形针采集血液时，先注入需氧瓶，再注入厌氧瓶。如用注射器采集血液，先注入厌氧瓶，再注入需氧瓶。若采血量不足，优先注入需氧瓶。

表3-1　感染部位/类型及常见病原体

感染部位/类型	常见病原体
心血管感染	
血流感染	金黄色葡萄球菌、表皮葡萄球菌、其他葡萄球菌、肺炎链球菌、化脓链球菌、无乳链球菌、草绿色链球菌、其他链球菌、肠球菌属乳球菌属、产单核李斯特菌、杰氏棒杆菌、沙门菌属、其他肠杆菌目细菌、假单胞菌属、不动杆菌属、嗜麦芽窄食单胞菌、洋葱伯克霍尔德菌、黄杆菌属、布鲁菌属、HACEK、弧菌属、巴尔通体属、军团菌属、厌氧菌（拟杆菌属、梭杆菌属、普雷沃菌属、卟啉单胞菌属、消化链球菌属等）、贝纳柯克斯体、惠普尔养障体、分枝杆菌属、念珠菌属、糠秕马拉色菌、曲霉属、双相真菌（马尔尼菲篮状菌、荚膜组织胞浆菌等）、单纯疱疹病毒、巨细胞病毒、水痘-带状疱疹病毒、疟原虫、钩端螺旋体、巴贝虫

续表

<table>
<tr><th colspan="2">感染部位 / 类型</th><th>常见病原体</th></tr>
<tr><td colspan="2">感染动脉瘤、血管移植物感染</td><td>金黄色葡萄球菌、表皮葡萄球菌、链球菌属、大肠埃希菌、奇异变形杆菌、铜绿假单胞菌、厌氧菌、念珠菌属</td></tr>
<tr><td colspan="2">输血相关脓毒症</td><td>田鼠巴贝虫、蜡样芽孢杆菌、伯氏螺旋体、空肠弯曲菌、科罗拉多蜱热病毒、巨细胞病毒、EB病毒、肝炎病毒、人类免疫缺陷病毒（HIV）、利什曼原虫、细小病毒B19、疟原虫、荧光假单胞菌、恶臭假单胞菌、沙门菌属、黏质沙雷菌、CoNS、刚地弓形虫、梅毒螺旋体、克氏锥虫、小肠结肠炎耶尔森菌</td></tr>
<tr><td colspan="2">心包炎、心肌炎</td><td>金黄色葡萄球菌、肺炎链球菌、化脓链球菌、肠杆菌目细菌、铜绿假单胞菌、沙门菌属、脑膜炎奈瑟菌、肺炎支原体、荚膜组织胞浆菌、念珠菌属、曲霉属、柯萨奇病毒、埃可病毒、脊髓灰质炎病毒、腺病毒、腮腺炎病毒、巨细胞病毒、结核分枝杆菌、克氏锥虫、细粒棘球绦虫、溶组织内阿米巴、刚地弓形虫、旋毛虫、冈比亚布氏锥虫、罗德西亚布氏锥虫、犬弓首蛔虫</td></tr>
<tr><td rowspan="4">心内膜炎</td><td>自体瓣膜</td><td>HACEK、草绿色链球菌、粪肠球菌、屎肠球菌、耐久肠球菌、解没食子酸链球菌群（与结肠癌有关）、马肠链球菌、化脓链球菌、无乳链球菌、金黄色葡萄球菌、路邓葡萄球菌、CoNS、肺炎链球菌、淋病奈瑟菌、嗜血杆菌属、假单胞菌属、李斯特菌属、棒杆菌属、念珠菌属、曲霉属（念珠菌属和曲霉属可在有严重基础疾病、糖皮质激素治疗、长期使用抗微生物药物或细胞毒性治疗的患者引起自体瓣膜心内膜炎）</td></tr>
<tr><td>静脉注射药物滥用者</td><td>金黄色葡萄球菌、链球菌属、肠球菌属、革兰阴性杆菌（常见假单胞菌属和沙雷菌属）、念珠菌属、疟原虫、利什曼原虫、嗜血杆菌属、奈瑟菌属、口腔厌氧菌</td></tr>
<tr><td>人工瓣膜（早发）</td><td>表皮葡萄球菌、金黄色葡萄球菌、需氧革兰阴性杆菌、真菌［（通常为念珠菌属和（或）曲霉属］、肠球菌属、棒杆菌属</td></tr>
<tr><td>人工瓣膜（晚发）</td><td>草绿色链球菌、葡萄球菌属、肠球菌属</td></tr>
<tr><td colspan="3">中枢神经系统感染</td></tr>
<tr><td colspan="2">急性细菌性脑膜炎</td><td>肺炎链球菌、脑膜炎奈瑟菌、产单核李斯特菌、无乳链球菌、流感嗜血杆菌、大肠埃希菌、克氏柠檬酸杆菌、其他肠杆菌目细菌、脑膜脓毒伊丽莎白金菌</td></tr>
<tr><td colspan="2">急性病毒性脑膜炎</td><td>柯萨奇病毒、埃可病毒、肠道病毒、副肠孤病毒、单纯疱疹病毒、水痘-带状疱疹病毒、淋巴细胞性脉络丛脑膜炎病毒、腮腺炎病毒、布尼亚病毒、麻疹病毒、腺病毒、HIV</td></tr>
<tr><td colspan="2">慢性脑膜炎</td><td>结核分枝杆菌、新生隐球菌、格特隐球菌、诺卡菌属、放线菌属、布鲁菌属、伯氏疏螺旋体、梅毒螺旋体、钩端螺旋体、念珠菌属、球孢子菌属、土拉热弗朗西斯菌、福氏耐格里阿米巴、广州副类圆线虫、棘阿米巴属</td></tr>
<tr><td colspan="2">分流感染</td><td>葡萄球菌属、链球菌属、肠杆菌目细菌、假单胞菌属、不动杆菌属、棒杆菌属、痤疮皮肤杆菌、分枝杆菌属、念珠菌属及其他真菌</td></tr>
<tr><td colspan="2">脑炎</td><td>单纯疱疹病毒、肠病毒（非脊髓灰质炎）、副肠孤病毒、西尼罗病毒、水痘-带状疱疹病毒、EB病毒、巨细胞病毒、细小病毒B19、人疱疹病毒6、JC病毒、腮腺炎病毒、麻疹病毒、流感病毒、腺病毒、狂犬病毒、淋巴细胞性脉络丛脑膜炎病毒、寨卡病毒、其他虫媒病毒［日本脑炎病毒、西方马脑炎病毒、东方马脑炎病毒、圣路易斯脑炎病毒、墨累谷脑炎病毒（澳大利亚）、LaCrosse病毒、罗西奥病毒、詹姆士城峡谷病毒、羊跳跃病病毒、波瓦森病毒、西方马脑炎病毒、东方马脑炎病毒、日本脑炎病毒、库京病毒、墨累谷脑炎病毒、圣路易斯脑炎病毒、罗西奥病毒］、结核分枝杆菌、巴尔通体属、肺炎支原体、惠普尔养障体、产单核李斯特菌、贝纳柯克斯体、立氏立克次体、伤寒立克次体、查菲埃里希体、嗜吞噬细胞无形体、伯氏疏螺旋体、钩端螺旋体属、梅毒螺旋体、新生隐球菌、格特隐球菌、球孢子菌属、棘阿米巴属、福氏耐格里阿米巴、狒狒巴拉姆希阿米巴、贝氏蛔虫、刚地弓形虫、布氏锥虫、朊病毒（克雅氏变异型牛海绵状脑炎）</td></tr>
<tr><td colspan="2">脑膜脑炎</td><td>福氏耐格里阿米巴</td></tr>
<tr><td colspan="2">肉芽肿性脑炎</td><td>棘阿米巴属、狒狒巴拉姆希阿米巴</td></tr>
</table>

续表

感染部位 / 类型		常见病原体
局灶性脑实质感染（脑脓肿）		链球菌属（特别是中间链球菌）、金黄色葡萄球菌、肠杆菌目细菌、假单胞菌属、流感嗜血杆菌、产单核李斯特菌、嗜沫凝聚杆菌、拟杆菌属、梭杆菌属、普雷沃菌属、放线菌属、梭菌属、皮肤杆菌属、消化链球菌属、卟啉单胞菌属、诺卡菌属、结核分枝杆菌、念珠菌属、隐球菌属、曲霉属、毛霉目、尖端赛多孢、毛孢子菌属、木霉属、其他暗色真菌（外瓶霉属、离蠕孢属、班替枝孢瓶霉）、地方性双相真菌病、刚地弓形虫、福氏耐格里阿米巴、棘阿米巴属、狒狒巴拉姆希阿米巴、猪带绦虫
脊髓、周围神经和颅神经		脊髓灰质炎病毒、猴疱疹病毒、HIV-1、人类T淋巴细胞滋养病毒1型、巨细胞病毒（脊髓炎相关）、单纯疱疹病毒（脊髓炎相关）、麻疹病毒、水痘带状疱疹病毒、流感病毒、腮腺炎病毒、伯氏疏螺旋体、回归热螺旋体、衣原体属
硬膜外脓肿、硬膜下脓肿、化脓性颅内血栓性静脉炎		链球菌属、肠球菌属、葡萄球菌属、肠杆菌目细菌、嗜血杆菌属、假单胞菌属、消化链球菌属、韦荣球菌属、拟杆菌属、梭杆菌属、普雷沃菌属、痤疮皮肤杆菌、诺卡菌属、分枝杆菌属、布鲁菌属、梅毒螺旋体、念珠菌属、曲霉属及其他真菌
眼部感染		
眼睑		金黄色葡萄球菌、单纯疱疹病毒、水痘病毒、乳头瘤病毒、毛癣菌属、小孢子菌属、毛孢子菌属
睑腺炎（麦粒肿）		金黄色葡萄球菌
结膜炎	脓性	淋病奈瑟菌、脑膜炎奈瑟菌（新生儿）、沙眼衣原体、金黄色葡萄球菌、化脓链球菌、肺炎链球菌、流感嗜血杆菌、铜绿假单胞菌、大肠埃希菌、莫拉菌属、白喉棒杆菌、鹦鹉热衣原体
	慢性	腔隙莫拉菌、葡萄球菌属
	帕里诺眼-腺	巴尔通体、衣原体（性病淋巴肉芽肿）、结核分枝杆菌、梅毒螺旋体、杜氏嗜血杆菌、土拉弗朗西斯菌、EB病毒、腮腺炎病毒
	病毒	腺病毒、单纯疱疹病毒、水痘-带状疱疹病毒、EB病毒、巨细胞病毒、麻疹病毒、腮腺炎病毒、流感病毒、新城疫病毒（副黏病毒）
角膜感染	细菌	金黄色葡萄球菌、CoNS、肺炎链球菌、棒杆菌属、痤疮皮肤杆菌、诺卡菌属、铜绿假单胞菌、黏质沙雷菌、大肠埃希菌、其他肠杆菌目细菌、流感嗜血杆菌、淋病奈瑟菌、产单核李斯特菌、蜡样芽孢杆菌、腔隙莫拉菌、分枝杆菌属
	真菌	曲霉属、镰刀菌属、念珠菌属、暗色真菌（链格孢菌、弯孢菌属、枝顶孢属）、微孢子菌
	病毒	单纯疱疹病毒、水痘-带状疱疹病毒、腺病毒、肠病毒、柯萨奇病毒
	寄生虫	棘阿米巴属、旋盘尾丝虫
泪道系统感染	泪腺炎	金黄色葡萄球菌、链球菌属、淋病奈瑟菌、结核分枝杆菌、梅毒螺旋体、腮腺炎病毒、EB病毒
	泪小管炎	以色列放线菌、葡萄球菌属、链球菌属、曲霉属、单纯疱疹病毒、水痘-带状疱疹病毒
	泪囊炎	肺炎链球菌、金黄色葡萄球菌、化脓链球菌、流感嗜血杆菌、铜绿假单胞菌
视网膜和脉络膜感染		巨细胞病毒、带状疱疹病毒、单纯疱疹病毒、刚地弓形虫
眼内炎、全眼炎、葡萄膜炎和视网膜炎	细菌	CoNS、金黄色葡萄球菌、无乳链球菌、草绿色链球菌、肠球菌属、蜡样芽孢杆菌、痤疮皮肤杆菌、棒杆菌属、产单核李斯特菌、诺卡菌属、铜绿假单胞菌、黏质沙雷菌、大肠埃希菌、其他肠杆菌目细菌、不动杆菌属、流感嗜血杆菌、脑膜炎奈瑟菌、梅毒螺旋体、伯氏疏螺旋体、分枝杆菌属
	病毒	单纯疱疹病毒、水痘-带状疱疹病毒、腺病毒、肠病毒、柯萨奇病毒、虫媒病毒、埃博拉病毒
	真菌	白念珠菌、光滑念珠菌、其他念珠菌、曲霉属、镰刀菌属、暗色真菌（弯孢菌属、枝顶孢属）、双相真菌
	寄生虫	刚地弓形虫、弓首蛔虫属、猪肉绦虫、棘球属、其他蠕虫感染

续表

感染部位/类型		常见病原体
耳部感染		
外耳炎		铜绿假单胞菌（恶性外耳炎）、黑曲霉等丝状真菌
中耳炎		肺炎链球菌、流感嗜血杆菌、化脓链球菌、金黄色葡萄球菌、卡他莫拉菌、铜绿假单胞菌、肺炎克雷伯菌、其他肠杆菌目细菌、耳炎差异球菌、呼吸道合胞病毒、流感病毒、肠道病毒、鼻病毒、沙眼衣原体（<6个月婴儿）
慢性化脓性中耳炎		肺炎链球菌、流感嗜血杆菌、卡他莫拉菌、化脓链球菌、金黄色葡萄球菌、铜绿假单胞菌、表皮葡萄球菌、念珠菌属、棒杆菌属、拟杆菌属、消化链球菌属
由牙龈、牙周和口咽微生物群引起的口腔、邻近空间和组织感染		
坏死性牙龈炎		代表牙周和牙龈微生物群的厌氧菌（梭杆菌属、中间普雷沃菌、口腔普雷沃菌等）和共生螺旋体的混合感染
牙脓肿		牙周/牙龈微生物群引起的根尖周、牙周和牙龈脓肿
牙周炎	青少年	伴放线凝聚杆菌
	早发	螺旋体、牙龈卟啉单胞菌、伴放线凝聚杆菌
	成人	螺旋体、产黑色普雷沃菌、伴放线凝聚杆菌
	进行性	福赛斯坦纳菌
会厌炎和声门上炎		正常宿主：流感嗜血杆菌、肺炎链球菌、β溶血链球菌、金黄色葡萄球菌、脑膜炎奈瑟菌、口咽部的细菌群 免疫缺陷宿主：除以上正常宿主病原菌外，多杀巴斯德菌、曲霉属及其他丝状真菌
扁桃体脓肿/咽脓肿		化脓链球菌、金黄色葡萄球菌、咽峡炎链球菌群、溶血隐秘杆菌、牙龈和口腔的需氧和厌氧细菌群
Lemierre综合征		坏死梭杆菌、偶尔由口腔混合的厌氧菌群引起
乳突炎		肺炎链球菌、流感嗜血杆菌、卡他莫拉菌、化脓链球菌、金黄色葡萄球菌、铜绿假单胞菌、肠杆菌目细菌、口咽部厌氧菌群、结核分枝杆菌
下颌下、咽后和其他深部间隙感染（包括Ludwig咽峡炎、脓性颌下炎/口底多间隙感染/口底蜂窝织炎）		化脓链球菌、金黄色葡萄球菌、咽峡炎链球菌群、放线菌属、需氧菌和厌氧菌混合感染（来源于牙龈和口咽部微生物群）
急性颈部淋巴结炎		化脓链球菌、金黄色葡萄球菌、咽峡炎链球菌群、需氧菌和厌氧菌混合感染（来源于牙龈和口咽部微生物群）
慢性颈部淋巴结炎		鸟分枝杆菌复合群、结核分枝杆菌及其他分枝杆菌、产单核李斯特菌、汉赛巴尔通体
上呼吸道感染		
急性上颌窦炎		肺炎链球菌、流感嗜血杆菌、卡他莫拉菌、金黄色葡萄球菌、化脓链球菌
复杂性窦炎		肺炎链球菌、流感嗜血杆菌、卡他莫拉菌、金黄色葡萄球菌、化脓链球菌、铜绿假单胞菌、肠杆菌目细菌、口腔需氧和厌氧（普雷沃菌属、卟啉单胞菌属、梭杆菌属、消化链球菌属、韦荣球菌属等）微生物群、微孢子虫、自生生活阿米巴、鼻病毒、流感病毒、副流感病毒、腺病毒（儿童）、毛霉属、根霉属、曲霉属、镰刀菌属、酵母菌
咽炎		化脓链球菌、C群和G群β-溶血链球菌、溶血隐秘杆菌、淋病奈瑟菌、白喉棒状杆菌、坏死梭杆菌、单纯疱疹病毒、EB病毒、人类免疫缺陷病毒、梅毒螺旋体

续表

感染部位/类型		常见病原体
喉炎		卡他莫拉菌、百日咳鲍特菌、副百日咳鲍特菌、流感嗜血杆菌、结核分枝杆菌、白喉棒杆菌、流感病毒、副流感病毒、鼻病毒、腺病毒
腮腺炎	脓性	金黄色葡萄球菌、厌氧菌、肠杆菌目细菌、铜绿假单胞菌、口腔微生物群、啮蚀艾肯菌
	病毒性	腮腺炎病毒、柯萨奇病毒、流感病毒、副流感病毒1型和3型、淋巴细胞性脉络丛脑膜炎病毒、巨细胞病毒
下呼吸道感染		
细支气管炎		呼吸道合胞病毒、鼻病毒、人博卡病毒I型、人偏肺病毒、副流感病毒、腺病毒、人冠状病毒、流感病毒、肠病毒
急性支气管炎		肺炎支原体、肺炎衣原体、百日咳鲍特菌、流感病毒、副流感病毒、呼吸道合胞病毒、人偏肺病毒、冠状病毒、腺病毒、鼻病毒
慢性支气管炎急性加重		流感嗜血杆菌、卡他莫拉菌、肺炎衣原体、肺炎支原体、肺炎链球菌、铜绿假单胞菌、鼻病毒、冠状病毒、流感病毒、副流感病毒、呼吸道合胞病毒、人偏肺病毒、腺病毒
社区获得性肺炎		肺炎链球菌、流感嗜血杆菌、金黄色葡萄球菌、军团菌属、肠杆菌目细菌、铜绿假单胞菌、肺炎支原体、肺炎衣原体、鹦鹉热衣原体、诺卡菌属、口腔厌氧菌（吸入性）、结核分枝杆菌、非结核分枝杆菌、脑膜炎奈瑟菌、卡他莫拉菌、放线菌属、新生隐球菌、荚膜组织胞浆菌、皮炎芽生菌、粗球孢子菌、申克孢子丝菌、马尔尼菲篮状菌、地霉属、流感病毒、副流感病毒、呼吸道合胞病毒、人偏肺病毒、鼻病毒、肠病毒、卫氏并殖吸虫
医院获得性或呼吸机相关性		金黄色葡萄球菌、铜绿假单胞菌、肺炎克雷伯菌、大肠埃希菌、肠杆菌属、黏质沙雷菌、不动杆菌属、嗜麦芽窄食单胞菌、流感嗜血杆菌、肺炎链球菌、厌氧菌（吸入性）、军团菌属、曲霉属、流感病毒、副流感病毒、腺病毒、呼吸道合胞病毒
吸入性肺炎（由微生物引起）		主要是厌氧菌（如消化链球菌属、具核梭杆菌、不解糖卟啉单胞菌、产黑色普雷沃菌）和草绿色链球菌 医院吸入性肺炎：肠杆菌目细菌、假单胞菌属及相关细菌
免疫缺陷患者肺炎		CAP和HAP所列细菌，非伤寒沙门菌、脑膜败血伊丽莎白金菌、产单核李斯特菌、诺卡菌属及其他需氧放线菌、红球菌属、结核分枝杆菌、鸟-胞内分枝杆菌复合群、蟾蜍分枝杆菌、嗜血分枝杆菌、脓肿分枝杆菌等快生长分枝杆菌、曲霉属、毛霉菌、根霉、梨头霉、新生隐球菌、格特隐球菌、耶氏肺孢子菌、新月弯孢霉、尖端赛多孢菌、镰刀菌属、荚膜组织胞浆菌、粗球孢子菌、波萨达斯球孢子菌、比氏肠微孢子菌、其他地方性真菌、刚地弓形虫、粪类圆线虫、隐孢子虫、呼吸道合胞病毒、巨细胞病毒、单纯疱疹病毒、水痘-带状疱疹病毒
胸膜腔感染		金黄色葡萄球菌、肺炎链球菌、化脓链球菌、咽峡炎链球菌群、其他链球菌、肠杆菌目细菌、铜绿假单胞菌、肠球菌属、诺卡菌属、军团菌属、拟杆菌属、普雷沃菌属、具核梭杆菌、消化链球菌属、放线菌属、结核分枝杆菌、念珠菌属、曲霉属、荚膜组织胞浆菌、粗球孢子菌、皮炎芽生菌、卫氏并殖吸虫、溶组织内阿米巴、棘球属、刚地弓形虫
肉芽肿		结核分枝杆菌、诺卡菌属、类鼻疽伯克霍尔德菌、巴西副球菌、并殖吸虫、沙眼衣原体
肺脓肿		消化链球菌属、具核梭杆菌、产黑色普雷沃菌、脆弱拟杆菌群、金黄色葡萄球菌、大肠埃希菌、肺炎克雷伯菌、铜绿假单胞菌、肺炎链球菌
胃肠道感染		
食管炎		白念珠菌、单纯疱疹病毒、巨细胞病毒
胃、十二指肠溃疡		幽门螺杆菌

续表

感染部位 / 类型	常见病原体
胃肠炎	沙门菌属、志贺菌属、气单胞菌属、类志贺邻单胞菌、弧菌属（霍乱弧菌、副溶血弧菌、拟态弧菌、河流弧菌、创伤弧菌）、致泻性大肠埃希菌、小肠结肠炎耶尔森菌、假结核耶尔森菌、迟钝爱德华菌、艰难拟梭菌、弯曲菌属（空肠弯曲菌、大肠弯曲菌、海鸥弯曲菌、乌普萨拉弯曲菌、胎儿弯曲菌）、蜡样芽孢杆菌、产气荚膜梭菌、金黄色葡萄球菌、肉毒梭菌、微孢子菌、十二指肠贾第鞭毛虫、溶组织内阿米巴、脆弱双核阿米巴、人芽囊原虫、结肠小袋纤毛虫、似蚓蛔线虫、粪类圆线虫、毛首鞭形线虫、蠕形住肠线虫、钩虫、绦虫、吸虫、隐孢子虫、卡耶塔环孢子虫、贝氏囊等孢子虫、人肉孢子虫、肠道螺旋体、轮状病毒、诺如病毒、札幌病毒、肠道腺病毒、星状病毒、肠道病毒、副孤肠病毒、巨细胞病毒
直肠炎	淋病奈瑟菌、沙眼衣原体、单纯疱疹病毒、猴痘病毒、梅毒螺旋体
腹腔感染	
腹腔内感染	大肠埃希菌、克雷伯菌属、变形杆菌属、肠杆菌属、铜绿假单胞菌、金黄色葡萄球菌、肠球菌属、拟杆菌属、梭杆菌属、韦荣球菌属、消化链球菌属、皮肤杆菌属、葡萄球菌属
自发性细菌性腹膜炎	大肠埃希菌、其他肠杆菌目细菌、葡萄球菌属、肠球菌属、链球菌属、淋病奈瑟菌、分枝杆菌属
继发性腹膜炎	肠杆菌目细菌（大肠埃希菌、肺炎克雷伯菌等）、肠球菌属、铜绿假单胞菌、厌氧菌（拟杆菌属、梭菌属等）、淋病奈瑟菌、分枝杆菌属、酵母菌、寄生虫、病毒
腹腔内脓肿，包括阑尾炎、憩室炎	需氧和厌氧革兰阴性杆菌（大肠埃希菌、变形杆菌属、克雷伯菌属、假单胞菌属、脆弱拟杆菌、梭状芽孢杆菌属、梭杆菌属等）肠球菌属、消化链球菌属
肝脓肿/感染	肠杆菌目细菌（肺炎克雷伯菌最常见）、肠球菌属、坏死梭杆菌、拟杆菌属、汉赛巴尔通体、溶组织内阿米巴、杜氏利什曼虫、微孢子菌、棘球绦虫
肝肉芽肿	结核分枝杆菌、非结核分枝杆菌（NTM）、布鲁菌属、土拉热弗朗西斯菌、荚膜组织胞浆菌、粗球孢子菌、梅毒螺旋体（二次梅毒）、棘球绦虫、血吸虫、巨细胞病毒、EB病毒
胆管感染	华支睾吸虫、猫后睾吸虫、梭菌属、隐孢子虫
胰腺感染	大肠埃希菌、肠球菌属、葡萄球菌属、克雷伯菌属、变形杆菌属、念珠菌属、假单胞菌属、链球菌属、嗜血杆菌属、棒杆菌属、黏质沙雷菌
脾脓肿	葡萄球菌属、沙门菌属、大肠埃希菌、肠球菌属、链球菌属、克雷伯菌属、肠杆菌属、变形杆菌属、假单胞菌属、棒杆菌属、志贺菌属、拟杆菌属、皮肤杆菌属、梭状芽孢杆菌属、梭菌属、念珠菌属、曲霉属、杜氏利什曼原虫、微孢子菌、皮炎芽生菌
肠道/腹部寄生虫感染	蠕形住肠吸虫、肝片形吸虫（肝）、巨片形吸虫（肝）、姜片吸虫、美洲钩虫、十二指肠钩虫、短膜壳绦虫、缩小膜壳绦虫、犬复孔绦虫
泌尿生殖道感染	
膀胱炎和肾盂肾炎	肠杆菌目细菌（大肠埃希菌、克雷伯菌属、变形杆菌属、肠杆菌属等）、肠球菌属、假单胞菌属及其他非发酵菌、金黄色葡萄球菌、腐生葡萄球菌、无乳链球菌、解脲棒杆菌、结核分枝杆菌、腺病毒、BK多瘤病毒
肾脓肿	金黄色葡萄球菌、大肠埃希菌、变形杆菌属、克雷伯菌属、假单胞菌属、链球菌属、肠球菌属、分枝杆菌属、拟杆菌属、念珠菌属
宫颈炎、尿道炎	淋病奈瑟菌、沙眼衣原体、生殖支原体、解脲支原体、阴道毛滴虫、单纯疱疹病毒
盆腔炎、子宫内膜炎	肠杆菌目细菌、化脓链球菌、无乳链球菌、肠球菌属、放线菌属、淋病奈瑟菌、沙眼衣原体、生殖支原体、混合厌氧菌、阴道毛滴虫、HIV

续表

<table>
<tr><th colspan="2">感染部位/类型</th><th>常见病原体</th></tr>
<tr><td colspan="2">前列腺炎</td><td>大肠埃希菌及其他肠杆菌目细菌、假单胞菌属、金黄色葡萄球菌、肠球菌属、无乳链球菌、皮炎芽生菌、粗球孢子菌、波萨达斯球孢子菌、荚膜组织胞浆菌、结核分枝杆菌、阴道毛滴虫</td></tr>
<tr><td colspan="2">附睾炎、睾丸炎</td><td>沙眼衣原体、淋病奈瑟菌、生殖支原体、阴道毛滴虫、肠杆菌目细菌、金黄色葡萄球菌、结核分枝杆菌、腮腺炎病毒、柯萨奇病毒、风疹病毒、EB病毒、水痘-带状疱疹病毒、皮炎芽生菌、粗球孢子菌、波萨达斯球孢子菌、荚膜组织胞浆菌</td></tr>
<tr><td colspan="2">生殖器病变</td><td>杜克雷嗜血杆菌（软下疳）、肉芽肿克雷伯菌（腹股沟肉芽肿）、衣原体（血清型L1、L2、L2a、L2b、L3）（性病淋巴肉芽肿）、梅毒螺旋体、单纯疱疹病毒1型和2型、水痘-带状疱疹病毒（儿童）、猴痘病毒、HPV</td></tr>
<tr><td colspan="2">外阴阴道炎</td><td>念珠菌属</td></tr>
<tr><td colspan="2">滴虫阴道炎</td><td>阴道毛滴虫</td></tr>
<tr><td colspan="2">细菌性阴道病</td><td>正常阴道微生物群过度生长</td></tr>
<tr><td colspan="3">皮肤和软组织感染</td></tr>
<tr><td colspan="2">脓疱病</td><td>化脓链球菌、金黄色葡萄球菌</td></tr>
<tr><td colspan="2">臁疮</td><td>化脓链球菌、金黄色葡萄球菌</td></tr>
<tr><td colspan="2">水疱性远端指炎</td><td>化脓链球菌、金黄色葡萄球菌</td></tr>
<tr><td colspan="2">毛囊炎</td><td>金黄色葡萄球菌</td></tr>
<tr><td colspan="2">游走性红斑</td><td>伯氏疏螺旋体</td></tr>
<tr><td colspan="2">丹毒</td><td>化脓链球菌</td></tr>
<tr><td colspan="2">急性蜂窝织炎</td><td>化脓链球菌、金黄色葡萄球菌、溶藻弧菌、美人鱼发光杆菌、创伤球菌属</td></tr>
<tr><td colspan="2">坏死性筋膜炎</td><td>化脓链球菌、C群和G群链球菌、兼性厌氧菌和厌氧菌协同感染、金黄色葡萄球菌克雷伯菌属、气单胞菌属、创伤弧菌、雅质鳞质霉</td></tr>
<tr><td colspan="2">结节、丘疹、皮下、组织受累及窦道、其他皮肤感染表现</td><td>麻风分枝杆菌、罗阿罗阿丝虫、班氏丝虫、旋盘尾丝虫、常现曼森线虫、链尾曼森线虫、软疣病毒、巴西诺卡菌、星形诺卡菌、其他诺卡菌、马杜拉放线菌属、达氏拟诺卡菌、索马里链霉菌、马杜拉菌属、波氏赛多孢菌、其他真菌、品他螺旋体、鼠疫耶尔森菌、巴西钩虫、犬钩虫</td></tr>
<tr><td colspan="2">肌炎</td><td>金黄色葡萄球菌、链球菌属、流感病毒、柯萨奇病毒、EB病毒、单纯疱疹病毒2型、副流感病毒3型、腺病毒21型、埃可病毒9型、刚地弓形虫、锥虫、微孢子菌</td></tr>
<tr><td colspan="2">Fournier坏疽</td><td>大肠埃希菌、铜绿假单胞菌、奇异变形杆菌、肠球菌属、葡萄球菌属，链球菌属、拟杆菌属</td></tr>
<tr><td rowspan="2">皮肤脓肿</td><td>腋窝、甲沟炎、乳房、手、头、颈和躯干</td><td>金黄色葡萄球菌、表皮葡萄球菌、皮肤杆菌属、消化链球菌属、热带利什曼原虫复合群、巴西利什曼原虫复合群</td></tr>
<tr><td>会阴、外阴阴道、阴囊、肛周和臀部</td><td>金黄色葡萄球菌、表皮葡萄球菌、皮肤杆菌属、消化链球菌属、链球菌属</td></tr>
<tr><td rowspan="2">结节病</td><td>白发</td><td>卵形毛孢子菌、皮瘤毛孢子菌</td></tr>
<tr><td>黑发</td><td>何德结节菌</td></tr>
<tr><td colspan="2">甲真菌病</td><td>红色毛癣菌、须癣毛癣菌、白念珠菌、白地霉、短帚霉、枝顶孢属</td></tr>
</table>

续表

感染部位 / 类型		常见病原体
皮肤及皮下组织真菌感染	癣	毛癣菌属、小孢子菌属、表皮癣菌属
	暗色真菌病	赛多孢菌属/假性阿利什菌属、外瓶霉属（甄氏外瓶霉、棘状外瓶霉等）、枝孢属（播水喙枝孢等）、瓶霉属（疣状瓶霉、卡氏枝孢瓶霉等）、离蠕孢属、链格孢属
	双相真菌	皮炎芽生菌、粗球孢子菌、巴西副球孢子菌、荚膜组织胞浆菌、马尔尼菲篮状菌、申克孢子丝菌
	酵母样真菌	念珠菌属、新生隐球菌、毛孢子菌属、地霉菌属、马拉色菌属
	其他真菌	曲霉属、镰刀菌属、接合菌亚纲
病毒皮肤感染		风疹病毒、水痘病毒、单纯疱疹病毒、带状疱疹病毒、乳头瘤病毒、细小病毒、人类疱疹病毒6；肠道病毒（手足口综合征）、柯萨奇病毒A型；埃可病毒和柯萨奇病毒；柯萨奇病毒和埃可病毒；马尔堡病毒、埃博拉病毒、狂犬病毒
寄生虫软组织/皮肤感染		棘阿米巴属、旋盘尾丝虫
动物咬伤		不动杆菌属、伴放线凝聚杆菌、拟杆菌属、二氧化碳噬纤维菌属、红斑丹毒丝菌、棒杆菌属、偶发分枝杆菌、堪萨斯分枝杆菌、啮蚀艾肯菌、梭杆菌属、嗜沫凝聚杆菌、莫拉菌属、巴斯德菌属、消化链球菌属、卟啉单胞菌属、普雷沃菌属、金黄色葡萄球菌、中间葡萄球菌、表皮葡萄球菌、链球菌属、小韦荣球菌、碳酸嗜胞菌、铜绿假单胞菌、蜡样芽孢杆菌、气单胞菌、小螺旋菌、念珠状链杆菌、猴痘病毒、单纯疱疹病毒、海洋支原体、狂犬病毒、放线菌属
烧伤伤口感染		金黄色葡萄球菌、CoNS、肠球菌属、铜绿假单胞菌、大肠埃希菌、肺炎克雷伯菌、黏质沙雷菌、变形杆菌属、嗜水气单胞菌、拟杆菌属及其他厌氧菌、念珠菌属、曲霉属、镰刀菌属、链格孢属、接合菌亚纲、单纯疱疹病毒、巨细胞病毒、水痘-带状疱疹病毒
创伤相关伤口感染		金黄色葡萄球菌、A, B, C, G 群链球菌、嗜水气单胞菌及其他气单胞菌、创伤弧菌、炭疽芽孢杆菌、破伤风梭状芽孢杆菌、棒杆菌属、厌氧菌、分枝杆菌属、诺卡菌属、曲霉属、镰刀菌属、毛霉目、申克孢子丝菌、暗色真菌、荚膜组织胞浆菌、皮炎芽生菌、粗球孢子菌、马尔尼菲篮状菌、念珠菌属、隐球菌属、其他丝状真菌、棘阿米巴属
骨和关节感染		
骨髓炎		金黄色葡萄球菌、CoNS、链球菌属、沙门菌属、肠球菌属、肠杆菌目细菌、布鲁菌属、假单胞菌属、类鼻疽伯克霍尔德菌、金氏金杆菌、厌氧菌、结核分枝杆菌、念珠菌属、皮炎芽生菌、粗球孢子菌、波萨达斯球孢子菌、口腔需氧及厌氧菌混合感染（颌骨髓炎）、足菌肿（诺卡菌属、其他需氧放线菌和土壤丝状真菌）
急性关节炎		金黄色葡萄球菌、路邓葡萄球菌、链球菌属、肠杆菌目细菌、假单胞菌属、金氏金杆菌、淋病奈瑟菌、布鲁菌属、细小病毒B19、风疹病毒、腮腺炎病毒、柯萨奇病毒、埃可病毒、伯氏疏螺旋体
亚急性、慢性关节炎		基孔肯雅热病毒、伯氏疏螺旋体、布鲁菌属、诺卡菌属、结核分枝杆菌、非结核分枝杆菌、念珠菌属、新生隐球菌、格特隐球菌、皮炎芽生菌、粗球孢子菌、波萨达斯球孢子菌、曲霉属
化脓性关节炎		淋病奈瑟菌、金黄色葡萄球菌、化脓链球菌、无乳链球菌、流感嗜血杆菌、肺炎链球菌、肠球菌属、肠杆菌目细菌
假体周围关节感染		金黄色葡萄球菌、CoNS、肠球菌属、链球菌属、肠杆菌目细菌、铜绿假单胞菌、痤疮皮肤杆菌、棒杆菌属、大芬戈尔德菌、其他需氧及厌氧细菌、分枝杆菌、真菌
其他		
急性化脓性甲状腺炎		口腔微生物群、葡萄球菌属、肺炎链球菌、厌氧菌（针吸） 在免疫功能低下的患者中：波氏赛多孢菌、念珠菌属、曲霉属、粗球孢子菌、放线菌属

表3-2　细菌培养标本的采集和运送

标本类型 / 感染部位	标本采集	标本及容器要求	运送要求	储存要求	重复采样限制	适应证、病史等临床信息	说明
血	皮肤消毒 一步法：葡萄糖酸洗必泰作用30s（不适用于2个月以内的新生儿），或70%异丙醇消毒后自然干燥（适用于2个月以内的新生儿） 三步法：①用70%异丙醇或75%乙醇擦拭静脉穿刺部位，待干30s以上；②用碘酊从穿刺点向外画圈消毒，消毒区域直径大于3cm，自然干燥30s以上；③用75%乙醇擦拭碘酊消毒过的区域进行脱碘 怀疑导管相关性血流感染时，如需保留导管，则采集一套外周血和一套导管血；如拔除导管，则采集两套外周血，同时送检导管尖端5cm	成人每瓶10mL，儿科患者根据总血量及体重，或根据制造商建议；怀疑分枝杆菌血流感染时，需使用分枝杆菌专用培养瓶	室温，≤2h	室温，≤2h	见说明	胆管炎、复杂性肺炎、复杂性皮肤和软组织感染、脑膜炎、骨髓炎、肾盂肾炎、化脓性关节炎、发热性中性粒细胞减少症、无法解释的白细胞增多、怀疑脓毒症、感染性心内膜炎或血管内感染（包括导管相关血流感染）、不明原因发热	目前血培养方法无法检测的一些不常见病原体，如巴尔通体和贝纳柯克斯体，可通过血清学和分子方法进行检测；对于培养阴性的心内膜炎感染，16S PCR和测序技术以及瓣膜组织培养可能有助于确定病原体；尽管通过溶解－离心血培养系统可以培养军团菌属、巴尔通体属，但血液分离率极低，建议采用血清学、分子方法进行检测；贝纳柯克斯体可通过分子方法、血清学或IFA检测；惠普尔养障体通过分子方法检测
骨髓	皮肤消毒，同上	尽量多采集，血培养瓶	室温，≤24h	室温，≤24h	1次/天		常规细菌培养价值有限
无菌体液（不包括血、尿、CSF）	经皮穿刺或外科手术获取标本。皮肤消毒，同上	足量，无菌密封容器和（或）厌氧转运系统或床旁接种血培养瓶（需根据制造商说明书确定是否可接种血液以外的无菌体液）	室温，立即送检，≤15min	室温，≤24h；特殊要求见具体标本	无		建议接种同时用细胞离心机制备沉淀进行革兰染色（羊水和阴道后穹隆穿刺液不需离心）；如接种血培养瓶，需额外采集一管用于离心、显微镜检查
胆汁	同上	同上，如为术后引流液，弃去第1mL	室温，立即送检，≤15min	室温，≤24h	无	除细菌外，还应考虑病毒、真菌和寄生虫检测	如有胆结石，应检查；必要时十二指肠吸物进行特殊检查

续表

标本类型 / 感染部位	标本采集	标本及容器要求	运送要求	储存要求	重复采样限制	适应证、病史等临床信息	说明
关节液	同上	足量，无菌容器和（或）厌氧转运系统或床旁接种血培养瓶（需根据制造商说明书确定是否可接种血液以外的无菌体液）	室温，立即送检，≤15min；怀疑淋病奈瑟菌感染时需尽快送至实验室	室温，≤24h	无	有外伤史、既往手术史或感染史；考虑淋病奈瑟菌和衣原体检测	通常含蛋白质，可能形成凝块；避免添加乙酸或其他可能沉淀蛋白的液体（无法评估细胞）；建议使用无菌水；PCR检测淋病奈瑟菌优于培养方法
心包液	同上	足量，无菌密封容器和（或）厌氧转运系统或床旁接种血培养瓶（需根据制造商说明书确定是否可接种血液以外的无菌体液）	室温，立即送检，≤15min	4℃，≤24h	无	有结核病史或既往手术史	考虑检测病毒，尤其是柯萨奇病毒
腹水	同上	足量，无菌密封容器和（或）厌氧转运系统或床旁接种血培养瓶（需根据制造商说明书确定是否可接种血液以外的无菌体液）	室温，立即送检，≤15min	室温，≤24h	无	有结核病史、既往手术或癌症病史；考虑淋病奈瑟菌	通常含蛋白质，可能形成凝块；避免添加乙酸或其他可能沉淀蛋白的液体（无法评估细胞）；标本可能是腹膜透析液，申请单需标注
胸水	同上	足量，无菌密封容器和（或）厌氧转运系统或床旁接种血培养瓶（需根据制造商说明书确定是否可接种血液以外的无菌体液）	室温，立即送检，≤15min	室温，≤24h	无	有结核病史、既往手术或癌症病史	
乳汁	乳头皮肤消毒	≥1mL（弃最初几毫升）	室温，立即送检，≤15min	室温，≤24h	无	怀疑脓肿	通常存在金黄色葡萄球菌和（或）溶血性链球菌
导管 导尿管	–	–	–	–	–	–	不应培养
导管 血管插管、静脉通路装置、动脉导管	皮肤消毒，无菌取出	导管尖端无菌操作剪5cm，置无菌密封容器	室温，≤15min	4℃，≤2h	无	有局部感染史、体征和症状	同时送检外周血培养有助于结果解释

续表

标本类型 / 感染部位		标本采集	标本及容器要求	运送要求	储存要求	重复采样限制	适应证、病史等临床信息	说明
脑脊液		皮肤消毒，腰穿或术后分流	细菌 ≥ 1mL，抗酸杆菌 ≥ 5mL；无菌密封容器	室温，立即送检，≤ 15min，避免冷冻	室温，≤ 24h	无	临床拟诊和（或）疑似诊断	如采集多管，避免第1管用于微生物检查；如为脑室分流液，应在申请单上标注；怀疑急性细菌性脑膜炎时应同时采集2~4套血培养；如脑脊液接种血培养瓶，需额外采集一管用于显微镜检查；由于核酸扩增试验（NAAT）对非呼吸道标本中结核分枝杆菌的敏感性可能较差，应同时申请培养；怀疑痤疮皮肤杆菌时，应在厌氧环境下培养14天
眼	侵入性方法采集标本	角膜标本、玻璃体液、房水等须由眼科医生采集，医生通常在采集标本前使用表面麻醉剂	标本体积小，获取难度大；建议直接接种培养基	室温，≤ 15min	室温，≤ 24h		有外伤史、术后感染史和隐形眼镜佩戴史	部分表面麻醉剂及用于观察角膜表面病变的局部染料会抑制多种微生物
	非侵入性方法采集的标本	眼睑、眼睑边缘和结膜拭子等用温和消毒液清洁眼周皮肤	大多数情况使用含运送培养基的拭子采集标本	室温，≤ 2h	室温，≤ 24h		病史和疑似病原体，如细菌、真菌、AFB、包涵体（病毒或衣原体）、淋病奈瑟菌、过敏等	含病毒 / 衣原体液体运送培养基的拭子。棉拭子和藻酸钙拭子不推荐用于眼部标本的细菌培养
耳	内耳	如耳鼓室完整，用肥皂水清洗耳道再行鼓膜穿刺采集中耳液；如耳鼓室破裂，可借助内窥镜用拭子采集	足量，无菌密封容器或厌氧转运系统	室温，≤ 2h	室温，≤ 24h	1次 / 天	复杂的、反复的或慢性顽固性中耳炎	中耳炎常规无需培养；对复杂的、反复的或慢性顽固性中耳炎进行鼓膜穿刺取中耳液进行培养；咽拭子、鼻咽拭子、前鼻、鼻引流物对细菌性中耳炎无诊断价值
	外耳	先用湿润拭子除去外耳道碎屑或硬皮，再用第二个拭子在外耳道用力旋转采样	含运送培养基的拭子	室温，≤ 2h	4℃，≤ 24h	1次 / 天		

续表

标本类型 / 感染部位		标本采集	标本及容器要求	运送要求	储存要求	重复采样限制	适应证、病史等临床信息	说明
口腔，及邻近的间隙和组织	坏死性牙龈炎	病变部位的活检或冲洗和抽吸	无菌容器；如尝试培养，厌氧转运系统；不推荐拭子	室温，≤2h	室温，≤24h	1次/天	持续时间、疑似病原体	不推荐培养；涂片检查酵母菌或奋森咽峡炎病原体
	根尖周、牙周和牙龈脓肿	活检、抽吸液、冲洗和脓肿抽吸物	厌氧转运系统	室温，≤2h	室温，≤24h	1次/天		革兰染色，不推荐常规培养；如有必要，进行需氧和厌氧培养
	会厌	仅在必要时（如准备进行气管切开术）	含运送培养基的拭子擦拭会厌	室温，≤2h	室温，≤24h	1次/天		大多为临床诊断，不需要采集标本进行确认；同时采集血培养
	Lemierre 综合征	病变部位的活检、抽吸或冲洗	厌氧转运系统；不推荐拭子	室温，≤2h	室温，≤24h	1次/天		需氧和厌氧培养；建议采集血培养
	乳突炎	通过鼓室穿刺术采集中耳液或乳突组织活检	厌氧转运系统；不推荐拭子	室温，≤2h	室温，≤24h	1次/天		需氧和厌氧培养
	颈淋巴结炎	活检、抽吸液、脓肿冲洗	厌氧转运系统；不推荐拭子	室温，≤2h	室温，≤24h	1次/天		需氧和厌氧培养；如考虑分枝杆菌感染，进行抗酸染色和分枝杆菌培养
上呼吸道	咽/喉	用压舌板压舌，拭子从咽后、扁桃体及炎症区域采样	含运送培养基的拭子（无运送培养基的拭子利于化脓链球菌和白喉棒杆菌的检测）	室温，≤2h	室温，≤24h	1次/天	疑似病原体如化脓链球菌、淋病奈瑟菌、白喉棒杆菌等	拭子避免触摸口腔黏膜或舌
	鼻窦	鼻窦穿刺、手术组织或内镜下窦抽吸	无菌密封容器、厌氧转运系统	室温，≤2h	室温，≤24h	1次/天		对于复杂性（慢性）窦炎应采集鼻窦穿刺抽吸物、手术组织或抽吸物、内镜下窦抽吸物
	鼻咽	从鼻腔插入拭子（柔软可弯曲）到鼻咽后部慢慢旋转拭子稍作停留以采集分泌物	含运送培养基的拭子	室温，≤2h	室温，≤24h	1次/天	疑似病原体如百日咳鲍特菌	立即运送至实验室或直接接种
	鼻	用0.9%氯化钠注射液湿润的拭子插入鼻孔1~2cm，在鼻黏膜用力旋转	含运送培养基的拭子	室温，≤2h	室温，≤24h	1次/天	预防MRSA感染	MRSA携带者筛查

续表

标本类型 / 感染部位		标本采集	标本及容器要求	运送要求	储存要求	重复采样限制	适应证、病史等临床信息	说明
下呼吸道	支气管镜（刷片、经支气管活检、支气管分泌物）	支气管刷置于含1mL 0.9%氯化钠注射液的无菌容器	>1mL，无菌密封容器	室温，≤2h	4℃，≤24h	1次/天	肺炎	细菌培养前应行革兰染色涂片检查有助于提高标本质量并指导培养；患者病史很重要；考虑分枝杆菌、真菌、军团菌、耶氏肺孢子菌、病毒和寄生虫等时，行相应检测
	咳痰	用温水漱口，用力深咳	>1mL，无菌密封容器	室温，≤2h	4℃，≤24h	1次/天	肺炎	细菌培养前应行革兰染色涂片检查有助于提高标本质量并指导培养
	诱导痰	用温水漱口，借助雾化器使患者吸入25mL 3%~10%氯化钠注射液，采集诱导痰	>1mL，无菌密封容器	室温，≤2h	室温，≤24h	1次/天	肺炎	
	气道吸出物		>1mL，无菌密封容器	见厌氧培养，室温，≤2h	4℃，≤24h	1次/天	肺炎	由于气管内插管引起的炎症反应，细胞成分可能会引起误导性
	经气管抽吸		>1mL，无菌密封容器	室温，≤2h	室温，≤24h	1次/天	肺炎、结核病	
尿	中段尿	清洗外阴，开始排尿后，不终止尿流采集中段尿	5~10mL，无菌密封容器	室温，≤1h	4℃，≤24h	1次/天	尿路感染	
	直导管尿	清洗尿道口	5~10mL，无菌密封容器	室温，≤1h	4℃，≤24h	1次/天	尿路感染	导管插入增加医源性感染风险
	留置导尿管	先将导尿管内残存尿液挤去	5~10mL，无菌密封容器	室温，≤1h	4℃，≤24h	1次/天	尿路感染	仅在有临床症状时实施
女性生殖道	羊水	羊膜穿刺或剖宫产采集	≥1mL（尽量多送），厌氧转运系统	室温，≤2h	室温，≤24h	1次/天	胎膜早破>24 h	处理同无菌体液；可能含淋病奈瑟菌
	宫颈（子宫颈内膜）	擦拭子宫颈中的阴道分泌物和黏液。使用内镜，避免使用润滑剂	未受污染的宫颈内膜分泌物（取两个拭子）；含运送培养基的拭子；检查特殊病原体（如淋病奈瑟菌、衣原体、HSV等）时采用适宜容器	室温，≤2h	室温，≤24h	1次/天	性病、产后感染	检测淋病奈瑟菌首选标本类型
	阴道后穹隆液	后穹隆穿刺术	≥1mL（尽量多送），厌氧转运系统	室温，≤2h	室温，≤24h	1次/天	性病、盆腔炎	

续表

标本类型 / 感染部位		标本采集	标本及容器要求	运送要求	储存要求	重复采样限制	适应证、病史等临床信息	说明
女性生殖道	子宫内膜刮除或抽吸物	同宫颈	≥1mL（尽量多送），厌氧转运系统	室温，≤2h	室温，≤24h	1次/天	产后发热、性病	通过阴道获取的标本发生外部污染的可能性很高
	子宫内避孕器	手术	整个装置及分泌物、脓液放入无菌密封容器	室温，≤2h	室温，≤24h	1次/天	出血史	可能分离出少见病原体，如放线菌、念珠菌和其他酵母菌
	妊娠标本（胎儿组织、胎盘、胎膜、恶露）	手术	组织或抽吸物，无菌密封容器	室温，≤2h	室温，≤24h	1次/天		避免处理恶露，该标本培养结果会产生误导作用
	淋巴结（腹股沟）活检或抽针	皮肤消毒	无菌密封容器	室温，≤2h	室温，≤24h	1次/天	性病史	
	尿道分泌物	用无菌纱布或拭子擦拭干净	含运送培养基的拭子	室温，≤2h	室温，≤24h	1次/天	分泌物史	
	卵巢、输卵管组织、抽吸物或拭子	手术	无菌密封容器或含运送培养基的拭子	室温，≤2h	室温，≤24h	1次/天	输卵管-卵巢炎	考虑性病、真菌、厌氧菌和AFB感染
	阴道分泌物	使用不含润滑剂的内镜	含运送培养基的拭子、革兰染色玻片或湿片（推荐革兰染色涂片用于细菌性阴道病诊断）	室温，≤2h	室温，≤24h	1次/天	分泌物史	酵母菌常见；建议用PCR方法检测淋病奈瑟菌（首选宫颈标本）和沙眼衣原体；溃疡应检查是否有梅毒、软下疳或生殖器疱疹；湿片用于检查酵母菌、阴道毛滴虫、“线索细胞”，阴道加德纳菌和阴道病微生物
	阴道断端脓肿	抽吸物	厌氧转运系统	室温，≤2h	室温，≤24h	1次/天	术后	
	外阴拭子（包括阴唇）或抽吸物（巴氏腺脓肿）	避免用乙醇擦拭黏膜；常规皮肤准备	含运送培养基的拭子；厌氧转运系统（抽吸物见厌氧培养）	室温，≤2h	室温，≤24h	1次/天		
	病变（梅毒螺旋体，暗视野）	用无菌0.9%氯化钠注射液浸泡纱布1~2h，制备载玻片或用毛细管吸入抽吸物	玻片或毛细管（用羊毛脂或凡士林密封）	室温，≤15min注意保温	/	1次/天		特征性运动现象仅出现在温暖标本中。需要注意的是，应在采集后15min内对进行检测，因为随着温度下降，微生物将丧失活动能力

续表

标本类型 / 感染部位		标本采集	标本及容器要求	运送要求	储存要求	重复采样限制	适应证、病史等临床信息	说明
男性生殖道	淋巴结	皮肤消毒	无菌密封容器	室温，≤2h	室温，≤24h	1次/天		
	阴茎病变	常规皮肤准备	组织、溃疡标本等	室温，≤2h	室温，≤24h	1次/天	局部持续疼痛、不适	软下疳和腹股沟肉芽肿需要特殊的培养/显微镜技术
	病变（梅毒螺旋体，暗视野）	用无菌0.9%氯化钠注射液浸泡纱布1~2h	载玻片制备或将抽吸物吸入毛细管中	室温，≤15min注意保温	/	1次/天		
	前列腺液	用肥皂和水清洁尿道口，通过直肠按摩前列腺，用拭子采集从尿道挤出的液体	拭子或>1mL，无菌密封容器	室温，≤2h	室温，≤24h	1次/天	慢性UTI病史	不推荐用于淋病奈瑟菌培养，但对一些慢性UTI诊断有帮助
	尿道分泌物	用细头拭子插入尿道2~4cm，旋转拭子并停留至少2s	含运送培养基的拭子	室温，≤2h	室温，≤24h	1次/天	疼痛伴分泌物的病史和持续时间	建议用PCR方法检测淋病奈瑟菌和沙眼衣原体；男性淋病的诊断也可通过革兰染色涂片镜检完成
胃肠道	胃洗液或灌洗液	用鼻胃管采样（25~50mL无菌冷蒸馏水灌洗）	无菌密封容器	室温，≤15min，或在采集1h内用碳酸氢钠中和	4℃，≤24h	1次/天		标本须立即处理（分枝杆菌在胃灌洗液中迅速死亡），当转运时间>1h用碳酸氢钠中和
	胃活检组织	医生用内镜采样	无菌密封容器	室温，≤1h	4℃，≤24h	1次/天		
	胃抽吸物（新生儿）		>1mL，无菌密封容器	室温，≤2h	室温，≤24h	1次/天	胎膜破裂史	可在血液培养阳性前观察和分离脓毒症病原体
	十二指肠内容物	通过十二指肠管	>1mL，无菌密封容器	室温，≤2h	4℃，≤24h	1次/天	旅游史	检查细菌过度生长、伤寒沙门菌和寄生虫
	粪便（普通细菌培养）		>2g，无菌密封容器，或卡布运送培养基（无法在1h内送达实验室）	室温，≤1h，或≤24h（运送培养基）	4℃，≤24h，或48h（运送培养基）	1次/天	旅行史、不洁饮食物史	住院超过3天或入院诊断并非胃肠炎患者应考虑艰难拟梭菌检查，未经会诊不做常规粪便培养
	粪便（艰难拟梭菌检测）		>5mL，无菌密封容器	室温，≤1h；4℃，1~24h	4℃，≤48h	1次/天	抗微生物药物暴露史	不推荐检测成型便或硬便（除外肠梗阻患者）；稀便或软便24h≥3次，且未使用泻药患者建议送检

续表

标本类型 / 感染部位		标本采集	标本及容器要求	运送要求	储存要求	重复采样限制	适应证、病史等临床信息	说明
胃肠道	直肠拭子	拭子超过肛门括约肌2.54~3.81cm，轻轻旋转拭子在肛门隐窝处采样	含运送培养基的拭子	室温，≤2h	室温，≤24h	1次/天		适用于淋病奈瑟菌、志贺菌、弯曲菌、沙眼衣原体检测；围产期孕妇GBS筛查、CRE主动监测。腹泻病原体检测时，拭子应能见到粪便
皮肤	浅表伤口	用70%乙醇清洁伤口表面		室温，≤2h	室温，≤24h	1次/天	动物咬伤或创伤、持续时间、旅行史	采集病灶底部和脓肿壁；抽吸物或组织优于拭子
	广泛烧伤、褥疮	用70%乙醇清洁伤口表面	组织（$1cm^3$），无菌密封容器	室温，≤2h	室温，≤24h	1次/天		活检标本或抽吸标本；建议定量培养，需要适当的清创和穿刺活检
	深部化脓性病变、闭合性脓肿	用70%乙醇清洁和消毒，然后用注射器和针头抽取脓液	≥1mL（如可能），厌氧转运系统	室温，≤2h	室温，≤24h	1次/天	持续时间、位置	见厌氧培养
	窦道、瘘管（脓、组织）	用70%乙醇清洁和消毒，在窦道内部刮取	≥1mL（如可能）	室温，≤2h	室温，≤24h	1次/天	持续时间、位置	涂片革兰染色镜检指导培养
	皮疹（脓、液体）	用70%乙醇清洁表面	足量	室温，≤2h	室温，≤24h	1次/天		
组织或活检		外科手术或经皮活检	常规细菌培养和涂片：1g或$1cm^3$（如可能），无菌密封容器，或厌氧转运系统（考虑厌氧菌时）	室温，≤15min（<$1cm^3$）或1h（≥$1cm^3$）	室温，≤24h	1次/天		诊断骨髓炎要在表面组织清创后直接取骨活检组织；活检标本或较小组织滴加几滴无菌非抑菌的0.9%氯化钠注射液保持湿润；不要丢弃剩余组织
厌氧培养	放线菌病	皮肤消毒，抽吸物（脓）	>1mL，厌氧转运系统	室温，≤15min	室温，≤24h	1次/天	“大颌病”病史	瘘管性慢性感染通常发生在颈部、颌和上胸部
	体液、分泌物、脓	皮肤消毒	>1mL，厌氧转运系统	室温，≤15min	室温，≤24h	1次/天	恶臭分泌物、腹部手术、脓肿抽吸	避免冷藏，立即运至实验室
	呼吸道	仅气管内抽吸、胸膜或脓胸液	>1mL，厌氧转运系统	室温，≤15min	室温，≤24h	1次/天	痰臭、有误吸史	不可送痰
	组织	外科手术或经皮活检	$1cm^3$（尽可能），厌氧转运系统	室温，≤15min	室温，≤24h	1次/天	临床怀疑厌氧菌感染	避免添加液体。较大标本（>$1cm^3$）可短暂暴露在空气中

表3-3 儿童采血量推荐

体重（kg）	推荐血量（mL）		总培养血量（mL）	占总血量百分比（%）
	穿刺点1	穿刺点2		
≤1	2		2	4
1.1~2	2	2	4	4
2.1~12.7	4	2	6	3
12.8~36.3	10	10	20	2.5
>36.3	20~30	20~30	40~60	1.8~2.7或更少

注：本表参考Cumitech、IDSA/ASM

（三）采血时间

应尽可能在应用抗微生物药物前采血。研究表明，在患者发热峰值时采集标本对血培养阳性率无显著影响，同时采集血培养与间隔24h采集相比，血培养分离率亦无差异。从临床实践角度，短时间内或同时在2~3个穿刺点采集血培养更便于实施。只有当怀疑感染性心内膜炎或其他血管内感染（如CRBSIs）证实持续菌血症时，有必要间隔抽血。

（四）随访血培养

初次采集血培养后，通常2~5d内不必重复采血监测。对于危重患者、严重免疫功能低下患者、金黄色葡萄球菌菌血症患者、感染性心内膜炎或CRBSI患者建议随访采集血培养监测。

（五）采集方法

建议穿刺上肢静脉采集静脉血。避免从导管采集血培养，除非用于评估导管相关性血流感染。如与其他检测项目同时采血，应先采集血培养，以避免污染。

1. 准备血培养瓶

去除血培养瓶的塑料瓶帽，用70%异丙醇或75%乙醇消毒，自然干燥60s。采集前在瓶身做好标记以便控制采血量。

2. 皮肤消毒

可采用一步法或三步法，具体见表3-2。

含碘制剂需要足够的时间对皮肤进行消毒，碘酊需要30s，碘伏需要1.5~2min。碘伏皮肤消毒效果劣于碘酊和葡萄糖酸洗必泰，不推荐其用于血培养标本采集前皮肤消毒。其他消毒剂需进行消毒性能和适用性验证后方可使用。

3. 采血方式

推荐使用安全转移装置直接抽取静脉血或使用注射器从静脉导管中抽取。

（1）使用安全转移装置直接抽取静脉血：①将注射器直接连接到一个安全转移装置上；②确保血培养瓶保持直立，避免回流，确保在转移过程中培养瓶被注入适量体积的血液；③优先选择需氧血培养瓶，将注射器推进血培养瓶灰色塞中进行接种；④通过需氧瓶中的真空负压吸入血液；⑤需氧瓶中注入适当体积的血液，避免不足或过量；⑥从需氧瓶中取下安全转移装置，接种至厌氧瓶，如步骤①~⑤所述；⑦根据制造商说明，立即颠倒血培养瓶，充分混合；⑧如需采集其他采血管，按照合适的抽血顺序进行；⑨用75%乙醇擦除血培养瓶灰色塞子上的残留血液。

（2）使用注射器从静脉通路中抽血：①将注射器应用于静脉通路装置上，缓慢抽取血液至所需量，取出注射器并连接到安全转移装置上；②先选择需氧瓶，将注射器和安全转移装置倒置在需氧瓶顶部，将注射器向下推到灰色塞子中进行接种；③通过需氧瓶中的真空负压吸入血液；④需氧瓶中注入适当体积的血液，确保不要不足或过量；⑤从需氧瓶中取下安全转移装置，接种至厌氧瓶，如步骤①~④所述；⑥根据制造商的说明，立即颠倒血培养瓶，使培养瓶中的液体充分混合使用；⑦如需采集其他采血管，按照合适的抽血顺序进行抽取；⑧用75%乙醇擦除血培养瓶灰色塞子上的残留血液。

（3）怀疑导管相关性血流感染的患者，如需保留导管，至少采集2套血培养，其中1套外周静脉血，另1套采经导管或输液港（Venous Access Ports，VAP）隔膜采血并尽量与外周血同时采集；如无需保留，分别自不同部位采集2套外周静脉血培养，拔除导管并无菌剪断导管尖5cm进行Maki法半定量培养或涡流/超声定量培养。

（六）血培养标本运送

1. 时机

采集后的血培养瓶应尽快送至实验室，最好在2h内，并应尽快放入血培养仪中。

2. 温度

血培养瓶应在室温下运送，不可冷藏、冷冻或置于35℃温箱进行预培养。

3. 安全

血培养瓶应置防止掉落和碰撞的容器中运送。若通过气动管道系统运送，则应提前检查是否能够承受最恶劣的运输条件。

四、下呼吸道感染

下呼吸道感染最常见的发病机制是吸入定植菌，其次是吸入气溶胶，再次是从远处病灶经血流播散。入侵结果取决于病原体的毒力和载量与患者免疫系统和呼吸功能状态之间的平衡。呼吸道感染检测方法包括细胞学或组织病理学，微生物学的直接显微镜检查、常规或特殊培养，免疫荧光或酶免疫分析法直接检测抗原，以及分子生物学方法。

下呼吸道感染病原体检测可采用多种标本类型。这些标本可通过无创，或有创支气管镜检查，或通过胸腔手术获取，临床可根据实验室建立的检测方法选择不同的标本类型。例如，检测支气管、细支气管或肺部感染中的肺炎支原体或肺炎衣原体可采集咽拭子或鼻咽拭子，百日咳鲍特菌感染儿童可采集鼻咽拭。诱导痰适用于结核分枝杆菌、军团菌等感染，不应作为下呼吸道感染的常规标本。肺炎链球菌和军团菌感染时可行尿抗原检测。

病原学检测标本的采集和运送原则是保证实验室收到标本时病原体的完整性（表3-2）。需特别注意某些苛养性/特殊性病原体的特殊采集和运送要求。

从临床感染出发，可根据下呼吸道感染的解剖部位、患者基础疾病和患者来源，选择不同的标本类型。

对于支气管感染患者，通常采集痰标本。特殊情况下亦可采集支气管冲洗液、血清、咽拭子或鼻咽拭子。

对于社区获得性肺炎需要住院治疗的患者，通常采集痰或其他下呼吸道标本［经气管抽吸物、经支气管镜防污染保护刷（PSB）、支气管肺泡灌洗液（BALF）］、血培养、胸水（适用时），特殊病原体亦可采集血清、尿、咽拭子或鼻咽拭子。

对于医院获得性肺炎患者，通常采集痰或其他下呼吸道标本（经气管抽吸物、PSB、BALF）、血培养、胸水（适用时），特殊病原体亦可采集血清或尿。

对于呼吸机相关性肺炎患者，通常采集PSB或BALF、血培养、胸水（适用时）。

对于慢性肺炎患者，通常采集痰或其他下呼吸道标本（PSB、BALF），特殊病原体、特殊情况下或适用时亦可采集血培养、血清、尿、经气管抽吸物、经支气管镜活检（TBB）、经支气管镜针吸活检（TBNA）、胸水、经胸壁针吸活检、开放性肺活检。

对于囊性纤维化患者，通常采集痰或其他下呼吸道标本（PSB、BALF）、血培养（适用时）、咽拭子或鼻咽拭子（适用时）。

对于免疫功能低下患者，通常采集痰或BALF、血培养。怀疑特殊病原体、特殊情况下或适用时亦可采集咽拭子或鼻咽拭子、血清、尿或其他下呼吸道标本（PSB、TBB、TBNA、胸水、经胸壁针吸活检、开放性肺活检）。

五、尿路感染

尿标本容易受到会阴、阴道和尿道周围菌群的污染，不当的采集可能导致不准确的结果。

（一）标本采集

1. SPA和直导管

耻骨上抽吸（Suprapubic Aspiration，SPA）被认为是获取膀胱尿液的金标准，因为该标本被污染的可能性最小。SPA相对简单和安全，因此是诊断婴幼儿尿路感染的选择方法，特别是对于出现脓毒症和需要紧急治疗的婴幼儿。较大儿童和成人通常不采用。为确保手术顺利进行，膀胱必须保持充盈。局部皮肤消毒后，在耻骨联合上方穿刺膀胱采集标本。

在年龄较大的儿童和成人中，采集未受污染的标本更常用的方法是直导管，也称为“进出”置管。当无法自采标本时，如精神状态改变或由于神经系统或泌尿系统并发症而无法排尿的患者可采集直导管尿。此外，在中段尿培养结果模棱两可时，建议使用直导管采集尿标本。为了避免污染，必须注意适当的皮肤准备和导管技术。将导管插入膀胱后，丢弃前几毫升尿液，剩余尿液收集于无菌容器。该方法不可用于孕妇尿液标本采集。

2. 中段尿

中段尿被视为尿培养最常用且首选的方法。此方法无创，有效规避了导尿操作所固有的风险。然而，尿标本采集过程中较易受到会阴、阴道及尿道菌群的污染。研究表明，患者在采集尿液标本时得到恰当的指导，对于降低潜在污染具有重要意义。

标本采样前清洗外阴和尿道后，女性患者分开阴唇排出前几毫升尿液，在不停止尿流的情况下使用广口无菌容器收集中段尿，容器要有盖并拧紧防止渗漏。男性尿液收集方式与女性相同。未行割礼的男性，需谨慎地将包皮翻回，以最大限度降低污染风险。沙眼衣原体和淋病奈瑟菌核酸扩增检测的最佳标本是首次尿。

3. 留置导管尿

挤去导管中残留尿液，采用70%的乙醇对出液口进行消毒，紧密夹住出液口下方，允许尿液进入导尿管10~20min。随后，利用无菌针头和注射器采集5~10mL尿液，并将其转移至无菌容器内。需注意，切勿从尿袋中采集尿液标本。尽管留置导尿是诊断的依据，但留置导尿未必代表泌尿系统的尿液，尤其是对于长期留置导尿管的患者。因此，新导管放置后采集的标本相较于旧导管中的标本更具参考价值。

4. 儿科患者集尿袋标本

因集尿袋标本采集的无创性，常用于未接受过如厕训练的婴儿尿标本采集，尤其在门诊。然而，此类标本往往假阳性率较高，特异性较差。适当清洁和冲洗会阴，并在采集后立即取下集尿袋，有助于减少标本的污染风险。多数研究认为，从集尿袋尿液中获得的阴性培养结果可有效排除尿路感染，但阳性培养结果，即使是单一病原体，需结合临床综合分析，必要时，可通过直导管尿或SPA采集尿液进行确认。

5. 其他采集方法

在某些情况下，需采用侵入性手段从尿路的特定区域采集尿液标本。通过经皮肾造口术（穿过背部皮肤进入肾实质和肾收集系统的细导管）收集的尿液标本，可代表泌尿道上端（如肾脏）的尿液。纤维膀胱镜经尿道进入膀胱采集的标本，则代表下泌尿系统（尿道、膀胱，偶尔也包括输尿管）的尿液。这些手术可由外科医生、介入放射科医生或泌尿科医生实施。利用这些标本进行培养，有助于确定尿路感染的部位。为了确定感染部位可以送检多个标本，特别是在前列腺炎的诊断中。目前常用的方法是在进行前列腺按摩前和后直接采集尿液标本。

（二）标本运送

遵循上述方式采集尿标本，申请单应标注尿液采集方式，如中段尿、直导管采集、SPA或其他方式，记录采集时间，必要时，标注抗微生物药物治疗情况，以及过量液体摄入信息。尿标本应尽快送到实验室处理，以减少细菌繁殖的机会。若无法在2h内将尿液送至实验室，应冷藏运送；若延误运送超过24h，应使用含有防腐剂（通常为硼酸）的容器采集标本。已证实含防腐剂的容器可保持尿液菌落计数24~48h。使用含有防腐剂的容器时，尿量应大于3mL，以确保多数病原体生长。尿液量过少可能导致硼酸抑制病原体，从而降低某些细菌，尤其是肠球菌的生长。

六、细菌性前列腺炎

前列腺炎的诊断是一个复杂的过程。除了根据临床表现来判断外，尿培养和前列腺液培养是常用的诊断手段。在急性细菌性前列腺炎的情况下，不推荐进行前列腺按摩获得前列腺液样本；在慢性细菌性前列腺炎的诊断中，可以采用两杯法或四杯法。两杯法包括在前列腺按摩前获取无菌中段尿样进行培养，以及按摩后获取前列腺液进行培养。四杯法则是在按摩前分别获取前段尿和中段尿样本，按摩后再分别获取前列腺液和残余尿样本进行培养。文献报道显示，这两种方法在诊断效果方面差异不大。虽然前列腺穿刺也是一种可行的诊断手段，但由于其风险较高，一般不建议作为常规检查。特别是对于未经治疗的细菌性前列腺炎患者，进行前列腺活检可能会增加脓毒症的风险。

七、眼部感染

眼科医生根据特定感染选择合适的标本，正确采集和运送，确保实验室了解标本的类型和来源，提供疑似感染的信息，如眼内炎、溃疡性角膜炎、结膜炎或睑缘炎，或怀疑少见病原体感染，如棘阿米巴、真菌、分枝杆菌、微孢子菌、淋病奈瑟菌、沙眼衣原体或放线菌等，以及其他信息，如患者是否一直在接受抗微生物治疗和（或）治疗是否针对慢性疾病，有助于专业人群提高结果报告的准确性。例如，丙酸杆菌属在临床上可导致复发性眼内炎，需要延长培养时间才能检出。

眼部标本可划分为两类：一类为从暴露于环境的眼部结构采集的标本（非侵袭性），包括眼睑、眼睑边缘和结膜拭子，泪腺系统的硫黄颗粒、黏液脓性分泌物等；另一类为未暴露于环境的标本（侵袭性），包括所有角膜标本（包括拭子），内眼标本，晶状体，虹膜，巩膜，前房、后房和玻璃体液，房水，玻璃体，所有眼内液，手术标本，移植标本，组织，活检，刮片或刮取物，异物等使用针头、手术刀或其他侵入性方法采集的标本。两类标本的差异在于是否有正常菌群以及生长评价和报告的方式。

1. 标本选择和采集

实验室往往对眼部标本的选择、采集及处理控制程度较低。标本种类选择范围有限，标本量极少，许多标本已在床旁接种于培养基。

眼部标本采集标本前通常使用表面麻醉剂。部分麻醉剂及用于观察角膜表面病变的染料对多种微生物具有抑制作用。标本采集前如使用了染料和麻醉剂，需使用无菌的非抑菌盐水充分冲洗，以提高病原体的分离。即使仅单眼受累，也应建议医生从双眼采集相应的眼睑和结膜标本。比较健眼和患眼的微生物生长情况有助于确定病原体。

非侵袭性标本可采用含运送培养基的无菌拭子，而含病毒/衣原体液体运送培养基的拭子、棉拭子和藻酸钙拭子不推荐用于眼部标本的细菌培养。采集结膜标本时避免接触眼睑或眼睑边缘。

侵袭性标本与严重眼内感染相关，如角膜炎和眼内炎，通常以组织、活检标本、刮片、抽吸物、眼内液或手术冲洗液等类型送检。眼部病原体常位于角膜深层，采集标本时，充分清创不仅有助于提高诊断准确性，还具有治疗作用。这种方式在真菌和棘阿米巴的检测中尤为重要。

实验室应鼓励医生使用新鲜培养基（实验室有责任监控培养基的有效期，过期的培养基可能影响眼部病原体的分离），并及时将接种的培养基和玻片送往实验室。

2. 标本运送和储存

眼部标本建议直接接种至培养基。若无法直接接种，应在采集后尽快运送至实验室（表3-2）。运送过程中，应确保小体积/量标本保持湿润，可用无菌0.9%氯化钠注射液湿润组织。外来物体、隐形眼镜以及使用滤纸采集的标本，以胰蛋白酶大豆肉汤或硫代乙醇酸肉汤进行运送。涤纶拭子采集的标本用于病毒培养或PCR检测应立即运送至实验室。病毒培养标本运送过程中，需保持湿润并置于4℃。

第二节　标本处理

实验室人员应记录所有送达的标本及其接收时间、标本量（特别是无菌体液）及外观、仔细核对标本和申请单，确认标本置于适当的运送容器并满足可接受标本的所有其他条件。

一、标本拒收

标识错误，采集部位、标本类型、转运容器及条件等不符合标本采集和运送要求的标本应予以拒收。

常见的标本拒收情况如下：

（1）申请单错误：申请单上未注明标本来源或类型、检测项目，申请单上的患者标识与标本容器标签之间不匹配。

（2）非无菌容器或容器泄漏。

（3）标本类型不符合采集要求或检测项目：例如，单送中央静脉导管（未同时送检血培养），导尿管培养，标本用福尔马林固定（除外粪便检查寄生虫和寄生虫卵），子宫颈、阴道和肛门隐窝标本行革兰染色找淋病奈瑟菌、住院三天后行粪便普通细菌培养、24h收集的尿液或痰液用于AFB或真菌培养、拭子检测厌氧菌、AFB或真菌。

（4）运送或保存不符合要求：干拭子、尿液在4℃保存>24h（未加防腐剂）、用于淋病奈瑟菌和（或）衣原体培养的标本置于核酸转运培养基。

（5）标本重复：同日从同一来源重复采集的尿液、粪便、痰、伤口或常规喉标本。

（6）不适合厌氧培养的标本：支气管冲洗液、支气管肺泡灌洗液、气管内分泌物、痰、咽拭子、鼻咽拭子、口腔分泌物、鼻分泌物、压疮材料（非焦痂下穿刺活检组织）、引流液、渗出物、粪便、直肠拭子、胃洗液（新生儿除外）、中段尿、导管尿、前列腺液、精液、子宫颈分泌物、尿道分泌物、阴道分泌物、外阴分泌物、会阴拭子、恶露、瘘管、未使用厌氧运送装置等适当容器。

二、标本处理优先次序

当同时接收到大量标本时，实验室需要对标本进行分类处理。某些标本应优先处理，如急诊标本、脑脊液、无菌体液、手术标本、快速抗原检测试验，其次是接近处理截止时间的标本，然后处理新鲜的组织或抽吸液。如果不能在30min~1h内进行处理，则应将粪便等标本置于适当的运送培养基或温度下。建议标本处理顺序依次如下：急诊标本、脑脊液培养和革兰染色、手术标本、侵袭性方式采集的呼吸道标本、血培养、组织和抽吸液、新鲜粪便、尿液标本、拭子（置于运送培养基）。

三、标本处理程序

（一）涂片及革兰染色

所有组织和无菌体液标本均应做革兰染色（血除外），如外观清亮，宜采用细胞离心机浓缩制备涂片；羊水和后穹隆穿刺液或血性、脓性标本，可直接涂片。革兰染色可观察标本细胞分布情况，指导分离培养程序并能为临床提供快速的涂片结果。痰、BALF等下呼吸道标本，眼和耳标本（标本量足够时），伤口和脓液标本以及用于诊断细菌性阴道病的阴道拭子也应做革兰染色。拭子标本在进行革兰染色前应先接种培养基。

（二）标本处理

1. 用于细菌培养的组织标本应用研磨器或自动匀浆器研磨。如果无菌体液凝固，可将含有凝固物质的沉淀物倒入组织研磨器。

2. 用于军团菌培养的痰及下呼吸道标本需先去污染，即用pH 2.2 KCl–HCl缓冲液按1：10稀释标本，室温4min。

3. 当申请多个检测项目而标本量不足时，应联系临床医生确定优先检测项目。

4. 对于无菌体液标本（除外血和脑脊液），如果只收到血培养瓶，则立即传代培养至Ch，用于分离更易在Ch上生长或可能被血培养瓶中抗凝剂抑制的微生物（如淋病奈瑟菌）。如果标本量<0.5mL，将未稀释的标本接种Ch，然后向标本中添加1~2mL肉汤培养基。用稀释标本制备一个涂片用于革兰染色和接种剩余培养基。如果标本量>0.5mL但<4mL，制备涂片和接种，最多接种1mL标本到10mL肉汤增菌培养基中。如果标本量>4mL而未接种血培养瓶，则制备涂片并接种。剩余标本建议接种到需氧血培养瓶中，如果标本量足够，则同时接种到厌氧血培养瓶中。不要接种少于制造商建议的最小量。

（三）培养基和孵育条件的选择

不同的病原体对于营养要求及孵育条件不同，表3–4列举了根据病原体类型选择培养基及孵育条件。培养基使用前应检测有效期以及是否污染。

表3–4　根据病原体类型的培养基和孵育条件

病原体	培养基	孵育条件及阴性结果培养时间	说明
苛养性细菌	BA、Ch	35~37℃，5%~10% CO_2，≥48h	
淋病奈瑟菌	TM	35~37℃，5%~10% CO_2，≥48h	建议PCR方法检测淋病奈瑟菌，成年男性尿道标本也可用革兰染色
军团菌	BCYE	35~37℃，湿润空气，14天	
白喉棒杆菌	CTBA或Tinssale琼脂	35~37℃，5%~10% CO_2，≥48h	非选择性Loeffler血清斜面培养基可有其他细菌过度生长，故不再推荐用于白喉棒杆菌初步分离
百日咳和副百日咳鲍特菌	Regan–Lowe	35~37℃，空气，至少1周	PCR比培养方法更敏感，TAT更短
厌氧菌	厌氧血平板（或其他厌氧菌培养基）和（或）Thio	35~37℃，厌氧，≥5天	
弯曲菌	CCDA或CSM	42℃，微需氧，至少72h	
弧菌	TCBS	35~37℃，空气，48h	TCBS是分离霍乱弧菌、副溶血弧菌等弧菌的专用培养基
沙眼衣原体	细胞培养		PCR等分子检测方法已逐步取代培养方法

续表

病原体	培养基	孵育条件及阴性结果培养时间	说明
分枝杆菌	分枝杆菌培养基	液体培养6周，固体培养8周	推荐同时接种固体培养基（如L-J培养基）和液体培养基
真菌	真菌培养基	25~30℃，7天（常规）	实验室可根据本地常见真菌选择不同的真菌培养基。沙保弱葡萄糖琼脂、真菌显色琼脂和马铃薯葡萄糖琼脂是常用的真菌培养基
病毒	细胞培养		PCR等分子检测方法已逐步取代培养方法

注：BA，哥伦比亚血琼脂；Ch，巧克力琼脂；TM，Thayer-Martin琼脂；BCYE，缓冲活性炭酵母提取琼脂；CCFA，环丝氨酸-头孢噻吩-果糖琼脂；CTBA，半胱氨酸-亚碲酸盐血琼脂；CCDA，Charcoal Cefoperazone Deoxycholate Agar，活性炭-头孢哌酮-去氧胆酸钠琼脂；CSM，Charcoal-based Selective Medium，碳基质选择培养基；TCBS，硫代硫酸盐-柠檬酸盐-胆盐-蔗糖琼脂

根据患者感染部位及感染类型，选择适当的标本类型、培养基和培养条件，以分离可能的病原体，同时减少正常菌群的干扰。表3-5列出了常见标本类型的培养基及孵育条件。

表3-5 常见标本类型细菌培养条件

标本类型	培养基	孵育条件及时间	说明
血、骨髓	血培养瓶	35~37℃，5天	临床怀疑真菌感染可适当延长孵育时间
导管	BA	35~37℃，空气，48h	
CSF（腰穿和分流）	BA、Ch、Thio	35~37℃，5%~10% CO_2，4天	CSF标本也可接种血培养瓶（根据制造商说明中的标本类型，此外应加送一管标本进行涂片镜检）；分流的脑脊液建议加种巯基乙酸盐肉汤，怀疑痤疮皮肤杆菌分流感染时，需延长孵育时间至14天
胸水、腹水、关节液、心包液	BA、Ch、Thio	35~37℃，5%~10% CO_2，48h	可接种血培养瓶（根据制造商说明中的标本类型，此外应加送一管标本进行涂片镜检）；应考虑厌氧菌培养，Thio可分离厌氧菌；对于可能含有混合病原菌的标本，如腹水，可增加MAC或EMB，并选择培养基进行混合厌氧菌群的厌氧分离，此时可不接种肉汤培养基；如要求培养在常规实验室培养基上不生长的微生物（如军团菌属），应酌情接种特殊培养基；注意淋病奈瑟菌培养
胆汁	BA、Thio	35~37℃，空气，48h	
咽拭子	BA	35~37℃，5%~10% CO_2，48h	临床怀疑特殊病原体如淋病奈瑟菌、白喉棒杆菌等需提前与实验室联系
鼻	MRSA显色琼脂	35~37℃，24h	
痰、BALF、支气管刷等下呼吸道标本	BA、CH；怀疑厌氧菌感染可选择厌氧血琼脂	35~37℃，5%~10% CO_2，48h	临床怀疑或涂片革兰染色提示特殊病原体如诺卡菌属时，可适当延长培养时间；怀疑厌氧菌感染时，仅能选择支气管镜保护性毛刷（厌氧条件下转运）；CH有利于G^-杆菌的分离
尿	BA、MAC或EMB	35~37℃，空气，48h	
生殖道标本	BA、Ch	35~37℃，5%~10% CO_2，48h	GBS筛查标本先用选择性肉汤增菌

续表

标本类型	培养基	孵育条件及时间	说明
粪便	MAC或EMB、XLD、TCBS、CCDA或CSM（建议儿童患者常规筛查弯曲菌）	常规细菌及弧菌：35~37℃，空气，48h 弯曲菌：42℃，微需氧（5% O_2，10% CO_2，85% N_2），至少72h	SS会抑制部分志贺菌生长，XLD对志贺菌分离效果好；TCBS是分离霍乱弧菌、副溶血弧菌等弧菌的专用培养基，实验室可根据当地流行病学选择；部分霍乱弧菌在MAC或SS琼脂上受到抑制；怀疑霍乱弧菌感染先将粪便标本接种于碱性蛋白胨水，36℃增菌6h后再转种TCBS继续孵育；对于弯曲菌，CCDA、CSM培养基性能优于Skirrow等含血培养基；当42℃微需氧环境培养阴性，患者持续性腹泻，需考虑空肠弯曲菌和大肠弯曲菌以外的弯曲菌；怀疑金黄色葡萄球菌、蜡样芽孢杆菌食物中毒时可接种BA，最好同时检测毒素；怀疑艰难拟梭菌时可采用免疫学方法或NAAT方法检测毒素和（或）检测GDH
组织	BA、Ch、Thio	35~37℃，5%~10% CO_2，5天	怀疑特殊病原体应采取相应措施；应考虑厌氧菌培养，Thio可分离厌氧菌
耳（外耳标本和内耳标本）	BA、Ch、Thio（内耳）	35~37℃，5%~10% CO_2，48h	Thio可分离厌氧菌；如为有创采集的中耳液标本，48h培养结果为阴性时，培养时间可延长至7天或提示可能需要厌氧培养
结膜拭子	BA、Ch	35~37℃，5%~10% CO_2，48h	怀疑淋病奈瑟菌感染时建议采用PCR方法
角膜刮片	BA或Ch	35~37℃，5%~10% CO_2，72h	
玻璃体液、房水等内眼标本	BA、Ch、Thio	35~37℃，5%~10% CO_2，72h	Thio可分离厌氧菌
伤口、脓肿	BA、Thio	35~37℃，5%~10% CO_2，48h	抽吸物或组织优于拭子；拭子不能进行厌氧培养；深部应考虑厌氧菌培养，Thio可分离厌氧菌

注：BA，哥伦比亚血琼脂；Ch，巧克力琼脂；CH，含万古霉素巧克力琼脂；Thio，巯基乙酸盐肉汤；MAC，麦康凯琼脂；EMB，伊红美蓝琼脂；XLD，木糖赖氨酸脱氧胆盐；TCBS，硫代硫酸盐-柠檬酸盐-胆盐-蔗糖琼脂；CCDA，Charcoal Cefoperazone Deoxycholate Agar，活性炭-头孢哌酮-去氧胆酸钠琼脂；CSM，Charcoal-based Selective Medium，碳基质选择培养基；NAAT，Nucleic Acid Amplification Testing，核酸扩增试验；GDH，Glutamic Acid Dehydrogenase，谷氨酸脱氢酶；SS，沙门菌/志贺菌培养基

（四）接种

常见标本类型细菌培养及接种方式见表3-6。

表3-6 常见标本类型细菌培养及接种方式

标本类型	检测性质	接种方式
需接种肉汤培养基的标本	定性	先将几滴或1mL（取决于标本量）标本加入肉汤培养基，再分别滴加标本至固体培养基进行三区划线接种。如果有选择性固体培养基，则按照先非选择性再选择性培养基的顺序进行接种
痰	半定量	四区划线，先接种BA，再接种CH。原始区用棉签挑取带血、脓部分进行接种，第2~4区用接种环划线，注意不同区之间烧环
BALF	定量	涡旋震荡混匀标本，采用常规平板计数或稀释平板计数方法接种
PSB	定量	将1mL标本（带毛刷）涡旋震荡30~60s，采用常规平板计数或稀释平板计数方法接种
尿液标本	定量	轻摇混匀，将1μL或10μL定量接种环垂直浸入标本液面下3~5mm，标本吸入环内，在BA划十字或一条直线，再进行密集均匀涂布，同时分区划线接种至MAC或EMB

续表

标本类型	检测性质	接种方式
粪便标本	定性	三区划线接种，注意选择性培养基的接种顺序，先接种弱选择性（如MAC）再接种强选择性培养基（如TCBS）
粪便标本（霍乱弧菌）	定性	将标本接种于碱性蛋白胨水，36℃孵育6~8h再转种至TCBS或庆大霉素琼脂，再将固体培养基置于37℃孵育18~24h
眼科液体标本	定性	大多标本量非常小。将液体均匀涂布在固体培养基上并划线接种。若液体量充足，如冲洗液，可进行离心处理，然后将沉淀物接种至培养基。另外，可通过0.45μm或0.22μm无菌滤器对玻璃体冲洗液标本进行浓缩

第四章 显微镜检查

随着自动化鉴定仪器、质谱技术及分子生物学技术的普遍使用，病原菌鉴定的准确性和效率得以大幅提高。然而，迄今为止，没有一项检测技术可以替代其他技术，过分依赖自动化鉴定仪、质谱及分子生物学的检测结果，而忽略病原菌的基本形态学特征、染色特性及鉴别试验（如触酶、凝固酶和氧化酶等），很可能导致错误的鉴定结果。为避免上述情况的发生，提高对少见菌和疑难菌鉴定的准确性，临床微生物检验技术人员需要加强专业修养，提高业务水平，掌握包括形态学在内的微生物学基础知识。

第一节 显微镜检查技术

显微镜检查是临床微生物实验室的重要检查技术。它既可直接检测标本，亦可观察培养后的微生物形态。由于检测原理不同，显微镜可分为不同类型。为保证检测质量，需根据不同的检测目的选择适合的显微镜检查技术。

一、显微镜种类

根据实际工作需要，选择适合的显微镜，可以起到事半功倍的效果。医学显微镜包括以下种类。

1.光学显微镜

光学显微镜有多种分类方法。下面介绍几种实验室常用的光学显微镜。

（1）普通光学显微镜：普通光学显微镜是利用凸透镜的放大成像原理，将人眼不能分辨的微小物体放大到人眼能分辨的尺寸，主要是增大近处微小物体对眼睛的张角（视角大的物体在视网膜上成像大），用角放大率M表示它们的放大能力。同一个物体对眼睛的张角与其离眼睛的距离有关，故规定成像与眼睛距离为25cm（明视距离）处的放大率为该显微镜的放大率。显微镜观察物体的视角通常很小，因此视角比可用其正切比代替。显微镜由两个会聚透镜组成，物体经物镜后成放大倒立的实像，位于目镜的物方焦距内侧，经目镜后形成放大的虚像于明视距离处。

普通光学显微镜常用于观察细菌菌体染色性、形态、大小和运动能力，及组织细胞、真菌、寄生虫、病毒包涵体和其他微小有形成分（如结晶等）等。普通光学显微镜检查只能分辨>200nm的微生物（油镜下，即1000×）。优点是操作简便，可直接观察菌落或标本中的菌体形态特征，检测快速。缺点是通常不能鉴定病原体，镜检结果受阅片人员水平、涂片厚度、染色方法等因素影响较大。

（2）暗视野显微镜：暗视野显微镜是利用丁达尔（Tyndall）光学效应的原理，在普通光学显微镜的结构基础上改造而成。暗视野聚光器使光源的中央光束被阻挡，光束不能由下而上的通过标本进入物镜，从而使光改变途径，倾斜照射在被观察的标本上，标本遇光发生反射或散射，散射光线投入物镜内，视野变暗。主要用于检查未染色的活体细菌的形态和动力，如观察梅毒螺旋体的螺旋运动，有助于梅毒的快速诊断。

（3）荧光显微镜：荧光显微镜是以紫外线为光源照射被检物体使之发出荧光，观察物体的形状及结构。典型的激发光来自100W汞灯或75W氙灯。汞灯是电极间放电使水银分子不断解离和还原发射光量子的结果。汞灯发射强紫外和蓝紫光，足以激发各类荧光物质。

荧光显微镜可用于组织细胞学、微生物学、免疫学、寄生虫学、病理学的研究及自身免疫性疾病、真菌感染等诊断，亦可用于观察菌体的结构及鉴别细菌。优点是波长比可见光短，故分辨率高于普通光学显微镜。缺点是汞灯和氙灯工作温度高，寿命短，更换时需要繁琐的校准过程，制式荧光显微镜需要在暗室操作，使用成本高。目前普遍使用的是普通光学显微镜加LED荧光模块（可选择紫外线波长）改装的荧光显微镜，使用效果好，其最大优点是可以在明视场操作，极大降低了使用成本。

（4）相差显微镜：相差显微镜是利用物体不同结构成分间的折射率和厚度差别，将通过物体不同部分的光程差转变为振幅（光强度）差，经过带有环状光阑的聚光镜和带有相位片的相差物镜实现观测。相差显微镜可观察透明标本的细节，可观察活体细胞生活状态下的细微结构及生长、运动、增殖情况，主要用于微生物学、细胞和组织培养、细胞工程、杂交瘤技术和细胞生物学等现代生物学方面研究。

（5）倒置显微镜：倒置显微镜的组成和普通光学显微镜一样，只是物镜与照明系统颠倒，前者在载物台之下，后者在载物台之上。物体位于物镜前方，离开物镜的距离大于物镜的焦距，但小于两倍物镜焦距。所以经物镜后形成一个倒立放大的实像，再经目镜放大为虚像后供观察。目镜的作用与放大镜一样，所不同的是通过目镜观察的并非物体本身，而是物镜放大的成像。

倒置显微镜可用于观察微生物、细胞、组织培养、悬浮体及沉淀物等，可在培养液中连续观察细胞、阿米巴和细菌的繁殖分裂过程，亦可在固体培养基上连续观察真菌的生长过程，在细胞学、寄生虫学、真菌学、肿瘤学、免疫学、遗传工程学、工业微生物学和植物学等领域有较广泛的应用。优点是适合用于观察和记录附着于培养皿底部或悬浮于培养基中的活体物质。缺点是不能用于染色标本的观察，且对操作的生物安全要求较高。

2.电子显微镜

电子显微镜（Electron Microscope），简称电镜，使用电子来展示物体内部或表面结构的显微镜。在真空条件下，电子束经高压加速后穿透标本形成散射电子和透射电子，进而在电磁透镜的作用下成像于荧光屏上。电子束投射到标本时，可随组织构成成分的密度不同而发生相应的电子发射，如投射到质量大的结构时，电子散射多，投射到荧光屏上的电子少而呈暗像，电子照片上呈黑色。

按结构和用途，电镜可分为透射式电子显微镜（Transmission Electron Microscopy，TEM）、扫描式电子显微镜（Scanning Electron Microscope，SEM）、反射式电子显微镜（Reflection Electron Microscope，REM）和发射式电子显微镜（Emission Electron Microscope，EEM）等，可用于观察细胞和微生物（包括病毒、细菌和真菌）等表面及其内部结构。在医学领域TEM应用较多，它常用于观察普通显微镜不能分辨的细微物质结构。优点是可观察细菌、病毒等表面结构及附件和三维立体图像。缺点是无法观察活体微生物，标本需特殊制片且操作复杂。

二、显微镜检查

利用显微镜检查可将一些形态学特征明显的细菌或真菌鉴定到属（如分枝杆菌属、诺卡菌属、隐球菌属），初步识别标本中的肺炎链球菌、耶氏肺孢子菌、马尔尼菲篮状菌及部分寄生虫等病原体，快速向临床提供“疑似”感染信息。与培养或分子方法相比，标本直接显微镜检查最大的局限性是敏感性差，如细菌检测限为10^5CFU/mL，离心可以提高检出限，但仅提高到10^4CFU/mL；不能分辨<200nm的微生物，如支原体、立克次体、病毒等。此外，标本直接显微镜检查对人员技术要求高，如因染色不规范（脱色不足、过度等），或阅片错误等失误导致直接涂片报告与培养结果之间缺乏相关性。

实验室应根据不同染色类型的涂片，选择合适的显微镜检查技术（表4–1）。

表4–1　直接显微镜检测技术的临床应用

染色类型	场地要求	显微镜类型	标本类型	可检测的病原体
革兰染色	明场	普通光学显微镜	任何标本（血、骨髓、粪便、导管除外）或培养物	细菌、真菌、原虫等
抗酸染色	明场	普通显微镜	任何标本（血、骨髓除外）或培养物	分枝杆菌属及其他抗酸染色阳性的细菌、隐孢子虫、微孢子菌、等孢子球虫属等
墨汁染色	明场	普通显微镜	脑脊液等	隐球菌属
乳酸棉蓝染色	明场	普通显微镜	皮癣黏片或培养物等	真菌
荧光抗体染色	暗场	荧光显微镜	呼吸道标本、皮肤破损处、粪便或细胞培养	细菌、病毒、寄生虫等
金胺O染色	暗场	荧光显微镜	任何标本（血、骨髓除外）或培养物	分枝杆菌属及其他抗酸菌属、隐孢子虫、微孢子菌、等孢子球虫等
钙荧光白染色	明场	荧光显微镜或普通显微镜加荧光模块	任何标本或培养物	真菌、寄生虫
吖啶橙染色	暗场	荧光显微镜	阳性血培养、无菌体液等	细菌、真菌
柯氏染色	明场	普通显微镜	组织、培养物（包括阳性血培养）	布鲁菌属

（一）制片与染色

1.制片

制备涂片的水平直接影响染色质量和镜检结果。一般要求涂片厚薄适宜（可看到涂片下的文字）且涂抹均匀，涂片厚薄以镜下见到单层细胞为宜，自然干燥或恒温干热器上干燥后经甲醇（化学纯级）固定或火焰快速固定3次后进行染色。染色后镜检以细胞核、细胞浆清晰，胞内吞噬物清楚可见，病原菌染色结果以阴性、阳性分明为佳。

为提高病原菌检出率，对含菌量较少的体液标本应离心后制片（宜使用细胞离心机制片）；组织标本应进行研磨后制片或做病理切片；黏稠标本（痰或较黏稠的脓汁等）可用10%~30% KOH进行消化处理，离心后再制片，推荐用压片的方法制片；假体、导管（或异物）等应做生物膜洗脱，离心后制片。

2.常用染色方法

以下主要介绍传统手工染色方法，目前市售商品化染液大多是改良方法（快速染色法），使用商品化染液及自动化染片机时应遵循产品说明书。

（1）革兰染色：革兰染色是临床微生物检验工作中非常重要的环节。标本、增菌后肉汤、阳性血培养或培养后菌落均可进行革兰染色，镜检确定染色特性后再进行下一步操作。

［原理］革兰染色的原理尚不完全明确，主要有等电点学说、化学学说和渗透学说。

• 等电点学说：革兰阳性菌的等电点（pI 2~3）比革兰阴性菌（pI 4~5）的低，在同一pH条件下，革兰阳性菌带负电荷比革兰阴性菌要多，与带正电荷的碱性染料（结晶紫）结合牢固，不易脱色。

• 化学学说：革兰阳性菌含有大量核糖核酸镁盐，与进入胞浆内的结晶紫和碘牢固结合成大分子复合物，不易被95%乙醇脱色；而革兰阴性菌含此种物质少，故易被乙醇脱色。

• 通透性学说：革兰阳性菌细胞壁结构较致密，肽聚糖层较厚，含脂质少，脱色时，乙醇不易进入，而且95%乙醇可使细胞壁脱水，细胞壁间隙缩小，通透性降低，阻碍结晶紫和碘复合物渗出。然而，革兰阴性菌细胞壁结构疏松，肽聚糖层较薄，含脂质多，易被乙醇溶解，致使细胞壁通透性增高，细胞内的结晶紫与碘复合物易被溶出而脱色。

［染色步骤］手工染色方法：分为初染、媒染、脱色、复染四个步骤。使用结晶紫溶液初染1min，水冲洗后用卢戈碘液媒染1min，水冲洗后用95%乙醇或丙酮－乙醇脱色至无紫色液体流下，水洗后用稀释苯酚复红或沙黄复染30s，水洗后待干镜检。目前临床实验室常用改良染色法大大缩短了染色时间。

仪器法：节省人力，操作简便。可根据涂片薄厚调整试剂用量，降低染液消耗。

［染色结果］显微镜下观察，革兰阳性菌染成紫色，革兰阴性菌及组织细胞染成红色。临床标本直接涂片染色后，背景应干净，细胞清晰，胞核胞浆对比强烈，胞内吞噬体清晰易辨，细菌染色特征典型（图4-1）。

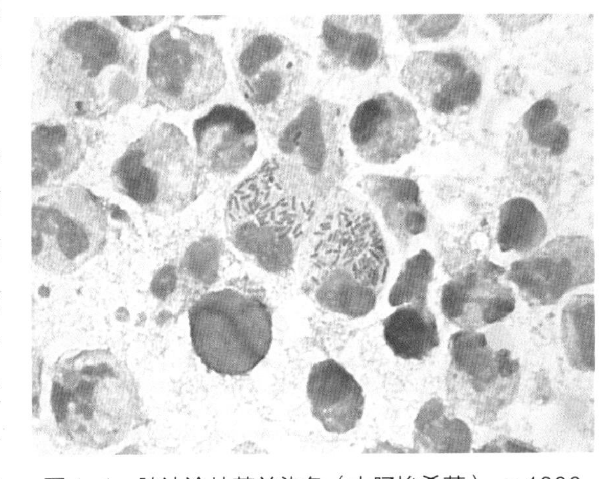

图4-1 脓汁涂片革兰染色（大肠埃希菌），×1000

［质量控制］每周进行质控（若检测频率小于每周1次，则于实验当日进行）。大肠埃希菌ATCC 25922应染为革兰阴性（红色），金黄色葡萄球菌ATCC 25923应染为革兰阳性（紫色）。质控片可自制，亦可购买商品质控片。自制质控片是把同浓度（2~3麦氏浓度）的革兰阴性菌和革兰阳性菌菌液同体积混合，取5μL混合菌液制片（涂成直径为1.5cm的菌膜），干燥固定后备用（一次可多制备一些）。

注意事项 ①目前市售的大部分革兰染液为经过改良后的快速染色法配方，对纯培养细菌的染色效果等同于标准染液，对临床重要的标本涂片建议使用标准的革兰染色方法进行处理（主要防止假阳性结果，如不动杆菌、莫拉菌等抗脱色菌种），对疑似军团菌等着色弱细菌感染的标本涂片建议使用加强革兰染色方法进行处理。

②手工染色应注意不同厂家染液配方不同，染色及脱色时间的要求也不尽相同。实验室标准操作规程（SOP）应根据制造商说明书进行制修订，操作者应严格按照本实验室的SOP进行操作，并同时用质控片染色进行质控。

③自动染片仪使用全封闭系统，高通量（最高可达300片/小时），整个染色过程快速、洁净、安全；在临床应用前应进行系统性能验证，确定参数后再进行常规染色；异常的涂片（过厚或过薄）建议进行手工染色。

④革兰染色适用于标本或培养后普通细菌、真菌的染色，不适合菌体细胞壁脂质含量高的细菌，如分枝杆菌表现为着色不均的串珠状或不着色的“鬼影细胞”，此时应该用抗酸染色进行确认（图4-2）。

⑤耶氏肺孢子菌革兰染色着色不佳（图4-3），即使有经验的技术人员阅片亦经常漏检，可疑时应加做六胺银染色或荧光染色进行鉴别。

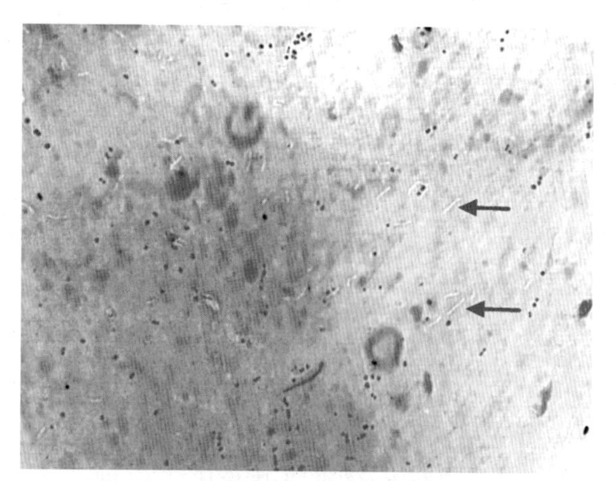

图4-2　痰涂片革兰染色“鬼影细胞”（结核分枝杆菌），×1000

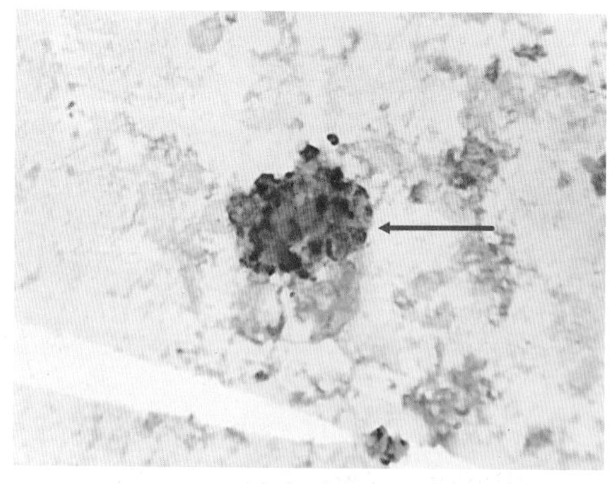

图4-3　肺泡灌洗液革兰染色（耶氏肺孢子菌），×1000

⑥有些革兰阴性细菌在规定脱色时间内不易被95%乙醇脱色（如莫拉菌属、不动杆菌属等），而易被误报为革兰阳性。

⑦当涂片中细胞碎片及蛋白较多时，其中的革兰阴性小球杆菌（如嗜血杆菌、巴斯德菌、伴放线凝聚杆菌、布鲁菌、弯曲菌、韦荣球菌等）很难识别，极易漏检，此时可选用背景较干净的染色方法，如亚甲蓝单染或瑞-姬染色等进行复检，以提高检出率。

⑧如果患者采样前使用了某些药物（如β-内酰胺类等作用于细菌细胞壁的药物），可能会使细菌菌体形态发生较大变化（即L型变），一般敏感的革兰阴性杆菌会变得又粗又长（图4-4 a）或发生球形变（图4-4 b），经验不足的技术人员很可能会误认成真菌菌丝或孢子，此时需要用钙荧光白染色进行鉴别。

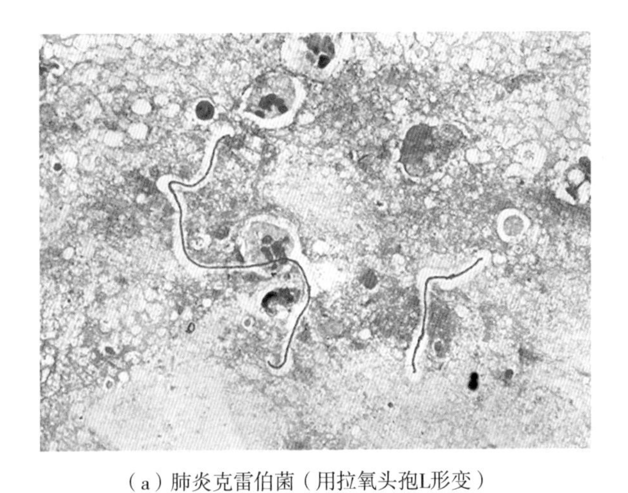

（a）肺炎克雷伯菌（用拉氧头孢L形变）

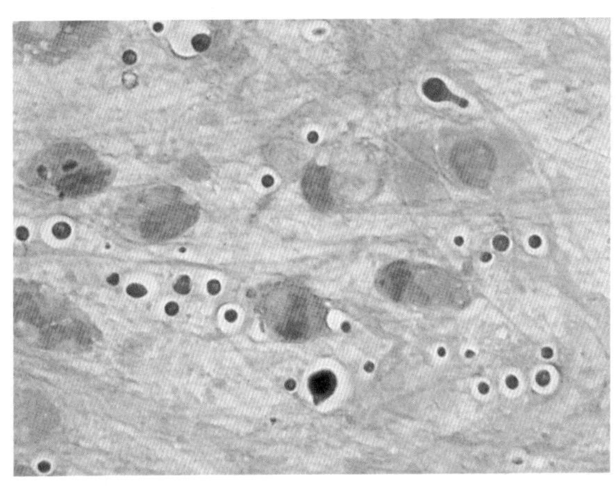

（b）肺炎克雷伯菌（用比阿培南球形变）

图4-4 痰涂片革兰染色×1000

⑨疑难标本涂片可采用多种染色方法，以减少漏检率。如阳性血培养（生长曲线典型），涂片进行革兰染色镜下未见典型的菌体形态（图4-5 a）时，用亚甲蓝单染镜下可见疑似杆菌（图4-5 b），再用瑞-姬染色复检镜下可见典型的弯曲菌形态（图4-5 c）。弯曲菌属是微需氧菌，如果不涂片确认很可能导致培养失败（常规不做微需氧培养），造成培养假阴性结果。

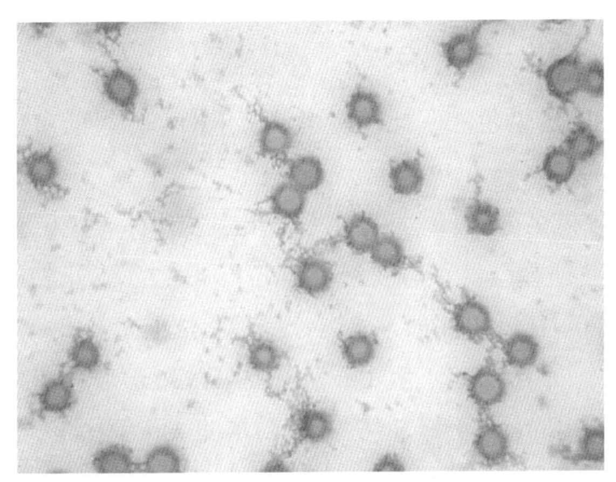

（a）革兰染色：菌体难分辨

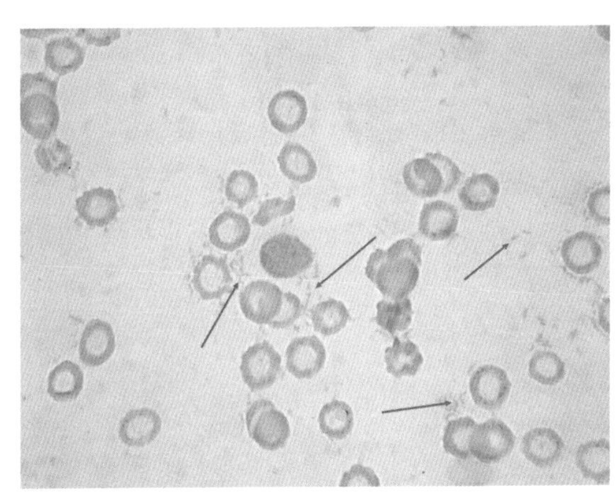

（b）亚甲蓝染色：可见菌体（不明显）

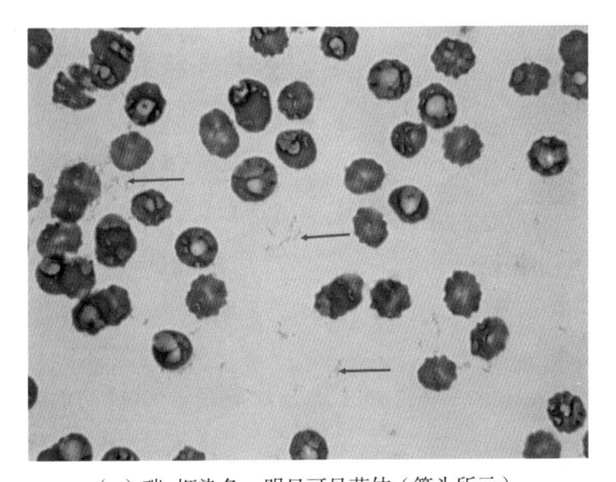

（c）瑞-姬染色：明显可见菌体（箭头所示）

图4-5 阳性血培养涂片（大肠弯曲菌），×1000

⑩整个操作过程要符合生物安全规范要求，防止实验室感染的发生。

（2）抗酸染色

①萋-尼（Ziehl-Neelsen）染色法

［原理］分枝杆菌的细胞壁含有长链脂肪酸（分枝菌酸），一般染色方法很难使菌体着色，而一旦着色不易被盐酸乙醇脱色，被染成初染的颜色，用此种方法区分是否为抗酸菌。

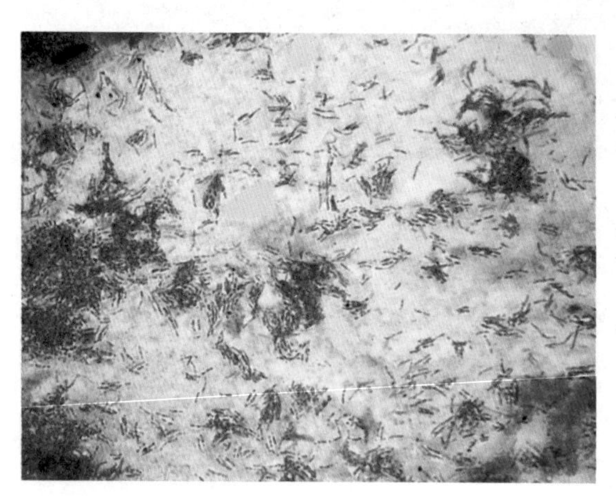

图4-6　痰涂片萋-尼（Ziehl-Neelsen）染色法（TB），×1000

［染色步骤］使用石炭酸复红液覆盖玻片，加热至有蒸汽出现（切不可沸腾），染色至少5min（必要时补加染液防止染液蒸干），流动水冲洗；使用3%盐酸乙醇脱色约1min至无红色液体滴下，流动水冲洗后使用吕氏亚甲蓝复染1min，冲洗后干燥镜检。

［染色结果］显微镜下观察，抗酸微生物染成粉红色，细胞背景及其他细菌染成蓝色（图4-6）。

［质量控制］实验当日进行质控。龟分枝杆菌（ATCC 93326）或已灭活结核分枝杆菌（H37RV）或已知抗酸杆菌染成红色，非抗酸杆菌及细胞背景为蓝色。

②金永（Kinyoun）染色法：该方法为无需加热的冷染色法，耗时更少且易于操作。目前市售抗酸染液均采用该法。

［原理］分枝杆菌的细胞壁含有长链脂肪酸（分枝菌酸），一般染色方法很难使菌体着色，但是一旦着色就不容易被盐酸乙醇脱色，被染成初染的颜色，用此种方法区分是否为抗酸菌。

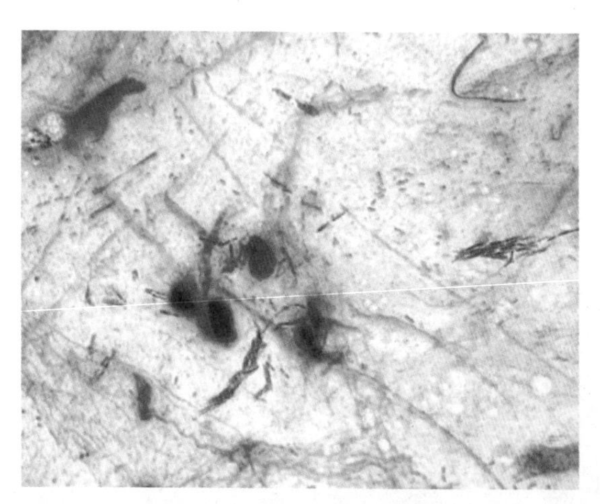

图4-7　痰涂片Kinyoun染色法（龟分枝杆菌），×1000

［染色步骤］使用石炭酸复红液覆盖玻片，染色5~10min（不需加热），流动水冲洗；使用3%盐酸乙醇脱色至无红色液体滴下，流动水冲洗后使用吕氏亚甲蓝复染30s，冲洗后干燥镜检。

［染色结果］显微镜下观察，抗酸菌染成粉红色，细胞背景及其他细菌染成蓝色（图4-7）。

［质量控制］实验当日进行质控。龟分枝杆菌（ATCC 93326）或已灭活结核分枝杆菌（H37RV）或已知抗酸杆菌染成红色，非抗酸杆菌及细胞背景为蓝色。

注意事项 ①抗酸染色分为冷染和热染两种方法，细胞壁含脂较高的菌种用冷染可能会出现“鬼影”细胞，建议用热染方法。

②热染时不能用冷染的染液进行，因为冷染的染液浓度较高，加热时会产生结晶，无法完全脱色，尤其做标本涂片染色时。

③如果使用厚涂片染色，镜检时需仔细观察（菌体可能淹没在细胞之间造成漏检）。

④使用自动阅片仪的实验室，需定期做人工比对（具体比对频度参阅产品说明书），以减少假阴性和假阳性结果（非特异性着色的干扰）的发生率。

⑤整个操作过程应符合生物安全规范要求（尤其是加热过程），防止发生实验室感染。

③改良Kinyoun染色法（弱抗酸染色）

［原理］诺卡菌属、冢村菌属、红球菌属、戈登菌属和迪茨菌属等细胞壁含少量分枝菌酸，不易被结晶紫等碱性染料着色，而着色后不易被弱脱色剂脱色，被染成初染的颜色。

［染色步骤］使用石炭酸复红液覆盖玻片，染色5min（不需要加热），流动水冲洗；使用0.5%~1%硫酸（或10%的醋酸）脱色至无红色液体滴下，流动水冲洗后使用0.3%吕氏亚甲蓝复染3~5min，冲洗后干燥镜检。

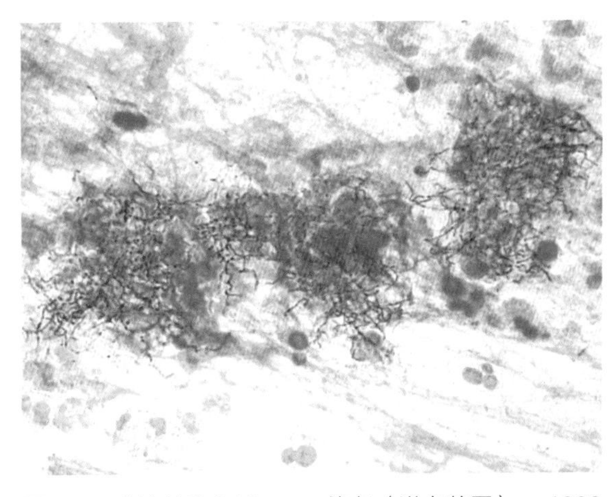

图4-8 痰涂片改良Kinyoun染色（诺卡菌属），×1000

［染色结果］显微镜下观察，部分抗酸/弱抗酸菌（诺卡菌属、冢村菌属、红球菌属、戈登菌属和迪茨菌属等）染成粉红色，细胞背景及其他细菌染成蓝色（图4-8）。

［质量控制］实验当日进行质控。质控菌株或已知弱抗酸菌（诺卡菌或马红球菌属或戈登菌属或冢村菌属）染成红色。非抗酸杆菌及细胞背景呈蓝色。

注意事项 使用低浓度强酸或弱酸进行脱色，易受脱色时间、涂片厚度、人员操作的影响。在阅片时要考虑这些因素。如果染色阴性，但其他性状（或临床指标）符合抗酸菌的特性时，应重新制片、染色，并同时进行质控片染色。整个操作过程应符合生物安全规范要求，防止发生实验室感染。

（3）异染颗粒染色（改良Albert法）：异染颗粒染色目前常采用Albert法，该法染色简单，对比清晰，多用于白喉棒杆菌染色。

［原理］异染颗粒（Metachromatic Granule）主要成分是多聚偏磷酸盐，有时也被称为捩转菌素（Volutin），由ATP转化而来，可随菌龄的延长而变大，具有较强的嗜碱性或嗜中性。多聚磷酸盐颗粒对某些染料有特殊反应，产生与所用染料不同的颜色，因而得名异染颗粒。如用甲苯胺蓝、次甲基蓝染色后不呈蓝色而呈紫红色。

［染色步骤］制备涂片，涂片干燥后经火焰固定，滴加甲苯胺蓝染色液染色3~5min，水洗晾干后，滴加Albert碘液染色1min，水洗，干后镜检。

［染色结果］染色后菌体一端、两端或中央可见明显深染颗粒，即异染颗粒。

［质量控制］每周进行质控（若检测频率小于每周1次，则试验当日进行）。干燥棒状杆菌异染颗粒呈黑色，菌体淡蓝色。

注意事项 注意避免过分脱色（水洗步骤），否则会减弱细菌与颗粒的对比度。整个操作过程应符合生物安全规范要求，防止发生实验室感染。

（4）负染色（墨汁染色）

［原理］隐球菌属荚膜较厚，一般不易着色，用墨汁负染法可在黑色背景下看到透亮的荚膜和折光性较强的菌体。

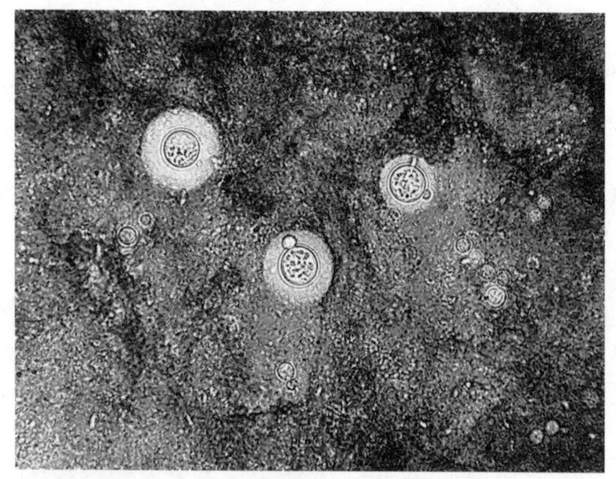

图4-9　痰涂片墨汁染色（新生隐球菌），×1000

［染色步骤］墨汁稀释一定比例后，将墨汁与标本（脑脊液等）按1∶1混匀，加盖玻片后置于载物台上，静置1min后再镜检。

［染色结果］临床标本中新生隐球菌墨汁负染色可见菌体周围宽厚荚膜，有时可见出芽（图4-9）。

［质量控制］实验当日进行质控。新生隐球菌ATCC 2344，具有厚荚膜，可见或不见芽生细胞。为刺激其产生荚膜，可用新鲜人血增菌（或感染动物传代）后观察。

注意事项　①先将墨汁稀释后使用，新购墨汁与蒸馏水按1∶2稀释混匀备用。

②由于印度墨汁不易获取，采用普通优质墨汁、5%黑色素（Nigrosin）、碳素墨水亦可，使用时是否需要稀释及稀释倍数需提前做预实验确定相关参数。

③墨汁染色假阴性结果主要是墨汁浓度过高、过低、颗粒过大或标本中菌量太少所致；假阳性结果主要是误认（细胞、气泡等）所致。需加强质量管理，定期进行人员比对，尽量减少人为误差。

④整个操作过程应符合生物安全规范要求，防止发生实验室感染。

（5）乳酸棉蓝染色：乳酸棉蓝染色主要用于鉴定真菌培养物，怀疑有表皮癣菌感染的临床标本亦可使用本法进行筛查，该染液对真菌菌丝及孢子着色较好。

［原理］乳酸棉蓝染液主要有三种成分，即棉蓝、乳酸和苯酚。真菌细胞壁的主要成分几丁质和纤维素对棉蓝具有较强的亲和力，棉蓝可将真菌菌丝体及产孢结构等染成亮蓝色，更易观察，乳酸可保持细胞不变形，苯酚具有杀菌作用。乳酸棉蓝染色具有不易干燥、保持时间长的特点。

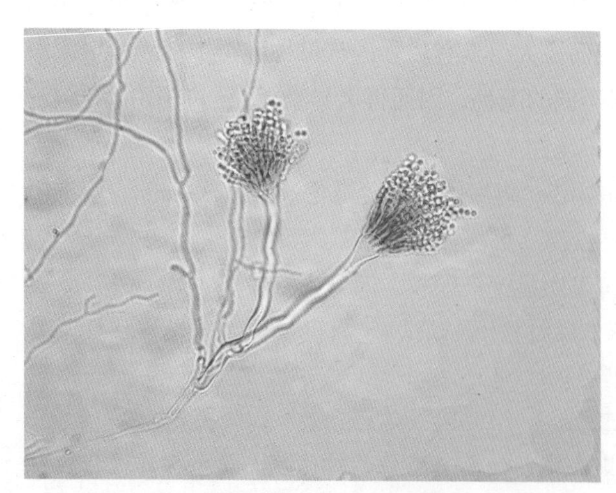

图4-10　乳酸棉蓝染色（土曲霉），×400

［染色步骤］加一滴乳酸棉蓝染液至玻片，挑取或胶带粘贴真菌培养物制备玻片，培养物在乳酸棉蓝染液中静置5min，使真菌菌丝及孢子着色后，加盖玻片在显微镜下观察；对于透明菌丝，用75%乙醇适当稀释后（稀释倍数视菌种不同而异）可看到更清晰的产孢结构及孢子排列方式。

［染色结果］土曲霉孢子与菌丝均着蓝色（图4-10）。

［质量控制］实验当日进行质控。曲霉菌具有孢子和菌丝的形态，染成蓝色。

注意事项 该方法主要用于真菌培养物的形态学鉴定，制片过程是开放性操作，因此应严格遵守生物安全规定，在生物安全柜中进行相应操作，尽可能选择安全系数高的产品或方法进行操作（如钢圈法或一次性小培养法等）。整个操作过程应符合生物安全规范要求，防止发生实验室感染。

（6）荧光染色法

①荧光染料（吖啶橙）染色法

［原理］吖啶橙（Acridine Orange，AO）［3，6-（二甲氨基）吖啶盐酸盐］是一种常用荧光染料，它与细胞内的DNA、RNA均有亲和力，结合后发出不同颜色荧光，与DNA结合后菌体细胞发绿色荧光，与RNA结合后菌体细胞发红色荧光，具有一定特异性。此法简便快捷，既可染活细胞也可染固定细胞。

［染色步骤］待测标本制片后，取300μL PBS缓冲液，加3μL吖啶橙储存液混匀（应用液），滴加应用液在标本涂层上，避光染色5min，盖上盖玻片，用滤纸吸去盖玻片边缘的多余染液，在荧光显微镜520nm波长激发光下观察。

［染色结果］在荧光显微镜下观察，吖啶橙染色法菌体为橙色或橙黄色表明细菌为活体菌，染色呈致密浓染的绿色荧光或橙黄色碎片代表菌体凋亡。

［适用范围］当阳性血培养细菌革兰染色结果可疑或不确定时，可用该法确定细菌存在。也可用于棘阿米巴属引起的角膜感染和幽门螺杆菌胃炎。

［质量控制］按照产品说明书要求进行质控。

注意事项 因为吖啶橙染色观察的是细菌的活性状态，所以要求待染色标本必须新鲜；制片后一定要等标本干燥后再进行染色程序；使用储存标本进行制片可能会出现假阴性结果；因检测的是有活性的病原体，因此操作应遵守生物安全要求；试剂应在4℃避光保存；吖啶橙染液有毒性，操作应戴手套，需避光。

②荧光抗体染色法：荧光抗体染色法分为直接法、间接法、补体法、膜抗原荧光抗体染色法、双重染色法和荧光抗体再染色法，其中前三种方法较为常用。

a.直接染色法

［原理］荧光素标记的抗体与涂片中的菌体抗原相结合且不被洗脱液洗脱，在荧光显微镜下可见到被检抗原与荧光抗体形成的特异性结合物而发出的荧光，呈现亮绿色。直接染色法的优点是：特异性高，操作简便，比较快速。缺点是：一种标记抗体只能检查一种抗原，敏感性较差。

［染色步骤］荧光染液染2~3min，水洗，加复染液30s，水洗，干燥后镜检。

［染色结果］菌体呈亮绿色为阳性结果。

［质量控制］每周进行质控（若检测频率小于每周1次，则试验当日进行）。使用与抗体相应的阳性质控物，按照说明书中的标准操作流程进行操作，于荧光显微镜下观察结果（采用的荧光波长应与产品说明书一致），背景不着色或色淡，目标观察物着强荧光，对比强烈。

注意事项 直接法敏感性较差，应同时设阴性、阳性和抑制试验（即阳性标本先与相应未标记抗体反应，洗涤后，再加荧光抗体染色，荧光强度应受到明显抑制）对照。整个操作过程应符合生物安全规范要求，防止发生实验室感染。

b.间接染色法

［原理］如果检查未知抗原，先用已知未标记的特异抗体（第一抗体）与抗原标本进行反应，作用一定时间后，洗去未反应的抗体，再用标记的抗抗体即抗球蛋白抗体（第二抗体）与抗原标本反应，如果第一步中的抗原抗体互相发生了反应，则抗体被固定或与荧光素标记的抗抗体结合，形成抗原-抗体-抗抗体复合物，再洗去未反应的标记抗抗体，在荧光显微镜下可见荧光。

［染色步骤］在间接染色法中，第一步使用的未用荧光素标记的抗体起着双重作用，对抗原来说起抗体的作用，对第二步的抗抗体又起抗原作用。如果检查未知抗体则抗原标本为已知的待检血清为第一抗体，其他步骤和检查抗原相同。

［染色结果］菌体呈亮绿色为阳性结果。

［质量控制］每周进行质控（若检测频率小于每周1次，则试验当日进行）。使用与抗体相应的阳性质控物，按照说明书中的标准操作流程进行操作，于荧光显微镜下观察结果（采用的荧光波长应与产品说明书一致），背景不着色或色淡，目标观察物着强荧光，对比强烈。

注意事项 由于免疫球蛋白有种属特异性，因此标记的抗球蛋白抗体必须用第一抗体同种的动物血清球蛋白免疫其他动物来制备。间接染色法的优点是既能检查未知抗原，也能检查未知抗体；用一种标记的抗球蛋白抗体，能与在种属上相同的所有动物的抗体结合，检查各种未知抗原或抗体，敏感性高。缺点是：由于参加反应的因素较多，受干扰的可能性也较大，判定结果有时较难，操作繁琐，对照较多，时间长。间接法应设阴、阳性标本对照，还应设有中间层对照（即中间层加阴性血清代替阳性血清）。整个操作过程应符合生物安全规范要求，防止发生实验室感染。

c.抗补体染色法

［原理］抗补体染色法简称补体法，是间接染色法的一种改良法，首先由Goldwasser等建立。本法利用补体结合反应的原理，用荧光素标记抗补体抗体，鉴定未知抗原或未知抗体（待检血清）

［染色步骤］染色程序分两步：先将未标记的抗体和补体加在抗原标本上，使其发生反应，水洗，然后再加标记的抗补体抗体。如果第一步中抗原抗体发生反应，形成复合物，则补体便被抗原抗体复合物结合，第二步加入的荧光素标记的抗补体抗体便与补体发生特异性反应，使之形成抗原-抗体-补体-抗补体抗体复合物，发出荧光。

［染色结果］菌体呈亮绿色为阳性结果。

［质量控制］每周进行质控（若检测频率小于每周1次，则试验当日进行）。使用与抗体相应的阳性质控物，按照说明书中的标准操作流程进行操作，于荧光显微镜下观察结果（采用的荧光波长应与产品说明书一致），背景不着色或色淡，目标观察物着强荧光，对比强烈。

注意事项 抗补体染色法具有和间接法相同的优点，此外，还有其独特的优点，即只需要一种标记抗补体抗体，便能检测各种抗原-抗体系统。因为补体的作用没有特异性，它可以与任何哺乳动物的抗原-抗体系统发生反应。它的缺点是参与反应的成分多，染色程序较复杂，比较麻烦。整个操作过程应符合生物安全规范要求，防止发生实验室感染。

③金胺O（或金胺O-罗丹明）染色法

［原理］金胺O-罗丹明染色法属于荧光染色，染色过程无需加热。金胺O-罗丹明与分枝杆菌结合，对脱色的盐酸乙醇有抗性，染色后抗酸微生物在黑色背景下呈亮黄色。

［染色步骤］涂片加热固定后置于金胺O染液中30min，水洗；盐酸乙醇脱色3min或至无黄色液体流下，水洗；高锰酸钾复染2min，水洗，干后镜检。

［染色结果］金胺O染色抗酸菌呈橙黄色，背景及其他细菌蓝绿色（图4-11）。

［质量控制］实验当日进行质控。分枝杆菌标准菌株（或质控菌株或已知分枝杆菌）呈橙黄色荧光，非抗酸菌菌体呈蓝绿色荧光。

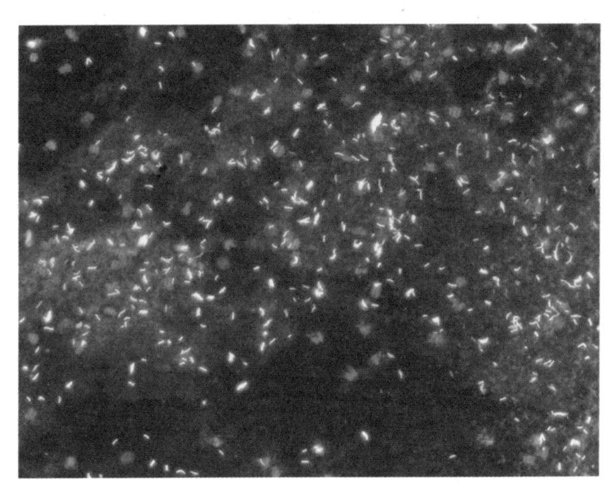

图4-11 痰涂片O-罗丹明染色（TB），×400

注意事项 金胺O染色后镜检需在暗室内进行，需使用荧光显微镜。整个操作过程应符合生物安全规范要求，防止发生实验室感染。

④改良金胺O（或金胺O-罗丹明）染色法（弱抗酸染色）

［原理］染色原理同弱抗酸脱色。该方法主要用于弱抗酸性细菌的荧光染色。

［染色步骤］涂片加热固定后滴加金胺O染色30min，水洗；1%硫酸（或10%的醋酸）脱色至无色，水洗；高锰酸钾复染2min，水洗，干后镜检。

［染色结果］改良金胺O染色后抗酸及弱抗酸微生物呈橙黄色，背景及其他非抗酸微生物呈蓝绿色（图4-12）。

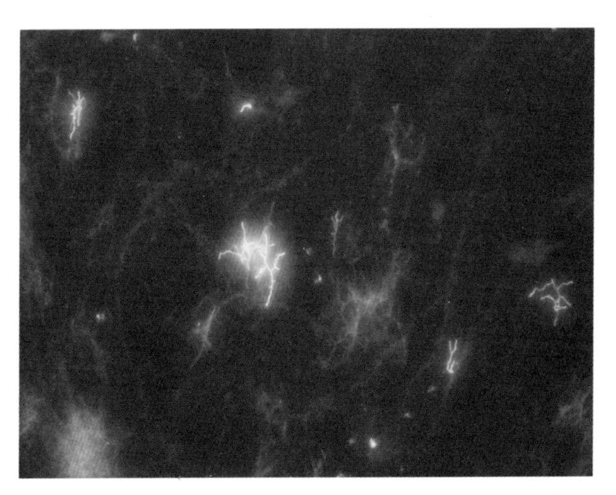

图4-12 痰涂片改良金胺O染色（诺卡菌），×400

［质量控制］实验当日进行质控。抗酸菌（诺卡菌或马红球菌属或戈登菌属或塚村菌属）标准菌株（或质控菌株或已知诺卡菌菌株）呈橙黄色荧光，非抗酸菌菌体呈蓝绿色荧光。

注意事项 改良金胺O染色后镜检需在暗室内使用荧光显微镜。整个操作过程应符合生物安全规范要求，防止发生实验室感染。

（7）钙荧光白染色法

［原理］钙荧光白染料的主要成分是荧光增白剂，与真菌、寄生虫、原虫包囊等细胞壁上的β-糖苷键具有较强的亲和力（如几丁质和纤维素等），在440nm波长紫外激发下发亮蓝色荧光，通过荧光显微镜观察其形态进行诊断。

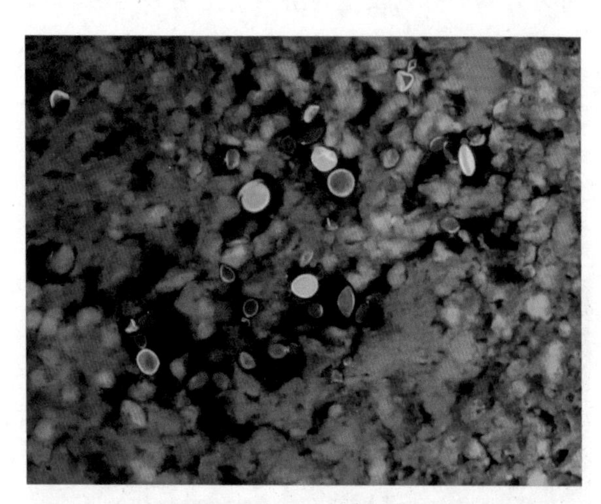
图4-13 肺组织切片钙荧光白染色（新生隐球菌），×400

［染色步骤］将标本涂片放于水平位置，加一滴真菌荧光染液覆盖于标本涂层上，盖上盖玻片，使其与标本充分结合，保持染色2min，用滤纸吸去多余染液，于荧光显微镜下观察。

［染色结果］真菌菌丝（孢子）呈亮蓝色，细菌及人体组织细胞的细胞膜与荧光染料不具亲和力而不着色，因此背景呈淡蓝色（图4-13）。

［质量控制］实验当日进行质控。ATCC 90028白念珠菌或其他念珠菌为亮蓝色，其他细菌或背景为淡蓝色。

注意事项 ①钙荧光白染色对真菌和寄生虫的特异性很高，对怀疑真菌（或寄生虫）感染的标本，推荐用该方法进行检测。临床上广泛用于皮屑、甲屑、毛发、组织切片、痰液、灌洗液、分泌物等标本。

②染色后需尽快阅片，以免液体干涸影响观察。

③LED紫外光源可安装在普通显微镜上，明场镜检，价格低于专业荧光显微镜，非常适合在基层医院开展。

④整个操作过程应符合生物安全规范要求，防止发生实验室感染。

（8）银染色法

①嗜银染色法

［原理］真菌、放线菌、螺旋体的细胞壁具有嗜银性，吸附银后呈黑色，背景淡绿或淡红色（背景颜色与复染液相关）。

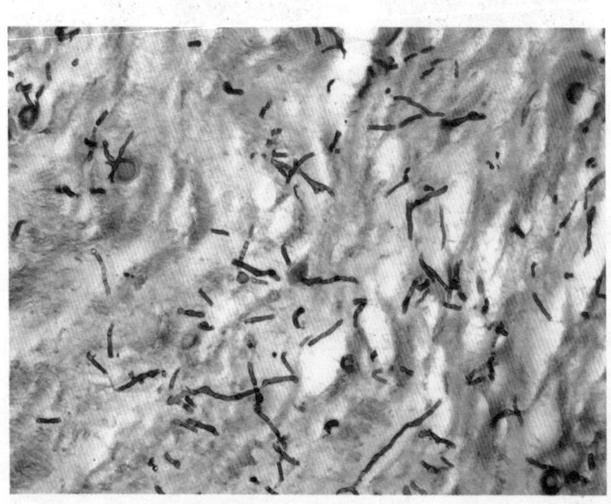
图4-14 骨膜组织切片嗜银染色（曲霉），×400

［染色步骤］银染液预热到60℃，将制好的玻片浸入银染液3h，用蒸馏水冲洗一次，再将玻片浸入45℃还原液中1h，然后用蒸馏水冲洗数次后进行复染，1min后冲洗，待玻片干后镜检。

［染色结果］菌丝（菌体）呈黑色，背景淡红色（沙黄、核固红等）或浅绿色（孔雀绿）（图4-14）。

［质量控制］实验当日进行质控。ATCC 90028白念珠菌或其他念珠菌染成棕黑色，其他细菌或背景为复染液颜色。

注意事项 银染色不能用金属器皿，必须严格控制染色时间。整个操作过程要符合生物安全规范要求，防止发生实验室感染。

②六胺银染色法

［原理］标本经高碘酸氧化后，使真菌和其他机会性微生物细胞壁内的黏多糖醛基暴露，醛基将六胺银还原为黑色的金属银。硫代硫酸钠对已显色的银盐起固定作用，并除去未反应的银离子。

［染色步骤］工作液配制：于洁净试管内加入200μL硝酸银溶液和3mL六亚甲基四胺溶液，充分混匀，然后倒入盛有5mL硼砂溶液的瓶内，充分摇匀备用。如肉眼见少许透明颗粒，属正常现象，请勿过滤。

染色步骤：a.挑取标本制成涂片，自然干燥后加热固定；b.滴加高碘酸溶液氧化15min，蒸馏水冲洗；c.将涂片放入染色玻片盒并置于62℃水浴箱中，使玻片盒漂浮于水面上。滴加1mL工作液于涂片上，盖上盒盖和水浴箱盖，常见真菌染色10~15min，肺孢子菌染色20~25min，见标本有黄棕色反应时取出（注意：工作液不能接触到金属离子，确保水浴箱温度达到62℃且染色过程切勿使染液干涸）；d.显微镜下观察，如着色不够深，再重复步骤c；e.待玻片冷却后，流水冲洗；f.用硫代硫酸钠溶液处理3min，流水冲洗；g.用亮绿染液复染1min，水洗，待干，油镜观察。

［染色结果］实验当日进行质控。主要用于肺孢子菌染色，耶氏肺孢子菌染为棕黑色或黑色，背景绿色（孔雀绿复染）或粉红色（沙黄或核固红复染）（图4-15）。

［质量控制］ATCC 90028白念珠菌或其他念珠菌染成棕黑色，其他细菌或背景为复染液颜色。

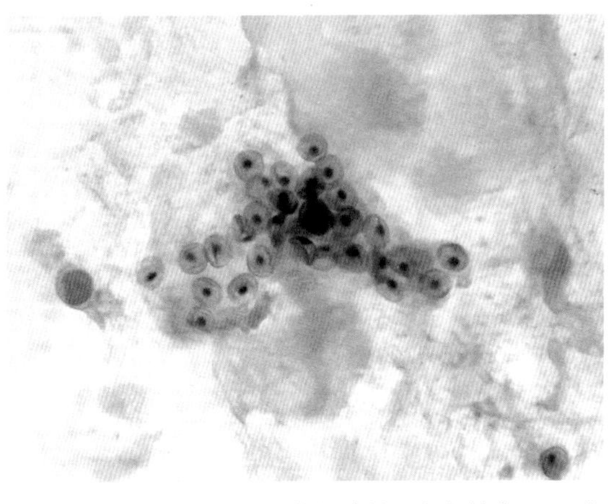

图4-15 BALF六胺银染色（核固红复染）耶氏肺孢子菌，×1000

注意事项 ①如Ⅰ液变成褐色需重新配制；染色后菌体如没有变成棕黑色，检查Ⅰ、Ⅱ、Ⅲ液是否过期；一般工作液需临时配制，如使用配好的工作银液，玻片上变成云雾状或成镜状应重新配制。

②为避免染色过深或过浅，可根据质控菌株的颜色深浅调整染色时间。

③六胺银染色主要检测标本中真菌，尤其对肺孢子菌是十分重要的检测手段。在对疑似肺孢子菌进行确认时应注意其典型的形态学特征，如折痕、核仁等（图4-15），并与其他真菌孢子相鉴别。由于该方法操作步骤繁琐，实验重复性差，染色结果易受操作者经验影响，阳性染色结果的预测值大于阴性结果，所以在临床高度怀疑肺孢子菌感染而染色结果阴性时，应另制片复检，或用其他检测方法复核。

④整个操作过程必须符合生物安全规范要求，防止发生意外或实验室感染。

（二）显微镜检查

1. 人工阅片

（1）不染色片镜检

①主要有形成分观察

a. 组织细胞：观察组织细胞的分布及数量，可以大致了解标本的状况，如标本质量（细胞数过少提示标本采集可能不合格，如憋尿时间不足、痰液中唾液太多等）、炎症程度（炎症细胞的分布及数量）、异常细胞（低分化细胞）等。

b. 病原微生物：在不染色标本直接镜检中，可以观察到细菌、真菌和寄生虫等病原体，因未做染色，只需对其做大致的形态描述，并对数量进行报告即可。

c. 其他非病原有形成分：如各种结晶、尿液中的精子等，这些非病原有形成分有些是有临床意义的（如尿酸结晶、药物结晶等），需要认真鉴别谨慎报告。

②细菌动力观察：观察细菌动力常用的制片方法有悬滴法、压滴法和毛细管法。

a. 悬滴法：适用于观察液体标本（或肉汤增菌培养物）中微生物的运动状况。需使用凹玻片和盖玻片。在凹玻片周围涂少量凡士林，将菌液滴于盖玻片中央，将凹玻片的凹孔盖在盖玻片中央的菌液上，立即翻转玻片，使盖玻片在上，凹玻片在下，轻压盖玻片使其贴合，置于高倍暗视野显微镜下观察。

b. 压滴法（压片法）：适用于液体标本、浓稠标本及消化后组织处理液的不染色（或碘染及负染色标本）直接镜检。将待检样本滴于载玻片中央，取盖玻片覆盖于其上（可先将盖玻片一边接触菌液边缘后缓慢放下，避免气泡的产生），放在显微镜载物台上静置片刻（不超过1min）后置于低倍到高倍视野进行观察（在暗视野显微镜下观察动力效果最好）。

c. 毛细管法：主要用于厌氧菌的动力观察。使用长60~70mm，孔径0.5~1mm的毛细管（需灭菌处理）接触菌液，利用虹吸作用将菌液吸入毛细管。用酒精灯火焰将毛细管两端熔封，再用透明胶带将其固定于载玻片上置于高倍暗视野显微镜下观察。

（2）染色片镜检：对染色标本的镜检，要求描述涂片的整体状况（包括细胞种类及数量、病原体种类及数量、非感染有形成分的种类及数量等），对病原体的形态、排列方式、染色特性、种类和数量等进行详细描述，并对病原体与炎症细胞间的关系进行详细描述（如吞噬、包裹和伴行等）。阅片顺序依次为低倍镜（扫描全片看整体情况）、高倍镜（看病原体的分布、排列及数量等）、油镜（观察细节特征、鉴别吞噬或黏附等）。

2. 人工智能系统（AI）阅片

形态学作为培养流程中的快速检验项目及质量控制环节，是标本涂片镜检不可替代的重要手段。显微镜检查相对耗时费力，为节省人力，减少人为误差，急需开发一种快速准确的形态学检测技术，AI可能成为未来的发展方向。但该技术目前尚处于研发阶段，在临床微生物领域的应用还有很长的路要走。AI是需要大数据支持的技术，需要强大的数据库才能完成较为准确的比对，而数据库的建立需要一个艰苦而漫长的过程。在现有技术条件下，除少数形态有明显特点的微生物（寄生虫、部分真菌和少数细菌）可以比对成功，大部分微生物比对的准确性有待提高。目前，应用于临床的AI系统有抗酸染色和荧光染色的自动阅片仪，其他系统尚处在研发和比对的过程。

（三）镜检结果分析与报告

1.镜检结果分析

（1）判断标本合格性：要区分镜检的微生物是病原菌还是定植菌（通常是标本取材部位附近的常居菌群），检验人员须了解人体各部位的微生态资料和数据（常居菌的分布），以及所在医院环境微生态的资料和数据（菌群交替经常是环境中的菌群）。深部感染标本中病原菌的确定相对容易（较少受到污染），开放性及浅表部位感染（易受常居菌群污染）的病原菌较难判定。判断标本是否合格主要有以下几个指标。

①细胞：判断是否有炎症，即观察是否有多形核白细胞（Polymorphonuclear Leukocytes，PMNLs）；根据细胞来源判断是否污染及污染程度，如下呼吸道标本中观察鳞状上皮细胞（来源于上呼吸道黏膜）的数量及比例；分析标本的性质，即通过细胞种类（组织病理学）来分析炎症性质（鉴别感染性炎症与非感染性炎症），如下呼吸道标本中见到不同种类细胞（柱状上皮细胞、纤毛柱状上皮细胞、肺泡巨噬细胞等）的临床意义不同，提示标本分别来自气管、支气管或肺泡，中性粒细胞增多提示感染性炎症，嗜酸性粒细胞增多提示过敏性炎症，检出柯什曼螺旋体（亦称库施曼螺旋体）提示慢性渗出性炎症等。如看到异常细胞（异常分化细胞），怀疑肿瘤细胞时，应提示临床“送病理确认”。

②细菌：即使标本中只有一种菌，也很难判定其是否为真正的病原菌，多种细菌则更难判断。在实际工作中，经常遇到上述细胞指标合格（下呼吸道标本），但镜下细菌杂乱（图4-16），此时需要运用细胞免疫的理论知识进行分析和判断，即细菌与白细胞的相关性，如观察白细胞内是否有吞噬的细菌，菌体被白细胞包裹等现象都可视为合格标本。但此方法受操作者影响，即使未观察到上述现象，也不能认为标本一定不合格。

（2）查找病原体：细胞免疫是公认的感染确认指标，中性粒细胞浸润吞噬异物是人体重要的非特异性免疫防护机制。特异性免疫活化后的巨噬细胞杀伤能力增强，这种能力可转变为完全吞噬，如巨噬细胞功能显著增强，可促进结核分枝杆菌潜伏感染的康复。

镜下可见引起感染的细菌（或真菌）被炎性细胞吞噬（图4-17）、伴行（图4-18）或包裹（图4-19）。不是所有引起感染的细菌都会被吞噬细胞吞噬，有些细菌具有抗吞噬能力，如肺炎链球菌、有荚膜的流感嗜血杆菌、有荚膜的肺炎克雷伯菌、形成生物膜的铜绿假单胞菌、黏液型不动杆菌等，是无法看到吞噬现象的。

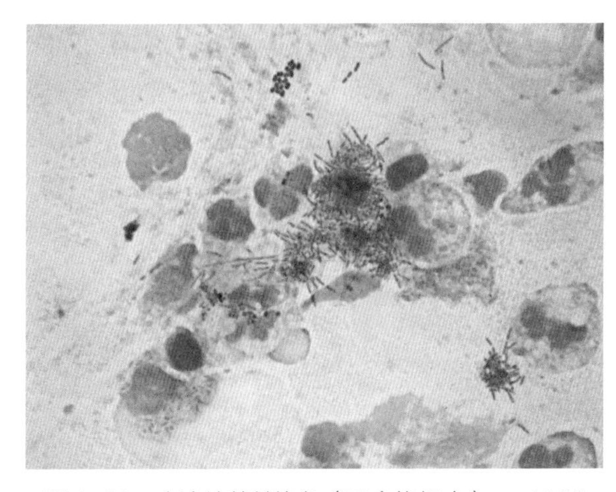

图4-16 痰涂片革兰染色（不合格标本），×1000

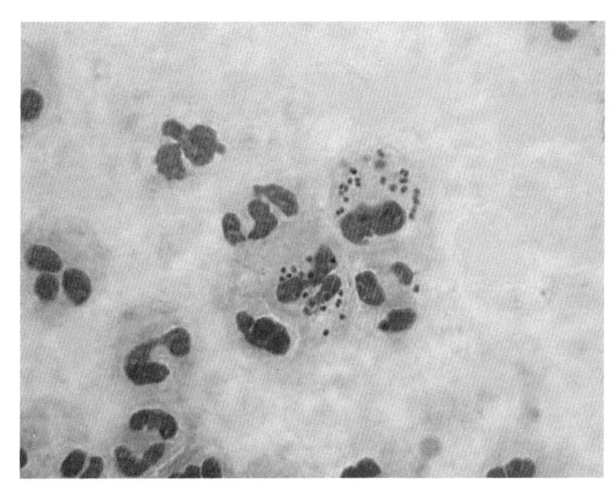

图4-17 尿道分泌物涂片革兰染色（吞噬现象）淋病奈瑟菌，×1000

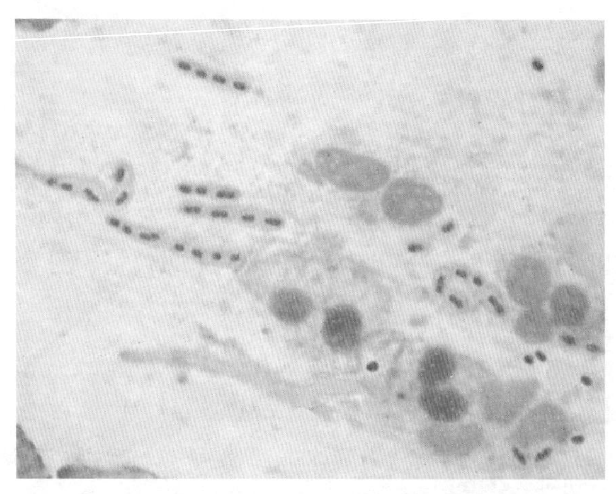

图4-18 痰涂片革兰染色（伴行现象）高毒力肺炎克雷伯菌，×1000

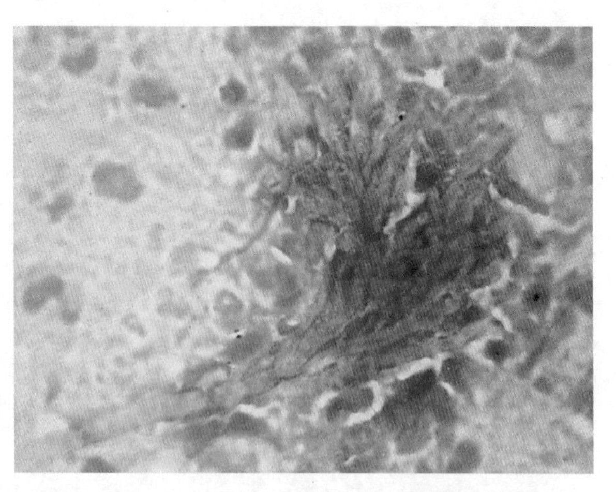

图4-19 痰涂片革兰染色（包裹现象）烟曲霉，×1000

由于下呼吸道炎症产物（痰）在通过咽喉和口腔过程中易受口腔黏膜常居菌群的污染，因此后者为下呼吸道感染的潜在条件致病菌。因此，痰液、无保护套下采集的肺泡灌洗液中可疑病原体的判断需综合考虑。痰、气管吸出物涂片后在低倍镜下观察20~40个视野，通过鳞状上皮细胞、多形核白细胞的数量判断标本是否合格。WS/T640—2018建议少于10个上皮细胞/低倍视野提示为合格的下呼吸道标本，可培养；MCM12略有不同，上皮细胞大于25个/低倍视野则表示严重污染，应拒收。BALF标本，鳞状上皮细胞数小于白细胞数的1%为合格。经镜检合格者，再转到油镜下仔细观察并记录可疑目标的染色性状、形态、大小、排列、数量及与吞噬细胞（包括白细胞和巨噬细胞等）的关系等信息，如可疑微生物不止一种，应逐个进行上述描述并记录。观察每张涂片都要达到规定的视野数，以防漏检。对该染色方法无法区分和确定的可疑结果，应再用其他更敏感的染色方法确认。

检验结果的判断受多种因素影响。例如，经验性使用抗微生物药物导致感染部位原始状态的破坏；标本采集不规范导致获取病原体数量的变化；长期住院患者口腔中定植医院环境中的高耐药菌株；长期使用抗微生物药物和激素导致口腔菌群的改变；住院患者个人卫生问题（如口腔卫生问题）引起的口腔菌群结构和数量的改变等，使得利用优势菌理论判断下呼吸道感染病原受到来自临床实际情况的巨大挑战。

（3）辨认非病原性有形物：在标本采集过程中，有时不可避免的混入非病原性有形物。如痰和粪便标本中的花粉、菌类孢子及食源性微生物（乳制品中的乳杆菌和短杆菌，发酵食品中的真菌孢子等）；液体标本中污染的水生原虫；尿液或阴道分泌物中的精子（误认为真菌孢子）；组织标本中的植物纤维（辅料污染）可能会被误认为真菌菌丝。这些有形成分易被误认为病原微生物，实验室人员应引起注意，认真鉴别。

2.镜检结果报告与解释

（1）结果报告方式

①初步报告（电话报告）：电话报告的结果需与医院临床科室进行协商，遵从本实验室的结果报告制度，以确定哪些结果应进行电话报告，将报告方案在医务处备案并通告全院临床科室。对于危急结果应按照危急值报告程序进行报告，包括阳性血培养、脑脊液涂片和培养报告等。

②最终报告：有条件的实验室可发图文报告，图文报告模式请参考相关文献。对疑似特殊病

原体（法定传染病等）需谨慎，经培养或其他方法复核后（如临床标本涂片检出抗酸杆菌时需要确认是TB或NTM，检出革兰阳性芽孢杆菌时需排查是否为炭疽芽孢杆菌，口腔及咽拭子涂片检出棒杆菌应排查白喉棒杆菌，大便压片镜检检出穿梭状运动的弧菌时应排查霍乱弧菌等）方可按照传染病报告程序报备院感和当地CDC。

（2）结果报告内容：实验室应对除血液、骨髓、导管尖端标本外的其他标本行标本直接涂片及染色镜检。粪便标本仅在怀疑特殊病原体时行染色和（或）显微镜检查，如怀疑霍乱弧菌或寄生虫可行湿片镜检，怀疑弯曲菌属或弧菌属可行革兰染色，怀疑原虫感染应行碘染，怀疑孢子虫感染时应行抗酸染色（或弱抗酸染色），并规范报告涂片结果。

涂片报告建议常规包含以下内容。阴性结果：××染色，未见菌体；阳性结果：××染色，查见菌体，并描述菌体形态、染色特点、菌体数量（适用时）。粪便标本（必要时）、无菌体液、生殖系统标本、眼部标本、伤口分泌物、组织、脓液标本涂片染色建议报告细胞学信息、菌群分布及是否吞噬菌体。此外，粪便标本革兰染色发现阿米巴和寄生虫/虫卵也需报告临床。痰标本革兰染色需根据低倍镜下白细胞与上皮细胞的数量和比例来评估标本是否合格，可半定量报告中性粒细胞、上皮细胞和细菌数量以及是否存在细胞内吞噬（若报告吞噬，则宜注明吞噬细胞占整个中性粒细胞的比例），如观察到纤毛柱状上皮细胞、弹性纤维、库什曼螺旋体、夏科雷登结晶等可能提示感染的物质，宜在报告中注明。

对具有特殊形态的病原体，建议进行有倾向性的提示报告。例如，查见革兰阳性球菌，葡萄状排列，位于白细胞胞浆内，可报告“找到革兰阳性球菌，葡萄状排列，疑似金黄色葡萄球菌”；又如，镜下见到革兰阳性球菌，矛头状、矛尖相背，成对或者短链状排列，具有明显荚膜，可报告“找到革兰阳性双球菌，疑似肺炎链球菌”。其他，如革兰阴性细小杆菌，大量存在于胞内，可能是流感嗜血杆菌；革兰阴性细小杆菌多形性，长短不一，胞内外均可见，可能是脆弱拟杆菌；革兰阴性肾形相对双球菌，胞内菌较多，可能是奈瑟菌属或卡他莫拉菌；革兰阴性球杆菌，胞外菌较多，可能是不动杆菌；革兰阴性粗大，有厚重荚膜的可能是肺炎克雷伯菌；革兰阳性小球菌，菌体正圆形，链状或散在排列，可能是消化链球菌；革兰阳性杆菌，有直角分枝，呈放射状排列，位于包裹物内，弱抗酸阳性，可能是诺卡菌，而菌体纤细，长短不一，多形性明显，散在排列，同样有直角分枝，可能是放线菌。革兰阳性或着色较差的锐角分枝，有隔真菌菌丝，顶端膨大呈鹿角样，可能是曲霉菌，报告时还宜报告是否被白细胞团块所包裹。另外，对隐球菌和肺孢子菌需在特殊染色条件观察。总之，倾向性提示报告需要丰富的临床经验支撑，应慎重报告。

除上述内容外，不同涂片染色方法有各自报告特点（表4-2）。

表4-2 临床微生物实验室标本涂片染色镜检结果报告

染色方法	半定量	形态描述	排列方式	备注
革兰染色	<1个菌/OIF为1+，1~5个菌/OIF为2+，6~30个菌/OIF为3+，>30个菌/OIF为4+	球菌、杆菌、球杆菌；真菌孢子为圆形、卵圆形、关节形等；真菌菌丝需区分真假菌丝，是否分隔，分枝角度	散在、成双、链状、葡萄状、四联、八叠、柴捆样等	当染色见到不着色的纤细“鬼影”或点状着色的菌体时，考虑分枝杆菌或诺卡菌，建议加做抗酸或弱抗酸染色

续表

染色方法	半定量	形态描述	排列方式	备注
抗酸染色	1~9条/300OIF 抗酸杆菌阳性（1+）：1~9条/100OIF 抗酸杆菌阳性（2+）：1~9条/10OIF 抗酸杆菌阳性（3+）：1~9条/OIF 抗酸杆菌阳性（4+）：>9条/OIF	细长弯曲、丝状、珠状	菌体聚集、分散	阴性结果需连续观察300个不同视野；阳性结果报告为找到抗酸杆菌，不可报告为找到结核杆菌
弱抗酸染色	–	细长弯曲、分枝、丝状、串珠状	–	–
墨汁染色	–	出芽、荚膜	–	阴性报告为墨汁染色，未见隐球菌
六胺银染色	–	包囊和滋养体特征，杯状、皱缩葡萄干状、囊性塌陷空壳或破碎乒乓球样、囊壁有特殊新月状或圆括号样结构	–	–

若实验室提供图文报告，建议在文字报告的基础上增加图片。要求图像清晰，形态典型，最好提供两张不同视野的图片，目标内容以箭头标注。多个目标宜进行编号，并在图解中进行说明。

第二节　显微镜检查的临床意义

显微镜检查是最基本、最简单、最快速、最直观、最经济的常规检查方法，其结果可作为快速报告的内容，也对后续病原体检测方法的选择具有“导航”作用。

基于检测细菌培养的主要问题是培养、鉴定及药敏的周期长，报告的时效性差。感染性标本的直接涂片显微镜检查报告可在数小时内完成，对建立快速初步诊断具有重要的临床意义，亦是WHO认可的快速初步诊断方法。

原则上应对所有怀疑感染性疾病患者的标本进行涂片镜检（血液和粪便标本除外），镜检的意义在于：①确认炎症（炎症细胞）；②鉴别炎症性质（单核、分叶核细胞或嗜酸细胞）；③鉴别感染病原体（细菌、真菌、螺旋体、寄生虫等）；④判断微生态失衡及程度（菌群失调）；⑤判断标本合格性；⑥提示可疑病原体（根据微生物与炎性细胞的关系判定）；⑦快速初步报告；⑧指导接种流程中分离培养基的选择；⑨指导识别培养后菌落；⑩审核最终鉴定及药敏报告的溯源依据。

显微镜检查技术在临床病原学诊断中发挥着重要作用，微生物工作人员需熟练掌握各种镜检技术，从标本采集、涂片制备、染色、镜检到结果报告全程做好质量控制，充分发挥微生物检查技术在临床感染性疾病中的诊断作用。下面通过对临床病例的分析，介绍显微镜检查技术的应用及相关注意事项。

病例一：革兰染色在感染性疾病诊断中的应用

【简要病史】患者，女，66岁，已婚，无业人员。患者3天前乘坐三轮车时发生侧翻，当即感到双下肢、左小腿肿痛、出血、活动受限。由救护车送至当地县医院，给予清创缝合、肌内注射破伤风抗毒素，左跟骨结节牵引术，右胫骨结节牵引术。在当地医院出现血红蛋白反复下降，给予输血对症治疗，治疗过程中患者出现发热，足背动脉搏动消失。建议转至上级医院治疗。遂在当地医师陪同下转至我院进行治疗。

发病以来，患者精神较差，睡眠差，食欲不佳，大便正常，小便导尿，体重无明显变化。

【一般检查】白细胞计数12.12×10^9/L↑，中性粒细胞比率83.2%↑，降钙素原8.23ng/mL↑，C反应蛋白63.22mg/L↑，红细胞计数3.26×10^{12}/L↓，血红蛋白101g/L↓，淋巴细胞比率7.8%↓，总胆红素60.3μmol/L，结合胆红素9.5μmol/L，非结合胆红素34.5μmol/L，总胆汁酸19.69μmol/L，丙氨酸氨基转移酶67.0U/L，天冬氨酸氨基转移酶209U/L，乳酸脱氢酶536U/L结果均升高。

【微生物学检查】术中留取坏死组织（图4-20）及伤口深部的血性液体（图4-21）各1份，标本进行涂片镜检及培养鉴定（接种血平板、巧克力平板、中国蓝平板、沙保弱培养基和厌氧培养基分别置于需氧和厌氧条件下培养）。组织涂片行革兰染色后见大量革兰阳性粗大杆菌，无细胞（图4-22）。血性液体行革兰染色后见少量细胞，全片找到2条革兰阳性杆菌（图4-23），涂片结果电话报告临床。根据涂片结果，组织标本直接接种、血性液体离心后接种需氧及厌氧培养。经24h孵育，两份标本在需氧环境下均未见生长，厌氧培养24h后组织标本生长大量光滑型、有双层溶血环菌落（图4-24），血性液体生长少量光滑型有双层溶血环菌落（图4-25），经质谱鉴定均为产气荚膜梭菌（*Clostridium perfringens*）。

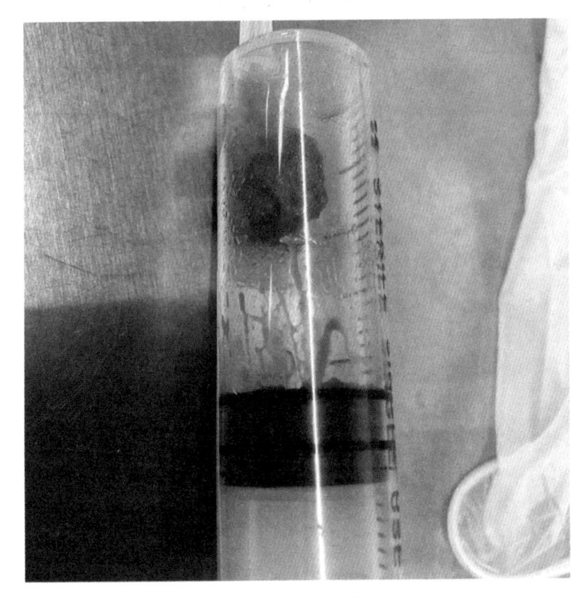

图4-20 组织标本

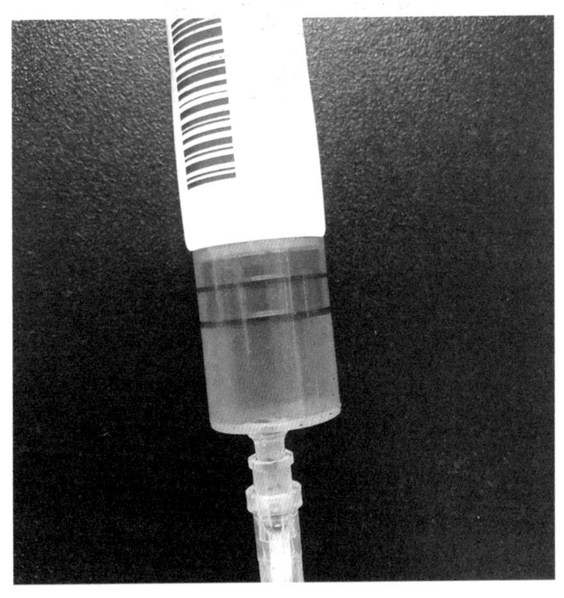

图4-21 血性液体

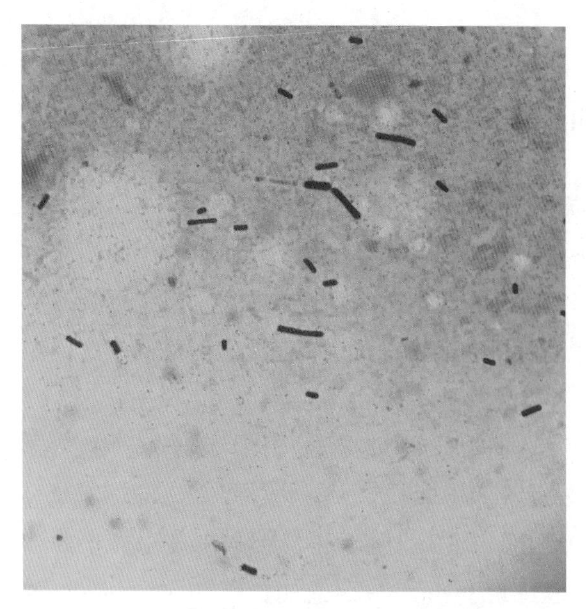

图4-22 组织标本革兰染色，×1000

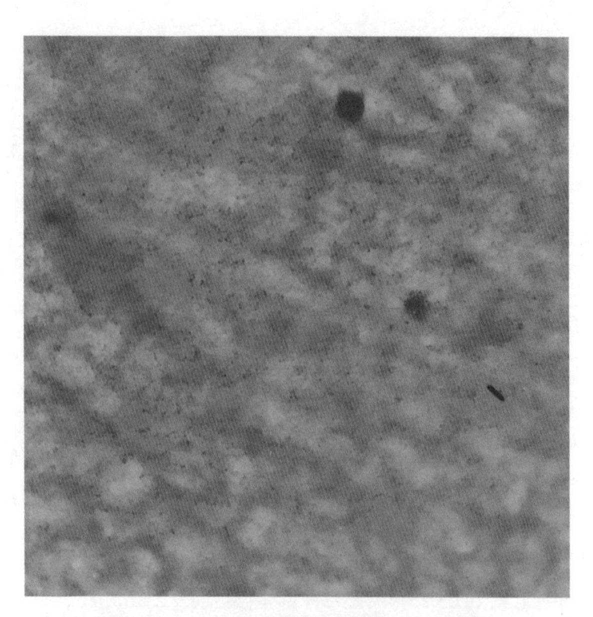

图4-23 血性液体革兰染色，×1000

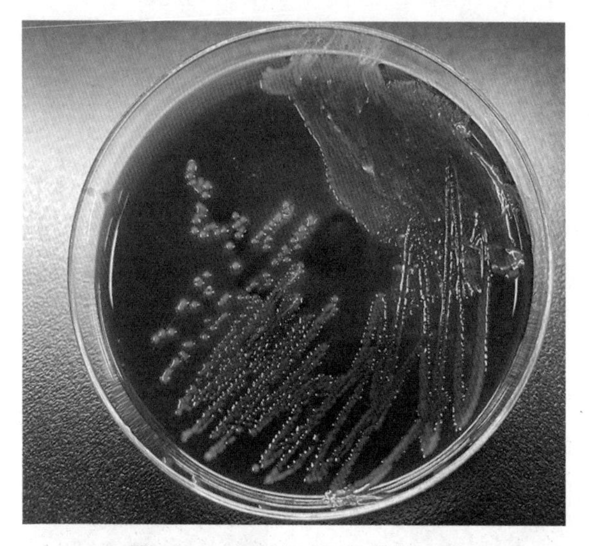

图4-24 组织标本厌氧培养24h

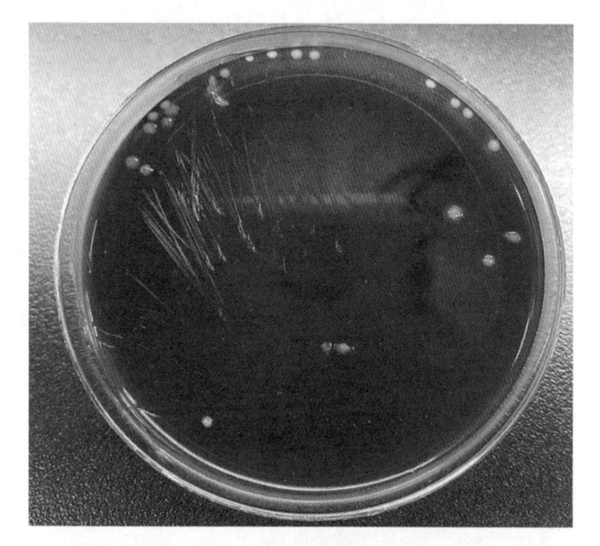

图4-25 血性液体厌氧培养24h

【诊疗经过】入院后予以青霉素240万IU q6h，以及替硝唑0.8g qd抗感染。患者血红蛋白逐步降低，诉伤口剧烈疼痛，遂在完善相关检查后入院当天行左小腿骨筋膜室综合征切开减张术。术中探查见小腿肌肉组织坏死，伤口大量渗液并产大量气体。切口部位用过氧化氢大量反复冲洗后，期间微生物室组织标本回报结果为“革兰阳性粗大杆菌，大量”，电话沟通后不排除产气荚膜梭菌。鉴于患者情况危重，与家属沟通后同意截肢。遂在全麻下行左大腿离断术，创面使用0.9%氯化钠注射液+过氧化氢反复冲洗后包扎固定。术后继续抗感染治疗，6天后患者无发热，手术部位敷料干燥，固定完好。家属要求转入当地医院治疗。

【病例点评】外伤后易发生严重感染，产气荚膜梭菌是常见病原菌之一。其引起的感染病程进展迅速，病死率高。感染部位分泌物的革兰染色通常能够快速明确病原，由于毒素对细胞的破坏作用，在原始标本涂片中往往见不到炎性细胞。本病例提示：第一，某些情况下，标本革兰染色对于明确感染的病原至关重要。本病例中实验室对术中留取的标本进行直接染色镜检，发现革兰阳性粗大杆菌，及时告知临床，为患者的进一步治疗提供重要依据；第二，标本革兰染色能够评估送检的标本质量，有利于后续培养结果的解释。本病例中同时送检了术中留取的组织标本与血性液体标本，但结果却有差别。组织标本在涂片中显示大量菌体，无炎性细胞，符合产气荚膜梭菌感染特征，为实验室在形态学鉴定上提供可靠依据。血性标本直接涂片仅偶见菌体，存在少量细胞，极易漏检。血性液体可能是伤口深部由于炎症造成的渗出，与术中的少量出血形成混合血性液体，不含或仅含极少菌体。培养结果显示血性液体生长少量菌落，通过原始标本涂片发现，并非伤口本身含菌量少，而是取材部位不同所致。细菌的半定量有助于临床评估病情，标本的直接涂片能够对标本质量进行评估进而解释培养结果。综上，标本直接革兰染色镜检对于感染病的诊断至关重要，临床微生物实验室对收到的标本尽可能进行革兰染色镜检。

病例二：抗酸染色在感染性疾病诊断中的应用

【简要病史】患者，女，24岁，2个月前行左侧乳房脂肪填充术，术后切口迁延不愈，创面定期换药未见明显好转，为进一步治疗就诊。体格检查：左侧乳腺下级可见长约0.5cm切口，少量黏液性分泌物，有潜行窦道，创周轻度红肿，局部皮温高。

【微生物学检查】窦道内抽取物送检微生物学检查（一般细菌涂片及培养）。涂片革兰染色未见细菌，可见大量白细胞。抗酸染色可见大量抗酸菌，细长，无分枝（图4-26）。需氧培养72h，血平板（BA）上可见白色、干燥菌落生长（图4-27），经质谱鉴定为龟分枝杆菌（*Mycobacterium chelonae*）。

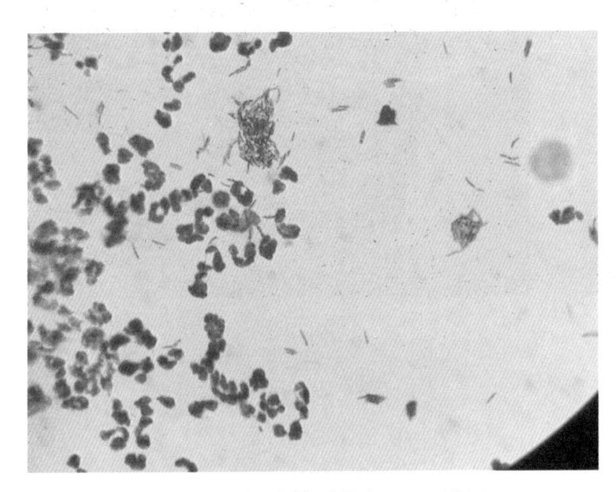

图4-26　标本抗酸染色，×1000

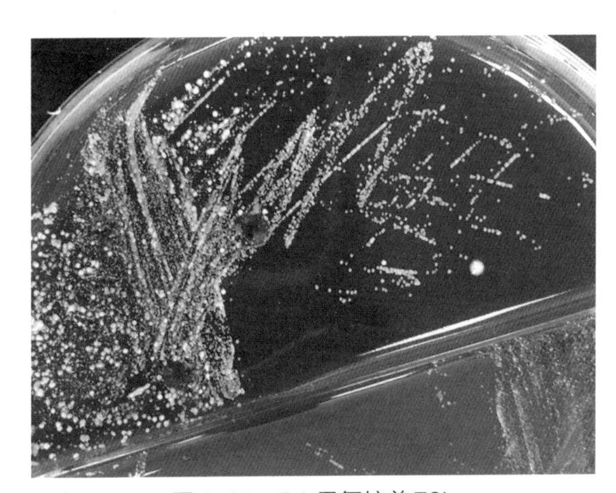

图4-27　BA需氧培养72h

【诊疗经过】针对龟分枝杆菌进行利奈唑胺静脉注射治疗，伤口切开后0.9%氯化钠注射液冲洗，放置引流条。治疗1个月后伤口愈合。

【病例点评】龟分枝杆菌属于快生长分枝杆菌，感染后常引起伤口迁延不愈。由于其在革兰染色不易着色，若不行抗酸染色易漏检。快生长分枝杆菌相比常见细菌的生长速度慢，如无涂片结果的提示，常规时间报告（48h）可能漏检（尤其慢生长分枝杆菌）。抗酸染色快速明确病原，给后续培养指明方向，为临床治疗提供依据。

病例三：弱抗酸染色在感染性疾病诊断中的应用

【简要病史】患者，女，83岁，退休人员。慢性咳嗽50年，活动后气短20年，加重2天入院。咳嗽、咳痰加重，黄色黏痰，不易咳出，自觉发热，未测体温，伴间断憋气，夜间不能平卧，无头晕、心悸，无恶心、呕吐，无腹痛、腹泻。

【一般检查】血气分析（Ⅰ型呼吸衰竭）：pH 7.45，PO_2 51mmHg↓，PCO_2 72mmHg↑，脑钠肽403pg/mL↑。白细胞计数19.57×10^9/L↑，中性粒细胞比率88.70%↑，淋巴细胞比率3.1%↓，嗜酸性粒细胞比率0%↓，中性粒细胞绝对值17.38×10^9/L↑，淋巴细胞绝对值0.60×10^9/L↓，单核细胞绝对值1.56×10^9/L↓，降钙素原1.68ng/mL↑（正常：0~0.05ng/mL）。胸片显示左下肺炎症。

【微生物学检查】送检痰标本进行培养。一般细菌涂片结果：革兰染色可见大量白细胞，上皮细胞<10个/LP，少量革兰阳性球菌、革兰阴性杆菌，大量革兰阳性团状分布、着色斑驳的杆菌。根据细菌形态，实验室进行痰标本涂片弱抗酸染色复检，结果为弱抗酸染色阳性，菌体细长、成团分布（图4-28）。根据镜下形态，电话联系临床高度怀疑诺卡菌。培养5天后，血平板上可见白色粉末样菌落（图4-29），经质谱鉴定为圣乔治诺卡菌（*Nocardia cyriacigeorgica*）。

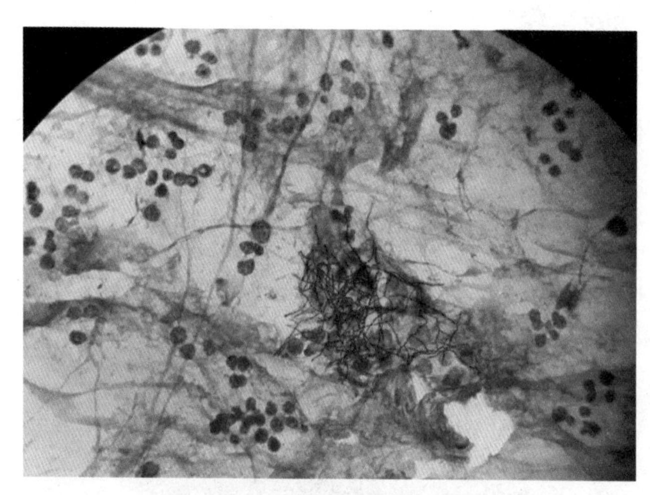

图4-28 弱抗酸染色，×1000

图4-29 BA需氧培养5d

【诊疗经过】初步诊断为慢性阻塞性肺疾病急性加重期。入院后使用头孢曲松进行治疗，效果欠佳（圣乔治诺卡菌对头孢曲松敏感，该患者治疗效果欠佳，实验室并未找到原因）。根据微生物室涂片结果更改抗菌药物为复方磺胺片，口服4天后痰液明显减少，胸片显示炎症面积缩小，出院后继续服用，定期复查。

【病例点评】诺卡菌在自然界中广泛存在，为机会致病菌，可引起肺部感染、脓肿等疾病。该菌在沙保弱或普通营养培养基上生长缓慢，35~37℃培养一周左右可见菌落。如无涂片结果的提示，常规时间报告可能漏检。为加快诊断速度，实验室可利用诺卡菌弱抗酸染色阳性的特点，对原始标本进行弱抗酸染色，根据染色阳性结果及镜下丝状盘绕的形态做出初步判断，对于临床的早期诊治有重要作用。虽然文献有报道磺胺类药物出现耐药，但目前磺胺类药物仍为治疗诺卡菌病的首选药物，临床上采用此药物治疗时，疗效基本是令人满意的。对于严重感染患者可联合复方新诺明、阿米卡星、头孢曲松或亚胺培南治疗，但一些诺卡菌（如鼻疽诺卡菌、巴西诺卡菌、豚鼠耳炎诺卡菌等）对头孢曲松或亚胺培南耐药，故实验室提供涂片结果后，临床经验治疗时多采用磺胺类药物进行治疗。

病例四：钙荧光白染色在真菌感染性疾病诊断中的应用

【简要病史】患者，女，62岁，农民，反复胸背部疼痛4个月，加重一个月，昼夜疼痛无明显差异，与劳累关系不大，无低热盗汗等症状。住院检查MRI示：胸10、11椎体楔样改变，颈胸腰椎体骨质增生。

患者精神较好，睡眠一般，食欲正常，大小便正常，体重无明显变化。患者胸背痛症状较重，影响生活质量。

【一般检查】体温36.4℃，脉搏72次/分，呼吸18次/分，血压138/79mmHg，双肺呼吸音清晰。白细胞计数8.37×10^9/L，红细胞计数3.77×10^9/L，中性粒细胞比率76.9% ↑，淋巴细胞比率16.5% ↓，总蛋白60.7g/L ↓，肌酐141.6μmol/L ↑，尿素氮 11.83mmol/L ↑，血糖5.45mmol/L，钾3.77mmol/L，钠141mmol/L。

【微生物学检查】结核分枝杆菌γ干扰素释放试验阴性，布鲁菌抗体试验阴性，G试验、GM试验、布鲁菌血清凝集试验均阴性。术中送检坏死骨组织标本进行涂片镜检及培养。病理切片脱蜡后经钙荧光白染色显示组织间大量蓝绿色荧光菌丝样物质，菌丝可见分隔，有锐角分枝（图4-30）。培养48h，血平板、中国蓝及沙保弱培养基可见组织“长毛”（图4-31），质谱未鉴定出结果。经测序，结果为谢瓦曲霉（*Aspergillus chevalieri*）。

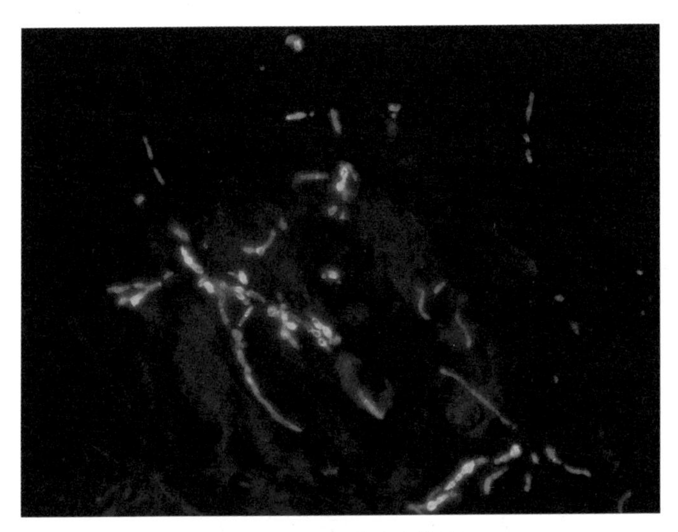

图4-30 组织切片钙荧光白染色，×400

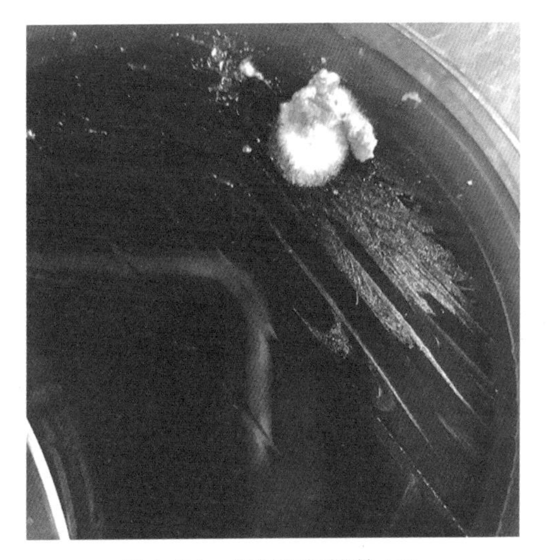

图4-31 组织需氧培养48h

【诊疗经过】入院后完善相关检查，乳酸左氧氟沙星注射液0.5g qd。6天后全麻下行胸椎后路病灶清除，取髂骨植骨融合，椎弓根钉棒内固定术。于双侧胸11上关节突外缘，探查胸10~11椎间隙，刮除椎间隙内组织，可及炎性肉芽、坏死软组织，留取病理及培养标本送检。微生物室对标本进行直接涂抹后进行涂片革兰染色，结果未检测到细菌及真菌。标本切片进行荧光染色后，报告结果“镜下可见菌丝样物质，菌丝有分隔，锐角分枝，疑似曲霉”。临床将抗菌药物改为伏立康唑。术后13天出院，患者一般状况好，切口疼痛较前减轻，胸背部疼痛较术前减轻。术后复查胸椎CT：内固定物固定良好，脊柱稳定性恢复。

【病例点评】钙荧光白染色对组织中的真菌染色效果好，颜色对比明显，方便观察菌丝/孢子的形态及分枝等结构，有助于对感染标本中真菌的早期识别。

病例五：柯氏染色在布鲁菌病诊断中的应用

【简要病史】患者，男，8岁。患儿因发热7天，发现右踝部肿胀3天入院。患儿于7天前无明显诱因出现发热，体温最高39.2℃，无寒战及抽搐，对症处理（物理降温及服用布洛芬）后热退，热峰每日2次，热型不规则，无皮疹。3天前出现右踝部肿胀，伴有跛行。患儿住院治疗9天，无发热，右踝部无肿痛，无行走不稳。查肾输尿管膀胱CT平扫及强化，左侧输尿管盆段略扩张，壁内段见囊状膨突，增强扫描可见边缘强化，排泄期病灶内见造影剂充盈，延时扫描膀胱内见环形充盈缺损。在全麻下行左侧输尿管膀胱再植术，患儿术后高热。

【一般检查】入院时血常规及C反应蛋白正常，红细胞沉降率快（35mm/h）。

【微生物学检查】结核抗体阴性，布氏虎红平板凝集阴性。左、右侧血培养需氧瓶分别于72.6h、79.2h天报阳性，涂片镜检为革兰阴性小杆菌（图4-32）。涂片行柯氏染色为阳性，临床危急值报告“革兰阴性小球杆菌，疑似布鲁菌”。需氧培养48h血平板可见灰白色小菌落，中国蓝上不生长（图4-33），经质谱鉴定为马耳他布鲁菌（*Brucella melitensis*）。

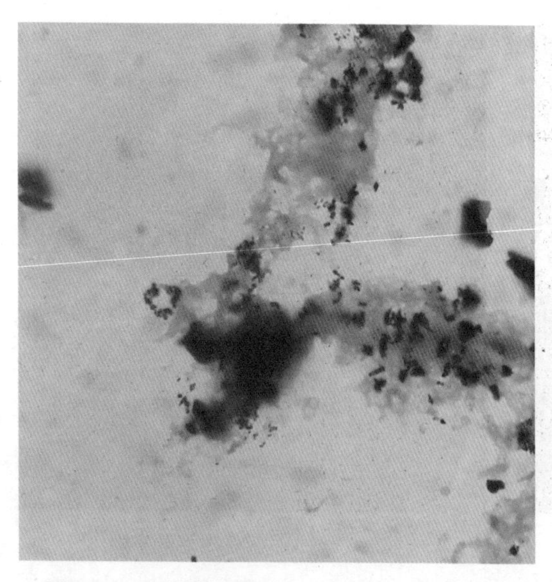

图4-32 阳性血培养涂片，革兰染色，×1000

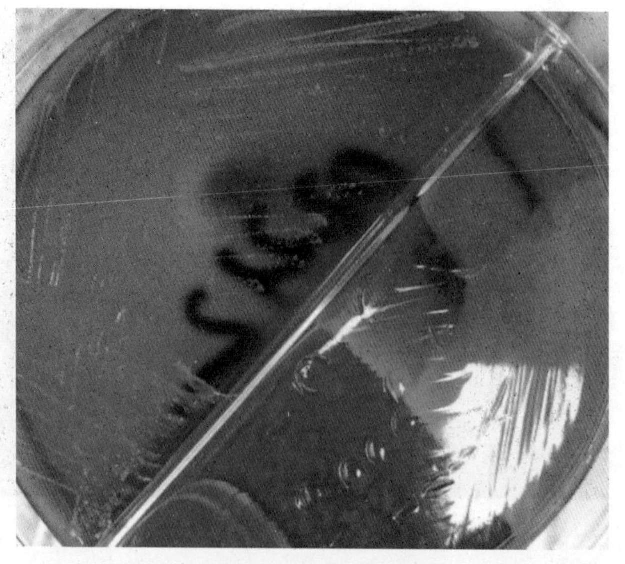

图4-33 需氧培养48h

【诊疗经过】入院后使用头孢唑林1.5g静脉滴注bid，三天后改为头孢哌酮/舒巴坦1.5g静脉滴注q12h，治疗5天后改为美罗培南0.4g q8h。血培养危急值报告后调整为头孢曲松1.0g每日1次静脉滴注，利福平450mg每日1次，多西环素75mg q12h抗布鲁菌病治疗。

出院情况：治疗8天后患儿体温正常，无咳嗽、咳痰，无胸闷、憋气，无恶心、呕吐，无腹痛、腹泻，饮食、睡眠好。引流管拔管后伤口无菌消毒包扎处理完好，局部无渗出，尿便未见异常。出院后继续服药，定期复查。

【病例点评】布鲁菌为胞内寄生的革兰阴性球杆菌，毒力因子包括尿素酶和含布鲁菌囊泡（Brucella-containing Vacuoles，BCV），尿素酶使其逃避胃液的杀菌作用，BCV提供酸性环境破坏抗微生物药物的活性。感染途径主要是直接皮肤接触、吸入气溶胶和消化道感染，潜伏期一般为1~4周。感染早期检测抗体可呈阴性，被贴上“易误诊疾病”的标签，对于一些复杂的病例可能被延误数年。实验室检测方法主要有血清学试验（假阳性罕见，注意假阴性结果）、核酸检测、培养（布鲁菌病实验室诊断金标准）。布鲁菌生长缓慢，生化仪器鉴定可能导致错误的鉴定结果，如可能被误鉴定为人苍白杆菌。柯氏染色操作简便，可在血培养报阳后尽快得出阳性结果，有助于临床的有效治疗，也可有效避免发生实验室感染。

病例六：墨汁染色在感染性疾病诊断中的应用

【简要病史】患者，男，58岁，反复头痛一周，因近期加重入院。入院半月前感冒后出现头痛。呈阵发性隐痛，偶有恶心，无呕吐。入院时伴有咳嗽咳痰。

【一般检查】体温36.2℃，脑膜刺激征阳性，无家禽接触史。血常规、肝肾功能均正常，红细胞沉降率略快（25mm/h）。肺部CT：右肺中上叶舌段多发条片影，慢性炎症。脑脊液常规：淡黄微浑，白细胞计数40×10^6/L↑，中性粒细胞比率95%↑，淋巴细胞比率5%。生化：葡萄糖1.11mmol/L，氯115.1mmol/L，蛋白2.5g/L。G试验阴性，GM试验阴性。

【微生物学检查】脑脊液墨汁染色可见宽厚荚膜样孢子（图4-34）；有氧培养7天，沙氏培养基可见白色光滑菌落生长（图4-35），经质谱鉴定为新生隐球菌（*Cryptococcus neoformans*）。

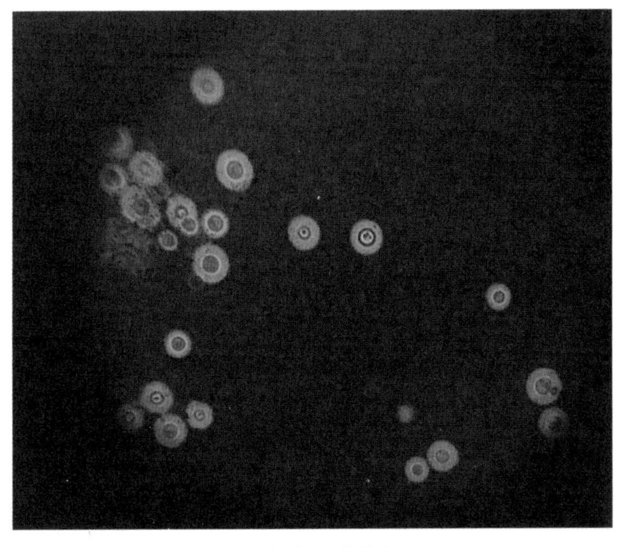

图4-34 脑脊液墨汁染色，×400

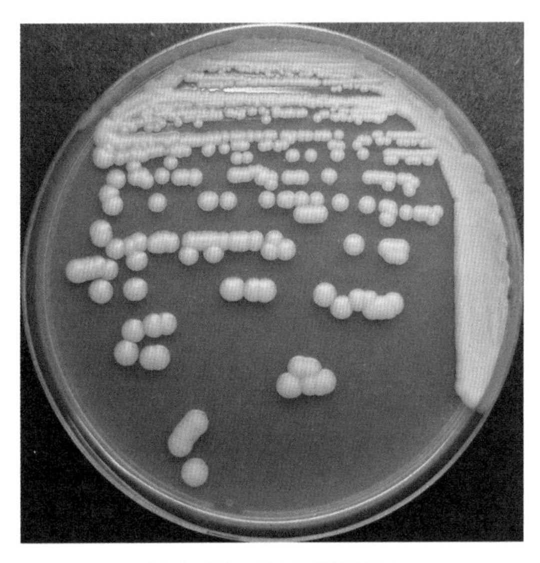

图4-35 SDA 35℃ 7d

【诊疗经过】实验室将墨汁染色结果以危急值形式报告给临床。但患者因经济原因，拒绝其他用药。口服氟康唑150mg，每日1次。服用3个月后，无再发热，头痛消失，复查脑脊液正常。

【病例点评】新生隐球菌易引起中枢神经系统感染，早期诊断与治疗是改善预后的关键因素。脑脊液墨汁染色操作简单，可快速获得病原学结果，对于早期诊断至关重要。

第五章 细菌检测及报告

细菌检测技术包括传统的显微镜检查、分离培养及鉴定、AST、血清学分型等和不依赖于培养的检测技术。手工生化鉴定方法是细菌鉴定的经典方法。基于这一原理的自动及半自动鉴定仪器已在临床领域得到广泛应用。随着科技进步，蛋白质组学技术为细菌和真菌鉴定提供了更加高效与准确的工具。特别是基质辅助激光解析电离飞行时间质谱（Matrix-assisted Laser Desorption/Ionization Time-of-flight Mass Spectrometry，MALDI-TOF MS）技术，已成为该领域最具代表性的方法之一。当生化反应与MALDI-TOF MS均无法提供明确鉴定结果时，分子生物学方法，如16S核糖体RNA（16S Ribosomal RNA，简称16S rRNA）测序或特异性片段扩增，可作为有力的补充手段。此外，免疫学方法在细菌鉴定中也发挥着不可或缺的作用，如对链球菌属、沙门菌属和志贺菌属的分型鉴定。值得一提的是，近年来直接标本检测技术在临床应用中取得了显著突破，尤其是分子生物学方法中的宏基因组测序（Metagenome Next-Generation Sequencing，mNGS）。该技术以其快速、无偏好性的特点，显著提高了感染病原微生物的检出率。本章主要介绍细菌鉴定技术以及直接标本检测的方法与原理、细菌培养的处理程序、结果报告及解释。

第一节 细菌鉴定技术

细菌鉴定是分类学中的重要环节，包括表型鉴定和分子鉴定。基于表型的传统鉴定包括革兰染色、手工生化鉴定、半自动/自动细菌鉴定仪、血清学分型等技术结合菌落特征，而分子鉴定则主要基于检测细菌蛋白、核酸等分子，其中MALDI-TOF MS技术越来越多应用于临床微生物中病原体的鉴定。本节主要介绍常见的细菌鉴定方法。

一、基于生化反应的鉴定

（一）双歧索引法

双歧索引法是一种基于细菌的主次特性，遵循“非此即彼”的原则进行逐级区分的方法，旨在将细菌精确划分至最小鉴定单位，即属或种。此法的优势在于逻辑性强，思维缜密，条理清晰，所得结果明确有力。然而，其缺点是每一步骤均以前一步试验结果为基石，故鉴定过程耗时耗力，且早期误差易被放大。例如，经革兰染色法确认细菌为革兰阳性球菌后，再进行触酶试验呈阳性，则可根据图5-1进行索引。

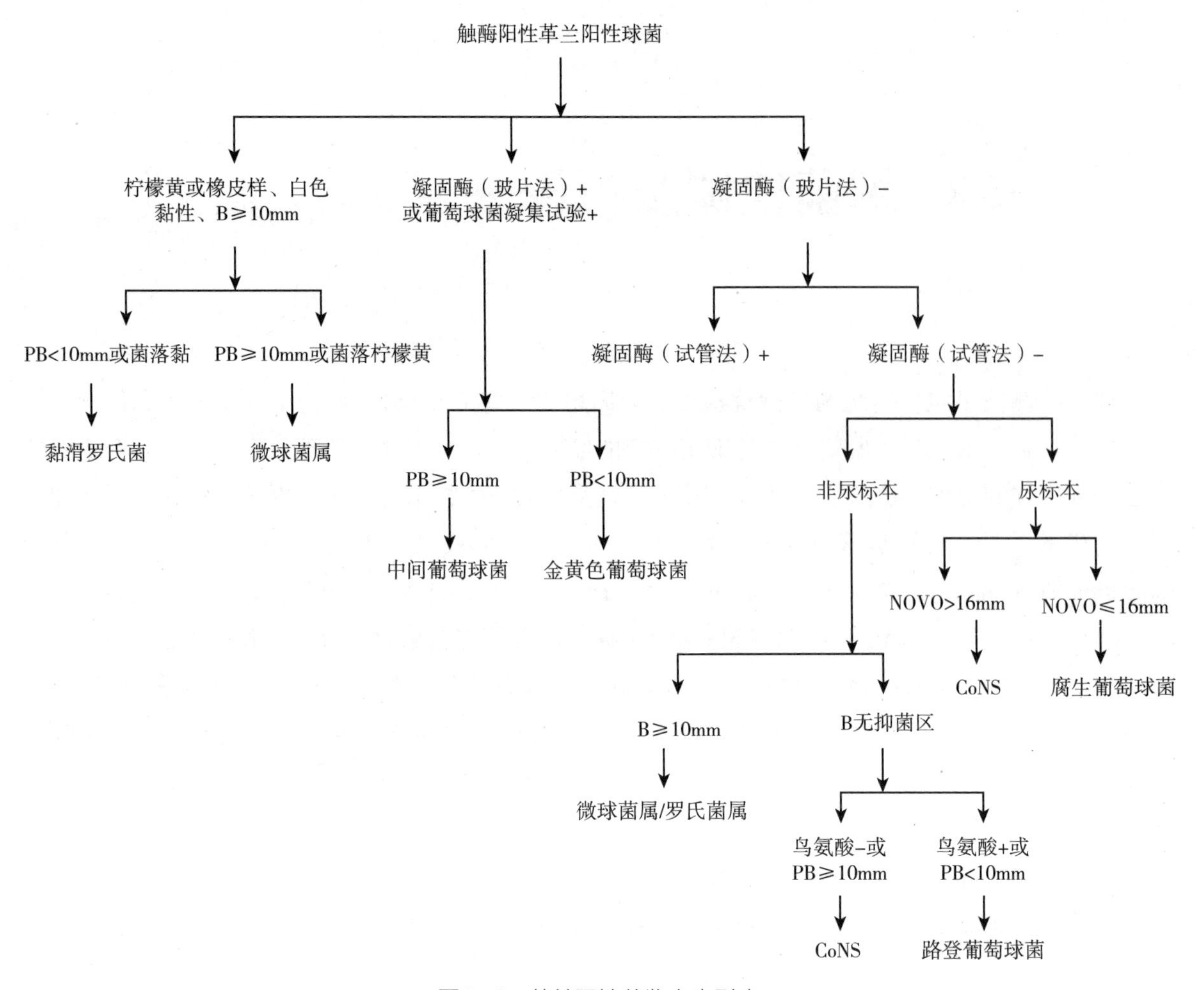

图5-1 革兰阳性菌鉴定索引表

B杆菌肽纸片0.04U，PB多黏菌素B纸片300U，NOVO新生霉素纸片5μg，CoNS凝固酶阴性葡萄球菌

（二）编码法

数码鉴定是运用数学编码技术，将细菌生化反应模式转化为数学模式的过程。此过程赋予每种细菌反应模式一组独特数码，构建数据库或编制检索本。对于未知细菌，通过进行相关生化试验，并将所得结果数字化（编码），再参照检索本或数据库，即可确定细菌名称。其基本原理是计算并比较数据库中各细菌条目对于系统中每个生化反应出现频率总和。目前市面上商品化设备和试剂鉴定原理基本均基于编码法，只是不同试剂和设备所含生化试验的多少不同，生化试验越多，鉴定分辨率越高，能够鉴定的细菌种类越多。

（三）常见细菌的快速鉴定试验

结合常见细菌菌落形态和具有关键鉴别意义的快速鉴定试验（表5-1），可进行细菌初步鉴定。

表5-1 常见细菌菌落形态及快速鉴定试验

细菌	菌落形态			推断鉴定	明确鉴定的附加试验	备注
	BA	Ch	MAC/EMB			
布鲁菌属	48h后菌落小、突起、光滑、半透明	同BA	不生长	1.细小的革兰阴性球杆菌 2.氧化酶阳性 3.触酶阳性 4.麦康凯平板上不生长	1.脲酶快速阳性 2.吲哚阴性 3.BA上不溶血	安全柜中操作，具有高度传染性 PDA阴性分离于无菌组织和无菌体液提交给参考实验室
空肠/大肠弯曲菌	–	–	不生长	1.海鸥展翅状革兰阴性杆菌 2.氧化酶阳性 3.触酶阳性 4.投镖式运动	1.马尿酸盐水解阳性（空肠弯曲菌） 2.醋酸吲哚水解阳性（空肠/大肠弯曲菌）	42℃弯曲杆菌选择培养基孵育
人心杆菌	48h后，菌落小、光滑圆润、有光泽、不透明；可能会产生点凹陷	–	不生长	1.多形性革兰阴性细杆菌 2.氧化酶阳性 3.触酶阴性 4.麦康凯平板上不生长	1.吲哚阳性 2.不溶血	常见于心内膜炎患者血液培养，硝酸盐试验阴性可确证
啮蚀艾肯菌	24h菌落小，成熟菌落湿润、有清晰的中心，周围平摊扩散生长、琼脂表面凹陷	–	不生长	1.革兰阴性小杆菌 2.在CO_2环境下BA或Ch上形成凹陷的菌落 3.氧化酶阳性 4.触酶阴性 5.麦康凯平板上不生长	1.吲哚阴性 2.不溶血 3.明显的漂白剂气味	非典型菌落鸟氨酸脱羧酶阳性
大肠埃希菌	灰色、湿润、扁平或突起，没有融合，有时有β溶血	同BA	粉红/暗色的中心，可能有绿色荧光色	1.氧化酶阴性 2.吲哚阳性 3.革兰阴性杆菌，可生长于革兰阴性菌选择培养基	1.溶血 2.乳糖阳性和PYR阴性 3. MUG阳性	
流感嗜血杆菌	不生长	灰色、扁平、光滑	不生长	1.革兰阴性球杆菌 2. 24h内巧克力平板上生长良好，BA和MAC上生长不良/不生长	ALA阴性	BA上仅在金黄色葡萄球菌周围生长（如果需要，可用于与布鲁菌属和弗朗西斯菌属的分离）
金氏金氏菌	小、有小的β溶血区，可能表面光滑，中间有乳头或琼脂表面扩散和凹陷	–	不生长	1.革兰阴性球杆菌 2.氧化酶阳性 3.触酶阴性 4.麦康凯平板上不生长	BA上溶血	见于无菌体液和组织，主要为骨髓感染和心内膜炎

续表

细菌	菌落形态			推断鉴定	明确鉴定的附加试验	备注
	BA	Ch	MAC/EMB			
卡他莫拉菌	白色、中等或大菌落、扁平或圆形突起	同BA	不生长	1.革兰阴性双球菌 2.氧化酶阳性 3.触酶阳性 4.不溶血，整个菌落可在平板表面被推动	1.丁酸酯酶阳性 2.醋酸吲哚水解阳性	
脑膜炎奈瑟菌	不生长	中等、光滑、圆形、湿润的灰色到白色菌落；有荚膜、黏液性	不生长	1.革兰阴性双球菌 2.氧化酶阳性 3. BAP上形成有光泽的不溶血菌落	γ－谷氨酰胺肽酶阳性	安全柜中操作，具有高度传染性
淋病奈瑟菌	不生长	小、灰色、边缘整齐、有一定黏性、湿润	不生长	1.革兰阴性双球菌 2.氧化酶阳性 3. 30%过氧化氢强阳性	1. γ－谷氨酰胺肽酶阴性 2. β-半乳糖酶阴性	须在淋病奈瑟菌选择培养基上生长，MH琼脂平板或胰蛋白酶大豆琼脂平板上不生长
奇异变形杆菌	湿润、迁徙生长	同BA	湿润、透明、无迁徙生长	1.菌落迁徙生长 2.吲哚阴性	如果氨苄西林敏感则不需要其他试验	若氨苄西林耐药，奇异变形杆菌鸟氨酸阳性、麦芽糖阴性，而彭氏变形杆菌鸟氨酸阴性或麦芽糖阳性
普通变形杆菌	湿润、迁徙生长	同BA	湿润、透明、无迁徙生长	1.菌落迁徙生长 2.吲哚阳性	无	
铜绿假单胞菌	扁平，灰绿色，粗糙，可能有迁徙生长的边缘，金属光泽，可能极黏液样（透明、水样）	同BAP	扁平，灰绿色或无色	1.氧化酶阳性 2.吲哚阴性	葡萄水果气味	大多菌落在BAP上有明显的 β 溶血
金黄色葡萄球菌	大、突起、黄色、乳白色、不透明、有 β 溶血	同BA，不溶血 在加有万古霉素的培养基上不生长	不生长/可能有点状生长	1.触酶阳性 2.试管法或玻片法凝固酶阳性或乳胶凝集阳性	菌落在BA上呈典型 β 溶血	如果不溶血，需做试管凝固酶试验
路邓葡萄球菌	中等、突起、无色或奶油黄色、不透明、可有 β 溶血	–	–	1.成簇排列的革兰阳性球菌 2.触酶阳性 3.试管法凝固酶阴性	1. PYR阳性（深红色） 2.多黏菌素B耐药或快速鸟氨酸试验阳性	玻片法凝固酶试验阳性或呈片状
肠球菌属	灰色、中等大小、不溶血或 α 溶血	同BA	不生长/可能有点状生长	1.革兰阳性球菌成对（成链）不成簇 2.触酶阴性 3. BA上不容血，菌落直径>1mm	PYR阳性	如果 α 溶血LAP也阳性

续表

细菌	菌落形态			推断鉴定	明确鉴定的附加试验	备注
	BA	Ch	MAC/EMB			
浅绿气球菌	圆形、凸起、光滑、直径1mm大小的灰色菌落，α溶血，有明显草绿色溶血环	–	不生长	1.革兰阳性球菌四联成簇排列 2.触酶阴性 3.α溶血	1. PYR阳性 2. LAP阴性	
产单核李斯特菌	灰白色、菌落同无乳链球菌、扁平、窄β溶血环	同BA，不溶血	不生长	1.革兰阳性小杆菌 2.触酶阳性 3. BA上呈的狭窄β溶血 4.通常倒伞状动力生长阳性	马尿酸盐阳性	分离自血液或脑脊液
无乳链球菌（B群）	湿润，β溶血环窄小		不生长	1.革兰阳性球菌成双或成链 2.触酶阴性 3. BAP上小的β溶血环	1.马尿酸盐阳性 2.快速CAMP阳性 3.乳胶凝集试验Lancefield分群B群	如不溶血，无需做马尿酸盐试验
咽峡炎链球菌群（“米勒链球菌”）	菌落小、可有小β溶血或草绿色溶血、也可不溶血	–	不生长	1.革兰阳性球菌成双或成链 2.触酶阴性 3.BA上菌落直径≤0.5mm可变的溶血现象	1.奶油糖或焦糖气味 2.乳胶凝集试验Lancefield分群F群	
肺炎链球菌	脐窝状、α溶血、湿润透明，可有黏液、扁平或露滴状	–	不生长	1.革兰阳性矛头状球菌成双排列 2.触酶阴性 3. BA上α溶血	1. Optochin阳性 2.胆汁溶菌阳性	有些菌株胆汁溶菌试验阴性
化脓链球菌（A群）	较小、圆形、凸起、β溶血，有时为粗糙菌落	–	不生长	1.革兰阳性球菌成双成链 2.触酶阴性 3. BA上明显的β溶血，菌落直径>0.5 mm	1.阳性 2.乳胶Lancefield分群凝集试验为A群	肠球菌属亦可出现溶血，故应仔细观察其溶血的大小
草绿色链球菌群	点状到中等大小、白色至灰色、焦糖气味、α溶血	同BA，不溶血	不生长	1.革兰阳性球菌成双或成链排列 2.触酶阴性 3.溶血或不溶血	1. PYR阴性 2. LAP阳性 3.α溶血，胆汁溶菌试验阴性	如不成链，片球菌属为万古霉素天然耐药，脲气球菌呈四联状排列，是一种泌尿道致病菌

二、基于蛋白质组学的鉴定

质谱是一种现代分析技术，其核心在于测量带电离子的质量/电荷比（*m/z*，质荷比），并以此为基础进行定性和定量分析。在微生物鉴定领域，目前广泛应用的是MALDI-TOF MS技术。该技术所检测的蛋白图谱主要覆盖2000~20000Da的分子量范围，包括核糖体蛋白以及一些少量的管家蛋白。MALDI-TOF MS技术由两部分构成：基质辅助激光解吸电离离子源（MALDI）和飞行时间质量分析器（TOF）。MALDI的原理是通过激光照射样品与基质形成共结晶薄膜，基质从激光中吸收能量并将其传递给生物分子，从而在电离过程中将质子转移到生物分子或从生物分子得到质子，使生物分子实现电离。这种软电离技术适用于混合物及生物大分子的分析。而TOF的原理则是离子在电场作用下加速飞过飞行管道，不同质荷比的离子到达检测器的时间不同，从而实现离子的质荷比（*m/z*）与飞行时间的正比关系，检测离子的情况如图5-2所示。通过将不同种属的微生物经过MALDI-TOF MS分析所得到的质量图谱与数据库中的参考图谱进行比对，可以准确地鉴别和区分目标微生物的种属或菌株。

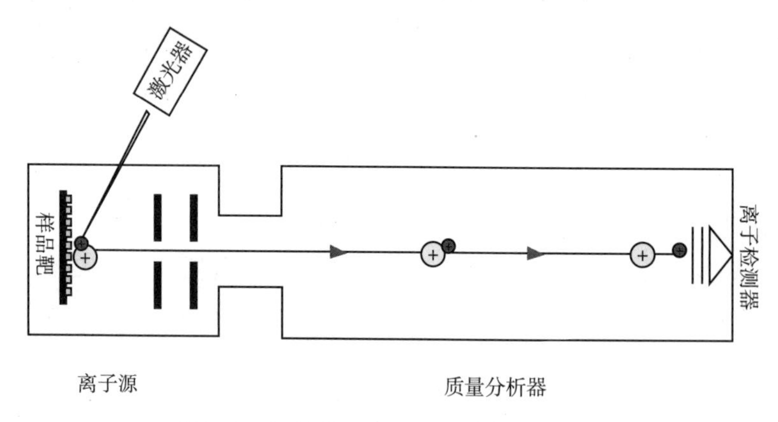

图5-2　MALDI-TOF MS基本工作原理

需注意在MALDI-TOF MS作为实验室常规鉴定方法前，需对其进行性能验证，评估其鉴定准确度等。该技术可用于鉴定大部分需氧、兼性厌氧菌及酵母菌，但在区分分类学或蛋白组学相近的细菌或真菌时存在困难，如难以区分大肠埃希菌和志贺菌属，鲍曼不动杆菌复合群的菌种，缓症链球菌与口腔链球菌以及肺炎链球菌等。此外需注意其数据库的版本号，是否包含诺卡菌属、分枝杆菌属、丝状真菌和少见罕见细菌等，以及待检分离菌的制备方法。

通过MALDI-TOF MS直接从原始标本中鉴定细菌或真菌还没有真正应用于临床，临床研究使用较多的是阳性血培养和尿液标本，鉴定成功率取决于标本预处理方法和微生物含量，具体内容参见本章第二节。

三、基于核酸的鉴定

在微生物实验室中，通过常规生物化学和MALDI-TOF MS技术，通常能够有效地获得纯培养物的鉴定结果。然而，由于微生物生理特性的可变性，当以上方法无法提供确切鉴定时，可采用目的基因测序方法。对于细菌鉴定，16S rRNA序列分析为最常用的手段，它不仅能够对菌株进行鉴定，还能确定其系统发育关系。

（一）16S rRNA序列分析

16S rRNA，作为原核生物核糖体30S亚基的组成部分，其长度约为1542个核苷酸。其序列特征表现为高变区（V区）与保守区（在物种间表现出高度相似性）的交替排列。保守区被用来设计通用引物（图5-3和表5-2），高变区展现了物种间的差异性，通过PCR扩增后的序列比对，可以对其进行鉴定。

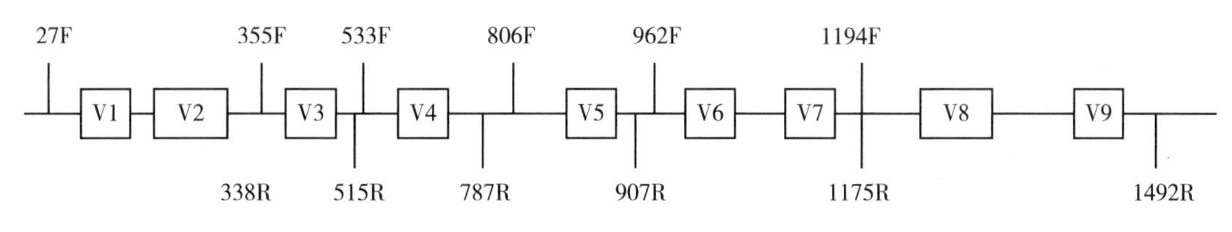

图5-3 16S rRNA序列及引物相对位置

原核生物的16S rRNA序列内含有九个高度可变区域，其中V4~V5区段因其出色的特异性和完备的数据库信息，成为细菌鉴定的理想选择。这些数据库包括GenBank（https：//www.ncbi.nlm.nih.gov/genbank/）、EZBioCloud（https：//www.ezbiocloud.net/）、EMBL（全称European Molecular Biology Laboratory Nucleotide Sequence Database，http：//www.ebi.ac.uk/embl/）、DDBJ（全称DNA Data Bank of Japan，http：//www.ddbj.nig.ac.jp/）、Silva（https：//www.arb-silva.de/）和RDP（全称Ribosomal Database Project，http：//rdp.cme.msu.edu/）等。

根据CLSI MM18-A的建议，采用27F-801R引物组合进行PCR扩增和测序分析是细菌鉴定的常用方法。而在发表新种细菌的研究论文中，研究者们通常选择27F-1492R或27F-1525R引物组合。在设计引物时，除了遵循常规的引物设计规则，还需要特别关注以下几点：首先，选择稳定的扩增片段以确保产物单一性；其次，理论上序列越长，所包含的信息量越丰富，鉴定的吻合率也越高；最后，多片段16S rRNA基因同时测序理论上能提高鉴定的准确率。

在序列比对时，如果匹配度与数据库的相似性高于99%，则可以鉴定到种；若在97%~99%之间，则可以鉴定到属；若低于97%，则需要通过其他种特异性基因片段进行进一步验证。如果菌株与参考序列的相似性小于95%，这可能是参考数据库的信息不全面，或者该菌株可能代表一个新种。

16S rRNA在细菌鉴定方面具有一定的局限性，它并不能完全满足所有细菌鉴定到种的需求。例如，在鉴定Lancefield C组和G组的β溶血性链球菌时，如果没有单一目的基因作为参考，那么16S rRNA的鉴定结果可能并不可靠。同样地，对于草绿色链球菌，虽然16S rRNA能够鉴定到属，但鉴定到种方面的能力有限，尤其在处理一些链球菌复合群时。此外，16S rRNA对梭杆菌属的鉴定能力也有限。对大肠埃希菌和志贺菌属区分能力差，需要借助其他目的基因检测。

表5-2 16S rRNA引物序列

引物	序列	V区	特异性	退火温度（℃）
27F	AGA GTT TGA TYM TGG CTC AG	V1~V2	通用	57
338R	GCT GCC TCC CGT AGG AGT			
27F	AGA GTT TGA TYM TGG CTC AG	V1~V3	通用	57
534R	ATT ACC GCG GCT GCT GG			

续表

引物	序列	V区	特异性	退火温度（℃）
341F	CCT ACG GGN GGC WGC AG	V3~V4	通用	55
785R	GAC TAC HVG GGT ATC TAA TCC			
515F	GTG CCA GCM GCC GCG GTA A	V4	通用	53
806R	GGA CTA CHV GGG TWT CTA AT			
515F	GTG CCA GCM GCC GCG GTA A	V4~V5	细菌	53
944R	GAA TTA AAC CAC ATG CTC			
939F	GAA TTG ACG GGG GCC CGC ACA AG	V6~V8	细菌	58
1378R	CGG TGT GTA CAA GGC CCG GGA ACG			
1115F	CAA CGA GCG CAA CCC T	V7~V9	细菌	51
1492R	TAC GGY TAC CTT GTT ACG ACT T			

（二）其他目的基因

除16S rRNA测序外，部分细菌可采用一些保守的、种或型的特异序列进行鉴别。例如，金黄色葡萄球菌的鉴定可采用*nuc*基因，其负责编码耐热核酸酶。对于葡萄球菌属其他菌种的区分，可选用*rpoB*基因测序。鉴于链球菌属种内16S rRNA序列的高度相似性，不易进行区分，因此也推荐使用*rpoB*基因测序。至于肠球菌属的鉴定，可采用*atpA*基因测序方法。具体细节参考表5-3。

表5-3　菌种及其相关鉴定基因

菌种	检测目的基因
金黄色葡萄球菌	*nuc*
表皮葡萄球菌、头状葡萄球菌、山羊葡萄球菌	*dnaJ*、*sodA*、*tuf*、*rpoB*
中间葡萄球菌、假中间葡萄球菌、施氏葡萄球菌、海豚葡萄球菌、沃氏葡萄球菌	*dnaJ*、*tuf*、*rpoB*
溶血葡萄球菌、人葡萄球菌、腐生葡萄球菌、木糖葡萄球菌	*tuf*、*rpoB*
肺炎链球菌、缓症链球菌、假肺炎链球菌	*tuf*、*rpoB*、*dnaJ*、*gyrB*
其他草绿色溶血链球菌	*tuf*、*rpoB*
肠球菌属	*atpA*、*tuf*
棒状杆菌属	*rpoB*
放线菌属	*rpoB*、*atpA*、*metG*
诺卡菌属	*secA*、*rpoB*、*gryB*
克雷伯菌属、拉乌尔菌属、肠杆菌属、泛菌属、柠檬酸杆菌属、沙门菌属	*gyrB*
大肠埃希菌、志贺菌属	*gyrB*、*rpoD*
不动杆菌属	16S~23S rDNA间隔区序列、*gyrB*
假单胞菌属	*gyrB*

续表

菌种	检测目的基因
嗜血杆菌属、嗜沫凝聚杆菌、放线杆菌属、放线共生放线杆菌	16S~23S rDNA间隔区序列、*rpoB*
伯克霍尔德菌属	*recA*
奈瑟菌属	16S~23S rDNA间隔区序列
布鲁菌属、苍白杆菌属	*recA*、*gyrB*

四、基于血清学的鉴定

血清学试验，是一种基于抗原与抗体特异性结合原理的检测方法，通过利用已知抗体或抗原，来检测未知抗原或抗体。该方法包括血清学鉴定和血清学诊断两个方面。其中，血清学鉴定主要是通过含有已知特异性抗体的免疫血清（即诊断血清）来检测患者标本或纯培养物中的未知细菌或细菌抗原，从而确定病原菌的种或型。血清学试验是临床微生物学检验的重要手段之一，其基本类型涵盖凝集反应、沉淀反应和补体结合反应等。如需进一步了解血清学诊断，可参见本章二节细菌非培养检测技术。

（一）凝集试验

颗粒性抗原，如细菌、红细胞和乳胶等，能与相应的抗体发生特异性结合，当满足一定条件（如适宜的电解质浓度、pH值、温度以及抗原抗体比例等）时，可观察到肉眼可见的凝集块形成，这一过程被称为凝集试验。凝集试验可分为直接凝集试验和间接凝集试验两大类。

1.直接凝集试验

直接凝集试验是利用颗粒性抗原与相应的抗体直接结合会出现凝集现象。这种试验可以分为玻片凝集试验和试管凝集试验两种。

玻片凝集试验是一种定性试验，其基本原理是利用已知的抗体来检测未知的抗原，适用于细菌的鉴定或分型。试验过程中，将已知的抗体滴加在载玻片上，然后从培养基中挑取待检测的细菌，并将其与诊断血清混合均匀。数分钟后，如果观察到细菌凝集成块或形成肉眼可见的颗粒，即为阳性反应。

玻片凝集试验具有简便、快速、特异性强等优点，因此被广泛应用于沙门菌属、志贺菌属、致病性大肠埃希菌、霍乱弧菌、脑膜炎奈瑟菌、链球菌属、流感嗜血杆菌和布鲁菌属等细菌的鉴定。

试管凝集试验是半定量的试验方法，在微生物学检验中，常用已知细菌作为抗原与不同稀释浓度的待检血清混合，观察每管抗原凝集程度，通常以产生明显凝集现象的最高稀释度作为血清中抗体的效价，即称为滴度。临床上常用的直接试管凝集试验为肥达试验（Widal Test）和外斐试验（Weil–Felix Test）。

在临床初次分离的细菌中，部分细菌表面存在特定的表面抗原，如伤寒沙门菌的Vi抗原和志贺菌属的K抗原等。这些抗原具有封闭菌体抗原（O抗原）的能力，从而阻止了其与相应抗体的凝集反应，进而可能导致检测结果呈现阴性。此时需将菌悬液置于100℃隔水煮沸（Vi抗原100℃ 30min，K抗原100℃ 1h）破坏表面抗原后再进行凝集试验。

2. 间接凝集试验

间接凝集试验是一种利用可溶性抗原或抗体吸附于颗粒载体表面制成致敏载体，再与相应抗体或抗原作用，使致敏载体在适宜条件下凝集，以便于观察凝集现象的方法。该方法可分为正向间接凝集试验、反向间接凝集试验、间接凝集抑制试验和协同凝集试验。其中，正向间接凝集反应指将抗原先吸附在载体表面，再与相应抗体结合产生凝集反应；反向间接凝集反应则是将特异性抗体先结合在载体表面，再与相应抗原发生凝集反应；间接凝集抑制反应则是先将可溶性抗原（或抗体）与相应抗体（或抗原）混合，再加入抗原（或抗体）致敏的载体颗粒，若出现凝集现象，则表明标本中不存在相同抗原（或抗体），抗体（或抗原）试剂未被结合。

协同凝集试验所采用载体是含有葡萄球菌A蛋白（SPA）的金黄色葡萄球菌。当SPA与人及多种哺乳动物血清中IgG类抗体Fc段结合后，IgG的两个Fab段暴露于葡萄球菌菌体表面，并保持其正常抗体活性。当结合于葡萄球菌表面的已知抗体与相应细菌、病毒或毒素抗原接触时，便会产生肉眼可见的凝集现象。此方法既简便快速，敏感性高，且结果易于观察，因此在细菌的快速鉴定与分型中得到广泛应用，如脑膜炎奈瑟菌、肺炎链球菌、β溶血性链球菌、铜绿假单胞菌、布鲁菌属、沙门菌属及志贺菌属等。临床微生物广泛使用的商品试剂主要为乳胶凝集试剂。当观察乳胶凝集试验结果时，须注意区分非特异性凝集与特异性凝集现象。

（二）沉淀试验

可溶性抗原，如细菌培养滤液、含有细菌的患者血清、脑脊液以及组织浸出液等，在特定的条件下，即抗原与相应抗体的比例适宜并存在适量的电解质时，会发生结合并形成肉眼可见的沉淀物，这一过程被称为沉淀反应。利用沉淀反应进行血清学试验的方法称为沉淀试验，该试验包括环状沉淀、絮状沉淀和琼脂扩散三种基本类型。环状沉淀试验主要用于微量抗原的鉴定，如链球菌属、肺炎链球菌、鼠疫耶尔森菌的鉴定以及炭疽的诊断（Ascoli试验）。而絮状沉淀试验则常用于毒素、类毒素、抗毒素的定量测定，以及已知抗原在血清中相应抗体的检测，如肥达试验，可用于辅助诊断伤寒、副伤寒等疾病。

（三）补体结合试验

补体结合试验是一种在补体参与下，以绵羊红细胞和溶血素为指示系统的抗原抗体反应。本试验可用已知抗原检测定未知抗体，亦可用已知抗体检测未知抗原，临床多用于检测感染某些立克次体和螺旋体或病毒感染患者血清中的抗体，也可用于某些病毒分型试验。

（四）制动试验

制动试验是将特异性抗鞭毛血清与相应运动活泼的细菌悬液混合，抗鞭毛抗体与鞭毛抗原结合，使鞭毛强直、相互黏着而失去动力，细菌运动停止。该试验主要用于霍乱弧菌的快速鉴定。

（五）荚膜肿胀试验

荚膜肿胀试验，是指通过特异性抗血清与相应细菌的荚膜抗原特异性结合，形成复合物使细菌荚膜，出现显著增大出现肿胀的现象。常用于检测肺炎链球菌、流感嗜血杆菌和炭疽芽孢杆菌等。

第二节 细菌非培养检测技术

传统培养方法，特别是无菌部位标本的培养，被视为细菌感染性疾病诊断的金标准。然而，该方法在敏感性方面存在局限，其阳性率仅在10%~50%。为了提高诊断的准确度，非培养检测技术应运而生。这些技术能够直接从标本中识别细菌及其耐药基因，部分技术甚至能够同时提供抗微生物药物敏感性报告。这种技术具有高敏感性、快速和准确的特点，主要包括抗原/抗体检测、PCR检测技术、二代测序基本过程和解读，以及原始样本直接进行MALDI-TOF检测等方法。

一、抗原/抗体检测

（一）抗原检测

病原体抗原在感染初期即可呈现，被视为感染正在发生的标志物。多种免疫学检测技术可用于病原体抗原的检测，特别是难以通过传统方法检测、检测灵敏度低或时间长的病原体。例如，胶体金免疫层析法已被应用于隐球菌荚膜抗原和各种病毒抗原的检测中，同时，该方法也被用于COVID-19的初步筛查。然而，抗原检测的敏感性相对较低，因此，对于阴性结果，需要结合其他检测方法进行综合判断。关于具体的血清学试验方法，请参见本章第一节血清学试验部分。

（二）抗体检测

患者感染某种病原体后，血清中先后会出现相关IgM、IgG抗体，如A群溶血性链球菌感染后溶血素O刺激机体产生抗链球菌溶血素O（Anti-Streptolysin O，ASO）抗体；伤寒、副伤寒沙门菌可检测菌体抗原（O抗原）和鞭毛抗原（H抗原）的相应抗体；其他如抗结核分枝杆菌抗体、抗布鲁菌抗体、抗军团菌抗体等。IgM出现较早，代表感染早期或正在感染，而IgG抗体会在体内存在时间较长，大多为既往感染，一般需要检测恢复期比急性期滴度增加4倍以上才会有诊断意义。建议增加抗体检测窗口期！

二、PCR及相关技术

（一）聚合酶链反应

聚合酶链反应（Polymerase Chain Reaction，PCR）是一种模拟天然DNA复制过程的DNA体外扩增技术。应用该技术可在数小时内将研究的基因或片段扩增百万倍，从微量标本中获得足够的DNA供分析研究之用。

PCR由变性-退火-延伸三个基本反应步骤构成：①模板DNA的变性：模板DNA经加热至93℃左右一定时间后，使模板DNA双链或经PCR扩增形成的双链DNA解离，使之成为单链，以便与引物结合，为下轮反应作准备；②模板DNA与引物的退火（复性）：模板DNA经加热变性成单链后，温度降至55℃左右，引物与模板DNA单链的互补序列配对结合；③引物的延伸：DNA模板-引物结合物在72℃、DNA聚合酶（如TaqDNA聚合酶）的作用下，以dNTP为反应原料，靶序列为模板，按碱基互补配对与半保留复制原理，合成一条新的与模板DNA链互补的半保留复制链，重复循环变性-退火-延伸三个过程就可获得更多的"半保留复制链"，这种新链又可成为下次循环的模板。每完成一个循环需2~4min，2~3h就能将待测目的基因扩增几百万倍。临床应用举例如下。

荧光定量PCR技术（Real-Time Fluorescent PCR Assay，RT-PCR）由PCR技术发展而来，在PCR反应体系中加入荧光基团，利用荧光信号积累实时监测整个PCR进程，最后通过标准曲线对未知模板进行定量分析的方法。将标记有荧光素的Taqman探针与模板DNA混合后，完成高温变性，低温复性，适温延伸的热循环，并遵守聚合酶链反应规律，与模板DNA互补配对的Taqman探针被切断，荧光素游离于反应体系中，在特定光激发下发出荧光，随着循环次数的增加，被扩增的目的基因片段呈指数规律增长，通过实时检测与之对应的随扩增而变化荧光信号强度，求得Ct值，同时利用数个已知模板浓度的标准品作对照，即可得出待测标本目的基因的拷贝数。RT-PCR最早应用于感染性疾病如HBV、HCV、HIV和结核分枝杆菌的检测，近几年亦用于检测新型冠状病毒（COVID-19）。

数字PCR（Digital PCR，dPCR）是继RT-PCR之后发展的高灵敏核酸绝对定量分析技术，其原理是将一个样本分成几十到几万份，然后再将其分配到不同的反应单元中，使每个微滴单元包含一个或多个拷贝的核酸分子（即DNA模板），每个单元都会对目标分子进行扩增，然后再对每个单元进行荧光信号的统计并计算。dPCR仪器附带的液滴生成系统，可将反应体系微滴化处理并分配至1~8万个独立的微型反应小室内。dPCR扩增阶段内的扩增程序和体系与qPCR方法无异，退火延伸过程中，目标DNA分子会与荧光探针结合，进而释放出荧光信号，为阳性微滴；反之，没有目标DNA分子的液滴不会释放荧光，视作荧光本底信号，为阴性微滴。完成PCR扩增后，扫描仪通过采集各反应微室内的荧光信号，根据泊松分布（Poisson Distribution）计算初始样本靶基因的拷贝数，无需标准曲线就可实现绝对定量。dPCR广泛应用于遗传和基因组分析，最近也广泛应用于基因组编辑和基因治疗，病原体检测也在大量应用，目前国内厂商已生产出不同检测组合，可涵盖大多数常见病原体和一些耐药基因检测。

三、二代测序

二代测序（Next-Generation Sequencing，NGS）又称为高通量测序，在DNA复制过程中通过捕捉新添加的碱基所携带的特殊标记来确定DNA序列，通过引入可逆终止末端，从而实现边合成边测序。有三种不同的方法：宏基因组测序（mNGS）、靶向NGS（Targeted Next-Generation Sequencing，tNGS）和全基因组测序（Whole Genome Sequencing，WGS）。本文主要介绍mNGS和tNGS。

宏基因组测序（mNGS）是基于宏基因组学和高通量测序技术，检测并分析各种临床来源标本中所有已知及未知的病原体（包含细菌、真菌、病毒、寄生虫等），在分析病原体多样性、种群结构、进化关系的基础上，能进一步探究病原体的群体功能活性、相互作用及其与环境之间的关系，并发掘潜在的生物学意义。mNGS适用于各种病原体的鉴定，特别是未知新发病原体，如新型冠状病毒、新型布尼亚病毒等，故在新发突发、复杂及混合感染的病原体实验室诊断中，其临床参考价值更为突出。

mNGS技术的检测流程较复杂（图5-4），包括湿实验（实验室检测）和干实验（生物信息分析）两部分。实验室检测主要包括标本前处理、核酸抽提、文库构建和上机测序。生物信息分析环节主要包括数据质控、人源序列的去除、微生物物种比对鉴定、耐药基因与毒力基因分析等步骤。

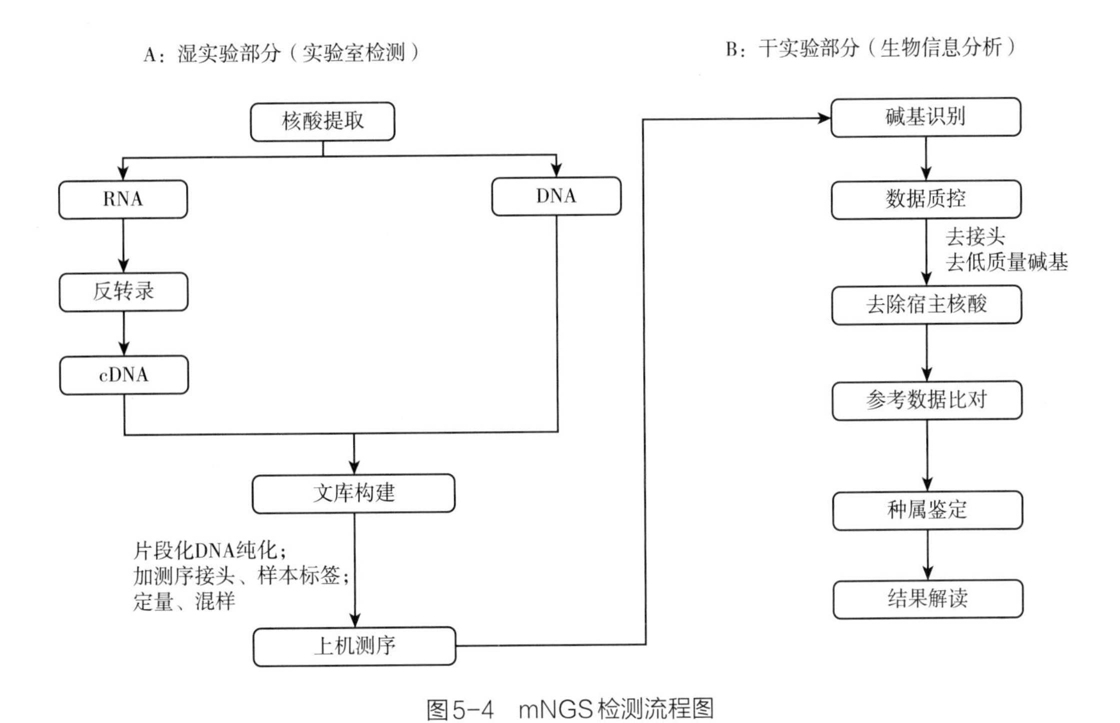

图5-4 mNGS检测流程图

mNGS部分术语及解释

读长（Reads）：测序仪单个测序反应所得到的碱基序列。读长长度指该碱基序列的碱基数。读长数量指测序获得的碱基序列的数量。检测报告中常列出某微生物种属名下的读长数，即针对该微生物种属特异性片段的数量，一般是原始序列数据经过过滤，去除了接头和低质量读长后的净读长数量。

文库：在遗传学领域特指某分子生物学技术创建/生成的若干基因片段的集合，本书中主要指测序文库。通过文库制备步骤，可以将基因组DNA样本（或cDNA样本）转换为测序文库，然后可在测序仪器上进行测序。文库制备包括DNA样本的随机片段化，和为每个DNA片段连接5′和3′接头。

比对：指将测序的读长与参考基因组进行匹配的过程。

深度：指比对到已知参考序列的碱基平均测序次数。如30倍测序深度意味着基因组中的每个碱基平均被测序了30次。深度越高，检出碱基的可信度越高。

覆盖率：指达到给定深度的测序碱基占整个基因组或目标区域的百分比。没有达到给定深度的部分称为盲隙（Gap）。通常同时使用覆盖率和深度描述测序结果。

相对丰度：指除去宿主序列之后，某微生物物种序列在相应大类物种（通常分成细菌、真菌、病毒、寄生虫4大类）中的分布比例。丰度越高，表示该物种所占比例越高。它只能指示同一标本中某个物种的相对的量，不能用于不同标本之间的比较。

Q值：指质量分值，用于衡量测序准确度。$Q=-10\log_{10}P$，其中P代表该碱基被测序错误的概率。如Q20表示该碱基检测错误的概率为1%，Q30表示0.1%。

检出限（Limit of Detection，LOD）：指检测对象可以被某特定方法可靠地检测到的最低浓度

（严格意义上是达到某概率的最低检测浓度）。

正常无菌部位：指传统微生物学观念中，正常生理情况下没有细菌或其他有活性微生物存在的人体部位，如血液、脑脊液、浆膜腔积液、关节液、心包积液等正常无菌体液（Normally Sterile Body Fluid，NSBF）和骨骼、肌肉、组织等部位。膀胱尿液是NSBF，清洁中段尿、胆汁不是NSBF。通常情况下腹膜透析液、羊水归为NSBF。mNGS检测时，NSBF可能会有低浓度微生物核酸检出，但没有微生物活体存在。与之相应，正常情况下定植有不同种类、不同数量的微生物，如体表和开放的腔道，称为正常有菌部位。一般来说，无菌部位标本的诊断价值优于正常有菌部位标本。

mNGS技术避免了传统培养方法无法检测不能培养或难以培养病原体的缺点。它直接检测临床标本中的病原体核酸，提升了新发或罕见病原体的鉴定能力。相较于传统的分子诊断手段，mNGS技术展现出更广泛的病原体覆盖范围和更高的检测全面性，无需事先掌握特定的基因靶标信息。

病原体mNGS检测有其独特性，如在核酸提取之前去除宿主核酸，构建基于病原体痕量/微量核酸（如病毒）的文库，建立基因组数据库以进行数据分析，设立不同标本来源的病原体检出阈值，并进行实验室间比对等。在实验室开展项目之前，构建高效快速的实验流程和数据分析流程，设计合理可行的性能确认方案，积极充分地进行临床调研和沟通，都是必要的工作。此外，还需注意处理mNGS检测过程中的一些特殊问题，如如何准确去除人源宿主核酸，如何建立可靠的病原体文库，以及如何正确解读和报告数据等。

与mNGS广覆盖、无偏倚不同，目标序列捕获测序（Targeted Next-Generation Sequencing，tNGS）利用靶向扩增或捕获的方式检测一组病原体、基因子集或感兴趣的特定基因组区域。且tNGS所需数据量更小，检测速度更快，数据分析以及报告生成也更快。tNGS 主要分为基于引物PCR 扩增的扩增子测序和基于探针杂交的杂交捕获测序两种方法。基于引物 PCR 扩增的扩增子测序主要依赖于引物与目标基因的特异性结合，然后通过 DNA 聚合酶的作用，延伸结合在目标基因上的引物，从而形成新的 DNA 片段。这个过程不断重复，最终得到大量扩增的目标基因片段。基于探针杂交的杂交捕获测序主要使用设计好的探针与目标基因序列进行杂交，将目标基因从基因组中富集出来，再进行 NGS 测序。

四、MALDI-TOF MS

使用MALDI-TOF MS直接检测标本中细菌的困难主要源于原始标本中微生物的浓度较低，以及多种干扰物质的影响，从而导致光谱采集的准确度下降。为了提高检测的敏感度，可以通过浓缩和微量化等处理步骤来实现，但这会增加处理的时间和成本。目前，阳性血培养标本是较为理想的检测对象。在通过细菌富集技术对阳性血培养标本进行处理后，可以直接利用MALDI-TOF MS进行鉴定，大大缩短了报告的生成时间，从而更好地满足临床快速诊断的需求。菌体富集作为此过程中的关键步骤，对阳性血培养鉴定的结果具有直接而重要的影响。

目前，细菌富集的方法主要包括商品化的Sepsityper试剂盒法与一些自建方法，如滤膜吸附法、差速离心法以及分离胶促凝管法等。其中，Sepsityper试剂盒法是一种前处理方法，其优势在于操作简单、易于标准化，且准确率较高，对于革兰阴性菌的鉴定准确率为90%，革兰阳性菌为76%。但该方法的成本相对较高。滤膜吸附法则是一种针对念珠菌属鉴定效果较佳的前处理方法，但应用此方法需实验室具备相应的过滤装置。另一种常见的前处理方法为差速离心法，尽管其应用广泛，但因其涉及不同的离心转速与菌株富集物等差异较大，导致操作规范较难实现，且操作步骤相对繁琐。相较之下，普通分离胶促凝管法在鉴定准确率上与Sepsityper试剂盒法相近，但其流程更为简便，成本也较低。此外，分离胶在富集菌体后，还可根据细菌种类的不同进行相应的技术调整，以获取更优质的实验结果。有关阳性血培养直接鉴定的操作流程，请参见图5-5。

MALDI-TOF MS技术不仅适用于直接检测阳性血培养，还可应用于尿液标本的分析。当尿液中的细菌浓度达到10^5CFU/mL时，该技术的检测敏感性高。尿液标本使用基于膜过滤和磁性分离收集细菌并获得富集溶液进行质谱检测的特定方案，这些方案已经将MALDI-TOF MS检测的灵敏度提高到10^3CFU/mL。在一项涉及220个尿液标本的研究中，这些样本中的单一菌种生长浓度均超过10^5CFU/mL。结果表明，202个标本（占总标本数的91.8%）成功地将微生物鉴定至种水平。此外，Veron等人进行了一项比较研究，旨在评估三种细菌鉴定方法（差速离心、尿液过滤和固体培养基上孵育5h）的性能。

研究结果显示，相较于差速离心法（正确率为68.4%），尿液过滤法（正确率为78.9%）和短时培养法（正确率为84.2%）在MALDI-TOF MS细菌鉴定方面表现更优。但需注意，尿液过滤法的操作需要依赖真空抽滤泵完成。

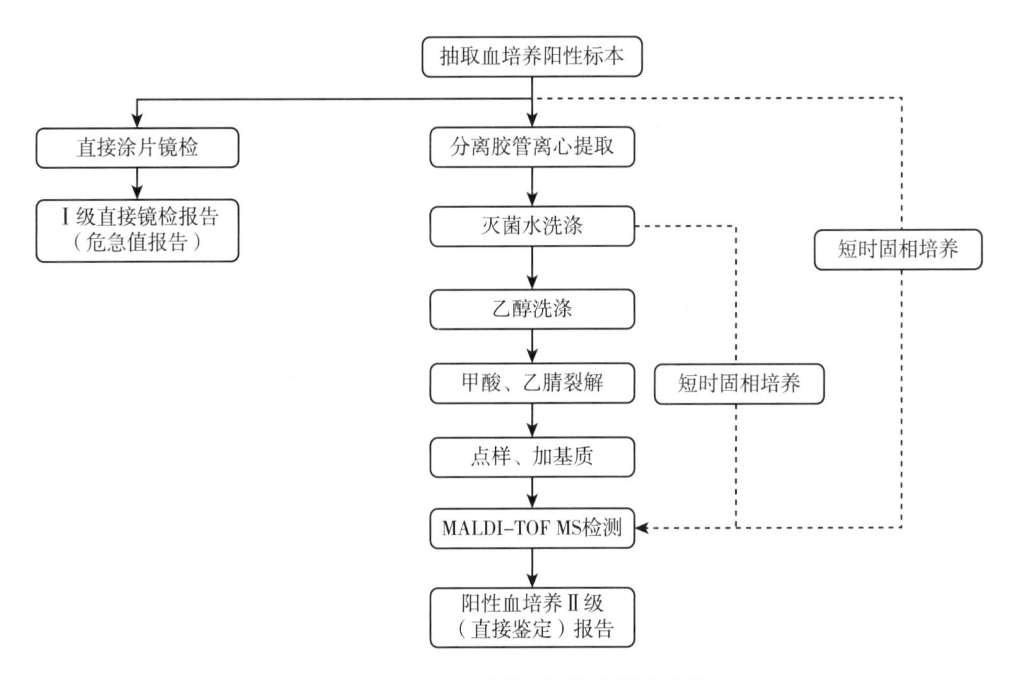

图5-5 阳性血培养直接鉴定操作流程

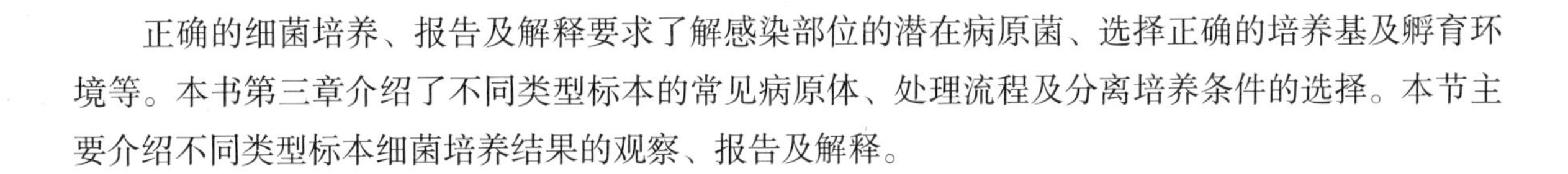

第三节 细菌培养的处理程序及结果报告和解释

正确的细菌培养、报告及解释要求了解感染部位的潜在病原菌、选择正确的培养基及孵育环境等。本书第三章介绍了不同类型标本的常见病原体、处理流程及分离培养条件的选择。本节主要介绍不同类型标本细菌培养结果的观察、报告及解释。

一、报告的一般信息

1. 患者相关信息

表明患者和标本唯一性的信息，至少包括：姓名、性别、出生年月日/年龄、病历号、科室/病区、标本号，还应包括患者的临床诊断、医嘱项目。必要时说明抗微生物药物使用信息。

2. 标本来源和种类

送检标本需注明来源和种类，必要时注明采集方式。如外周血和导管血；分泌物、脓液、穿刺液等采集部位；采集关节液的具体关节；眼部标本须明确标明左右眼、具体取材部位及性质，如结膜囊分泌物、角膜刮取物、泪道结石、前房液、玻璃体液等；下呼吸道标本应注明咳痰、诱导痰、支气管洗液和BALF等；尿液应区分清洁中段尿、直导管尿、留置导管尿、膀胱穿刺尿等。

3. 医嘱项目及检查信息

报告单上应注明医嘱项目。根据医嘱项目报告相应的涂片、分离培养和抗微生物药物敏感试验（AST）结果。

4. 其他信息

申请检查的临床医生姓名，标本采集、送检、接收、报告审核和打印时间，检验者和审核者姓名，实验室信息，如实验室地址和联系方式等。

二、细菌培养结果报告的一般方式

根据标本类型、处理方式等建议报告如下：

1. 阴性报告

定性培养，报告经××天培养无细菌生长（如无菌部位标本）或未培养出××菌；痰半定量培养，报告正常口腔细菌或经48h培养后无细菌生长；定量培养，经××天培养后无细菌生长或3种以上混合细菌生长。

2. 阳性报告

经评估为有临床意义或达到有临床意义阈值的分离菌，建议报告方式如下：

（1）定性培养：报告检出细菌名称。

（2）半定量/定量培养：报告检出细菌名称及半定量/定量结果菌计。

三、血培养

阳性血培养立即进行涂片革兰染色，同时转种BA、Ch，并置于35℃ 5%~10%CO_2环境中孵育。每天观察培养基，挑取菌落进行鉴定和AST。利用MALDI-TOF MS可直接鉴定阳性血培养中细菌，或将转种培养基进行短时孵育（约4h）后，刮取菌膜进行质谱鉴定。

血量是影响血培养阳性率最重要的因素，建议在血培养报告上标注每瓶的采血量。利用自动化连续血培养系统进行血液细菌培养时，孵育时间通常为5天。培养阴性时，报告培养5天后无细菌生长。如临床怀疑特殊细菌，要求延长培养时间时，根据培养时间报告。

检出CoNS、草绿色链球菌、微球菌属、气球菌属、芽孢杆菌属（除外炭疽芽孢杆菌）、棒杆菌属、痤疮皮肤杆菌等，如判定为污染菌，可报告菌属名称，备注疑似污染菌，否则报告分离菌的菌名及AST结果。怀疑导管相关性血流感染（Catheter-Related Blood Stream Infection，CRBSI）时，对于拔除导管和未拔除导管的血培养结果评估分别见表5-4和表5-5。如提示CRBSI，则分别对外周血、导管血或导管分离菌进行鉴定和AST。导管培养阳菌落计数性≥15CFU时，报告“培养××天，菌种名称及其菌落数”。若菌落很多无法计数，可报告为“>100CFU”。如果是多种形态CoNS，则报告“多种CoNS，××CFU”。如果是多种棒杆菌属，则报告“多种棒杆菌属细菌，××CFU”。如为混合生长的皮肤正常菌群（CoNS、棒杆菌属、酵母菌或草绿色链球菌群），可以加和菌落数，报告“混合皮肤正常菌群，××个CFU”。当菌计<15CFU时，如为纯生长，鉴定到种；如为纯生长的皮肤正常菌群，则报告“葡萄球菌属、革兰阳性杆菌”等。

表5-4 怀疑导管相关性血流感染培养结果评估（拔除导管者）

外周血培养	导管培养	结果评估
≥1套（+）	+	可能为CRBSI
≥1套（+）金葡菌或假丝酵母菌	–	可能为CRBSI，需再抽外周血培养分离出相同细菌，且无其他感染，验证CRBSI
–	+	导管定植
–	–	不可能为CRBSI

表5-5 怀疑导管相关性血流感染培养结果评估（未拔除导管者）

外周血培养	导管血培养	结果评估
+	+	提示CRBSI
+	+，比外周血报阳早≥120min	提示CRBSI
+	+，<120min	仍有可能为CRBSI
+	+，比外周血多5倍CFU/mL	提示CRBSI
–	+	不确定为CRBSI，或导管定植或采集时污染
+	–	不确定为CRBSI，但若为金葡菌或念珠菌属且无其他感染时，提示CRBSI
–	–	不可能为CRBSI

四、脑脊液

观察孵育过夜的培养基，如无肉眼可见细菌生长，则继续孵育。每天观察培养基，直至4天，报告培养4天未见细菌生长。

如果革兰染色阳性，但培养基上没有生长或要求进行真菌培养，保留所有培养基至少1周。每天检查肉汤培养基，持续4天，保存7天后丢弃。注意痤疮皮肤杆菌是一种生长缓慢的细菌，只有延长孵育时间后才能被分离出来。

如果培养基上有细菌生长，结合涂片结果，对肠杆菌目、非发酵革兰阴性杆菌、肠球菌属、肺炎链球菌、金黄色葡萄球菌和其他重要的葡萄球菌进行鉴定和AST，并立即报告给临床。少数仅在巧克力培养基上生长的过氧化氢酶阳性、革兰阳性菌的菌落，应传代到BAP，以检查溶血并排除李斯特菌属。

如果分离菌明显是平板污染菌或分离菌是仅从肉汤中分离出的CoNS，则不要进行完整的鉴定或AST。注意CoNS和棒状杆菌属可能是社区获得性感染的污染菌，但可能是分流感染和头部损伤感染的感染原因。

解释脑脊液培养结果时注意，在脑脊液中缺乏WBCs并不排除感染，特别是李斯特菌病；脑脊液中分离出肠球菌可能提示圆线虫病；假阳性结果可由标本污染或皮肤微生物群培养引起；假阴性结果可能由于微生物数量少、之前的抗菌治疗或感染苛养微生物。

五、无菌体液

观察孵育过夜的培养基（包括肉汤培养基），如无肉眼可见细菌生长，则继续孵育。每天观察培养基，直至4天（侵入性方式采集的标本）或2天（引流液），报告培养4天或2天未见细菌生长。对于特殊要求，或者患者病史或临床表现提示生长缓慢的病原菌（如布鲁菌属），建议适当延长孵育时间。

如果培养阳性，结合标本直接革兰染色结果，建议立即通知临床培养阳性结果。对所有分离菌进行鉴定和AST。如果仅在一种培养基上分离到一种或两种CoNS，建议不继续菌种鉴定，报告检出CoNS。对于可能混有胃肠道微生物群的腹部标本，如肠穿孔引起的腹腔感染标本，不需要对所有分离株进行全面鉴定和AST，建议检测对经验性抗微生物治疗方案耐药或不覆盖的病原体，如酵母菌、MRSA、铜绿假单胞菌和VRE。此外，多重耐药的肠杆菌目细菌，如CRE或产ESBL的肠杆菌目细菌，可能需要进行额外的检测。从肉汤培养中分离出的菌株可能是污染物。这些结果的解读需要临床相关性。

当肉汤培养基出现浑浊、沉淀、菌膜等提示生长时，处理方式如下：

（1）如果固体培养基上的细菌少于3种，且肉汤浑浊，则用肉汤制备涂片并与固体培养基进行比较。如果提示存在不同的形态存，则根据涂片结果选择合适的培养基用于培养需氧菌和厌氧菌。

（2）如果固体培养基阴性，将混浊肉汤传代至BA和Ch，同时制备涂片。如果形态学提示厌氧菌，则接种厌氧血平板。

（3）如果仅在肉汤中分离到CoNS，仅报告菌属。

（4）如果固体培养基分离到CoNS，肉汤中也有革兰阳性球菌生长，则将肉汤进行传代培养，以排除金黄色葡萄球菌。

（5）当有疑问时，可将浑浊肉汤重新制备涂片，使用吖啶橙染色可能有帮助，但无需重复传代。

（6）肉汤培养物应在35℃培养并观察至少4天。如果阳性培养报告已审核发送，则可将肉汤培养基丢弃。如4天后仍为阴性，可在室温下保存到7天，仅在丢弃前检查是否有明显生长。

六、尿培养

尿液培养是诊断尿路感染的金标准。尿培养的目的和人群不同，感染来源不同以及特殊的标本采集方式，对培养结果的处理程序均不相同（表5-6~表5-9）。

表5-6 尿培养方法与处理程序

培养类型	适用人群	采集方法	培养方法	生长情况 CFU/mL	后续试验
常规	a）门诊患者 b）大部分非复杂性尿道感染患者	清洁中段尿	1μL或10μL接种至血琼脂平板、麦康凯或中国蓝琼脂平板。5% CO_2培养18~24h。若无菌生长，应延长培养至48h	1种革兰阴性或阳性菌≥10^5	鉴定+AST
				1或2种革兰阴性杆菌≥10^5，其他菌≤10^4	鉴定+革兰阴性杆菌进行AST
				其他任何种类的细菌≥10^4	初步鉴定
特殊	a）有持续症状既往培养未发现致病菌 b）有持续症状但治疗无效的患者 c）怀疑为少见菌感染患者	a）耻骨上膀胱穿刺采集 b）膀胱导尿采集 c）经前列腺按摩后排尿采集的尿液	10μL接种至血琼脂平板、巧克力琼脂、麦康凯琼脂或中国蓝琼脂。怀疑特殊病原菌感染，如厌氧菌、淋病奈瑟菌、结核分枝杆菌，应当分别选择厌氧培养、GC琼脂及罗氏培养基。5% CO_2培养48h	1种革兰阴性或阳性菌≥10^2	鉴定+AST
				2种菌≥10^2	鉴定+革兰阴性杆菌进行AST

表5-7 社区获得性尿路感染结果解释

临床表现	白细胞尿≥10^4/mL	菌尿（CFU/mL）	病原菌种数	解释	是否需要做AST
+	+	大肠埃希菌或腐生葡萄球菌≥10^3 其他菌种≥10^5	≤2	尿路感染（急性膀胱炎）；对于急性肾盂肾炎的诊断，菌落计数≥10^4CFU/mL考虑比较有意义；对于急性前列腺炎的诊断，菌落计数≥10^3CFU/mL考虑比较有意义	是
+	+	<10^3		有炎症但无菌尿；正在使用抗生素；慢生长或难生长病原菌感染；无病原菌感染	不确定
+	–	≥10^5	≤2	a）免疫功能正常患者：重复做尿液细菌学和细胞学检查（可能处于尿路感染的起始阶段） b）免疫功能缺陷患者（如化疗或移植患者）	a）否 b）是
–	不定	10^3~10^4	≥1	可能由于标本采集质量不高导致污染	否
–	不定	>10^5	≥2	定植	否
不定	–	<10^3		无尿路感染或定植	不确定

表5-8 医院获得性尿路感染结果解释

背景	临床表现	白细胞尿≥10^4/mL	病原菌种数≤2种菌尿	解释	是否需要做AST
无导尿管患者	+	+	≥10^3CFU/mL	尿路感染	是
			<10^3CFU/mL	有炎症但无菌尿；正在使用抗生素；慢生长或难生长病原菌感染；无病原菌感染	不确定
	–	不定	≥10^3CFU/mL	定植	否
			<10^3CFU/mL	无尿路感染或病原菌定植	不确定
	+	–	≥10^5CFU/mL	a）免疫功能正常患者：重复做尿液细菌学和细胞学检查（可能处于尿路感染的起始阶段） b）免疫功能缺陷患者（如化疗或移植患者）	a）否 b）是
医院插导尿管患者	+	有导尿管存在时白细胞尿没有意义	≥10^5CFU/mL	尿路感染	是
			<10^5CFU/mL	有炎症但无菌尿；正在使用抗生素；慢生长或难生长病原菌感染；无病原菌感染	否
	–	有导尿管存在时白细胞尿没有意义	≥10^3CFU/mL	定植	否
			<10^3CFU/mL	无尿路感染或病原菌定植	不确定

表5-9 特殊采集方式的尿培养结果解释

<table>
<tr><th>采集标本的技术</th><th>临床症状</th><th>白细胞尿 ≥ 10^4/mL</th><th>细菌计数 /mL</th><th>病原菌种数</th><th>是否需要做 AST</th></tr>
<tr><td>间歇性导尿管</td><td rowspan="2">+ 或 -</td><td rowspan="2">+ 或 -</td><td><10^2</td><td rowspan="2">1或2</td><td>否</td></tr>
<tr><td>肾盂造瘘术
输尿管造口术
膀胱镜检查术</td><td>≥ 10^2</td><td>是</td></tr>
<tr><td>耻骨上穿刺术</td><td>+ 或 -</td><td>+ 或 -</td><td>≥ 10</td><td>1或2</td><td>是</td></tr>
</table>

培养阴性时，报告“接种10μL，培养××天，无高于100CFU/mL分离株生长”；或“接种1μL，培养××天，无高于1000CFU/mL分离株生长”。

阳性结果报告“定量培养××天分离株及其菌量”。若在尿液中发现念珠菌属，其主要原因可能源自女性分泌物的污染或长期留置的导尿管。此时只需进行菌种鉴定，而无需进行AST。另外，若在育龄期女性的尿液中检测到CoNS，需要特别关注是否为腐生葡萄球菌，通过新生霉素纸片可以初步确定。无论最终鉴定结果如何，通常不需要进行AST。对于阴道加德纳菌和脲气球菌，只进行鉴定，但是否为感染病原菌尿还需结合具体的临床情况进行综合判断。值得注意的是，如果尿液中检测到脲酶阳性的棒状杆菌，例如解脲棒状杆菌或解葡糖苷棒状杆菌，且计数达到或超过10^5CFU/mL，需进行菌种鉴定和AST。

当尿培养为≥3种分离菌时，不做鉴定，报告“3种以上微生物混合生长，疑为污染，建议重新留取清洁中段尿液复查”。尿路中存在正常菌群，主要为草绿色链球菌、奈瑟菌属、类白喉棒杆状菌、乳酸菌属，厌氧菌和CoNS等，这些菌也同样存在于尿路周围皮肤上。当仅有尿路菌群、皮肤菌群生长，则报告“××CFU/mL尿路正常菌群生长”。

在无菌脓尿的情况下，如果革兰染色可见病原菌但未培养出，并且发现持续存在，可能需要厌氧培养。尿培养假阴性结果的部分原因可能是干扰物质、稀释的尿液、低尿液pH值以及对进一步检查培养标准的主观解释。

七、粪便培养

根据实验室开展粪便培养检测范围进行报告，如实验室常规接种MAC、XLD或SS并仅分离鉴定沙门菌属和志贺菌属时，如未发现这两类细菌，报告“未检出沙门菌属、志贺菌属”；如实验室常规接种MAC、XLD、TCBS并分离鉴定沙门菌属、志贺菌属、气单胞菌属、类志贺邻单胞菌和弧菌属时，如未发现以上细菌，报告“未检出沙门菌属、志贺菌属、气单胞菌属、类志贺邻单胞菌和弧菌属”。如果所有培养基上均无肠道正常革兰阴性杆菌生长，可同时报告无肠道正常革兰阴性杆菌生长或在报告中增加注释。

如分离出志贺菌属、沙门菌属、耶尔森菌属、类志贺邻单胞菌、弯曲菌属、致泻性大肠埃希菌、弧菌属，鉴定到种。对于沙门菌属、志贺菌属、霍乱弧菌、大肠埃希菌O157，应进行血清分型并报告。对于致泻细菌是否需要做AST，详见本书第七章。

如分离到蜡样芽孢杆菌、产气荚膜梭菌、肉毒梭菌，任何数量菌应鉴定，无需进行AST。

如分离到大量的铜绿假单胞菌和金黄色葡萄球菌，应鉴定，无需进行AST。对于金黄色葡萄球菌，建议检测粪便或食物中的毒素。

如分离到大量或纯培养的酵母菌，不需属或种鉴定及AST，报告酵母菌。

八、上呼吸道标本

对于咽拭标本，24h（和48h）后观察培养基。如果检出半透明或透明、圆顶状、β溶血的菌落（>0.5mm），鉴定是否为化脓链球菌、C群或G群β溶血链球菌。对于≤0.5mm的β溶血链球菌群，报告培养48h未检出致病性链球菌。如果菌落革兰染色为革兰阳性杆菌，可进行CAMP试验。溶血隐秘杆菌为过氧化氢酶阴性和反向CAMP试验阳性，并在羊血琼脂上形成缓慢生长的β溶血性菌落。

对于鼻窦感染标本，24h（和48h）观察培养基。如疑似肠道阴性杆菌和金黄色葡萄球菌，除非为优势菌，否则不鉴定。只有当革兰染色提示它们参与炎症过程且未分离出其他病原体时，才进行AST。如疑似肺炎链球菌、流感嗜血杆菌、卡他莫拉菌和化脓性链球菌以及其他不属于正常呼吸道微生物群的优势微生物，进行鉴定和抗微生物药物敏感试验。如果临床要求进行厌氧培养，对分离菌进行鉴定。

对于外耳炎标本，在24h和48h时观察肠道革兰阴性杆菌、假单胞菌属、弧菌属、链球菌属、棒杆菌属和金黄色葡萄球菌的生长情况。如为混合生长的革兰阴性杆菌，最低程度鉴定；如为纯培养的革兰阴性杆菌，进行鉴定和AST；对其他优势生长革兰阴性杆菌进行鉴定和AST；如为β溶血球菌，进行鉴定，当鉴定为金黄色葡萄球菌时，进行AST。

对于中耳炎标本，孵育至48h。如为有创采集的中耳液标本，48h培养结果为阴性时，培养时间可延长至7天或提示可能需要厌氧培养。如果为纯培养，进行鉴定和AST。如为CoNS、草绿色链球菌群、棒状杆菌属（除外耳炎苏黎世菌）等混合生长，无需鉴定，报告皮肤菌群（除非为培养中唯一的优势菌种且大量存在）。

九、下呼吸道标本

观察下呼吸道标本培养需结合涂片结果。在24h观察培养基，如无疑似病原菌生长，则继续孵育至48h，报告培养48h，口咽部正常菌群，如无菌生长，报告培养2天无菌生长。如涂片提示特殊病原菌，如诺卡菌属，可适当延长孵育时间。

如有临床意义的疑似病原菌生长，则进行鉴定和AST。所谓有临床意义是指当定性培养时，在平板上第二区大量生长，或生长超过平板四分之一的量，或培养中生长少量细菌，但革兰染色中可见并与炎症细胞相关的细菌，或在平板上第1个四分之一区生长，菌落生长纯度在90%以上时，且涂片显示与炎症相关的细菌；当定量培养时，PSB标本菌计>10^3CFU/mL，BALF标本菌计>10^4CFU/mL。

（一）痰

痰标本根据半定量培养及涂片革兰染色结果，报告有意义的菌种及半定量计数，如“中量、大量”或“1+、2+、3+、4+”。根据检出细菌、菌计、革兰染色涂片等，痰培养检出细菌处理及报告方式如下：

（1）痰培养中检出即应报告的细菌包括化脓链球菌、B群β溶血链球菌（儿童）、土拉热弗朗西斯菌、博德特菌属（特别是支气管博德特菌）、鼠疫耶尔森菌、淋病奈瑟菌、诺卡菌属、炭疽芽孢杆菌、新生隐球菌和丝状真菌（排除腐生菌污染）。

（2）涂片可见，即使培养生长少量亦应报告的细菌包括肺炎链球菌（报告AST结果）和流感嗜血杆菌（报告β-内酰胺酶结果）。

（3）当细菌生长达到有临床意义的数量时，即使非优势菌也报告的细菌包括卡他莫拉菌和脑膜炎奈瑟菌，而只对住院患者报告的细菌包括铜绿假单胞菌（报告AST结果）、不动杆菌属（报告AST结果）、伯克霍德菌属（报告AST结果）和嗜麦芽窄食单胞菌。

（4）当培养达到有临床意义数量的优势菌，特别当涂片提示分离菌与多形核白细胞相关时报告金黄色葡萄球菌（报告AST结果）、B群β溶血链球菌（成人）、C群或G群β溶血链球菌、单一形态革兰阴性杆菌（特别是肺炎克雷伯菌；报告AST结果）、苛养革兰阴性杆（通常报告β-内酰胺酶试验结果）、棒状杆菌（脲酶阳性或分离自ICU患者）和马红球菌（分离自免疫抑制患者）。

（5）当两种以上革兰阴性菌生长，但可能无意义时，可报告"肠道革兰阴性杆菌"（氧化酶阴性、乳糖产酸等初步试验鉴定为肠杆菌目细菌）或"不发酵糖革兰阴性杆菌"（氧化酶阳性、三糖铁或克氏双糖铁上不发酵葡萄糖等试验初步鉴定至非发酵菌）；如果仅肠球菌属和CoNS（有或无酵母菌）生长，则报告"混合革兰阳性菌生长"，若培养物纯度达90%，则做初步鉴定并列出。

（6）当分离到草绿色链球菌群和（或）非致病奈瑟菌属、类白喉棒杆菌、CoNS、罗斯菌属、F群链球菌、嗜血杆菌属（非流感嗜血杆菌）、艾肯菌属、放线杆菌属、二氧化碳嗜纤维菌属、莫拉菌属、肠球菌属、酵母样真菌和未达到有临床意义数量的金黄色葡萄球菌、革兰阴性杆菌和脑膜炎奈瑟菌时，报告"分离到上呼吸道细菌"或"分离到口咽部正常菌群"。

（二）BALF和PSB

定量培养以菌落数（CFU）/mL表示所检出的各主要病原菌数量。如果培养计数低于阈值，则不常规进行鉴定和AST，除非为纯培养的主要病原菌。

BALF的诊断阈值是10^4CFU/mL。可在报告中备注BALF质量判断标准，600~1000rpm离心10~20min行革兰染色，如低倍镜下鳞状上皮细胞/全部细胞（不包括红细胞）>1%，则提示标本被上呼吸道菌群污染；如柱状上皮细胞/全部细胞（不包括红细胞）>5%，则标本非来自于远端气腔。PSB诊断阈值是10^3CFU/mL。

十、眼部标本

每天观察培养基至72h，结合涂片评估培养结果。肉汤培养基（来自有创采集的眼部标本）孵育10天。肉汤培养基处理见无菌体液标本。评估并报告每个培养基上每种病原菌的数量。在一个或多个培养基上生长的中等数量以上菌落提示为感染病原菌。对于来自非侵袭性采集的标本中的CoNS、类白喉、草绿色链球菌群、卡他莫拉菌、痤疮皮肤杆菌、消化链球菌及其他厌氧菌，大多为正常菌群，建议联系临床确定处理方式。

十一、伤口感染标本

伤口感染标本可能为组织、脓液或拭子。对于开放性伤口标本，至少孵育48h；对有床采集的标本，如48h无菌生长，至少延长孵育至3~4天。对于需氧孵育3~4天后仍为阴性的侵入性标本（即抽吸液和组织），孵育时间可延长至7~14天，具体取决于标本来源、关注的微生物或患者的临床病史。在特定临床情况下（脑脓肿、脑、肺、肝组织、深部伤口、脓肿等），对于深部伤口、脓肿和组织标本应进行厌氧培养。当这些标本革兰染色显示脓性和一种或多种提示厌氧菌的细菌形态时，实验室应常规对这些类型的标本进行厌氧培养。

结合涂片革兰染色评估培养结果。如果发现或怀疑有临床意义的微生物（如来自正常无菌部位），建议立即联系临床告知革兰染色结果。对于正常无菌部位采集的手术标本中发现的细菌，进行鉴定和AST。肉汤培养基处理见无菌体液标本。

第六章 抗微生物药物及耐药机制

第一节 抗微生物药物概述

抗微生物药物（Antimicrobial Agents）是指杀灭或者抑制微生物生长或繁殖的药物，包括抗菌药物（Antibacterial Agents）、抗病毒药物（Antiviral Agents）、抗真菌药物（Antifugal Agents）等，但不包括抗寄生虫药物（Antiparasitic Agents）。其中抗菌药物指具有杀菌或抑菌活性的药物，包括抗生素和人工合成药物（磺胺类、硝基咪唑类、喹诺酮类等）。抗生素（Antibiotics）是由微生物（包括细菌、真菌、放线菌属）或高等动植物在生活过程中所产生的具有抗病原体或其他活性的一类次级代谢产物，能干扰其他生活细胞发育功能的化学物质。本章节将重点讨论抗菌药物。

一、抗菌药物分类

抗菌药物可根据其作用靶点或在靶点上发生的生理过程，分为：①干扰细胞壁的合成，使细菌不能生长繁殖，包括β-内酰胺类、糖肽类和氨基磷酸肽类；②损伤细菌细胞膜，破坏其屏障作用，包括多黏菌素、环脂肽类；③影响细菌细胞蛋白质合成，使细菌丧失生长繁殖的物质基础，包括四环素类、大环内酯类、林可霉素类、氯霉素、夫西地酸、噁唑酮类、链阳菌素类；④影响核酸代谢，阻碍遗传信息的复制，包括喹诺酮类、利福平、甲硝唑和呋喃妥因；⑤其他，如磺胺类抑制叶酸合成。

根据化学结构差异，抗菌药物可分为β-内酰胺类、氨基糖苷类、四环素类、大环内酯类、喹诺酮类、糖肽类以及噁唑酮类等。

（一）β-内酰胺类

β-内酰胺类抗菌药物（β-Lactams）是指化学结构中具有四元β-内酰胺环的一大类抗菌药物，它们能够抑制细胞壁黏肽合成酶，即青霉素结合蛋白（Penicillin Binding Proteins，PBPs），从而阻碍细胞壁黏肽合成，使细菌胞壁缺损，菌体膨胀裂解死亡，动物细胞没有细胞壁，一般不受影响。此外，β-内酰胺类药物还会激活细胞壁中的自溶酶，使细胞启动“自杀”系统，细胞自身溶解死亡，以达到杀菌的效果。这类抗菌药物杀菌活性强、毒性低、适应证广及临床疗效好，临床应用很广泛，包括青霉素类、头孢菌素类、单环β-内酰胺环类、碳青霉烯类和β-内酰胺酶抑制剂复合制剂等。

1. 青霉素类

青霉素类抗生素可分为天然（窄谱）青霉素类和半合成青霉素类（包括耐青霉素酶类、氨基青霉素、羧基青霉素和脲基青霉素）两大类，均包含一个6-氨基青霉烷酸作为化学核心（表6-1）。

表6-1 青霉素类药物的抗菌谱及适应证

种类	代表品种	抗菌谱及抗菌活性	适应证
天然（窄谱）青霉素	青霉素G	①G^+球菌：化脓链球菌、无乳链球菌、肺炎链球菌等；②G^+杆菌：炭疽芽孢杆菌、白喉棒杆菌、产单核李斯特菌等；③G^-菌：百日咳鲍特菌、脑膜炎奈瑟菌、淋病奈瑟菌（耐药率高）等；④厌氧菌：产气荚膜梭菌、破伤风梭菌、皮肤杆菌属等G^+厌氧菌，对脆弱拟杆菌活性差；⑤螺旋体和放线菌	①敏感菌所致血流感染、肺炎、脑膜炎、心内膜炎、咽炎、扁桃体炎、中耳炎、猩红热和丹毒；②治疗链球菌和肠球菌心内膜炎须与氨基糖苷类联用；③其他感染：破伤风、气性坏疽、炭疽、白喉、流行性脑脊髓膜炎、李斯特菌病、鼠咬热、梅毒（首选药物）、淋病、雅司、回归热、钩端螺旋体病、奋森咽峡炎和放线菌病（首选药物）等
	苄星青霉素	同青霉素G	①化脓链球菌所致咽炎和扁桃体炎；②梅毒；③预防风湿热复发
	青霉素V	抗菌谱同青霉素G，抗菌活性较青霉素G略差	①敏感菌所致咽炎等上呼吸道感染及皮肤软组织感染的轻症病例；②预防风湿热复发
耐青霉素酶青霉素	苯唑西林	①G^+球菌：金葡菌和CNS，不包括MRS菌株，对链球菌作用较青霉素差；②奈瑟菌属	①产酶金葡菌和CNS所致各种感染；②化脓链球菌、肺炎链球菌与产酶葡萄球菌所致混合感染
	双氯西林	抗菌谱与苯唑西林相仿	同苯唑西林
氨基青霉素	氨苄西林	①G^+菌：肠球菌、李斯特菌、放线菌属、棒杆菌属，对链球菌属作用较青霉素G略差；②脑膜炎奈瑟菌、淋病奈瑟菌及流感嗜血杆菌（不产酶株）；③伤寒沙门菌及少数肠杆菌目细菌；④芽孢杆菌属等厌氧菌	①敏感菌所致的呼吸道感染、尿路感染、心内膜炎、脑膜炎和皮肤软组织感染等；②治疗产单核李斯特菌感染和预防肠球菌心内膜炎的首选药物；③敏感菌所致伤寒和副伤寒
	阿莫西林	同氨苄西林相仿，与氨苄西林存在交叉耐药	①敏感菌所致的呼吸道感染和皮肤软组织感染等；②伤寒轻症病例及慢性带菌者的治疗
脲基青霉素	哌拉西林	①对G^+菌作用与氨苄西林相仿；②对G^-杆菌的抗菌谱较氨苄西林广、抗菌作用增强，包括大肠埃希菌、肺炎克雷伯菌等肠杆菌目，铜绿假单胞菌及淋病奈瑟菌（不产酶株）	肠杆菌目及铜绿假单胞菌敏感株所致的呼吸道感染、尿路感染、胆道感染、腹腔感染、妇科感染、骨关节感染和皮肤软组织感染等
羧基青霉素	替卡西林	对肠杆菌目、铜绿假单胞菌、G^+厌氧菌、脆弱拟杆菌等具有抗菌活性	肠杆菌目及铜绿假单胞菌敏感株所致的下呼吸道感染、腹膜炎骨关节感染和皮肤软组织感染等

2. 头孢菌素类

头孢菌素类药物的核心结构为7-氨基头孢烷。根据抗菌谱、抗菌活性、对β-内酰胺酶的稳定性及肾毒性的差异，头孢菌素类可分为五代。第一代头孢菌素主要针对需氧G^+球菌，仅对少数G^-杆菌有抗菌活性。第二代头孢菌素对G^+球菌的活性与第一代相仿或稍逊，对部分G^-杆菌具有抗菌作用。第三代头孢菌素对肠杆菌目等G^-杆菌具有强大抗菌作用。第四代头孢菌素对肠杆菌目的作用与第三代相仿。第五代头孢菌素的抗菌谱覆盖了常见的G^+菌和G^-菌。此外，还有一种新型铁载体头孢菌素，具有独特的穿透G^-菌细胞膜的作用机制，它与三价铁结合，通过细菌铁转运蛋白穿过细胞外膜转运至细菌细胞内。这种策略使得其在细菌细胞周质中达到较高浓度，与受体结合并抑制细菌细胞壁的合成（表6-2）。

表6-2　头孢菌素类药物的抗菌谱及适应证

种类	代表品种	抗菌谱及抗菌活性	适应证
第一代	头孢唑林、头孢拉定	头孢唑林：对MSSA、MSCNS、肺炎链球菌、化脓链球菌、无乳链球菌、草绿色链球菌、流感嗜血杆菌均有良好抗菌活性；对部分大肠埃希菌、肺炎克雷伯菌和奇异变形杆菌具有活性 头孢拉定：抗菌谱与头孢唑林相仿，抗菌活性较其低	头孢唑林：①敏感株所致的呼吸道感染、皮肤软组织感染、尿路感染、骨关节感染、血流感染和心内膜炎；②头孢唑林常用作外科手术预防用药 头孢拉定：①敏感菌所致咽炎、扁桃体炎、中耳炎、支气管炎、泌尿生殖道感染、皮肤软组织感染等轻中度感染；②口服制剂适用于上述感染的轻症病例
第二代	头孢呋辛、头孢克洛	头孢呋辛：对G^+球菌活性与第一代相仿或略差；对部分大肠埃希菌、肺炎克雷伯菌、奇异变形杆菌等较第一代头孢菌素略强；对产β-内酰胺酶的流感嗜血杆菌、脑膜炎奈瑟菌和淋病奈瑟菌具有良好抗菌活性 头孢克洛：抗菌谱与头孢呋辛相仿，但抗菌活性略低	头孢呋辛：①敏感菌所致肺炎、支气管感染、血流感染、尿路感染、皮肤软组织感染、骨关节感染、淋病奈瑟菌感染；②头孢呋辛也是术后切口感染的预防用药；③口服制剂可用于敏感菌所致急性中耳炎、急性鼻窦炎、社区获得性肺炎、慢性支气管炎急性细菌性感染的轻症病例、单纯皮肤软组织感染、急性单纯性膀胱炎和急性单纯性淋病 头孢克洛：敏感菌所致急性中耳炎、咽炎、扁桃体炎、慢性支气管炎急性细菌性感染和急性支气管炎继发细菌感染中的轻症病例、单纯皮肤软组织感染
第三代	头孢噻肟、头孢曲松、头孢他啶、头孢哌酮	头孢噻肟：对非产ESBL的肠杆菌目细菌的大部分菌株、肺炎链球菌（包括青霉素中介菌株）、化脓链球菌、MSSA具有良好抗菌作用；对流感嗜血杆菌、卡他莫拉菌、脑膜炎奈瑟菌和淋病奈瑟菌具有高度抗菌活性 头孢曲松：抗菌谱及抗菌作用与 头孢噻肟相仿，对奈瑟菌属作用稍强 头孢他啶：对非产ESBL的肠杆菌目细菌作用与头孢噻肟相似；对铜绿假单胞菌抗菌作用强；对不动杆菌属有一定的抗菌作用；对肺炎链球菌、化脓链球菌和葡萄球菌属抗菌活性较头孢噻肟和头孢曲松低 头孢哌酮：抗菌谱与头孢噻肟相似，对肠杆菌目细菌作用较其略低；对铜绿假单胞菌具有良好抗菌作用，较头孢他啶略低	头孢噻肟和头孢曲松：①敏感菌所致下呼吸道感染、腹腔感染、盆腔感染、血流感染、尿路感染、骨关节感染、皮肤软组织感染和中枢神经系统感染等；②治疗腹腔及盆腔感染时需与抗厌氧菌药合用 头孢他啶：①敏感菌所致下呼吸道感染、尿路感染、血流感染、骨关节感染、中枢神经系统感染、腹腔感染、盆腔感染；②治疗腹腔及盆腔感染时需与抗厌氧菌药合用 头孢哌酮：①敏感菌所致下呼吸道感染、尿路感染、皮肤软组织感染、腹腔感染、盆腔感染；②治疗腹腔及盆腔感染时需与抗厌氧菌药合用
第四代	头孢吡肟	对染色体头孢菌素酶（AmpC酶）较第三代头孢菌素稳定；对肠杆菌属、柠檬酸杆菌属、沙雷菌属和摩根菌属等的作用优于第三代头孢菌素；对铜绿假单胞菌作用与头孢他啶相仿；对G^+球菌较第三代略强	①敏感菌所致中重度肺炎、中性粒细胞缺乏伴发热患者的经验治疗、尿路感染、皮肤软组织感染、血流感染、青霉素耐药肺炎链球菌感染、腹腔感染和盆腔感染；②治疗腹腔及盆腔感染时需与抗厌氧菌药合用
第五代	头孢洛林	对MRS、PRSP等多重耐药G^+球菌具有较强的抗菌活性，但对屎肠球菌作用弱；对部分不产ESBLs和AmpC酶的肠杆菌目、流感嗜血杆菌、脑膜炎奈瑟菌具有良好抗菌活性；对非发酵菌和产ESBLs和AmpC酶的肠杆菌目作用差	敏感菌所致成人、2个月至18岁的儿科患者急性细菌性皮肤及皮肤组织感染（ABSSSI）以及社区获得性细菌性肺炎（CABP）
新型铁载体	头孢地尔	对需氧G^-杆菌，包括碳青霉烯类耐药细菌（CRO）具有强效活性	用于选择有限或没有治疗选择的成人复杂性尿路感染（cUTI）包括肾盂肾炎和医院获得性肺炎（HAP）和呼吸机相关肺炎（VAP）

3. 头霉素类

头霉素类的化学结构与头孢菌素类相似，但其头孢烯母核的7位碳上含有甲氧基。它对大部分超广谱β-内酰胺酶（ESBLs）具有较高的稳定性，并对脆弱拟杆菌等厌氧菌具有更强的抗菌活性。品种包括头孢西丁、头孢美唑、头孢替坦等。头孢西丁和头孢美唑的抗菌谱及抗菌活性与第二代头孢菌素相仿，头孢米诺则与第三代头孢菌素接近，对G⁻菌作用强于同类其他品种。此类药物适用于治疗由大肠埃希菌和厌氧菌等引起的盆腔、腹腔和糖尿病足感染。在胃肠道手术、经阴道或腹腔子宫切除、经腹腔剖宫产等手术前，头霉素类抗生素可作为预防性用药。

4. β-内酰胺类/β-内酰胺酶复合制剂

β-内酰胺酶抑制剂通过与酶结合使其活性丧失，从而增强联用药物的抗菌活性和扩大抗菌谱（表6-3）。克拉维酸、舒巴坦和他唑巴坦通过与β-内酰胺酶形成不可逆复合物，从而导致β-内酰胺酶活性丧失，属于自杀式β-内酰胺酶抑制剂。它们与青霉素类或头孢菌素类联用对抑制产β-内酰胺酶细菌有协同作用。这3种酶抑制剂差异小，各种复合制剂间差异更多取决于配伍抗菌药物。阿维巴坦是首个可以与酶可逆性共价结合的新型β-内酰胺酶抑制剂，属于二氮杂双环辛烷类化合物，它能抑制A类（包括KPC）和C类β-内酰胺酶（AmpC酶），以及部分D类β-内酰胺酶。瑞来巴坦也是二氮杂双环辛烷类化合物，能抑制A类（包括KPC）和C类β-内酰胺酶（AmpC酶）。韦博巴坦可以抑制KPC在内的A类β-内酰胺酶和C类β-内酰胺酶，属于新型环硼酸β-内酰胺酶抑制剂。

表6-3 β-内酰胺类/β-内酰胺酶复合制剂的抗菌谱及适应证

种类	抗菌谱及抗菌活性	适应证
阿莫西林/克拉维酸	对产β-内酰胺酶的流感嗜血杆菌、卡他莫拉菌、肠球菌属、葡萄球菌属及脆弱拟杆菌的厌氧菌具有良好抗菌活性；对部分产β-内酰胺酶的大肠埃希菌等肠杆菌目细菌具有抗菌活性	产酶流感嗜血杆菌和卡他莫拉菌所致的鼻窦炎、中耳炎、下呼吸道感染；产酶金黄色葡萄球菌（除外MRSA）和大肠埃希菌等肠杆菌目细菌所致尿路感染和皮肤软组织感染；肠球菌属所致轻中度感染；口服制剂用于上述感染的轻症病，静脉给药用于上述感染的较重患者及敏感菌所致的腹腔感染、盆腔感染等
氨苄西林/舒巴坦	与阿莫西林/克拉维酸相仿，但对不动杆菌属具有抗菌活性	静脉及口服制剂的适应证同阿莫西林/克拉维酸
头孢哌酮/舒巴坦	对产β-内酰胺酶的肠杆菌目细菌、铜绿假单胞菌、不动杆菌属和脆弱拟杆菌等厌氧菌有良好抗菌活性	敏感菌所致下呼吸道、腹腔（腹膜炎、胆囊炎、胆管炎等）、泌尿生殖系统（尿路感染、盆腔炎、子宫内膜炎等）等
哌拉西林/他唑巴坦	对产β-内酰胺酶的肠杆菌目细菌、铜绿假单胞菌、葡萄球菌属（除外MRSA）、流感嗜血杆菌、卡他莫拉菌、脆弱拟杆菌等厌氧菌有良好抗菌作用	敏感G⁻杆菌所致下呼吸道、皮肤及软组织、腹腔和盆腔等中、重度感染；G⁻杆菌和厌氧菌混合感染
头孢洛扎/他唑巴坦	对需氧G⁻杆菌包括MDR铜绿假单胞菌和产ESBL肠杆菌目细菌有抗菌活性，但对厌氧菌活性有限	适用于成人的敏感菌所致HAP（包括VAP）、cUTI（包括急性肾盂肾炎）和复杂性腹腔感染（cIAI）（联合甲硝唑）
头孢他啶/阿维巴坦	对产β-内酰胺酶，包括KPC酶的肠杆菌目细菌、铜绿假单胞菌具有良好抗菌作用，但对脆弱拟杆菌等厌氧菌无抗菌活性	适用于成人的敏感菌所致cIAI（联合甲硝唑）、cUTI（包括肾盂肾炎）和HAP（包括VAP）
氨曲南/阿维巴坦	可抑制KPC、金属酶及OXA-48酶等碳青霉烯酶；主要适用于产金属酶的肠杆菌目细菌所致的严重感染	
亚胺培南/瑞来巴坦	主要针对产KPC酶的肠杆菌目细菌	用于选择有限或没有治疗选择的成人cUTI包括肾盂肾炎和cIAI；18岁以上成人医院获得性肺炎（HAP）和呼吸机相关肺炎（VAP）
美罗培南/韦博巴坦	主要针对产KPC酶的肠杆菌目细菌	适用于成人的敏感菌所致cUTI（包括肾盂肾炎）、cIAI和HAP（包括VAP）

5.碳青霉烯类

碳青霉烯类药物抗菌谱广，对G$^+$球菌、G$^-$杆菌（包括铜绿假单胞菌）和多数厌氧菌具有强大的抗菌活性，但对MRSA和嗜麦芽窄食单胞菌无活性。此类药物半衰期短，对大多数β-内酰胺酶，包括ESBLs、AmpC酶具有稳定性。代表药物有亚胺培南/西司他丁、美罗培南、帕尼培南/倍他米隆、比阿培南和厄他培南（表6-4）。

表6-4 碳青霉烯类抗菌谱及适应证

种类	抗菌谱及抗菌活性	适应证
亚胺培南/西司他丁	对ESBL、AmpC酶等β-内酰胺酶稳定；肠杆菌目、铜绿假单胞菌及其他假单胞菌属、不动杆菌属、嗜血杆菌属；链球菌属、葡萄球菌属（甲氧西林敏感）、李斯特菌属；脆弱拟杆菌等大多数厌氧菌	①对亚胺培南敏感的MDR革兰阴性杆菌所致血流感染、下呼吸道感染、骨关节感染、皮肤软组织感染、腹腔感染、盆腔感染、心内膜炎、尿路感染等；②脆弱拟杆菌等厌氧菌与需氧菌混合感染的重症病例；③病原菌未查明的严重感染、免疫缺陷患者感染的经验治疗
美罗培南	抗菌谱与亚胺培南相仿，但对G$^-$杆菌作用略强，对G$^+$球菌作用稍差	与亚胺培南相同。此外还可用于敏感菌所致细菌性脑膜炎
帕尼培南/倍他米隆	抗菌谱与亚胺培南相仿，但对G$^+$球菌作用略强，对铜绿假单胞菌体外活性稍差	敏感菌所致血流感染、下呼吸道感染、复杂性尿路感染、肾盂肾炎、肾周脓肿、腹腔感染、盆腔感染、骨关节感染、皮肤软组织感染、细菌性脑膜炎等的严重感染
厄他培南	对肠杆菌目细菌抗菌活性比亚胺培南强，但对铜绿假单胞菌、不动杆菌属等非发酵菌无活性；对G$^+$球菌、厌氧菌活性与亚胺培南相仿	①敏感菌所致的cIAI、盆腔感染、尿路感染及皮肤软组织感染；②肺炎链球菌、流感嗜血杆菌、卡他莫拉菌所致CABP；③择期结肠手术的手术部位感染的预防用药
比阿培南	对肠杆菌目细菌的活性与亚胺培南相仿或略强，但不如美罗培南；对铜绿假单胞菌等非发酵菌及厌氧菌活性与亚胺培南相仿；对葡萄球菌属（甲氧西林敏感）等G$^+$球菌作用优于美罗培南，但比亚胺培南略差	敏感菌所致下呼吸道感染、肾盂肾炎、复杂性膀胱炎、腹腔感染和盆腔感染

6.单环β-内酰胺类

单环β-内酰胺类药物可与肠杆菌目、铜绿假单胞菌等G$^-$菌的PBP3结合，从而抑制细菌细胞壁的合成，但对需氧G$^+$菌和厌氧菌无活性，因此抗菌谱相对较窄。代表品种为氨曲南，适用于治疗敏感需氧G$^-$菌所致的尿路、下呼吸道、血流、盆腔、腹腔和皮肤软组织感染。在治疗盆腔和腹腔感染时，需与甲硝唑等抗厌氧菌药物联合应用。此外，本类药物还可与头孢他啶/阿维巴坦联用，治疗产金属β-内酰胺酶的CRE感染。

7.氧头孢烯类

氧头孢烯类对肠杆菌目、流感嗜血杆菌、脑膜炎奈瑟菌、链球菌属、MSSA和拟杆菌属等厌氧菌具有良好抗菌活性，但对铜绿假单胞菌活性较弱。现有品种为拉氧头孢和氟氧头孢。适用于敏感菌所致的下呼吸道、血流、盆腔、腹腔、尿路和细菌性脑膜炎。拉氧头孢的特点是其结构中包含*N*–甲基四氮唑侧链，可能导致凝血酶原缺乏、血小板减少和功能障碍，从而引发出血现象。同时，患者还可能出现戒酒硫样反应，这些不良反应在很大程度上限制了拉氧头孢在临床中的应用。相较之下，氟氧头孢不含*N*–甲基四氮唑侧链，未发现致凝血功能障碍和戒酒硫样反应。

8.青霉烯类

法罗培南作为代表品种，对大肠埃希菌等多数肠杆菌目细菌、流感嗜血杆菌、卡他莫拉菌、MSSA、链球菌属和厌氧菌具有良好的抗菌活性，但对铜绿假单胞菌、不动杆菌属等非发酵菌活性差。适用于敏感菌所致的慢性支气管炎急性加重、急性鼻窦炎、CAP及非复杂皮肤软组织感染。

（二）喹诺酮类

喹诺酮类药（Quinolones）是人工合成的含4-喹诺酮（吡酮酸）母核的一类抗菌药物，其主要作用靶点为DNA促旋酶（拓扑异构酶Ⅱ，革兰阴性菌主要靶点）和拓扑异构酶Ⅳ（革兰阳性菌主要靶点），通过抑制DNA合成起到杀菌作用。氟喹诺酮类（Fluoroquinolones）作为4-喹诺酮结构的衍生物，在C6位引入氟原子，显著提高了脂溶性和对组织细胞的穿透力，使其吸收更为良好、组织浓度更高、消除半衰期更长，从而显著扩大了抗菌谱和增强了杀菌效果。根据上市年代、结构差异以及抗菌活性的不同，可以将喹诺酮类药物分为五代（表6-5）。共同特点：

（1）抗菌谱广，某些品种尤其对G^-杆菌包括铜绿假单胞菌有强大的杀菌作用，对金黄色葡萄球菌及产酶金黄色葡萄球菌亦有良好抗菌作用；某些品种对结核分枝杆菌、支原体、衣原体及厌氧菌亦有作用。

（2）细菌对本类药与其他抗菌药物间无交叉耐药性。

（3）口服吸收良好，部分品种可静脉给药，体内分布广，组织体液浓度高，可达有效抑菌或杀菌水平。

（4）血浆消除后半衰期相对较长，大多为3~7h及以上。

（5）血浆蛋白结合率低（14%~30%），多数经尿排泄，尿中浓度高。

（6）不良反应少，大多轻微。

表6-5 喹诺酮类抗菌谱及适应证

种类	代表品种	抗菌谱及抗菌活性	适应证
第一代	萘啶酸	仅对大肠埃希菌、志贺菌属、克雷伯杆菌属、变形杆菌等少数G^-杆菌有抗菌作用	因血药水平较低，对许多全身性感染无效、耐药性发展迅速，现在已淘汰
第二代	吡哌酸	抗菌谱有所扩大，但不明显。对肠杆菌目有一定的抗菌作用	主要用于治疗尿路感染和肠道感染，现在较少使用
第三代	含氟喹诺酮类（环丙沙星、左氧氟沙星）	环丙沙星：对除大肠埃希菌外的肠杆菌目细菌、铜绿假单胞菌及不动杆菌属有良好抗菌活性；但是对G^+球菌（葡萄球菌属、链球菌属）也有抗菌活性 左氧氟沙星：与环丙沙星相仿，对肺炎链球菌作用较环丙沙星增强	环丙沙星：①敏感菌所致尿路感染、细菌性前列腺炎、细菌性肠道感染、伤寒等；②需氧G^-杆菌所致血流感染、下呼吸道感染、皮肤软组织感染、骨髓炎及关节炎 左氧氟沙星：见环丙沙星；还可用于肺炎链球菌所致下呼吸道感染
第四代	含氟喹诺酮类（莫西沙星）	对G^-杆菌作用见环丙沙星，但对铜绿假单胞菌几乎无抗菌活性；对链球菌属抗菌活性更强；对支原体、衣原体、军团菌及部分厌氧菌有抗菌活性	敏感菌所致的鼻窦炎、慢性支气管炎急性加重、CAP和非复杂性皮肤软组织感染
第五代	无氟喹诺酮类（奈诺沙星）	对需氧G^+球菌具有强大抗菌活性，包括对PRSP、MRSA，但对屎肠球菌的活性差；对需氧G^-杆菌活性较环丙沙星、左氧氟沙星略低	≥18岁成人患者CAP

（三）氨基糖苷类

氨基糖苷类药物在结构上表现为两个或以上的氨基糖通过糖苷键与氨基环醇环相结合。它们通过不可逆地结合到细菌30S核糖体亚基，从而抑制细菌蛋白质的合成，属于杀菌剂。主要作用于金黄色葡萄球菌和需氧G^-杆菌，特别是肠杆菌目细菌和不动杆菌属，部分品种（如阿米卡星）具有抗结核作用，对厌氧菌、沙门菌属、志贺菌属、嗜麦芽窄食单胞菌、伯克霍尔德菌属和链球菌属均无抗菌活性。

根据来源的不同，氨基糖苷类可分为两类：一类是从链霉菌属（包括链霉素、新霉素、卡那霉素、妥布霉素、大观霉素）或小单孢菌（如庆大霉素、西索米星）中提取的，另一类为半合成的（如阿米卡星、异帕米星、奈替米星、依替米星）。新型氨基糖苷类药物普拉佐米星是西索米星的衍生物，可以对抗多种耐药的G^-菌包括CRE。不同品种间可有部分或完全交叉耐药。氨基糖苷类药物属于静止期杀菌药，其杀菌作用具有如下特点：

（1）杀菌作用呈浓度依赖性。

（2）仅对需氧菌有效，尤其对需氧G^-杆菌的抗菌作用最强。

（3）具有明显的抗生素后效应。

（4）具有首次接触效应。

（5）在碱性环境中的抗菌活性增强。

氨基糖苷类抗菌谱相似，对大多数需氧G^-杆菌有强大的抗菌作用，对G^-球菌疗效差。部分品种对金黄色葡萄球菌（如奈替米星）、铜绿假单胞菌（如妥布霉素）和结核分枝杆菌（如链霉素、卡那霉素和阿米卡星）有抗菌活性，对链球菌作用微弱，肠球菌属大多耐药。

氨基糖苷类适用于需氧G^-杆菌所致的血液、尿路、呼吸道、腹腔、胃肠道、骨关节和皮肤软组织感染等。对于血流感染、肺炎、脑膜炎等严重感染，需联合应用其他对G^-杆菌具有强大抗菌活性的药物。

（三）大环内酯类

大环内酯类因分子中含有一个内酯结构的14或16元环而得名。它能可逆性与细菌细胞核糖蛋白体50S亚基结合，通过阻断肽酰转移酶的活性来抑制细菌蛋白质合成，属于快速抑菌剂。共同特点为：

（1）抗菌谱窄，比青霉素略广，主要作用于需氧G^+菌和G^-球菌、厌氧菌，以及军团菌、胎儿弯曲菌、衣原体和支原体等。

（2）细菌对大环内酯类药物之间有不完全交叉耐药性。

（3）在碱性环境中抗菌活性较强，治疗尿路感染时常需碱化尿液。

（4）口服后不耐酸，酯化衍生物可增加口服吸收。

（5）血药浓度低，组织中浓度相对较高，痰、皮下组织及胆汁中明显著高于血药浓度。

（6）不易透过血－脑屏障。

（7）主要经胆汁排泄，进行肝肠循环。

（8）毒性低。口服后的主要副作用为胃肠道反应，静脉注射易引起血栓性静脉炎。

大环内酯类药物具有广泛的抗菌谱，对G^+菌、支原体、衣原体、立克次体、密螺旋体、部分G^-菌（如流感嗜血杆菌、百日咳鲍特菌）、分枝杆菌以及厌氧菌（如产气荚膜梭菌、放线菌属、普雷沃菌属等）具有抗菌活性。其主要应用于治疗敏感菌引起的呼吸道感染、泌尿生殖道感染、空肠弯曲菌肠炎等，包括链球菌属敏感株所致的上呼吸道感染、猩红热及皮肤软组织感染，以及葡萄球菌敏感株所致的皮肤软组织感染。此外，大环内酯类还可用于白喉、放线菌病、气性坏疽以及厌氧菌引起的口腔感染，亦可作为青霉素过敏患者的替代治疗药物。

（五）四环素类

四环素类是一类应用较为广泛的广谱快速的抑菌类抗菌药物，具有共同的氢化骈四苯母核结构。通过与30S核糖体亚基结合，干扰氨基酰-tRNA与核糖体的结合而抑制细菌蛋白质的合成。它们对很多G^+菌、G^-菌、支原体、衣原体、立克次体和部分原虫（如恶性疟原虫、溶组织内阿米巴等）有抗菌活性。其中包括天然四环素类（如四环素、金霉素、土霉素、地美环素等）以及半合成四环素类（如多西环素、米诺环素等）。

（1）四环素作为首选或选用药物可用于下列疾病的治疗：

①立克次体病，包括流行性斑疹伤寒、地方性斑疹伤寒、洛矶山热、恙虫病、柯氏立克次体肺炎和Q热，首选多西环素。

②人型支原体、解脲脲原体和沙眼衣原体所致的尿道炎和急性盆腔炎，首选多西环素或大环内酯类。

③衣原体导致的鹦鹉热、性病淋巴肉芽肿及沙眼等，首选多西环素或青霉素类。

④其他感染，如回归热（回归热螺旋体）、兔热病（土拉热弗朗西斯菌）、软下疳（杜克雷嗜血杆菌）、腹股沟肉芽肿（肉芽肿克雷伯菌）、布鲁菌病（一线药物：多西环素联用利福平或链霉素）。

（2）四环素类亦可用于对青霉素类药物过敏患者的破伤风、气性坏疽、雅司、梅毒和钩端螺旋体病的治疗。

（3）米诺环素对诺卡菌属、嗜麦芽窄食单胞菌和MDR不动杆菌属有抗菌活性。

（六）四环类衍生物

甘氨酰环素类抗菌药物是一类半合成四环素类衍生物。首例应用于临床的甘氨酰环类药物即替加环素（9-叔丁基甘氨酰氨基米诺环素），为米诺环素的衍生物，属时间依赖型杀菌剂。其抗菌谱广泛，对G^+菌（包括MRSA、PRSP、VRE等）、大多数G^-杆菌（包括碳青霉烯类耐药的肠杆菌目和鲍曼不动杆菌等）、非典型病原体和厌氧菌具有良好抗菌活性，但对铜绿假单胞菌、摩根摩根菌、变形杆菌属和普罗威登斯菌属无活性。替加环素与四环类的抗菌作用机制相同，并能克服四环类药物耐药的两个主要机制（外排机制和核糖体保护机制），因此对四环素类耐药的细菌亦具有抗菌活性。在临床实践中，替加环素适用于治疗18岁以上成年患者由敏感菌所致的cIAI（弥漫性或局限性化脓性腹膜炎、阑尾穿孔或阑尾周围脓肿等）、复杂性皮肤及皮肤结构感染（蜂窝织炎、压疮感染、烧伤等）和CAP（院外罹患的感染性肺炎）。

奥马环素是一种新型9-氨甲基环类药物，是在米诺环素基础上通过化学基团修饰后得到的半合成化合物，有助于其克服细菌外排和核糖体保护机制，增强口服生物利用度，但无法抵抗Tet（X）修饰酶的作用。其抗菌谱广，对临床常见G^+球菌（包括耐药菌）、鹦鹉热衣原体等非典型病原体具有良好的抗菌活性，对G^-菌（大多数肠杆菌目、流感嗜血杆菌、副流感嗜血杆菌、卡他莫拉菌、奈瑟菌属、嗜麦芽窄食单胞菌及部分不动杆菌属）、快生长分枝杆菌和厌氧菌（脆弱拟杆菌、拟杆菌、产气荚膜梭状芽孢杆菌、艰难拟梭菌等）等亦具有抗菌活性。在临床实践中，适用于由敏感菌所致的CAP和急性细菌性皮肤和皮肤结构感染。

依拉环素为全球首款氟环素类抗菌药物，其通过对核心D环进行独特修饰，即C7位被氟原子取代，C9位被吡咯烷乙酰胺基团取代，体内分布广泛、组织浓度高，且具有良好的组织穿透性。抗菌谱广，对G^-菌（除外铜绿假单胞菌）尤其是CRE、CR-ABA具有良好抗菌活性，对G^+菌、厌氧菌和非典型病原体亦具有抗菌活性。目前批准用于治疗18岁及以上患者的复杂腹腔内感染。

（七）糖肽类和脂糖肽类

糖肽类抗菌药物以D-丙氨酰-D-丙氨酰（D-Ala-D-Ala）为末端的细菌细胞壁小肽作为特异性作用靶点，通过抑制细菌细胞壁生物合成中的2步酶促反应或其中之一，即转糖基作用和转肽作用，阻碍细胞壁的合成，最终导致细菌细胞死亡。抗菌谱窄，仅对G^+菌有效（但万古霉素对脑膜败血伊丽莎白菌具有活性）。目前应用于临床的糖肽类抗菌药物主要有万古霉素、去甲万古霉素和替考拉宁。因化学结构和作用机制独特而与其他抗菌药物无交叉耐药，疗程中需监测血药浓度及耳、肾毒性。适用于耐药革兰阳性菌所致的严重感染，特别是甲氧西林耐药金黄色葡萄球菌（MRSA）或甲氧西林耐药凝固酶阴性葡萄球菌（MRCNS）、肠球菌属及耐青霉素肺炎链球菌所致感染。去甲万古霉素或万古霉素口服，可用于经甲硝唑治疗无效的艰难拟梭菌所致假膜性肠炎患者。

达巴万星、奥利万星和特拉万星是半合成的脂糖肽类。达巴万星对MSSA、MRSA、链球菌属和肠球菌属（包括*vanB*介导的VRE）具有良好的抗菌活性，对糖肽类中介金黄色葡萄球菌（Glycopeptide Intermediate Staphylococcus Aureus，GISA）有一定作用。奥利万星为万古霉素结构修饰物，与万古霉素结构相似，但抗菌活性比万古霉素高，对金黄色葡萄球菌（包括MRSA、GISA、hVISA）、链球菌属和肠球菌属（包括VRE）具有抗菌活性。特拉万星对葡萄球菌属（包括MRS）、肠球菌属（万古霉素敏感株）、链球菌属及梭菌属具有良好抗菌活性。

达托霉素是唯一的天然环脂肽类抗菌药物，作用机制与糖肽类不同，它通过多方面作用破坏革兰阳性菌细胞膜而起到杀菌作用，但并不深入胞浆。确切作用机制尚未被阐明，但其抑菌机制的基础被公认是其能与磷脂膜相互作用。达托霉素的杀菌活性为浓度依赖性，并受到pH和离子化钙浓度的影响，对葡萄球菌属（包括MRS、GISA）、肠球菌属（包括VRE）、链球菌属、艰难拟梭菌和痤疮丙酸杆菌等革兰阳性需氧、厌氧菌具良好抗菌活性，适用于成人和儿童患者（1~17岁）的复杂性皮肤和皮肤组织感染、成人患者由金黄色葡萄球菌引起的右侧感染性心内膜炎、成人及儿童患者（1~17岁）的金黄色葡萄球菌血流感染（菌血症）。

（八）噁唑烷酮类

噁唑烷酮类药物均含有噁唑烷二酮母核的化学结构，其作用于细菌核糖体50S亚基上的23S rRNA，通过抑制甲酰甲硫氨酰tRNA（fMet-tRNA）与核糖体肽基转移酶中心P位点的结合，进而抑制70S起始复合物的形成及肽链在肽键形成过程中自A位向P位的易位，从而抑制蛋白质合成，发挥抑菌作用。

该类药物针对多种病原体，如金黄色葡萄球菌（包含MRSA）、凝固酶阴性葡萄球菌（包含MRCNS）、肠球菌属（包含VRE）、肺炎链球菌（包含青霉素耐药株）、A群溶血性链球菌、B群链球菌以及草绿色溶血链球菌群，显示出良好的抗菌活性。此外，对于支原体属、衣原体属、结核分枝杆菌、鸟分枝杆菌、巴斯德菌属和脑膜败血伊丽莎白菌也具有一定的抑制作用。

在临床应用中，该类药物主要用于治疗由万古霉素耐药肠球菌（VRE）引起的菌血症、甲氧西林耐药金黄色葡萄球菌（MRSA）引起的肺炎和皮肤软组织感染，以及耐青霉素肺炎链球菌引起的菌血症（PRSP）。此外，还被广泛用于治疗骨髓炎、人工关节感染、中枢感染、心内膜炎、粒缺发热、海绵窦血栓性静脉炎以及静脉导管感染等病症。目前，已经投入临床使用的药物包括利奈唑胺、特地唑胺、康替唑胺等。

（九）林可酰胺类

林可酰胺类药物通过与50S核糖体亚基结合抑制蛋白质合成。一般情况下，这类药物主要展现出抑菌活性。然而，当药物浓度达到一定程度时，对于敏感菌则能表现出明显的杀菌活性。该类药物包括林可霉素及其半合成衍生物克林霉素。克林霉素相较于林可霉素，其吸收性能更佳，且抗菌谱更为广泛。具体而言，克林霉素对甲氧西林敏感的金黄色葡萄球菌、青霉素敏感的肺炎链球菌以及其他链球菌、弓形体、疟疾和厌氧菌等病原体均展现出良好的抗菌活性。因此，克林霉素在临床上被广泛应用于由敏感细菌引起的骨髓炎和骨关节感染，以及盆腔和腹腔的联合治疗方案中。

（十）多黏菌素类

多黏菌素类（Polymyxins）是由多黏芽孢杆菌产生的一组多肽类抗菌药物，包括A、B、C、D、E等类型，其中A、C、D因肾毒性或神经毒性较强没开发成药物，目前应用于临床是硫酸多黏菌素B、硫酸黏菌素和多黏菌素E甲磺酸钠。多黏菌素主要通过破坏G^-菌脂多糖（Lipopolysaccharide，LPS）的结构发挥杀菌作用，通过与LPS带负电荷的脂质A相互作用，并将带正电荷的残基添加到LPS中，减少细菌表面的负电荷，从而降低LPS的稳定性并破坏外膜的完整性。它们对多种G^-菌，包括大肠埃希菌、肺炎克雷伯菌等肠杆菌目细菌（除外变形杆菌属、普罗维登斯菌属、摩根摩根菌、黏质沙雷菌和蜂房哈夫尼亚菌），铜绿假单胞菌、鲍曼不动杆菌、嗜麦芽窄食单胞菌等非发酵菌（除外洋葱伯克霍尔德菌复合群）、沙门菌属、志贺菌属具有强大的杀菌活性，但对革兰阳性菌无效，目前多被用于碳青霉烯类耐药细菌感染治疗的重要治疗药物。

（十一）氯霉素

氯霉素通过与核糖体50S亚基的可逆性结合，阻断转肽酶的功能，进而干扰氨酰-tRNA与50S亚基的结合过程。这一作用机制导致新肽链的合成受阻，从而抑制了蛋白质的合成。作为一种抑菌性广谱抗菌药物，氯霉素对多种G^+菌、G^-菌、支原体、衣原体、立克次体以及多数厌氧菌具有良好抗菌活性。它可用于氨苄西林耐药的流感嗜血杆菌、脑膜炎奈瑟菌及肺炎链球菌所致的脑膜炎。此外，当与青霉素联合使用时，氯霉素可治疗由需氧菌与厌氧菌混合感染引发的耳源性脑脓肿。它还可与其他抗菌药物结合，用于治疗由需氧菌与厌氧菌引起的腹腔和盆腔感染。同时，氯霉素也适用于眼科用药和沙门菌属感染的治疗。

（十二）利福霉素类

利福霉素类通过抑制细菌核糖核酸聚合酶活性，从而干扰核糖核酸的合成和蛋白质代谢过程，这一独特的生物学作用导致细菌的生长繁殖受到抑制，从而达到杀菌的目的。该类药物具有广谱抗菌作用，对结核分枝杆菌、麻风分枝杆菌、链球菌属、葡萄球菌属（包括MRSA）等G^+细菌具有良好抗菌活性。同时，对某些革兰阴性菌也表现出一定的抗菌作用。在临床应用中，利福霉素类抗生素常常与其他抗结核病药物联合使用，用于治疗各种类型的结核病。此外，利福平还可以作为联合用药方案的一部分，用于治疗耐药金黄色葡萄球菌引起的严重感染以及麻风病。同时，利福平也被用于预防脑膜炎奈瑟球菌咽部慢性带菌者或与该菌所致脑膜炎患者密切接触者的感染风险。

（十三）磺胺类

磺胺类药物作为对氨基苯甲酸的结构类似物，通过结合二氢叶酸合成酶，能够抑制对氨基苯甲酸与二氢叶酸合成酶的结合，从而以竞争性的方式阻碍二氢叶酸的合成过程。另一方面，甲氧苄啶作为二氢叶酸的结构类似物，与二氢叶酸存在竞争关系，可竞争性抑制细菌二氢叶酸还原酶，阻止二氢叶酸还原成四氢叶酸，进而抑制叶酸代谢过程，最终阻碍细菌DNA的合成。这类药物对链球菌属、葡萄球菌属等G^+菌，大肠埃希菌、志贺菌属、变形杆菌属、脑膜炎奈瑟菌等G^-菌、诺卡菌属、衣原体、耶氏肺孢子菌以及某些原虫（如疟原虫和阿米巴原虫）均显示出抑制活性。

全身应用的磺胺类药物主要用于治疗由敏感肠杆菌目细菌引起的尿路感染，流感嗜血杆菌、肺炎链球菌和其他链球菌敏感株所致的中耳炎及呼吸道感染，脑膜炎奈瑟球菌所致的脑膜炎，伤寒和其他沙门菌属感染，耶氏肺孢子菌肺炎以及诺卡菌感染。复方磺胺嘧啶亦可作为预防脑膜炎奈瑟球菌脑膜炎的用药。磺胺林与甲氧苄啶的联合使用对间日疟及恶性疟原虫（包括对氯喹耐药者）具有显著疗效。磺胺多辛与乙胺嘧啶等抗疟药的联合应用可用于治疗和预防氯喹耐药虫株所致的疟疾。

在局部感染治疗中，磺胺嘧啶银主要用于预防或治疗Ⅱ、Ⅲ度烧伤继发创面细菌感染，如肠杆菌科细菌、铜绿假单胞菌、金葡菌、肠球菌属等引起的创面感染。醋酸磺胺米隆则适用于烧伤或大面积创伤后的铜绿假单胞菌感染。磺胺醋酰钠则用于治疗结膜炎、沙眼等眼部疾病。柳氮磺吡啶口服后不易吸收，因此主要用于治疗溃疡性结肠炎。

（十四）磷霉素

磷霉素通过与细菌烯醇丙酮酸转移酶（MurA）不可逆结合，抑制其活性，阻断*N*–乙酰葡糖胺和磷酸烯醇丙酮酸合成*N*–乙酰胞壁酸，干扰细菌细胞壁的合成，发挥广谱抗菌作用。其对葡萄球菌属、肠球菌属等G^+球菌，以及肠杆菌目细菌（包括产ESBL株）、部分厌氧菌（消化球菌属和消化链球菌属）均展现出良好的抗菌活性。耐药机制主要包括染色体介导的功能性转运蛋白的变异、缺失或表达下调，MurA表达异常或变异导致与磷霉素亲和力下降，以及通常由质粒介导的产磷霉素修饰酶。磷霉素口服制剂主要用于治疗由敏感的大肠埃希菌等肠杆菌目细菌和粪肠球菌引起的急性非复杂性膀胱炎。而静脉制剂则常作为二线治疗药物，与其他抗菌药物联合使用，以治疗由VRE及其他一些多重耐药的G^-杆菌，尤其是CRKPN引起的呼吸道感染、尿路感染、皮肤软组织感染等。

（十五）呋喃妥因

呋喃妥因仅适用于由敏感菌，包括大肠埃希菌、腐生葡萄球菌及肠球菌属等引起的急性非复杂性膀胱炎。其作用机制颇为复杂，在药物浓度接近敏感MIC时，可抑制细菌β-半乳糖苷酶和半乳糖激酶的诱导合成，从而在药物活性不降低时干扰细菌代谢。而在高浓度状态下，呋喃妥因会被细菌硝基还原酶转化为高活性亲电子中间体，该中间体能够以非特异性方式与细菌核糖体蛋白和rRNA结合，最终导致细菌DNA、RNA及蛋白质的合成过程终止。

（十六）截短侧耳类

截短侧耳类抗菌药物在20世纪70年代被用作兽用抗菌药物。2019年美国FDA批准首个全身使用的半合成截短侧耳类抗菌药物拉姆法林（Lefamulin），它是在高等真菌担子纲侧耳属真菌产生的天然化合物基础上经过化学修饰改造获得的双萜烯类化合物。通过与细菌核糖体50S亚基、23S rRNA肽基转移酶中心的A位点和P位点结合，阻断tRNA正确定位并影响肽基转移，从而抑制细菌作蛋白质合成。拉姆法林的结合位点在核糖体肽基转移酶中心的高度保守核心中，作用于细菌蛋白质合成更早的阶段，与靶点结合力更强。这一独特作用机制，使该药理论上出现细菌耐药的几率较低，且与其他作用于细菌核糖体的抗菌药物产生交叉耐药可能性较小。主要用于成人社区获得性细菌性肺炎（CABP）。

二、PK/PD

抗菌药物的药代动力学与药效学（Pharmacokinetic/Pharmacodynamic，PK/PD）理论，在指导临床抗菌药物合理应用方面的重要性日益凸显。这一理论为临床决策提供科学依据，有助于优化治疗方案，提高治疗效果，减少药物不良反应，从而保障患者的用药安全与有效性。因此，我们应充分重视并合理运用PK/PD理论，以促进抗菌药物的合理使用。

（一）药代动力学（PK）

药代动力学（Pharmacokinetics，PK）是应用动力学原理和数学模式定量描述与概括药物通过各种途径（如静脉注射、静脉滴注、口服给药等）进入人体内的吸收（Absorption）、分布（Distribution）、代谢（Metabolism）和排泄（Elimination），即ADME过程中药物浓度随时间变化的动态规律的一门科学。

利用PK模型可以描述药物的吸收、分布、代谢和排泄过程，了解药物体内过程对制定合理的给药方案、减少不良反应及评估药物相互作用有重要意义。

吸收：药物从给药部位进入血循环的过程称为吸收，与吸收相关的PK参数有生物利用度、达峰时间（T_{max}）和血药峰浓度（C_{max}）等。药物联用会影响吸收过程，如环孢素与牛奶同服会增加环孢素的吸收。

分布：药物从给药部位进入血循环后，通过各种生理屏障向组织转运称为分布，与分布有关的PK参数有表观分布容积（Apparent Volume of Distribution，Vd）和蛋白结合率（Protein Binding，PB）。Vd反映药物分布的广泛程度或与组织中大分子的结合程度。亲水性抗菌药物不易通过脂质细胞膜，主要分布于血液和体液中，其Vd一般较小。常见的亲水性抗菌药有β-内酰胺类、氨基糖苷类、糖肽类、多黏菌素类和氟康唑。亲脂性抗菌药物主要分布于脂肪组织，容易透过细胞膜进入细胞内。常见的亲脂性抗菌药物有喹诺酮类、大环内酯类、林可霉素和替加环素。

代谢和排泄：药物进入机体后，经酶转化变成代谢产物，这个过程称为代谢。药物主要通过肾脏或经肝脏代谢后以原形或代谢物经尿液或肠道排出体外。与代谢和排泄相关参数主要有清除半衰期和清除率。

（二）药效学（PD）

抗菌药物的PD主要是研究药物对病原体的作用，反映药物的抗微生物效应和临床疗效。通过PD研究可以确定抗菌药物对致病菌的抑制或杀菌效果，相关指标包括最低抑菌浓度、最低杀菌浓度、最低有效浓度、防耐药突变浓度、抗生素后效应、杀菌曲线、联合抑菌浓度及血清杀菌效价等。

（三）抗菌药物常见PK/PD相关参数

抗菌药物 PK/ PD 是将药物浓度与时间和抗菌活性结合起来，阐明抗菌药物在特定剂量或给药方案下血液或组织浓度抑菌或杀菌效果的时间过程。因此，基于 PK/ PD 原理制定的抗菌治疗方案，可使抗菌药物在人体内达到最大杀菌活性和最佳临床疗效和安全性，并减少细菌耐药性的发生和发展。

抗菌药物按照PK/ PD的特点分为：

1. 时间依赖性

该类药物的抗菌作用及临床治疗效果主要依赖于药物与细菌的接触时长，而与浓度升高关系不密切。当血液中药物的浓度超过致病菌最低抑菌浓度（MIC）的4~5倍时，其杀菌效果几乎达到饱和状态，继续增加血药浓度，其杀菌效应不再增加。β-内酰胺类、红霉素、林可霉素和克林霉素等均属于此类。评价这类药物的药代动力学/药效学（PK/PD）指数主要为药物浓度超过MIC的时间占比（% T > MIC）。因此，一般推荐将日剂量分多次给药和（或）延长药物滴注时间的给药方案。然而，在延长滴注时间优化β-内酰胺类药物的给药方案时，需要特别关注药物在输液中的稳定性。对于稳定性较差的时间依赖性抗菌药物，可以考虑增加给药频次。

2. 浓度依赖性

如氨基糖苷类、氟喹诺酮类、达托霉素、多黏菌素和硝基咪唑类等，其杀菌效应和临床疗效主要依赖于血药浓度的最大值（C_{max}）/MIC或AUC_{0-24}/MIC。因此，提高血药浓度C_{max}是提高此类药物疗效的关键策略。通常建议采用日剂量单次给药的方案，但需注意，对于治疗窗较窄的药物，应避免药物浓度超过最低毒性剂量，以确保用药安全。

3. 时间依赖性且抗菌药物后效应较长

该类药物虽然为时间依赖性，但由于抗菌药物后效应（PAE）或$T_{1/2β}$较长，使其抗菌作用持续时间延长。替加环素、阿奇霉素、噁唑烷酮类、四环素类和糖肽类等属于此类。评估此类药物的PK/PD指数主要为AUC_{0-24}/MIC。一般推荐日剂量分1~2次给药方案。

第二节　细菌耐药性

细菌通过多种形式获得对抗菌药物的抵抗作用，逃避被杀灭的危险，这种抵抗作用被称为细菌耐药性。过度或不当使用抗菌药物以及耐药细菌的传播是导致细菌耐药性产生和传播的关键因素。

一、细菌耐药性的分类

细菌耐药根据其发生原因可分为天然耐药性（Intrinsic Resistance）和获得耐药性（Acquired Resistance）。

天然耐药性，亦称固有耐药性，源于细菌自身结构与化学组成的差异，导致其对抗菌药物不敏感。此类耐药由细菌染色体基因决定，并得以代代遗传。由于方法学差异、细菌突变或低水平耐药表达，有1%~3%天然耐药菌株可出现突变。天然耐药性还可用于评估细菌鉴定准确性。表6-6列出了常见细菌，包括肠杆菌目、非发酵G^-杆菌、葡萄球菌属、肠球菌属、链球菌属、G^+杆菌、弯曲菌属、弧菌属、厌氧菌的天然耐药谱。

获得耐药性源于敏感细菌发生基因突变或获得外源性耐药基因，多数情况下由质粒、转座子或整合子介导，亦可由染色体介导。

表6-6　常见细菌的天然耐药谱

细菌种类	天然耐药谱
肠杆菌目	克林霉素、达托霉素、夫西地酸、糖肽类（万古霉素、替考拉宁）、脂肽类（奥拉万星、特拉万星）、利奈唑胺、特地唑胺、喹奴普丁-达福普汀、利福平和大环内酯类（红霉素、克拉霉素、阿奇霉素，除沙门菌属和志贺菌属对阿奇霉素外）
赫氏埃希菌	氨苄西林和替卡西林
肺炎克雷伯菌、产酸克雷伯菌、异栖克雷伯菌、解鸟氨酸拉乌尔菌、植生拉乌尔菌和土生拉乌尔菌	氨苄西林和替卡西林
克氏柠檬酸杆菌、无丙二酸柠檬酸杆菌群（无丙二酸柠檬酸杆菌、法氏柠檬酸杆菌和塞氏柠檬酸杆菌）	氨苄西林和替卡西林
产气克雷伯菌、阴沟肠杆菌复合群（阴沟肠杆菌、阿氏肠杆菌和霍氏肠杆菌）	氨苄西林、阿莫西林/克拉维酸、氨苄西林/舒巴坦、第一代头孢菌素（头孢唑啉、头孢噻吩）和头霉素类（头孢西丁、头孢替坦）
弗劳地柠檬酸杆菌	氨苄西林、阿莫西林/克拉维酸、氨苄西林/舒巴坦、第一代头孢菌素（头孢唑啉、头孢噻吩）、第二代头孢菌素（头孢呋辛）和头霉素类（头孢西丁、头孢替坦）
蜂房哈夫尼亚菌	氨苄西林、阿莫西林/克拉维酸、氨苄西林/舒巴坦、第一代头孢菌素（头孢唑啉、头孢噻吩）、头霉素类（头孢西丁、头孢替坦）和多黏菌素B、黏菌素（副蜂房哈夫尼亚菌对多黏菌素B/黏菌素天然耐药）
摩根摩根菌	氨苄西林、阿莫西林/克拉维酸、第一代头孢菌素（头孢唑啉、头孢噻吩）、第二代头孢菌素（头孢呋辛）、替加环素、呋喃妥因、多黏菌素B、黏菌素（可通过非产碳青霉烯酶机制导致亚胺培南MICs升高，试验结果为敏感的菌株应报告为敏感）
奇异变形杆菌	四环素类、替加环素、呋喃妥因、多黏菌素B、黏菌素（可通过非产碳青霉烯酶机制导致亚胺培南MICs升高，试验结果为敏感的菌株应报告为敏感）
普通变形杆菌和潘氏变形杆菌	氨苄西林、第一代头孢菌素（头孢唑啉、头孢噻吩）、第二代头孢菌素（头孢呋辛）、四环素类、替加环素、呋喃妥因、多黏菌素B、黏菌素（可通过非产碳青霉烯酶机制导致亚胺培南MICs升高，试验结果为敏感的菌株应报告为敏感）
雷氏普罗威登斯菌和斯氏普罗威登斯菌	氨苄西林、阿莫西林/克拉维酸、第一代头孢菌素（头孢唑啉、头孢噻吩）、四环素类、替加环素、呋喃妥因、多黏菌素B、黏菌素（可通过非产碳青霉烯酶机制导致亚胺培南MICs升高，试验结果为敏感的菌株应报告为敏感；斯氏普罗威登斯菌对庆大霉素、奈替米星和妥布霉素天然耐药，但对阿米卡星不是天然耐药）
黏质沙雷菌	氨苄西林、阿莫西林/克拉维酸、氨苄西林/舒巴坦、第一代头孢菌素（头孢唑啉、头孢噻吩）、第二代头孢菌素（头孢呋辛）、头霉素类（头孢西丁、头孢替坦）、呋喃妥因、多黏菌素B、黏菌素（黏质沙雷菌对妥布霉素的MIC可能会升高，但测试结果为敏感的菌株应报告敏感）
类志贺邻单胞菌	氨苄西林、阿莫西林、阿莫西林/克拉维酸、氨苄西林/舒巴坦
小肠结肠炎耶尔森菌	氨苄西林、替卡西林、阿莫西林/克拉维酸、第一代头孢菌素（头孢唑啉、头孢噻吩）
假结核耶尔森菌	多黏菌素B、黏菌素
沙门菌属和志贺菌属	对β-内酰胺类药物无天然耐药性，第一代、第二代头孢菌素和头霉素类在体外可显示活性，但临床无效，不应报告敏感
非脱羧勒克菌	磷霉素
气单胞菌属	
嗜水气单胞菌、豚鼠气单胞菌	氨苄西林、阿莫西林、氨苄西林/舒巴坦
达卡气单胞菌	氨苄西林、阿莫西林、氨苄西林/舒巴坦、头孢西丁
威隆气单胞菌、简达气单胞菌	氨苄西林、阿莫西林、替卡西林、氨苄西林/舒巴坦

续表

细菌种类	天然耐药谱
非发酵菌	青霉素类（如青霉素G）、第一代头孢菌素（头孢噻吩、头孢唑林）、第二代头孢菌素（头孢呋辛）、头霉素类（头孢西丁、头孢替坦）、克林霉素、达托霉素、夫西地酸、糖肽类［万古霉素（除脑膜脓毒伊丽莎白金菌外）、替考拉宁］、利奈唑胺、大环内酯类（红霉素、阿奇霉素、克拉霉素）、喹奴普丁－达福普汀和利福平
鲍曼不动杆菌/醋酸钙不动杆菌复合群	氨苄西林、阿莫西林、阿莫西林/克拉维酸、氨曲南、厄他培南、甲氧苄啶、氯霉素和磷霉素
铜绿假单胞菌	氨苄西林、阿莫西林、氨苄西林/舒巴坦、阿莫西林/克拉维酸、头孢噻肟、头孢曲松、厄他培南、四环素类、替加环素、依拉环素、甲氧苄啶、甲氧苄啶/磺胺甲噁唑复方新诺明和氯霉素
嗜麦芽窄食单胞菌	氨苄西林、阿莫西林、哌拉西林、替卡西林、氨苄西林/舒巴坦、阿莫西林/克拉维酸、哌拉西林/他唑巴坦、头孢噻肟、头孢曲松、氨曲南、亚胺培南、美罗培南、厄他培南、氨基糖苷类、四环素、甲氧苄啶和磷霉素（嗜麦芽窄食单胞菌对四环素天然耐药，但对多西环素、米诺环素或替加环素无天然耐药）
洋葱伯克霍尔德菌复合群	氨苄西林、阿莫西林、哌拉西林、替卡西林、氨苄西林/舒巴坦、阿莫西林/克拉维酸、厄他培南、多黏菌素B、黏菌素、磷霉素（洋葱伯克霍尔德菌复合群存在可发生突变导致耐药的染色体基因，而这种突变是否是在生长过程中发生尚未明确。环境中分离的洋葱伯克霍尔德菌复合群缺乏突变而不能表达耐药机制，导致其对多种抗菌药物MIC值低，而临床分离株如来自囊性纤维化患者的菌株表达耐药基因，对相同抗菌药物具有高MIC值。即使不考虑存在的耐药机制，目前也无足够的临床证据证实体外试验敏感的菌株在体内是否会对治疗产生应答。因此，无法确认该菌对哌拉西林/他唑巴坦、头孢噻肟、头孢曲松、头孢吡肟和氨曲南存在天然耐药）
木糖氧化无色杆菌	氨苄西林、阿莫西林、头孢噻肟、头孢曲松、氨曲南、厄他培南
脑膜脓毒伊丽莎白金菌	氨苄西林、阿莫西林、替卡西林、氨苄西林/舒巴坦、阿莫西林/克拉维酸、替卡西林/克拉维酸、头孢噻肟、头孢曲松、头孢他啶、头孢吡肟、氨曲南、厄他培南、亚胺培南、美罗培南、多黏菌素B、黏菌素
按蚊伊丽莎白金菌	氨苄西林、阿莫西林、替卡西林、氨苄西林/舒巴坦、阿莫西林/克拉维酸、替卡西林/克拉维酸、头孢噻肟、头孢曲松、头孢他啶、头孢吡肟、氨曲南、厄他培南、亚胺培南、美罗培南
人苍白杆菌	氨苄西林、阿莫西林、替卡西林、哌拉西林、氨苄西林/舒巴坦、阿莫西林/克拉维酸、替卡西林/克拉维酸、哌拉西林/他唑巴坦、头孢噻肟、头孢曲松、头孢他啶、头孢吡肟、氨曲南、厄他培南
金色杆菌属	氨苄西林、阿莫西林、替卡西林、氨苄西林/舒巴坦、阿莫西林/克拉维酸、替卡西林/克拉维酸、头孢噻肟、头孢曲松、头孢他啶、氨曲南、厄他培南、亚胺培南、美罗培南、氨基糖苷类、多黏菌素B、黏菌素
弧菌属	嗜盐性弧菌通常对磺胺类、青霉素类及老的头孢菌素类（头孢噻吩、头孢呋辛）耐药
葡萄球菌属	氨曲南、多黏菌素B、黏菌素和萘啶酸；MRS菌株对所有具有抗葡萄球菌活性的β-内酰胺类药物（除头孢洛林外）耐药
腐生葡萄球菌	新生霉素、磷霉素、夫西地酸
头状葡萄球菌	磷霉素
克氏葡萄球菌、木糖葡萄球菌	新生霉素
肠球菌属	氨曲南、多黏菌素B、黏菌素和萘啶酸；对于头孢菌素类、氨基糖苷类（除高水平耐药检测外）、克林霉素和甲氧苄啶/磺胺甲噁唑在体外可表现有抗菌活性，但临床治疗无效，故不应报告敏感
粪肠球菌	夫西地酸、奎奴普丁/达福普丁
屎肠球菌	夫西地酸
鹑鸡肠球菌/铅黄肠球菌	万古霉素、夫西地酸、奎奴普丁/达福普丁
链球菌属	夫西地酸、氨基糖苷类（低水平耐药）、氨曲南、多黏菌素B、黏菌素和萘啶酸

续表

细菌种类	天然耐药谱
明串珠菌属、片球菌属	万古霉素、替考拉宁
G⁺杆菌	
红斑丹毒丝菌	万古霉素
棒杆菌属	磷霉素
产单核李斯特菌	夫西地酸、头孢菌素类、磷霉素
干酪乳杆菌、鼠李糖乳杆菌	万古霉素、替考拉宁
蜡样芽孢杆菌和苏云金芽孢杆菌	通常对青霉素类和头孢菌素类耐药
弯曲菌属	
胎儿弯曲菌	夫西地酸、链阳菌素、甲氧苄啶、萘啶酸
空肠弯曲菌和大肠弯曲菌	夫西地酸、链阳菌素、甲氧苄啶
厌氧菌	
梭菌属、拟梭菌属	氨基糖苷类
无害梭菌	万古霉素、氨基糖苷类
拟杆菌属	氨基糖苷类、青霉素、氨苄西林
猫狗梭杆菌（Fusobacterium Canifelinum）	氨基糖苷类、喹诺酮类

二、细菌获得性耐药机制

细菌可通过以下方式获得耐药性：

（一）抗菌药物作用靶点改变

β-内酰胺类抗菌药物须与细菌青霉素结合蛋白（Penicillin-Binding Protein，PBP）结合，才能发挥杀菌作用。肺炎链球菌对青霉素耐药的主要机制是青霉素结合蛋白（PBP1a、2b和2x）的改变，降低其对抗菌药物分子的亲和力，导致青霉素耐药性的突变通常存在于转肽酶-青霉素结合域。而编码PBP5 C端基因发生碱基的改变，蛋白序列出现氨基酸的替代或插入，导致蛋白与抗菌药物结合部位结构改变，PBP5（低亲和力PBP）亲和力进一步降低，使尿肠球菌对青霉素MIC ≥ 128μg/mL。氟喹诺酮类抗菌作用靶点DNA促旋酶（*gyrA*和*gyrB*）和拓扑异构酶Ⅳ（*parC*和*parE*）突变，导致DNA促旋酶和拓扑异构酶Ⅳ的结构和构象发生变化，使药物不能与酶-DNA的复合物稳定结合。其他靶点改变见于大环内酯类-林可酰胺类-链阳菌素耐药（Macrolide-Lincosamide-Streptogramin，MLS_B）、细胞壁前体改变致糖肽类耐药、核糖体保护机制致四环素类耐药及RNA聚合酶基因突变致利福平耐药。

（二）产生修饰酶

细菌可产生许多酶，通过水解、修饰等作用使抗菌药物灭活，从而导致耐药。

1. β-内酰胺酶

β-内酰胺酶是细菌对β-内酰胺类抗菌药物耐药的主要机制。目前数据库中酶数量>4300种，这些酶不包含单一的同质基团，且酶作用底物亦不相同，因此可以细分为多个不同类别。两种常用的分类系统：基于底物和抑制剂谱的Bush-Jacoby-Medeiros功能分组（1、2和3组）及亚组和氨基酸序列和保守基序的Ambler分子分类（A、B、C和D类）（表6-7）。其中A类（KPC、IMI、SME、CTX-M、GES、SHV、TEM等）、C类（AmpC、CMY、DHA、FOX、ACT等）、D类（OXA）酶通过活性位点丝氨酸残基形成酰基酶，属于丝氨酸酶，B类（NDM、VIM、IMP等）活性中心蛋白残基与金属离子以配位键形式结合，属于金属酶。

表6-7 β-内酰胺酶分类

分子分类	功能分组	青霉素酶活性[a]	头孢菌素酶活性[b]	ESBL活性[c]	碳青霉烯酶活性	单环β-内酰胺酶活性	克拉维酸或他唑巴坦抑制[d]	EDTA抑制	代表酶
A	2a	Y	N	N	N	N	Y	N	PC1
	2b	Y	Y	N	N	N	Y	N	TEM-1，SHV-1
	2be	Y	Y	Y	N	Y	Y	N	CTX-M-14，-15
	2br	Y	Y	N	N	N	N	N	TEM-30，SHV-10
	2ber	Y	Y	Y	N	**V**	**V**	N	TEM-50，TEM-121
	2c	Y	N	N	N	N	Y	N	PSE-4，CARB-3
	2ce	Y	N	**N**[e]	N	N	Y	N	RTG-4
	2e	Y	Y	Y	N	V	Y	N	SFO-1，FEC-1，L2
	2f	Y	Y	Y	Y	Y	Y	N	KPC-2，SME-1[f]
B	3a（B1和B3）	Y	Y	Y	Y	N	N	Y	IMP，VIM，NDM，L1
	3b（B2）	**Y**	N	N	Y	N	N	Y	CphA
C	1	N	Y	N	N	N	N	N	AmpC，ACT-1
	1e	N	Y	Y	N	N	N	N	GC1，CMY-37
D	2d	Y	N	N	N	N	V	N	OXA-1，OXA-10
	2de	Y	Y	**V**	N	N	V	N	OXA-11，OXA-15
	2df	Y	N	Y	**N**[g]	N	**N**	N	OXA-23，OXA-48

与已发表的水解底物谱不一致的活性数据以粗体和下划线表示

a. Y=k_{cat}>$5s^{-1}$；N=k_{cat}<$5s^{-1}$；V=功能分组内不定

b.水解头孢噻啶或头孢噻吩

c.基于水解头孢噻肟、头孢他啶或头孢吡肟

d. Y=IC_{50}<2μmol/L；N=IC_{50}≥2μmol/L；V=功能分组内不定

e.尽管通常情况下，这些酶k_{cat}≤$1s^{-1}$，但产酶株可对头孢吡肟和头孢匹罗耐药

f.与KPC碳青霉烯酶相比，SME酶对超广谱头孢菌素类的水解效率和催化效率较低，因此，产SME的黏质沙雷菌对此类头孢菌素类药物敏感

g.尽管通常情况下，这些OXA类酶k_{cat}≤1 s^{-1}，但它们可导致碳青霉烯类耐药

2.氨基糖苷类修饰酶

氨基糖苷类修饰酶（Aminoglycosides Modifying Enzymes，AMEs）是细菌对氨基糖苷类耐药的最主要机制。根据AMEs对氨基糖苷类的化学修饰作用，将其分为3类，即*N*-乙酰转移酶（Aminoglycoside Acetyltransferases，AACs）、*O*-核苷酸转移酶（Nucleotidyl Transferase，ANTs）和*O*-磷酸转移酶（APHs）。突变使得不断涌现新的酶变异体，它们能够作用于越来越多的抗菌药物，编码基因可在分子层面以整合子、基因盒、转座子或整合接合元件的形式转移，同时在细胞层面以可移动或接合质粒的组成部分进行接合转移。自然转化或转导现象使得此类酶在不同种类的细菌间得以广泛传播。其中有些酶变异体如AAC（6′）-Ib-Cr可酰化氨基糖苷类和氟喹诺酮类，导致同时对这两种抗菌药物耐药。另外还有一些双功能复合酶，如AAC（6′）-APH（2″）、AAC（6′）-ANT（2″），具有更广谱的抗菌药物耐药性。

一种修饰酶能修饰多种不同的抗菌药物，同时，一种抗菌药物也可被多个修饰酶所修饰。尽管如此，修饰酶对不同抗菌药物的作用位点具有高度专一性。表6-8 列举了AAC（6′）类别及其报道细菌。

表6-8 AAC（6′）氨基糖苷类修饰酶及其报道细菌

AME 类别	报道细菌	AME 类别	报道细菌
AAC（6′）-Ia	大肠埃希菌、肺炎克雷伯菌、宋内志贺菌、克氏柠檬酸杆菌	AAC（6′）Is	鲍曼不动杆菌基因型15
AAC（6′）-Ib C	肺炎克雷伯菌、奇异变形杆菌、铜绿假单胞菌、肠沙门菌、产酸克雷伯菌、嗜麦芽窄食单胞菌、阴沟肠杆菌、霍乱弧菌	AAC（6′）-Isa	白色链霉菌
AAC（6′）-Ib’	荧光假单胞菌、铜绿假单胞菌	AAC（6′）-It	鲍曼不动杆菌基因型16
AAC（6′）-Ic	黏质沙雷菌	AAC（6′）-Iu	鲍曼不动杆菌基因型17
AAC（6′）-Ie	金黄色葡萄球菌、粪肠球菌、屎肠球菌、解酪巨型球菌	AAC（6′）-Iv	不动杆菌属
AAC（6′）-If	阴沟肠杆菌	AAC（6′）-Iw	不动杆菌属
AAC（6′）-Ig	溶血不动杆菌	AAC（6′）-Ix	不动杆菌属
AAC（6′）-Ih	鲍曼不动杆菌	AAC（6′）-Iy C	沙门菌属
AAC（6′）-Ii C	肠球菌属	AAC（6′）-Iz	嗜麦芽窄食单胞菌
AAC（6′）-Ij	不动杆菌属基因型13	AAC（6′）-Iaa	鼠伤寒沙门菌
AAC（6′）-Ik	不动杆菌属	AAC（6′）-Iad	鲍曼不动杆菌基因型3
AAC（6′）-Ip	弗劳地柠檬酸杆菌	AAC（6′）-Iae	铜绿假单胞菌、肠沙门菌
AAC（6′）-Iq	肺炎克雷伯菌	AAC（6′）-Iaf	铜绿假单胞菌
AAC（6′）-Im	大肠埃希菌、屎肠球菌	AAC（6′）-Iai	铜绿假单胞菌
AAC（6′）-Il	产气克雷伯菌	AAC（6′）-Ib3	铜绿假单胞菌
AAC（6′）-Ir	鲍曼不动杆菌基因型14	AAC（6′）-Ib4	沙雷菌属
AAC（6′）-Ib7	阴沟肠杆菌、弗劳地柠檬酸杆菌	AAC（6′）-Iih	小肠肠球菌
AAC（6′）-Ib8	阴沟肠杆菌	AAC（6′）-Ib-Suzhou	阴沟肠杆菌、肺炎克雷伯菌
AAC（6′）-Ib9	铜绿假单胞菌	AAC（6′）-Ib-Hangzhou	鲍曼不动杆菌
AAC（6′）-Ib10	铜绿假单胞菌	AAC（6′）-SK	卡那霉素链霉菌
AAC（6′）-Ib11 C	肠沙门菌	AAC（6′）-IIa	铜绿假单胞菌、肠沙门菌
AAC（6′）-29a	铜绿假单胞菌	AAC（6′）-IIb	荧光假单胞菌
AAC（6′）-29b	铜绿假单胞菌	AAC（6′）-IIc	阴沟肠杆菌
AAC（6′）-31	恶臭假单胞菌、鲍曼不动杆菌、肺炎克雷伯菌	AAC（6′）-Ib-cr	肠杆菌目
AAC（6′）-32	铜绿假单胞菌	AAC（6′）-Ie-APH（2）-Ia	金黄色葡萄球菌、粪肠球菌、屎肠球菌、沃氏葡萄球菌

续表

AME 类别	报道细菌	AME 类别	报道细菌
AAC（6′）-33	铜绿假单胞菌	ANT（3）-Ii-AAC（6′）-IId	黏质沙雷菌
AAC（6′）-I30	肠沙门菌	AAC（6′）-30/AAC（6′）-Ib′	铜绿假单胞菌
AAC（6′）-Iid	耐久肠球菌	AAC（3）-Ib/AAC（6′）-Ib″	铜绿假单胞菌

此外还有氯霉素乙酰转移酶（Chloramphenicol Acetyltransferase，CAT）、红霉素酯化酶等。

（三）改变外膜通透性

相较于G^+菌，G^-菌细胞壁外有一层特殊结构，即细胞外膜，它由脂蛋白、磷脂双分子层和脂多糖三部分组成。外膜蛋白（Outer Membrane Protein，Omp）是存在于外膜中或与外膜有关的所有蛋白总称，除了部分锚定在外膜内部或外部的脂蛋白外，大部分外膜蛋白以共价键形式与肽聚糖聚合起来形成供物质进出的孔道。它是一种非特异性的、跨细胞膜的水溶性分子扩散通道，抗菌药物须穿过细胞外膜才能到达细胞质膜。外膜蛋白可以通过启动细菌外排泵或改变细胞外膜通透性，使进入细菌体内的抗菌药物减少，影响药物的累积，从而诱导细菌耐药性产生。如Omp K35是肺炎克雷伯菌对亚胺培南产生耐药的主要外膜蛋白。这种耐药机制往往联合其他耐药机制共同介导抗菌药物的耐药，如OmpD和OmpF下调联合AmpC酶分别介导铜绿假单胞菌和阴沟肠杆菌对亚胺培南耐药。

（四）外排泵

外排泵（Efflux Pumps），又被称作主动外排系统（Active Efflux System），是一种位于细菌细胞膜上的蛋白质。其功能主要与细胞的正常物质转移和代谢密切相关。许多细菌能够通过外排泵将进入胞内的抗菌药物泵出胞外，从而降低菌体内的药物浓度，导致耐药现象。由于外排泵的存在，以及其对抗菌药物的高度选择性和广谱底物特性，细菌能够将一类或不同类的抗菌药物同时泵出体外，进而产生耐药或多重耐药现象。与细菌耐药有关的主动外排泵主要可分为五大超家族：ATP结合核家族（ATP-Binding Cassettes，ABC）、主要易化子超家族（Major Facilitator Superfamil，MFS）、耐药-结节化细胞分化家族（Resistance Nodulation Cell Division Family，RND）、小多重耐药性家族（Small Mulitdrug Resistance Family，SMR）和多药及毒性化合物外排家族（Multidrug and Toxic Compound Extrusion，MATE）。

耐药外排泵广泛分布于G^+菌（如金黄色葡萄球菌、粪肠球菌、肺炎链球菌、枯草芽孢杆菌等）、G^-菌（如大肠埃希菌、肺炎克雷伯菌、铜绿假单胞菌、鲍曼不动杆菌等）、真菌（如白念珠菌等）和分枝杆菌属（如结核分枝杆菌等）。RND家族外排泵由转运蛋白、膜融合蛋白和外膜蛋白以三聚体形式横跨细菌内外膜之间，可将底物直接排出外膜，具备高效转运功能。同时，由于外膜屏障的存在，泵出菌体外的底物不易再次返回细菌体内。其底物广泛，能识别β-内酰胺类、氨基糖苷类、大环内酯类、四环素类等多种抗菌药物，从而导致细菌多重耐药。其余四个家族外排泵以单聚体形式横跨细菌内膜，只能将底物泵至细菌内膜与外膜的周浆间隙中。部分药物因具有相对亲脂性，可经内膜脂质双分子层再次扩散进入细菌胞内发挥抗菌作用，是一种相对低效率的外排泵。其底物相对单一，主要外排某一类抗菌药物，如Pat外排氟喹诺酮类抗菌药物，Mef是G^+菌专一外排大环内酯类抗菌药物的外排泵。

除以上五个超家族外，近年来发现第六种外排泵家族，即PAGE家族，包含两个串联细菌跨膜对结构域，在变性杆菌属中常见，可将氯已定、吖啶黄、地喹氯铵等外排。表6-9列出了临床常见菌的外排泵及所属家族类型。

表6-9 临床常见的外排泵及所属家族类型

细菌	外排泵	所属家族	细菌	外排泵	所属家族	细菌	外排泵	所属家族
大肠埃希菌	AcrAB-TolC	RND	铜绿假单胞菌	MexXY-OprM	RND	金黄色葡萄球菌	NorABC	MFS
	AcrEF-TolC	RND		MexAB-OprM	RND		MsrA	ABC
	AcrAD-TolC	RND		MexCD-OprJ	RND		MepA	MATE
	MacAB-TolC	ABC		MexB	RND		SepA	SMR
	MefB	MFS		MexD	RND		LmrS	MFS
	MdfA	MFS		MexF	RND		SdrM	MFS
	EmrE	SMR		EmrE	SMR	鲍曼不动杆菌	AdeABC	RND
	EmrB	MFS		PmpM	MATE		AdeFGH	RND
	AcrB	RND	粪肠球菌	EmeA	MFS		AdeDK	RND
嗜麦芽窄食单胞菌	SmeABC	RND		ABC7	ABC	肺炎克雷伯菌	AcrAB	RND
	SmeDEF	RND		ABC1 6	ABC		OqxAB	RND
	SmeVWX	RND		ABC1 1	ABC		KpnEF	SMR
	SmeUK	RND		EfrAB	ABC	肺炎链球菌	MefE	MFS
	SmeYZ	RND		ABC2 3	ABC		PatAB	ABC
沙门菌属	AcrAB-TolC	RND					PdrM	MATE

（五）生物膜的形成

生物膜（Biofilm）是微生物生长过程中黏附于固体或有机腔道表面而形成的由微生物细胞及其分泌的细胞外多糖-蛋白复合物等组成的膜样多细胞复合物。生物膜的形成可增强微生物对环境和抗菌药物的耐受性，抗菌药物不能有效清除生物膜，还可诱导耐药性产生。生物膜中的大量胞外多糖形成分子屏障和电荷屏障，可阻止或延缓抗菌药物的渗入，膜中细菌分泌的一些水解酶类浓度较高，可促使进入膜内的抗菌药物灭活。同时由于生物膜流动性较低，膜深部氧气、营养物质等浓度较低，细菌在这种状态下生长代谢缓慢（饥饿状态），而绝大多数抗菌药物对此状态细菌不敏感，当使用抗菌药物时仅杀死表层细菌，而不能彻底治愈感染，停药后迅速复发。由于外排泵可将微生物的代谢产物、毒性物质和抗菌药物等排除细胞外，有助于生物膜内饥饿状态微生物维持其活力与毒力，因此外排泵的表达水平大多与生物膜的形成呈正相关。

三、常见细菌对抗菌药物的耐药机制

（一）葡萄球菌属

葡萄球菌属对β-内酰胺类抗菌药物耐药的原因如下。

（1）产生*blaZ*编码的青霉素酶水解青霉素酶不稳定的青霉素类。正常状态下青霉素酶处于抑制状态，当有诱导物存在时，*blaZ*基因被激活并开始表达青霉素酶水解β-内酰胺环。

（2）获得由*mecA*或*mecC*编码的、与β-内酰胺类药物亲和力低的PBP2a。该基因可整合到对甲氧西林敏感的葡萄球菌属的染色体元件（SCCmec）中，从而使葡萄球菌属对所有β-内酰胺类（除外具有抗MRSA活性的头孢菌素）耐药。

由*erm*基因编码的rRNA甲基化酶介导23S rRNA结合靶点的修饰，导致葡萄球菌属对大环内酯类、林可霉素类和链阳菌素B耐药（MLS_B型耐药）。*erm*基因表达可以是结构性或诱导性，因此MLS型耐药分为结构型（CMLS）和诱导型（iMLS）。CMLS型表现为药敏试验中对红霉素和克林霉素均耐药。iMLS型表现为药敏试验中对红霉素耐药而克林霉素敏感，须补充克林霉素诱导性耐药试验（D试验）。其他机制包括由*ereA/B*基因编码的红霉素酯酶（大环内酯类灭活酶）、*msrA/B*和基因编码的外排泵。

研究表明，*vanA*基因表达是金黄色葡萄球菌对万古霉素产生耐药性的主要原因。该基因产物通过水解与万古霉素结合的D-Ala-D-Lac肽聚糖前体，以及将末端二肽修饰为不能与万古霉素结合的D-Ala-D-Lac，从而导致耐药。细胞壁增厚则是万古霉素中介金葡菌（VISA）和万古霉素异质性中介金葡菌（hVISA）的主要耐药机制。此外，肽聚糖交联减少，青霉素结合蛋白改变、自溶酶活性降低、细胞壁翻转率增加、毒力降低、生长率下降、脲酶活性增强等可能与万古霉素敏感性下降有关，在万古霉素敏感性降低的葡萄球菌属中发现了*agr*、*glpT*、*uhpT*、*mrp*、*sigB*等基因突变，但这些突变对万古霉素耐药的影响尚不明确。

23S rRNA基因突变导致50S核糖体肽基转移酶中心（Peptidyltransferase Centre，PTC）结合位点的突变，是葡萄球菌属和肠球菌属对利奈唑胺产生耐药性的主要原因。多重耐药基因*cfr*编码甲基转移酶，使23S rRNA核苷酸A2503 C8位添加一个甲基基团，从而使葡萄球菌属对靶点为50S核糖体亚基的药物产生耐药性，包括氯霉素、林可酰胺类、利奈唑胺、截短侧耳类及链阳霉素。核糖体蛋白L3和L4的突变导致氨基酸种类及结构变化，进而影响利奈唑胺的敏感性。大多数情况下，L3或L4蛋白的突变与23S rRNA突变或*cfr*基因共同作用，介导利奈唑胺的耐药性，较少发现仅通过L3和L4蛋白突变产生利奈唑胺耐药的菌株。

由于各种基因（*dltABCD*基因、*mprF*和*rpoB*）的突变，导致膜流动性、细胞壁厚度和膜电荷的变化，从而引起达托霉素的耐药。

（二）肠球菌属

肠球菌属在体外药敏试验中可能对头孢菌素类、甲氧苄啶/磺胺异噁唑、克林霉素和氨基糖苷类（除高浓度耐药筛查外）敏感，但临床治疗效果不佳，因此不应报告敏感。该菌属对其他β-内酰胺类药物的耐药机制主要包括产生β-内酰胺酶和低亲和力的PBPs。

高水平耐药氨基糖苷类的主要机制是产生氨基糖苷类修饰酶。肠球菌属对高浓度庆大霉素耐药主要是由质粒上AAC（6′）-Ie-APH（2″）-Ia编码的双功能酶AAC（6′）-APH（2″）（具有乙酰转移酶和磷酸转移酶活性）介导除链霉素外的氨基糖苷类高水平耐药，当与细胞壁活性剂结合时，该酶消除了庆大霉素的协同活性，其他AME基因如APH（2″）-Ib、APH（2″）-Ic、APH（2″）-Id和ANT（4′）-1a也在肠球菌中检测到。对高浓度链霉素耐药主要是APH（3′）-Ⅲa介导，但链霉素耐药不能预测对其他氨基糖苷类耐药。此外，还包括氨基糖苷类药物作用靶点的改变和氨基糖苷类转移受到干预等。

肠球菌属对氟喹诺酮类药物的耐药机制包括DNA旋转酶和拓扑异构酶Ⅳ的突变以及*emeA*介

导的多重耐药外排泵。通过*erm*基因介导的药物靶点改变、*mef*基因和*msrC*基因介导的外排泵，肠球菌属对大环内酯类产生耐药性。四环素类的耐药机制主要包括获取外源性DNA编码产生的四环素类外排泵或具有核糖体（*tetM*基因）保护作用的蛋白，以及染色体突变导致外膜通透性降低。

肠球菌属产生一种前体，使其D-丙氨酸-D-丙氨酸末端基因发生突变，导致糖肽类药物无法与之结合，从而无法抑制细胞壁的合成，进而产生耐药。已证实糖肽类耐药肠球菌属的基因型有*vanA*、*vanB*、*vanC*、*vanD*、*vaneE*、*vanG*等，除*vanC*为天然耐药外，其他均为获得性耐药。*vanA*介导对万古霉素和替考拉宁的高水平耐药，*vanB*介导对万古霉素的高水平耐药，替考拉宁可能敏感，两者多见于屎肠球菌和粪肠球菌。*vanC*多见于鹑鸡肠球菌、铅黄肠球菌等，对万古霉素表现为天然低水平耐药（体外药敏试验可能敏感）。

23S rRNA的基因突变（如G2576T、T2500A、G2192T等）导致肠球菌属对利奈唑胺耐药，多与利奈唑胺暴露有关。肠球菌属的L3、L4核糖体蛋白突变影响了肽酰转移酶中心结构的稳定性，导致与利奈唑胺结合受到影响而产生耐药。近年来，质粒介导的多重耐药基因*cfr*、*optrA*导致的利奈唑胺耐药日益受到关注。此外，细胞膜蛋白的改变、生物膜的形成被认为是肠球菌对利奈唑胺适应性耐药形成的重要因素。

（三）肺炎链球菌

肺炎链球菌对青霉素等β-内酰胺类抗菌药物耐药主要源于抗菌药物结合位点青霉素结合蛋白（PBPs）的改变，此改变降低了细菌与抗菌药物的结合能力。此外，细菌通透性的下降，包括调控细菌感受态形成及细胞壁完整性的相关基因与调控基因的突变，如*comC*、CiaH/CiaR-TCSS变异、*cpoA*、StkP-PhpP信号偶联等，也导致了其对β-内酰胺类抗菌药物的耐药。据我国CARSS监测数据显示，肺炎链球菌对红霉素的耐药率超过95%，主要原因是*ermB*基因编码的23S rRNA甲基化酶使得靶点与大环内酯类的结合能力降低，表现为高水平红霉素耐药，并对14、15、16元环大环内酯类、林可酰胺类和链阳菌素B产生交叉耐药。此外，*mefA/E*基因调控外排泵系统功能的增强，也是导致肺炎链球菌对大环内酯类抗菌药物耐药的原因之一，主要表现为低水平红霉素耐药，仅对15、16元环大环内酯类耐药，而对克林霉素、林可酰胺类和链阳菌素B敏感。

肺炎链球菌对喹诺酮类耐药源于DNA旋转酶和拓扑异构酶Ⅳ的突变以及外排泵功能的增强。而该菌对四环素类耐药的唯一机制为*tetM*和*tetO*基因所编码介导的核糖体保护。研究发现，这种机制可能存在于细菌的可移动遗传元件，如转座子上，这意味着它具有在不同的菌株之间传播的潜在风险。产生乙酰转移酶促使氯霉素转化为衍生物，进而不能与肺炎链球菌的核糖体结合，导致肺炎链球菌对氯霉素耐药。对甲氧苄啶耐药则是由于染色体上相关基因的改变导致与甲氧苄啶结合位点的改变。

（四）肠杆菌目细菌

β-内酰胺酶的产生是肠杆菌目细菌对β-内酰胺类抗菌药物产生耐药性的主要原因。其他耐药机制包括膜孔蛋白的缺失或结构改变导致细胞膜通透性降低、外排泵的作用以及生物膜的形成。TEM-1、TEM-2或SHV-1介导肠杆菌目对青霉素类和早期头孢菌素类的耐药性，其活性可被克拉维酸或他唑巴坦所抑制。在此基础上产生的酶变异体如TEM-3、SHV-2等，以及CTX-M-15、CTX-M-14等，属于超广谱β-内酰胺酶（ESBLs），酶的水解范围扩大，可以水解广谱头孢菌素类和单环β-内酰胺类，酶活性可被克拉维酸或他唑巴坦抑制。

碳青霉烯酶是肠杆菌目对碳青霉烯类药物产生耐药性的主要机制。其中，KPC酶是A类β-内酰胺酶中最常见的一种碳青霉烯酶，可以水解碳青霉烯类、广谱头孢菌素类、单环β-内酰胺类和头霉素类，其活性可被阿维巴坦、韦博巴坦或瑞来巴坦所抑制。NDM、IMP等金属酶（B类）可以水解碳青霉烯类、广谱头孢菌素类和头霉素类，但不能水解单环β-内酰胺类，其酶活性不能被阿维巴坦、韦博巴坦或瑞来巴坦抑制，但可被EDTA抑制。

OXA-48型酶及其变异体OXA-232、OXA-181、OXA-162、OXA-163等（D类）可以弱水解碳青霉烯类，但不能水解广谱头孢菌素类（除OXA-163外），其酶活性不能被EDTA、韦博巴坦、瑞来巴坦或阿维巴坦抑制（除OXA-48型酶能被阿维巴坦抑制外）。此外，ESBL或AmpC酶合并外膜蛋白（如OmpK35、OmpK36、OmpK37）的缺失或变异、碳青霉烯类药物作用靶点的改变也能导致碳青霉烯类耐药。

作为CRO细菌感染有限的治疗选择之一的头孢他啶/阿维巴坦也在应用后不久出现了耐药。*blaKPC*基因过表达及β-内酰胺酶关键位点氨基酸突变是其主要耐药机制。与KPC-2相比，KPC-35（KPC-2的变异体）药敏显示明显降低了对头孢他啶/阿维巴坦的敏感性，而增强了碳青霉烯酶活性。此外外膜蛋白缺失导致细胞通透性改变和外排泵的过表达可导致头孢他啶/阿维巴坦MIC升高。OmpK35及OmpK36孔蛋白的缺乏与头孢他啶对肺炎克雷伯菌的耐药相关，导致对头孢他啶/阿维巴坦的MIC值显著升高（4μg/mL→32μg/mL），且OmpK35孔蛋白缺乏引起的头孢他啶对细菌MIC值的升高大于OmpK36孔蛋白缺乏。然而，这些耐药机制往往需要其他机制的参与得以显著升高MIC值。另据报道，ESBL突变菌株也能导致头孢他啶/阿维巴坦MIC值升高，如Asp182Tyr取代产生的CTX-M-15突变体使头孢他啶/阿维巴坦对大肠埃希菌的MIC值上升8倍（0.25μg/mL→2μg/mL），这种突变株与OmpK36缺失同时存在可能导致耐药。

RND家族外排泵过度表达是染色体介导替加环素耐药（中低水平耐药，MIC 1~8μg/mL）的关键因素之一。AcrAB-TolC是肠杆菌目细菌中主要的染色体介导RND家族外排泵。正调控因子如MarA蛋白、SoxS蛋白和RamA蛋白可上调*AcrAB*基因表达，从而降低细菌对替加环素的敏感性。而AcrR蛋白、MarR蛋白、SoxR蛋白、RamR蛋白和Lon蛋白等负调控因子则通过抑制*AcrAB*基因表达及MarA蛋白和RamA蛋白的表达来实现调控目标。此外，RamR上游核糖体结合区域12bp碱基缺失也可能导致替加环素耐药。在黏质沙雷菌中，染色体介导的RND家族多药外排泵SdeXY-HasF过度表达可引起高水平替加环素耐药（MIC 8~64μg/mL）。OqxAB是RND家族中首个由质粒介导的外排泵，其高表达与肺炎克雷伯菌对替加环素耐药相关。携带*OqxAB*基因的质粒可水平转移至其他肠杆菌目细菌，如产气克雷伯菌或沙门菌属。TMexCD1-TOprJ1是新型质粒介导的RND家族外排泵，分别介导大肠埃希菌低水平替加环素耐药，以及肺炎克雷伯菌和沙门菌属高水平替加环素耐药。MFS家族外排泵*tet*（*A*）的部分突变体可导致替加环素低水平耐药。而*tet*（*X*）突变体*tet*（*X3*）和tet（*X4*）可引发替加环素高水平耐药。

通过细胞表面修饰对多黏菌素的静电排斥作用是细菌对多黏菌素的主要耐药机制。在肠杆菌目中，这一作用主要通过LPS脂质A的磷酸基被4-氨基-4-脱氧-L-阿拉伯糖（LAre4N）或磷酸乙醇胺（pEtN）取代，降低了细菌表面的净负电荷，限制了其与多黏菌素的相互作用，最终增加了对多黏菌素的耐药性。这一过程由染色体*pmrC*基因、*pmrE*基因和*pmr*HFIJKLM操纵子编码的LPS修饰酶介导。这些酶的转录受到双组分信号转导系统（Two Component Signal Trasduction System，TCSTS）PmrAB和PhoPQ的激活，而编码这些TCSTS的基因受到其他调控基因（*mgrB*和

crrAB）编码蛋白的调控。因此，*mgrB*基因和*crrAB*基因分别负调控PhoPQ和PmrAB的表达。

在此分子途径中，部分突变导致*pmrC*、*pmrE*和*pmr*HFIJKLM的上调，进而引发LPS修饰。这些突变包括*pmrA*和*pmrB*的基因突变、*phoP*和*phoQ*的基因突变、无义突变、序列插入或缺失、*mgrB*的完全缺失和CrrB蛋白的氨基酸置换。2015年，我国科学家首次报道了编码磷酸乙醇胺转移酶（负责将pEtN转移到与LPS结合的外膜）的*mcr-1*基因位于一个可转移的质粒上，可在不同细菌中水平传播，也可与其他耐药基因共存于质粒上，导致多药耐药。目前已报道该基因有8种变异体，分别为*mcr-1~mcr-8*。

外排泵的过表达也可导致多黏菌素耐药，如小肠结肠炎耶尔森菌RosA/RosB、肺炎克雷伯菌AcrAB和KpnEF。此外肺炎克雷伯菌中还存在其他机制，即过度产生干扰多黏菌素到达外膜靶点的阴离子荚膜多糖。

另外需要注意多黏菌素异质性耐药（Heteroresistance）现象，即在分离菌株中存在一个亚群对某种抗菌药物耐药，而传统药敏试验方法测试该分离株对该药物结果为敏感。异质性耐药亚群难以检测，因其检测的金标准群体分析谱-曲线下面积（Population Analyses Profiles，PAP-AUC）方法费时且费力，难以在常规实验室开展。尽管异质性耐药机制尚未明确，但仍需关注多黏菌素耐药亚群的存在，因为在治疗过程中可能选择出耐药群体。目前已在鲍曼不动杆菌、肺炎克雷伯菌、阴沟肠杆菌和铜绿假单胞菌中观察到多黏菌素异质性耐药。

喹诺酮类耐药基因的短DNA序列突变通常被称为喹诺酮类耐药决定区（Quinolone Resistance-Determining-Regions，QRDR）。DNA促旋酶由*gyrA*/*gyrB*编码，拓扑异构酶Ⅳ由*parC*/*parE*基因编码。相较于*gyrB*和*parE*，*gyrA*和*parC*基因中的突变更为常见。这些基因的QRDR氨基酸替换结构上改变了靶蛋白和药物结合亲和力，从而导致耐药。外膜蛋白的减少或缺失、孔蛋白大小和电导率的变化降低膜通透性，进而使喹诺酮类药物摄入减少，导致耐药。例如，大肠埃希菌中亲水性小分子药物通道OmpF的减少或缺失可导致喹诺酮类及其他结构不同的抗菌药物如β-内酰胺类、四环素类或氯霉素等摄入减少，产生交叉耐药。外排泵系统同样降低菌体内药物蓄积浓度，导致耐药，其中AcrAB-TolC是大肠埃希菌喹诺酮类最主要的多药外排泵。

1998年，首次报道了质粒介导喹诺酮类耐药性（Plasmid Mediated Quinolone Resistance，PMQR），该质粒上含有一个新的基因*qnr*（此后命名为*qnrA1*），编码一个含有218个氨基酸的蛋白，通过与DNA促旋酶和拓扑异构酶Ⅳ结合保护靶点酶而介导耐药。此后，*qnrS*、*qnrB*、*qnrD*、*qnrC*，其中*qnrA*、*qnrB*、*qnrS*均有变异体。2006年报道另一种质粒介导机制，即氨基糖苷乙酰转移酶的双功能突变体AAC（6′）-Ib-cr乙酰化氟喹诺酮类哌嗪环C7位置的氨基氮，从而产生耐药性。参与PMQR的第三个机制是QepA和OqxAB质粒介导的外排泵。QepA为MFS家族成员，尤其对亲水性氟喹诺酮类产生耐药性，如环丙沙星和诺氟沙星。而OqxAB属于RND家族成员，具有广泛的底物特异性，如氯霉素、甲氧苄啶和氟喹诺酮类。

肠杆菌目细菌可通过染色体、质粒编码或与转座元件相关的氨基糖苷修饰酶，包括*N*-乙酰转移酶（Aminoglycoside Acetyltransferases，AACs）、*O*-核苷酸转移酶（Nucleotidyl Transferase，ANTs）和*O*-磷酸转移酶（APHs）获得耐药性。其中双功能复合酶具有更广谱的抗菌药物耐药性，有些酶变异体如AAC（6′）-Ib-Cr可酰化氨基糖苷类和氟喹诺酮类，导致同时对这两种抗菌药物耐药。

（五）铜绿假单胞菌

铜绿假单胞菌对β-内酰胺类抗菌药物的耐药性机制涉及多个方面，包括产生β-内酰胺酶、外膜通透性下降、外排泵作用以及形成细菌生物膜等。该菌种具有染色体编码的C类β-内酰胺酶（AmpC），能水解青霉素类和头孢菌素类。此外，通过质粒、转座子、整合子等转移元件介导基因水平转移，铜绿假单胞菌还能获得A类（如SHV、TEM、KPC、GES等）、B类（VIM、IMP常见）和D类（如OXA）β-内酰胺酶。OprD作为铜绿假单胞菌特异性膜孔蛋白，是抗菌药物的主要通道，具有碳青霉烯类的结合位点。然而，当其基因发生突变（如点突变、缺失突变及插入突变）时，通道蛋白的结构或表达水平发生变化，导致药物尤其是亚胺培南难以进入细胞，反而可能诱发铜绿假单胞菌产生新的耐药基因。同时，这些突变还会使菌株对替卡西林、克拉维酸、哌拉西林、头孢哌酮、舒巴坦和妥布霉素的敏感性降低。与铜绿假单胞菌抗菌药物耐药性关系最密切的外排泵系统是RND家族，其中MexAB-OprM的过度表达是导致其对β-内酰胺类、氟喹诺酮类、氨基糖苷类等药物产生耐药性的主要外排泵系统。此外，其他外排泵系统还包括MexCD-OprJ。

氨基糖苷类修饰酶（AME）是铜绿假单胞菌针对氨基糖苷类药物的主要耐药机制。在铜绿假单胞菌中，常见的AME基因有AAC（6′）-Ⅰ（主要与阿米卡星耐药相关）、AAC（6′）-Ⅱ（与庆大霉素和妥布霉素耐药相关）、ANT（2′）-Ⅰ（使庆大霉素和妥布霉素失活，对奈替米星无修饰作用）以及APH（3′）-Ⅵ（与新霉素、阿米卡星耐药相关）。这些基因通过共价修饰的方式与氨基糖苷类药物上特定羟基或氨基结合，竞争细菌的细胞内转运系统，导致氨基糖苷类药物与细菌内核糖体结合能力下降或完全失去结合能力，从而产生耐药。16S rRNA甲基化酶是导致铜绿假单胞菌对氨基糖苷类药物耐药的另一重要原因，它能保护细菌的30S核糖体亚基不被氨基糖苷类抗菌药物结合，从而导致所有氨基糖苷类抗菌药物高水平耐药，多与AME基因位于同一质粒上。其编码基因主要有*arm-A*、*rmt-A*、*rmt-B*、*rmt-C*、*rmt-D*。导致铜绿假单胞菌对氨基糖苷类耐药的其他因素包括细胞通透性降低，外排泵MexXY-OprM、MexEF-OprN表达增强和核糖体突变等。

铜绿假单胞菌染色体介导氟喹诺酮类药物耐药机制主要有喹诺酮类耐药决定区（QRDR）基因突变及外排泵表达上调。*gyrA*基因突变为铜绿假单胞菌对氟喹诺酮类药物耐药主要突变位点，*gyrB*基因突变和*parE*基因突变可与之结合起到增强耐药水平的作用。在外排泵表达上调机制中，主要为MexC的mRNA水平上调，MexE与MexX的mRNA水平上调可增强铜绿假单胞菌耐药水平。质粒介导喹诺酮类耐药包括*qnrA*、*qnrB*、*qnrD*、AAC（6′）-Ib-cr和*QepA*等。

正如先前所述，多黏菌素耐药性的产生主要源于其与细菌表面电荷的相互作用。在铜绿假单胞菌中，除了前文提到的LPS加入LAre4N受到PmrAB和PhoPQ的调控外，还有至少三个TCSTS（ParRS、ColRS和CprRS）能够增加LPS中LAre4N的添加，从而促进多黏菌素耐药性的调控。ParRS还负责控制其他与抗菌药物耐药性相关的基因表达，如编码MexXY外排泵的基因和外膜蛋白OprD的基因。此外，外膜蛋白OprH的过表达也被认为是导致多黏菌素耐药的一个原因，因为它占据了多黏菌素与LPS的连接位点。

铜绿假单胞菌还可形成生物膜。生物膜一旦形成，对抗菌药物及机体免疫力有着天然的抵抗能力，即使使用大剂量的抗菌药物，也难以到达生物膜内部，而只能对生物膜表面游离细菌发生作用。生物膜的耐药机制主要是作为屏障阻止抗菌药物进入内部杀灭细菌；膜内不同位置的细菌生长状态不同，抗菌药物难以一次杀灭；细菌的分泌物能帮助细菌逃避免疫系统的监视；细菌有足够时间被诱导产生耐药基因，并在生物膜内不断繁殖。

此外铜绿假单胞菌可以利用群体感应（一种允许细菌以细胞密度依赖性方式控制基因表达的机制）来调节毒性和生物膜形成，目前发现其群体感应系统主要有：Las系统、Rhl系统、Pqs系统和Iqs系统。Las系统负责合成3-oxo-C12-HSL群体感应信号分子，Rhl系统负责合成C4-HSL群体感应信号分子，当这两种信号分子浓度增加到一定程度，就能启动群体感应系统基因的表达，进而促进其他感应系统的激活与表达。近年，群体感应抑制剂的研究在治疗PA感染中取得了一些进展，如类胡萝卜素Zeaxanthin和黄酮类可以抑制群体感应系统，从而抑制PA毒力产生和生物膜的形成。有些药物也显示出对群体感应系统有抑制作用，如阿奇霉素在临床实验中显示出对群体感应抑制有很好的帮助，从而减少PA耐药性。

（六）鲍曼不动杆菌

由质粒、整合子等可移动元件或染色体编码的TEM型、SHV型、PER-1、VER-B等β-内酰胺酶介导鲍曼不动杆菌对青霉素类头孢菌素类和单环β-内酰胺类耐药。ESBLs不同位点的突变可增强其对头孢菌素类的水解能力。AmpC酶基因上游插入ISA序列，增强了AmpC酶的表达，从而提高了头孢菌素类的耐药性。碳青霉烯类耐药主要与OXA-23、OXA-24、OXA-51、OXA-58等相关的D类酶有关。另外NDM-1也可介导其对碳青霉烯类的耐药。此外，鲍曼不动杆菌细胞膜上的特异性孔蛋白Omp38也参与了其对头孢菌素类的耐药。

QRDR，即*graA*与*parC*基因点突变，是鲍曼不动杆菌对喹诺酮类抗生素产生耐药性的主要机制。此外，质粒上*qnr*基因的表达产物对氟喹诺酮类抗菌药物的作用靶点具有保护效果，进而导致耐药性的产生。MATE家族中的AbeM外排泵通过跨膜的电化学梯度实现药物转运，从而促使氟喹诺酮类抗菌药物的外排，进一步降低氟喹诺酮类药物的敏感性。

AMEs作用于氨基糖苷类抗菌药物特定的氨基或羟基，导致抗菌药物修饰、敏感性降低，甚至丧失对核糖体靶点的亲和力，进而促使细菌产生耐药性。此外，携带*armA*基因的细菌诱导产生核糖体小亚基16S rRNA甲基化酶，使氨基糖苷类药物作用靶点发生甲基化，降低其与药物的亲和力，从而降低抗菌药物的活性。鲍曼不动杆菌中的主要外排系统为*adeRS*基因调控的AdeABC外排泵，该系统主要作用是促使氨基糖类药物排出胞外，从而降低细胞内药物蓄积浓度。此外，还包括AdeIJK、AbeM等其他外排系统。

鲍曼不动杆菌对多黏菌素耐药也可通过在LPS的脂质A中添加pEtN或半乳糖胺介导。pEtN的加入取决于pEtN转移酶PmrC及TCSTS蛋白（PmrA和PmrB）的表达。半乳糖胺的加入将中和脂质A磷酸基团上的负电荷。鲍曼不动杆菌另一个机制是LPS的完全丧失。它是由于单碱基突变、大量碱基缺失或IS元件（如ISAba11和ISAba125）插入导致负责LPS表达的三个基因（*lpxA*、*lpxC*和*lpxD*）沉默而发生的。这种耐药机制可导致多黏菌素MIC>256μg/mL。该机制目前仅在鲍曼不动杆菌中发现。此外，由*bfmRS*双组分调节系统调控的K位基因会转录表达导致荚膜多糖产生过剩进而阻断鲍曼不动杆菌表面与多黏菌素类抗菌药物的结合而增强其抵抗抗菌药物的杀伤作用。位于adeABC操纵子上游的adeRS的突变可使外排作用增强，使进入细胞内的药物浓度降低而介导多重耐药。

ISABA-1插入到AdeABC操纵子上游或*adeR*和*adeS*点突变引起AdeABC外排泵过表达介导替

加环素耐药。AdeIJK外排泵是在鲍曼不动杆菌中发现的第二个RND家族成员。AdeABC外排泵和AdeIJK外排泵对替加环素耐药起协同作用。

替加环素耐药机制主要有外排泵（AdeABC、AdeIJK、现AerAB TolC）及核糖体保护机制（*tetXl*基因编码的TetX蛋白，可使替加环素羟基化，导致替加环素与核糖体结合能力减弱，导致耐药）。此外，*abrp*和*trm*基因的缺失突变可降低鲍曼不动杆菌对替加环素的敏感性。

（七）嗜麦芽窄食单胞菌

近年来，嗜麦芽窄食单胞菌对磺胺甲噁唑/甲氧苄啶的耐药率呈现出逐年上升的趋势。其耐药机制主要包括*sul*基因（插入序列共同区元件ISCR连接的*sul2*和1类整合子携带的*sul1*）和*dfrA*基因编码的二氢叶酸合成酶和二氢叶酸还原酶。此外，外排泵也参与了该菌对磺胺甲噁唑/甲氧苄啶的耐药过程。

外排泵的过度表达在喹诺酮类耐药中扮演了重要角色。*smlt0622*基因的突变能够激活SmeDEF结构，从而导致左氧氟沙星MIC值的升高。同时，*smeRv*基因的突变则会导致*smeVWX*和*smeH*（SmeGH蛋白编码基因）的过度表达。近期研究还发现，Smqnr能够抑制喹诺酮类对DNA促旋酶和拓扑异构酶Ⅳ的作用，而*tonB*基因的缺失则会使喹诺酮MIC值升高。

另外，调节基因*smet*的突变也会导致SmeDEF的过度表达及药物作用靶点如*rpsU*、*rpsJ*及*rpsA*的突变，会导致嗜麦芽窄食单胞菌对替加环素的耐药。

（八）流感嗜血杆菌

流感嗜血杆菌对氨基青霉素（包括氨苄西林和阿莫西林）的主要耐药机制，在于其能够产生β-内酰胺酶，特别是TEM-1型（最为常见）和ROB-1型，这些菌株对阿莫西林/克拉维酸和氨苄西林/舒巴坦表现敏感。另外存在一种不产生β-内酰胺酶但对氨苄西林耐药的菌株（BLNAR），其耐药性的产生主要是因为*ftsI*基因发生突变，导致PBP3的改变，从而降低了β-内酰胺类药物与其的结合能力。这种菌株不仅对氨苄西林和阿莫西林耐药，而且对阿莫西林/克拉维酸、氨苄西林/舒巴坦以及口服头孢菌素类也表现出耐药性。若菌株同时产生TEM-1型酶且存在PBP3突变，将导致氨苄西林的高MIC值，并对阿莫西林/克拉维酸和氨苄西林/舒巴坦产生耐药性。

流感嗜血杆菌对氯霉素的主要耐药机制是由质粒介导的*cat*基因编码的氯霉素乙酰基转移酶所实现。另外，少数耐药现象则是由于细胞膜通透性的降低，使药物进入细菌的量减少，从而表现出对氯霉素的耐药性。流感嗜血杆菌对甲氧苄氨嘧啶和磺胺类药物的耐药性机制，与其染色体上的*floH*基因和SulA类似物的突变紧密相关。同时，*SU12*基因和*folp*基因的变异也能导致流感嗜血杆菌对磺胺类药物产生耐药性。由*tet*（*B*）基因编码的外排泵过度表达，相关基因编码所产生的核糖体保护机制及染色体突变导致细菌外膜通透性下降，进而对四环素类产生耐药。此外，外排泵如AcrAB的过度表达、*erm*基因介导的核糖体甲基化酶，以及核糖体蛋白或RNA的改变，均可导致流感嗜血杆菌对大环内酯类产生耐药性。

（九）卡他莫拉菌

卡他莫拉菌对于氨基青霉素耐药主要是由染色体基因编码产生β-内酰胺酶（与*bro*基因有关也称BRO酶），其能够通过双精氨酸转运系统转运到周质，从而达到水解此类药物，产生耐药菌。此类酶自1976年首次报道以来，已经成为此类药物耐药的主要机制。

卡他莫拉菌对大环内酯类耐药主要由*erm*基因介导产生的核糖体甲基化酶，对核糖体修饰导致大环内酯类与核糖体结合能力下降，从而导致耐药。其他机制包括Mef、Msr等介导的外排泵系统过度表达、核糖体相关位点的突变和产生大环内酯酶、糖基转移酶等灭活酶。

*tetB*介导的核糖体保护机制是卡他莫拉菌对四环素类耐药的已知的唯一的机制，产生氨基糖苷类修饰酶则导致其对氨基糖苷类耐药。

第七章 细菌耐药表型检测

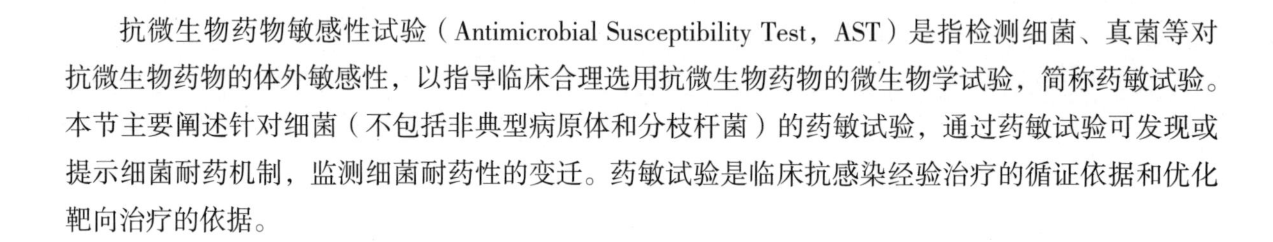

第一节 抗微生物药物敏感性试验

抗微生物药物敏感性试验（Antimicrobial Susceptibility Test，AST）是指检测细菌、真菌等对抗微生物药物的体外敏感性，以指导临床合理选用抗微生物药物的微生物学试验，简称药敏试验。本节主要阐述针对细菌（不包括非典型病原体和分枝杆菌）的药敏试验，通过药敏试验可发现或提示细菌耐药机制，监测细菌耐药性的变迁。药敏试验是临床抗感染经验治疗的循证依据和优化靶向治疗的依据。

一、药敏试验的指征

当标本中分离出具有临床意义和公共卫生意义的目标细菌，且该菌株对抗微生物药物的敏感性无法通过菌株鉴定结果预测时，应做药敏试验。此外须有体外药敏试验标准，如CLSI、EUCAST或美国FDA等，实验室常规技术可开展且实验室生物安全级别允许。目前我国主要参照CLSI标准，以下内容主要来源于CLSI。

自临床标本中分离的有临床意义的细菌包括从无菌部位（血液、脑脊液、骨髓、组织、膀胱穿刺尿，以及胸水和腹水等无菌腔隙穿刺液）分离的所有非污染细菌，痰、咽拭、尿液、粪便等开放部位合格标本分离的具有临床意义的细菌。

在明确分离菌为污染菌或定植菌时不需做药敏试验，如单个血培养分离的芽孢杆菌属、棒状杆菌属和凝固酶阴性葡萄球菌（路邓葡萄球菌除外）；伤口、脓液、下呼吸道标本及其他来自污染部位标本分离到3种或3种以上的细菌；伤口、脓液、下呼吸道标本及其他来自污染部位标本中的正常菌群或污染菌。

天然耐药的抗微生物药物不必测试和报告（见第六章第二节），如红斑丹毒丝菌对万古霉素和氨基糖苷类天然耐药。某些细菌和抗微生物药物组合体外非常敏感，经验性治疗无需药敏试验，如目前为止尚未发现对青霉素不敏感的化脓链球菌。若该菌分离自青霉素过敏患者，此时临床欲使用红霉素等大环内酯类药物时须进行大环内酯类药物的药敏试验。某些细菌引起的感染并不需要常规进行抗微生物药物治疗，如肠道分离的非伤寒沙门菌和大肠埃希菌O157等引起的腹泻，不需做药敏试验。

对于某些感染部位，即使细菌对抗微生物药物体外试验敏感，但药物无法达到有效浓度，因此不应测试和报告，例如，脑脊液分离菌株不测试和报告仅可口服的药物、第一代和第二代头孢菌素、头霉素类、多立培南、厄他培南、亚胺培南、拉姆法林、克林霉素、大环内酯类、四环素类和氟喹诺酮类），该感染部位影响其抗菌活性（如下呼吸道标本分离株不测试和报告达托霉素）或药物不经过该部位代谢或排泄（如尿液分离株不测试和报告氯霉素、克林霉素、大环内酯类、替加环素和拉姆法林）。

某些细菌/抗微生物药物组合可表现出体外活性，但在临床治疗无效，不应报告敏感。如沙门菌属和志贺菌属对第一代和第二代头孢菌素、头霉素类和氨基糖苷类，肠球菌属对头孢菌素类、甲氧苄啶/磺胺甲噁唑、克林霉素和氨基糖苷类（高水平耐药试验除外）。

最初敏感的分离株在开始抗感染治疗后数天内变为中介或耐药，因此对相同感染部位分离的同种细菌的后续重复菌株应测试是否已产生耐药性。这种情况最常出现在阴沟肠杆菌复合群、弗劳地柠檬酸杆菌复合群和产气克雷伯菌对三代头孢菌素类，葡萄球菌属对所有氟喹诺酮类和铜绿假单胞菌对所有抗微生物药物的药敏结果。对于金黄色葡萄球菌，万古霉素敏感菌株可能在长期治疗过程中变为万古霉素中介的菌株。在某些情况下，对后续重复分离菌株是否进行药敏试验需要了解具体情况和患者病情的严重性，例如，从早产儿血培养分离的阴沟肠杆菌或来自长期菌血症患者的MRSA。

二、药敏试验测试药物的选择和报告

（一）药敏试验测试药物的分级

为防止抗微生物药物的不合理使用，同时考虑临床治疗指南和共识的建议、临床效力、目前的耐药率、减少细菌耐药性的产生、美国FDA批准的适应证、感染部位、价格等，CLSI将抗微生物药物分为1~4级，此外还有仅尿液标本（U）、其他（O）和Inv.。

1级：适用于常规、初级测试和报告的抗微生物药物。如肠杆菌目1级测试和报告的药物包括氨苄西林、头孢唑林、头孢噻肟或头孢曲松、阿莫西林/克拉维酸、氨苄西林/舒巴坦、哌拉西林/他唑巴坦、庆大霉素、环丙沙星、左氧氟沙星和甲氧苄啶/磺胺甲噁唑等10种药物。

2级：适用于常规、初级测试，但可根据每个机构建立的级联报告规则进行报告的抗微生物药物。示例如下：

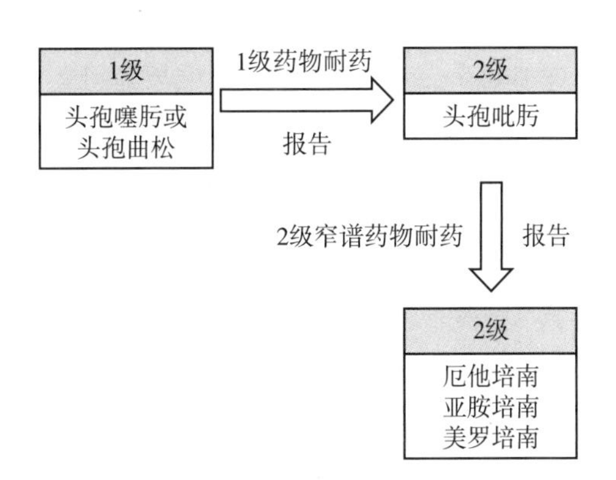

肺炎克雷伯菌对1级的头孢噻肟或头孢曲松耐药，则可报告头孢吡肟，如果头孢吡肟也耐药，则可报告厄他培南、亚胺培南和（或）美罗培南。

3级：适用于为MDRO高风险患者提供服务的机构进行常规初级测试的抗微生物药物，但仅应根据每个机构建立的级联报告规则进行报告。当对1级和2级抗微生物药物耐药，应根据机构参考的特定指南或临床医生的要求常规测试，并根据级联报告规则进行报告。示例如下：

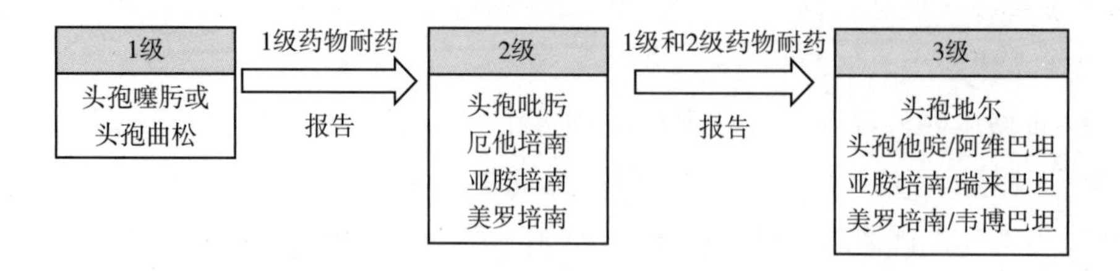

肺炎克雷伯菌对1级的头孢噻肟或头孢曲松及2级的头孢吡肟、厄他培南、亚胺培南和美罗培南均耐药，则可报告头孢地尔、头孢他啶/阿维巴坦、亚胺培南/瑞来巴坦和（或）美罗培南/韦博巴坦。

4级：其他级别的抗微生物药物由于各种因素不是最佳选择时，则可根据临床医生的要求进行测试和报告的抗微生物药物。这些因素包括无法获得临床使用的首选药物、患者存在包括过敏在内的潜在疾病、分离株存在包括对1、2和3级抗微生物药物耐药的异常抗微生物药物敏感性特征谱或患者混合感染。该级药物亦可作为流行病学辅助手段，如肠杆菌目细菌测试头孢他啶以筛查可能存在的超广谱β-内酰胺酶。

仅尿液（U）：仅应报告从尿液分离细菌的抗微生物药物，如呋喃妥因。须注意根据相应级别的测试和报告指南，1、2和3级的药物也可适当用于尿液分离株的报告。

其他（O）：已建立临床折点的抗微生物药物，通常不适合在美国进行测试和报告。

Inv.：包含对微生物组进行研究，但尚未经美国FDA批准的抗微生物药物.

（二）药敏试验测试药物选择和报告

为了使药敏试验具有相关性和实用性，应限制所测试和报告的抗微生物药物。针对不同的细菌，特定测试及报告药物的选择应考虑以下因素：

（1）天然耐药性：药敏试验不必测试和报告天然耐药的药物。常见细菌的天然耐药性见第六章第二节。

（2）等效性或替代性药物：等效性药物指CLSI M100各种属细菌纸片扩散法和MIC法解释标准表中，在每个方框中，药物之间有“或”连接的，表示药物之间的交叉耐药性和交叉敏感性几乎完全相同。这意味着基于大样本量分离菌的药敏测试结果，极重大和重大错误率合计小于3%，小错误率小于10%。此外，必须检测至少100株对相关药物具有耐药性的菌株，且至少95%的菌株对所有药物耐药。因此，由“或”连接的抗微生物药物之间结果可相互预测（等效性药物），不需测试每个药物，例如，对头孢噻肟敏感的肠杆菌目可认为对头孢曲松亦敏感，在报告头孢噻肟敏感结果时可加入注释说明该分离菌亦对头孢曲松敏感。“或”也适用于仅有“敏感”折点的细菌（如流感嗜血杆菌与头孢噻肟或头孢曲松）。

当选择的抗微生物药物由于不可及性或性能问题无法进行测试时，选用另一种抗微生物药物替代进行药敏试验。例如，在测试葡萄球菌属药敏时，通过青霉素可预测葡萄球菌属对所有不耐酶青霉素类的结果，通过头孢西丁或苯唑西林可预测其他青霉素酶稳定的青霉素类及除头孢洛林以外的其他具有抗葡萄球菌活性的β-内酰胺类药物（包括碳青霉烯、口服头孢类、注射头孢类如

一、二、三、四代头孢菌素类和β-内酰胺复合制剂）的结果。

（3）当地流行株的耐药谱和耐药趋势：根据当地常见细菌的流行病学和耐药谱，选择对当地流行株敏感和高效的抗微生物药物，同时考虑耐药发展趋势及抗微生物药物对细菌耐药性的诱导能力，选择对细菌耐药无或低诱导性或耐药性发展缓慢的药物以减少耐药性产生。

（4）感染部位与抗微生物药物活性、毒性：根据抗微生物药物的吸收、分布、代谢和排泄及抗微生物药物的活性和毒性，选择感染部位药物浓度高、高效低毒的药物。如呋喃妥因仅用于测试和报告尿路感染分离株。

（5）体外药敏试验的标准：只有建立了标准体外药敏试验标准的细菌，常规实验室方能开展相应的药敏测试。

（6）细菌耐药监测要求：为使耐药监测结果能有效应用于抗微生物药物临床使用及管理，全国细菌耐药监测网根据耐药性变迁、指南更新、新药上市等制定必须和建议监测药物。

（7）其他：其他需考虑的因素包括临床疗效、美国FDA批准的适应证、目前临床治疗指南对于首选和备选药物的一致推荐意见、感染预防目的、药物价格、新药上市等。

各级实验室结合当地病原谱特征、药物代表性、临床需求、本实验室条件及细菌耐药监测的要求等，确定本院不同菌种/抗微生物药物测试和报告组合。使用自动化仪器和相应药敏板的实验室需注意，当药敏板因抗微生物药物种类无法满足需求、稀释范围无法覆盖折点或某些药物方法学限制时，应根据相应要求补充药敏。

报告适合治疗的抗微生物药物，而不是测试的所有药物，例如，商品化药敏板中可能包含多黏菌素B或E，对于非碳青霉烯类耐药的菌株并不需要常规报告；头孢西丁是检测葡萄球菌属是否为MRS菌株的筛查药物，不应报告临床；有些担负公共卫生监测职责的实验室为监测目的测试的药物不应常规报告临床，如沙门菌属检测链霉素。

药敏试验报告时还应注意两个概念：选择性报告和级联报告。选择性报告是基于与抗微生物药物敏感性试验结果无关的标准（如细菌鉴定结果、身体部位、临床环境或患者人口统计学）报告特定抗微生物药物结果，如呋喃妥因只限报告于尿液分离株，因其只对非复杂的尿路感染有效；沙门菌属和志贺菌属不应报告一代和二代头孢菌素、头霉素类和氨基糖苷类。级联报告是根据分离菌总体抗微生物药物敏感性概况报告特定药物的结果。只有当分离菌对相同或类似药物种类的初级或窄谱药物（1级）耐药时，才会报告次级或广谱药物（如2级）的结果，如上述示例。级联规则可创建于同级或不同级的药物之间。注意如果出现对广谱药物的“耐药”而对窄谱药物“敏感”时，如该耐药结果已确认则应报告，如对头孢吡肟耐药而头孢他啶敏感的阴沟肠杆菌。

报告时所有抗微生物药物应使用官方非专利（通用）名称报告。抗微生物药物分类及名称见第六章第一节。

（三）常见细菌药敏试验中抗微生物药物的分级

选择最合适的抗微生物药物进行测试和报告是每个实验室在与抗微生物药物管理团队和其他相关机构利益相关者协商后做出的最佳决定。葡萄球菌属、肠球菌、肺炎链球菌、草绿色溶血链球菌群、β溶血链球菌群、肠杆菌目（不包括沙门菌属和志贺菌属）、沙门菌属和志贺菌属、铜绿假单胞菌、不动杆菌属、嗜麦芽窄食单胞菌、洋葱伯克霍尔德菌复合群、其他非肠杆菌目细菌、流感嗜血杆菌和副流感嗜血杆菌、淋病奈瑟菌、脑膜炎奈瑟菌、厌氧菌药敏试验中抗微生物药物分级见表7-1~表7-16。

表7-1　葡萄球菌属

1级	2级	3级	4级
阿奇霉素或克林霉素或红霉素[1]			
克林霉素[1]			
苯唑西林[2-5] 头孢西丁[2-4]（苯唑西林替代药物）		头孢洛林[6]	
多西环素 米诺环素[1] 四环素[7]			
甲氧苄啶/磺胺甲噁唑			
万古霉素[8]			
	青霉素[2, 9]		
	达托霉素[8, 10]		
	利奈唑胺	泰地唑胺[6]	
		利福平[8, 11]	
		拉姆法林[1, 6]	
			环丙沙星或左氧氟沙星或莫西沙星
			达巴万星[6, 8]
			奥利万星[6, 8]
			特拉万星[6, 8]
			庆大霉素[12]
仅尿液			
呋喃妥因			

注：1.尿液分离菌常规不报告

2.青霉素敏感的葡萄球菌对其他葡萄球菌感染具有明确临床疗效的β-内酰胺类药物敏感。青霉素耐药的葡萄球菌对青霉素酶不稳定的青霉素具有耐药性。甲氧西林（苯唑西林）耐药葡萄球菌对所有具有抗葡萄球菌活性的β-内酰胺类药物（除头孢洛林等具有抗MRSA活性的头孢菌素外）均耐药。因此，通过检测青霉素和头孢西丁或苯唑西林可确定葡萄球菌属对β-内酰胺类药物的敏感性或耐药性。除头孢洛林外，不建议常规检测其他β-内酰胺类药物

3.如果测试一种对青霉素酶稳定的青霉素类药物，首选苯唑西林，其结果可用于其他青霉素酶稳定的青霉素类药物。葡萄球菌属对甲氧西林（苯唑西林）耐药性的检测见本节第四部分重要耐药菌的筛查和确证试验

4.参见本节第四部分重要耐药菌的筛查和确证试验

5.对于金黄色葡萄球菌、路邓葡萄球菌和其他葡萄球菌属（除外表皮葡萄球菌、假中间葡萄球菌和施氏葡萄球菌），苯唑西林仅进行MIC测试

6.仅适用于金黄色葡萄球菌，包括甲氧西林（苯唑西林）耐药金黄色葡萄球菌

7.对四环素敏感的菌株对多西环素和米诺环素也敏感。但对四环素中介或耐药的菌株可能对多西环素或米诺环素敏感或者对两者均敏感

8.仅MIC法测试，纸片扩散法不可靠

9.如果测试青霉素，在确认敏感时报告结果（见本节第四部分重要耐药菌的筛查和确证试验）

10.下呼吸道分离菌常规不报告

11. Rx：利福平不单独用于抗微生物治疗

12.对于测试敏感的葡萄球菌属，庆大霉素仅与其他测试敏感的活性药物联合使用

表7-2 肠球菌属[1]

1级	2级	3级	4级
氨苄西林[2,3] 青霉素[3,4]			
	万古霉素		
	庆大霉素（仅检测高水平耐药）[5]	链霉素（仅检测高水平耐药）[5]	
	达托霉素[6,7]		
	利奈唑胺	特地唑胺	
			达巴万星[6,8]
			奥利万星[6,8]
			特拉万星[6,8]
仅尿液			
呋喃妥因			
	环丙沙星 左氧氟沙星		
		磷霉素[9]	
		四环素[10]	

注：1.警告：对于肠球菌属，氨基糖苷类药物（高水平耐药试验除外）、头孢菌素、克林霉素和甲氧苄啶/磺胺甲噁唑可能在体外表现活性，但在临床上无效，分离株不应报告为敏感

2.氨苄西林药敏试验的结果可用于预测阿莫西林的活性，还可用于预测不产β-内酰胺酶的肠球菌对阿莫西林/克拉维酸、氨苄西林/舒巴坦和哌拉西林/他唑巴坦的敏感性。如果是粪肠球菌，氨苄西林敏感性可用于预测亚胺培南敏感性

3. Rx：高剂量氨苄西林、阿莫西林、青霉素、万古霉素加氨基糖苷，可用于严重的肠球菌感染，如心内膜炎，除非有证据表明对庆大霉素和链霉素均具有高水平耐药性，此联合治疗预计可协同杀灭肠球菌

4.对于不产β-内酰胺酶的肠球菌，青霉素敏感株对氨苄西林、阿莫西林、氨苄西林/舒巴坦、阿莫西林/克拉维酸和哌拉西林/他唑巴坦敏感，但对氨苄西林敏感的肠球菌不一定对青霉素敏感，如需青霉素的结果，则需进行检测

5.参见本节第四部分重要耐药菌的筛查和确证试验

6.仅MIC测试，纸片扩散法不可靠

7.下呼吸道分离株常规不报告

8.仅报告对万古霉素敏感的粪肠球菌

9.仅报告粪肠球菌尿道分离株

10.对四环素敏感的菌株对多西环素和米诺环素也敏感。但对四环素中介或耐药的菌株可能对多西环素或米诺环素敏感或者对两者均敏感

表7-3 肺炎链球菌

1级	2级	3级	4级
红霉素[1,2]			
青霉素[3]			阿莫西林[4] 阿莫西林/克拉维酸[4]
甲氧苄啶/磺胺甲噁唑			
头孢噻肟[3,4] 头孢曲松[3,4]			头孢吡肟[4]
			头孢洛林
	美罗培南[3,4]		厄他培南[4] 亚胺培南[4]
	克林霉素[2]		
	多西环素 四环素[5]		

续表

1级	2级	3级	4级
	左氧氟沙星[6] 莫西沙星[6]		
	万古霉素[3]		
			拉姆法林[2]
			利奈唑胺
			头孢呋辛[4]
			利福平[7]

注：1.通过检测红霉素可预测对阿奇霉素和克拉霉素的敏感性和耐药性

2.尿道分离株常规不报告

3.对于脑脊液分离的肺炎链球菌，青霉素和头孢噻肟、头孢曲松或美罗培南应通过可靠的MIC方法进行测试并常规报告。这些分离株也可以使用MIC法或纸片扩散法针对万古霉素进行测试。对于从其他部位分离的菌株，可以使用苯唑西林纸片试验。如果苯唑西林抑菌圈直径大小≤19mm，应确认头孢噻肟、头孢曲松、美罗培南或青霉素MIC

4.仅MIC测试，纸片扩散法不可靠

5.对四环素敏感的菌株对多西环素和米诺环素也敏感。但对四环素中介或耐药的菌株可能对多西环素或米诺环素敏感或者对两者均敏感

6.对左氧氟沙星敏感的肺炎链球菌对吉米沙星和莫西沙星也敏感。但对左氧氟沙星中介或耐药的肺炎链球菌可能对吉米沙星或莫西沙星耐药或者对两者都耐药

7. Rx：利福平不应单独用于抗微生物治疗

表7-4　草绿色溶血链球菌群

1级	2级	3级	4级
氨苄西林[1, 2] 青霉素[1, 2]			
头孢噻肟 头孢曲松			头孢吡肟
	万古霉素		
		利奈唑胺 特地唑胺[e]	
		达巴万星[1, 3]	
		奥利万星[1]	
		特拉万星[1]	
			头孢洛扎/他唑巴坦
			克林霉素[4]
			红霉素[4, 5]
			左氧氟沙星

注：1.仅MIC测试，纸片扩散法不可靠

2. Rx：青霉素或氨苄西林中介分离株可能需要与氨基糖苷类联合治疗以发挥杀菌作用

3.仅报告咽峡炎链球菌群（包括咽峡炎链球菌、中间链球菌和星座链球菌）

4.尿道分离菌常规不报告

5.通过检测红霉素可预测对阿奇霉素和克拉霉素的敏感性和耐药性

表7-5　β溶血链球菌群

1级	2级	3级	4级
克林霉素[1, 2]			
红霉素[1~3]			
青霉素[4]或氨苄西林[4]		头孢噻肟或头孢曲松	头孢吡肟 头孢洛林

续表

1级	2级	3级	4级
	四环素[5]		
		万古霉素	
			利奈唑胺 特地唑胺[6]
			达托霉素[7,8]
			左氧氟沙星
			达巴万星[8,9]
			奥利万星[8]
			特拉万星[8]

注：1.尿道分离株常规不报告

2. Rx：对于B群链球菌的产时预防建议是青霉素或氨苄西林。虽然头孢唑啉被推荐用于过敏反应低风险的青霉素过敏女性，但过敏反应高风险的女性可接受克林霉素或万古霉素（当分离株对克林霉素不敏感时）。B群链球菌对氨苄西林、青霉素和头孢唑啉敏感，但可能对红霉素和克林霉素耐药。当考虑克林霉素预防时（如严重青霉素过敏的孕妇），应检测红霉素和克林霉素（包括ICR），但只报告克林霉素

3.通过检测红霉素可预测对阿奇霉素和克拉霉素的敏感性和耐药性

4.青霉素和氨苄西林是治疗β溶血链球菌感染的首选药物。由于不敏感的分离株（即青霉素MIC>0.12μg/mL和氨苄西林MIC>0.25μg/mL）在任何β溶血链球菌中极为罕见，并且尚无化脓链球菌的报道，因此无需常规进行青霉素和FDA批准用于治疗β溶血链球菌感染的其他β-内酰胺类药物的药敏试验。如果进行了检测，发现任何不敏感的β溶血链球菌分离株应重新鉴定、再次检测，并在得到确认后提交公共卫生实验室

5.对四环素敏感的菌株对多西环素和米诺环素也敏感。但对四环素中介或耐药的菌株可能对多西环素或米诺环素敏感或者对两者均敏感

6.仅报告化脓链球菌和无乳链球菌

7.下呼吸道分离菌常规不报告

8.仅MIC测试，纸片扩散法不可靠

9.仅报告化脓链球菌、无乳链球菌和停乳链球菌

表7-6 肠杆菌目（不包括沙门菌属和志贺菌属）[1]

1级	2级	3级	4级
氨苄西林			
头孢唑林	头孢呋辛		
头孢噻肟或头孢曲松[2]	头孢吡肟[3]		
	厄他培南 亚胺培南 美罗培南	头孢地尔	
		头孢他啶/阿维巴坦	
		亚胺培南/瑞来巴坦	
		美罗培南/韦博巴坦	
阿莫西林/克拉维酸 氨苄西林/舒巴坦			
哌拉西林/他唑巴坦			
庆大霉素	妥布霉素	普拉佐米星	
	阿米卡星		
环丙沙星 左氧氟沙星			
甲氧苄啶/磺胺甲噁唑			
	头孢替坦 头孢西丁		

续表

1级	2级	3级	4级
	四环素[4]		
			氨曲南
			头孢洛林[2]
			头孢他啶[2]
			头孢洛扎/他唑巴坦
仅尿液			
头孢唑林（非复杂性尿路感染的替代药物）[5]			
呋喃妥因			
		磷霉素[6]（大肠埃希菌）	

注：1.参考第七章第二节天然耐药谱。如果对定义为天然耐药的抗微生物药物/微生物组合进行了检测，则应将结果报告为耐药。可考虑就未检测药物的天然耐药性添加评价

2.弗劳地柠檬酸杆菌复合群、阴沟肠杆菌复合群、蜂房哈夫尼亚菌、产气克雷伯菌（原产气肠杆菌）、摩根摩根菌、普罗威登斯菌、黏质沙雷菌和小肠结肠炎耶森菌可能对头孢曲松、头孢噻肟、头孢他啶和头孢洛林测试敏感，但由于这些药物对诱导性 AmpC β-内酰胺酶的去阻遏作用，因此在治疗开始后数日内，这些药物可能对这些菌属无效。在治疗期间，弗劳地柠檬酸杆菌复合群、阴沟肠杆菌复合群和产气克雷伯发生AmpC去阻遏的风险为中至高，而摩根摩根菌、普罗威登斯菌属和黏质沙雷菌发生 AmpC 去阻遏的风险似乎较低。因此，最初敏感的分离株可能会变得耐药。如果有临床指征，可能需要对后续分离株进行检测

3.对于弗劳地柠檬酸杆菌复合群、阴沟肠杆菌复合群、蜂房哈夫尼亚菌、产气克雷伯菌、摩根摩根菌、普罗威登斯菌属、黏质沙雷菌和小肠结肠炎耶尔森菌，头孢吡肟应被视为1级药物进行检测和（或）报告

4.对四环素敏感的菌株对多西环素和米诺环素也敏感。但对四环素中介或耐药的菌株可能对多西环素或米诺环素敏感或者对两者均敏感

5.关于将头孢唑林作为口服头孢菌素类的替代试验，以及将头孢唑林用于治疗非复杂性UTI，请参考CLSI M100中头孢唑林评价

6.仅报告从尿道分离的大肠埃希菌

表7-7　沙门菌属和志贺菌属[1]

1级	2级	3级	4级
氨苄西林			
环丙沙星 左氧氟沙星			
甲氧苄啶/磺胺甲噁唑			
头孢噻肟或头孢曲松			厄他培南[2] 亚胺培南[2] 美罗培南[2]
	阿奇霉素[3]		
			四环素[4]

注：1.对于沙门菌属和志贺菌属，氨基糖苷类、第一代和第二代头孢菌素类以及头霉素类可能在体外表现出活性，但在临床上无效，不应报告为敏感。从肠道分离的非伤寒沙门菌无需常规药敏试验，但对所有志贺菌属分离株均应进行药敏试验。当检测沙门菌属和志贺菌属的粪便分离株时，仅应常规报告氨苄西林、氟喹诺酮类和甲氧苄啶/磺胺甲噁唑。对于沙门菌属的肠道外分离株，还应检测和报告第三代头孢菌素。阿奇霉素可根据机构指南进行检测和报告

2.厄他培南、亚胺培南和（或）美罗培南可被考虑用于检测和（或）报告对1级和2级所有药物都耐药的菌株，尽管提示这些药物治疗沙门菌病或志贺菌病有效性的临床数据有限

3.仅报告伤寒沙门菌和志贺菌属

4.对四环素敏感的菌株对多西环素和米诺环素也敏感。但对四环素中介或耐药的菌株可能对多西环素或米诺环素敏感或者对两者均敏感

表7-8　铜绿假单胞菌

<table>
<tr><th>1级</th><th>2级</th><th>3级</th><th>4级</th></tr>
<tr><td>头孢他啶</td><td rowspan="4">亚胺培南
美罗培南</td><td>头孢地尔</td><td rowspan="4"></td></tr>
<tr><td>头孢吡肟</td><td>头孢他啶阿/维巴坦</td></tr>
<tr><td rowspan="2">哌拉西林/他唑巴坦</td><td>头孢洛扎/他唑巴坦</td></tr>
<tr><td>亚胺培南/瑞来巴坦</td></tr>
<tr><td>妥布霉素</td><td></td><td></td><td></td></tr>
<tr><td>环丙沙星
左氧氟沙星</td><td></td><td></td><td></td></tr>
<tr><td></td><td></td><td></td><td>氨曲南</td></tr>
<tr><td colspan="4">仅尿液</td></tr>
<tr><td></td><td>阿米卡星</td><td></td><td></td></tr>
</table>

表7-9　不动杆菌属

<table>
<tr><th>1级</th><th>2级</th><th>3级</th><th>4级</th></tr>
<tr><td>氨苄西林/舒巴坦</td><td></td><td></td><td></td></tr>
<tr><td>头孢他啶</td><td rowspan="2">亚胺培南
美罗培南</td><td rowspan="2">头孢地尔</td><td></td></tr>
<tr><td>头孢吡肟</td><td></td></tr>
<tr><td>环丙沙星
左氧氟沙星</td><td></td><td></td><td></td></tr>
<tr><td>庆大霉素
妥布霉素</td><td>阿米卡星</td><td></td><td></td></tr>
<tr><td></td><td>哌拉西林/他唑巴坦</td><td></td><td></td></tr>
<tr><td></td><td>甲氧苄啶/磺胺甲噁唑</td><td></td><td></td></tr>
<tr><td></td><td>米诺环素</td><td></td><td>多西环素</td></tr>
<tr><td></td><td></td><td>舒巴坦/度洛巴坦</td><td></td></tr>
<tr><td></td><td></td><td></td><td>头孢噻肟
头孢曲松</td></tr>
<tr><td></td><td></td><td></td><td>黏菌素或多黏菌素B</td></tr>
<tr><td colspan="4">仅尿液</td></tr>
<tr><td>四环素[1]</td><td></td><td></td><td></td></tr>
</table>

注：1.对四环素敏感的菌株对多西环素和米诺环素也敏感。但对四环素中介或耐药的菌株可能对多西环素或米诺环素敏感或者对两者均敏感

表7-10　嗜麦芽窄食单胞菌

1级	2级	3级	4级
左氧氟沙星			
美罗培南米诺环素			
甲氧苄啶/磺胺甲噁唑			
		头孢地尔	

表7-11　洋葱伯克霍尔德复合群

1级	2级	3级	4级
头孢他啶[1]			
美罗培南[1]			
左氧氟沙星[1]			
米诺环素[1]			
甲氧苄啶/磺胺甲噁唑[1]			

注：1.仅MIC测试，纸片扩散法不可靠

表7-12　其他非肠杆菌目细菌[1,2]

1级	2级	3级	4级
头孢他啶	头孢吡肟		
	亚胺培南 美罗培南		
庆大霉素 妥布霉素	阿米卡星		
哌拉西林/他唑巴坦			
甲氧苄啶/磺胺甲噁唑			
	氨曲南		
	环丙沙星 左氧氟沙星		
	米诺环素		
			头孢噻肟 头孢曲松
仅尿液			
四环素[3]			

注：1.其他非肠杆菌目细菌包括假单胞菌属和其他非苛养、不发酵葡萄糖的革兰阴性杆菌，但不包括铜绿假单胞菌、不动杆菌属、洋葱伯克霍尔德菌复合群和嗜麦芽窄食单胞菌

2.仅MIC测试，纸片扩散法不可靠

3.对四环素敏感的菌株对多西环素和米诺环素也敏感。但对四环素中介或耐药的菌株可能对多西环素或米诺环素敏感或者对两者均敏感

表7-13　流感嗜血杆菌和副流感嗜血杆菌

1级	2级	3级	4级
氨苄西林[1,2]	头孢噻肟或头孢他啶或头孢曲松[1]	美罗培南[1]	厄他培南或亚胺培南
	氨苄西林/舒巴坦 阿莫西林/克拉维酸[3]		
	环丙沙星或左氧氟沙星或莫西沙星		
	甲氧苄啶/磺胺甲噁唑		
			阿奇霉素 克拉霉素[3]
			氨曲南
			头孢克洛[3] 头孢丙烯[3]

续表

1级	2级	3级	4级
			头孢地尼或头孢克肟或头孢泊肟[3]
			头孢洛扎/他唑巴坦[4]
			头孢洛林[4]
			头孢呋辛[3]
			拉姆法林[4]
			利福平[5]
			四环素[6]

注：1.对于CSF分离的流感嗜血杆菌，只有氨苄西林、列出的第三代头孢菌素和美罗培南的检测结果适合报告

2.氨苄西林药敏试验的结果可预测阿莫西林的活性。大多数对氨苄西林和阿莫西林耐药的流感嗜血杆菌分离株产TEM型β-内酰胺酶。大多数情况下，β-内酰胺酶试验可以提供一种快速检测对氨苄西林和阿莫西林耐药性的方法

3.阿莫西林/克拉维酸、阿奇霉素、头孢克洛、头孢地尼、头孢克肟、头孢泊肟、头孢丙烯、头孢呋辛和克拉霉素用于嗜血杆菌属引起的呼吸道感染的经验性治疗。使用这些抗微生物药物的敏感性试验的结果对于管理个别患者往往不是必要的

4.仅报告流感嗜血杆菌

5.可能仅适用于病例接触的预防

6.对四环素敏感的菌株对多西环素和米诺环素也敏感

表7-14 淋病奈瑟菌[1]

1级	2级	3级	4级
阿奇霉素			
头孢曲松 头孢克肟			
环丙沙星			
四环素			

注：1.在治疗失败的情况下，应考虑进行淋病奈瑟菌的培养和药敏试验。推荐用于测试的抗微生物药物至少包括列出的1级药物。最新的治疗和检测指南可从疾病控制和预防中心获得

表7-15 脑膜炎奈瑟菌[1]

1级	2级	3级	4级
青霉素			
头孢噻肟或头孢曲松			美罗培南
			阿奇霉素[2]
			环丙沙星[2] 左氧氟沙星[2]
			米诺环素[2]
			甲氧苄啶/磺胺甲噁唑[3]
			利福平[2]

注：1.建议的预防措施：在BSC中进行所有脑膜炎奈瑟菌的AST。在BSC外操作脑膜炎奈瑟菌与感染脑膜炎球菌病的风险增加有关。实验室获得性脑膜炎球菌病的病死率为50%。接触脑膜炎奈瑟菌的飞沫或气溶胶是最有可能发生实验室获得性感染的风险。在对所有脑膜炎奈瑟菌分离株进行微生物学操作（包括AST）时，必须严格保护自己不受飞沫或气溶胶的影响。如果没有BSC，应尽量减少对这些分离株的操作，仅限于使用酚化盐水进行革兰染色或血清群鉴定，同时穿着实验室工作服和手套，在全面防溅罩后工作。对于可能产生飞沫或气溶胶的活动，以及涉及生产数量或高浓度传染性材料的活动，应采用BSL-3做法、程序和密封设备。如果没有BSL-2或BSL-3设施，则将分离株转到拥有最低限度BSL-2设施的参考实验室或公共卫生实验室

2.可能仅适用于脑膜炎球菌病例接触者的预防。这些折点不适用于侵袭性脑膜炎球菌病患者的治疗

3.甲氧苄啶/磺胺甲噁唑是检测磺胺类药物耐药性的首选药物。测试甲氧苄啶/磺胺甲噁唑可预测对甲氧苄啶/磺胺甲噁唑和磺胺类药物的敏感性和耐药性。磺胺类药物可能仅适用于预防脑膜炎球菌病例接触者

表7–16 厌氧菌

1级	2级	3级	4级
氨苄西林（革兰阳性厌氧菌）[1, 2] 青霉素（革兰阳性厌氧菌）[1–3]			氨苄西林（革兰阴性厌氧菌）[1, 2] 青霉素（革兰阴性厌氧菌）[1–3]
阿莫西林/克拉维酸 氨苄西林/舒巴坦 哌拉西林/他唑巴坦			
克林霉素			
厄他培南 亚胺培南 美罗培南			亚胺培南/瑞来巴坦[4]
甲硝唑[5]			
			头孢替坦 头孢西丁
			头孢曲松
			莫西沙星
			四环素

注：1.氨苄西林和青霉素是治疗革兰阳性厌氧菌的1级药物，其中大部分是β-内酰胺酶阴性的。氨苄西林和青霉素是治疗革兰阴性厌氧菌的4级药物，其中许多是β-内酰胺酶阳性

2.如果革兰阳性或革兰阴性菌株中有一个是β-内酰胺酶阳性，报告青霉素和氨苄西林耐药。β-内酰胺酶阴性的分离株可能通过其他机制对青霉素和氨苄西林耐药

3.青霉素对大多数梭杆菌属保持良好的体外活性，可考虑对该属进行初步检测和报告

4.对亚胺培南敏感的菌株对亚胺培南/瑞巴坦也敏感。但不能假设对亚胺培南/瑞巴坦敏感的菌株对亚胺培南敏感

5.许多不形成孢子的革兰阳性厌氧杆菌对甲硝唑耐药

注意：1.大多数厌氧菌感染是混合菌，包括β-内酰胺酶阳性和β-内酰胺酶阴性菌株。与混合微生物厌氧感染相关的分离株可能不需要检测。然而，如果要求进行药敏试验，则应仅对最有可能耐药的微生物（如拟杆菌属和副拟杆菌属）进行试验并报告结果

2.特定的梭菌属（如败血梭菌、索氏类芽孢杆菌）可能是感染的唯一原因，通常对青霉素和氨苄西林敏感。已有产气荚膜梭菌对青霉素和克林霉素耐药的报道。对于梭菌属应检测并报告本表1级药物。

（四）细菌耐药监测抗微生物药物的选择

我国幅员广阔，各医疗机构性质（专科、综合等），患者来源差异较大，因此用药习惯不同，同一种细菌药敏试验所选择的抗微生物药物不尽相同。为使耐药监测结果能有效应用于抗微生物药物临床使用及管理，全国细菌耐药监测网学术委员会经讨论制定了各种属细菌必须监测的药物和建议监测药物。委员会根据细菌耐药性变迁、体外药敏试验指南的更新、新药上市等，监测药物每两年修订1次。表7–17列出了2024年全国细菌耐药监测网对各种属细菌的必须监测和建议监测药物。

表7–17 2024年全国细菌耐药监测网监测药物

细菌名称	监测药物（***斜体加粗***者为必须监测药物）
葡萄球菌属	***青霉素、苯唑西林***[1]、庆大霉素、***红霉素（或克拉霉素、阿奇霉素）、克林霉素、左氧氟沙星（或环丙沙星、莫西沙星）、万古霉素***[2]、替考拉宁、***利奈唑胺***、达托霉素（除外下呼吸道标本）[2a]、***甲氧苄啶/磺胺甲噁唑***、头孢洛林、夫西地酸、四环素（或米诺环素、多西环素）、利福平、呋喃妥因（尿标本）
肺炎链球菌	分离自脑脊液的肺炎链球菌：***青霉素***[2]、***万古霉素、头孢曲松***[2]***（或头孢噻肟***[2]***）、美罗培南***[2]
	分离自脑脊液以外的肺炎链球菌：***青霉素***[2]***（或苯唑西林纸片***[3]***）、红霉素、克林霉素***、***左氧氟沙星（或莫西沙星）、四环素（或多西环素）***、万古霉素、***甲氧苄啶/磺胺甲噁唑***、阿莫西林/克拉维酸[2]、头孢呋辛[2]、头孢曲松[2]（或头孢噻肟[2]）、美罗培南[2]、利奈唑胺

续表

细菌名称	监测药物（***斜体加粗***者为必须监测药物）
β溶血链球菌群[4]	***红霉素***、***克林霉素***、青霉素（或氨苄西林）、***四环素***、头孢曲松（或头孢噻肟）、万古霉素、左氧氟沙星、利奈唑胺
草绿色链球菌群	***青霉素[2]（或氨苄西林[2]）***、红霉素、克林霉素、***万古霉素***、***头孢曲松（或头孢噻肟）***、利奈唑胺、左氧氟沙星
肠球菌属	***青霉素（或氨苄西林）***、***庆大霉素（高浓度）或链霉素（高浓度）***、左氧氟沙星（或环丙沙星）（尿标本）、***万古霉素***、替考拉宁、达托霉素（除外下呼吸道标本）[2a]、利福平、***利奈唑胺***、米诺环素（或多西环素）、呋喃妥因（尿标本）、磷霉素（尿标本，粪肠球菌）
流感嗜血杆菌和副流感嗜血杆菌	***氨苄西林***、氨苄西林/舒巴坦、阿莫西林/克拉维酸、头孢呋辛（或头孢克洛）、***头孢曲松（或头孢噻肟、头孢他啶）***、***美罗培南（脑脊液标本）***、***左氧氟沙星（或莫西沙星、环丙沙星）***、甲氧苄啶/磺胺甲噁唑、阿奇霉素
肠杆菌目细菌（除外志贺菌属、沙门菌属）[5]	***氨苄西林***、***头孢唑林***、***头孢呋辛***、头孢西丁、***头孢曲松（或头孢噻肟）***、***头孢他啶***、***头孢吡肟***、***氨曲南***、***阿莫西林/克拉维酸***、***氨苄西林/舒巴坦（或头孢哌酮/舒巴坦）***、***哌拉西林/他唑巴坦***、***亚胺培南（或美罗培南、多立培南）[5a]***、***庆大霉素（或妥布霉素）***、***阿米卡星***、***左氧氟沙星（或环丙沙星）***、***甲氧苄啶/磺胺甲噁唑***、四环素（或米诺环素、多西环素）、替加环素[6]、黏菌素（或多黏菌素B）[2]、头孢他啶/阿维巴坦、磷霉素（尿标本，大肠埃希菌）、呋喃妥因（尿标本）
志贺菌属、沙门菌属	***氨苄西林***、***头孢曲松（或头孢噻肟）[7]***、***左氧氟沙星（或环丙沙星）***、***甲氧苄啶/磺胺甲噁唑***、氯霉素[7]、阿奇霉素（志贺菌属和肠沙门菌伤寒血清型）、亚胺培南（或美罗培南、厄他培南，仅限于其他药物耐药时）
铜绿假单胞菌	哌拉西林、***哌拉西林/他唑巴坦***、***头孢他啶***、***头孢吡肟***、***氨曲南***、头孢哌酮/舒巴坦、***亚胺培南（或美罗培南、多立培南）***、***妥布霉素***、***阿米卡星（尿标本）***、***环丙沙星（或左氧氟沙星）***、黏菌素（或多黏菌素B）[2]、头孢他啶/阿维巴坦
不动杆菌属	***头孢他啶***、头孢噻肟（或头孢曲松）、***头孢吡肟***、***氨苄西林/舒巴坦（或头孢哌酮/舒巴坦）***、***哌拉西林/他唑巴坦***、***亚胺培南（或美罗培南、多立培南）***、***庆大霉素（或妥布霉素）***、***阿米卡星***、***左氧氟沙星（或环丙沙星）***、***甲氧苄啶/磺胺甲噁唑***、黏菌素（或多黏菌素B）[2]、***米诺环素（或多西环素）***、替加环素[6]
嗜麦芽窄食单胞菌	***左氧氟沙星***、***甲氧苄啶/磺胺甲噁唑***、***米诺环素***、氯霉素[2]
洋葱伯克霍尔德菌复合群[2]	***头孢他啶***、***甲氧苄啶/磺胺甲噁唑***、***美罗培南***、***左氧氟沙星***、***米诺环素***、氯霉素
其他非肠杆菌目细菌[2]	***头孢他啶***、***头孢吡肟***、氨曲南、***亚胺培南（或美罗培南）***、***哌拉西林/他唑巴坦***、***庆大霉素（或妥布霉素）***、***阿米卡星***、***左氧氟沙星（或环丙沙星）***、***甲氧苄啶/磺胺甲噁唑***、***米诺环素***
淋病奈瑟菌[8]	头孢曲松（或头孢克肟）、四环素、环丙沙星、阿奇霉素

注：1.表示葡萄球菌属细菌对苯唑西林的药敏试验方法参照四常见多重耐药菌的筛查和确证试验

2.表示须检测MIC

2a.表示只能用肉汤稀释法

3.表示当OXA ≤ 19mm时，须检测青霉素MIC

4.表示对β-内酰胺类不需常规做药敏

5.天然耐药药物不必测试

5a.对CRE菌株应进行碳青霉烯酶酶型检测，当CRE检出率<1%时需对药敏结果复核

6.表示自动化仪器或纸片扩散法检测替加环素敏感性，结果为中介或耐药时需采用微量肉汤稀释法进行确认

7.表示仅用于肠道外分离菌株

8.常规不需做药敏

三、药敏试验方法

本章节仅讨论药敏试验的表型方法，包括纸片扩散法、肉汤稀释法（微量和宏量）、琼脂稀释法、浓度梯度法、半自动/自动化仪器法和快速药敏方法。分子方法见第八章。

（一）纸片扩散法

纸片扩散法（Disk Diffusion Method）由Kirby和Bauer建立，故又称K-B法。将特定含量的抗

微生物药物纸片贴在已涂布测试菌的琼脂平板上，在适当温度和时间孵育，随着药物在琼脂中扩散，在纸片周围的琼脂培养基表面形成一个浓度梯度，在药物浓度能抑制的区域无细菌生长，抗微生物药物纸片周围形成抑菌圈。抑菌圈直径的大小反映测试菌对测试抗微生物药物的敏感性，与该药对测试菌的MIC呈负相关。纸片扩散法适用于快速生长细菌，包括大部分常见需氧及兼性厌氧菌、流感嗜血杆菌等苛养菌及部分少见罕见菌的药敏试验（表7-18）。

1.优势与局限性

纸片扩散法优势为抗微生物药物选择灵活，实验室可根据本院抗微生物药物目录、细菌耐药性变迁、细菌耐药监测方案要求、新药上市等自主增减药物。该方法成本低，操作简单，不需要昂贵的仪器设备，可重复性好，可检测耐药性，易发现异质性耐药（但不能可靠检测）、混合生长、菌液配制浓度不当等问题，而且不会因抗微生物药物折点变化而出现折点不覆盖的情况。有些细菌仅部分抗微生物药物可用纸片扩散法检测，如嗜麦芽窄食单胞菌&头孢地尔、米诺环素、左氧氟沙星和甲氧苄啶/磺胺甲噁唑；某些细菌和（或）抗微生物药物的纸片扩散法结果不可靠，仅限MIC法，例如，肠杆菌目、铜绿假单胞菌、鲍曼不动杆菌杆菌&多黏菌素B或E，葡萄球菌属&万古霉素、达托霉素，肺炎链球菌&青霉素、阿莫西林、头孢呋辛、阿莫西林/克拉维酸、头孢噻肟、头孢曲松、头孢吡肟、美罗培南、亚胺培南、厄他培南，β溶血链球菌&达托霉素、奥利万星、达巴万星、特拉万星，草绿色链球菌&青霉素、氨苄西林、奥利万星、达巴万星、特拉万星，葡萄球菌属（除施氏葡萄球菌、假中间葡萄球菌和表皮葡萄球菌外）&苯唑西林，金黄色葡萄球菌&奥利万星、达巴万星、特拉万星等；某些细菌/抗微生物药物的纸片扩散法结果需要用MIC法确认，例如，肠球菌属对万古霉素中介；只能提供抑菌圈直径和定性结果，不能作为PK/PD治疗的参数；需要过夜孵育，费时费力。

2. MH琼脂

MH琼脂（MH Agar，MHA）是满足ISO标准的用于非苛养菌纸片扩散法推荐培养基。它支持绝大多数非苛养细菌生长（表7-18），药敏试验批次间重复性好，影响磺胺、甲氧苄啶和四环素药敏试验的抑制剂含量低且积累了大量用于药敏试验的研究数据和经验。MH琼脂的性能标准和离子成分已按CLSI药敏试验方法确定。实验室可购买商品化MHA，或购买商品化脱水干粉自制MHA。MHA经测试满足CLSI QC菌株接受范围方可使用。

（1）培养基pH：MHA的pH在室温下应在7.2~7.4之间。pH增高，氨基糖苷类和氟喹诺酮类抑菌圈增大，即抗菌活性增加，而青霉素类和四环素类抑菌圈减小，即抗菌活性降低。pH降低则会出现相反结果。

（2）胸腺嘧啶核苷酸或胸腺嘧啶：含有过量胸腺嘧啶核苷酸或胸腺嘧啶的MHA可逆转磺胺类和甲氧苄啶的抑制作用，从而产生更小、更不明显的抑菌圈，或根本没有抑菌圈，这可能导致假耐药产生，故应使用胸腺嘧啶含量尽可能低的MHA。如果磺胺和甲氧苄啶QC出现问题须检查MHA。使用粪肠球菌ATCC 29212或粪肠球菌ATCC 33186和甲氧苄啶/磺胺甲噁唑纸片评估MHA批次，如清晰明显抑菌圈直径≥20mm，则结果可接受；如无抑菌圈、抑菌圈内有菌落生长或抑菌圈直径小于20mm，则结果不可接受。

（3）二价阳离子：二价阳离子主要是镁和钙的浓度会影响氨基糖苷类和四环素类对铜绿假单胞菌的药敏结果。阳离子过量会使抑菌圈减小，阳离子含量过低会导致抑菌圈增大。钙离子浓度低会使达托霉素抑菌圈减小，反之则增大，故纸片扩散法不适合达托霉素。过量的锌离子会使碳青霉烯类抑菌圈减小。

（4）厚度：制备好的MHA厚度应在4mm ± 0.5mm。琼脂厚度>4mm会使抑菌圈减小，这可能导致假耐药，反之可能使抑菌圈增大而导致假敏感。

（5）MHA的处理和储存：新鲜制备的培养基应在当天使用或以塑料袋密封存放于2~8℃ 7天，如有措施防止干燥且药敏试验时QC结果在控可保存更长时间。使用前从冰箱中取出置于室温至少15min。如果培养基表面含有多余的水分（如大的凝结液滴），将MHA放在培养箱（35℃ ±2℃）或室温下盖半开置于层流罩中，直到多余的表面水分蒸发（通常为10~30min）。

3. 测试在MHA上生长不良的菌株

只有生长快速的、需氧及兼性厌氧菌可在无添加的MHA上测试药敏。某些苛养菌如流感嗜血杆菌、副流感嗜血杆菌、淋病奈瑟菌、脑膜炎奈瑟菌和链球菌属，在无添加的MHA上不生长或生长不良。这些细菌需要添加成分的MHA或不同的培养基测试药敏，如HTM培养基（Haemophilus Test Medium，HTM）、GC琼脂基础+1%特定生长添加剂、MHA+5%脱纤维羊血（表7-18）。

4. 抗微生物药物纸片

（1）纸片来源和质量规格：K-B法中使用的商品化纸片是在特定浓度抗微生物药物中浸润过的直径6mm、吸水量20μL专用药敏纸片。商品化纸片至少应该附有分析证书，说明纸片的含量、批号、有效期，并保证它们是根据既定的QC规范进行测试和执行的。注意：CLSI和EUCAST使用的部分抗微生物药物间纸片含量不同。

（2）纸片储存：商品化抗微生物药物纸片通常存放在单独的配有干燥剂的容器内以确保无水环境。

抗微生物药物纸片的处理和储存步骤如下：①纸片应置于≤8℃冷藏或≤-14℃冷冻，不能储存于自动除霜冰箱。除少量用于日常工作的纸片最多可冷藏1周，含有β-内酰胺类药物纸片应冷冻储存。一些不稳定的药物（如亚胺培南、头孢克洛和克拉维酸复合制剂）使用前冷冻保存可最大程度保持稳定性。②在使用前1~2h将装有纸片的密封容器从冷冻或冷藏环境取出并平衡至室温。在打开容器前平衡到室温可最大限度地减少当温暖空气接触冷纸片时产生的冷凝水量。③一旦纸片从密封的包装中取出，应将其放在密封干燥容器中储存，如使用纸片分配器，将其置于配备紧密盖子并提供足够干燥剂的容器内。纸片分配器在打开前应平衡至室温。指示剂颜色改变时应更换干燥剂以避免湿度过高。④装有药物纸片的分配器在不使用时应连同容器置于冰箱中储存。⑤确保使用有效期内的纸片。

5. 接种物制备

（1）接种浊度标准：为确保药敏试验接种量标准化，应使用相当于0.5麦氏浊度的$BaSO_4$浊度标准或其光学等效物（如乳胶颗粒悬浮液）。应按照CLSI M02附录A配制$BaSO_4$ 0.5麦氏浊度标准，或使用比浊仪等光度装置。

（2）菌落悬浮法制备接种物：菌落悬浮法是制备接种物最方便的方法。这种方法适用于大多数细菌，包括肠杆菌目细菌、铜绿假单胞菌、不动杆菌属、嗜麦芽窄食单胞菌、洋葱伯克霍尔德复合群、其他非肠杆菌目细菌、葡萄球菌属、肠球菌属和厌氧菌，并推荐用于检测苛养的流感嗜血杆菌、副流感嗜血杆菌、淋病奈瑟菌、脑膜炎奈瑟菌和链球菌属。

菌落悬浮法制备接种物的步骤如下：①从孵育18~24h琼脂平板上（注意使用非选择性培养基，如血平板）选择3~5个形态相同的单个菌落，制成肉汤或盐水悬浮液。②调整悬浮液达到相当于0.5麦氏浊度标准，即相当于包含1~2×10^8CFU/mL大肠埃希菌ATCC 25922。配制好的菌悬液在15min内接种。注意比浊仪须经过校准，如果用肉眼观察，应在适当光线下对照一张白底黑线的卡片来比较接种管和0.5麦氏浊度标准。

（3）肉汤培养法制备接种物：在菌落生长难以直接悬浮和不能制备成均匀悬液时可使用肉汤培养法。这种方法也可用于除葡萄球菌属外的非苛养性细菌无法获得菌落悬浮法所需的新鲜菌落（18~24h）时。

肉汤培养法制备接种物的步骤如下：①从琼脂平板上选择至少3~5个形态相同的单个菌落，用接种环或无菌棉签触及每个菌落顶部并转移到一个含有4~5mL适当肉汤培养基（如胰蛋白酶大豆肉汤）的试管中。②在35℃ ±2℃下培养肉汤直到达到或超过0.5麦氏浊度标准（通常为2~6h）。③用无菌盐水或肉汤调节肉汤培养物的浊度达到0.5麦氏浊度标准，即相当于包含1~2×10^8CFU/mL大肠埃希菌ATCC 25922（不要使用未经稀释的过夜培养肉汤或其他非标准化接种）。配制好的菌悬液在15min内接种。注意比浊仪须经过校准，如果用肉眼观察，应在适当光线下对照一张白底黑线的卡片来比较接种管和0.5麦氏浊度标准。避免接种过量。

6.接种药敏板

（1）将无菌棉签浸入0.5麦氏浊度菌悬液，在液面上方的试管内壁旋转按压棉签几次。注意调整浊度后的菌悬液在15min内接种。以旋转按压方式将多余菌液挤去。

（2）将棉签在整个MH琼脂表面来回涂布3次，每次旋转平板60°，最后沿平板内缘涂布一周，确保菌液均匀分布。

（3）让平板盖子半掩（理想情况下）3~5min，但不要超过15min。注意贴抗微生物药物纸片前让平板盖子半掩使琼脂表面多余水分被吸收。

7.贴抗微生物药物纸片

（1）平板接种后15min内用纸片分配器或无菌镊子将抗微生物药物纸片紧贴于琼脂表面。注意：①将预计产生小抑菌圈（如庆大霉素、万古霉素）的纸片放在产生大抑菌圈（如头孢菌素、青霉素）的纸片旁边，避免抑菌圈重叠。②无论用无菌镊子还是纸片分配器，纸片必须分布均匀，各纸片中心相距不小于24mm，纸片距平板内缘>15mm；葡萄球菌属D试验时，15μg红霉素纸片和2μg克林霉素纸片边缘相距15~26mm；肺炎链球菌和β溶血链球菌群D试验时15μg红霉素纸片和2μg克林霉素纸片边缘相距12mm。③直径150mm平板贴最多贴12张纸片，直径100mm平板最多贴6张。⑤对于流感嗜血杆菌、副流感嗜血杆菌、淋病奈瑟菌和链球菌属，直径150mm平板贴最多贴9张纸片，直径100mm平板最多贴4张。⑥对于脑膜炎奈瑟菌，直径150mm平板贴最多贴5张纸片，直径100mm平板最多贴2张。⑦测试淋病奈瑟菌与喹诺酮类和头孢菌素类，每块平板只能贴2~3张纸片。⑧有些抗微生物药物扩散很快，因此一旦纸片接触到琼脂表面就不能再移动。

（2）纸片贴好15min内，将平板倒置放入温箱。对于大多数非苛养菌，置于35℃ ±2℃空气环境孵育16~18h。对于苛养菌或一些难以检测耐药性的细菌，孵育时间和环境不同（表7-18）。注意：①检测MRS温度不能超过35℃。②常见需氧及兼性厌氧菌药敏折点的建立是基于空气孵育环境，CO_2会显著改变某些抗微生物药物的抑菌圈大小（如氨基糖苷类、氟喹诺酮类药物在CO_2环境孵育会使培养基pH降低，抑菌圈减小，而四环素类抑菌圈则会增大）。

8.平板阅读与结果解释

孵育适当时间后检查每个平板，如接种量和平板涂布适当，则产生的抑菌圈应该是均匀圆形且菌苔融合生长。如果平板上单个菌落明显，而不是融合生长的菌苔，则提示接种浓度过低，须重复试验。

测量时将平板与工作台成45°，肉眼观察无明显生长的区域作为抑菌圈边缘。在抑菌圈边缘借助放大镜才能观察到的小菌落微弱生长可忽略不计。每个抑菌圈都应清晰可测量，重叠的区域将导致测量结果不准确。用游标卡尺或直尺量取抑菌圈直径，在距离眼睛30cm处肉眼判断测量完全抑制的抑菌圈直径，包括纸片直径在内，测量到最接近的整毫米。阅读MH平板、HTM平板时，在反射光照明的黑色背景上方10cm左右处测量抑菌圈直径（图7–1）。阅读血MH平板时，移去平板盖，反射光照明下从琼脂平板上方测量抑菌圈直径（图7–2）。

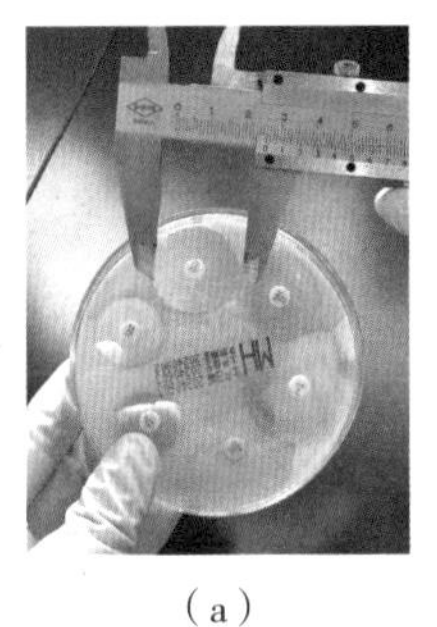

（a）

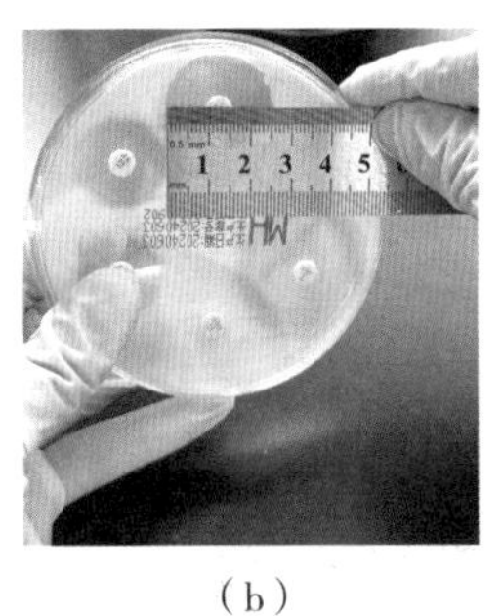

（b）

图7–1　反射光照明的黑色背景上方量取MH平板

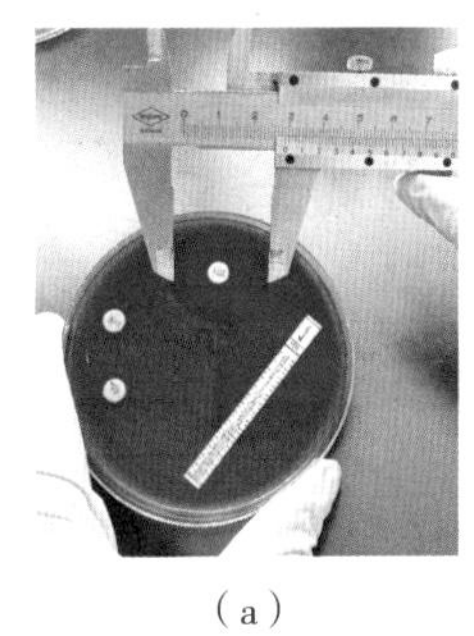

（a）

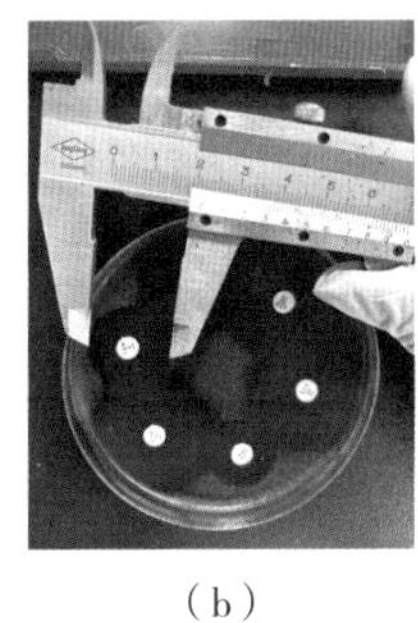

（b）

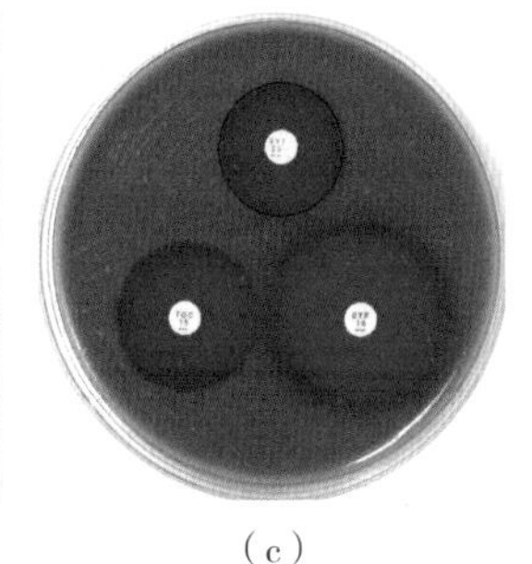

（c）

图7–2　反射光照明量取血MH平板

其他需要考虑的情况如下。

（1）当抑菌圈内有菌落生长时，检查纯度，必要时重复测试。如菌落是纯培养，应测量无菌落生长的内圈。如需重复测试，应以原代培养板上的纯培养物或单个菌落传代培养物重复药敏试验。如果抑菌圈内仍有菌落生长，应测量无菌落生长的内圈（图7–3）。

（a）

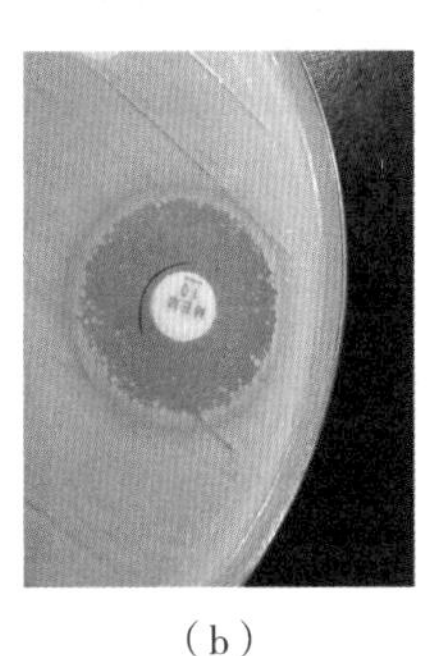

（b）

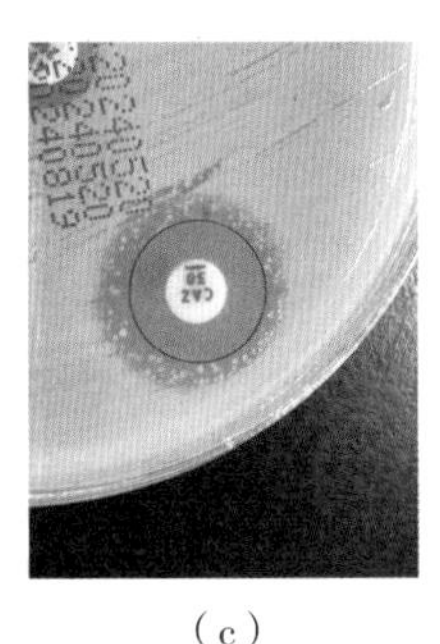

（c）

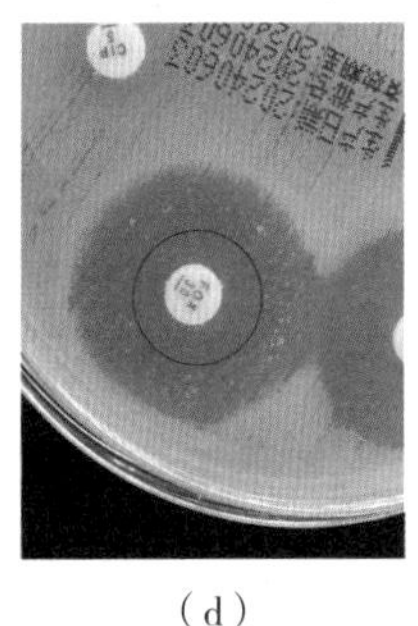

（d）

图7–3　圈内有菌落生长

（2）如果有双抑菌圈，检查纯度，必要时重复测试。如果是纯培养，测量内圈（图7-4）。

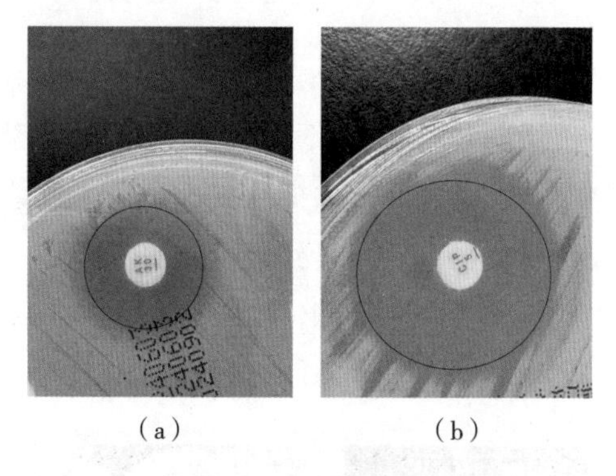

（a）　　（b）

图7-4　双抑菌圈

（3）由于培养基中可能存在拮抗剂，甲氧苄啶和磺胺类药物抑菌圈内允许出现菌株轻微生长，因此在测量抑菌圈直径时，可忽视轻微生长（20%或更少菌苔生长）而测量较明显抑制的边缘（图7-5）。

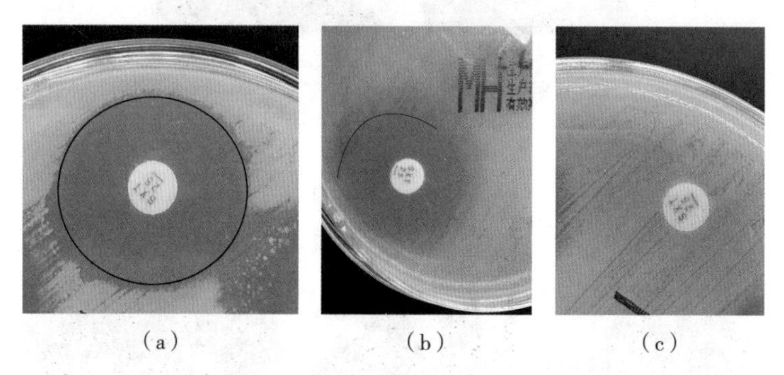

（a）　　（b）　　（c）

图7-5　甲氧苄啶/磺胺甲噁唑抑菌圈

（4）测试大肠埃希菌和磷霉素抑菌圈时，忽略抑菌圈内的单个菌落，读取外圈边缘（图7-6）。

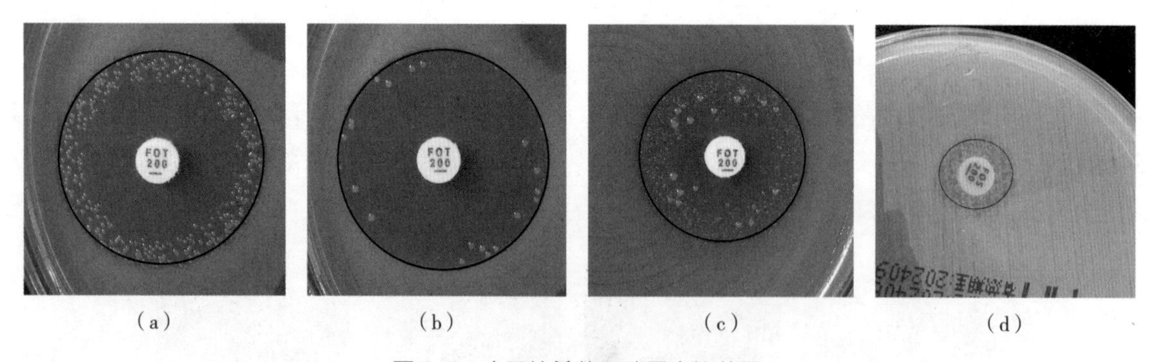

（a）　　（b）　　（c）　　（d）

图7-6　大肠埃希菌和磷霉素抑菌圈

（5）变形杆菌可迁徙到某些抗微生物药物抑菌圈内生长，因此变形杆菌抑菌圈内由于迁徙现象出现的薄雾状生长可忽略不计（图7-7）。

（6）在报告分离自囊性纤维化患者铜绿假单胞菌敏感结果前，所有抗微生物药物纸片孵育时间应延长至24h。

（7）对于葡萄球菌属，利奈唑胺抑菌圈内任何可辨别的生长均表明对该药物耐药。头孢西丁测试除金黄色葡萄球菌、路邓葡萄球菌、假中间葡萄球菌和施氏葡萄球菌以外的葡萄球菌属时，在报告敏感结果前应孵育至24h，其他药物孵育16~18h。

（8）测量肠球菌属万古霉素敏感性时，应将平板孵育至24h以确保准确检测耐药性，使用透射光量取抑菌圈直径，抑菌圈内出现雾状或任何可辨别的生长均表明对该药耐药。对于万古霉素抑菌圈直径为中介的菌株，应用MIC法检测。

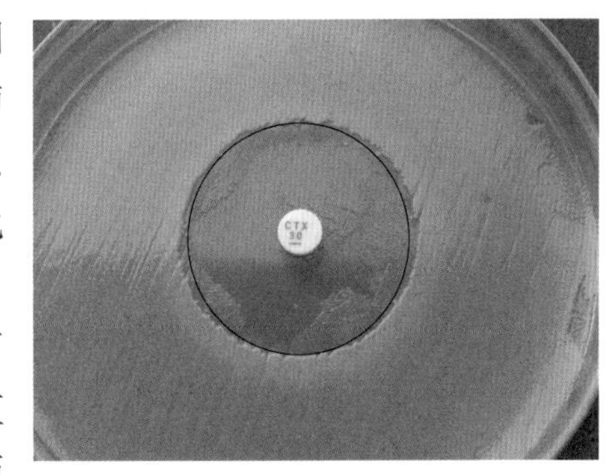

图7-7　变形杆菌抑菌圈

（9）测量链球菌属抑菌圈时，有时难以区分生长和溶血。测量抑制细菌生长而不是抑制溶血（图7-2）。β 溶血素在琼脂中扩散，故 β 溶血区域内通常无细菌生长，而 α 溶血素不在琼脂中扩散，故在 α 溶血区域内通常有细菌生长。

（二）稀释法

稀释法直接测定抗微生物药物的最低抑菌浓度（Minimum Inhibitory Concentration，MIC），又称MIC测定。根据稀释药物的培养基不同，分为肉汤稀释法和琼脂稀释法，即分别用肉汤培养基和琼脂培养基将抗微生物药物进行倍比稀释，然后接种一定量的待测菌，在35℃ ±2℃空气环境孵育适当时间，以抑制细菌生长的最低药物浓度作为最低抑菌浓度。稀释法可检测抗微生物药物的MIC从而用于抗微生物药物PK/PD治疗方案的确定。肉汤稀释法又分为微量肉汤稀释法和宏量肉汤稀释法。微量肉汤稀释法适用于快速生长的细菌包括大部分常见的需氧及兼性厌氧菌、厌氧菌、流感嗜血杆菌等苛养菌及CLSI M45文件中的绝大部分少见罕见菌药物敏感性试验（表7-18）；琼脂稀释法适用于快速生长的细菌包括大部分常见的需氧及兼性厌氧菌、幽门螺杆菌、厌氧菌及肺炎链球菌等苛养菌药物敏感性试验（表7-18）。微量肉汤稀释法和琼脂稀释法适用范围比纸片扩散法更广，可用于那些无法用纸片扩散法准确检测的细菌，如除铜绿假单胞菌、不动杆菌属、嗜麦芽窄食单胞菌以外的其他非肠杆菌目细菌和厌氧菌。

1. 优点与局限性

微量肉汤稀释法是全球公认的抗微生物药物敏感性试验标准化参考方法，具有药敏试验标准ISO20776-1。操作简单、结果阅读过程简便，可使用自制或定制化的新鲜或冷冻的肉汤板/条或商品化制备的冻干抗微生物药物板，自制或定制化板条比商品化板条的药物选择更灵活，稀释范围更宽。主要局限性为生物学和技术可变性导致的差异如MIC结果可出现 ±1个稀释度差异、测试体积小而难以检测某些耐药机制如诱导性β-内酰胺酶和异质性耐药、实验性能所要求的技术以及细菌固有变异性（如β-内酰胺酶的表达等）所致的MIC结果差异。此外某些药物容易出现拖尾现象，如测试葡萄球菌属、肠球菌属、肺炎链球菌和 β 溶血链球菌群对红霉素、克林霉素、氯霉素、四环素、利奈唑胺和泰利唑胺药敏时，终点判读不一致可能导致大于 ±1个稀释度的差异。宏量肉汤稀释法使用的菌液和抗微生物药物体积大可能对于检测某些细菌/抗微生物药物组合的耐药性更有效，主要用于研究目的。某些情况下，宏量肉汤稀释法终点判读更容易。局限性主要为工作量大，操作不简便，不适合常规实验室开展。琼脂稀释法可同时检测一种药物对多个菌株的活性，易发现污染或异质性耐药。局限性主要为费时费力，相较于纸片扩散法费用高。

2.抗微生物药物

（1）来源：用于稀释法的抗微生物药物为诊断级粉剂（标准品或参考品），可从制药商或适当的商业来源获得。可接受的粉剂须有标签说明药物的通用名称、批号、效力（通常μg/mg或IU/mg表示）和有效期。粉剂应按照制造商建议储存，或≤-20℃的干燥器中储存（最好真空）。当干燥器从冰箱或冰柜中取出时，应平衡至室温后再打开以避免冷凝水凝结。

（2）称重：所有抗微生物药物按照标准活性单位进行测定。测定单位可能与粉剂的实际重量相差很大，且药品生产批次之间亦存在差异。因此，实验室必须基于制备原液的抗微生物药物粉剂批次的测定对抗微生物药物溶液进行标准化。制造商提供的效价应考虑纯度测定（通常采用高效液相色谱法）、含水量（如Karl Fischer 滴定法或干燥失重法）和盐/反离子组分（如果化合物以盐的形式提供，而不是游离酸或游离碱）。效价可用百分比表示，也可用μg/mg（*w/w*）表示。有些抗微生物药物粉剂可能提供包含这些成分值的分析证书，但不提供总效价，此时可通过HPLC纯度、含水量和适用时作为盐提供的药物活性组分（如盐酸盐、甲磺酸盐）计算。标准溶液所需的粉剂或稀释剂的用量可以用下列任一公式确定：

重量（mg）=体积（mL）× 浓度（μg/mL）/效价（μg/mg）

体积（mL）=重量（mg）× 效价（μg/mg）/浓度（μg/mL）

抗微生物药物粉剂应在经国家计量组织批准的参考重量校准的分析天平上称量。如果可能，应称超过10mg的粉末。建议准确称量抗微生物药物超过所需的量一部分，并计算最终浓度所需的稀释剂体积。

（3）制备抗微生物药物原液：抗微生物药物原液的制备浓度应至少为1000μg/mL（如1280μg/mL）或待测最高浓度的10倍，取两者中较高者。有些抗微生物药物的溶解度有限，可能需要制备较低的原液浓度。在任何情况下均应考虑将制药商提供的说明作为确定溶解度的一部分。有些药物须在水以外的溶剂中溶解。在这种情况下，应使用最小量的溶剂溶解抗微生物药物粉剂。最后的原液浓度稀释应按M100表6A所示，用水或适当的稀释剂完成。对于有潜在毒性的溶剂，应参考制造商提供的安全数据表（见CLSI M100）。由于微生物污染极为罕见，无菌配制但未经过滤灭菌的溶液通常是可接受的。如有需要，溶液可进行膜过滤灭菌。纸、石棉或烧结玻璃过滤器可吸附相当数量的某些抗微生物药物，故不能使用。应将少量无菌原液分装到无菌玻璃、聚丙烯、聚苯乙烯或聚乙烯小瓶中密封储存，最好在-60℃或以下冰箱（非自动除霜）中，温度不能高于-20℃。原液瓶可根据需要解冻并在同一天使用。任何解冻但未使用的原液都应在一天结束时丢弃。大多数抗微生物药物原液可在≤-60℃保存6个月或更长时间。在任何情况下，除了这些一般建议外，还须考虑制药商提供的说明。任何明显的抗微生物药物失活都应记录在QC菌株测试结果中。

（4）测试浓度数量：测试浓度的数量由实验室决定，建议至少包括一个QC菌株质控范围。对特定抗微生物药物的测试浓度应包含折点在内。有些情况下的测试是为特殊目的（如测试高浓度庆大霉素和链霉素提示与青霉素或糖肽类对肠球菌的协同作用）。

3.接种

接种浊度标准、菌落悬浮法和肉汤培养法制备接种物同纸片扩散法。

4.琼脂稀释法程序

将抗微生物药物加入琼脂培养基中并混匀，制备成含不同浓度抗微生物药物的平板。使用多点接种仪接种细菌，每次可在一个平板上接种几十株（根据所用接种针数目不同）细菌。

（1）测试培养基：①MH琼脂是用于非苛养菌琼脂稀释法药敏试验的最佳培养基。原因见纸片扩散法。②测试特定抗微生物药物时需在MHA添加补充剂：测试葡萄球菌属苯唑西林敏感性时须添加2%NaCl；测试磷霉素敏感性时须添加25μg/mL葡萄糖-6-磷酸。③测试某些苛养性细菌需在MHA添加补充剂或使用其他培养基：测试链球菌属和脑膜炎奈瑟菌使用MH琼脂添加5%脱纤维羊血（可能拮抗磺胺嘧啶对某些微生物的抗菌活性），肺炎链球菌还使用MH琼脂添加5%脱纤维马血和20μg/mL NAD（β-烟酰胺腺嘌呤二核苷酸）；测试淋病奈瑟菌GC琼脂基础+1%特定生长添加剂，测试碳青霉烯类和克拉维酸需补充半胱氨酸的生长添加剂。④在MH琼脂的性能标准和离子成分已按CLSI药敏试验方法确定。实验室可购买商品化MH琼脂平板，或购买商品化脱水干粉自制MH琼脂，无须额外添加钙或镁离子。MH琼脂平板经测试满足CLSI QC菌株接受范围方可使用。⑤测试替加环素和奥玛环素时，MHA须药物稀释液添加到琼脂平板的当天新鲜配制。

（2）制备琼脂稀释板：10倍抗菌剂溶液可通过1∶2、1∶4和1∶8稀释或连续的两倍稀释来制备，然后将一份10倍抗菌溶液加入9份熔化并达到平衡温度的琼脂中。应准备至少两个不含抗菌溶液的平板作为生长对照板和纯度板。

琼脂稀释板制备步骤如下：①将适当稀释的抗微生物药物溶液加入在水浴中平衡至45~50℃熔化的琼脂中。在生长对照板的管子中加入无菌水。②将抗微生物药物溶液和琼脂充分混匀并倒入平皿，使琼脂深度为3~4mm。注意混合后迅速倒入平皿，防止冷却和部分固化。混合时避免产生气泡。③让琼脂在室温下固化。根据药物的稳定性和质量控制结果，立即使用平板或将其放入密封塑料袋中置于2~8℃储存5天或更长时间。含头孢克洛的琼脂平板须在制备后48h内使用，而含头孢孟多的琼脂平板可储存超过5天。其他特别不稳定的抗微生物药物包括氨苄西林、克拉维酸和亚胺培南。注意：不要假设所有抗微生物药物在储存条件下均能保持效力。用户应根据QC菌株结果评估平板稳定性并制定适用的保质期。④使用前将储存在2~8℃的平板平衡至室温。接种平板前，确保琼脂表面干燥。如有必要，将平板置于培养箱或层流罩中约30min，盖子半开，以加速琼脂表面的干燥。不要使琼脂过于干燥。

（3）制备接种物：如同纸片扩散法，可用菌落悬浮法或肉汤培养法制备0.5麦氏浊度悬浮液。对于某些苛养性细菌如脑膜炎奈瑟菌，准备初始接种物和最终稀释有所差异。

（4）稀释接种悬浮液：对于大多数菌种，0.5麦氏浊度菌悬液约含$1\sim2\times10^{8}$CFU/mL细菌，5~8mm直径点上最终接种菌量为10^{4}CFU/点。当使用3mm针接种器（点种2μL）时，应以无菌肉汤或0.9%氯化钠注射液将0.5麦氏浊度悬浮液1∶10稀释获得10^{7}CFU/mL浓度。琼脂上最终接种量约为10^{4}CFU/点。如使用1mm针接种器（点种0.1~0.2μL）时，不应稀释初始悬浮液。制备好的菌悬液最好在15min内接种。

（5）接种：①将含制备的细菌悬浮液试管按顺序排列在支架中。②将每种混合的悬浮液等分放入接种块的相应孔中。应根据点种量对接种悬浮液进行适当稀释，以获得10^{4}CFU/点的最终浓度。③在琼脂平板上标记接种点的方向。④用接种针或标准化的环或移液器将每种接种悬浮液等分接种于琼脂表面。⑤先接种生长对照板（无抗微生物药物），然后从最低浓度开始接种含有不同抗微生物药物浓度的平板，最后接种第二个生长对照板以确保接种期间无污染或显著的抗微生物药物残留。⑥在适当的非选择性琼脂平板上划线接种每种菌悬液并孵育过夜。此步是为检测混合培养物，并在需要重新测试时提供新鲜分离的菌落。

（6）孵育：①接种后的平板在室温下静置直至接种点中的水分被琼脂吸收（即直至斑点干燥），静置不超过30min。②平板倒置于35℃ ±2℃（淋病奈瑟菌36℃ ±1℃，不超过37℃）孵育16~20h。对于苛养菌或一些难以检测耐药性的细菌，孵育时间和环境不同（表7-18）。③当测试非苛养菌时，因CO_2环境会使平板表面pH值改变，故不要在CO_2环境中孵育非苛养菌平板，而淋病奈瑟菌和脑膜炎奈瑟菌需在5%CO_2环境中孵育。如有需要，链球菌亦可在5%CO_2环境孵育。

（7）结果判读：将琼脂平板置于黑色、无反射的桌面，如琼脂上接种物区域融合生长，此时可读取各菌株的抗微生物药物终点，即完全抑制细菌生长的抗微生物药物最低浓度。对于甲氧苄啶和磺胺类药物，培养基中的拮抗剂可允许菌株轻微生长，因此与对照组相比，生长减少80%或更大的浓度下读取终点。如果两个或两个以上的菌落浓度超过了一个明显的终点，或者在较低浓度下没有生长，但在较高浓度下生长，此时应检查培养纯度，必要时重复测试。忽略单个菌落或由接种物引起的薄雾状生长。

5.微量肉汤稀释法

“微量稀释”是指该方法是将小体积肉汤置于圆底或锥形底的无菌塑料微孔板。每孔中含0.1mL肉汤。

（1）肉汤培养基：阳离子调节MH肉汤（Cation-Adjusted Mueller-Hinton Broth，CAMHB）常用于快速生长的需氧或兼性厌氧菌AST的推荐培养基。它可支持大多数病原菌的生长，作为药敏试验培养基的批间重复性可接受，影响磺胺、甲氧苄啶和四环素敏感性试验结果的抑制剂含量较低且有大量用于抗微生物药物敏感性试验的数据和经验。

制备CAMHB时需注意：①为确保制备培养基的可靠性，须检查每批次CAMHB的pH，使用一套标准的质控菌株评估每批次肉汤的MIC性能。如果新的CAMHB批次未产生预期的MIC值，则应调查阳离子含量及测试中的其他变量和成分。②为确定适合磺胺和甲氧苄啶药敏培养基的适宜性，每批次肉汤均应用粪肠球菌ATCC 29212进行测试，终点应易于阅读（与对照孔相比，生长减少80%或更多），若甲氧苄啶/磺胺甲噁唑的MIC ≤0.5/9.5μg/mL，则该培养基适宜。③测试某些抗微生物药物时需在CAMHB添加特殊成分，如测试葡萄球菌属苯唑西林敏感性时添加2%NaCl、测试奥利万星、达巴万星和特拉万星时添加0.002%聚山梨醇酯、测试达托霉素时添加50μg/mL Ca^{2+}。④在测试替加环素时，CAMHB须在将药物稀释剂加入肉汤或琼脂平板的当天制作。⑤添加2.5%~5%溶解马血（Lysed Horse Blood,LHB）的CAMHB和嗜血杆菌测试培养基肉汤（Haemophilus Test Medium，HTM broth）分别用于链球菌属和嗜血杆菌属药敏。

制备和储存稀释的抗微生物药物：①以肉汤或无菌水中倍比（或其他稀释倍数）稀释抗微生物药物。使用一个移液管分配稀释液到所有待测孔内，并在第一孔中加入抗微生物药物原液。随后每个稀释步骤使用新移液管。对于（10×）抗微生物溶液，按照CLSI M100所述抗微生物原液稀释方法稀释或连续进行倍比稀释。②将抗微生物药物/肉汤溶液加入孔中。最简便的方法是使用分配装置和至少10mL肉汤中制备的抗微生物稀释液制备微量稀释板。用分配装置将0.1（±0.02）mL加入到稀释板96孔内。用移液管加入接种物，再加入两倍抗微生物药物溶液预期终浓度的溶液，即加入0.05mL而不是0.1mL。每个微量稀释板应包括一个生长对照孔和一个无菌孔（未接种菌液）。③将微量稀释板密封于塑料袋内并立即置于≤-20℃（最好是≤-60℃）冰箱中，直到需要时。虽然冷冻的抗微生物药物溶液通常可保持稳定几个月，但某些药物（如克拉维酸、亚胺培南）比其他药物更不稳定，故应存储于≤-60℃。勿将抗微生物药物溶液储存在自动除霜冰箱中。解冻后的抗微生物药物溶液不能再冷冻，因反复冻融会加速某些抗微生物药物的降解，特别是β-内酰胺类。

（3）接种物制备、接种和孵育：①微量稀释板在室温条件下完全解冻。解冻后的微量稀释板须在从冰箱中取出后4h内接种并孵育。不要重新冷冻微量稀释板。②使用菌落悬浮法或肉汤培养法制备接种物。③最好在菌悬液制备后15min内以水、0.9%氯化钠注射液或肉汤稀释调整后的接种物悬液。每孔菌液浓度应为5×10^5CFU/mL（2~8 × 10^5CFU/mL）。获得最终接种物的稀释步骤根据接种物分配到单孔的方法而有所不同，须根据每种情况分别计算。对于微量稀释方法，须知道分配到微量孔中的确切接种量才能计算。例如，当孔内肉汤体积为0.1mL，接种物体积为0.01mL时，应将0.5麦氏菌悬液（1×10^8CFU/mL）稀释1：20至菌液浓度为5×10^6CFU/mL。当0.01mL悬浮液接种到肉汤中，细菌终浓度约为5×10^5CFU/mL（微量稀释法为5×10^4CFU/孔）。④在接种物稀释后15min内，可用接种器或移液器将其分配至微量稀释板的微量孔。如使用接种器，其分配体积不超过孔中溶液体积的10%（如在0.1mL抗菌剂溶液中分配≤10μL的接种物）。如使用0.05mL移液器，每孔为1：2稀释（含0.05mL）。建议将接种物悬液进行纯度检查，通过传代培养到非选择性琼脂平板上同时孵育。⑤为防止干燥，在孵育前将每个微量稀释板或4个板用塑料袋密封起来。微量稀释板不要叠放超过4个（如使用带盖微量稀释板，只叠放1个）。加入接种物15min内将接种的微量稀释板置于35℃ ±2℃空气环境中孵育16~20h。对于苛养菌或一些难以检测耐药性的细菌，孵育时间和环境不同（表7-18）。

（4）确定终点：①完全抑制细菌生长的微量稀释孔为抗微生物药物的MIC。②通过比较含抗微生物药物孔中的生长量与每组试验中的生长对照孔（无抗微生物药物）中的生长量确定生长终点。只有生长对照孔中细菌生长量可接受时该试验结果有效。对于革兰阴性杆菌，微量稀释法MIC与可比的宏量稀释法MIC相同或低一个稀释度。其他需要考虑的情况：①对于革兰阳性球菌，在测试氯霉素、克林霉素、红霉素、利奈唑胺、泰利唑胺和四环素会出现拖尾现象，使终点确定困难。此时MIC为拖尾现象开始的最低浓度（图7-8）。②对于甲氧苄啶和磺胺类药物，培养基中的拮抗剂可能允许一些轻微的细菌生长，因此与生长对照孔相比菌量减少≥80%的孔为MIC（图7-9）。③当微量稀释试验中出现单个跳孔时，读取最高MIC。如果在单一药物的多个浓度下出现跳孔，则需重复测试（图7-10）。

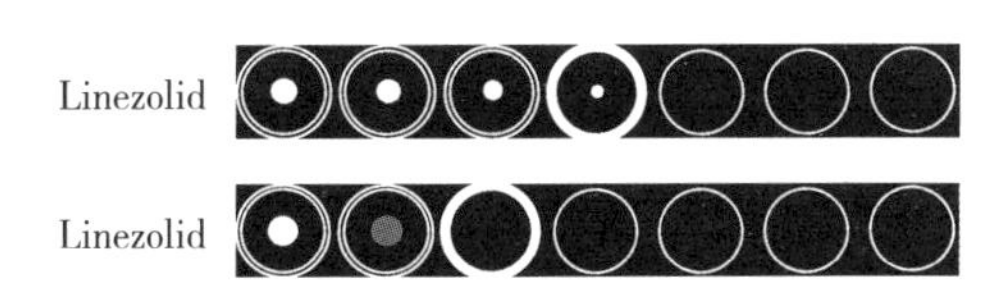

图7-8 葡萄球菌和利奈唑胺

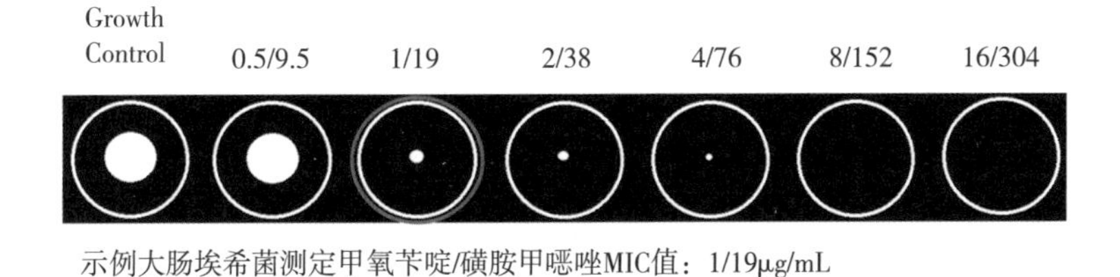

图7-9 大肠埃希菌和甲氧苄啶/磺胺甲噁唑

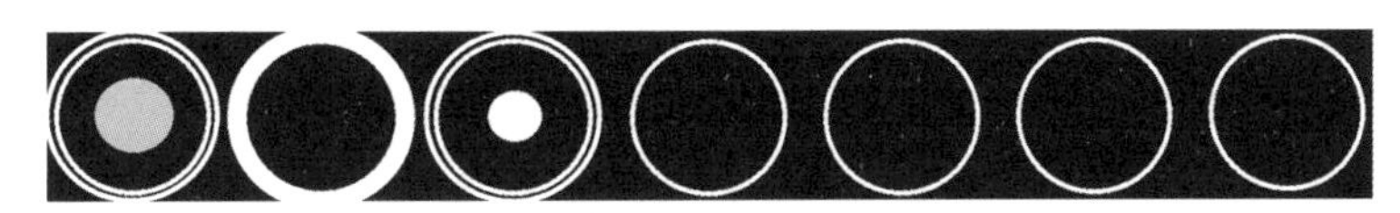
图7-10 单个跳孔读取最高MIC

6.宏量肉汤稀释法

（1）肉汤培养基：同微量肉汤稀释法

（2）制备和储存稀释的抗微生物药物：使用带塑料或金属螺丝盖，或胶塞的13mm × 100mm无菌试管，进行测试。如试管可以冷冻，则可保存供以后使用。每一待测菌株均应包括不含抗微生物药物的肉汤生长对照管。

（2）宏量肉汤稀释法制备和储存稀释抗微生物药物的步骤：①用一个移液管准备所有倍比稀释度肉汤，将抗微生物药物原液加入到第一管中，随后的每步倍比稀释时使用新的移液管。每次稀释的最终体积至少为1mL。因加入等量的接种物时药物会稀释1倍，故抗微生物药物稀释剂通常按照预期最终浓度的两倍制备。②使用当天制备的抗微生物药物溶液或立即将其放入≤-20℃（最好是≤-60℃）直至需要时。其他同微量肉汤稀释法。

（3）接种物制备、接种和孵育：①使用菌落悬浮法或肉汤培养法制备接种物。②通过1∶150稀释0.5麦氏菌悬液，试管内菌液浓度约为1×10^6CFU/mL。随后1∶2稀释使最终接种量为5×10^5CFU/mL（$2 \sim 8 \times 10^5$CFU/mL）。最好在制备后15min内以肉汤稀释调整的接种物悬浮液。③在步骤2所述的接种物制备后15min内，在含有1mL抗微生物药物倍比稀释管中添加1mL调整后的接种物（阳性对照管仅含肉汤），然后混合。每种抗微生物药物浓度和接种物均稀释1倍。建议对接种物悬液进行纯度检查，将其传代到非选择性琼脂平板上，同时孵育。④盖上管子，在加入接种物15min内将接种的宏量稀释管置于35℃ ±2℃空气环境中孵育16~20h。对于苛养菌或一些难以检测耐药性的细菌，孵育时间和环境不同（表7-18）。

（4）确定终点：①完全抑制细菌生长的试管或微量稀释孔为抗微生物药物的MIC。②通过比较含抗微生物药物试管中的生长量与每组试验中的生长对照试管（无抗微生物药物）中的生长量确定生长终点。只有生长对照中细菌生长量可接受时该试验结果有效。③结果解释。见CLSI M100各种细菌和抗微生物药物折点。其他需要考虑的情况同微量肉汤稀释法。

（三）浓度梯度法

浓度梯度法是根据琼脂扩散法原理，将不同浓度的药条贴于种有细菌的培养基表面，药物扩散形成浓度梯度，作用细菌后产生抑菌环，其与药条的切点即为该药对该菌的最低抑菌浓度。该方法的兼具纸片扩散法和稀释法的优势，抗微生物药物选择灵活，检测的MIC范围宽，易发现异质性耐药、混合生长、菌液浓度不当等问题。局限性主要为需要过夜孵育，费时费力，价格贵、有些药物无CFDA注册证。

（四）半自动/自动化仪器法

半自动/自动化仪器法的优势为操作易标准化，药敏系统专家规则可提示方法准确性、附加试验、耐药机制、报告规则等，省时省力。该方法的局限性包括测试药物选择和稀释浓度范围受限，可能出现折点更新时稀释范围无法覆盖而导致结果无法解释，无法及时检测新的抗微生物药物，仪器设备及药敏板条价格昂贵，部分药敏结果需用其他方法确证，如测试变性杆菌属、普罗维登斯菌属和摩根菌属对亚胺培南MIC结果偏高，需用其他方法确证。

表7-18 CLSI各属细菌药物敏感性试验测试条件及质控推荐

细菌 / 药敏方法	微量肉汤稀释法		琼脂稀释法		纸片扩散法		QC 菌株推荐
	培养基	孵育条件	培养基	孵育条件	培养基	孵育条件	
常见需氧及兼性厌氧菌							
肠杆菌目	CAMHB 头孢地尔：去铁离子CAMHB	35℃ ±2℃，空气，16~20h	MHA	35℃ ±2℃，空气，16~20h	MHA	35℃ ±2℃，空气，16~18h	大肠埃希菌ATCC 25922 铜绿假单胞菌ATCC 27853（碳青霉烯类） 金黄色葡萄球菌ATCC 25923（纸片法）或金黄色葡萄球菌ATCC 29213（稀释法）：仅用于测试阿奇霉素&肠沙门菌伤寒血清型或志贺菌属 β-内酰胺类复合制剂QC菌株选择见CLSI M100
铜绿假单胞菌	CAMHB 头孢地尔：去铁离子CAMHB	35℃ ±2℃，空气，16~20h	MHA	35℃ ±2℃，空气，16~20h	MHA	35℃ ±2℃，空气，16~18h	铜绿假单胞菌ATCC 27853 β-内酰胺类复合制剂QC菌株选择见CLSI M100
不动杆菌属	CAMHB 头孢地尔：去铁离子CAMHB	35℃ ±2℃，空气，20~24h	MHA	35℃ ±2℃，空气，20~24h	MHA	35℃ ±2℃，空气，20~24h	大肠埃希菌ATCC 25922（四环素类和甲氧苄啶-磺胺甲噁唑） 铜绿假单胞菌ATCC 27853 β-内酰胺类复合制剂QC菌株选择见CLSI M100
洋葱伯克霍尔德菌复合群	CAMHB	35℃ ±2℃，空气，20~24h	MHA	35℃ ±2℃，空气，20~24h	N/A	N/A	大肠埃希菌ATCC 25922（氯霉素、米诺环素和甲氧苄啶-磺胺甲噁唑） 铜绿假单胞菌ATCC 27853 β-内酰胺类复合制剂QC菌株选择见CLSI M100
嗜麦芽窄食单胞菌	CAMHB 头孢地尔：去铁离子CAMHB	35℃ ±2℃，空气，20~24h	MHA	35℃ ±2℃，空气，20~24h	MHA	35℃ ±2℃，空气，20~24h	同洋葱伯克霍尔德菌复合群
其他非肠杆菌目细菌	CAMHB	35℃ ±2℃，空气，16~20h	MHA	35℃ ±2℃，空气，16~20h	N/A	N/A	大肠埃希菌ATCC 25922（氯霉素、四环素类、磺酰胺类和甲氧苄啶-磺胺甲噁唑） 铜绿假单胞菌ATCC 27853 β-内酰胺类复合制剂QC菌株选择见CLSI M100表4A-2和5A-2

续表

细菌 / 药敏方法	微量肉汤稀释法		琼脂稀释法		纸片扩散法		QC 菌株推荐
	培养基	孵育条件	培养基	孵育条件	培养基	孵育条件	
葡萄球菌属	CAMHB 苯唑西林：CAMHB+2%NaCl 达托霉素：CAMHB+50μg/mL Ca^{2+}	35℃ ±2℃，空气，16~20h，苯唑西林和万古霉素24h，检测MRS时温度不能超过35℃	MHA 苯唑西林：MHA+2%NaCl	35℃ ±2℃，空气，16~20h，苯唑西林和万古霉素24h，检测MRS时温度不能超过35℃	MHA	35℃ ±2℃，空气，16~18h，头孢西丁24h（测试除金黄色葡萄球菌、路邓葡萄球菌、假中间葡萄球菌和施氏葡萄球菌以外的葡萄球菌），检测MRS时温度不能超过35℃	纸片扩散法：金黄色葡萄球菌ATCC 25923 稀释法：金黄色葡萄球菌ATCC 29213 β-内酰胺类复合制剂QC菌株选择见CLSI M100
肠球菌属	CAMHB 达托霉素：CAMHB+50μg/mL Ca^{2+}	35℃ ±2℃，空气，16~20h，万古霉素24h	MHA	35℃ ±2℃，空气，16~20h，万古霉素24h	MHA	35℃ ±2℃，空气，16~18h，万古霉素24h	纸片扩散法：金黄色葡萄球菌ATCC 25923 稀释法：粪肠球菌ATCC 29212 β-内酰胺类复合制剂QC菌株选择见CLSI M100
流感嗜血杆菌和副流感嗜血杆菌	HTM肉汤	35℃ ±2℃，空气，20~24h，	N/A	N/A	HTM	35℃ ±2℃，5%CO_2，16~18h	流感嗜血杆菌ATCC 49247或流感嗜血杆菌ATCC 49766，取决于待测试的抗微生物药物
淋病奈瑟菌	N/A	N/A	GC琼脂基础+1%特定生长添加剂 碳青霉烯类和克拉维酸（生长添加剂不含半胱氨酸）	36℃ ±1℃（不超过37℃），5%CO_2，20~24h	GC琼脂基础+1%特定生长添加剂	36℃ ±1℃（不超过37℃），5%CO_2，20~24h	淋病奈瑟菌ATCC 49226
脑膜炎奈瑟菌	CAMHB+LHB（2.5%~5%）	35℃ ±2℃，5%CO_2，20~24h	MHA+5%脱纤维羊血	35℃ ±2℃，5%CO_2，20~24h	MHA+5%脱纤维羊血	35℃ ±2℃，5%CO_2，20~24h	肺炎链球菌ATCC 49619：纸片扩散法（5%CO_2孵育）或微量肉汤稀释法［空气或CO_2（除阿奇霉素QC试验必须为空气环境外）孵育］ 大肠埃希菌ATCC 25922：纸片扩散法、微量肉汤稀释法或琼脂扩散法用于环丙沙星、萘啶酸、米诺环素和磺胺异噁唑（空气或CO_2孵育）

续表

细菌 / 药敏方法	微量肉汤稀释法		琼脂稀释法		纸片扩散法		QC 菌株推荐
	培养基	孵育条件	培养基	孵育条件	培养基	孵育条件	
肺炎链球菌	CAMHB+LHB（2.5%~5%）	35℃ ±2℃，空气，20~24h	MHA+5%脱纤维羊血（CLSI尚未对肺炎链球菌琼脂稀释法进行研究和评估）	35℃ ±2℃，空气（必要时5%CO_2），20~24h	MHA+5%脱纤维羊血或MH-F琼脂（MHA+5%脱纤维马血+20μg/mL NAD）	35℃ ±2℃，5%CO_2，20~24h	肺炎链球菌ATCC 49619：纸片扩散法（金黄色葡萄球菌ATCC 25923是评估苯唑西林纸片是否失效的最佳选择，在无添加的MHA培养基上可接受的抑菌圈直径范围应在18~24mm）
β-溶血链球菌群	CAMHB+LHB（2.5%~5%） 达托霉素：CAMHB+LHB（2.5%~5%）+50μg/mL Ca^{2+}	35℃ ±2℃，空气，20~24h	MHA+5%脱纤维羊血（CLSI尚未对肺炎链球菌琼脂稀释法进行研究和评估）	35℃ ±2℃，空气（必要时5%CO_2），20~24h	MHA+5% 脱纤维羊血	35℃ ±2℃，5%CO_2，20~24h	肺炎链球菌ATCC 49619
草绿色链球菌群	CAMHB+LHB（2.5%~5%） 达托霉素：CAMHB+LHB（2.5%~5%）+50μg/mL Ca^{2+}	35℃ ±2℃，空气，20~24h	MHA+5%脱纤维羊血（CLSI尚未对肺炎链球菌琼脂稀释法进行研究和评估）	35℃ ±2℃，空气（必要时5%CO_2），20~24h		35℃ ±2℃，5%CO_2，20~24h	肺炎链球菌ATCC 49619
厌氧菌							
厌氧菌	仅用于拟杆菌属和副拟杆菌属：布氏肉汤补充氯化血红素（5μg/mL）、维生素K_1（1μg/mL）和裂解马血（5% *V/V*）	36℃ ±1℃，厌氧环境，46~48h	所有厌氧菌：布氏琼脂补充氯化血红素（5μg/mL）、维生素K_1（1μg/mL）和裂解绵羊血（5% *V/V*）	36℃ ±1℃，厌氧环境，42~48h	N/A	N/A	测试以下一种或多种质量控制菌株。QC测试菌株的选择及数量应基于所测抗微生物药物终点值的大小来确定： 脆弱拟杆菌ATCC 25285 多形拟杆菌ATCC 29741 艰难拟梭菌（原艰难梭菌）ATCC 700057 迟缓埃格特菌（原迟缓真杆菌）ATCC 43055
少见罕见菌							
乏养菌属和颗粒链球菌属	CAMHB+LHB（2.5%~5%*V/V*）+0.001%盐酸吡哆醛	35℃，空气，20~24h	N/A	N/A	N/A	N/A	肺炎链球菌ATCC 49619

续表

细菌 / 药敏方法	微量肉汤稀释法		琼脂稀释法		纸片扩散法		QC 菌株推荐
	培养基	孵育条件	培养基	孵育条件	培养基	孵育条件	
气球菌属	CAMHB+LHB（2.5%~5%*V/V*）	35℃，5%CO_2，20~24h	N/A	N/A	N/A	N/A	肺炎链球菌 ATCC 49619
豚鼠气单胞菌复合群、嗜水气单胞菌复合群、维隆气单胞菌复合群	CAMHB	35℃，空气，16~20h	N/A	N/A	MHA	35℃，空气，16~18h	大肠埃希菌 ATCC 25922 大肠埃希菌 ATCC 35218（β- 内酰胺酶复合制剂） 铜绿假单胞菌 ATCC 27853（碳青霉烯类）
需氧芽孢杆菌属（不包括炭疽芽孢杆菌）	CAMHB	35℃，空气，16~20h	N/A	N/A	N/A	N/A	金黄色葡萄球菌 ATCC 29213
空肠弯曲菌/大肠弯曲菌	CAMHB+LHB（2.5%~5%*V/V*）	36~37℃，48h或42℃，24h，10%CO_2，5%O_2，85%N_2（微需氧）	N/A	N/A	MHA+5% 脱纤维羊血	42℃，24h，10%CO_2，5%O_2，85%N_2（微需氧）	微量肉汤稀释法：空肠弯曲菌 ATCC 33560 纸片扩散法：金黄色葡萄球菌 ATCC 25923
棒杆菌属	CAMHB+LHB（2.5%~5%*V/V*）	35℃，空气，24~48h	N/A	N/A	N/A	N/A	肺炎链球菌 ATCC 49619 大肠埃希菌 ATCC 25922：庆大霉素
红斑丹毒丝菌	CAMHB+LHB（2.5%~5%*V/V*）	35℃，空气，20~24h	N/A	N/A	N/A	N/A	肺炎链球菌 ATCC 49619
孪生球菌属	CAMHB+LHB（2.5%~5%*V/V*）	35℃，5%CO_2，24~48h	N/A	N/A	N/A	N/A	肺炎链球菌 ATCC 49619
HACEK 菌群	CAMHB+LHB（2.5%~5%*V/V*）或 HTM 或添加维生素 K_1（1μg/mL）、Hemin（5μg/mL）和 5% LHB 的布氏肉汤	35℃，5%CO_2，24~48h	N/A	N/A	N/A	N/A	肺炎链球菌 ATCC 49619 大肠埃希菌 ATCC 35218（β- 内酰胺酶复合制剂）
幽门螺杆菌	N/A	N/A	MHA+5% *V/V* 陈旧羊血（≥2 周）	35℃ ±2℃，72h，10%CO_2，5%O_2，85%N_2（微需氧）	N/A	N/A	幽门螺杆菌 ATCC 43504

续表

细菌 / 药敏方法	微量肉汤稀释法		琼脂稀释法		纸片扩散法		QC 菌株推荐
	培养基	孵育条件	培养基	孵育条件	培养基	孵育条件	
乳杆菌属	CAMHB+LHB（2.5%~5%V/V）	35℃，5%CO_2，24~48h	N/A	N/A	N/A	N/A	肺炎链球菌 ATCC 49619
乳球菌属	CAMHB+LHB（2.5%~5%V/V）	35℃，空气，20~24h	N/A	N/A	N/A	N/A	肺炎链球菌 ATCC 49619
明串珠菌属	CAMHB+LHB（2.5%~5%V/V）	35℃，空气，20~24h	N/A	N/A	N/A	N/A	肺炎链球菌 ATCC 49619
产单核李斯特菌	CAMHB+LHB（2.5%~5%V/V）	35℃，空气，20~24h	N/A	N/A	N/A	N/A	肺炎链球菌 ATCC 49619
微球菌属	CAMHB	35℃，空气，20~24h	N/A	N/A	N/A	N/A	金黄色葡萄球菌 ATCC 29213
卡他莫拉菌	CAMHB	35℃，空气，20~24h	N/A	N/A	MHA	35℃，空气，20~24h	稀释法：金黄色葡萄球菌 ATCC 29213 纸片扩散法：金黄色葡萄球菌 ATCC 25923 大肠埃希菌 ATCC 35218（β-内酰胺酶复合制剂）
巴斯德菌属	CAMHB+LHB（2.5%~5%V/V）	35℃，空气，18~24h	N/A	N/A	MHA+5%脱纤维羊血	35℃，空气，16~18h	稀释法：肺炎链球菌 ATCC 49619 大肠埃希菌 ATCC 35218（β-内酰胺酶复合制剂） 纸片扩散法：金黄色葡萄球菌 ATCC 25923（阿莫西林克拉维酸）
片球菌属	CAMHB+LHB（2.5%~5%V/V）	35℃，空气，20~24h	N/A	N/A	N/A	N/A	肺炎链球菌 ATCC 49619
黏滑罗氏菌	CAMHB+LHB（2.5%~5%V/V）	35℃，空气，20~24h	N/A	N/A	N/A	N/A	肺炎链球菌 ATCC 49619
弧菌属（包括霍乱弧菌）	CAMHB	35℃，空气，16~20h	N/A	N/A	MHA	35℃，空气，16~18h	大肠埃希菌 ATCC 25922 大肠埃希菌 ATCC 35218（β-内酰胺酶复合制剂） 铜绿假单胞菌 ATCC 27853（碳青霉烯类）
潜在生物恐怖细菌							
炭疽芽孢杆菌	CAMHB	35℃，空气，16~20h	N/A	N/A	N/A	N/A	大肠埃希菌 ATCC 25922 金黄色葡萄球菌 ATCC 29213

续表

细菌 / 药敏方法	微量肉汤稀释法		琼脂稀释法		纸片扩散法		QC 菌株推荐
	培养基	孵育条件	培养基	孵育条件	培养基	孵育条件	
布鲁菌属	无添加布氏肉汤，pH 7.0 ± 0.1	35℃，空气，48h	N/A	N/A	N/A	N/A	大肠埃希菌 ATCC 25922 肺炎链球菌 ATCC 49619
鼻疽伯克霍尔德菌	CAMHB	35℃，空气，16~20h	N/A	N/A	N/A	N/A	大肠埃希菌 ATCC 25922 铜绿假单胞菌 ATCC 27853
类鼻疽伯克霍尔德菌	CAMHB	35℃，空气，16~20h	N/A	N/A	N/A	N/A	大肠埃希菌 ATCC 25922 大肠埃希菌 ATCC 35218（β-内酰胺酶复合制剂） 铜绿假单胞菌 ATCC 27853
土拉热弗朗西斯菌	CAMHB+2%特定生长添加剂	35℃，空气，48h	N/A	N/A	N/A	N/A	大肠埃希菌 ATCC 25922 金黄色葡萄球菌 ATCC 29213 铜绿假单胞菌 ATCC 27853
鼠疫耶尔森菌	CAMHB	35℃ ±2℃，空气，24h，如对照孔生长不充分，再孵育24h	N/A	N/A	N/A	N/A	大肠埃希菌 ATCC 25922

注：CAMHB：阳离子调节MH肉汤；MHA：MH琼脂；HTM：嗜血杆菌属试验培养基；N/A：不适用；LHB：溶解马血；ATCC：美国典型菌种保藏中心

（五）快速药敏方法

随着基质辅助激光解析电离飞行时间质谱（MALDI-TOF MS）和分子生物学技术鉴定病原菌进入常规实验室，临床需要更加快速的药敏试验结果。除了快速检测耐药机制的分子方法外（见第八章），亦有基于传统方法的快速药敏试验研究，包括自动化药敏系统快速表型检测方法（Acceletate Pheno，Phoenix或Vitek 2）和阳性血培养直接药敏方法。

CLSI和EUCAST均建立了针对阳性血培养肉汤直接药敏的标准纸片扩散法，即使用阳性血培养肉汤作为接种物，孵育4~10h即可读取结果。此外已开发出商品化阳性血培养肉汤表型AST的自动化平台（Accelerate Pheno Test BC Kit）。

按照CLSI指南要求，直接药敏试验前行革兰染色以确保血培养肉汤中为单一细胞形态的病原体，接种物为血培养系统报告8h内含革兰阴性杆菌的阳性血培养肉汤，在报告药敏结果前孵育适当时间，检查血琼脂纯化平板确保细菌纯培养，检查药敏平板确保菌苔融合生长，利用分子检测方法或MALDI-TOF MS对血培养病原体进行鉴定，在明确病原体为肠杆菌目或铜绿假单胞菌后方可根据相应的解释标准报告结果。如鉴定为其他菌种或平板上存在不一致的生长模式（如接种物混合生长、非融合性生长、生长太弱而无法阅读）时，不要解释或报告结果。孵育8~10h如生长太弱而无法阅读时，可继续孵育至16~18h再量取抑菌圈直径。如果观察到双抑菌圈，则测量内圈直径。如果抑菌圈内出现菌落或抑菌圈内外均出现菌落，如果是纯培养，则测量内圈直径。直接药敏试验的质量控制按照CLSI M02文件规定的标准纸片扩散法质控程序进行质控（如每天或每周），QC菌株推荐ATCCC 25922和ATCC 27853。

CLSI目前已建立血培养直接药敏解释标准的菌种及抗微生物药物如下：

肠杆菌目：氨苄西林、氨曲南、头孢他啶、头孢曲松、美罗培南、环丙沙星和妥布霉素（8~10h和16~18h）；甲氧苄啶/磺胺甲噁唑（16~18h）。

铜绿假单胞菌：美罗培南、环丙沙星和妥布霉素（8~10h和16~18h）；头孢他啶和头孢吡肟（16~18h）。

不动杆菌属：头孢曲松、头孢吡肟、美罗培南、环丙沙星、妥布霉素和甲氧苄啶/磺胺甲噁唑（8~10h和16~18h）；头孢他啶（16~18h）。

EUCAST目前已建立血培养直接药敏解释标准的菌种及抗微生物药物如下：

大肠埃希菌/肺炎克雷伯菌：氨苄西林（仅大肠埃希菌）、阿莫西林/克拉维酸、哌拉西林/他唑巴坦、头孢洛扎/他唑巴坦、头孢他啶、头孢他啶/阿维巴坦、头孢噻肟、亚胺培南/瑞来巴坦、美罗培南、美罗培南/韦博巴坦、环丙沙星、左氧氟沙星、妥布霉素、庆大霉素、阿米卡星、甲氧苄啶/磺胺甲噁唑（4、6和8h）。

铜绿假单胞菌：哌拉西林/他唑巴坦、头孢洛扎/他唑巴坦、头孢他啶、头孢他啶/阿维巴坦、亚胺培南、亚胺培南/瑞来巴坦、美罗培南、美罗培南/韦博巴坦、环丙沙星、左氧氟沙星、妥布霉素、阿米卡星（6、8和16~20h）；头孢吡肟（16~20h）。

鲍曼不动杆菌：亚胺培南、美罗培南、环丙沙星、左氧氟沙星、妥布霉素、庆大霉素、阿米卡星和甲氧苄啶/磺胺甲噁唑（4、6和8h）。

金黄色葡萄球菌：妥布霉素、庆大霉素、阿米卡星、克林霉素、头孢西丁（筛查）、诺氟沙星（筛查）（4、6、8和16~20h）。

粪肠球菌/屎肠球菌：氨苄西林、亚胺培南、高水平庆大霉素、万古霉素和利奈唑胺（4、6、8和16~20h）。

肺炎链球菌：克林霉素、苯唑西林（筛查）、诺氟沙星（筛查）、红霉素和和甲氧苄啶/磺胺甲噁唑（4、6、8和16~20h）。

相较于耐药基因检测，阳性血培养直接药敏试验的优势为可同时检测细菌对抗微生物药物的敏感性和耐药性、检测复杂耐药性和（或）了解不足的耐药性、能够测试在临床实践中使用更多的抗微生物药物、CLSI和EUCAST等药敏标准组织已建立结果解释标准。

与传统药敏试验相比，阳性血培养直接纸片扩散法通过联合快速MALDI-TOF MS或分子鉴定方法可为临床提供快速、适合的抗微生物药物选择，同时有助于抗微生物药物管理。一项495名儿童患者血培养直接纸片扩散法研究中，30%病例抗微生物药物治疗由广谱降阶梯为窄谱。血培养直接纸片扩散法无需分装或离心阳性血培养肉汤，使用标准接种菌量和标准方法，价格低廉，具有可操作性，其结果可视为最终结果。如需其他药物结果或MIC结果，需进行常规药敏试验。对于直接纸片扩散法与常规药敏试验之间不一致的解释分类结果应逐个分析原因。

为确保直接药敏试验结果准确并应用于临床抗感染治疗，以下是对实施直接药敏试验实验室的建议：

（1）直接药敏试验前或同时行革兰染色，优化MALDI-TOF MS的样品预处理（如去除细胞等干扰物质），发现不适合MALDI-TOF MS或直接药敏试验的多种微生物混合生长，用革兰染色结果证实随后的鉴定结果，如出现不一致应立即重复两种测试方法。如果革兰染色结果为阴性，即使生长曲线表明有细菌生长，亦不应进行快速鉴定和药敏。

（2）应进行传代培养，由此可分离低于快速鉴定方法最低检出限或快速鉴定组合未涵盖的病原体，用菌落形态证实快速鉴定结果，但不必通过传统方法重复鉴定，除非发现不一致。利用分离菌还可进行其他检测，如其他抗微生物药物的药敏试验、流行病学研究或其他科研目的。

（3）将直接药敏结果与患者最终报告中的特定病原体鉴定结果相关联，即病原体鉴定结果与实验室所在地区该病原体已知的耐药性流行病学一致。

（4）实验室应建立快速直接的方法将快速鉴定和直接药敏结果报告临床。定期审核和持续改进快速报告系统是实验室质量管理体系的建议组成部分。

四、重要耐药菌的筛查和确证试验

（一）葡萄球菌属

1. 甲氧西林（苯唑西林）耐药葡萄球菌

葡萄球菌属细菌对甲氧西林（苯唑西林）耐药性的筛查试验依据菌种、方法学、测试药物有所不同。表7-19归纳了葡萄球菌属细菌对甲氧西林（苯唑西林）耐药性筛查可接受的方法。

（1）金黄色葡萄球菌、银白色葡萄球菌、路邓葡萄球菌甲氧西林（苯唑西林）耐药性：待测菌按照纸片扩散法操作步骤，采用30μg头孢西丁纸片于33~35℃孵育16~18h，或按照微量肉汤稀释法操作步骤，33~35℃孵育，头孢西丁16~20h，苯唑西林24h。头孢西丁≤21mm或≥8μg/mL，或苯唑西林≥4μg/mL为甲氧西林（苯唑西林）耐药金黄色葡萄球菌、银白色葡萄球菌或路邓葡萄球菌。

（2）金黄色葡萄球菌、银白色葡萄球菌、路邓葡萄球菌、假中间葡萄球菌、施氏葡萄球菌、表皮葡萄球菌以外的或未鉴定到种水平的凝固酶阴性葡萄球菌甲氧西林（苯唑西林）耐药性：待测菌按照纸片扩散法操作步骤，采用30μg头孢西丁纸片于33~35℃孵育24h，或按照微量肉汤稀释法操作步骤，采用苯唑西林于33~35℃孵育24h，头孢西丁≤24mm或苯唑西林≥1μg/mL为甲氧西林（苯唑西林）耐药凝固酶阴性葡萄球菌（MRCNS）。头孢西丁纸片法若18h后即出现耐药可报告为MRCNS。

（3）表皮葡萄球菌甲氧西林（苯唑西林）耐药性：采用头孢西丁纸片法、苯唑西林微量肉汤稀释法检测，检测方法同（2）。待测菌亦可按照纸片扩散法操作步骤，采用1μg苯唑西林纸片于33~35℃孵育16~18h，苯唑西林≤17mm为甲氧西林（苯唑西林）耐药表皮葡萄球菌。

（4）假中间葡萄球菌和施氏葡萄球菌甲氧西林（苯唑西林）耐药性：采用苯唑西林纸片法或微量肉汤稀释法检测，检测方法同表皮葡萄球菌。

表7-19 甲氧西林（苯唑西林）耐药葡萄球菌筛查试验

细菌	可接受的方法				
	头孢西丁 MIC 法	头孢西丁纸片法	苯唑西林 MIC 法	苯唑西林纸片法	苯唑西林盐平板法
金黄色葡萄球菌复合群	√（16~20h）	√（16~18h）	√（24h）	×	√（24h）
路邓葡萄球菌	√（16~20h）	√（16~18h）	√（24h）	×	×
表皮葡萄球菌	×	√（16~18h）	√（24h）	√（16~18h）	×
假中间葡萄球菌	×	×	√（24h）	√（16~18h）	×
施氏葡萄球菌	×	×	√（24h）	√（16~18h）	×
其他葡萄球菌（除以上所列或未鉴定到种水平）#	×	√*（24h）	√*（24h）	×	×

注：1.√表示适用，×表示不适用。#头孢西丁纸片法不能可靠地检测所有其他葡萄球菌（除以上所列或未鉴定到种水平）（如溶血葡萄球菌）。*如孵育16~18h结果为耐药，无需继续孵育；如孵育16~18h结果为敏感，须继续孵育至24h

2.金黄色葡萄球菌复合群包括凝固酶阳性的金黄色葡萄球菌、银白色葡萄球菌和施韦策葡萄球菌。目前无施韦策葡萄球菌引起人类感染的报道

2.万古霉素不敏感金黄色葡萄球菌

（1）MIC测定：微量肉汤稀释法（ISO 20776-1）是EUCAST推荐的检测金标准。值得注意的是Etest等梯度试纸条法检测的MIC结果比微量肉汤稀释法高0.5~1个倍比稀释度。通过微量肉汤稀释法测定MIC>2μg/mL的菌株应送参考实验室进行确认。hVRSA无法通过测定MIC的方法检测。

（2）万古霉素MIC≥8μg/mL的金黄色葡萄球菌筛查试验：将0.5麦氏浊度待测金黄色葡萄球菌菌悬液10μL接种于含6μg/mL万古霉素的BHI平板（最好用微量移液管滴加，也可以用棉拭子在菌悬液中浸润后挤干，涂布直径10~15mm或划线接种），35℃ ±2℃孵育24h，透射光下观察>1个菌落可能为金黄色葡萄球菌对万古霉素敏感性减低。

（3）宏量梯度试验（Macro Gradient Test）：该法能提示万古霉素敏感性降低的金黄色葡萄球菌，但无法区分VRSA、VISA或hVISA。需注意：①接种菌量高于标准梯度试验，为2.0麦氏浊度；②使用BHI琼脂平板而非MH琼脂平板；③孵育48h；④该法读数结果不是MIC。具体操作如下：取100μL 2.0麦氏浊度菌悬液均匀涂布于BHI琼脂平板，将万古霉素和（或）替考拉宁Etest试纸条贴在平板上，置于35℃孵育48h后读取结果。当替考拉宁结果≥12μg/mL，提示为VRSA、VISA或

hVISA；当替考拉宁结果为8μg/mL，检测万古霉素，如万古霉素结果≥8μg/mL，则提示为VRSA、VISA或hVISA。

（4）替考拉宁筛选琼脂（Teicoplanin Screening Agar）：取10μL 2.0麦氏浊度菌悬液点种于含5μg/mL替考拉宁的MH琼脂平板，35℃空气环境孵育24~48h，如48h有菌落生长则提示菌株对糖肽类敏感性降低。

（5）群体分析谱-曲线下面积法（Population Analysis Profile-Area under Curve，PAP-AUC）：该方法需配制一系列不同浓度梯度的万古霉素BHI琼脂平板，将0.5麦氏浓度的菌悬液依次稀释为10^1至10^7 CFU/mL，分别点种于上述含不同浓度万古霉素的BHI平板，35℃孵育48h。以Mu3（hVISA参考菌）为参考菌株，利用Graphpad Prism软件，绘制菌落数对数值对万古霉素浓度的曲线，计算曲线下面积（AUC值），并以受试金黄色葡萄球菌的AUC值除以对照Mu3株的AUC值，即AUC待测菌株/Mu3介于0.9~1.3判定为hVISA。该方法操作费时，不适合常规实验室开展。

3. β-内酰胺酶检测

（1）青霉素MIC≤0.12μg/mL或抑菌圈直径≥29mm的金黄色葡萄球菌：待测菌按照纸片扩散法操作步骤，10U青霉素纸片35℃ ±2℃孵育16~18h，如纸片边缘界限清晰（cliff现象）为β-内酰胺酶阳性，否则为阴性。

（2）青霉素MIC≤0.12μg/mL或抑菌圈直径≥29mm的金黄色葡萄球菌和凝固酶阴性葡萄球菌：以头孢硝噻吩纸片刮取MH或血琼脂平板孵育16~18h后青霉素或头孢西丁纸片抑菌圈边缘菌落，室温≤1h或遵循产品说明书，出现红色/粉红色为β-内酰胺酶阳性。当金黄色葡萄球菌头孢硝噻吩试验阴性时，需经青霉素纸片边缘试验确证其是否为产β-内酰胺酶菌株。

（二）青霉素不敏感肺炎链球菌

对于苯唑西林纸片抑菌圈直径≤19mm的肺炎链球菌，需使用MIC方法测定其对青霉素的敏感性。

（三）肠球菌属

1. 高水平氨基糖苷类药物耐药肠球菌筛选试验

高水平氨基糖苷类耐药肠球菌筛选试验可分为纸片扩散法、微量肉汤稀释法和琼脂稀释法（表7-20）。

表7-20 高水平氨基糖苷类药物耐药肠球菌筛选试验

检测方法	纸片扩散法	琼脂稀释法	微量肉汤稀释法
培养基	MHA	BHI琼脂	BHI肉汤
药物浓度	120μg庆大霉素或300μg链霉素	500μg/mL庆大霉素或2000μg/mL链霉素	500μg/mL庆大霉素或1000μg/mL链霉素
接种	按照纸片扩散法操作	将10μL 0.5麦氏浊度待测菌接种于平板	按照微量肉汤稀释法
孵育条件	33~37℃		
孵育时间	16~18h	24h（庆大霉素），或24~48h（链霉素，若24h敏感继续孵育）	
结果	6mm为耐药、≥10mm为敏感，7~9mm为不确定，需以微量肉汤稀释法或琼脂稀释法确认	>1个菌落为耐药	任何生长为耐药

2. 万古霉素MIC ≥ 8μg/mL的肠球菌属筛查试验

将0.5麦氏浊度待测肠球菌菌悬液1~10μL接种于含6μg/mL万古霉素的BHI平板（最好用微量移液管滴加，也可以用棉拭子在菌悬液中浸润后挤干，涂布直径10~15mm或划线接种），35℃ ±2℃孵育24h，透射光下观察>1个菌落可能为肠球菌属对万古霉素耐药。

（四）β-内酰胺酶检测

1. 葡萄球菌属

见本节四（一）。

2. 流感嗜血杆菌和卡他莫拉菌

以头孢硝噻吩纸片刮取35℃ ±2℃孵育的HTM平板（流感嗜血杆菌）或35℃孵育20~24h后MH平板（卡他莫拉菌）上的菌落，红色/粉红色为β-内酰胺酶阳性。

（五）克林霉素诱导性耐药试验

1. 葡萄球菌属

按照纸片扩散法操作步骤，将0.5麦氏浊度待测菌菌悬液接种于MH平板，15μg红霉素纸片和2μg克林霉素纸片边缘相距15~26mm，35℃ ±2℃孵育16~18h，与红霉素相邻侧抑菌圈出现“截平”（D形抑菌圈）或克林霉素抑菌圈内有薄雾状生长时为阳性，应报告克林霉素耐药；或将0.5麦氏浊度待测菌菌悬液接种于含4μg/mL红霉素和0.5μg/mL克林霉素的阳离子调节MH肉汤（CAMHB），35℃ ±2℃孵育18~24h，任何生长为阳性，应报告克林霉素耐药。

2. 肺炎链球菌和β溶血链球菌

按照纸片扩散法操作步骤，将0.5麦氏浊度待测菌菌悬液接种于含5%羊血的MH平板或胰酶大豆琼脂平板（TSA），15μg红霉素纸片和2μg克林霉素纸片边缘12mm，35℃ ±2℃，5%CO_2孵育20~24h，与红霉素相邻侧抑菌圈出现“截平”（D形抑菌圈）或克林霉素抑菌圈内有薄雾状生长时为阳性，应报告克林霉素耐药；或将0.5麦氏浊度待测菌菌悬液接种于含1μg/mL红霉素和0.5μg/mL克林霉素的CAMHB（含2.5%~5%溶解马血），35℃ ±2℃孵育20~24h，任何生长为阳性，应报告克林霉素耐药。

五、药敏折点与结果解释

（一）药敏折点的建立和修订

折点（亦称临床折点）是用来定义菌株对抗微生物药物的敏感性和耐药性。根据试验方法的不同，折点可以用MIC或抑菌圈直径表示。MIC折点建立必需包含以下4种数据：即MIC分布和野生型菌株的Cut-off值；体外耐药标志，包括表型和基因型；来自于动物模型和人体研究的PK/PD数据；来源于恰当的临床研究和病原菌MIC的临床和细菌学预后数据。区分野生型菌株和获得性耐药菌株的MIC值即微生物学折点/野生型折点（流行病学/野生型界值，Epidemiological Cut-off Value，ECV）。这种折点的数据来源是中至大样本量并足以描述野生型菌群的体外MIC数据。野生型菌株指不携带任何针对测试药物或与测试药物有相同作用机制的药物的获得性或选择性耐药。通过药效学理论和能预测药物体内活性的药效学参数计算出的药物浓度即PK/PD折点。此数据来源于动物模型并通过数学或统计学方法推广至人体，用于区分预后良好的感染病原菌和治疗失败的感染病原菌即临床和细菌学反应率。这种折点来源于感染患者的前瞻性临床研究，通过比较不同MIC病原菌的临床预后得出。折点的建立是综合微生物学折点、PK/PD折点和临床和细菌学反应率，以使确定的折点达到体外试验结果与临床预后间的最佳相关性。感染可发生在患者身体的不同部位，理论上应对每种感染类型设定相应的折点，如血流感染、脑膜炎、下尿路感染、骨髓炎、肺炎、蜂窝组织炎等，但这会极大地增加建立折点的复杂性。一般来说，血流感染被认为是最常见的复杂感染类型，因此血中药物的PK参数被用于建立折点。当感染部位浓度有较大差异时选择其他的修订折点，如尿路感染或脑膜炎。若要建立纸片扩散法折点，需建立抑菌圈直径和MIC值之间的线性关系。分别以MIC的$\log_2$值和抑菌圈直径为纵坐标和横坐标绘制散点图，通过线性回归获得两者间的关系，根据MIC敏感和耐药折点与回归直线交界点初步抑菌圈直径的折点。然后以MIC法为金标准，计算纸片扩散法的错误率。极重大错误（Very Major Error，VME）是指MIC法检测为耐药，纸片扩散法检测为敏感。重大错误（Major Error，ME）是指MIC法检测为敏感，纸片扩散法检测为耐药。小错误（Minor Error，mE）是指MIC法检测为中介而纸片扩散法检测为耐药或敏感，或纸片扩散法检测为中介而MIC法检测为敏感或耐药。美国FDA的要求为VME<3%，ME<3%，mE<10%。

（二）解释分类

解释分类源于微生物的特征、PK/PD参数和临床结果数据。基于已建立的折点，解释药敏试验所得的MIC或抑菌圈直径值。

敏感（Suceptible，S）是指当测试菌株MIC≤敏感折点或抑菌圈直径≥敏感折点，其所引起的感染用该抗微生物药物的推荐剂量治疗可能有效，禁忌证除外。

剂量依赖敏感（Susceptible-Dose Dependent，SDD）是指分离菌株的敏感性取决于患者的给药方案。当菌株的MIC或抑菌圈直径落在SDD范围内，通过提高给药剂量、增加给药频率或同时采用两种给药方案使抗微生物药物暴露提高以达到临床疗效。该分类还包含针对测试方法固有变异的缓冲区，以防止微小的、未受控制的技术因素导致的错误解释，特别是对于那些毒性范围窄的药物。

中介（Intermediate，I）是指MIC接近药物的血液或组织浓度，和（或）疗效低于敏感菌株。某些药物中介是指药物在尿液中存在浓缩，如肠杆菌目和亚胺培南、美罗培南。该分类还包含针对测试方法固有变异的缓冲区，以防止微小的、未受控制的技术因素导致的错误解释，特别是对于那些毒性范围窄的药物。

耐药（Resistant，R）是指当测试菌株MIC≥耐药折点或抑菌圈直径≤耐药折点时不能被常用剂量抗微生物药物在组织或血液中所达到的浓度所抑制，或属于MIC或抑菌圈直径落在具有特定耐药机制（如β-内酰胺酶）范围，或在临床治疗研究中表现为抗微生物药物对菌株的临床疗效不可靠。

（三）少见罕见耐药菌的确证

CLSI M100根据各种属细菌对不同抗微生物药物耐药性出现的频率和意义，将耐药性分为Ⅰ、Ⅱ、Ⅲ类，Ⅰ类表示目前为止没有报道过或极少报道的耐药表型，Ⅱ类表示在绝大多数机构中不常见的耐药表型，Ⅲ类表示可能常见但通常与流行病学有关（详见本章第三节不同菌属药敏报告的审核）。

对于Ⅰ类药敏结果，须确认菌株鉴定和敏感性结果（在确认结果之前，通过适当方式通报感染预防部门初步结果），向感染预防部门报告，保存菌株并与公共卫生部门联系沟通适当的报告及菌株转运步骤。

对于Ⅱ类药敏结果，假如在本机构不常见，须确认菌株的鉴定和药敏试验结果，与本机构感染预防部门联系确定是否需要特别报告程序或采取进一步行动，并与公共卫生部门联系沟通适当的报告及菌株转运步骤。

对于Ⅲ类药敏结果，假如在本机构不常见，须确认菌株鉴定和药敏结果，与本机构感染预防部门联系确定是否需要特别报告程序或采取进一步行动。

为确保抗微生物药物敏感性结果和菌种鉴定的准确性和可重复性，应通过以下检查程序确认：

（1）检查有无转录错误、试剂或耗材污染、板条过期或失效、仪器设备故障等。

（2）检查患者既往报告，确定之前是否曾分离并确认过该菌株的结果。

（3）核查药敏质控结果，最近的药敏质控测试是否有类似的趋势或发现，如使用新批号试剂材料的质控菌株抑菌圈较小及患者分离株的耐药性增加。

（4）为保证试验重复性，使用与初次相同方法重复鉴定菌株和抗微生物药物敏感性试验。

（5）在本实验室或参考实验室用第二种方法确认菌株鉴定。采用第二种方法（如本实验室或参考实验室）确认抗微生物药物敏感性试验结果。第二种方法可以是CLSI推荐的参考方法或美国FDA批准的商业化试验。

对于Ⅰ类和Ⅱ类结果，推荐跳过（4），直接到（5）。对于Ⅲ类结果，假如耐药结果在本机构常见，则不需执行重复和（或）确认试验。

各监测网点医院复核实验结果后，若确认结果属实，需立即与省级监测中心联系，必要时，省级监测中心向全国细菌耐药监测网质量管理中心报告，决定是否送菌。请同时保留菌株直至收到反馈信息。各省级监测中心将确认情况反馈至申请复核单位，同时，需上报国家卫生健康委合理用药专家委员会，由全国细菌耐药监测学术委员会讨论后提出具体措施和意见。

为防止实验室误报少见罕见耐药结果，可通过在自动化仪器设定少见/罕见耐药表型预警、实验室LIS系统设置少见/罕见耐药表型预警、发报告/数据上报前先浏览和审核结果。

第二节 抗微生物药物敏感性试验的质量控制

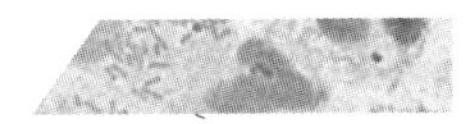

抗微生物药物敏感性试验（简称药敏试验）的质量控制（简称质控，Quality Control，QC）是以监控药敏系统的程序确保结果的准确性和可重复性，通过但不限于对特定的及对待测药物敏感性已知的质控菌株进行测试。质控计划的目标是监控药敏系统程序的精密度（重现性）和准确度、测试中所用试剂的性能及进行药敏试验操作并报告结果的人员表现。

全面质量保证计划有助于确保测试材料和过程提供质量始终如一的结果。质量保证包括但不限于监控、评估、采取纠正措施（必要时）、记录保存、设备校准和维护、能力测试、培训、能力评估和质量控制。

一、药敏系统生产商和使用者的质控责任

药敏系统的生产商和使用者对质量有共同的责任。生产商进行质控测试的主要目的是确保测试材料和试剂已按要求生产。实验室（用户）进行质量控制测试的主要目的是确保测试材料和试剂维护适当，并按照既定的方案进行测试。

（一）药敏系统生产商责任

应确保抗微生物药物标记正确。抗微生物药物纸片效价/抗微生物药物储存液效能/抗微生物药物药敏板（卡/条）效能正确；抗微生物药物稳定；生产商遵照良好的生产程序（如质量管理系统标准）；产品完整性；对承销人（经销商）的责任和可追溯性。

（二）实验室（用户）责任

应确保药敏测试材料和试剂［培养基、试剂、纸片、抗微生物药物储存液、抗微生物药物药敏板（卡/条）］等按照生产商推荐的条件储存；实验室人员能胜任药敏试验；使用现行的CLSI标准（或其他公认的药敏指南、生产商的使用说明）并遵循既定程序如实验室SOP（如接种物制备、孵育条件、药敏终点的确定、结果解释）。

生产商应设计并推荐一个质控程序，允许用户评估这些变量（如接种液浓度、储存和运输条件）最有可能对试验结果产生的不利影响，并根据既定方案进行试验时确定试验结果的准确性和可重复性。

二、质控菌株的选择及保存和传代

（一）质控菌株的选择

每个质控菌株均应从公认的来源（如ATCC、NCTC）获得。对于稀释法，理想的质控菌株MIC应落在所有所测试药物的MIC稀释范围的中间浓度。如某药物有7个稀释度，理想的质控菌株应被第4孔浓度抑制，但第3孔或5孔也可接受。对于新的、活性更强的抗微生物药物，可能需要测试常规质控菌株以外的其他质控菌株，如亚胺培南/瑞来巴坦应常规测试产KPC-2的肺炎克雷伯菌ATCC BAA-1705。

应评估CLSI 推荐的适用于抗微生物药物和药敏方法的质控菌株，该菌株的药敏结果应在M100文件中的预期范围内。商品化药敏系统的用户还应遵循生产商使用说明中的质控建议。质控菌株及其特征见每年最新版本的CLSI M100。常规质控菌株应定期（如每天或每周）测试以确保药敏系统正常及药敏结果在M100文件中所列的预期范围内。如实验室常规使用的药敏试验方法为纸片扩散法、琼脂稀释法或肉汤稀释法，则药敏质控应至少包括：大肠埃希菌ATCC 25922、大肠埃希菌ATCC 35218、铜绿假单胞菌ATCC 27853、金黄色葡萄球菌ATCC 25923（纸片法）和（或）金黄色葡萄球菌ATCC 29213（MIC法）、肺炎链球菌ATCC 49619、粪肠球菌ATCC 29212（MIC法）、流感嗜血杆菌ATCC 49247或ATCC 49766（取决于所测试药物）。多黏菌素药敏试验的质控菌株需包含一株敏感株（如大肠埃希菌ATCC 25922或铜绿假单胞菌ATCC 27853）及一株耐药株（如产*mcr-1*的大肠埃希菌NCTC 13846或ATCC BAA-3170）。如实验室常规做厌氧菌药敏，则应包括相

应的厌氧质控菌株。

补充质控菌株可用于评估特定条件下特殊的试验或测试系统的特征，或代表可替代的质控菌株，这些菌株可能对一个或多个特殊的耐药菌检测试验具有敏感或耐药的特征，如金黄色葡萄球菌ATCC BAA-977和BAA-976作为克林霉素诱导性耐药试验的补充菌株。补充质控菌株还可用于评估新试验、培训新人和能力评估。补充质控菌株不必常规检测。

（二）质控菌株的保存

实验室须采用适当的方法保存和维护质控菌株以确保质控菌株的性能。如长期保存菌株，须在-20℃或以下（最好≤-60℃或液氮）在合适的稳定剂中（如含50%的胎牛血清肉汤、含10%~15%甘油的胰蛋白酶大豆肉汤、脱纤维羊血或脱脂牛奶）或冷冻干燥状态。特别是具有质粒介导耐药性的菌株（如大肠埃希菌ATCC 35218），在高于-60℃储存时会丢失质粒。

1. 传代和测试质控菌株的工作流程

①将冷冻或冻干保存的菌株传代至适当的培养基（如胰酶大豆琼脂平板或血琼脂平板用于非苛养性细菌；巧克力琼脂平板或血琼脂平板用于苛养性细菌）并在适当的条件下孵育。这种传代被称为F1（“F”表示菌株储存的“冷冻”或“冻干”状态；“1”表示第一代和“2”来自储存菌株的第二代）。将F1传代菌株置于2~8℃或根据细菌类型保存最长4周。②用琼脂斜面或琼脂平板将F1传代培养制备F2。③在适当的条件下孵育F2传代菌株。将F2传代菌株置于2~8℃或根据细菌类型保存最长1周。④将F2传代培养至琼脂平板上（不是肉汤或琼脂斜面）制备F3。所需F3传代菌株数量取决于实验室的质控测试计划。⑤从新鲜（如过夜孵育）的F2或F3琼脂平板上选择单个分离的菌落制备质控菌株接种悬浮液。⑥在第2、3和4周每周制备一个新的F2传代菌株（斜面琼脂或琼脂平板）。⑦4周后从冷冻或冻干质控菌株中制备新的F1传代菌株。某些菌株可能需要更频繁的制备F1传代菌株（如每两周）。

2. 传代和保存质控菌株需注意

①在用于制备质控菌株接种菌悬液前须将冻干或冷冻的质控菌株传代培养两次。②如果质控测试出现污染或质控结果有问题，则必须从冻干或冷冻的质控菌株制备新的F1传代菌株。③对于铜绿假单胞菌ATCC 27853、粪肠球菌ATCC 51299和肺炎链球菌ATCC 49619，每2周制备新的F1传代菌株。若时间超过2周，铜绿假单胞菌ATCC 27853和粪肠球菌ATCC 51299的结果可能会失控，肺炎链球菌ATCC 49619可能会失活。④以上关于质控的建议适用于每日或每周质控计划及常规和补充质控菌株。

在测试质控菌株时应使用与检测患者分离株的相同材料和方法。如果发生无法解释的质控错误，且该错误可能是质控菌株固有的敏感性或耐药性发生变化，应从实验室外获取新的质控菌株。

三、批质控

每批或每货次的MH（BMH或其他按细菌类型适用的药敏培养基）、药敏纸片、宏量肉汤稀释药敏管、微量肉汤稀释药敏板或条、琼脂稀释药敏板应使用适当的质控菌株先于患者菌株或与患者菌株同时检测。若抑菌圈直径或MIC不在可接受范围内（纸片扩散法见M100）应采取纠正措施。若质控结果在控则可报告当天患者的结果。记录至少包括药敏试验中所有试剂和材料的批号、有效期和使用日期。当药敏试验系统发生变化时的质控频率见表7-22和表7-23。

对于实验室自制或购买的MH平板或有添加剂的MH平板（如BMH）、药敏板/条/管，每批次中应至少将一个未接种的平板、药敏板/管/条孵育过夜以确认培养基的无菌性。

四、质控频率

应在测试患者分离株的每天进行质控菌株的测试，或者可采用以下两个质控方案之一来证明将纸片扩散法或MIC法测试的频率从每天减少到每周的性能是可接受的。若每天的质控菌株测试的性能可接受，则任一方案都可以启动每周质控测试。每周质控不适用于药敏试验频率少于每周1次时。

（一）日质控

实验室可以每天进行质控测试。如果纸片扩散法或MIC测试少于每周1次，则必须在患者测试当日进行质控测试。

（二）周质控

在改为每周质控测试前，有两个质控计划可用于证明日质控测试的性能：20天或30天方案或15次重复（3×5天）方案。

1. 20天或30天方案

当实施20天或30天方案时，所有适用的质控菌株均经过连续20天的质控测试，并记录结果。如0~1个结果失控则可执行每周质控；如超过3个结果失控则采取纠正措施解决问题，继续执行日质控直到问题解决再次启动日质控转为周质控方案；如2~3个结果失控，再连续测试10天，30个结果中2~3个结果失控则可执行每周质控，超过3个结果失控则采取纠正措施解决问题，继续执行日质控直到问题解决再次启动日质控转为周质控方案。

如果实验室在药敏试验当天常规进行QC菌株测试，希望转换为每周质控方案，可通过回顾性分析前两年连续测试的质控数据，前提是药敏系统没有任何变化。

2. 15次重复（3×5天）方案

当实施15次重复（3×5天）方案时（表7-21），使用单独的接种菌悬液对每个适用的质控菌株重复测试3次，连续测试5天并记录结果。如0~1个结果失控则可执行每周质控；如超过3个结果失控则采取纠正措施解决问题，继续执行日质控直到问题解决再次启动日质控转为周质控方案；如2~3个结果失控，再测试3×5天，30个结果中2~3个结果失控则可执行每周质控，超过3个结果失控则采取纠正措施解决问题，继续执行日质控直到问题解决再次启动日质控转为周质控方案。

表7-21　15次重复（3×5天）方案：可接受标准及建议措施

初始测试数值超出范围的数量（基于15次重复）	初始测试的结论（基于15次重复）	重复测试后数值超出范围的数量（基于所有30次重复）	重复测试后的结论
0~1	方案成功，转为每周QC测试	N/A	N/A
2~3	再测试3×5天	2~3	方案成功，转为每周QC测试
≥4	方案失败，调查并采取适当的纠正措施并继续每日QC测试	≥4	方案失败，调查并采取适当的纠正措施并继续每日QC测试

N/A：不适用

3.执行周质控

以上20天或30天质控方案或15次重复（3×5天）质控方案结果可接受，则可转为周质控。无论何时更换药敏系统中的试剂成分（如来自同一生产商的新批号肉汤、来自同一生产商或不同生产商的新批号培养基或药敏纸片），必须每周进行一次药敏质控。以上列出的转换为每周QC的方案亦适用于使用三个或更少的抗微生物药物倍比稀释度确定MIC的测试系统。对于某些降解相对较快的抗微生物药物，QC记录可提示需要进行每周一次以上的测试。如果每周质控结果失控，则应立即采取纠正措施。

有关新材料或测试系统变化的质控频率指南见表7-22和7-23。

表7-22 纸片扩散法质量控制频率

药敏系统变化	推荐质量控制频率			注释
	1天	5天	15次重复（3×5天），20或30天	
纸片				
新货次或新批号	√			
新生产商	√			
现有药敏系统增加新抗微生物药物			√	除此之外还需进行实验室内验证试验
培养基				
新货次或新批号	√			
新生产商		√		
接种物制备				
变更接种物制备/标化的方法为使用具有自身质控方案的设备		√		如从肉眼观察比浊改为有质控程序的光度计比浊
变更接种物制备/标化的方法为依赖于用户技术的方法			√	如从肉眼观察比浊改为不依赖于光度计比浊的方法
抑菌圈直径测量				
改变抑菌圈直径测量方法			√	如从手工测量改为自动抑菌圈测量仪测量。此外需进行实验室内验证试验
仪器/软件（如抑菌圈自动读取仪器）				
软件更新影响AST结果		√		监测所有药物，而不仅是软件修改涉及的药物
仪器维修影响AST结果	√			取决于维修程度（如成像装置等关键部件），可能需要附加测试（如5天）

注：1.质量控制可在测试患者菌株前或同步进行。患者结果仅在当天QC结果在允许范围内才可报告
2.生产商或自制测试材料的实验室应遵循其内部操作程序及使用规程
3.失控结果处理参见CLSI M100
4.制备接种物的肉汤、0.9%氯化钠注射液和（或）水等不需进行常规QC
5.AST：抗微生物药物敏感性试验

表7-23 MIC法质量控制频率

药敏系统变化	推荐质量控制频率			注释
	1天	5天	15次重复(3×5天)，20或30天	
MIC测试				
新批号或新货次	√			
扩大稀释范围	√			如从仅有折点值变为扩大稀释范围的MIC板
缩小稀释范围	√			如从扩大稀释范围变为仅有折点值的MIC板
新方法（相同生产商）			√	如从过夜孵育变为快速MIC试验。此外需进行实验室内验证试验
新生产商的MIC测试系统			√	除此之外还需进行实验室内验证试验
新生产商的肉汤或琼脂		√		
现有药敏系统增加新抗微生物药物			√	除此之外还需进行实验室内验证试验
接种物制备				
变更接种物制备/标化的方法为使用具有自身质控方案的设备		√		如从肉眼观察比浊改为有质控程序的光度计比浊
变更接种物制备/标化的方法为依赖于用户技术的方法			√	如从肉眼观察比浊改为不依赖于光度计比浊的方法
仪器/软件				
软件更新影响AST结果		√		监测所有药物，而不仅是软件修改涉及的药物
仪器维修影响AST结果	√			取决于维修程度（如成像装置等关键部件），可能需要附加测试（如5天）

注：1.质量控制可在测试患者菌株前或同步进行。患者结果仅在当天QC结果在允许范围内才可报告
2.生产商或自制测试材料的实验室应遵循其内部操作程序及使用规程
3.不同药敏设备的使用者应遵循生产商的操作流程及质控允许范围
4.失控结果处理参见CLSI M100
5.制备接种物的肉汤、0.9%氯化钠注射液和（或）水等不需进行常规QC
6.AST：抗微生物药物敏感性试验

五、失控时的纠正措施

失控结果可分为随机的、可识别的和系统相关的。QC范围的建立是包括≥95%的QC菌株的常规检测结果。即使正确执行测试方法并按照推荐方案保存测试材料，亦可能会出现少量（随机）失控结果，这是偶然发生的。由随机或可识别的错误引起的失控结果通常可通过单次重复QC测试解决。然而由于测试系统问题而导致的失控结果通常不能通过重复QC测试纠正，提示可能是对患者结果产生不利影响的严重问题。每一个失控结果均须进行调查。QC失控时解决问题和纠正措施指南见本书第二章。

（一）每日或每周质量控制失控

当每日或每周质量控制失控时是由可识别的错误所致，且可确定失控原因并易纠正时，应纠正问题，记录失控原因并在失控当天重新测试QC菌株。如重复结果在控，则不需要额外的纠正措施。导致失控结果的可识别原因包括但不限于。

1. QC菌株

菌株变化（如突变、质粒丢失）；污染；菌株存储不当；菌株维护不足（如未从存放少于7天的F2传代板准备QC传代板进行测试）；菌株失活；使用错误的QC菌株。

2. 测试材料与试剂

污染；肉汤管或孔中肉汤量不足；存储或运输条件不当；使用缺陷培养基（过厚或过薄）；使用破损的（如破裂、泄漏）药敏板、药敏培养基、药敏卡、药敏管；使用过期材料。

3. 测试过程

制备或调整接种菌悬液不正确；从孵育时间不当的平板上制备接种菌；从含有抗微生物药物或其他抑制生长成分的选择鉴别培养基上制备接种菌；孵育温度、条件、时间不当；试剂或辅助用品错误；测试结果读取或解释错误；转录错误。

4. 设备

故障或未校准（如移液器、比浊仪）。

（二）每日质量控制失控

当每日质量控制失控时是由无法识别的错误所致，如果QC菌株和抗微生物药物组合的结果失控，而错误无法识别且连续发生两天，则需采取纠正措施。如果在连续30天的测试中，一个QC菌株和抗微生物药物组合的三个以上结果失控，亦需要采取纠正措施（见本书第二章）。

（三）每周质量控制失控

当每周质量控制失控时是由无法识别的错误所致（无法确定失控原因），则应采取纠正措施以确定错误是随机的还是系统相关的。

失控的抗微生物药物和微生物组合必须在失控当天或在QC菌株的F2或F3传代可用时尽快进行测试（见CLSI M100附录C）。如重复测试结果在控，则需对失控时使用相同批号材料所得的抗微生物药物和微生物组合的所有QC结果进行评估。如5个QC结果均在控，则不需额外测试QC。

以下举例失控情况及处理措施：

例1：氨苄西林&大肠埃希菌ATCC 25922，质控可接受范围：15~22mm。

周	天	批号（纸片）	批号（MH）	结果（mm）	措施
1	1			18	
2	1			19	
3	1			18	
4	1			19	
5	1			14	失控，当天重复质控
5	2			17	在控，恢复每周质控

结论：随机QC错误。

例2：氨苄西林&大肠埃希菌ATCC 25922，质控可接受范围：2~8μg/mL。

周	天	批号	结果（μg/mL）	措施
1	1		4	
2	1		8	

续表

周	天	批号	结果（μg/mL）	措施
3	1		16	失控，当天重复质控
3	2		8	在控，重复至少2天质控
3	3		8	在控
3	4		8	在控，恢复每周质控

结论：随机QC错误。

（四）其他纠正措施

如重复质控结果仍然失控，则需采取其他纠正措施。这种失控可能是由于系统错误而不是随机错误。此时须继续进行每日QC测试，直到问题得到解决。如有必要，需要获得新的QC菌株（从冻存菌库或可靠来源），同时可能需要从不同的生产商获得新批号材料（包括新的浊度标准）。如问题与生产商有关，应与生产商联系并向其提供测试结果和所用材料的批号。当失控原因无法确定时，可与其他使用相同方法的实验室交换QC菌株和材料，这有助于确定失控的根本原因。在失控问题解决之前有必要使用替代测试方法。

六、质控结果失控时患者药敏结果报告及结果确认

当失控须测试QC菌株或采取纠正措施时，必须仔细检查每一份患者报告以确定患者报告结果是否可靠。检查时需考虑但不限于：QC菌株错误的程度和方向（如抑菌圈轻度或显著增大或缩小/MIC轻度或显著升高或降低）；患者的实际结果及其与折点的接近程度；其他QC菌株的结果；其他抗微生物药物的结果；使用特殊QC菌株/抗微生物药物提示操作程序或储存相关原因（如接种依赖、热不稳定）。

如果失控是由于可识别的错误，失控当天重复质量控制，但不需要重新测试患者菌株。

如果失控原因不能确定（多为系统错误），采取纠正措施并继续每天质控直到问题解决。QC问题一旦解决，在转为周质控前须做5天的日质控。

当同一种抗微生物药物对一种以上的质控菌株失控、同一种药物失控多于1天或多种抗微生物药物均失控时提示失控原因为“系统问题”。如一种抗微生物药物失控，则不报告该药物；如一种以上抗微生物药物失控，不要报告患者结果直到问题解决（使用其他方法或者送往参考实验室）。由于患者结果中对问题药物的错误通常是不典型的，纠正措施包括使用不同批号材料或使用不同的检测方法或送往参考实验室。评估单个患者结果或累积性数据以发现少见模式。

实验室按照CLSI指南中QC推荐可对多个测试参数进行监控，但质量控制结果在控并不能保证患者准确的结果。重要的是在报告结果前对患者分离株药敏试验中所有抗微生物药物结果进行评估，应包括确保：药敏结果与鉴定结果一致；同种类抗微生物药物遵循“内在”的规则（如三代头孢菌素对肠杆菌目的活性强于一、二代头孢菌素）；少见罕见耐药菌（如对青霉素不敏感的化脓链球菌、对万古霉素不敏感的肺炎链球菌）。少见罕见的或不一致的结果可通过检查患者以前的结果（如患者以前是否分离过具有相同少见罕见药敏结果的菌株），以前的QC结果（如最近的QC结果是否有类似趋势或发现），试剂、耗材、设备或操作过程问题来验证。如果患者少见罕见或不一致结果的原因无法确定时，重复药敏或鉴定或鉴定和药敏均重复，有时使用替代方法重

复试验可能有助于确定原因。CLSI M100附录A中包含了需要验证的结果建议列表，每个实验室必须制定相应策略来确认少见罕见或不一致的药敏结果，其中应强调药敏结果可能显著影响患者治疗。

七、解释终点的控制

实验室应周期性监控解释终点以减小不同检验者抑菌圈直径测量或MIC终点读取的差异。所有检验者应独立测量或读取一系列菌株的检测结果，记录结果并与由有经验的检验者获得的结果比较，或者检测QC菌株并与CLSI M100表中QC菌株的预期结果比较，通常每个检验者抑菌圈直径测量的结果不超过 ±2mm，MIC读取结果不超过 ±1个稀释度。

第三节 抗微生物药物敏感性试验报告审核

实验室依据相关指南、行标确保质控菌株、频率及质控范围符合相关要求，结果在可控的基础上，规范地进行临床标本处理和菌株分离，排除污染菌或定植菌，对有临床意义和（或）公共卫生意义的分离菌进行鉴定及药敏试验，在鉴定及药敏结果发送前，实验室确定鉴定结果无误时，再对药敏结果进行审核。

一、药敏试验报告审核的通用要点

（一）选择性报告

1. 标本类型（感染部位）

对于正常和疾病状态不能穿透血-脑屏障的药物，脑脊液分离菌常规不应报告，包括仅可口服的药物，第一代和第二代头孢菌素类，头霉素类，多立培南、厄他培南、亚胺培南，拉姆法林，克林霉素，大环内酯类，四环素类和氟喹诺酮类。

尿液分离株不应测试和报告氯霉素、大环内酯类、克林霉素、拉姆法林和替加环素。磷霉素（CLSI仅有尿路感染折点）和呋喃妥因（只对非复杂的尿路感染有效）仅限于报告尿分离株。

达托霉素对肺泡腔的渗透力差，且当其作用于肺泡时，与肺泡表面的磷脂酰甘油的结合，导致肺泡腔内的达托霉素剂量减少，无法有效杀灭病原菌，故下呼吸道分离株不报告达托霉素。

2. 细菌鉴定结果

下列抗微生物药物/细菌组合可表现出体外活性，但在临床上无效，不应报告为敏感。

沙门菌属和志贺菌属不应报告一代和二代头孢菌素、头霉素类和氨基糖苷类。

肠球菌属不应报告氨基糖苷类（除高水平耐药试验外）、头孢菌素类、克林霉素和甲氧苄啶/磺胺甲噁唑。

（二）天然耐药药物不必测试和报告

见第六章第二节天然耐药谱。

（三）由等效性药物或替代性药物可预报的药物

等效性药物是指以“或”连接的药物之间的交叉耐药性和交叉敏感性几乎相同，可用一种药物预报另外一种药物的敏感性。通过测试一种药物来预报密切相关的同种类药物的结果，以较少的药物测试数量获得较多的密切相关药物的结果，进而提升效率，节约成本，例如，肠杆菌目的头孢噻肟和头孢曲松为等效性药物，可相互预测（详见不同菌属药敏报告审核）。

当选择的药物由于不可及性或性能问题无法进行测试时，选用另一药物替代进行药敏试验（如替代药物检测效果优于所选药物），此时由替代性药物结果可以预报另一种或一类药物结果。例如，检测头孢西丁来预测葡萄球菌属（除外假中间葡萄球菌和施氏葡萄球菌）对苯唑西林的敏感性，注意不报告头孢西丁的药敏结果（详见不同菌属药敏报告审核）。

（四）必做的补充试验

包括β-内酰胺酶试验、D试验（见本章第一节）。

（五）不常见药敏结果的确认

CLSI根据药敏试验中耐药性出现的频率和意义，将耐药情况分为Ⅰ、Ⅱ、Ⅲ类（见本章第一节）。

（六）因方法学或仪器/板卡限制需复核的结果

有些细菌对某种或某类抗微生物药物的药敏试验结果因纸片扩散法或MIC法结果不可靠，需用其他方法进行复核确认，例如，当肺炎链球菌苯唑西林抑菌圈直径≤19mm时，需检测青霉素MIC（详见不同菌属细菌药敏试验报告审核）。不同品牌药敏仪器及药敏板卡/条可能有一些限制性信息，提示某种细菌某种药物药敏结果不可靠，需用其他方法复核，例如出现替加环素中介或耐药需用其他方法复核。此外，如果所用药敏板卡/条上抗微生物药物的稀释浓度无法覆盖当前药敏折点时，需用其他方法进行补充试验。

（七）矛盾耐药结果

违反了同类或不同类抗微生物药物的抗微生物活性一般规律时需复核。例如对广谱头孢菌素类耐药而对窄谱头孢菌素类敏感的肠杆菌目细菌、对阿米卡星耐药而对庆大霉素或妥布霉素敏感的革兰阴性杆菌。

（八）形式审核

包括对报告单的一般信息、涂片及培养结果（见本书第四章和第七章）、药敏试验结果、备注信息等的审核。报告单应包括患者基本信息（病历号、姓名、性别、年龄、科室/病区等）、临床信息（临床诊断、标本来源和种类、检测项目等）、实验室信息（标本采集、送检、接收、报告审核等时间、检测者和报告者，必要时说明影响检测结果的因素，如血量）。

（1）细菌和抗微生物药物名称应规范化。细菌名称参见教材、临床微生物学手册等。药物名称应使用化学通用名称，如亚胺培南，而不应使用商品名，如泰能。

（2）应列出测试药物对应测试菌种的所用方法学的药敏判定标准，即折点。目前我国主要采用的是CLSI标准，如采用其他来源标准，建议标注，同时标注所用标准的版本。

（3）药敏结果应依据所用方法报告具体的MIC值或抑菌圈直径，以及根据折点判定的结果解释分类（敏感、中介、SDD或耐药）。

（4）不要报告替代测试药物的结果，如用来预测葡萄球菌属（除外假中间葡萄球菌和施氏葡萄球菌）对苯唑西林的敏感性的头孢西丁结果、预测肺炎链球菌对青霉素敏感性的苯唑西林的结果。

（5）建议对缩写（如MRSA）、补充试验（如β-内酰胺酶试验）、分离菌临床意义、天然耐药、治疗建议（如左氧氟沙星不应单独用于嗜麦芽窄食单胞菌感染的治疗）、MDR等进行备注或注释。

二、不同菌属药敏试验报告的审核

（一）葡萄球菌属

对于葡萄球菌属药敏试验报告审核时，除以上通用要点外，还应注意。

（1）对于葡萄球菌属和β-内酰胺类药物，仅需测试青霉素和苯唑西林或头孢西丁即可预报所有具有抗葡萄球菌活性的β-内酰胺类药物的敏感性。青霉素敏感应报告对所有具有抗葡萄球菌活性的β-内酰胺类包括不耐酶青霉素类药物敏感。青霉素耐药，而苯唑西林或头孢西丁敏感（即甲氧西林敏感葡萄球菌），应报告对除不耐酶青霉素类以外的β-内酰胺类药物敏感。苯唑西林或头孢西丁耐药，即甲氧西林耐药葡萄球菌，应报告对所有具有抗葡萄球菌活性的β-内酰胺类药物（除外头孢洛林等具有抗MRSA活性的药物）耐药。需注意头孢西丁和苯唑西林可能出现不一致的结果，此时可能是由*mecC*介导的MRS，典型MICs表现为对头孢西丁耐药但苯唑西林敏感。此外，头孢西丁仅为检测MRS的替代药物，不应报告头孢西丁结果为耐药或敏感。

（2）当青霉素MIC ≤ 0.12μg/mL或抑菌圈直径 ≥ 29mm时，应采用头孢硝噻吩试验（适用于葡萄球菌属）和（或）青霉素抑菌圈边缘试验（仅适用于金黄色葡萄球菌）检测是否产β-内酰胺酶。β-内酰胺酶试验阳性，修改青霉素结果为耐药。对于金黄色葡萄球菌，青霉素抑菌圈边缘试验优于头孢硝噻吩试验。

（3）红霉素、克拉霉素和阿奇霉素为等效性药物，可相互推测敏感性和耐药性。

（4）当红霉素耐药、克林霉素敏感或中介时，需补充克林霉素诱导性耐药试验（D试验）。如果D试验阳性，此时应将克林霉素药敏结果修改为耐药；如果D试验阴性，则应根据药敏结果报告克林霉素敏感或中介。而当红霉素敏感、克林霉素耐药时，可能是LinA对克林霉素腺苷酸化的修饰作用。

（5）对四环素敏感的菌株可报告对多西环素和米诺环素敏感，但对四环素中介或耐药菌株，如需多西环素或米诺环素结果，须对其单独检测。

（6）环丙沙星和左氧氟沙星为等效性药物，可相互推测敏感性和耐药性。

（7）如用MIC法检测到金黄色葡萄球菌对利奈唑胺敏感，则可报告其对特地唑胺敏感；如检测到利奈唑胺耐药，如需特地唑胺结果，须用MIC法检测。

（8）需确认的情况：①未曾报告过或仅少见报告：万古霉素耐药金黄色葡萄球菌、脂糖肽类（达巴万星、奥利万星或特拉万星）不敏感金黄色葡萄球菌、拉姆法林不敏感金黄色葡萄球菌；②在大多数机构不常见：头孢洛林SDD或耐药金黄色葡萄球菌、万古霉素中介金黄色葡萄球菌、达托霉素不敏感金黄色葡萄球菌、喹奴普丁–达福普汀中介或耐药金黄色葡萄球菌、利奈唑胺耐药金黄色葡萄球菌、特地唑胺中介或耐药金黄色葡萄球菌、替加环素不敏感金黄色葡萄球菌以及万古霉素中介或耐药、达托霉素不敏感、利奈唑胺耐药的其他葡萄球菌（除金黄色葡萄球菌外）。

（9）如分离到在CAMHB或无添加的MH平板上生长不良的金黄色葡萄球菌，此时常规药敏方法无法可靠检测MRSA，应使用诱导生长菌落，即在5%CO_2环境孵育24h后，选择BMHA或血琼脂平板上头孢西丁纸片抑菌圈边缘的菌落检测*mecA*基因或PBP2a。

（10）天然耐药谱见第六章第二节。

（二）肠球菌属

对于肠球菌属药敏试验报告审核时，除以上通用要点外，还应注意。

（1）对于肠球菌属，氨基糖苷类（除高水平耐药试验外）、头孢菌素、克林霉素和甲氧苄啶-磺胺甲嘧唑可以在体外显示活性但临床治疗无效，不应报告为敏感。

（2）氨苄西林敏感可预报阿莫西林敏感性。

（3）对于非产β-内酰胺酶的肠球菌属，青霉素敏感可预报氨苄西林、氨苄西林/舒巴坦、阿莫西林-克拉维酸、哌拉西林、哌拉西林/他唑巴坦的敏感性；氨苄西林敏感可预报阿莫西林/克拉维酸、氨苄西林/舒巴坦、哌拉西林、哌拉西林/他唑巴坦的敏感性。假如菌株为粪肠球菌，氨苄西林的敏感性还可预报对亚胺培南的敏感性；对氨苄西林敏感的肠球菌不能认为对青霉素也敏感。

（4）对于肠球菌属，因产β-内酰胺酶导致其对青霉素、氨基和脲基青霉素耐药比较罕见。因常规纸片扩散法和MIC法不能可靠检出产酶株，因此对于某些特殊病例，可采用头孢硝噻吩纸片法检测β-内酰胺酶，阳性预报肠球菌属对青霉素、氨基和脲基青霉素耐药。

（5）屎肠球菌与其他肠球菌所用达托霉素折点不同。

（6）呋喃妥因、四环素、环丙沙星、左氧氟沙星、诺氟沙星和磷霉素（仅限粪肠球菌，纸片法或琼脂稀释法）折点仅限尿道分离株。对四环素敏感的菌株可报告对多西环素和米诺环素敏感，但对四环素中介或耐药菌株，如需多西环素或米诺环素结果，须对其单独检测。

（7）当使用纸片扩散法测试万古霉素敏感性时，应将平板孵育至24h以确保准确检测耐药性。使用透射光检查抑菌圈，在抑菌圈内出现雾状或任何生长均视为耐药。对于抑菌圈为中介的菌株，应用MIC法检测。对万古霉素MICs 8~16μg/mL菌株，应做生化试验进行鉴定，确认是鹑鸡肠球菌和铅黄肠球菌时，区别于感染预防目的的万古霉素耐药的其他肠球菌。

（8）如肠球菌属对庆大霉素高水平耐药，则应报告联合使用庆大霉素或除链霉素之外的其他氨基糖苷类药物将不再具有协同作用，反之则有协同作用，并针对链霉素高水平进行检测。如肠球菌属对链霉素高水平耐药，则应报告链霉素和青霉素类、糖肽类不再具有协同作用，反之则有协同作用。

（9）需确认的情况：①未曾报告过或仅少见报告：脂糖肽类（达巴万星、奥利万星或特拉万星）不敏感粪肠球菌（万古霉素敏感）；②在大多数机构不常见：达托霉素中介或耐药肠球菌属、利奈唑胺耐药肠球菌属、特地唑胺中介或耐药肠球菌属、替加环素不敏感肠球菌属；③假如在本机构不常见，须确认菌株鉴定和药敏结果：万古霉素耐药肠球菌属。

（10）天然耐药谱见第六章第二节。

（三）肺炎链球菌

对于肺炎链球菌药敏试验报告审核时，除以上通用要点外，还应注意。

（1）对于脑脊液分离的肺炎链球菌，应用MIC法检测并按照脑膜炎折点报告青霉素和头孢噻肟、头孢曲松或美罗培南结果。如有必要，还可用MIC法或纸片扩散法检测并报告万古霉素。

（2）对于非脑脊液分离的肺炎链球菌，苯唑西林（纸片扩散法）可预报对青霉素的敏感性。当苯唑西林抑菌圈直径≥20mm，根据非脑膜炎折点和脑膜炎折点分别报告肺炎链球菌对青霉素敏感（MIC≤0.06μg/mL），同时可预报氨苄西林（口服或注射）、氨苄西林-舒巴坦、阿莫西林、阿莫西林-克拉维酸、头孢克洛、头孢地尼、头孢妥仑、头孢吡肟、头孢噻肟、头孢泊肟、头孢丙烯、头孢洛林、头孢唑肟、头孢曲松、头孢呋辛、多立培南、厄他培南、亚胺培南、氯碳头孢、美罗培南的敏感性。当苯唑西林抑菌圈直径≤19mm，应测定青霉素的MIC，根据非脑膜炎折点和脑膜炎折点分别报告青霉素MIC结果（如有需要，还应按口服青霉素折点报告青霉素结果）。此外，如有需要，应用MIC法检测头孢曲松、头孢噻肟及头孢吡肟，应根据非脑膜炎折点和脑膜炎折点分别报告结果。

（3）红霉素可预报肺炎链球菌对阿奇霉素、克拉霉素和地红霉素的敏感性和耐药性。当红霉素耐药、克林霉素敏感或中介时，需补充克林霉素诱导性耐药试验（D试验）。如果D试验阳性，此时应将克林霉素药敏结果修改为耐药；如果D试验阴性，则应根据药敏结果报告克林霉素敏感或中介。

（4）对四环素敏感的菌株可报告对多西环素敏感，但对四环素耐药，如需多西环素结果，须对其单独检测。

（5）对左氧氟沙星敏感的肺炎链球菌可报告其对吉米沙星和莫西沙星敏感。但对左氧氟沙星中介或耐药肺炎链球菌，如需可吉米沙星和（或）莫西沙星结果，则应单独检测。

（6）需确认的情况：①未曾报告过或仅少见报告：头孢洛林、万古霉素、利奈唑胺或拉姆法林不敏感肺炎链球菌；②在大多数机构不常见：任何碳青霉烯类耐药、中介或不敏感，任何氟喹诺酮类、利福平或喹奴普丁-达福普汀中介或耐药的肺炎链球菌；③假如在本机构不常见，须确认菌株鉴定和药敏结果：第三代或第四代头孢菌素耐药（非脑膜炎折点）、青霉素或阿莫西林耐药（非脑膜炎折点）的肺炎链球菌。

（四）草绿色链球菌群

对于草绿色链球菌群药敏试验报告审核时，除以上通用要点外，还应注意。

（1）使用草绿色链球菌群折点表的包括5个群，即变异链球菌群（*S.mutans* group）、唾液链球菌群（*S.salivarius* group）、牛链球菌群（*S.bovis* group）、咽峡炎链球菌群［*S.anginosus* group，具有A、C、F或G群抗原形成小菌落（≤0.5mm）的β溶血菌株，以前称为"米勒链球菌"群］和缓症链球菌群（*S.mitis* group）。

（2）对于分离自正常无菌部位（如脑脊髓液、血液、骨髓）的草绿色链球菌，应使用MIC法检测青霉素并报告其药敏结果。青霉素或氨苄西林中介时，应报告需与一种氨基糖苷类药物联合治疗起杀菌作用。

（3）红霉素可预报阿奇霉素、克拉霉素和地红霉素的敏感性和耐药性。

（4）对四环素敏感的菌株可报告对多西环素和米诺环素敏感，但对四环素耐药，如需多西环素和米诺环素结果，须对其单独检测。

（5）对于咽峡炎链球菌群，如用MIC法检测到利奈唑胺敏感，则可报告特地唑胺敏感；如检测到利奈唑胺非敏感，如需特地唑胺结果，须用MIC法检测。

（6）达巴万星仅对咽峡炎链球菌群（包括咽峡炎链球菌、中间链球菌和星座链球菌）进行检测和报告。

（7）需确认未曾报告过或仅少见报告：任何碳青霉烯类、万古霉素、脂糖肽类（奥利万星、特拉万星）、利奈唑胺或特地唑胺不敏感的草绿色链球菌群，达巴万星不敏感的咽峡炎链球菌群和喹奴普丁–达福普汀中介或耐药的草绿色链球菌群。

（五）β溶血链球菌群

对于β溶血链球菌群药敏试验报告审核时，除以上通用要点外，还应注意。

（1）β溶血群包括具有A（化脓链球菌）、C或G群抗原形成大菌落（>0.5mm）的化脓性链球菌及具有B群（无乳链球菌）抗原的菌株。

（2）批准用于治疗β溶血链球菌所致感染的青霉素类和其他β内酰胺类药物常规无需进行药敏试验。如进行检测，发现任何非敏感β溶血链球菌应重新鉴定和药敏试验，需进行确认。

（3）对于β溶血链球菌群，青霉素敏感可预报氨苄西林、阿莫西林、阿莫西林/克拉维酸、氨苄西林/舒巴坦、头孢唑林、头孢吡肟、头孢罗膦、头孢拉定、头孢噻吩、头孢噻肟、头孢曲松、头孢唑肟、亚胺培南、厄他培南和美罗培南的敏感性。此外，对于A群β溶血链球菌，青霉素敏感还可预报头孢克洛、头孢地尼、头孢丙烯、头孢布烯、头孢呋辛和头孢泊肟的敏感性。

（4）红霉素可预报菌株对阿奇霉素、克拉霉素和地红霉素的敏感性和耐药性。当红霉素耐药、克林霉素敏感或中介时，需补充克林霉素诱导性耐药试验（D试验）。如果D试验阳性，此时应将克林霉素药敏结果修改为耐药；如果D试验阴性，则应根据药敏结果报告克林霉素敏感或中介。

（5）对四环素敏感的菌株可报告对多西环素和米诺环素敏感，但对四环素耐药，如需多西环素和米诺环素结果，需对其单独检测。

（6）对于无乳链球菌和化脓链球菌，MIC法检测利奈唑胺敏感可报告对特地唑胺敏感。注意某些对利奈唑胺非敏感的菌株可能对特地唑胺敏感。

（7）达巴万星仅用于化脓链球菌、无乳链球菌和停乳链球菌检测和报告，而特地唑胺仅用于化脓链球菌和无乳链球菌检测和报告。

（8）需确认的情况：①未曾报告过或仅少见报告：氨苄西林或青霉素、第三代或第四代头孢菌素、头孢洛林、任何碳青霉烯类、万古霉素、脂糖肽类（达巴万星、奥利万星、特拉万星）、达托霉素、利奈唑胺或特地唑胺不敏感的β溶血链球菌群；②在大多数机构不常见：喹奴普丁–达福普汀中介或耐药的化脓链球菌。

（六）肠杆菌目（除外沙门菌属和志贺菌属）

对于肠杆菌目药敏试验报告审核时，除以上通用要点外，还应注意。

（1）对β-内酰胺类单药敏感，可推导对β-内酰胺复合制剂敏感；对β-内酰胺类单药中介或耐药，如需β-内酰胺复合制剂结果，则须单独检测；对β-内酰胺复合制剂敏感，如需β-内酰胺类单药结果，则须单独检测。

（2）头孢噻肟和头孢曲松为等效性药物，可相互推测敏感性和耐药性。

（3）氨苄西林测试结果可预报阿莫西林结果。

（4）对四环素敏感的菌株可报告对多西环素和米诺环素敏感，但对四环素耐药，如需多西环素和米诺环素结果，需对其单独检测。

（5）对于大肠埃希菌、肺炎克雷伯菌和奇异变形杆菌引起的非复杂性尿路感染，头孢唑林可预测口服头孢菌素类，包括头孢拉定、头孢地尼、头孢克洛、头孢丙烯、头孢泊肟、头孢呋辛、氯碳头孢、头孢氨苄的结果。注意当头孢唑林耐药，如果需要使用头孢地尼、头孢泊肟或头孢呋辛治疗，须单独测试这些药物。

（6）对于体外药敏测试头孢吡肟结果为敏感或SDD的菌株，如果证实该菌株产碳青霉烯酶，应不报告头孢吡肟结果或者报告为耐药。

（7）对于头孢他啶/阿维巴坦抑菌圈直径为20~22mm的菌株，需用MIC法确认，以避免报告假敏感或假耐药结果。

（8）携带OXA-48样酶的肠杆菌目细菌体外药敏可能对美罗培南/韦博巴坦敏感，但临床治疗无效，因此如果检测到OXA-48样酶基因或酶，则不报告美罗培南/韦博巴坦或报告为耐药。

（9）注意亚胺培南/瑞来巴坦折点不适用于摩根菌科，包括但不限于摩根菌属、变形杆菌属和普罗维登斯菌属。

（10）对于变形杆菌属、普罗威登斯菌属和摩根摩根菌，仪器法检测到亚胺培南中介或耐药，需用纸片扩散法确认。

（11）在使用第三代头孢菌素治疗期间，由于AmpC β-内酰胺酶的去阻遏作用，一些肠杆菌目细菌可能产生耐药性。这种去阻遏作用最常见于弗劳地柠檬酸杆菌复合群、阴沟肠杆菌复合群和产气克雷伯菌。最初敏感的分离株可能在治疗开始后数日内变得耐药。因此，当分离到以上细菌，即使体外药敏试验中第三代头孢菌素敏感，可不报告三代头孢菌素、报告耐药或报告以上细菌暴露于三代头孢菌素后可产生耐药，建议咨询感染病专家。

（12）如临床考虑使用拉氧头孢、头孢尼西、头孢孟多和头孢哌酮治疗大肠埃希菌、肺炎克雷伯菌、产酸克雷伯菌或变形杆菌属引起的感染，应进行ESBL试验。如果分离株 ESBL 试验阳性，应报告拉氧头孢、头孢尼西、头孢孟多和头孢哌酮结果为耐药。

（13）黏菌素和多黏菌素为等效性药物，可相互推测敏感性和耐药性。注意不能使用纸片扩散法和梯度扩散法检测黏菌素或多黏菌素B，仪器法检测结果需参照板卡/条限制性信息。

（14）CLSI中磷霉素折点仅限尿道分离的大肠埃希菌，可用纸片扩散法和琼脂稀释法检测。

（15）通过纸片扩散法和微量肉汤稀释法测定头孢地尔结果的准确性和可重复性明显受铁浓度和接种物制备的影响，并且可因纸片和培养基制造商的不同而有所不同。根据观察到的差异类型，可能会出现假耐药或假敏感结果。建议对后续分离的菌株进行测试。

（16）需确认的情况：①未曾报告过或仅少见报告：头孢地尔中介或耐药、普拉佐米星耐药（除奇异变形杆菌外）、黏菌素或多黏菌素B耐药；②在大多数机构不常见：头孢他啶/阿维巴坦耐药、亚胺培南/瑞来巴坦中介或耐药、美罗培南/韦博巴坦中介或耐药、任何碳青霉烯类中介或耐药、替加环素中介或耐药；③假如在本机构不常见，须确认菌株鉴定和药敏结果：庆大霉素、妥布霉素和阿米卡星耐药。

（17）少见矛盾表型需复核确认：左氧氟沙星耐药、环丙沙星敏感；阿米卡星耐药、庆大霉素敏感；碳青霉烯类耐药、广谱头孢菌素类敏感；酶抑制剂复合制剂耐药、广谱头孢菌素敏感；第二代头孢菌素耐药、第一代头孢菌素敏感；亚胺培南和美罗培南耐药、厄他培南敏感。

（18）天然耐药谱见第六章第二节。

（七）沙门菌属和志贺菌属

对于沙门菌属和志贺菌属药敏试验报告审核时，除以上通用要点外，还应注意。

（1）自肠道分离的非伤寒沙门菌属无需常规进行药敏试验，但所有志贺菌属分离株均应进行药敏试验。

（2）对于从粪便中分离的肠沙门菌伤寒血清型、肠沙门菌副伤寒血清型A、B、C和志贺菌属，常规和报告测试氨苄西林、一种氟喹诺酮类药物（环丙沙星、左氧氟沙星、氧氟沙星）和甲氧苄啶/磺胺甲噁唑。

（3）在报告氨苄西林结果时，需说明用阿莫西林治疗志贺菌病可能无法与氨苄西林相比，疗效较差。

（4）对于非肠道分离的沙门菌属常规测试和报告氨苄西林、一种氟喹诺酮类药物（环丙沙星、左氧氟沙星或氧氟沙星）、甲氧苄啶/磺胺甲噁唑和第三代头孢菌素（头孢噻肟或头孢曲松）的结果，需要时可测试并报告氯霉素的结果。头孢噻肟和头孢曲松为等效性药物，可相互推测敏感性和耐药性。

（5）注意沙门菌属和志贺菌属氟喹诺酮类药物折点不同。对于沙门菌属，环丙沙星MIC检测是评估其对氟喹诺酮类药物敏感性或耐药性的首选试验。如果左氧氟沙星或氧氟沙星是某些医疗机构治疗选择的氟喹诺酮类药物，则分别检测左氧氟沙星或氧氟沙星MIC。如果无法进行环丙沙星、左氧氟沙星或氧氟沙星MIC或环丙沙星纸片扩散试验，则可用培氟沙星纸片扩散法作为替代试验预报环丙沙星的敏感性，但培氟沙星无法检测沙门菌属中AAC（6'）-lb-cr耐药机制。注意目前没有一种检测方法能够检测沙门菌中已发现的所有可能的氟喹诺酮耐药机制。

（6）对于环丙沙星、左氧氟沙星、氧氟沙星或培氟沙星不敏感的沙门菌属，应报告使用氟喹诺酮类治疗可能导致治疗失败或治疗反应延迟。

（7）对四环素敏感的菌株可报告对多西环素和米诺环素敏感，但对四环素耐药，如需多西环素和米诺环素结果，需对其单独检测。

（8）阿奇霉素仅用于肠沙门菌伤寒血清型和志贺菌属。两者折点不同，其中肠沙门菌伤寒血清型折点基于MIC分布及有限的临床资料。用纸片扩散法检测志贺菌属对阿奇霉素敏感性时，抑菌圈可能会模糊难以测量（特别是宋内志贺菌）。如果发生了难以测量的情况，推荐用MIC法。注意不同培养基可能影响纸片扩散试验终点的判断。

（9）在大多数机构不常见需确认：第三代头孢菌素中介或耐药、阿奇霉素耐药、任何氟喹诺酮类中介或耐药。

（10）当沙门菌属和志贺菌属对以上药物均耐药时，可检测厄他培南、亚胺培南和（或）美罗培南，注意目前临床数据表明它们对治疗沙门菌病或志贺菌病的有效性有限。

（八）铜绿假单胞菌

对于铜绿假单胞菌药敏试验报告审核时，除以上通用要点外，还应注意。

（1）纸片扩散法和稀释法能可靠地测定从囊性纤维化患者分离的铜绿假单胞菌，但在报告敏感结果前，应将孵育时间延长至24h。

（2）对β-内酰胺类单药敏感，可推导对β-内酰胺复合制剂敏感；对β-内酰胺类单药中介或耐药，如需β-内酰胺复合制剂结果，则须单独检测；对β-内酰胺复合制剂敏感，如需β-内酰胺类单药结果，则须单独检测。

（3）注意哌拉西林/他唑巴坦中介折点只是为了提供缓冲区，以防止小的不受控制的技术因素导致解释上的重大差异。

（4）通过纸片扩散法和微量肉汤稀释法测定头孢地尔结果的准确性和可重复性明显受铁浓度和接种物制备的影响，并且可因纸片和培养基制造商的不同而有所不同。根据观察到的差异类型，可能会出现假耐药或假敏感结果。建议对后续分离的菌株进行测试。

（5）黏菌素和多黏菌素为等效性药物，可相互推测敏感性和耐药性。注意不能使用纸片扩散法和梯度扩散法检测黏菌素或多黏菌素B，仪器法检测结果需参照板卡/条限制性信息。

（6）CLSI中阿米卡星仅限尿道分离株。

（7）铜绿假单胞菌可能在使用所有抗微生物药物治疗期间产生耐药性。因此，最初敏感的分离株可能在治疗开始后数日内变得耐药，需要对重复分离株进行检测。

（8）需确认的情况：①未曾报告过或仅少见报告：头孢地尔中介或耐药、黏菌素或多黏菌素B耐药；②假如在本机构不常见，须确认菌株鉴定和药敏结果：头孢他啶/阿维巴坦耐药、头孢洛扎/他唑巴坦中介或耐药、亚胺培南/瑞来巴坦中介或耐药、任何碳青霉烯类中介或耐药、妥布霉素和阿米卡星耐药。

（9）少见矛盾表型需复核确认：环丙沙星耐药、左氧氟沙星敏感；阿米卡星耐药、妥布霉素敏感；头孢他啶/阿维巴坦耐药、头孢哌酮钠/舒巴坦和（或）哌拉西林/他唑巴坦敏感。

（10）天然耐药谱见第六章第二节。

（九）不动杆菌属

对于不动杆菌属药敏试验报告审核时，除以上通用要点外，还应注意。

（1）对β-内酰胺类单药敏感，可推导对β-内酰胺复合制剂敏感；对β-内酰胺类单药中介或耐药，如需β-内酰胺复合制剂结果，则须单独检测；对β-内酰胺复合制剂敏感，如需β-内酰胺类单药结果，则须单独检测。

（2）通过纸片扩散法和微量肉汤稀释法测定头孢地尔结果的准确性和可重复性明显受铁浓度和接种物制备的影响，并且可因纸片和培养基制造商的不同而有所不同。根据观察到的差异类型，可能会出现假耐药或假敏感结果。建议对后续分离的菌株进行测试。

（3）黏菌素和多黏菌素为等效性药物，可相互推测敏感性和耐药性。注意不能使用纸片扩散法和梯度扩散法检测黏菌素或多黏菌素B，仪器法检测结果需参照板卡/条限制性信息。

（4）对四环素敏感的菌株可报告对多西环素和米诺环素敏感，但对四环素耐药，如需多西环素和米诺环素结果，需对其单独检测。

（5）需确认的情况：①未曾报告过或仅少见报告：头孢地尔中介或耐药、黏菌素或多黏菌素B耐药；②假如在本机构不常见，须确认菌株鉴定和药敏结果：碳青霉烯类中介或耐药。

（6）少见矛盾表型需复核确认：阿米卡星耐药、庆大霉素敏感；环丙沙星敏感、左氧氟沙星耐药。当仪器法检测CRAB出现“庆大霉素R、阿米卡星S”时，需用其他方法复核阿米卡星的药敏结果。

（7）天然耐药谱见第六章第二节。

（十）嗜麦芽窄食单胞菌

对于嗜麦芽窄食单胞菌药敏试验报告审核时，除以上通用要点外，还应注意。

（1）通过纸片扩散法和微量肉汤稀释法测定头孢地尔结果的准确性和可重复性明显受铁浓度和接种物制备的影响，并且可因纸片和培养基制造商的不同而有所不同。根据观察到的差异类型，可能会出现假耐药或假敏感结果。建议对后续分离的菌株进行测试。

（2）需确认的情况：①未曾报告过或仅少见报告：头孢地尔不敏感；②假如在本机构不常见，须确认菌株鉴定和药敏结果：甲氧苄啶/磺胺甲噁唑中介或耐药。

（3）左氧氟沙星和甲氧苄啶/磺胺甲噁唑不应单独用于抗微生物药物治疗。

（4）天然耐药谱见第六章第二节。

（十一）洋葱伯克霍尔德菌复合群

对于洋葱伯克霍尔德菌复合群药敏试验报告审核时，除以上通用要点外，还应注意。

（1）所有测试药物采用微量肉汤稀释法或琼脂稀释法，由于与参考微量肉汤稀释的相关性欠佳，纸片扩散折点被删除，并在获得更多数据后重新评估。

（2）天然耐药谱见第六章第二节。

（十二）其他非肠杆菌目细菌

对于其他非肠杆菌目细菌药敏试验报告审核时，除以上通用要点外，还应注意。

（1）其他非肠杆菌目细菌包括除铜绿假单胞菌外的假单胞菌和除外不动杆菌属、洋葱伯克霍尔德菌复合群和嗜麦芽窄食单胞菌的其他非苛养、非发酵葡萄糖的革兰阴性杆菌。

（2）对β-内酰胺类单药敏感，可推导对β-内酰胺复合制剂敏感；对β-内酰胺类单药中介或耐药，如需β-内酰胺复合制剂结果，则须单独检测；对β-内酰胺复合制剂敏感，如需β-内酰胺类单药结果，则须单独检测。

（3）对四环素敏感的菌株可报告对多西环素和米诺环素敏感，但对四环素耐药，如需多西环素和米诺环素结果，需对其单独检测。

（4）所有测试药物仅限MIC法。

（十三）流感嗜血杆菌和副流感嗜血杆菌

对于流感嗜血杆菌和副流感嗜血杆菌药敏试验报告审核时，除以上通用要点外，还应注意。

（1）对于脑脊髓液分离株，常规测试并报告氨苄西林、任一种三代头孢菌素（头孢噻肟或头孢曲松或头孢他啶）、氯霉素和美罗培南。

（2）氨苄西林敏感性试验结果可预报阿莫西林的敏感性。氨苄西林耐药时须补充β-内酰胺酶试验。如β-内酰胺酶试验阴性即BLNAR菌株，报告阿莫西林/克拉维酸、氨苄西林/舒巴坦、头孢克洛、头孢孟多、头孢他美、头孢尼西、头孢丙烯、头孢呋辛、氯碳头孢和哌拉西林/他唑巴坦耐药，即使某些BLNAR菌株对上述药物在体外显示为敏感。

（3）对β-内酰胺类单药敏感，可报告对β-内酰胺复合制剂敏感；对β-内酰胺类单药中介或耐药，如需β-内酰胺复合制剂结果，则须单独检测；对β-内酰胺复合制剂敏感，如需β-内酰胺类单药结果，则须单独检测。

（4）头孢洛扎/他唑巴坦仅用于流嗜血杆菌测试和报告。

（5）CLSI M100中利福平的折点仅用于接触者预防，不用于侵袭性流感嗜血杆菌病患者的治疗。

（6）需确认的情况：①未曾报告过或仅少见报告：头孢洛扎/他唑巴坦、第三代或第四代头孢菌素、头孢洛林、任何碳青霉烯类、任何氟喹诺酮类及拉姆法林不敏感的流感嗜血杆菌；②在大多数机构不常见：氨苄西林耐药但β-内酰胺酶阴性的或阿莫西林/克拉维酸耐药的流感嗜血杆菌。

第八章　细菌耐药分子检测

现阶段，细菌耐药监测主要依赖于表型耐药性的检测，即对细菌在抗菌药物存在的情况下进行生长测试，通过测量最小抑菌浓度（MIC）或纸片扩散法抑菌圈直径来确定分离病原菌对相应抗菌药物的耐药程度。这些方法为临床管理和监测提供了信息，但并非耐药机制的直接信息。表型耐药性检测方法通常需要较长时间（从最快的几个小时到几天）。分子诊断方法具有快速检测的特点，与表型检测同步进行，可以获取更详尽信息，如耐药表型背后的确切基因或基因突变。这些信息可用于解释网点医院的细菌耐药情况，并更深入地研究全球抗药机制的分布状况。因此，通过分子诊断以确定和跟踪耐药性机制有望纳入细菌耐药性监测，从而对细菌耐药性进行精准测定。

第一节　细菌耐药分子检测方法

细菌耐药分子检测技术通过从纯化的细菌菌落或临床标本中提取DNA检测耐药编码基因或耐药性相关突变，相较于表型检测方法，具有快速获得结果，并可揭示某些耐药机制的优点，在细菌耐药性监测方面具有应用价值。

一、细菌耐药分子检测技术的特点

各种分子检测技术在检测特定耐药基因方面具有广泛应用，旨在满足临床和监测需求。例如，在临床环境中，通过检测*mecA*和*mecC*基因，可以确认疑似耐甲氧西林金黄色葡萄球菌（MRSA）分离株。若大肠埃希菌或肺炎克雷伯菌表现出对第三代头孢菌素或碳青霉烯类药物的耐药性，可对超广谱β-内酰胺酶（ESBLs）或碳青霉烯酶进行测试，以表征编码耐药性的基因。这些耐药基因特征为深入了解细菌耐药分子流行病学提供了关键信息。

虽然分子检测提供了重要的临床相关信息，但它们有局限性，而且，分子检测仅能针对已知的耐药基因或突变进行检测，因此在监测过程中，为确保细菌菌株的准确分类表型，耐药检测仍然是必不可少的。值得注意的是，分子检测结果与表型检测结果之间并不总是存在高度一致性。一方面是基于DNA扩增的检测，由于未能检测到耐药表型相关的基因，或者虽然进行了检测，但影响引物退火的突变阻止了扩增，或者由于新的、尚未明确的机制导致了耐药表型，可能出现假阴性结果。另一方面，DNA污染可能导致假阳性结果。

表8-1列举了全国细菌耐药监测网关注的现有分子技术能够检测的部分病原菌与抗菌药物耐

药性组合。然而，现有检测技术并不能检出全国细菌耐药监测网关注的所有耐药菌。

表8-1 抗菌药物耐药性相关分子检测示例

病原菌	耐药抗菌药物	检测的耐药性分子
大肠埃希菌	氟喹诺酮类 超广谱头孢菌素类 碳青霉烯类	*gryA*、*parC*点突变 ESBL 碳青霉烯酶
肺炎克雷伯菌	超广谱头孢菌素类 碳青霉烯类	ESBL 碳青霉烯酶
不动杆菌属	碳青霉烯类	碳青霉烯酶
金黄色葡萄球菌	青霉素酶稳定的β-内酰胺类	*mecA*、*mecC*
肠球菌属	糖肽类	*vanA*、*vanB*

二、主要分子检测方法

细菌耐药分子检测的重要考量因素包括技术的灵活性与可持续性。“灵活性”，即指具备分析来自不同基质标本的能力，而“可持续”则是指预算。在资源有限的环境下，或许分子耐药性试验可以用于诊断，但长期使用需持续的经费支持。

1. PCR扩增

在本节中，大部分检测方法依赖于扩增技术。由于此类方法具备对少量遗传物质进行扩增的能力，因此在可分析的标本类型（如拭子、液体、培养物等）方面，展现出极高的灵活性。其优点包括：①全自动一体化设备与一次性扩增试剂盒，简便易用；②冻干试剂盒具备室温储存特性；③部分设备配备可充电电池（提供断电优势）；④多重PCR技术实现多个耐药标记物同时检测（如碳青霉烯酶和ESBL基因，便于多重耐药菌的鉴定）；⑤具备较短的周转时间（一至几个小时）；⑥技术成熟（起源于1983年，已成为分子生物学实验室的标准化设备）。缺点包括：①对于供应商未提供的实验室设备和试剂需独立分析（如在扩增前可能需采用单独的试剂盒手工提取DNA）；②试剂盒成本较高；③除标本进结果出的全自动分子检测系统外，其他设备还需要接受分子实验室技术的培训；④部分设备可能对环境温度敏感；⑤部分方法可能需要干冰（如停止反应所需酶的降解）。

2. 环介导等温扩增法

环介导等温扩增法（Loop-Mediated Isothermal Amplification，LAMP）与PCR方法在灵活性方面具有相似之处，但LAMP方法在多重分析方面面临较大挑战，即设计能够同时扩增多个基因的检测方法较为困难。此外，与基于PCR的方法相比，基于LAMP的方法对于可能存在于复杂标本（如血液标本中的血红蛋白或乳铁蛋白）中的抑制剂干扰效应更强。由于扩增过程在恒温条件下进行，可保持在水浴中，因此无需昂贵的热循环器。然而，在资源有限的环境下，许多实验室在基于扩增的检测方面缺乏阳性和阴性对照。其优点包括：①全自动一体化设备与一次性检测试剂盒，简便易用；②通常较PCR更为迅速且稳定，扩增子的检测可通过观察反应容器中浊度的变化来实现；③其灵敏度可能高于PCR 10~100倍；④无需昂贵的热循环器或电泳系统。缺点包括：①不如PCR检测通用（涉及许多引物可能限制目标位点的选择）；②难以实现多重（在同一分析中扩增多个基因）；③反应量比PCR更大，可能需要更多的耗材。

3. 阵列

基于阵列的方法实现了多基因标记物的同时检测，尽管在部分场景下，全范围标记的大阵列并非必要。其优点包括可以同时检测许多耐药性和菌种分子标记物（如一个阵列可能涵盖导致脓毒症的所有主要病原体标记和耐药性标记）。缺点包括：①生成标记探针需经历一个PCR环节；②可能需要其他机器读取和解释信号（如激光和光学探测器）；③可能需要对多次测试进行统计校正（如果同时检测多个基因）；④成本取决于标记物的数量。

4. 线性探针检测与侧向层析免疫分析

线性探针检测（Line Probe Assays，LPAs）与侧向层析免疫分析（Lateral Flow Immunoassays，LFIAs）仅针对单一或少数耐药相关基因或其产物进行检测，若标本中的基因或蛋白质未被涵盖，可能影响其应用效果。然而，新型检测试剂盒的成本相对较低，尤其是LFIAs。线性探针检测优点包括：①可以同时检测多个耐药性标记物（如青霉素酶和金属β-内酰胺酶）；②测试过程相对简便且迅速（仅需数小时）。缺点为需要使用设备和试剂进行标本预处理（如PCR需注意潜在的缺点），并进行相应的培训，以避免污染（开放的手动实验室程序）。侧向层析免疫分析的优点包括：①快速、操作简便；②成本相对较低；③能够同步检测多个耐药性标记物（如多个碳青霉烯酶）；④无需依赖电力。缺点为：①仅通过细菌培养检测耐药性（部分产品可直接检测标本）；②检测的目标是基因产物（蛋白质），而不是DNA序列。

5. 荧光原位杂交

荧光原位杂交（Fluorescence in situ Hybridization，FISH）方法对金黄色葡萄球菌甲氧西林耐药标记物的检测原理可能难以直接应用于其他耐药标记物的检测，原因是表型耐药与基因型之间的关联并不明确。其优点为用于直接检测细菌细胞中的耐药性标记物。缺点包括：①需要荧光激光显微镜，或考虑采用汞蒸汽灯泡或发光二极管作为具有成本效益的替代方案；②显微镜需要净化水进行透镜保养；③荧光激光显微镜需要由专业人员进行定期维护。

6. 全自动扩增系统

使用全自动扩增系统进行抗微生物药物耐药性分子检测时，虽然在操作上具有一定的便捷性，但由于依赖同一制造商提供专用试剂盒，可能导致可选择的试剂盒种类受限。因此，在考量检测复杂性与灵活性时，需权衡利弊。

7. 全基因组测序

全基因组测序（Whole-Genome Sequencing，WGS）对分离株中所有已知耐药基因进行检测，且有望以与多重聚合酶链反应（PCR）相同的价格面世，预计基于测序的方法使用率将有所上升。近期一项关于侵袭性金黄色葡萄球菌监测的研究，展示了如何将全基因组测序数据与耐药流行病学、地理空间及表型数据相结合，识别高危克隆、预测耐药谱并追踪传播事件。其优点包括：①提供丰富的信息；②可以同时检出许多耐药性标记，包括那些通常商品化测试条不涵盖的；③如需检测多个耐药相关基因，与多重PCR一样可能具有成本效益；④新兴技术。缺点包括：①需要专业测序设备及生物信息领域培训；②信息量庞大，处理困难；③所有可用的WGS检测方法都涉及多个手动步骤和多个设备；④测序仪必须由经过培训的人员（通常要求设备制造商或供应商人员）定期维修；⑤结果解释需要经过专业培训；⑥许多实验室缺乏生物信息学支持；⑦宽带互联网接入是分析大量数据的必要条件，特别是在仅能通过互联网访问的计算集群上；⑧数据存储成本或较高；⑨质量控制颇具挑战性；⑩不具备随机存取特点。

8. 分子方法

分子方法应用于细菌耐药性监测的另一个限制因素可能是生物信息学专业知识。从事细菌耐药性研究的微生物学家可能缺乏生物信息学相关培训，而生物信息学家又缺乏有关细菌耐药性和微生物学方面的知识。因此，培训和留住合格人员是分子方法适宜且可持续地应用于细菌耐药性监测的重要因素。

9. 基质辅助激光解析电离飞行时间质谱

MALDI-TOF MS在检测细菌耐药性方面包括以下几种方法：通过特定标志峰判断敏感性或耐药性；监测抗微生物药物变化，如水解、脱羧或乙酰化；检测^{13}C加入后蛋白峰位移；计算蛋白指纹谱图的曲线下面积；靶上微滴生长试验（DOT-MGA）。尽管该方法简便、快速且成本较低，但设备投入较高，且缺乏快速识别抗微生物药物耐药性特征的数据库。此外，基质种类和标本制备（前处理）对分析结果具有直接影响，目前尚无针对耐药性检测的标准化流程。将MALDI-TOF MS与PCR相结合的微测序法（Minisequencing）可检测单核苷酸多态性（SNP）突变导致的耐药。其优点包括：①可以显著缩短周转时间；②耗材成本低，自动化、稳定、实验室间可重复性强；③对所有类型的细菌包括厌氧菌和真菌具有广泛的适用性；④除用于培养分离的细菌外，还可直接用于阳性血培养、脑脊液和尿液标本。缺点包括：①设备昂贵；②无快速识别抗微生物药物耐药性特征的数据库；③绝大部分无耐药性检测的标准化流程；④难以找到可靠的AMR蛋白或其水解产物标志性质荷比峰；⑤临床标本中较低的细菌载量可能会限制其使用。

三、细菌耐药分子诊断试验

以下阐述了当前应用于检测超广谱β-内酰胺酶（Extended Spectrum Beta-Lactamases，ESBLs）、碳青霉烯类耐药肠杆菌目细菌（Carbapenem-Resistant *Enterobacterales*，CRE）、甲氧西林耐药金黄色葡萄球菌（Methicillin-Resistant *Staphylococcus aureus*，MRSA）、万古霉素耐药肠球菌（Vancomycin-Resistant *Enterococcus*，VRE）以及青霉素耐药肺炎链球菌（Penicillin-Resistant *Streptococcus pneumoniae*，PRSP）的分子诊断试验。

（一）ESBLs

1. Idenibac AMR-ve Array Tube

这是一种新型的微阵列系统，相较于传统的多重PCR方法，它能迅速为临床细菌分离株的基因谱提供全面信息。该微阵列与PCR结果具有98.8%的相关性，表现出极高的特异性。然而，在检测氨基糖苷类、β-内酰胺类、链霉素、四环素和磺胺类药物耐药的分离株相关耐药基因方面，该微阵列存在一定局限性。

2.ERV Array

它是一款新颖的微阵列系统，相较于Idenibac AMR-ve Array Tube，它所涵盖的抗生素耐药性（Antibiotic Resistance，AR）探针更为丰富，同时包含了全面的毒力因子（Virulence Factors，VF）探针，与聚合酶链式反应（PCR）检测结果具有较高的一致性。此外，ERV Array具备灵活性，可通过增减探针优化检测范围、灵敏度和特异性。

3. Check KPC/ESBL、Check-Points Health BV

这是首个针对bla_{TEM}、bla_{SHV}、$bla_{CTX\text{-}M}$和bla_{KPC}类型β-内酰胺酶基因的快速、商业化、基于微

阵列的诊断测试系统，具备检测 *bla*$_{TEM}$ 和 *bla*$_{SHV}$ 型ESBL中的单核苷酸多态性的能力。

4. Check-MDR CT102微阵列

此微阵列作为Check KPC/ESBL及Check-Points Health BV的优化产品，具备高效区分窄谱β-内酰胺酶（如 *bla*$_{SHV-11}$ 和 *bla*$_{TEM-A}$）和ESBL（如 *bla*$_{SHV-5}$ 和 *bla*$_{SHV-12}$ 或 *bla*$_{TEM-10}$）的能力，同时在稳定性、特异性和敏感度方面表现优异。

5. Hyplex检测

该检测方法融合了多重PCR扩增、杂交以及抗体可视化技术，可以直接应用于患者标本，适用于快速检测。然而，杂交模块的操作过程较为繁琐，耗时较长。Hyplex MBL ID多重PCR-ELISA系统能够检测金属-β-内酰胺酶 *bla*$_{VIM}$ 和 *bla*$_{IMP}$，具有较高的灵敏度和特异性。

6. Film Array BCID

可直接鉴定阳性血培养中的病原体，BCID2可检测一种广谱β-内酰胺酶和几个碳青霉烯酶的编码基因，快速、敏感性和特异性较高。

（二）CRE

1. Check-MDR CT102 DNA微阵列

此微阵列具备检测最常见碳青霉烯酶（*bla*$_{NDM}$、*bla*$_{VIM}$、*bla*$_{KPC}$、*bla*$_{OXA-48}$ 和 *bla*$_{IMP}$）和超广谱β-内酰胺酶（ESBLs）基因家族（*bla*$_{SHV}$、*bla*$_{TEM}$ 和 *bla*$_{CTX-M}$）的能力。在相关研究中，微阵列对于碳青霉烯酶检测的灵敏度为97%，特异性为100%；对于ESBL检测的灵敏度为100%，特异性为98%。CT 102微阵列可视为快速、准确地检测碳青霉烯酶及ESBL基因的有力工具。

2. Cepheid GeneXpert Carba-R

它是一种定性PCR检测，用于快速检测细菌分离株中的 *bla*$_{KPC}$、*bla*$_{NDM}$、*bla*$_{VIM}$、*bla*$_{IMP}$ 和 *bla*$_{OXA-48}$，耗时短，灵敏度和特异度都很高。

3. Check-Direct CPE

它是一种直接从直肠拭子中检测产碳青霉烯酶肠杆菌目细菌的多重 PCR 方法，具备较高的灵敏度，但特异性相对较低。

4. GenePOC Carba

这是一种基于实时PCR的检测方法，具备高度灵敏度和特异性，用于检测 *bla*$_{KPC}$、*bla*$_{NDM}$、*bla*$_{VIM}$、*bla*$_{OXA-48-like}$ 和 *bla*$_{IMP}$ 等五种最常见的碳青霉烯酶（包括IMP变体）基因。该方法操作简便、周转时间较短。

5. NanoCHIP Infection Control Panel Test

该测试可直接从拭子标本中同时检测KPC-CRE、MRSA和VRE，研究显示其具有较高的灵敏度和特异性。此外，该检测方法操作简便，适用于中高通量的筛选。

（三）MRSA

1. Cepheid GeneXpert MRSA/SA BC

这是一种标本进结果出的分子检测，用于直接从阳性血培养肉汤中鉴定金黄色葡萄球菌和MRSA。通过整合三个核酸靶点SCC*mec*-*orf*X junction、*mec*A和*spa*，实现对金葡菌和MRSA的检测与区分。相较于培养方法，Xpert检测在统计学上展示出相当高的敏感性和特异性，此检测技术的潜在优势在于，它简化了从标本到结果的工作流程，有望缩短含有金葡菌或MRSA的血培养的周转时间。

2. BD GeneOhm StaphSR

此测试采用双靶点策略，通过检测SCC*mec-orfX*连接位点与金黄色葡萄球菌物种特异性靶点，以鉴定MRSA。在统计学上，与培养方法相比，GeneOhm表现出相当的敏感性与特异性。

3. Verigene BC-GP

它是一款经美国FDA批准的多重分子检测产品。该检测方法具备高度准确性，能够精确识别100%的耐甲氧西林金黄色葡萄球菌（MRSA）及98.0% MRSA分离株中的*mecA*基因。

4. Film Array BCID

这是一种高效的多重PCR检测技术，其手工操作耗时不足2min，周转时间约为1h。该方法可用于诊断血流感染综合征，并具备识别MRSA的能力。

5. Roche Light Cycler MRSA Advanced Test

该测试在Light Cycler 2.0仪器上进行，能够迅速检测鼻拭子中的MRSA。相较于BD GeneOhm MRSA检测，罗氏Light Cycler MRSA检测时间更短、灵敏度更高，表现更为优异。然而，从成本角度考虑，少量标本在同一系列热循环仪上进行PCR并不具备经济性。

6. Hyplex Staphylo Resit PCR（I2A）

该试剂盒为一种定性试验，目的在于鉴别葡萄球菌属（包括金黄色葡萄球菌）中对甲氧西林具有耐药性的菌株。试验通过简洁的PCR反应，特异性扩增*mecA*基因，运用免疫酶技术检测扩增产物。检测结果以肉眼或分光光度计读取。专业人员手工操作，耗时3h即可获得实验结果。肉眼判读的优势在于无需额外专用设备。

（四）VRE

1. Cepheid GeneXpert *vanA*/*vanB*

GeneXpert技术的核心优势在于其热循环仪模块的独立性，从而实现同时执行不同项目检测。该方法能在45min内高效检测*vanA*/*vanB*基因。虽然GeneXpert *vanA*/*vanB* RT-PCR在周转时间方面具有较大优势，但其成本较培养方法高。

2. iNtRON VRE *vanA*/*vanB*

这是一种多重实时PCR方法，具备卓越的灵敏度和阴性预测值，同时在工作效率方面表现出色，从DNA提取至检测完成不足2.5h。此外，iNtRON体系为封闭式PCR系统，降低了扩增产物污染的风险。

3. BD GeneOhm *vanR*

这是一种快速实时检测*vanA*和（或）*vanB*基因的PCR方法，主要针对*vanA*定植患者进行VRE筛查。

4. NanoCHIP Infection Control Panel test

该检测方法可直接从拭子中同时检测KPC-CRE、MRSA和VRE，研究显示其具有较高的灵敏度和特异性。操作简便，适用于中高通量筛选。这是目前唯一能够直接从拭子同时检测这三个重要耐药菌，整合了细菌鉴定和耐药基因技术的商业系统。该系统具备对肺炎克雷伯菌、bla_{KPC}、MRSA与MSSA、粪肠球菌以及*vanA/B*耐药性进行中高通量筛选的能力。

5. Seeplex VRE ACE

此试剂盒运用了创新的寡核苷酸技术——“双引发寡核苷酸（DPO）”，能较快地检测VRE（2天），但在凝胶电泳过程中易受污染，且操作繁琐，因而在临床应用方面受到一定限制。

（五）PRSP

RQ-mPCR

此方法结合实时定量PCR与多重PCR检测技术同步评估耐药基因。该策略对于肺炎链球菌具有较高的敏感性与特异性，能够有效检测临床肺炎链球菌菌株的耐药性。在3h内即可从临床标本中直接获取检测结果，且整个过程仅需一个试管。

各种细菌耐药分子诊断技术各具优势，在实际应用过程中，需根据检测目标、技术特点、实验室条件及经费，选择合适的检测方法。然而，现有分子诊断技术在临床应用方面仍具局限性。例如，在慢性反复感染病例中，细菌在宿主体内进化等问题为耐药分子检测技术带来挑战。

第二节　全基因组测序在细菌耐药监测中的应用

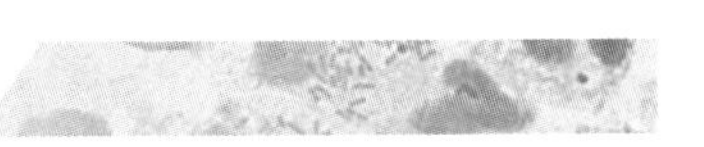

全基因组测序（WGS）为病原体分型提供了丰富且高度精确的信息。通过WGS在细菌耐药监测中的应用，可以及时获取关于细菌耐药早期出现及传播的关键数据，进而为制定针对细菌耐药的防控措施提供依据。此外，来源于细菌监测的测序数据可为快速诊断工具的开发提供关键信息，以更高效、准确地揭示抗微生物药物耐药特征，从而弥补表型检测方法的不足。本节介绍WGS在细菌耐药监测中的应用，包括当前WGS技术的优点和局限性。

一、全基因组测序在细菌耐药监测中的优势及局限性

耐药菌的流行病学数据对于制定政策及评估干预措施效果至关重要。全基因组测序（WGS）为病原体的识别与鉴定提供了丰富及高分辨率的信息。结合流行病学与临床数据，WGS可提升监测能力，为抗微生物药物耐药性应对策略提供依据。WGS已成功应用于耐多药结核病和耐药艾滋病等领域耐药性监测。

WGS可获得一个细菌完整或接近完整的DNA序列。对于病原体监测和公共卫生，可以将细菌的DNA序列与AMR基因数据库和研究充分的细菌基因组突变进行比较，从而推断细菌的重要表型特征，如AMR和毒力因子。此外，如果序列数据质量足够高，则对整个细菌基因组进行比较可以重建耐药细菌克隆和可移动遗传载体的假定传播网络，以及新确定的耐药细菌和疾病暴发的进化史。

WGS无法替代公共卫生领域抗微生物药物耐药性检测或指导大多数细菌感染临床治疗的表型检测。WGS数据可以在具有相关表型AMR或表型AMR不一致的分离株中验证AMR机制的一致性。由于，它无法量化表型AMR的水平，因此不适合常规或预测AST，不能替代表型方法。然而，WGS可以通过提供关于AMR的分子决定因素和机制以及促进其在微生物中传播的遗传因素信息来补充表型方法。目前，关于抗微生物药物耐药机制及其与耐药菌株的传播方式和控制微生物耐药性的精确、具体措施的知识尚不足。将全面的基因组数据库与流行病学和临床元数据相结合，对公共卫生、医学研究和临床管理具有极高的价值。WGS可以为全球抗微生物药物耐药性监测提

供重要的、与政策相关的信息，包括更准确地定义耐药基因的地理分布。抗微生物药物耐药性监测还涉及监测耐药微生物在动物间以及动物与人类间的出现和传播（“同一个健康”）。

（一）AMR表型检测方法和全基因组测序

表型检测与全基因组测序从不同角度揭示了快速生长细菌的特性：表型检测旨在评估细菌在抗微生物药物作用下的反应，而WGS则旨在揭示分离株基因组的信息。这两种类型的检测均有一定的局限性，可以根据AMR监测目标互补使用。AST通常采用标准表型方法如微量肉汤稀释法（参考方法，ISO标准）、纸片扩散法、梯度扩散法或半自动试验。在这些测试中，细菌暴露于不同浓度的抗微生物药物，通过最低抑菌浓度（MIC）、抑菌圈直径检测其生长能力，根据国际标准化折点（CLSI或EUCAST折点）判断结果，以确定病原体敏感还是耐药。

表型AST存在一定的局限性，其应用效果需持续优化。主要局限性包括：在使用纸片扩散法时，可能受到物理和化学因素（如孵育温度、培养基成分和水分蒸发等）的影响，需保持恒定的温度、pH值和培养环境，确保培养基中离子的适宜浓度。此外，纸片扩散法对某些抗微生物药物（如黏菌素），以及生长缓慢和苛养性细菌、厌氧菌或罕见细菌的检测并不适用，且可能缺乏判断折点。值得注意的是，WGS技术并未解决这些限制问题。

（二）对抗菌药物耐药性监测目标的考虑

在确定抗微生物药物耐药性监测适用方法的过程中，首要步骤为明确目标，以此推动抗微生物药物耐药性的应对策略。运用表型方法可全面实现：分析抗微生物药物耐药性的发展趋势；评估耐药菌感染的频次及其对人类健康的影响；为基本抗微生物药物清单提供数据支持；为治疗指南提供相关数据。

WGS的独特优势在于，它几乎全面地提供了分离株基因组信息，有助于揭示抗药性（AMR）机制的遗传基础，并区分具有相同药敏谱的表型相似的分离株。此类分子信息可应用于新型诊断和治疗方法的开发。此外，WGS还可将AMR决定因素定位至细菌染色体或质粒，为耐药性传播途径提供了有益信息。通过比较不同分离株的全DNA序列，可以补充接触者追踪和表型抗微生物谱，重建传播链。

（三）潜在优势与局限性

WGS的潜在优势表现为：推断表型特征，如AMR和毒力因子；检测新型耐药分子标志物；快速识别导致感染的耐药菌株，凭借高灵敏度，更有效地制定公共卫生策略；分离株分子鉴定和分型的最高分辨率，实现追踪微生物传播事件，快速、准确地定位当地、区域和全球疫情；高分辨率追踪抗微生物药物耐药性的可移动遗传决定因素，如质粒和转座子，准确描述当地、区域和全球耐药决定因素的暴发；对与流行病学和临床元数据相关联的全面基因组数据库作出贡献，作为公共卫生监测和临床治疗的宝贵资源；实现检测标准化（数字流行病学）和更快速的实时监测；推动靶向诊断试剂、新型抗微生物疗法和疫苗的研发。

当前，WGS局限性为：WGS技术需大量初始及持续财政投入；测序与生物信息学并非微生物实验室人员普遍掌握之技能，为此，需保障对工作人员的培训及持续教育；制定WGS在细菌耐药监测领域的标准操作程序、质量保证方案及循证指南至关重要；针对多数病原体与抗微生物药物，WGS在预测耐药表型方面的敏感性与特异性仍较低，尚无法投入实际应用；数据共享尚未成为业界常态。

二、全基因组测序在细菌耐药性监测中的应用

WGS在耐药性监测方面的应用包括识别已知的AMR机制、发掘新的AMR机制（涵盖AST表型以及质粒介导或克隆等特征）、分析单一中心（如医院）的疫情、比较来自不同地点的基因组、研究当地或区域传播网络、追踪当地或区域暴发传染源、监测病原体种群数量、检测高危克隆和AMR克隆以及评估干预措施的效果。

（一）病原体的分子检测和鉴定

1.识别AMR机制

广泛应用的全基因组测序（WGS）技术推动了新型分子标记物的发现。例如，Sanger研究所开展的一项大型细菌测序项目的一部分，该项目广泛采用了SMRT Pacific Biosciences（Pacific Biosciences，Menlo Park，CA，USA）技术，对3000多个完整细菌基因组进行了测序和组装。

2.了解AMR的发生和传播

WGS技术为AMR的发生和传播历史提供了前所未有的深入了解。针对脓肿分枝杆菌，WGS提供了有力证据，证实该非结核分枝杆菌因对多种抗微生物药物具有固有耐药性而难以治愈，即便在实施了严格的感染控制政策的情况下，仍能在医院囊性纤维化（CF）患者之间传播。基于此，美国国家感染控制指南得以修订，以降低进一步传播的风险。

3.追踪毒力因子和AMR表型预测

（1）在2016年，Falgenhauer及其研究团队针对黏菌素*mcr*-1耐药性的出现进行了深入的调查研究。他们构建了一个包含577个肠杆菌目基因组的数据库，这些基因组来源不同（如人类、动物和环境）。通过查询该数据库，研究者发现了四个先前未被确定的黏菌素耐药分离株，并证明了这种耐药机制存在多个水平传播途径。

（2）在2017年，Jeukens等研究人员对59个无色杆菌属序列基因组进行了分析，并将其与综合抗菌药物耐药性数据库（CARD）进行比对，以鉴定参与外排介导抗菌药物耐药性的相关基因。研究发现，临床标本分离株中所携带的抗菌药物耐药基因数量较其他分离株更为繁多。

（3）Harris等人对来自欧洲淋病奈瑟菌耐药性监测计划的淋病奈瑟菌临床分离株进行的观察性研究发现，WGS是分子流行病学的最佳工具，因为它可以识别混合感染，预测抗菌药物耐药性，并可快速分析基因组与系统发育关系，从而真实地描述流行的淋病奈瑟菌菌株。

（二）监测病原菌抗微生物药物耐药性示例

1.国际监测方面

（1）WGS访问权限的扩大显著提升了对AMR全球演变与传播的认识。高通量WGS技术推动了大规模、地域代表性标本的分离株序列测定，克服了既往较小规模研究相关的偏差。例如，自2008年首次报道以来，大肠埃希菌ST131迅速蔓延，成为医疗保健及社区获得性感染的常见病原体。ST131大肠埃希菌通常对头孢菌素（以CTX-M-15编码基因为主）及氟喹诺酮类药物耐药性。因此，一些研究通过WGS监测加强了对AMR的机制理解，同时强调了多方位控制策略的重要性，以限制ST131的传播及其移动遗传元件向其他病原体扩散。在长期护理机构中，尽管ST131大肠埃希菌的感染防控措施侧重于接触预防，但其效果有限，因此只能采取限制多床室和

公共用餐设施的策略。因此，该研究指出，对具有ST131特定风险因素的住院患者进行靶向筛查有助于隔离和防止院内传播，并能更好地在特定高风险患者中实施经验性广谱抗微生物药物治疗。

（2）监测全球抗微生物药物耐药性克隆传播：例如，①WGS数据显示，一些常见的耐药突变在结核分枝杆菌患者治疗期间反复出现，但这些突变很少传播。然而，偶然也会出现具有足够适应优势的耐药突变株的局部克隆传播。这是通过持续的抗微生物药物暴露和（或）调节适应成本的遗传背景共同作用实现的。②WGS研究显示，克隆扩张及随后病原体的区域传播可归因于特定AMR决定因素的获得，如甲氧西林耐药金黄色葡萄球菌（MRSA）中的SCCmec。这表明AMR元素在各类病原体种群中具有"王者"地位，决定着当地、区域及全球的主导克隆。③WGS还发现，AMR基因通过与特定质粒载体或宿主细菌克隆结合而受益，这些载体或宿主细菌克隆起到传播媒介的作用。肺炎克雷伯菌作为关键移动AMR基因宿主，在多种超广谱β-内酰胺酶（ESBLs）及碳青霉烯酶KPC和NDM-1全球传播中发挥关键作用。

（3）鉴于人们尚未充分了解欧洲范围内CRKPN的主要储藏地和传播动态，开展了针对欧洲碳青霉烯类耐药肺炎克雷伯菌（CRKPN）人口结构和流行病学特征的研究。通过对欧洲各医院实验室提交的临床连续分离的CRKPN和敏感菌株进行WGS检测，发现CRKPN主要源于获得碳青霉烯酶，医院感染是CRKPN传播的主要途径。WGS技术为持续监测CRKPN提供了基准数据，强调了院内传播的重要性。

2.国家监测方面

（1）加强菲律宾抗微生物药物耐药性国家监测：监测数据显示，过去10年，AMR患病率持续上升，但人们对于AMR的流行病学和驱动因素尚缺乏充分的认识。为更深入地了解AMR，在现有监测中引入WGS技术。对引入前获得的 MDR GNB进行回顾性测序，结合表型和流行病学数据，获得基线资料，为制定控制措施提供重要依据。通过监测高危流行性大肠埃希菌ST410克隆的出现及其在全国范围内的传播，确定了不同级别医疗保健系统碳青霉烯类耐药性的驱动因素，包括影响特定医院质粒驱动的CRKPN局部暴发。使用WGS对AMR流行病学和驱动因素进行深入研究，有助于采取有效的感染控制措施，并为国际AMR监测工作提供宝贵数据，从而提高全球监测覆盖率。

（2）国家监测可以直接指导AMR控制措施，这些措施可以聚焦资源调配与监测。如以色列在2005年引入CRKPN ST258后所证实的那样。初期控制措施未能有效遏制CRKPN ST258的播散，感染率迅速攀升至每日41.9例/10万患者。然而，自2007年起，以色列强制实施了控制措施，成功地将感染率降低79%，亦降低了无症状携带率。

3.医疗机构监测和疫情调查

（1）调查MRSA疫情：在六个月的时间里，某医院发现新生儿病房患者中存在表型相近的MRSA分离株，然而，这些分离株在时间或地理上并无关联。为了确定暴发范围，将上述所有MRSA分离株，无论表型特征如何，均进行WGS，并对与暴发菌株抗微生物药物谱相似的社区MRSA分离株，以及医院其他区域筛查标本分离株进行了测序。通过系统发育分析，两个先前被排除的分离株被确定为暴发的一部分，从而建立了病例之间的时间联系。研究进一步确定了超出新生儿单元的广泛传播。WGS 对大量分离株进行测试并准确识别相关菌株，从而实现全面的疫情重建。通过将WGS数据与临床和流行病学数据相结合，成功确定了暴发传染源，并实施了一系列感染控制措施。

（2）调查鲍曼不动杆菌疫情：分子分型结果显示，英国一家医院暴发了鲍曼不动杆菌克隆传播。然而，现有实验室、临床和流行病学数据未能明确病例之间的传播路径。为深入了解患者间的传播，对具有相同分子分型谱和抗菌谱的分离株进行了WGS。通过系统发育分析，研究者得以确定指示病例及其后的传播链。在调查过程中，一名患者/隔离者被证实与疫情无关，因此被排除在调查之外。借助WGS技术，研究者准确地重构了疫情的传播路径。

4.社区监测和疫情调查

WGS还为社区公共卫生工作做出了贡献，以接触者追踪和结核病继发病例的发现为例。结核病继发病例的筛查和检测对于结核病控制至关重要。分子分型分辨率有限，难以准确识别病例群和传播网络。WGS有助于识别传播事件、追踪接触者，并提供对结核病控制更全面地了解。

三、全基因组测序应用于细菌耐药系统的要求

WGS技术的进步对临床微生物学产生了深远影响，成本降低和周转时间缩短，使WGS有望成为实验室诊断的实用手段。然而，在常规微生物学诊断中引入病原体WGS需慎重考虑。

1. WGS适用于表型与基因型之间具有高度一致性且表型检测速度较慢，尤其是慢生长的细菌，如结核分枝杆菌复合体（MTBC）

WGS在检测新的耐药机制方面仍具有重要价值。当抗菌药物敏感性基因型与表型存在差异时，可重复表型结果，作为建立基础过程的一部分。全球范围内，耐多药（MDR）和广泛耐药（XDR）结核分枝杆菌病例的增多，对结核病（TB）的控制构成威胁。基于培养的药敏试验（DST）作为金标准，可能需要长达3个月的时间才能获得一线和二线药物完整的耐药谱。在此期间，患者可能接受次优治疗，从而进一步增加耐药菌株的出现和传播风险。因此，在表型结果出来之前，检测已知耐药性突变基因是必要的。早期发现耐药性对于限制耐药结核分枝杆菌的传播，以及为医生提供有效治疗方案所需的信息至关重要。

尽管分子检测技术已显著缩短了耐药性检测的周转时间（5~7天），但鉴于结核病治疗通常需采用多药方案，全面评估4.4Mb结核分枝杆菌基因组中的众多基因及基因组区域以生成最全面的耐药谱，靶向分子方法尚无法实现此目标。多项研究已证实，WGS在提升诊断准确性、降低TAT及确定临床病例抗结核药物敏感性方面具有巨大潜力。

2.鉴于WGS技术依赖于DNA分子层面的检测，因此其关键影响因素之一为DNA提取。DNA提取质量应被视为WGS应用于细菌耐药系统之必备条件

结核分枝杆菌DNA提取困难，促使研究者们开发新型提取方法。研究结果显示，采用InstaGene/FastPrep（IG/FP）方法提取MTBC分离株DNA，能够获得稳定可靠的WGS结果。使用IG/FP方法从Bactec MGIT960仪器提取培养阳性后0~3天的15个MGIT培养物，平均DNA浓度为0.8ng/μL。相较于Zymo Research细菌/真菌提取物，IG/FP方法表现出明显优势，在同等早期阳性MGIT培养物且微生物含量极少时，平均DNA产量为0.12ng/μL。IG/FP方法提取的DNA标本，WGS的成功率为11/15（73%）。研究显示，与基于培养的药物敏感性试验（DST）相比，WGS产生的综合耐药预测谱报告周转时间明显缩短。一线药物的平均报告时间提前9天，二线提前32天。这一成果有望为临床结核病治疗提供更快捷的用药指导。

此外，Doughty等人直接从临床标本中提取结核分枝杆菌DNA，并采用Illumina MiSeq（Illumina，San Diego，CA）进行测序。虽然可据此诊断结核病，但由于存在人类DNA的污染，获得的结核分枝杆菌DNA不足以预测耐药性。一项研究采用寡核苷酸富集技术SureSelect XT（Agilent）直接从涂片阳性和涂片阴性痰液中获取结核分枝杆菌基因组序列。研究通过比较目标读数（%OTR）的百分比及平均测序深度，评估了富集策略对临床标本结核分枝杆菌WGS的潜在益处。结果显示，从未富集的痰液直接测序结核分枝杆菌的平均%OTR值为0.3%，测序深度为4.6倍，而富集后%OTR达到82%，平均测序深度为200倍。此外，Votintseva等人提出了一种新型结核分枝杆菌DNA提取方法。该方法直接从呼吸道标本提取，无需富集，周转时间（TAT）更快且成本更低。因此，在技术层面上，应特别重视临床标本中提取DNA的质量和速度。

3. 生物信息学方法对于WGS的影响

一项研究比较了三种基于WGS的生物信息学方法，包括Genefinder（基于读取）、Mykrobe（基于de Bruijn图）和Typewriter（基于BLAST），以预测1379株金黄色葡萄球菌83种耐药决定因素和毒力基因以及总体抗微生物药物敏感性。结果显示，在绝大多数情况下（99.5%，113830/114457），三种方法对菌株耐药性决定因素/毒力基因的预测一致；仅有627个（0.5%）预测存在不一致，这表明总体一致性极高（Fleiss' kappa=0.98，$P<0.0001$）。然而，与实验室表型相比，组合基因型预测与三种生物信息学方法之间存在较大分歧（97个表型敏感但生物信息学方法预测耐药，89个表型耐药但生物信息学方法预测敏感，共计186个）。因此，这三种特定的生物信息学方法在区分金黄色葡萄球菌耐药决定因素或其他基因选择方面并非关键因素。

4. 在评估测序结果时，覆盖深度和基因组覆盖等整体质量控制参数具有同等重要的地位

临床应用整体质量控制参数覆盖深度和基因组覆盖等所需的最低阈值尚待明确。由于覆盖深度较小［和（或）基因组覆盖不足］，具有耐药性的突变可能更容易被忽略。采用较低的深度阈值可能会降低兼具多种AMR群体的检测效能。当测序深度达到或超过20×时就足以预测菌种和抗微生物药物敏感性。深度介于12×至20×之间时，可获得90%的基因组信息。而当深度低于3×时，仅能获取不到12%的基因组，无法进行耐药性预测。

5. 在考虑标本、技术及基础设施需求的同时，WGS数据的生物信息学分析亦应被视为必要条件

得益于诸如PhyResSE、TBProfiler、TGS-TB［采用KvarQ（17）］和Mykrobe Predictor等高效、用户友好工具的开发，耐药性预测领域取得了显著进展。此外，实验室应配备具备生物信息学基础的专业人员，以便指导非生物信息学背景的一线技术人员更便捷地运用此类分析工具。

四、基于WGS数据，研究开发新型体外诊断方法、治疗策略以及针对耐药病原体所致感染的疫苗

（一）基于WGS病原体分型

1. 产志贺毒素大肠埃希菌（STEC）

英国的一项研究对全基因组测序（WGS）在非O157 STEC常规公共卫生监测中的应用进行了评估。研究者对WGS、表型血清分型以及PCR针对*stx*编码基因的亚型进行了比较。研究结果显示，除了一株在表型上无法进行分型外，所有分离株均利用基因组数据进行了血清分型。在*stx*亚

型PCR与WGS方法之间的比较中，发现了10个不匹配的结果，这很可能是由于*stx2*亚型基因序列的相似性导致PCR扩增过程中的非特异性引物结合。因此，WGS为STEC的鉴定提供了可靠、稳定的一步过程。

随着高效且经济的WGS台式测序仪的问世，WGS取代传统工作流程的可能性日益凸显。Rebecca L. Lindsey等人通过在当前易用的商业软件平台上验证WGS作为STEC参考鉴定与分型工具的有效性。研究结果显示，质量评估、血清分型、毒力及耐药性分析可在一个简洁的工作流程中完成，且WGS所提供的信息较传统方法提供的更为详尽。例如，常规方法仅能检测5个毒力靶标及9种抗微生物药物耐药性，而WGS可检测超过100个毒力和耐药决定基因。

此外，WGS的周转时间较短，自收到分离株至获取WGS结果可能仅需3~4天，而传统方法则需1~3周。

2. 沙门菌属

血清分型作为所有国家和国际沙门菌属监测网络的基石，历来被视为金标准方法。该方法遵循White-Kauffmann-Le Minor（WKL）方案，根据细菌与特定抗血清的凝集反应来识别菌体（O）和鞭毛（H）抗原。随着高通量DNA测序技术的发展，WGS已逐渐成为公共卫生微生物学领域的重要工具。WGS技术能够以较低成本对细菌基因组进行高通量测序，因此，在公共卫生和疫情监测中，WGS已成为传统分型方法的一种经济可行的替代方案。为此，有研究评估了基于WGS数据的多位点序列分型（MLST）在沙门菌属常规血清分型中的替代潜力。针对肠沙门菌亚种Ⅰ的研究表明，WGS MLST是一种高效、准确、稳定且可靠的血清分型方法，非常适合用于常规公共卫生监测。MLST与血清型相结合的输出方式不仅支持传统的血清型命名法，还为分离株之间的真实系统发育关系提供了额外信息。

3. B群链球菌

Metcalf等研究人员运用全基因组测序（WGS）生物信息学方法，对侵袭性B群链球菌（iGBS）的抗微生物药物耐药性和荚膜血清型进行了评估。该研究源于2015年美国CDC收集的1975个iGBS标本。通过将生信预测与肉汤稀释法进行比对，以及将常规血清分型与基于WGS的302个分离株信息进行比对，研究结果显示，基于WGS的iGBS耐药性特征和血清型分型可作为表型检测的准确替代方法。

（二）WGS有助于确定病原体耐药性

体外药敏试验是抗感染治疗与监测耐药趋势的重要基础。通过运用全基因组测序（WGS）技术，确定非伤寒沙门菌的耐药性（AMR）决定因素，并将其与表型进行关联分析，以评估WGS在AMR监测领域的实际应用价值。研究结果显示，在99.0%的病例中，耐药基因型与表型呈正相关。大部分抗微生物药物的相关性接近100%，但氨基糖苷类和β-内酰胺类的相关性相对较低。然而，尚未对耐药基因型与特定最小抑菌浓度（MIC）的对应程度进行大规模评估。Gregory H Tyson等人对1738株非伤寒沙门菌进行了药敏试验和WGS，评估20000多个MIC值与耐药决定因素的关联性。利用这些数据，确定了13种针对沙门菌属的抗微生物药物的基因型临界值（GCV），即在没有已知获得性耐药机制的人群中分离菌株的最高MIC，并将GCV确定为一种新的耐药性测量方法。研究发现，仅有0.36%的表型MIC值（81/22486）与指定的GCV不相关。

大肠埃希菌的耐药性主要是通过可传播的质粒、整合子和转座子获得外源基因介导的。为了更好地了解耐药大肠埃希菌的起源、来源和传播，必须对不同来源分离株中的耐药基因进行分类和比较。此外，关联基因型和表型是揭示新的耐药机制和了解已知耐药基因及其等位基因变体相对贡献的必要方面。因此，该研究将大肠埃希菌的表型耐药模式与导致耐药的遗传决定因素相关联，以确定WGS在识别耐多药大肠埃希菌耐药基因型方面的有效性，以及这些基因型是否与观察到的表型相关。研究发现，耐药基因型与已鉴定表型相关性特异性和敏感性分别为97.8%和99.6%。大多数不一致的结果可归因于氨基糖苷类链霉素，而大多数抗菌药物（如四环素、喹诺酮类和苯酚类）具有完美的基因型-表型相关性。因此，WGS可以提供全面的耐药基因型，并能够准确预测耐药表型，是一种有价值的监测工具。

当前，肺炎链球菌监测主要依赖两大关键特征（荚膜血清型和抗微生物药物敏感性）辨别致病菌株。Metcalf等人将预测耐药表型的WGS生物信息学分析结果与2015年2316株侵袭性肺炎链球菌病分离株表型进行了比较。通过对比WGS数据与18种抗微生物药物的肉汤稀释法结果，发现WGS能够精确且可靠地预测所收集的侵袭性肺炎链球菌病分离株对各类β-内酰胺类药物、红霉素、克林霉素、复方新诺明、四环素和氯霉素的抗微生物药物敏感性试验结果。

（三）耐药病原体的疫苗开发

抗微生物药物耐药性已对全球公共卫生产生严重的影响，亟待新的防控措施，包括研发新型抗微生物药物。然而，研发具有适宜的抗微生物活性、药物代谢、药代动力学特性以及安全性的新型抗微生物药物是一项艰巨的任务。即便取得成功，其临床疗效也不可避免地会随着耐药性的增加而降低。因此，疫苗有望成为对抗AMR的宝贵且有效手段。

在20世纪90年代引入七价肺炎链球菌结合疫苗（PCV7）之前，美国每年发生超过63000例侵袭性肺炎链球菌病。从2000年到2004年，青霉素非敏感性侵袭性肺炎链球菌病的发生率降低了57%，多重耐药菌株的发生率降低了84%。这些数据表明，无论细菌耐药表型如何，接种疫苗都是有效的。然而，PCV7的普遍使用导致血清型 19A的流行率增加，这是一种青霉素耐药率高的非疫苗血清型。2010年引入了13价PCV，其中包含19A在内6个其他血清型，进一步降低了侵袭性肺炎链球菌病和耐药肺炎链球菌的发病率。尽管如此，疫苗中未包含的肺炎链球菌血清型出现AMR进化的风险仍然很高。在这种情况下，设计针对耐药决定因素或耐药菌株的疫苗就显得尤为重要。

在香港大学的一项研究中，研究者通过化学合成手段制备了鲍曼不动杆菌表面聚糖Pseudaminic Acid，并将其与载体蛋白相结合，进而以此糖-载体蛋白偶联物为基础，研发出一种抗菌疫苗。研究结果显示，实验小鼠在接种该疫苗后，其血清中Pseudaminic Acid抗体水平显著提高，并能有效抵抗鲍曼不动杆菌感染。相比之下，未接种疫苗和仅接受载体蛋白免疫的小鼠在感染细菌后36h内无能存活。这些数据表明，化学合成的Pse-CRM197偶联物具有开发为针对Pse病原体的疫苗潜力，从而为控制多重耐药鲍曼不动杆菌引发的临床感染提供了一种可行的替代方案。

第九章 细菌耐药监测数据审核及上报

细菌耐药监测数据的审核及上报是监测工作中重要的一环。各单位应依据“全国细菌耐药监测网技术方案”“全国细菌耐药监测网数据格式标准规范”等要求对监测数据的字段格式、内容和异常结果等进行审核后，遵循全国细菌耐药监测网（CARSS）相关规则及流程进行数据上报。

第一节 数据审核

数据审核是细菌耐药性监测的重要环节，应特别注重监测数据准确性的审核。

一、数据及数据文件格式审核

根据《全国细菌耐药监测网数据格式标准规范》要求（简称规范，可在CARSS网站下载），CARSS可接收的数据文件格式包括WHONET标准数据文件（即dBase文件，建议文件扩展名为“.dbf”）及与WHONET数据标准兼容的Excel文件（包括扩展名为“.xlsx”的新版Excel文件和扩展名为“.xls”的旧版Excel文件）。《CARSS数据上报模板文件》中包含了CARSS所收录的全部字段，其中包括必报字段（表9–1）和非强制要求上报字段（表9–2），所有字段均有相应代码和字段长度、格式及填写率要求等，数据上报前，应对照规范对所有字段进行审核。

目前CARSS成员单位上报数据常见来源包括LIS系统导出数据、药敏仪器导出数据、Baclink软件转换数据、WHONET软件手工录入数据和Excel表格手工录入数据。无论是数据转换还是手工录入均可能出现错误，因此在数据转换、录入后应仔细核对。数据文件常见错误包括：

（1）数据不完整：整条数据丢失；部分信息丢失/漏报/错报；患者基础信息如住院号、年龄、性别等必报信息丢失/漏报/错报；部分药敏结果转换后结果丢失/漏报/错报。

（2）信息/数据错位：如纸片扩散法药敏试验结果上传至MIC法药物字段。

（3）数据格式错误：如字符全角及半角格式的转换/录入错误。

二、监测结果审核

根据上报数据的常见问题，建议从以下几方面进行审核。

（一）完整性

为了维持细菌监测结果的有效性及可比性，保证监测结果质量，“全国细菌耐药监测网技术方案”规定了各种/属细菌必须监测和建议监测药物（表9–3）。若所用药敏板卡中未涵盖技术方案中必须监测药物时，实验室应进行补充。上报数据前应检查各种/属细菌药敏结果是否导出正确。每季度上报数据后可登录数据上报系统，点击“反馈与报告”下载质量反馈表，查看是否有缺失或错报药物。

表9-1　全国细菌耐药监测信息系统必报字段

名称	代码	通过率最低要求	字段长度（字符）	备注说明	参考附件
病历号	PATIENT_ID	95%	≤30	住院患者必填，门诊患者允许10%不填写，但须填写姓名，禁止病历号和姓名均为空	
姓名	FULL_NAME（姓名） LAST_NAME（姓氏） FIRST_NAME（名字）	100%	姓名≤50 姓氏≤30 名字≤20	住院患者若有病历号，则这三个字段必填其一，门诊患者允许10%不填写，但须填写病历号，禁止病历号和姓名均为空	
性别	SEX	95%	1	“m”“男”或“f”“女”	
年龄	AGE	95%	≤3	不可填写为“0”，单位为y（岁，可不填）、m（月）、w（周）、d（天），不支持复杂年龄格式和汉字，如1m5d、12周3天等	
科室（病区）	WARD	100%	≤15	为本院科室名称（中英文不限），核心网成员单位上报该数据时，须在数据上报主页使用【本院科室管理】功能与系统所要求的标准专业类别（DEPARTMENT）进行匹配，如res（呼吸内科）、dis（消化科）、nep（肾内科）等，在本院科室管理界面点击“添加本院科室”，在“本院科室代码或名称”处填写上传数据中【WARD】字段的值（本院科室名称或代码），在“对应的标准类别”处下拉选择相对应科室代码	
菌种代码	ORGANISM	100%		为WHONET标准英文代码，不可自行定义，如sau代表金黄色葡萄球菌。系统仅接受革兰阳性菌与革兰阴性菌，不接受真菌、支原体、厌氧菌和分枝杆菌等数据	附件1
标本号	SPEC_NUM	100%	≤15	为标本的唯一编号	
标本类型	SPEC_TYPE	100%	2	系统只接受WHONET标准【标本字典】中的英文代码，不可自行定义，同时必须与SPEC_CODE符合，如sp代表痰液，则SPEC_CODE必须填写3，否则将会导致整个文件校验失败，系统拒绝接受	附件2
标本数字代码	SPEC_CODE	100%	系统只接受WHONET标准【标本字典】中的数字代码		附件2
标本接收/采集日期	SPEC_DATE	100%		通过标准日期分隔符分隔，如2022-5-23、2022/05/23、2022年5月23日等。如无分隔符，长度必须为8位，如20240308	

续表

名称		代码	通过率最低要求	字段长度（字符）	备注说明	参考附件
抗微生物药物敏感性试验结果	纸片扩散法	抗微生物药物代码_ND？？	90%		抗微生物药物代码为WHONET标准英文代码，不可自行定义，例如："FOX_ND30"，？？代表药物剂量，具体数值可查阅CLSI M100、CLSI M45等药敏标准文件或产品说明书，结果须为6~80间的半角整数，不能为小数，不能带任何符号	附件3
	MIC法*	抗微生物药物代码_NM			半角（>、=、<、≥、≤）+半角数字，对于大于1的MIC值必须为2的N次幂，如"OXA_NM ≤0.25""PEN_NM 2""ATM_NM >32"	附件3
	Etest	抗微生物药物代码_NE			半角（>、=、<）+半角数字，如"VAN_NE 0.19"	附件3

注：附件1~3见本书正文后

*MIC法特殊字段：①高浓度庆大霉素【GEH】：仅允许出现如下值：250，256，500，512，513，1000，1024，1025，可以有>、<、=符号，可以上报【SYN-S】系统将自动替换为【≤500】，【SYN-R】将自动替换为【≥1000】；②高浓度链霉素【STH】：仅允许出现如下值：500，512，1000，1024，2000，2048，2049，可以有>、<、=符号，可以上报【SYN-S】系统将自动替换为【≤1000】，【SYN-R】将自动替换为【≥2000】；③甲氧苄啶/磺胺甲噁唑【SXT_NM】，该结果上传后系统自动将数据为320的字符替换为16，160替换为8，80替换为4，40替换为2，20替换为1，10替换为0.5，其余字符保持原始数据

表9-2　全国细菌耐药监测信息系统非必报字段

名称		代码	通过率最低要求	字段长度（字符）	备注说明	参考附件
标准专业类别		DEPARTMENT	100%	≤3	必须为系统规定的标准专业类别代码，如neu对应神经内科。核心网成员单位在进行数据上报时，系统将自动通过WARD字段自动推算此列的值	附件4
年龄类型		PAT_TYPE	95%	3	系统可根据年龄AGE自动生成。①≤28d（4w），生成"new"，代表"新生儿"；②>28d（4w），≤14（y）或≧1（y），≤14（y），生成"ped"，代表"儿童"；③≧15（y），≤65(y)，生成"adu"，代表"成人"；④>65（y），生成"ger"，代表"老年"	
科室分类		WARD_TYPE	0	≤3	如果不填写，系统不进行校验，如果填写，则必须与WHONET内置代码要求一致	附件5
细菌类型		ORG_TYPE	100%	1	统仅接受革兰阳性菌代码"+"和革兰阴性菌代码"-"，未填写时系统会自动根据ORGANISM字段推导，若本字段中填写的值与系统所推导的合法值不匹配时，会自动将其替换成合法值	
数据采集日期		DATE_DATA	100%		规则同标本接收/采集日期	
特殊耐药菌	耐甲氧西林葡萄球菌检测试验	MRSA_SCRN	0	1	仅可为半角"+"或"-"，若填写为"n""ne""neg""negative"或者中文全角"-"，系统会自动将其修正为半角英文"-"，若填写为"p""po""pos""positive"或者中文全角"+"，系统会自动将其修正为半角英文"+"	
	克林霉素诱导耐药试验	INDUC_CLI	0	1		

续表

<table>
<tr><th colspan="2">名称</th><th>代码</th><th>通过率最低要求</th><th>字段长度（字符）</th><th>备注说明</th><th>参考附件</th></tr>
<tr><td rowspan="4">特殊耐药菌</td><td>超广谱β-内酰胺酶检测试验</td><td>ESBL</td><td>0</td><td>1</td><td rowspan="3">仅可为半角“+”或“-”，若填写为“n”“ne”“neg”“negative”或者中文全角“-”，系统会自动将其修正为半角英文“-”，若填写为“p”“po”“pos”“positive”或者中文全角“+”，系统会自动将其修正为半角英文“+”</td><td></td></tr>
<tr><td>β-内酰胺酶检测试验</td><td>BETA_LACT</td><td>0</td><td>1</td><td></td></tr>
<tr><td>碳青霉烯酶检测试验</td><td>CARBAPENEM</td><td>0</td><td>1</td><td></td></tr>
<tr><td>碳青霉烯酶基因分型</td><td>CARBGENE</td><td>0</td><td>≤30</td><td>可以填写任意基因分型，多个分型可以用“,”半角逗号分隔</td><td></td></tr>
<tr><td colspan="2">来源</td><td>ORIGIN</td><td>100%</td><td>1</td><td>必须为“h”，系统可自动替换或补充</td><td></td></tr>
<tr><td colspan="2">国家</td><td>COUNTRY_A</td><td>100%</td><td>3</td><td>必须为“CHN”，系统可自动替换或补充</td><td></td></tr>
<tr><td colspan="2">医院</td><td>INSTITUT</td><td>0</td><td></td><td>为国家卫生健康委统一分配的标准代码，6位字符，前两位为国家标准省级代码（如北京为11），后4位为各医院编码（从0001开始），系统可自动替换或补充</td><td></td></tr>
<tr><td colspan="2">实验室</td><td>LABORATORY</td><td>0</td><td>≤3</td><td>各实验室自定义值</td><td></td></tr>
</table>

注：附件4~5在本书正文后

质量反馈表包含6张表格，分别是重要耐药监测指标及大肠埃希菌、铜绿假单胞菌、肺炎链球菌、粪肠球菌和金黄色葡萄球菌的必报药物上报情况。

重点耐药监测指标包括MRSA（甲氧西林耐药金黄色葡萄球菌）、MRCNS（甲氧西林耐药凝固酶阴性葡萄球菌）、PRSP（青霉素耐药肺炎链球菌）、ERSP（红霉素耐药肺炎链球菌）、VREF（万古霉素耐药粪肠球菌）、VREM（万古霉素耐药屎肠球菌）、CR-ECO（碳青霉烯类耐药大肠埃希菌）、CRKPN（碳青霉烯类耐药肺炎克雷伯菌）、CR-PA（碳青霉烯类耐药铜绿假单胞菌）、CR-AB（碳青霉烯类耐药鲍曼不动杆菌）、CTX/CRO-R-ECO（头孢噻肟或头孢曲松耐药大肠埃希菌）、CTX/CRO-R-KPN（头孢噻肟或头孢曲松耐药肺炎克雷伯菌）、QNR-ECO（喹诺酮类耐药大肠埃希菌）、VRSA（万古霉素耐药金黄色葡萄球菌）、VRCNS（万古霉素耐药凝固酶阴性葡萄球菌）、LNZ-R-SAU（利奈唑胺耐药金黄色葡萄球菌）、LNZ-R-CNS（利奈唑胺耐药凝固酶阴性葡萄球菌）、LNZ-R-EFM（利奈唑胺耐药粪肠球菌）、LNZ-R-EFA（利奈唑胺耐药屎肠球菌）和LNZ-R-SPN（利奈唑胺耐药肺炎链球菌）等共20个。

质量反馈表中包括填写率、合格率和耐药率3个指标（图9-1）。

填写率指相应菌株监测药物填写数据的比例，如VRSA指金黄色葡萄球菌万古霉素药敏结果的填写比例，若填写率低于70%，以红色文本突出颜色标示。

合格率指该药物结果中以正确格式（详见第一节必报字段抗微生物药物填写规则）填写且检测浓度覆盖该药物折点范围的比例。若合格率低于90%，以红色文本突出颜色标示；若合格率高于90%但不足100%，以蓝色文本突出颜色标示。

耐药率若高于上一年度全省平均水平，则以黄色文本突出颜色标示，若出现红色文本突出颜色标示则表示该耐药指标需复核才可算为有效，否则极有可能存在误报，如VRSA。

表9-3　全国细菌耐药监测网技术方案各种/属细菌必须监测药物（2024版）

种/属	必须监测药物
葡萄球菌属	青霉素、苯唑西林、红霉素（或克拉霉素、阿奇霉素）、克林霉素、左氧氟沙星（或环丙沙星、莫西沙星）、万古霉素、利奈唑胺、甲氧苄啶/磺胺甲噁唑
肺炎链球菌	分离自脑脊液：青霉素、万古霉素、头孢曲松（或头孢噻肟）、美罗培南
	分离自脑脊液以外：青霉素（或苯唑西林纸片）、红霉素、克林霉素、左氧氟沙星（或莫西沙星）、四环素（或多西环素）、万古霉素、甲氧苄啶/磺胺甲噁唑
β-溶血链球菌群	红霉素、克林霉素、四环素
草绿色链球菌群	青霉素（或氨苄西林）、万古霉素、头孢曲松（或头孢噻肟）
肠球菌属	青霉素（或氨苄西林）、庆大霉素（高浓度）或链霉素（高浓度）、万古霉素、利奈唑胺
流感嗜血杆菌和副流感嗜血杆菌	氨苄西林、头孢曲松（或头孢噻肟、头孢他啶）、美罗培南（脑脊液标本）、左氧氟沙星(或莫西沙星、环丙沙星）
肠杆菌目细菌（除外志贺菌属、沙门菌属）	氨苄西林、头孢唑林、头孢呋辛、头孢曲松（或头孢噻肟）、头孢他啶、头孢吡肟、氨曲南、阿莫西林/克拉维酸、氨苄西林/舒巴坦（或头孢哌酮/舒巴坦）、哌拉西林/他唑巴坦、亚胺培南（或美罗培南、多立培南）、庆大霉素（或妥布霉素）、阿米卡星、左氧氟沙星(或环丙沙星)、甲氧苄啶/磺胺甲噁唑
志贺菌属、沙门菌属	氨苄西林、头孢曲松（或头孢噻肟）、左氧氟沙星（或环丙沙星）、甲氧苄啶/磺胺甲噁唑
铜绿假单胞菌	哌拉西林/他唑巴坦、头孢他啶、头孢吡肟、氨曲南、亚胺培南（或美罗培南、多立培南）、妥布霉素、阿米卡星（尿标本）、环丙沙星（或左氧氟沙星）
不动杆菌属	头孢他啶、头孢吡肟、氨苄西林/舒巴坦（或头孢哌酮/舒巴坦）、哌拉西林/他唑巴坦、亚胺培南（或美罗培南、多立培南）、庆大霉素（或妥布霉素）、阿米卡星、左氧氟沙星（或环丙沙星）、甲氧苄啶/磺胺甲噁唑、米诺环素（或多西环素）
嗜麦芽窄食单胞菌	左氧氟沙星、甲氧苄啶/磺胺甲噁唑、米诺环素
洋葱伯克霍尔德菌复合群	头孢他啶、甲氧苄啶/磺胺甲噁唑、美罗培南、左氧氟沙星 、米诺环素
其他非肠杆菌目细菌	头孢他啶、头孢吡肟、亚胺培南（或美罗培南）、哌拉西林/他唑巴坦、庆大霉素（或妥布霉素）、阿米卡星、左氧氟沙星（或环丙沙星）、甲氧苄啶/磺胺甲噁唑、米诺环素

注：每年根据细菌耐药监测情况进行技术方案更新

成员单位可以登录CARSS数据上报系统通过“反馈与报告”模块下载相应季度的数据质量反馈表（图9-1）。

实验室代码	核心网	原始上报菌株数	去重后菌株数	耐青霉素肺炎链球菌（PRSP 非脑脊液来源）			
				spn 菌株总数	填写率	合格率	耐药率
0009B1	核心网	2493	1864	35	97.14%	100.00%	2.94%
0009B0	核心网	3340	2984	490	100.00%	100.00%	0.00%
C00956	核心网	2113	1435	8	100.00%	100.00%	25.00%
C001E3	核心网	2520	2236	30	96.67	96.55%	0.00%
00013C	核心网	1061	838	4	0.00%		
0003CC	核心网	1677	1510	18	100.00%	100.00%	5.56%
C00474	核心网	11856	10044	89	100.00%	100.00%	2.25%
00023F	核心网	21106	15729	61	16.39	90.00%	—
00037F	核心网	3938	2704	57	100.00%	98.25%	5.36%
000578	核心网	9000	6601	279	100.00%	57.71%	—
000959	核心网	4417	3958	560	97.14%	100.00%	0.18%

图9-1　数据质量反馈表示例

（二）准确性

菌种不纯或鉴定错误、药敏方法学局限等因素会导致药敏结果的不准确。

1. 药敏方法学限制

CLSI M100中规定了不同种属细菌对不同抗微生物药物的药敏试验方法。如当肺炎链球菌对苯唑西林抑菌圈直径≤19mm时，须以MIC法测试及报告青霉素结果。如遇技术方案中必做药物与实验室常用方法学不符时，须按照方法学要求补做试验（详见第八章第一节）。

2. 自动化药敏系统的限制性信息

目前自动化药敏系统存在部分抗微生物药物浓度未覆盖药敏折点、检测结果不准确需用其他方法确认等问题。各实验室应核对所用系统/药敏板卡不同药物浓度范围与CLSI折点是否匹配、核对所用系统/药敏板卡说明书中的限制性信息，针对不同问题进行相应的补充和（或）复核试验。微生物室工作人员还可登录CARSS官网通过“优改计划”版块，快速查找不同厂家药敏系统及板卡存在的问题，包括检测药物浓度不覆盖折点、板卡限制性说明及板卡未涵盖技术方案的必须监测药物等信息。目前该板块支持11个厂家、13个系列、65张板卡，提供302张表格可查询不同菌种/属相关信息并可下载。

3. 不常见耐药表型

CLSI M100附录A“对美国FDA批准用于临床药物的抗微生物药物敏感性试验结果和菌株鉴定确认的建议”将耐药菌按耐药性的出现和临床意义及采取确认结果行动分为Ⅰ类（未曾报告过或仅少见报告）、Ⅱ类（在大多数机构不常见）和Ⅲ类（常见，但通常与流行病学有关）（详见第七章第三节）。

经复核，若为未曾报告或少见报告的耐药菌，如青霉素不敏感的化脓链球菌，需保存菌株并按照生物安全菌株运送要求将菌株送至省监测中心和全国细菌耐药监测网参考实验室进行确认，同时向感染预防部门报告。若在大多数医院和本院均不常见，如碳青霉烯类耐药肠杆菌目细菌，与本院感染预防部门联系确定是否需要特别报告程序和采取进一步行动。若为常见的、通常与流行病学有关的耐药菌，如三代头孢菌素耐药的大肠埃希菌、肺炎克雷伯菌，但在本院不常见，与本院感染预防部门联系确定是否需要特别报告程序和采取进一步行动。

相同或类似药物种类与其所在药物种类的抗微生物活性、抗微生物谱和分级的一般规律不一致时需确认。如对广谱药物耐药而对窄谱药物敏感，铜绿假单胞菌、阴沟肠杆菌对头孢吡肟耐药、头孢他啶敏感；肠杆菌目对β-内酰胺酶复合制剂耐药、对广谱头孢菌素敏感等（详见第七章第三节药敏报告审核）。

三、数据转换/录入后的再审核

在数据转换/录入后还可通过以下几种方式对数据再审核。

（一）CARSS信息系统反馈结果

在CARSS信息系统上报数据后，系统会列举上传数据文件出现的问题，点击“数据分析结果汇总”，重点关注“文件结构错误”“文件结构警告”和“被淘汰记录总数”。若出现红色圆点，则说明可能有数据格式错误，点击查看错误原因（图9-2）。具体查验方法见本章第二节。实验室可根据该反馈结果，在数据上报截止时间前修正错误，再次上传。

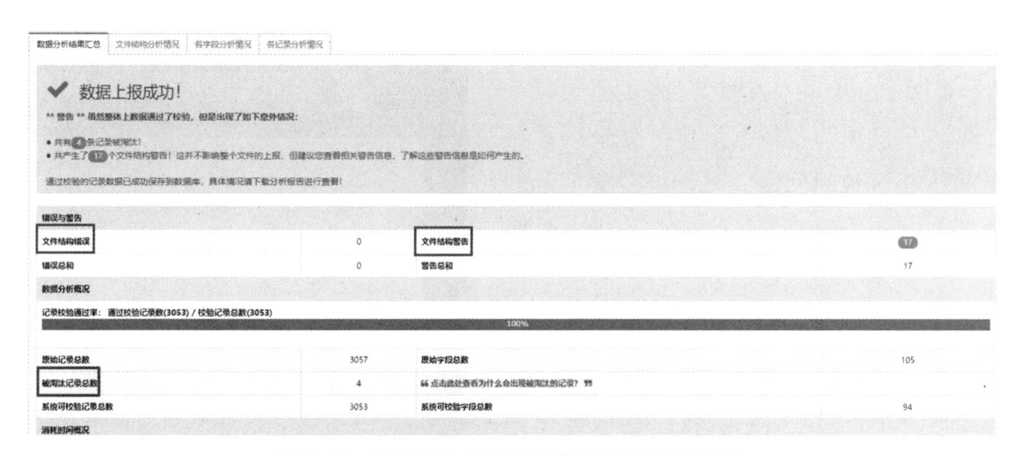

图9-2　CARSS信息系统数据问题查询页面

（二）数据质量反馈表

每季度数据上报截止后，可登录数据上报系统，点击“反馈与报告”下载质量反馈表。通过反馈表中药物填写率和合格率发现转换/录入错误导致的数据问题，但通过该方式发现的错误无法修改。

（三）WHONET软件

在数据上报前可利用WHONET软件的“快速分析”功能，使用“宏”（宏的使用方法见第十一章）将重点关注的细菌及抗微生物药物组合进行设置，快速发现细菌及抗微生物药物信息错漏及不常见耐药表型等情况（图9-3）。

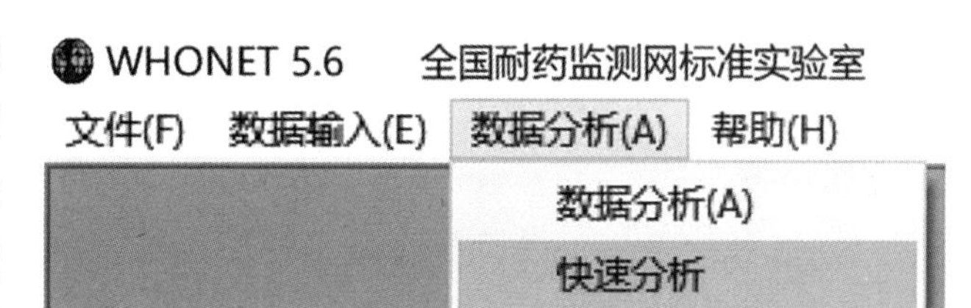

图9-3　使用WHONET软件进行数据错漏问题的快速查看

第二节　数据上报

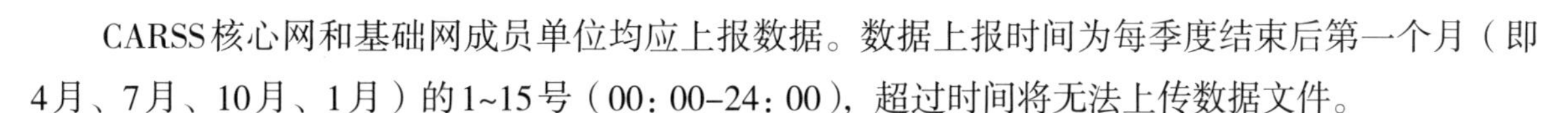

CARSS核心网和基础网成员单位均应上报数据。数据上报时间为每季度结束后第一个月（即4月、7月、10月、1月）的1~15号（00：00-24：00），超过时间将无法上传数据文件。

目前CARSS信息系统支持的数据文件格式包括通过WHONET软件导出的数据文件、与WHONET软件导出的数据文件格式所兼容的【.DBF】数据文件、通过Office Excel 2003所另存的Excel文件（扩展名为【.XLS】）和通过Office Excel 2007/2010所另存的Excel文件（扩展名为【.XLSX】）。

一、数据上报流程

（1）登录全国细菌耐药数据上报系统，访问地址：https：//www.carss.cn。

（2）用户名、密码找回：若忘记密码，点击“我忘记了密码”，可通过注册人登记的邮箱或手机号找回，若忘记用户名，点击“我忘记了用户名”（图9-4），可通过注册人登记的邮箱或手机号找回，亦可通过发送邮件至CarssAdmin@163.com或联系省网中心负责人找回以上信息。

（3）基本信息填写及数据上传：登录后若在本季度数据上报开放时间段，可直接在首页点击“立即上报”进入上报页面（图9–5）。进入数据上报界面后，系统一般默认当前年份及季度。首次上报数据，需根据各实验室实际情况勾选“细菌鉴定系统”及“药敏方法”（包括药敏卡片）（支持多选），首次选择后系统将保存该选择内容，后续可进行更改。点击“选择文件”即可将数据文件上传至系统（图9–6）。

图9–4　找回密码及用户名

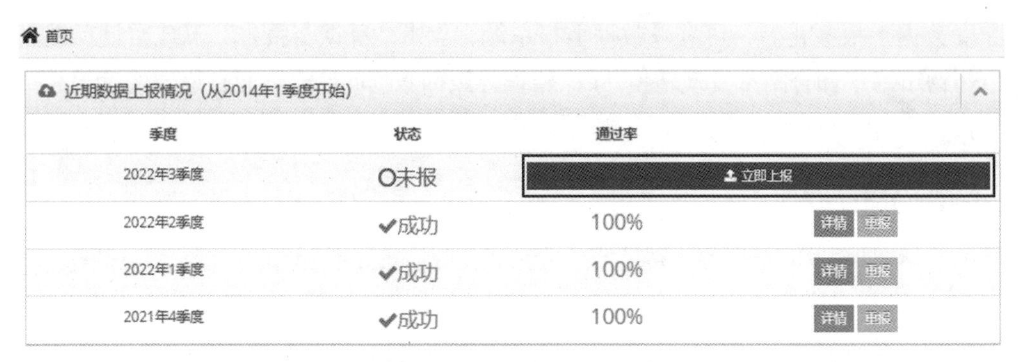

季度	状态	通过率	
2022年3季度	未报	立即上报	
2022年2季度	成功	100%	详情 重报
2022年1季度	成功	100%	详情 重报
2021年4季度	成功	100%	详情 重报

图9–5　数据上报登录端

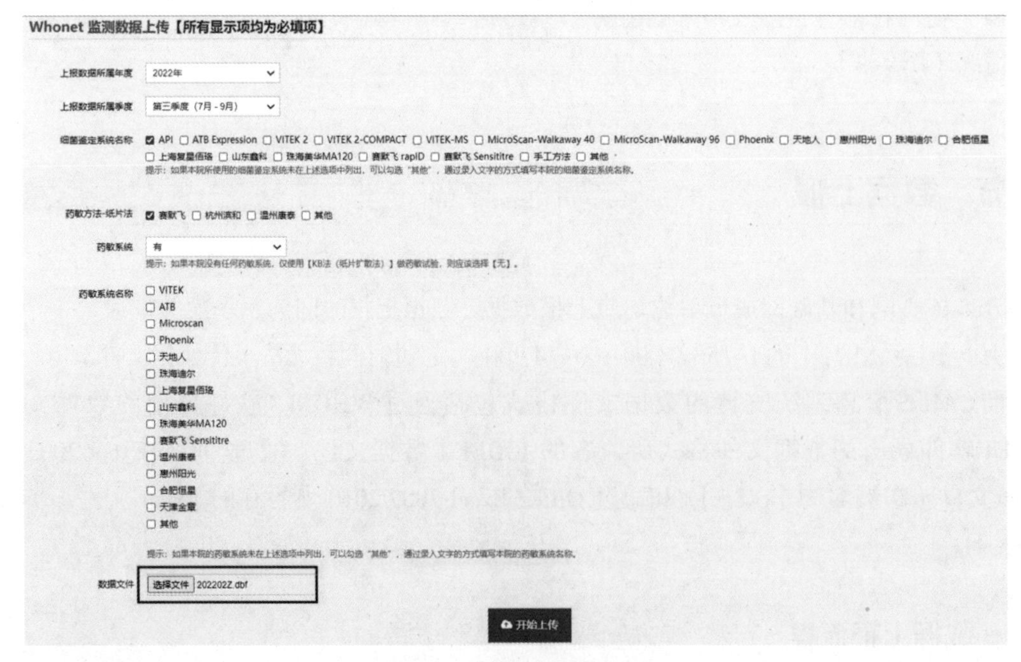

图9–6　数据文件上报窗口

（4）数据校验：数据文件上传后，系统会对数据格式及文件结构进行校验，并在“数据分析结果汇总”处列举文件结构及数据的错误项和警告项，并提示用户该文件是否通过系统校验。只有当无任何文件结构错误、数据错误不低于该字段通过率最低要求时方可上报成功，否则系统将提示上报失败，用户须修正相应错误后方可再次上传。此外，用户亦可在此页面查看原始记录总数、原始字段总数和系统可校验记录总数等信息（图9–7）。

图9–7　数据分析结果汇总

（5）数据下载：数据上报成功后可在此页面下载原始数据文件、容错后数据文件及完整分析报告。原始数据文件是指文件中的数据未在上报时经容错处理，若同一周期内多次上传文件，仅保留最后一次上传的数据文件。容错后数据文件指文件中的上报数据经系统校验并删除了错误的数据或对数据警告中的问题进行了容错处理，该数据文件格式为.DBF，可用WHONET软件打开和分析。完整分析报告是以HTML格式下载，内容包括数据分析情况汇总、文件结构分析情况、各字段分析情况和每行分析情况（图9–8）。

数据分析结果汇总　文件结构分析情况　各字段分析情况　各记录分析情况

数据上报成功!

** 警告 ** 虽然整体上数据通过了校验，但是出现了如下意外情况:

- 共有 4 条记录被淘汰!
- 共产生了 17 个文件结构警告！这并不影响整个文件的上报，但建议您查看相关警告信息，了解这些警告信息是如何产生的。

通过校验的记录数据已成功保存到数据库，具体情况请下载分析报告进行查看!

错误与警告

文件结构错误	0	文件结构警告	17
错误总和	0	警告总和	17

数据分析概况

记录校验通过率：通过校验记录数(3053) / 校验记录总数(3053)

100%

原始记录总数	3057	原始字段总数	105
被淘汰记录总数	4	“点击此处查看为什么会出现被淘汰的记录？”	
系统可校验记录总数	3053	系统可校验字段总数	94

消耗时间概况

读取文件耗时（秒）	0.546	分析文件耗时（秒）	1.872
保存数据耗时（秒）	54.653	总耗时（秒）	57.071

下载原始数据文件　下载经过容错处理的数据文件　下载完整分析报告

图9–8　数据及分析报告下载

【数据文件基本情况】

文件名	202104C 改.xlsx	文件大小	541.01 KB
数据所属时段	2021 年，第 4 季度	上传时间	2022-11-22 23:02:47
药敏系统	有	药敏系统名称	VITEK M微 (MyTest)
细菌鉴定系统名称	API	试验方法	纸片法 MIC法

【数据分析结果】

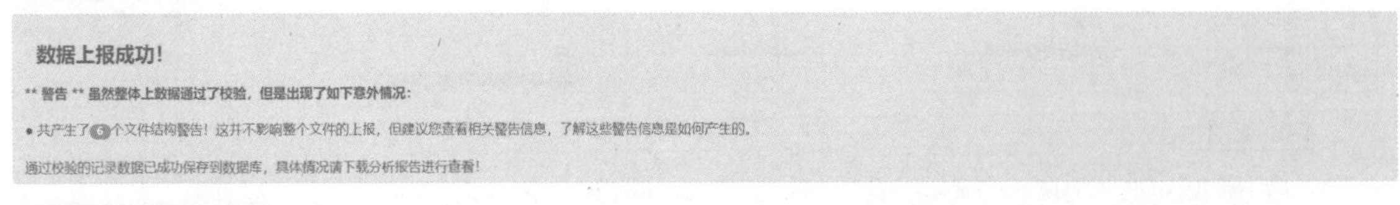

【数据分析情况汇总】

错误与警告			
文件结构错误	0	文件结构警告	6
错误总和	0	警告总和	6
数据分析概况			
记录校验通过率（100%）=【通过校验记录数(2865) / 校验记录总数(2865)】			
原始记录总数	2865	原始字段总数	94

图9-9　完整分析报告

二、错误和警告及其纠正措施

上传数据文件出现部分错误会影响数据文件上传，因此需对这部分错误进行修正。

（1）文件结构错误：包括无任何信息的空文件，整个文件无可识别的药敏信息，缺少系统要求的必报字段，字段数据类型与系统要求不匹配，文件中出现空行、空列、重复字段或无字段名，Excel文件版本过低或非标准数据文件等（字段规范表述方式见《全国细菌耐药监测网数据格式标准规范》）。若出现文件结构错误的警告，数据文件将无法正常上传。用户可点击"文件结构错误"处的红圈数字查看错误原因及整改措施（图9-10和图9-11）。图9-11为上传文件缺少"PATIENT_ID"（病历号）这一必报字段，用户可参考错误描述处的处理方法纠正该错误。

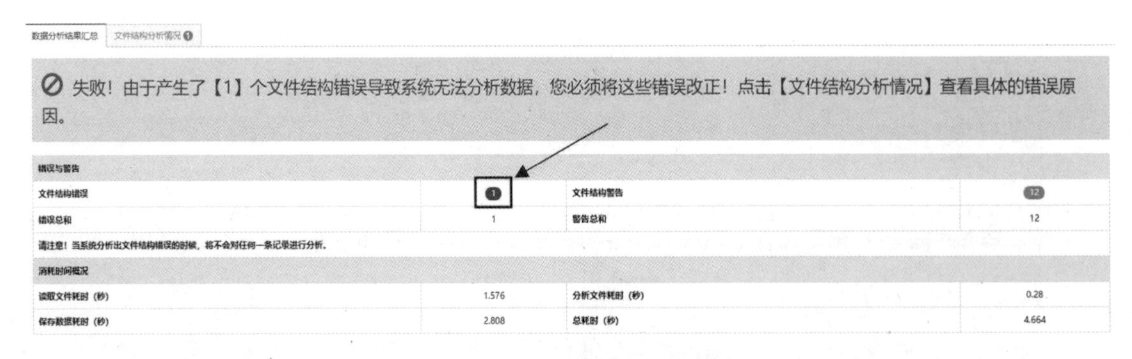

图9-10　点击查看文件结构错误

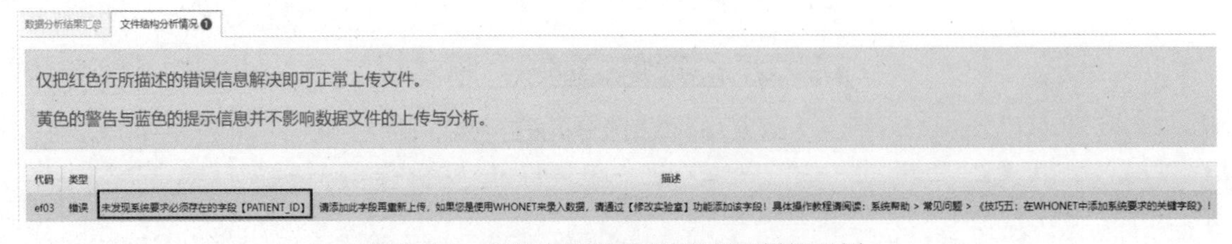

图9-11　文件结构错误描述及纠正措施示例

（2）数据错误：包括WARD字段内容未在“本院科室管理”中进行科室名称匹配（匹配方法见本章第一节）、超出当前季度数据所能接受的日期范围、字段长度超出规范要求（如年龄字段长度超过4个字节）、必报字段缺失、数据格式不规范（如纸片法药敏结果填写了6~80以外的数字、符号或字母）等（字段规范表述方式见《全国细菌耐药监测网数据格式标准规范》）。可点击“数据错误”处的红圈数字查看错误原因及处理方式（图9–12和图9–13）。图9–13示例为文件中第2024行LNZ_NM利奈唑胺MIC法填写的数值为12，不符合MIC法数据格式要求，用户可参考错误描述处的处理方法纠正该错误。

图9–12　点击查看数据错误原因

图9–13　数据错误原因描述及纠正措施示例

系统将会对每个字段数据进行校验并统计校验通过率。若未达到该字段最低通过率，则无法成功上报数据。可点击“数据分析结果”中的“数据错误”，系统将自动跳转至“各字段分析情况”，查看每个字段的校验结果、校验通过率和通过率最低要求（图9–14）。其中“校验结果”出现图标，代表该字段数据达到通过率最低要求，校验通过。若出现图标，代表该字段校验失败，可通过点击相应字段“错误总数”查看错误原因。将缺失或错误的数据进行补充或修正并达标后方可成功上报数据。各字段通过率最低要求见表9–1和9–2。

校验结果	字段名称	字段含义	总共校验	总共填写	信息总数	警告总数	错误总数	校验通过率	通过率最低要求
✔	COUNTRY_A	国家代码	2866	2866	0	0	0	100.00%	100.00%
✔	LABORATORY	实验室代码	2866	2866	0	0	0	100.00%	0.00%
✔	ORIGIN	来源	2866	2866	0	0	0	100.00%	100.00%
✔	FULL_NAME	姓名	2866	2866	0	0	0	100.00%	100.00%
✔	SEX	性别	2866	2866	0	0	0	100.00%	95.00%
✔	AGE	年龄	2866	2866	0	0	1	99.97%	95.00%
✔	PAT_TYPE	年龄类型	2866	2865	2865	0	1	99.97%	95.00%
⊘	WARD	科室	2866	2866	0	0	2866	0.00%	100.00%
⊘	DEPARTMENT	专业类别	2866	0	0	0	2866	0.00%	100.00%

图9-14　各字段分析情况

（3）文件结构警告：当上报数据中出现CARSS系统不接收的字段时将出现文件结构警告，可点击“数据文件警告”处的橙圈数字查看警告原因（图9-15）。图9-16示例如真菌药敏或药物错误代码，系统将会自动删除这类字段且不影响数据上报、分析及质量。

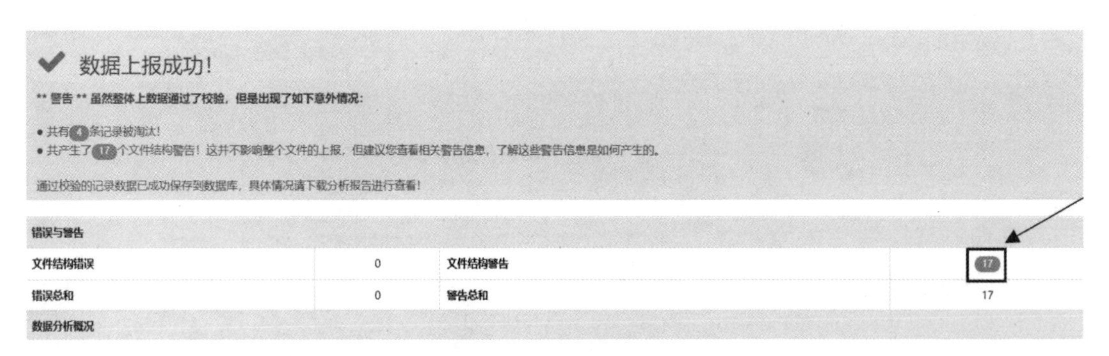

图9-15　文件结构警告

代码	类型	描述
wf05	警告	发现系统无法识别的字段【TLT_NM】，该字段数据已全部被淘汰！
wf05	警告	发现系统无法识别的字段【ITR_NM】，该字段数据已全部被淘汰！
wf05	警告	发现系统无法识别的字段【VOR_NM】，该字段数据已全部被淘汰！
wf05	警告	发现系统无法识别的字段【FLU_NM】，该字段数据已全部被淘汰！
wf05	警告	发现系统无法识别的字段【AMB_NM】，该字段数据已全部被淘汰！
wf05	警告	发现系统无法识别的字段【FCT_NM】，该字段数据已全部被淘汰！
wf05	警告	发现系统无法识别的字段【OFX_NM】，该字段数据已全部被淘汰！
wf05	警告	发现系统无法识别的字段【NOR_NM】，该字段数据已全部被淘汰！
wf05	警告	发现系统无法识别的字段【CXA_NM】，该字段数据已全部被淘汰！
wf05	警告	发现系统无法识别的字段【CPD_NM】，该字段数据已全部被淘汰！
wf05	警告	发现系统无法识别的字段【CEP_NM】，该字段数据已全部被淘汰！

图9-16　文件结构警告示例

（4）数据警告：可理解为系统的容错功能。当上报数据出现非必报字段空缺或填写内容错误时（如年龄类型PAT_TYPE和科室分类WARD_TYPE），系统可根据相应必报字段（年龄AGE、科室WARD）进行自动推导覆盖等，同时还包括对全角符号或全角数值的替换、β-内酰胺酶合剂的药敏结果进行容错处理（即在不改变原有药敏结果含义的情况下做出替换，如将1/19 替换为 1）等。可点击“数据警告”处的橙圈数字查看错误原因及处理方式（图9–17和图9–18）。数据警告不影响数据上报、分析及质量。图9–18示例为该文件中PAT_TYPE填写了错误的内容，导致警告，系统从AGE的值推导出正确结果并进行更正。

图9–17　点击查看数据警告原因

【PAT_TYPE】字段日志详情

【PAT_TYPE】字段共有【184】条警告信息！

DBF行号	Excel行号	类型	代码	描述
1	2	警告	wc031	该字段填写的值为【in】与从【AGE】字段的值【56】所推导出的结果【adu】相冲突，已自动更正为【adu】！
2	3	警告	wc031	该字段填写的值为【in】与从【AGE】字段的值【63】所推导出的结果【adu】相冲突，已自动更正为【adu】！
3	4	警告	wc031	该字段填写的值为【in】与从【AGE】字段的值【81】所推导出的结果【ger】相冲突，已自动更正为【ger】！
4	5	警告	wc031	该字段填写的值为【in】与从【AGE】字段的值【89】所推导出的结果【ger】相冲突，已自动更正为【ger】！
5	6	警告	wc031	该字段填写的值为【in】与从【AGE】字段的值【26】所推导出的结果【adu】相冲突，已自动更正为【adu】！
6	7	警告	wc031	该字段填写的值为【in】与从【AGE】字段的值【67】所推导出的结果【ger】相冲突，已自动更正为【ger】！
7	8	警告	wc031	该字段填写的值为【in】与从【AGE】字段的值【42】所推导出的结果【adu】相冲突，已自动更正为【adu】！

图9–18　数据警告更正示例

三、数据分析概况

即系统对上传数据的校验情况汇总（图9–19），在“数据分析结果汇总”栏查看。

（1）记录校验通过率：该率计算公式为通过校验记录数/校验记录总数（即通过校验记录数+被淘汰记录总数）。

（2）原始记录总数：上报数据总量，即系统可校验记录数+被淘汰记录总数。

（3）原始字段总数：上报数据字段总数，即系统可校验字段数+被淘汰字段总数。

（4）被淘汰记录总数：当上传数据文件中出现如下情况（图9–20）时，系统会淘汰整条记录不予以分析和保存，该记录的总和即为被淘汰记录总数。

①空记录，即整行未填写任何值。

②未填写任何药敏结果的记录。

③质控标本记录，包括（SPEC_TYPE=qc且SPEC_CODE=75）或（SPEC_TYPE=ex且SPEC_CODE=99）。

④非革兰阳性菌或非革兰阴性菌，包括a（厌氧菌）、f（真菌）、m（分枝杆菌）、w（寄生虫）、b（其他细菌）、O（其他病原体）。

图9-19 数据分析概况

图9-20 被淘汰记录总数

细菌耐药监测数据的审核和上报，是细菌耐药监测网点医院的常规工作。负责审核和上报的工作人员须具备相应的专业能力，除对数据格式审核外，还须对药敏数据的完整性、准确性进行审核，这需要工作人员熟悉相关指南、行标、全国细菌耐药监测网技术方案及全国细菌耐药监测网网点医院微生物实验室质量和能力要求等，同时熟悉本实验室所用方法学及自动化仪器等的限制性信息。

第十章 细菌耐药监测数据统计分析

目前，CARSS数据是基于WHONET进行统计分析的，CARSS成员单位的实验室也常常使用WHONET软件来统计分析本单位的细菌耐药监测数据。

WHONET软件由O’Brien博士和Stelling博士共同创立。他们共同领导WHO抗微生物药物耐药性监测合作中心，该中心负责开发基础设施和工具，以推进全球抗微生物耐药监测行动。WHONET软件可以管理细菌试验结果和数据分析，能对本地区或本院的细菌耐药性监测数据进行各种类型的统计分析，从而提高细菌耐药监测数据的使用率，同时可通过数据交换，促进不同医院或国家之间细菌耐药性监测方面的合作。

该软件的主要功能包括：加强细菌耐药性监测数据在本地区或医院的应用；管理常规病原菌的药物敏感性试验结果；进行耐药监测数据的统计分析，尤其是抗微生物药物药敏试验结果；为临床合理选择抗微生物药物提供依据；发现医院感染暴发和耐药菌株的流行情况；确定耐药机制；发现实验室的质量控制问题；通过数据交换，促进不同实验室间的协作；制定具有本地区细菌耐药特色的区域性专家规则。

WHONET软件版本会不定期进行更新，目前WHONET软件官网提供WHONET 5.6（截至2023年12月，该版本最新更新时间为2022年7月18日，支持2022版CLSI和EUCAST折点）和WHONET 2024下载（截至2024年6月17日，该版本支持2024版CLSI M100、M45、M60和M61，2024版EUCAST细菌折点和最新版CLSI VET01、VET03/04和VET06折点）。由于WHONET 5.6运行更为稳定，本书将以WHONET 5.6为基础进行详细介绍。

第一节 WHONET软件的安装及设置

本节将详细阐述WHONET软件的下载、安装及设置，并针对经常出现的问题提出解决方案。

一、WHONET软件的下载及安装

1. 下载

登录WHONET软件官网https：//whonet.org/software.html（图10-1），根据计算机配置选择不同字节版本的软件下载，并保存到指定路径（图10-2）。

Software Training center Webinars Discussion forum About Contact

Software

The microbiology laboratory database software

Home / Software

WHONET 2024

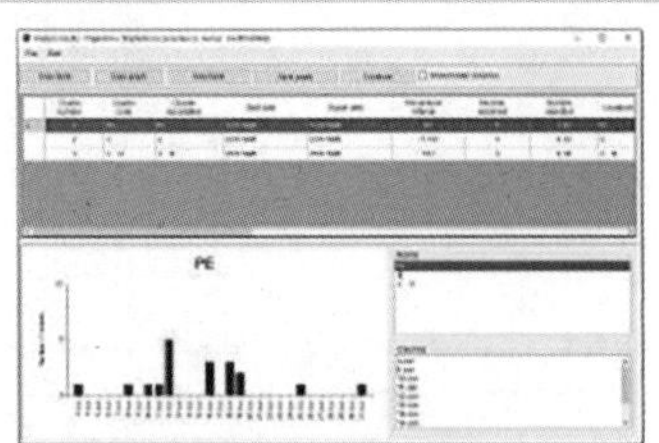

WHONET 2024 is a modernized and expanded version of WHONET 5.6. This version supports 44 languages and includes new features for exporting to the **WHO GLASS** data structure. Further information on GLASS can be found using this link.

It includes support for CLSI 2024 M100, M45, M60, M61, as well as EUCAST 2024 bacterial breakpoints. Also included are the most recent CLSI VET01, VET03/04, and VET06 breakpoints.

Download

64-bit installation (160 MB)
32-bit installation (160 MB)

Build date: 2024-07-01
Version: 24.7.1
Release notes

Older versions

The final version of WHONET 2023 is available here. This version is no longer under development.
WHONET 2023 final - 64-bit installation (160 MB)
WHONET 2023 final - 32-bit installation (160 MB)

WHONET Automation Tool

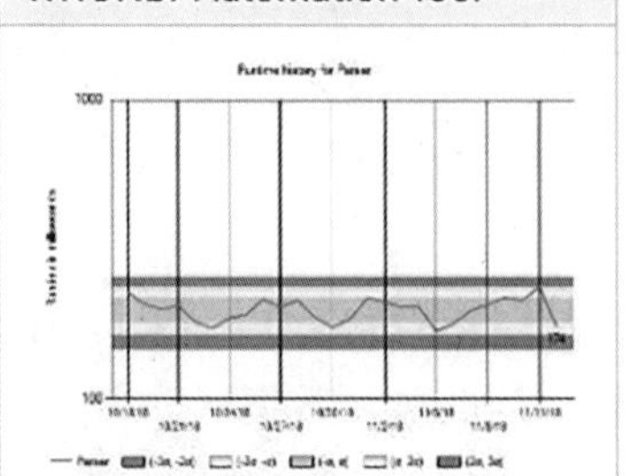

Download

64-bit installation (4.6 MB)
32-bit installation (4.6 MB)

Build date: 2022-07-19
Version: 22.7.19

The Automation Tool can be configured to execute an entire workflow of data processing, aggregation, and analysis steps. It includes optional services which either run on a set schedule, or are triggered in response to new files appearing in designated "watched" locations. You can configure any set of analyses you wish, from simple statistics to sophisticated outbreak detection. The system also has integrated process monitoring and email alerts for:

- Missing input files
- Duplicated input files
- Lower- or higher-than-expected row counts
- Lower- or higher-than-expected individual process runtimes
- Duplicated row counts per institution on successive days
- Error messages
- Daily reports

AMR Test Interpretation Engine

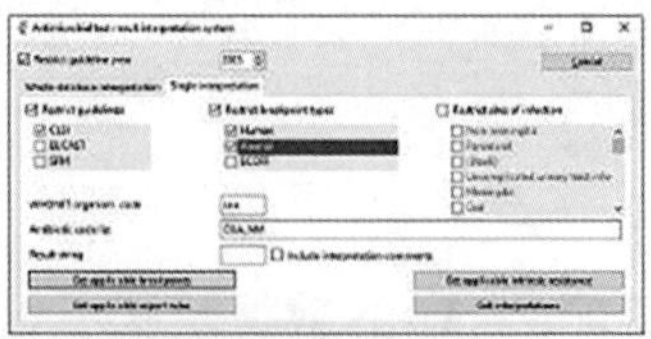

The AMR Test Interpretation Engine is a standalone software which can interpret AMR measurements using CLSI and EUCAST breakpoints. The system also includes resource files which can be used independently of the interpretation system by 3rd parties.

Download

Latest release (2 MB)

Build date: 2024-06-28

This project is published on GitHub at the following URL: GitHub - AMRIE

WHONET 5.6

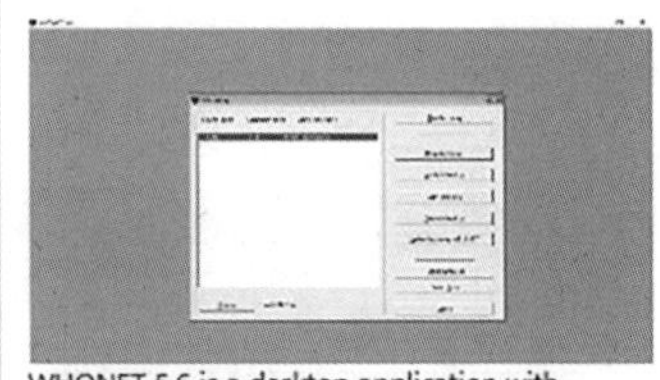

WHONET 5.6 is a desktop application with support for 24 languages and 2022 CLSI and EUCAST breakpoints.

Download

32-bit installation (60 MB)

Build date: 2022-07-18

图10-1 WHONET软件官网下载界面

图10-2　WHONET软件下载的指定路径

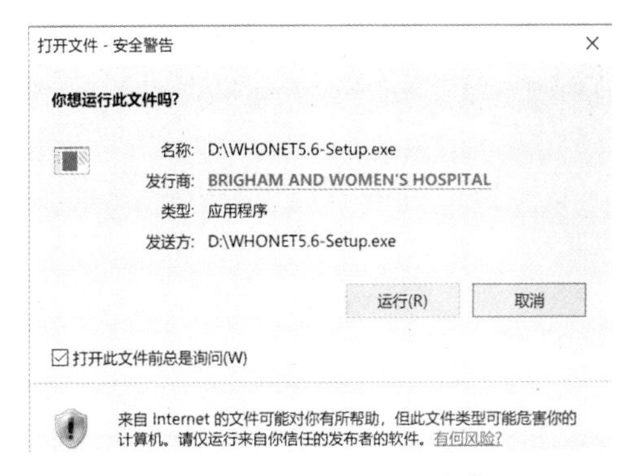

图10-3　WHONET程序安装界面

2. 安装

在指定路径找到并打开WHONET程序，按照图10-3~图10-11所示进行安装。

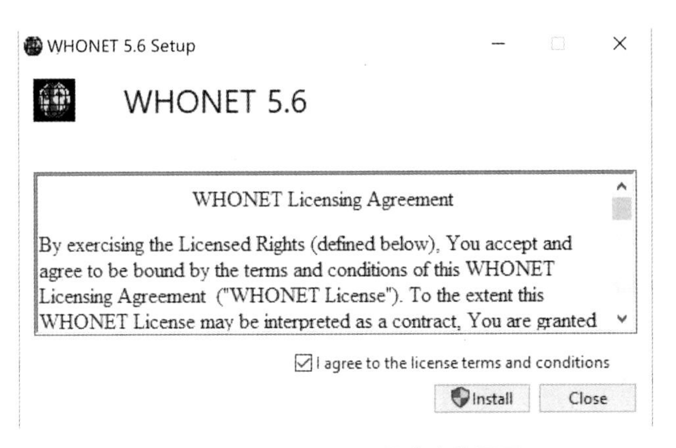

图10-4　WHONET程序安装界面

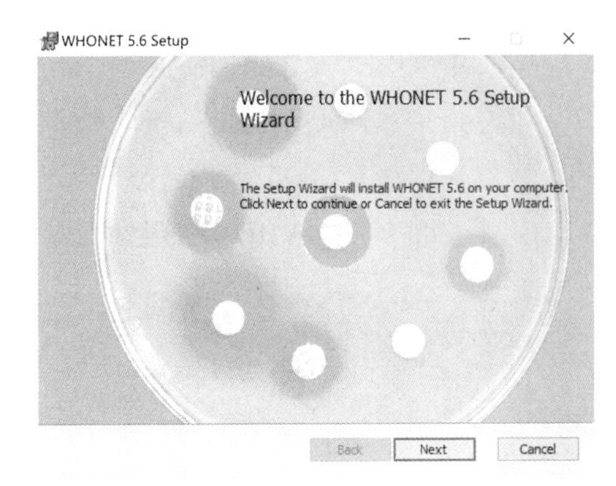

图10-5　WHONET程序安装界面

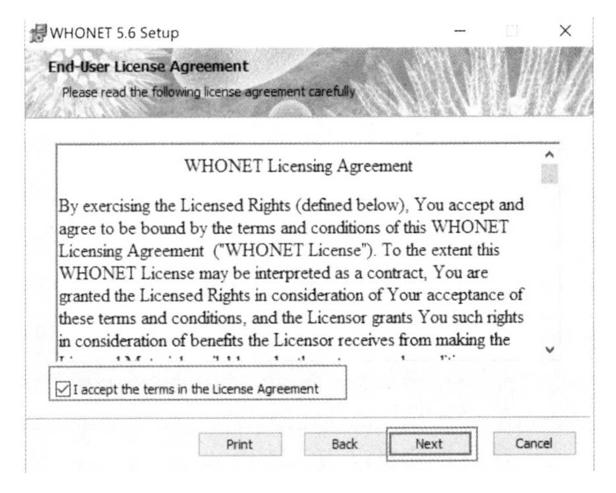

图10-6　WHONET程序安装界面

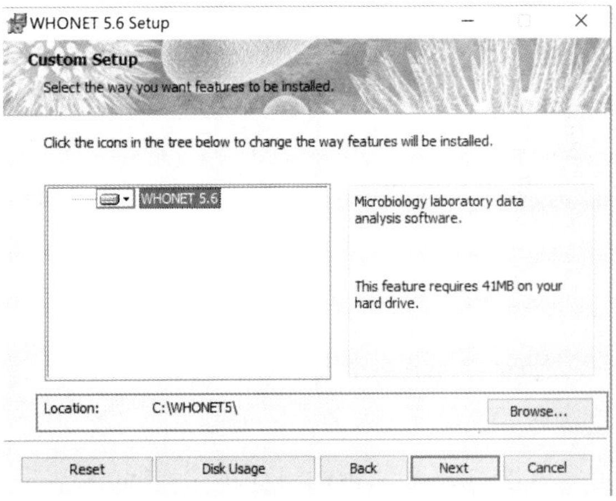

图10-7　WHONET程序安装界面

点击Browse修改WHONET安装路径。

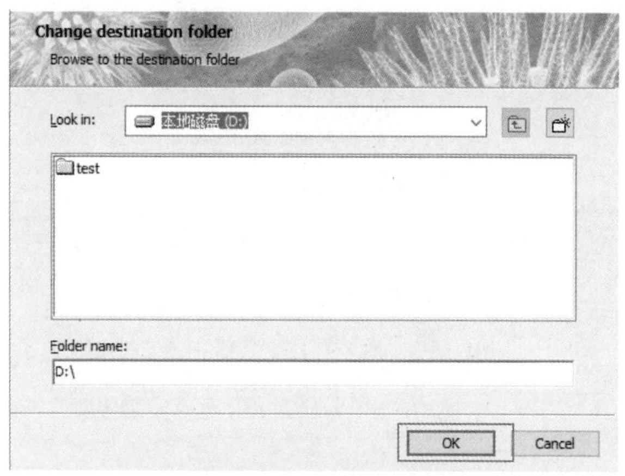

图10-8 WHONET程序安装界面

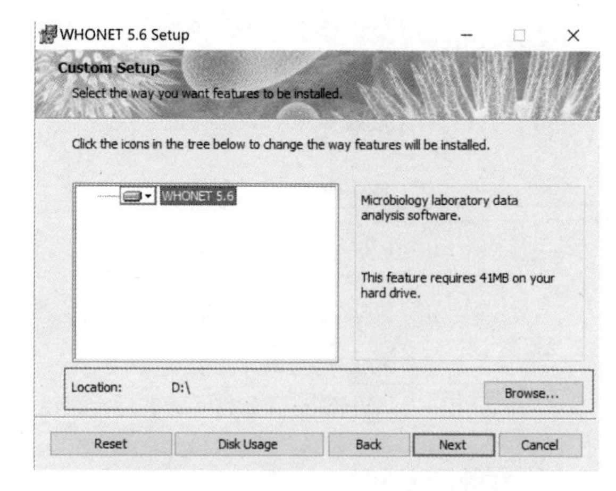

图10-9 WHONET程序安装界面

设置WHONET安装路径在D盘。

完成WHONET安装路径在D盘的设置。

考虑到多数网点单位重新安装操作系统时直接格式化C盘导致全盘数据丢失的情况较为常见，强烈建议将WHONET安装至D盘，以规避上述情况所致的WHONET数据丢失。例如，可将WHONET安装至D：\WHONET5路径下。

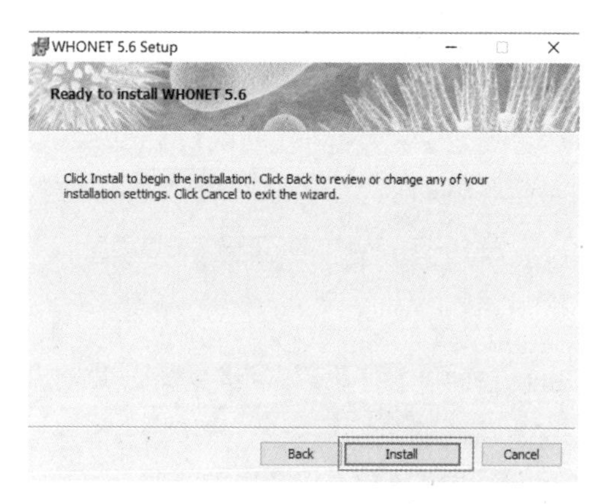

图10-10 WHONET程序安装界面

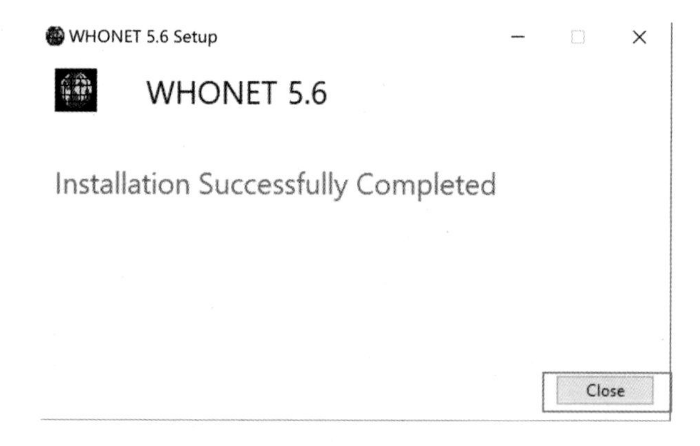

图10-11 WHONET程序安装界面

二、本地实验室设置

WHONET软件安装完成后首先进行实验室设置。当实验室更换了药敏组合、对不同来源的数据合并分析或创建一个新的实验室时，需重新设置实验室或者对部分设置进行更新。

首次打开 WHONET 软件时，会出现以下界面，请选择语言并更改为简体中文（图10–12~图10–14）。

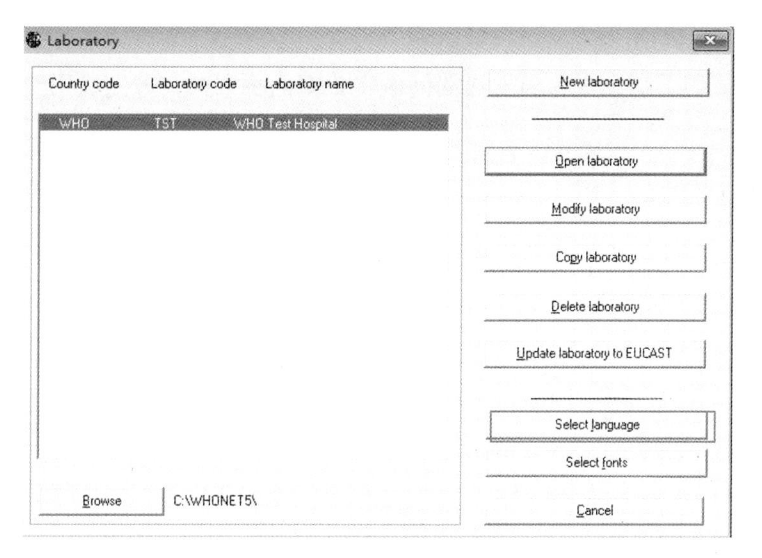

图10-12 选择和修改语言

WHONET软件首次打开选择语言。

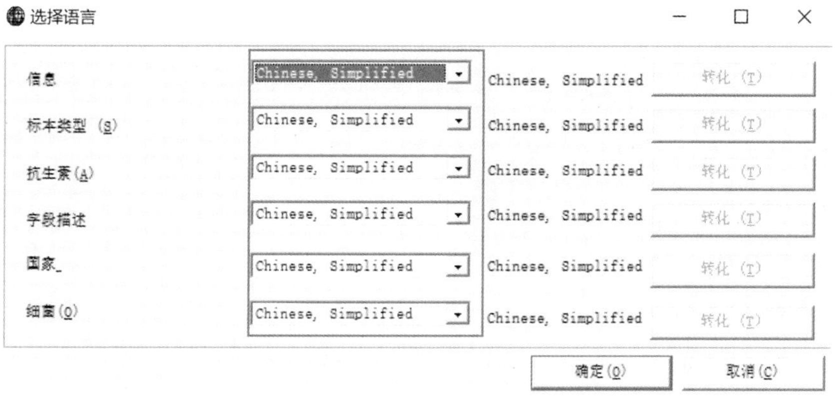

选择语言

信息 Chinese, Simplified Chinese, Simplified 转化(T)
标本类型(S) Chinese, Simplified Chinese, Simplified 转化(T)
抗生素(A) Chinese, Simplified Chinese, Simplified 转化(T)
字段描述 Chinese, Simplified Chinese, Simplified 转化(T)
国家_ Chinese, Simplified Chinese, Simplified 转化(T)
细菌(O) Chinese, Simplified Chinese, Simplified 转化(T)

确定(O) 取消(C)

图10-13 选择和修改语言

设置语言为简体中文。

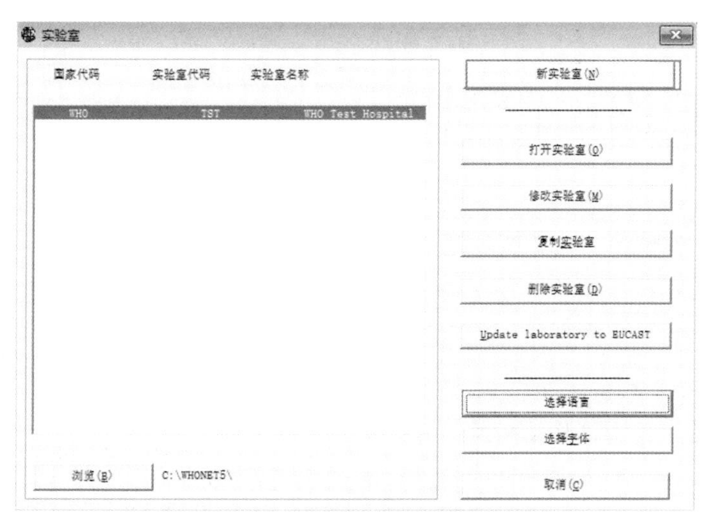

图10-14 选择和修改语言

选择简体中文后的界面。

实验室设置可采用手动设置和根据数据创建实验室两种方式，分别适用于不同场景，其中手动设置较为常用。

（一）手动设置

通过“新实验室”菜单项手动设置实验室，主要包括实验室基本信息、抗微生物药物、科室、数据字段和提示五部分内容，其中实验室基本信息、抗微生物药物和数据字段为必须设置部分。如果WHONET软件不用于数据录入而仅用于统计分析，则可不设置科室和提示（不设置科室将无法按科室统计数据）。提示信息可依据实验室的工作习惯和要求进行灵活设置。

1.设置基本信息

WHONET实验室基本信息有四个必填项，分别为国家（Country）、实验室名称（Laboratory Name）、实验室代码（Laboratory Code）和标本来源范围（Origin），其中实验室代码的最大长度为3个半角英文字符。

本文以虚拟医疗机构“未来市第一医院”进行演示。实验室设置中，“国家”选择China、“实验室名称”录入为“未来市第一医院”“实验室代码”录入为FUH、标本来源选择为“人”，点击“抗生素”按钮（此处为软件版块antibiotics的翻译，实为抗微生物药物），如图10-15所示。

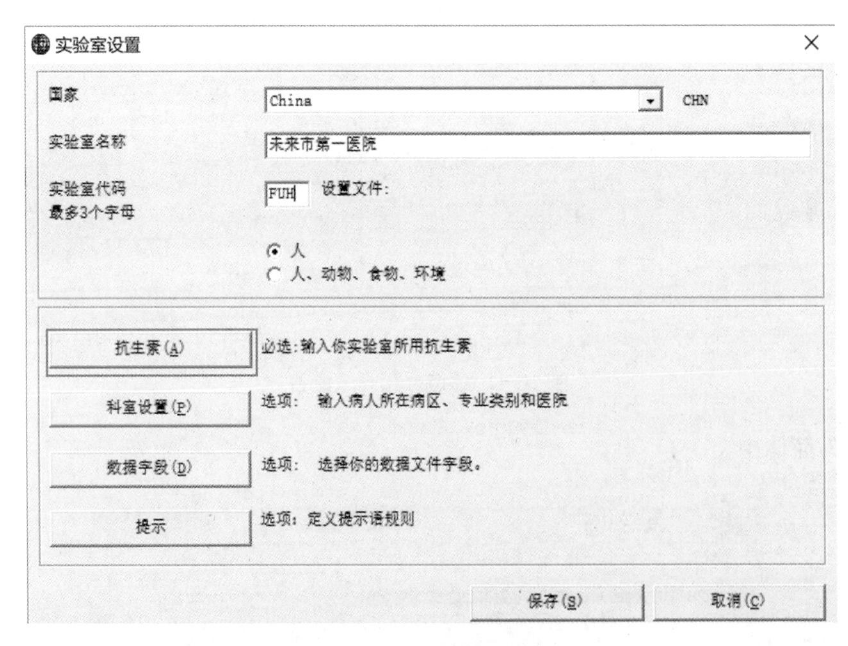

图10-15　实验室设置

注意要点：实验室代码决定了实验室产生的数据文件的扩展名，按上述举例其数据文件扩展名为FUH，则该实验室产生的所有数据均包含当前实验室代码，这可区分每一条数据的来源，在分析来自多个实验室的合并数据时，可区分数据来源。

2.设置抗生素

（1）抗生素种类、药敏试验指南及药敏试验方法的设置：目前我国药敏试验及抗生素折点参考的是CLSI文件，故选择抗生素代码时须选择含CLSI标注的抗生素，通过点击“→”按钮或双击该药物移动到右侧。如图10-16所示。

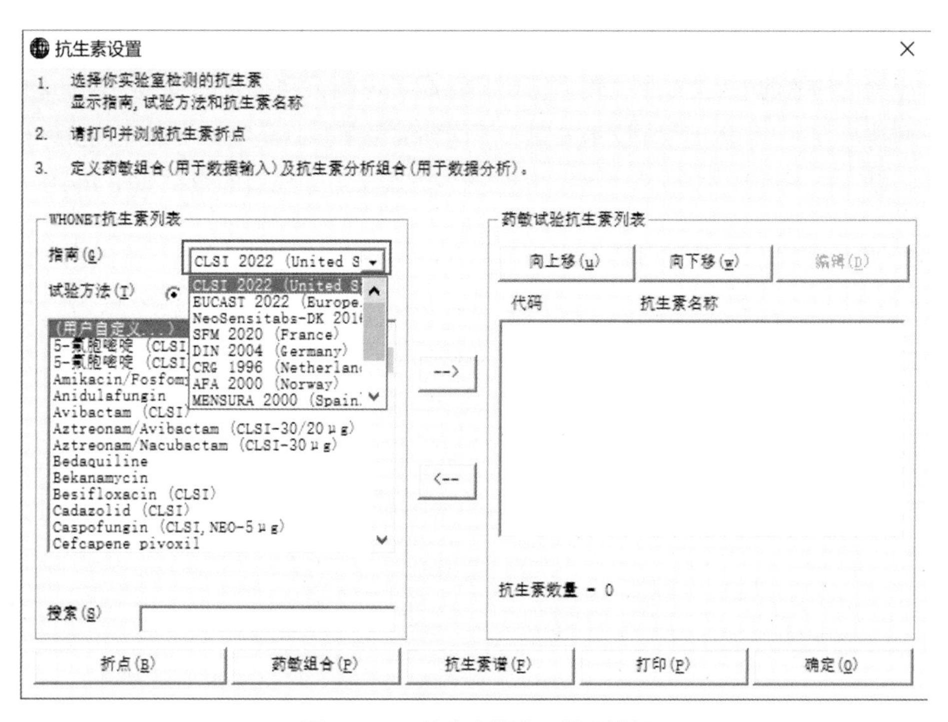

图10-16　抗生素指南及代码选择

同种抗生素不同检测方法使用不同后缀进行区分，纸片扩散法为抗生素英文缩写_ND$_{XX}$（N表示NCCLS，即CLSI以前的名称缩写；D表示disk，即纸片；XX表示药敏纸片含量），MIC法为抗生素英文缩写_NM（N表示NCCLS，即CLSI以前的名称缩写；M表示MIC），Etest法为抗生素英文缩写_NE（N表示NCCLS，即CLSI以前的名称缩写；E表示Etest）。万古霉素三种检测方法选择示例（图10-17）。

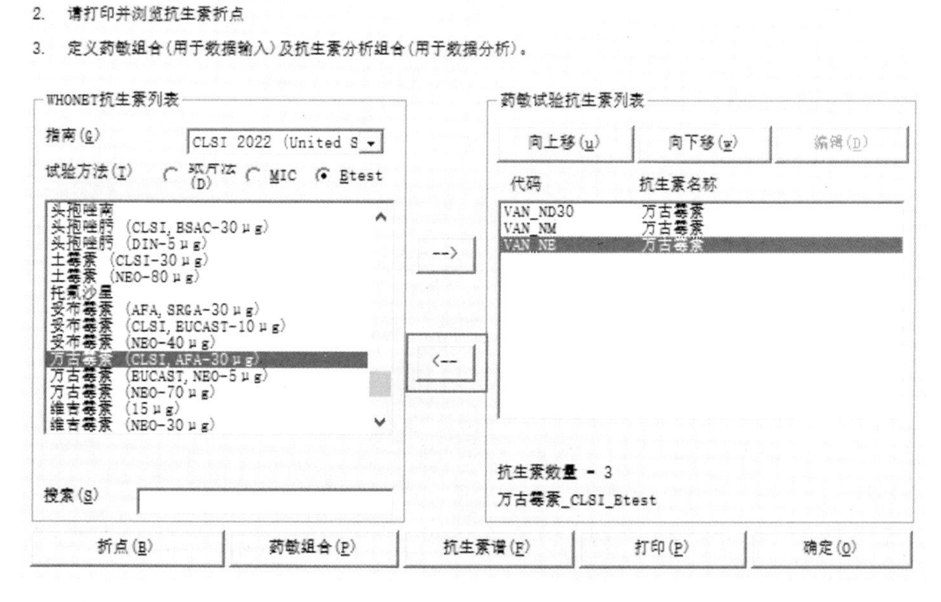

图10-17　三种药敏方法万古霉素字段选择

若出现选择错误，可以点击“←”按钮将该字段项删除。

设置抗生素时应根据CLSI文件中微生物实验室应考虑测试和报告的抗微生物药物、《全国细菌耐药监测网技术方案》(以下简称技术方案)不同种类细菌监测药物种类及本院抗感染治疗需求等进行设置，以“未来市第一医院”为例，依据技术方案添加完成后的效果如图10-18所示。

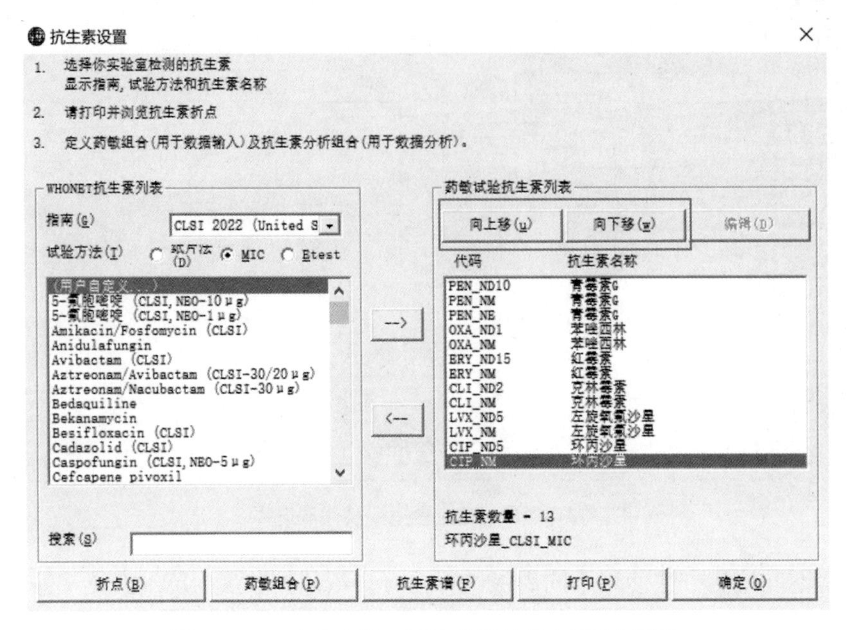

图10-18　未来市第一医院依据技术方案选择药物

添加完成后可通过图10-17中“向上移”和“向下移”按钮调整抗生素在录入界面中的显示顺序。若需使用WHONET软件录入数据，录入界面抗生素显示顺序取决于添加抗生素时的列表顺序，如图10-19所示。

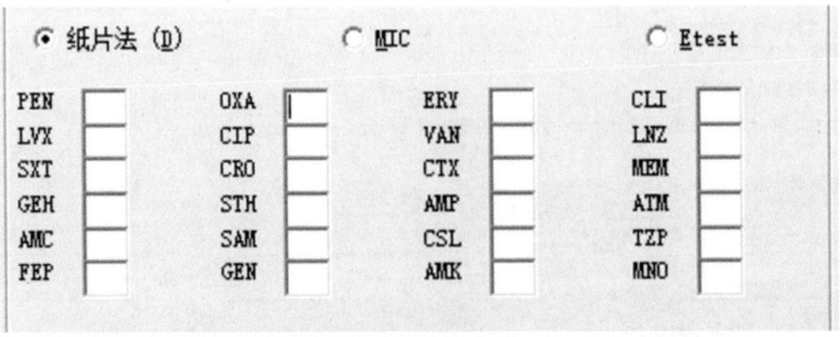

纸片法(D)　MIC　Etest

PEN	OXA	ERY	CLI
LVX	CIP	VAN	LNZ
SXT	CRO	CTX	MEM
GEH	STH	AMP	ATM
AMC	SAM	CSL	TZP
FEP	GEN	AMK	MNO

图10-19　WHONET软件数据录入界面抗生素顺序

(2)折点设置：通常情况下折点无需特殊设置。当折点更新或需进行定制化分析时，点击“折点”按钮进行自定义设置，此时界面如图10-20和图10-21所示。

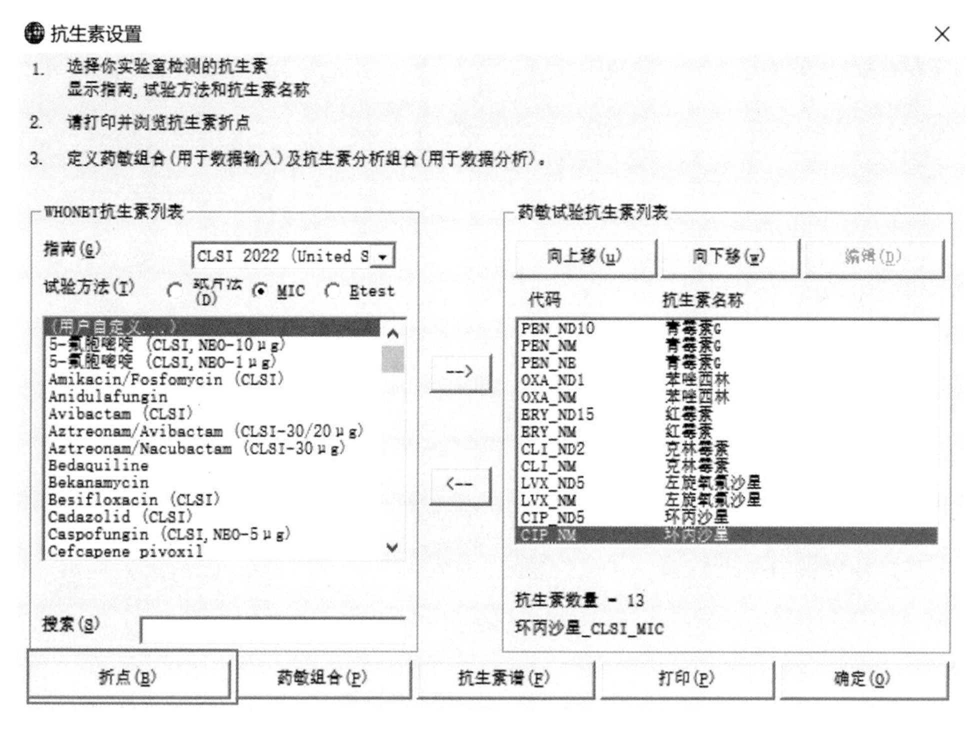

图10-20　抗生素折点设置

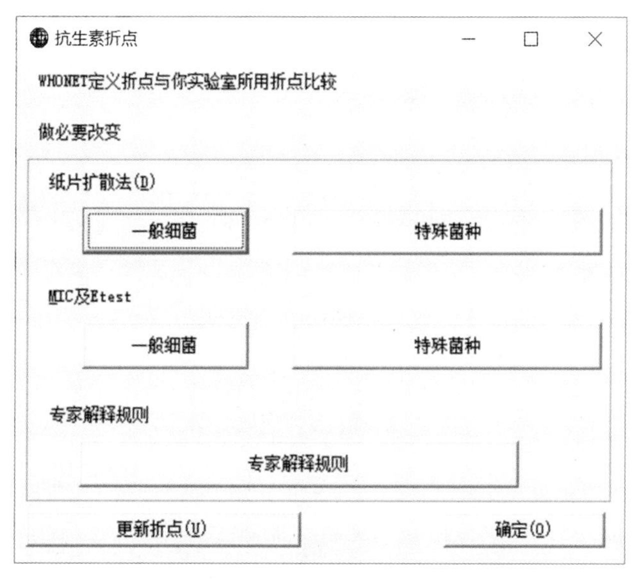

图10-21　抗生素药敏折点设置

折点设置分为“纸片扩散法”和“MIC及Etest”，每种方法下又分为“一般细菌”和“特殊菌种”。“一般细菌”是指未在“特殊菌种”中单独设置折点的细菌，一经设置，系统默认使用该折点进行判断，若未设置，数据分析时系统会在药敏判定结果中显示为“？”。“特殊菌种”是指若异于“一般细菌”折点的菌种或菌属，可单独设置。WHONET在进行折点判断的过程中，优先在“特殊菌种”的折点设置集合中进行查找。

以纸片法自定义折点设置为例：

“一般细菌”的折点设置方法如图10-22所示：选择需要设置折点的药物，将折点进行输入或更新。

图10-22 一般细菌折点设置

“特殊菌种”的折点设置方法如图10-23所示。

图10-23 特殊菌种折点设置

点击“增加”按钮，可以添加针对某个“特殊菌种”的折点。首先选择需添加的菌种或菌属名，可在“全部列表”中双击菌种名称或直接键入英文代码的方式进行选择，若在“细菌组”中选择需添加的菌属或细菌组合“如凝固酶阴性葡萄球菌”，然后在“抗生素列表”种选择需设置的抗生素。如大肠埃希菌（WHONET代码eco）对哌拉西林/他唑巴坦MIC法折点的设置如图10-24所示。

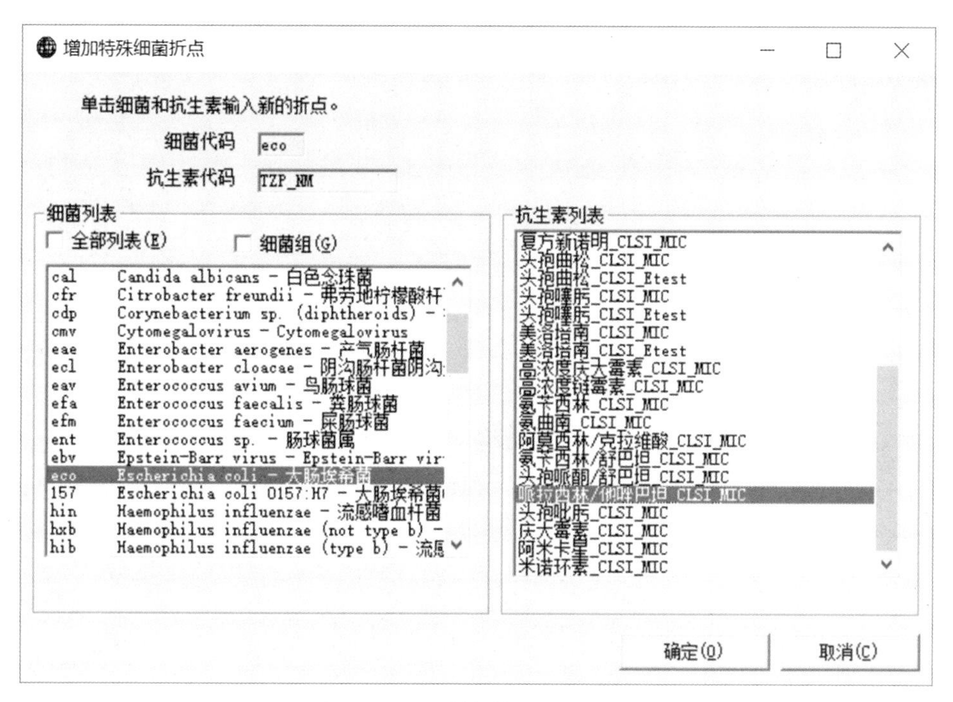

图10-24 增加特殊细菌折点

需要注意的是，点击“确定”后，将会回到折点列表界面，WHONET并不会直接定位到新添加的折点记录，需要人工滚动列表找到刚刚添加的信息项。因此，建议在点击“确定”按钮之前将细菌列表中选中的英文细菌名称记录下来，便于在折点设置列表中查找，如图10-25所示定位到大肠埃希菌的哌拉西林/他唑巴坦，然后将折点信息分别录入至S<=和R>=单元格中。

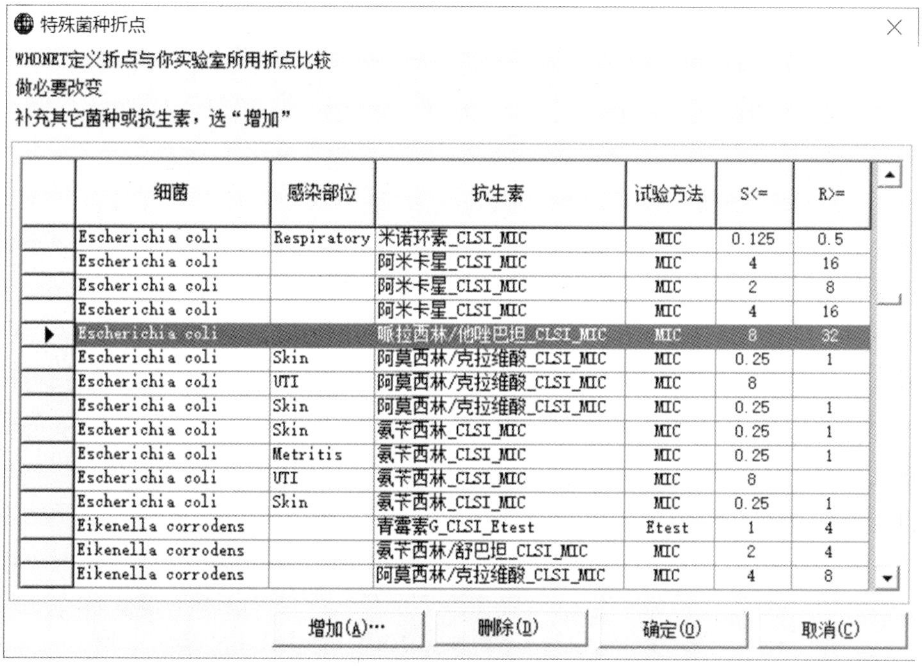

特殊菌种折点

WHONET定义折点与你实验室所用折点比较

做必要改变

补充其它菌种或抗生素，选“增加”

	细菌	感染部位	抗生素	试验方法	S<=	R>=
	Escherichia coli	Respiratory	米诺环素_CLSI_MIC	MIC	0.125	0.5
	Escherichia coli		阿米卡星_CLSI_MIC	MIC	4	16
	Escherichia coli		阿米卡星_CLSI_MIC	MIC	2	8
	Escherichia coli		阿米卡星_CLSI_MIC	MIC	4	16
▶	Escherichia coli		哌拉西林/他唑巴坦_CLSI_MIC	MIC	8	32
	Escherichia coli	Skin	阿莫西林/克拉维酸_CLSI_MIC	MIC	0.25	1
	Escherichia coli	UTI	阿莫西林/克拉维酸_CLSI_MIC	MIC	8	
	Escherichia coli	Skin	阿莫西林/克拉维酸_CLSI_MIC	MIC	0.25	1
	Escherichia coli	Skin	氨苄西林_CLSI_MIC	MIC	0.25	1
	Escherichia coli	Metritis	氨苄西林_CLSI_MIC	MIC	0.25	1
	Escherichia coli	UTI	氨苄西林_CLSI_MIC	MIC	8	
	Escherichia coli	Skin	氨苄西林_CLSI_MIC	MIC	0.25	1
	Eikenella corrodens		青霉素G_CLSI_Etest	Etest	1	4
	Eikenella corrodens		氨苄西林/舒巴坦_CLSI_MIC	MIC	2	4
	Eikenella corrodens		阿莫西林/克拉维酸_CLSI_MIC	MIC	4	8

增加(A)… 删除(D) 确定(O) 取消(C)

图10-25 大肠埃希菌＆哌拉西林/他唑巴坦折点

当需要对同一个抗生素针对不同的感染部位设置不同的折点时，可以在感染部位中进行标记，例如，输入“脑膜炎”或“非脑膜炎”，如图10-26所示。

特殊菌种折点

WHONET定义折点与你实验室所用折点比较

做必要改变

补充其它菌种或抗生素，选“增加”

细菌	感染部位	抗生素	试验方法	S<=	R>
Streptococcus pneumoniae	Oral	青霉素G_CLSI_MIC	MIC	0.064	2
Streptococcus pneumoniae	脑膜炎	青霉素G_CLSI_MIC	MIC	0.064	0.1
Streptococcus pneumoniae	Non-meningi	青霉素G_CLSI_MIC	MIC	2	8
Streptococcus pneumoniae	Non-meningi	Ceftaroline_CLSI_MIC	MIC	0.5	
Streptococcus pneumoniae	Oral	青霉素V_CLSI_MIC	MIC	0.064	2
Streptococcus pneumoniae		加替沙星_CLSI_MIC	MIC	1	4
Streptococcus pneumoniae		加替沙星_CLSI_Btest	Btest	1	4
Streptococcus pneumoniae	脑膜炎	青霉素G_CLSI_Btest	Btest	0.064	0.1
Streptococcus pneumoniae	Oral	青霉素G_CLSI_Btest	Btest	0.064	2
Streptococcus pneumoniae	Non-meningi	青霉素G_CLSI_Btest	Btest	2	8
Streptococcus pneumoniae		头孢克洛_CLSI_MIC	MIC	1	4
Streptococcus pneumoniae		万古霉素_CLSI_Btest	Btest	1	
Streptococcus pneumoniae		亚胺培南_CLSI_Btest	Btest	0.125	1
Streptococcus pneumoniae	脑膜炎	头孢曲松_CLSI_Btest	Btest	0.5	2
Streptococcus pneumoniae	Non-meningi	头孢曲松_CLSI_Btest	Btest	1	4

增加(A)…　删除(D)　确定(O)　取消(C)

图10-26　不同感染部位的折点

（3）抗生素药敏组合设置：该功能主要用于使用WHONET软件进行药敏试验结果的手工录入时，自动快速定位至所选择的抗菌药物，以提高工作效率。

首先点击“药敏组合”设置按钮后，将弹出相关设置界面如图10-27所示。

抗生素药敏组合（选项）

显示每个细菌组你经常检测的抗生素

抗生素	葡萄球菌属	链球菌属	肺炎链球菌	Streptococcus viridans	肠球菌
苯唑西林_CLSI_Disk_1ug	☑	☐	☐	☐	☐
苯唑西林_CLSI_MIC	☐	☐	☐	☐	☐
青霉素G_CLSI_Disk_10unit	☐	☐	☐	☐	☐
青霉素G_CLSI_MIC	☑	☐	☐	☐	☐
青霉素G_CLSI_Etest	☐	☐	☐	☐	☐
红霉素_CLSI_Disk_15ug	☐	☐	☐	☐	☐
红霉素_CLSI_MIC	☑	☐	☐	☐	☐
克林霉素_CLSI_Disk_2ug	☐	☐	☐	☐	☐
克林霉素_CLSI_MIC	☑	☐	☐	☐	☐
左旋氧氟沙星_CLSI_Disk_5	☐	☐	☐	☐	☐
左旋氧氟沙星_CLSI_MIC	☑	☐	☐	☐	☐
环丙沙星_CLSI_Disk_5ug	☐	☐	☐	☐	☐
环丙沙星_CLSI_MIC	☐	☐	☐	☐	☐
万古霉素_CLSI_Disk_30ug	☐	☐	☐	☐	☐
万古霉素_CLSI_MIC	☑	☐	☐	☐	☐
万古霉素_CLSI_Etest	☐	☐	☐	☐	☐

抗生素顺序　条件抗生素报告　确定(O)　取消(C)

图10-27　选择不同菌种或菌属抗生素药敏组合

该界面WHONET提供了设置“抗生素顺序”按钮，可通过该按钮设置某个菌属、菌群或菌种的显示顺序，这一规则优先于抗生素设置界面。点击“向上移”和“向下移”可以调整抗生素顺序，具体如图10-28所示。

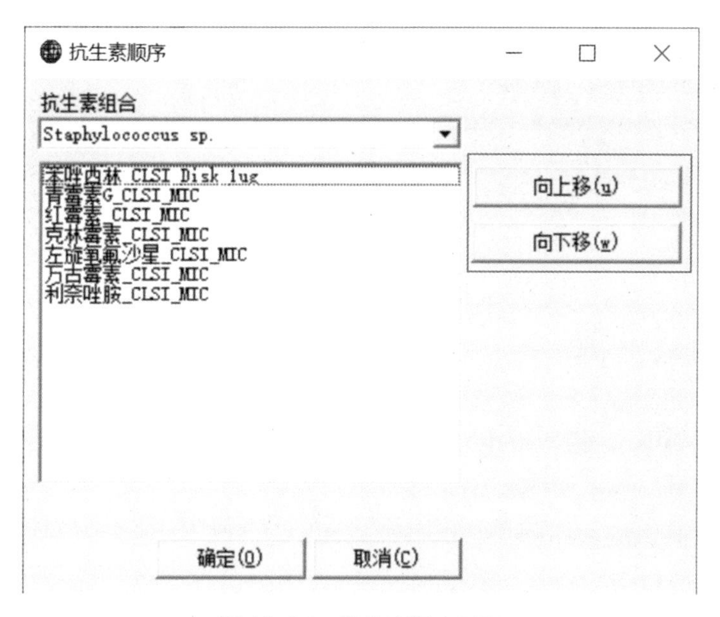

图10-28 抗生素顺序界面

点击“确定”，直到所有配置信息生效。

（4）抗生素谱设置：该功能可用于数据分析中的耐药谱分析。通过“编辑”和“增加”可按照不同类、属、种细菌进行抗生素谱设置（图10-29~图10-31）。

图10-29 抗生素分析谱设置

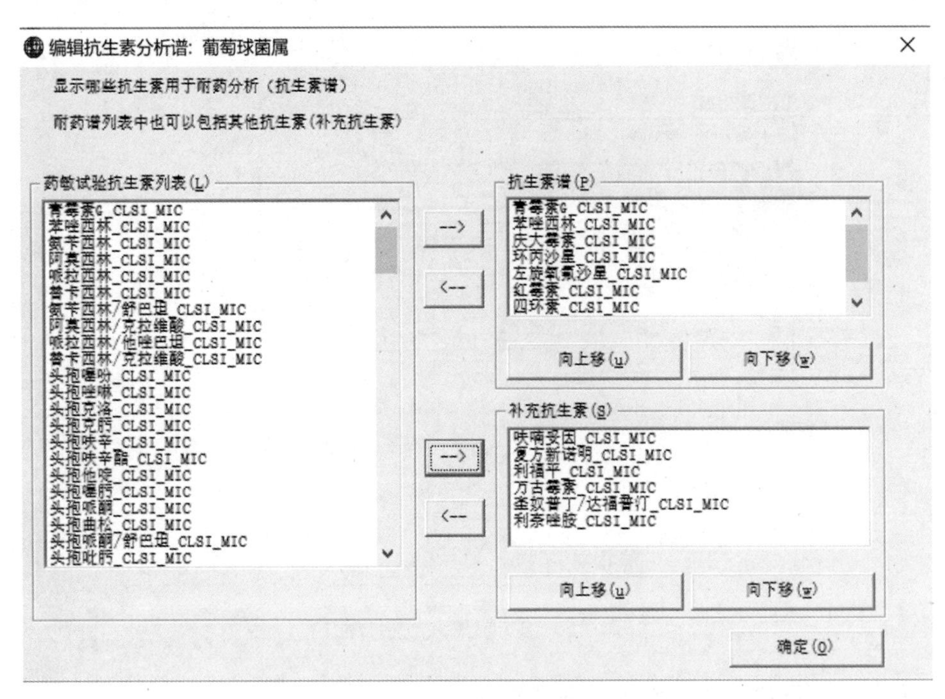

图10-30　编辑抗生素分析谱

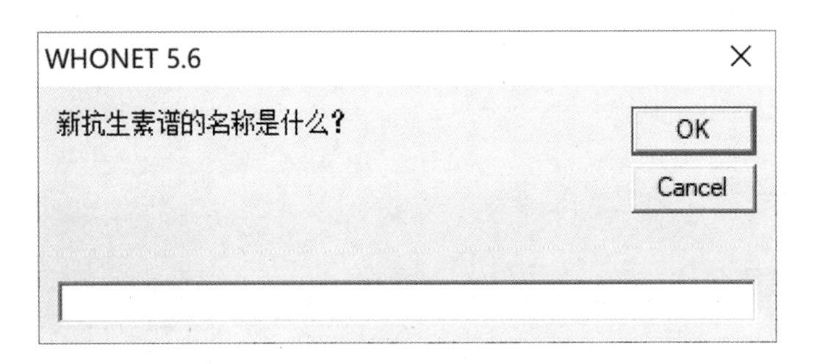

图10-31　增加新的抗生素谱

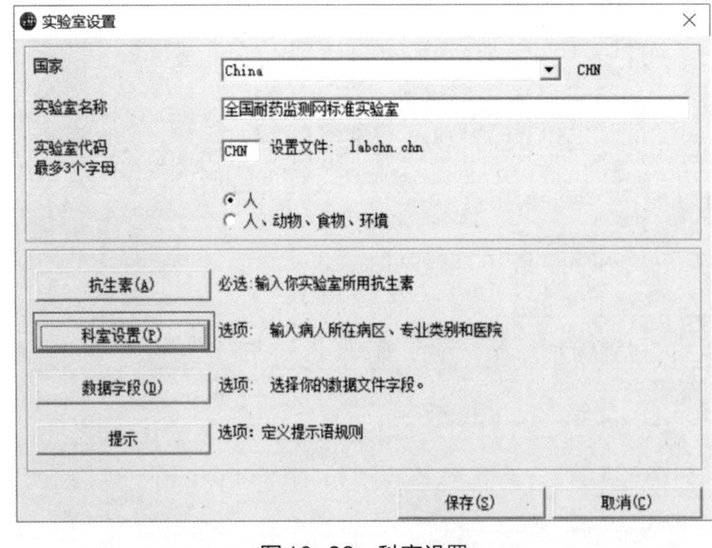

图10-32　科室设置

至此完成“实验室设置”中的“抗生素设置”。

3.科室设置

科室设置用于完成当前实验室的科室适配和归类的工作，便于精细化管理实验室的药敏数据，为各科室数据检索和统计分析奠定基础。这对于采用WHONET录入和修改药敏数据的实验室尤其重要，具体操作如下：

在“实验室设置”界面点击“科室设置”按钮即可弹出“科室设置”界面，如图10-32和图10-33所示。

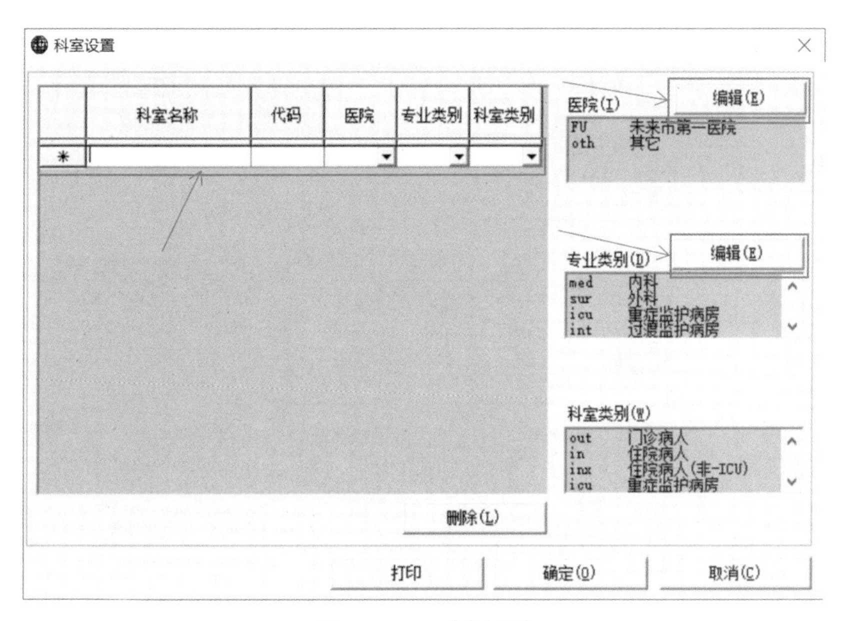

图10-33　科室设置

通过右上角的“编辑”按钮所操作的数据会影响列表区中“医院”下拉框，对应数据文件中的INSTITUT字段，该字段适用于具有多个分院区、医联体或者医疗集团的实验室。

通过右侧中间的“编辑”按钮所操作的数据会影响列表区中“专业类别”下拉框，对应的数据字段是DEPARTMENT，该字段适用于对本院各科室相应的专业类别进行对应，需要注意的是在上报CARSS数据的过程中，CARSS会根据各成员单位提供的“本院科室”和“专业类别”的映射关系自动生成该字段的值，因此，除非采用WHONET进行数据录入或对“专业类别”有统计需求，否则可以不进行“科室设置”操作。

右下角的“科室类别”（图10-34）是WHONET中内置的固定字典集合，只能进行选择，不能进行自定义操作。在日常工作中通常用到的科室类别主要包括：out门诊病人、in住院病人、inx住院病人（非-ICU）、icu重症监护病房。

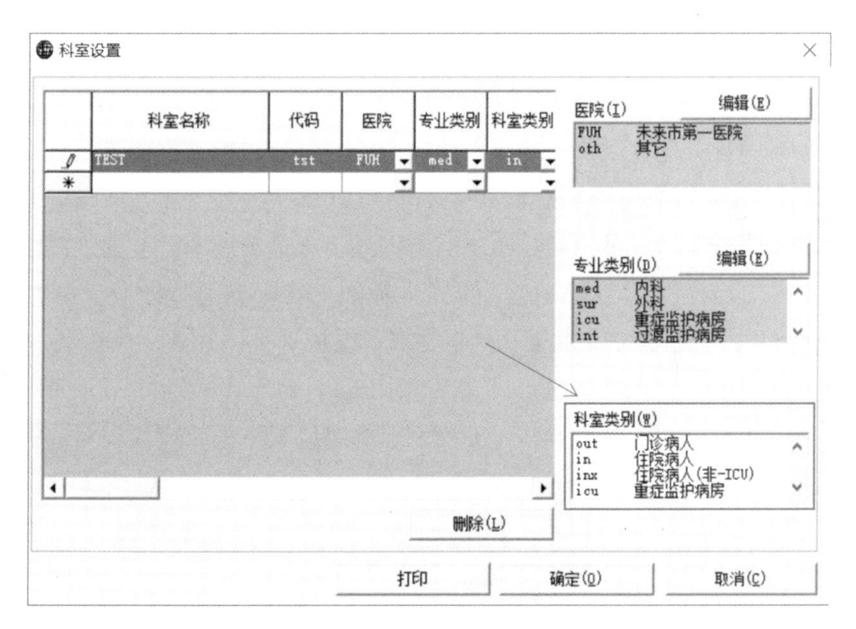

图10-34　科室类别设置

须重点关注“专业类别”与“科室类别”的区别。例如，某医院儿科有四个病区，分别为“儿科门诊”“儿科急诊”“儿科病房”和“儿科ICU”，相关设置如图10-35所示。

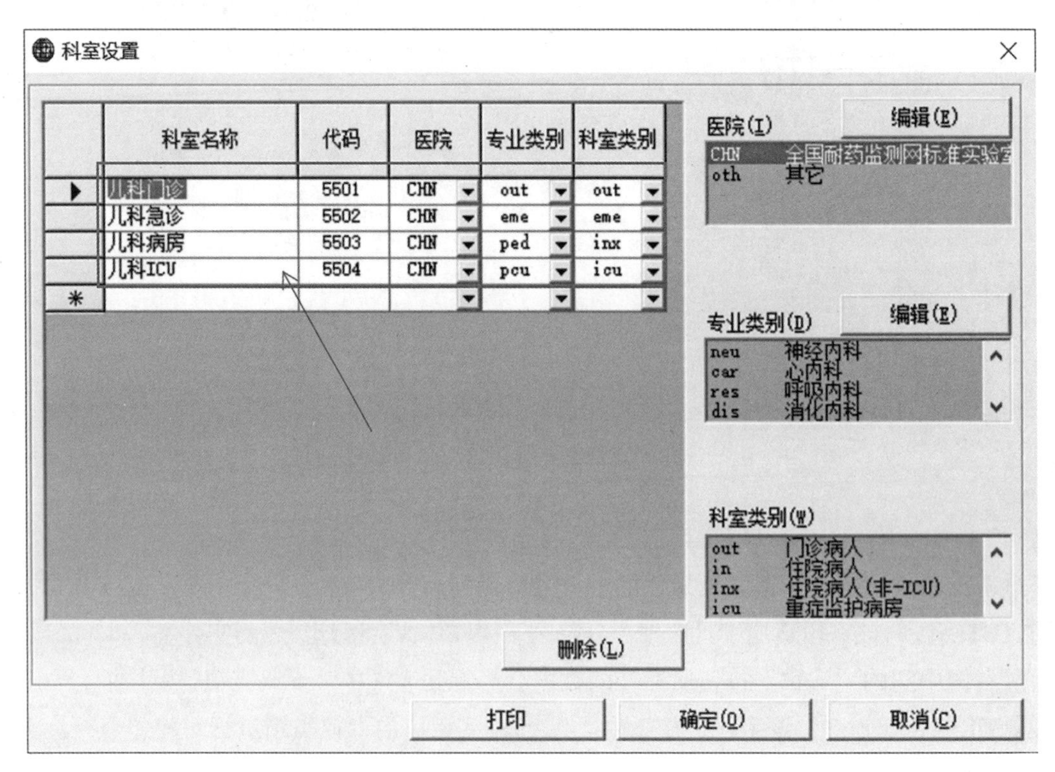

图10-35　科室名称、专业类别及科室类别设置

根据CARSS的默认规则，科室信息对应准则如下：

（1）各科开设的门诊和急诊相关科室的“专业类别”，应统一归类为“out门诊”或“eme急诊”，而“科室类别”应与专业类别保持一致。

（2）各科开设的重症监护室（ICU）的“专业类别”应分别对应为“rcu呼吸监护室”“ccu心脏监护室”“ecu急诊监护室”“pcu儿科监护室”“ncu新生儿监护室”“scu外科监护室”“nsu神经外科监护室”“nmu神经内科监护室”，其他科开设的监护室或综合监护室应统一对应为“icu重症医学科”，而“科室类别”统一对应为“icu重症监护病房”。

（3）除以上两种情况外的住院病区均应对应除门诊、急诊和相关重症监护室以外的“专业类别”，而“科室类别”统一对应为“inx住院病人（非-ICU）”。

获取全部“专业类别”清单请访问CARSS官方网站下载最新版本《全国细菌耐药监测网数据格式标准规范》，该文档提供了CARSS定义的53个标准“专业类别”集合。在WHONET中通过“科室设置”功能可一次性将53个标准“专业类别”维护进去，并建立本院科室和CARSS标准“专业类别”的对应关系。

当本院科室信息发生变化导致其与“专业类别”的对应关系失效或发生对应错误情况，可直接使用“删除”按钮进行删除，如图10-36所示。

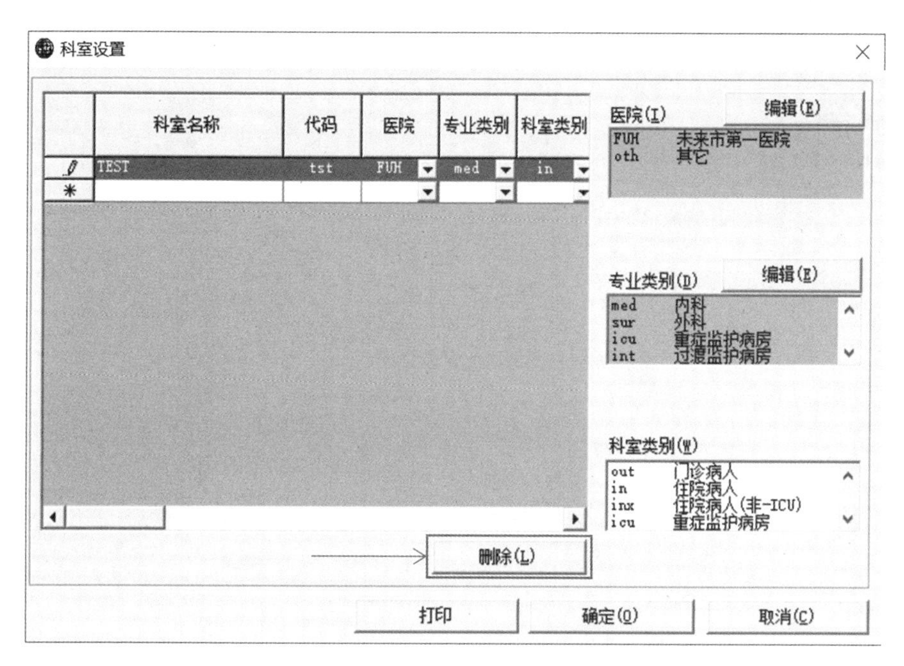

图10-36 删除科室设置

至此完成科室设置。

4.数据字段设置

该功能是设置实验室内使用的“数据字段”，在实验室设置中非常关键，将影响以下3方面：

（1）关键字段项缺失会导致数据文件无法正常上报CARSS。

（2）字段设置有误将影响录入界面显示的录入信息项。

（3）字段设置有误将影响统计分析结果。

设置“数据字段”的步骤如下（图10-37~图10-42）。

第一步：在实验室设置界面点击“数据字段”按钮。

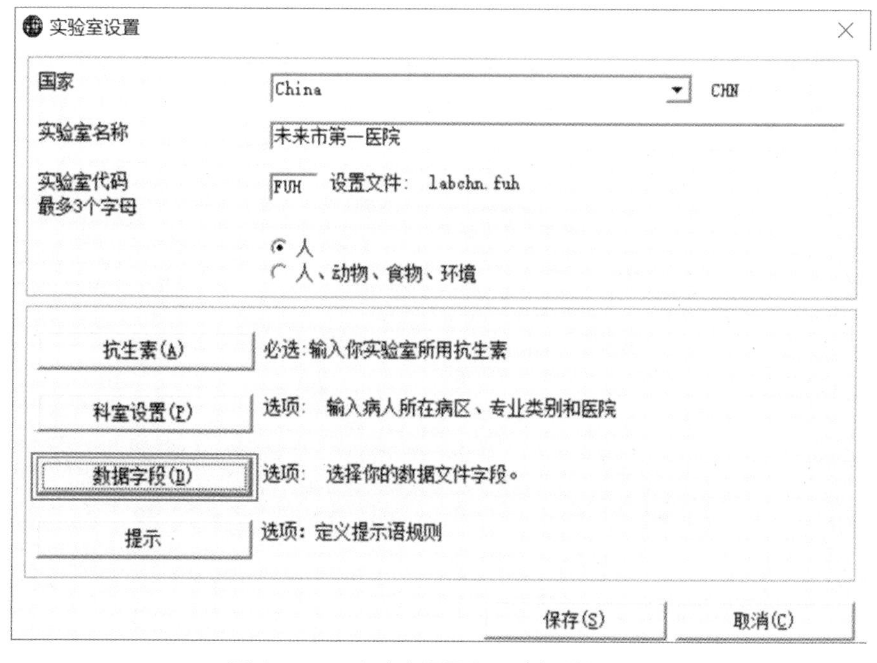

图10-37 实验室设置界面选择数据字段

此时会弹出数据字段设置界面，如图10-38所示。

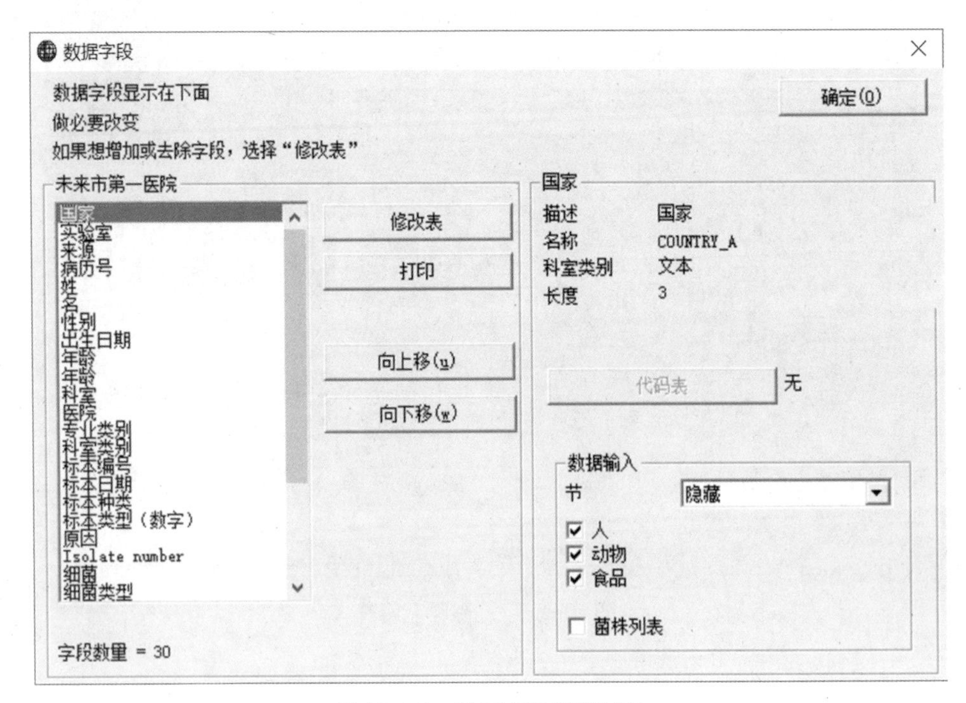

图10-38　数据字段设置界面

WHONET 5.6默认内置30个基础字段，可依据CARSS的基本要求和实验室的实际情况，通过“修改表”功能中“删减字段”和“添加字段”动态调整字段集合。图10-39~图10-41示例删除“血清分型”和添加“诊断”字段。先点击“修改表”按钮，选择“血清分型”再点击“←”将其从右侧字段列表中移除，然后在数据字段中选择“诊断”点击“→”将其加入右侧的字段列表中。

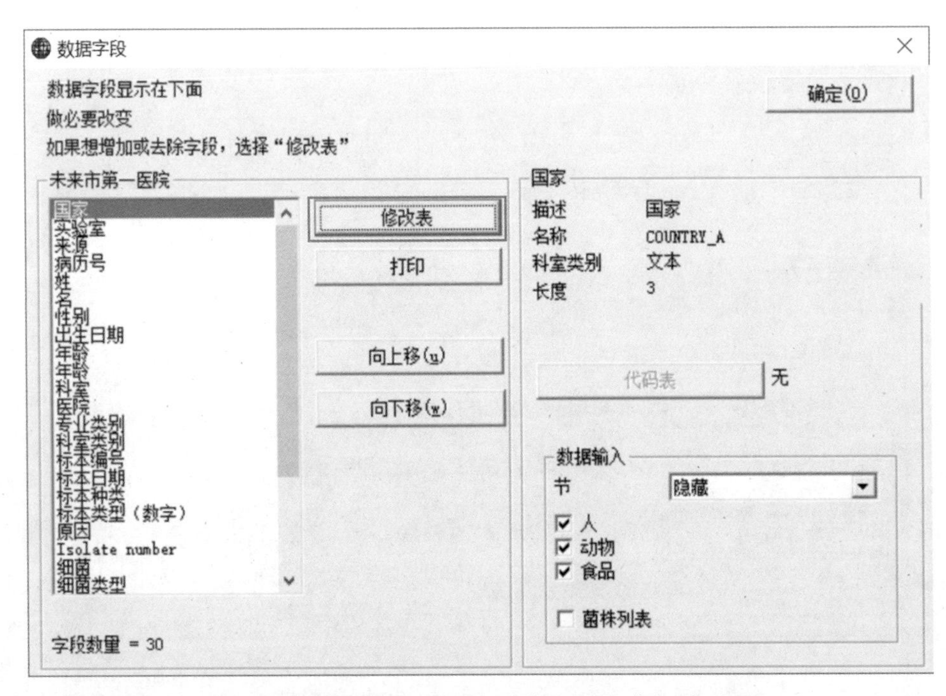

图10-39　示例删除“血清分型”和添加“诊断”字段

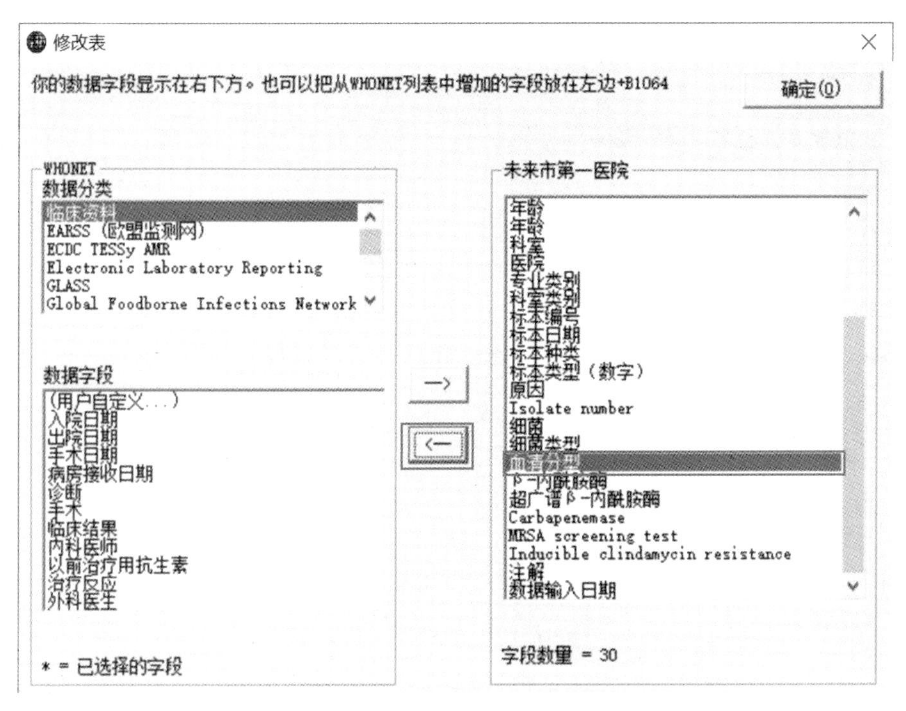

图10-40 示例删除“血清分型”和添加“诊断”字段

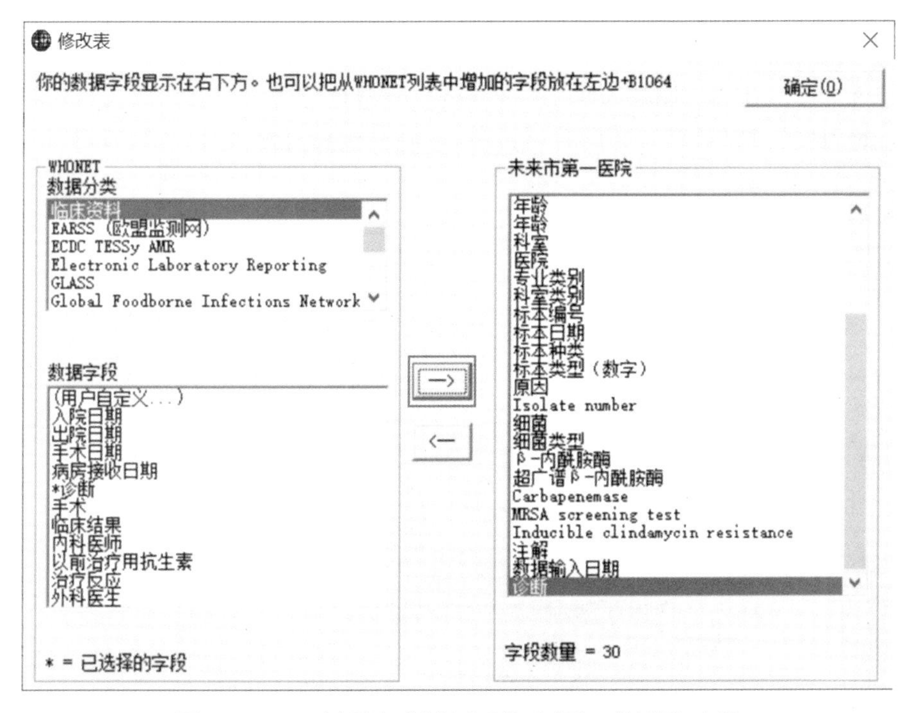

图10-41 示例删除“血清分型”和添加“诊断”字段

操作完成后点击“确定”回到上一层界面会看到字段列表中的“血清分型”字段被移除，“诊断”字段被添加进来。“诊断”字段录入的信息通常比较多，因此需要调整“诊断”字段长度。例如，将其调整到200个英文字符的长度（1个汉字等于2个英文字符），在长度录入框中输入200，点击“确定”回到上一层界面（图10-42）。至此完成“数据字段”的设置。

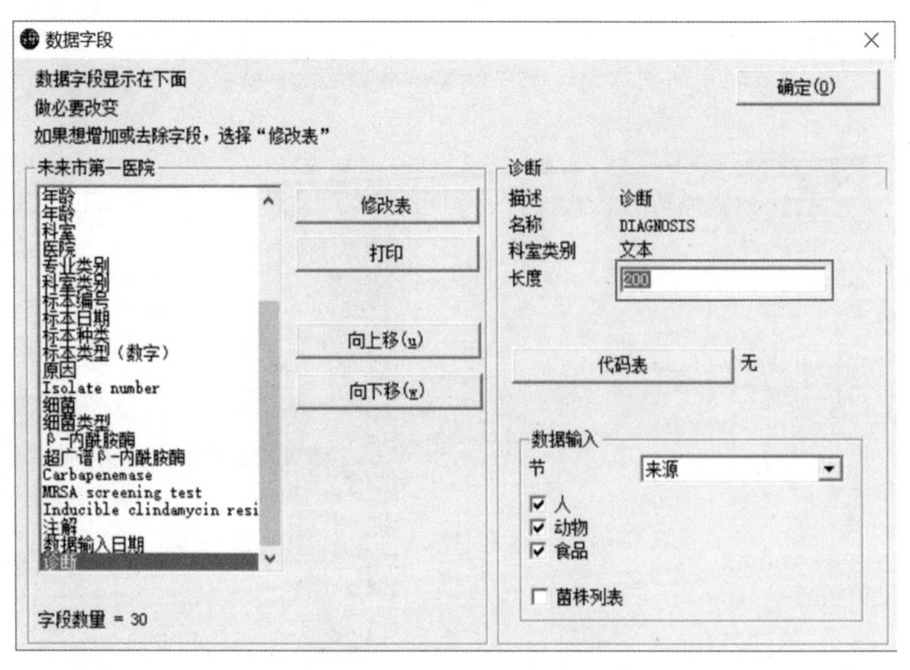

图10-42　修改诊断字段长度

5. 提示设置

“提示”设置主要用于录入药敏数据时根据不同情况触发不同的提示信息。WHONET内置提示包括高度优先、中等优先、低度优先、重要菌种、重要抗生素耐药、质控、保存菌株、菌株送参考实验室、感染控制和治疗注释，同时可新增、删除或编辑提示内容（图10-43~图10-46）。

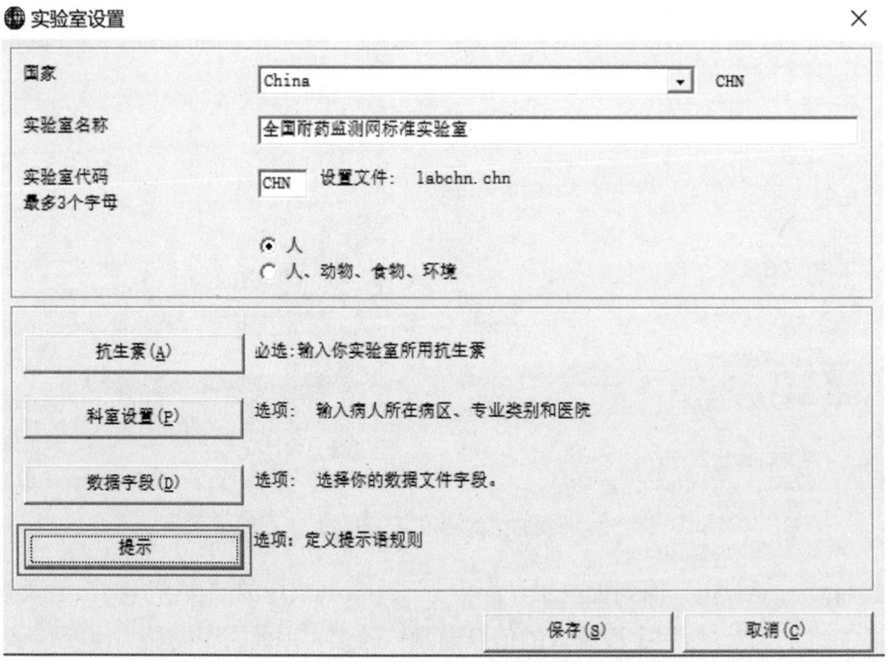

实验室设置
国家 China CHN
实验室名称 全国耐药监测网标准实验室
实验室代码 最多3个字母 CHN 设置文件: labchn.chn
人
人、动物、食物、环境
抗生素(A) 必选：输入你实验室所用抗生素
科室设置(P) 选项：输入病人所在病区、专业类别和医院
数据字段(D) 选项：选择你的数据文件字段。
提示 选项：定义提示语规则
保存(S) 取消(C)

图10-43　提示设置

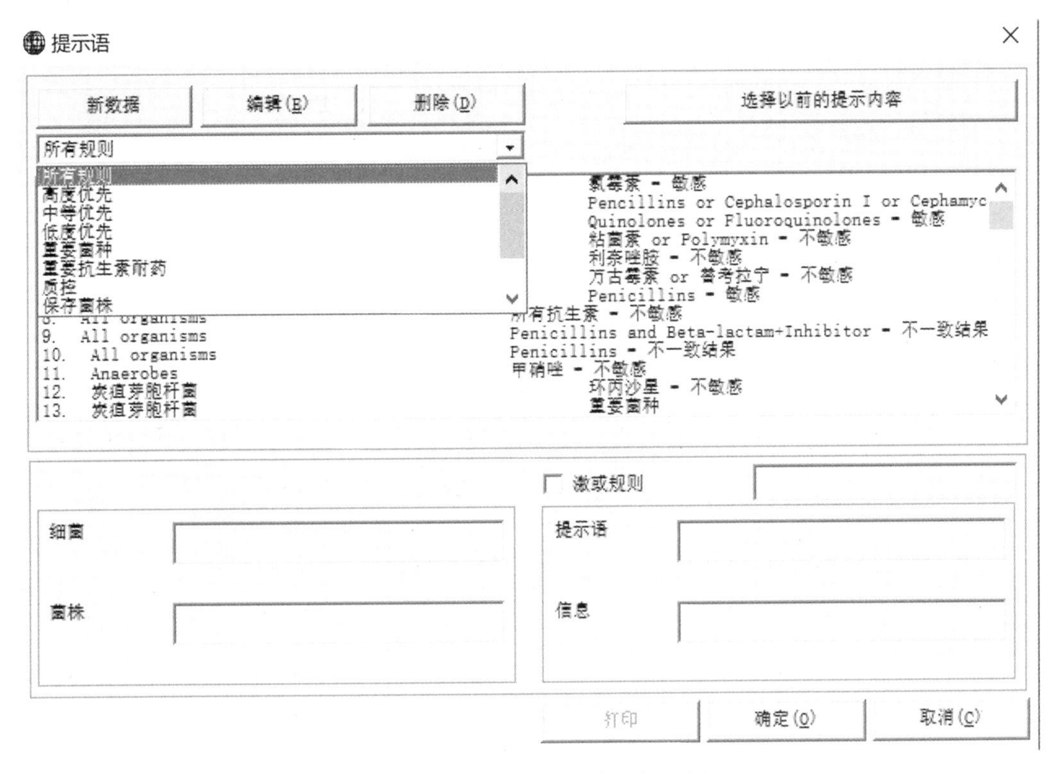

图10-44　WHONET内置提示语

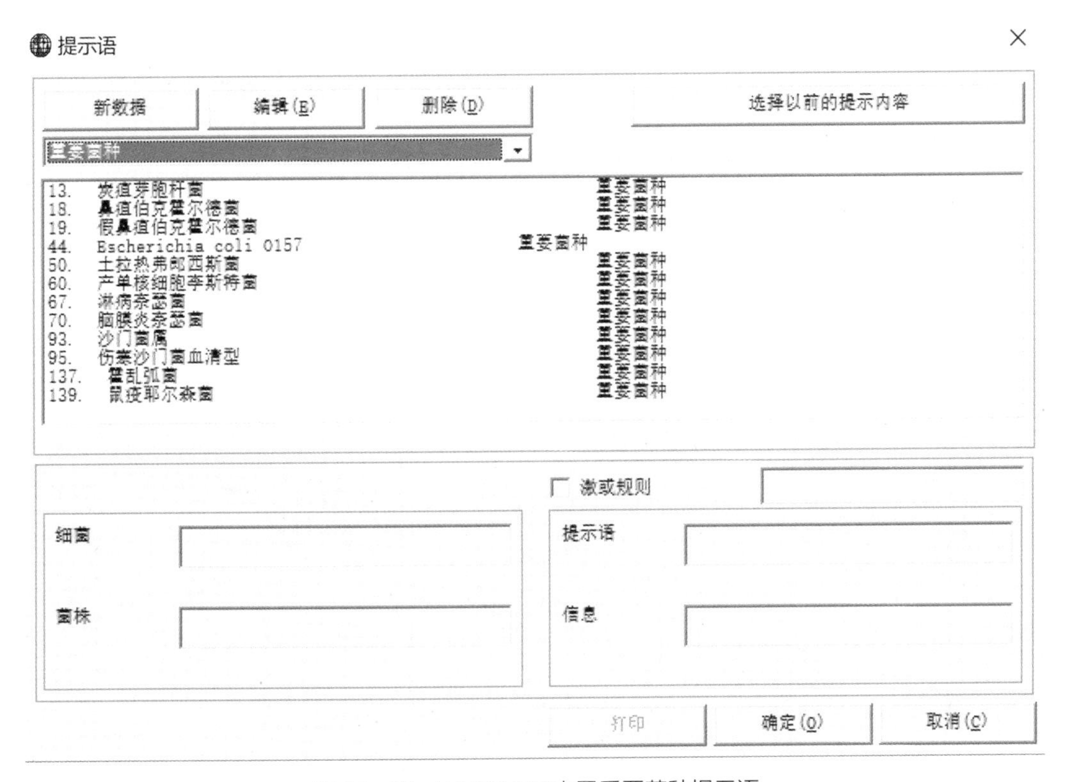

图10-45　WHONET内置重要菌种提示语

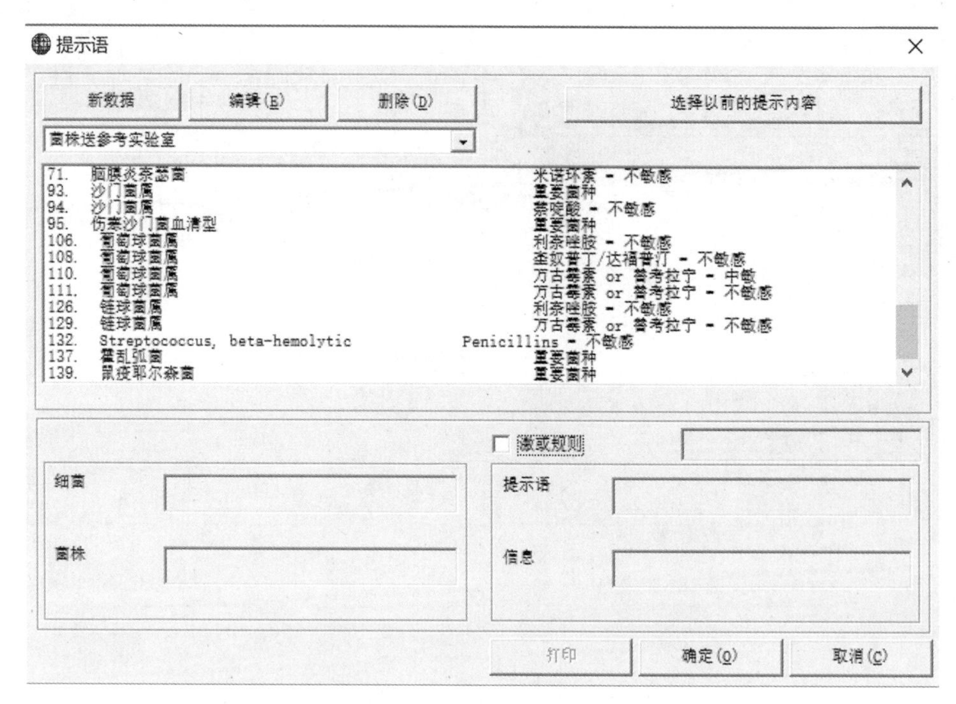

图10-46　WHONET内置菌株送参考实验室提示语

实验室设置完成后WHONET将生成对应该设置的配置文件，即LABCHN.FUH。该文件保存在WHONET安装路径下D：\WHONET5\LABCHN.FUH，其中FUH即是文件后缀名也是实验室代码，每次设置完成后务必要将该配置文件进行备份，避免计算机重新安装后造成的文件丢失。当重新安装WHONET或计算机重新安装后，只需将该文件复制到WHONET安装路径下，打开WHONET软件时即可直接加载该实验室设置。

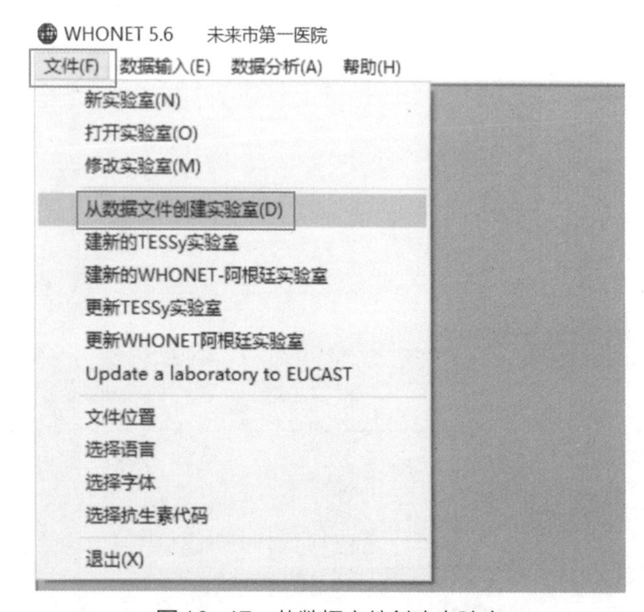

图10-47　从数据文件创建实验室

（二）从数据文件创建实验室

除上述常规的实验室设置外，WHONET还提供了“从数据文件创建实验室”功能，该功能适合已拥有WHONET数据文件但未创建与该数据文件相匹配的实验室设置的用户。

首先点击“文件”菜单，从下拉菜单中选择“从数据文件创建实验室”菜单项，如图10-47和图10-48所示。

在新弹出的界面中录入新实验室名称、代码和国家名称（图10-48）。

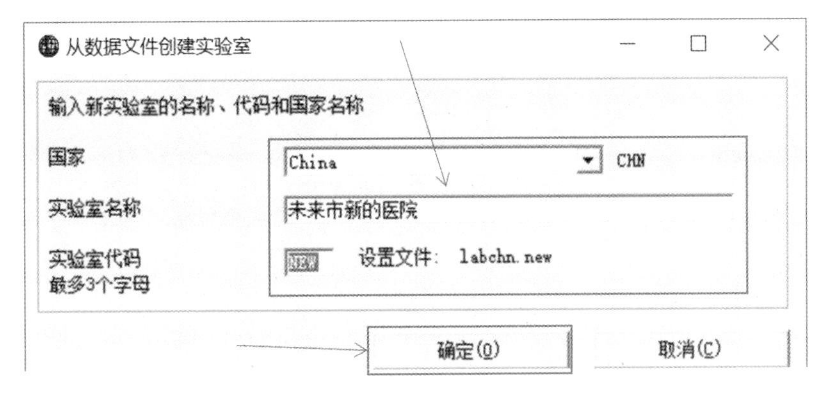

图10-48　新实验室相关信息录入

点击“确定”后，将弹出选择WHONET数据文件的界面（图10-49）。

图10-49　选择用于创建实验室的数据文件

选中目标数据文件，点击“打开”，正常情况下等待约10s将显示图10-50中的提示信息，这代表与该数据文件相匹配的实验室设置文件已成功生成。

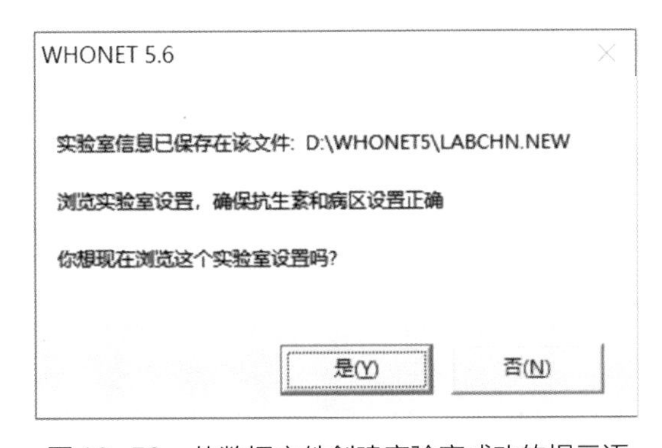

图10-50　从数据文件创建实验室成功的提示语

根据该提示信息“你想现在浏览这个实验室设置吗？”，点击“是”将弹出修改实验室设置的界面（图10–51）。

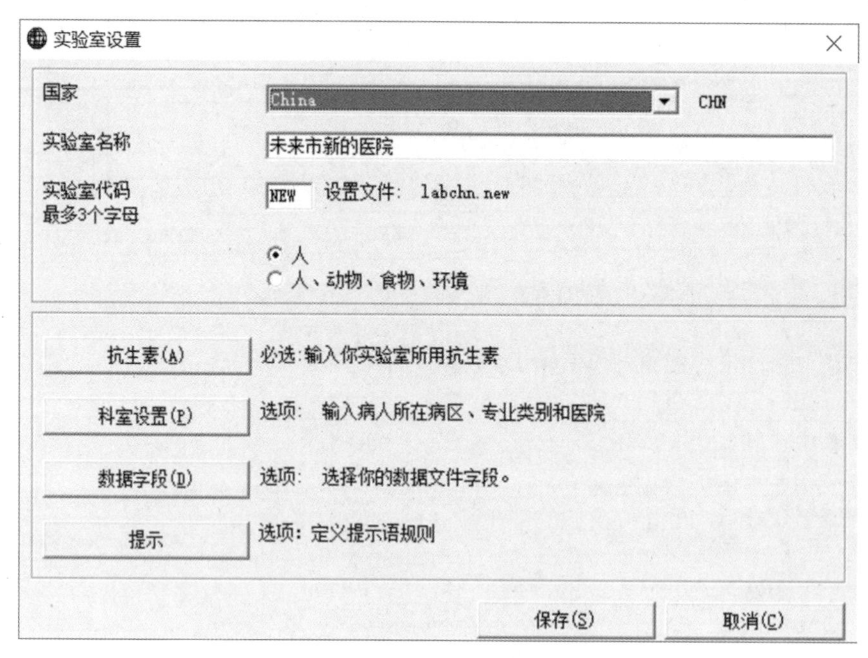

图10–51　修改从数据文件创建的实验室设置

该界面的操作方式与“新建实验室”的操作方式基本一致，但无需再手动添加抗生素、科室设置、数据字段，因为WHONET已从选择的数据文件中自动提取相关配置信息并保存在当前的实验室设置中。以“抗生素”为例，在实验室抗生素设置界面显示数据文件中已存在的抗生素，并已自动加入到当前实验室设置（图10–52）。通常不需再进行特殊设置，仅在实验室设置界面直接点击“保存”即可完成“从数据文件创建实验室”的操作。这种方式创建实验室对于已经拥有WHONET数据文件的用户来说更加方便。

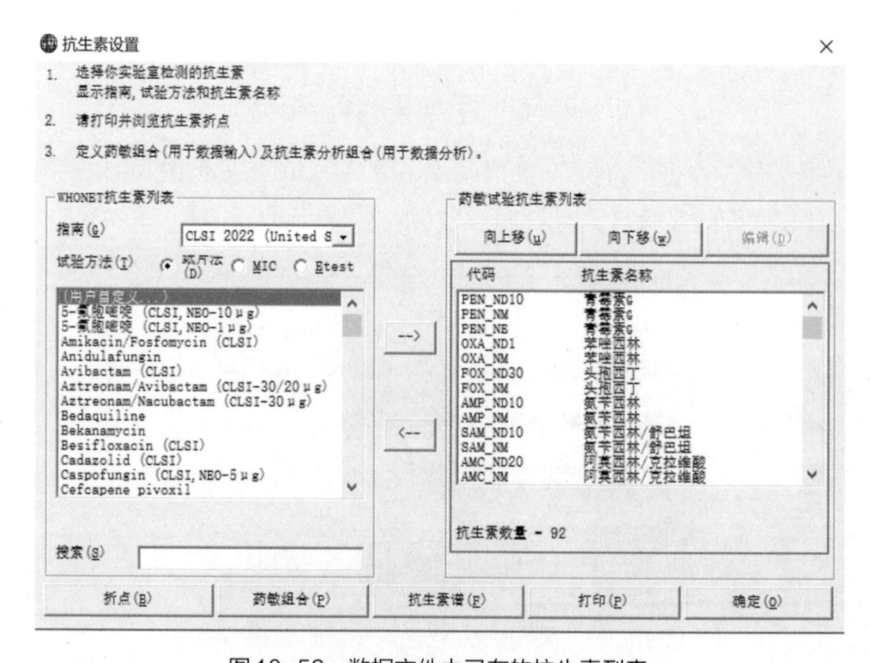

图10–52　数据文件中已有的抗生素列表

第二节　抗菌谱分析

一、常规抗菌谱数据分析

WHONET 软件的数据分析类型主要包括以下7项（图10-53）：①菌株列表和总结表；②耐药、中敏、敏感率和检测结果；③多文件敏感率和频率分布；④散点图；⑤耐药谱；⑥BacTrack-菌株提示语；⑦组提示语。现分别对各功能进行详细介绍。

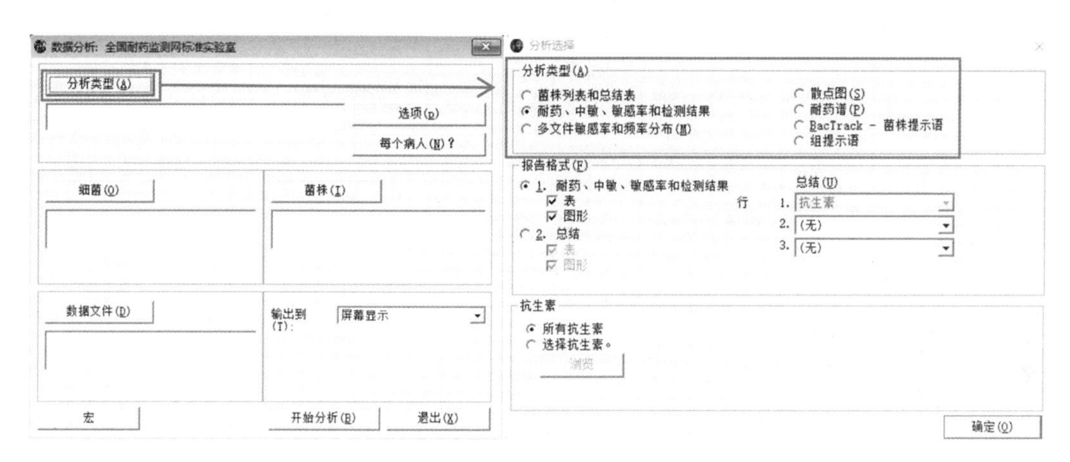

图10-53　WHONET　软件的数据分析功能

（一）菌株列表和总结表

此功能可以将符合一定条件或标准的数据进行罗列，并进行初步的总结。如当想要查看骨科大肠埃希菌时可进行以下操作（图10-54~图10-60）。

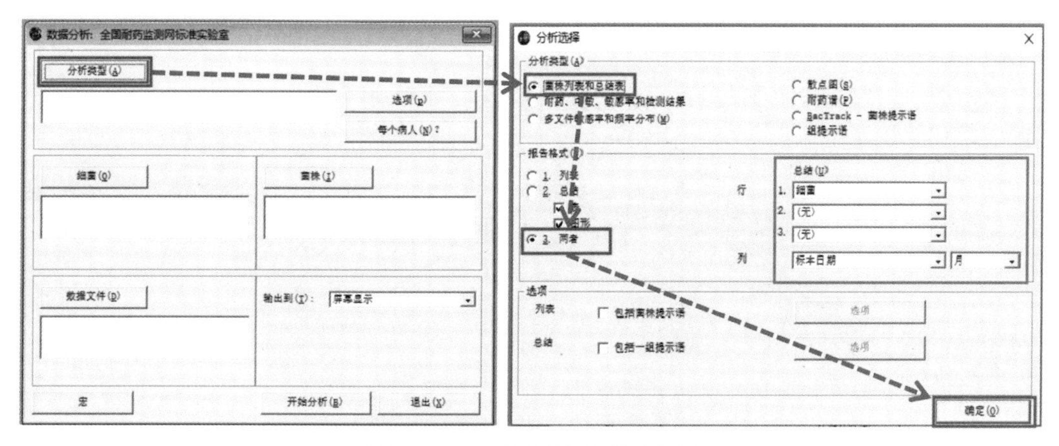

图10-54　菌株列表和总结分析

点击“分析类型”在弹框中选择“菌株列表和总结表”，报告格式选择“两者”（可在右侧方框内选择总结表的形式）。

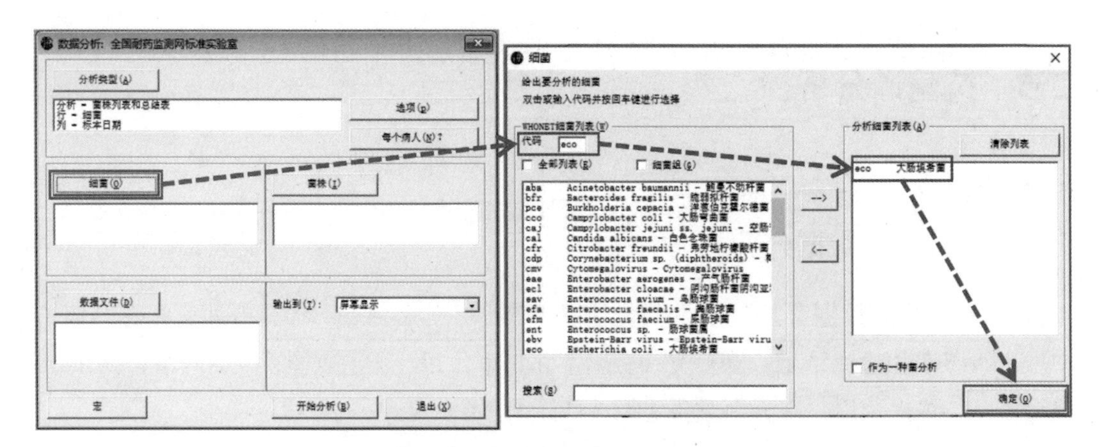

图10-55 菌株列表和总结分析

点击“细菌”在弹框的“代码”框中输入“eco”，按回车后右侧分析细菌列表中即出现大肠埃希菌。

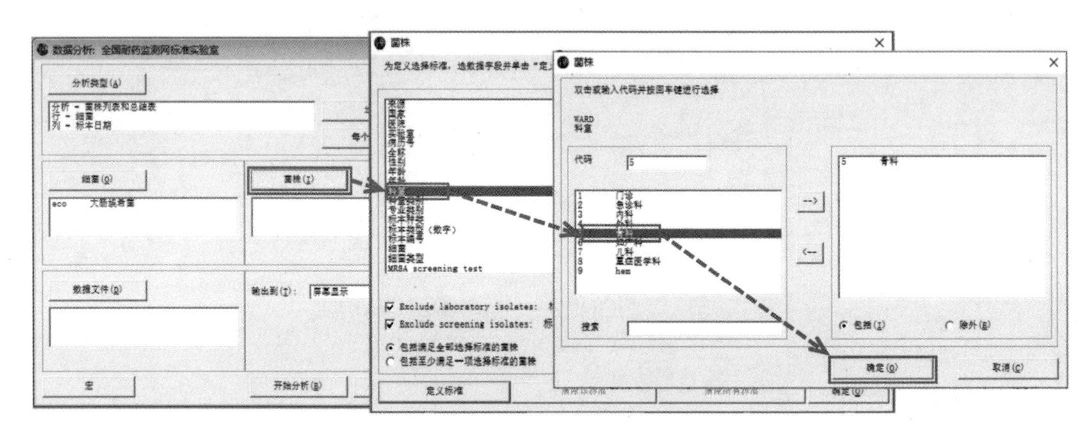

图10-56 菌株列表和总结分析

点击“菌株”，在弹框中双击“科室”，在弹框中双击选择“骨科”。

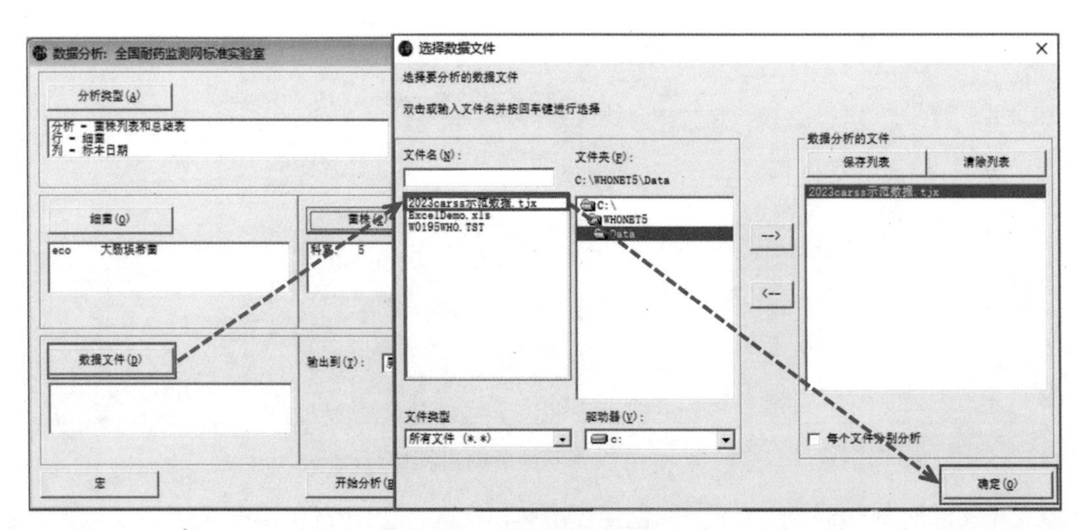

图10-57 菌株列表和总结分析

点击“数据文件”，在弹框中双击选择需要分析的源数据。

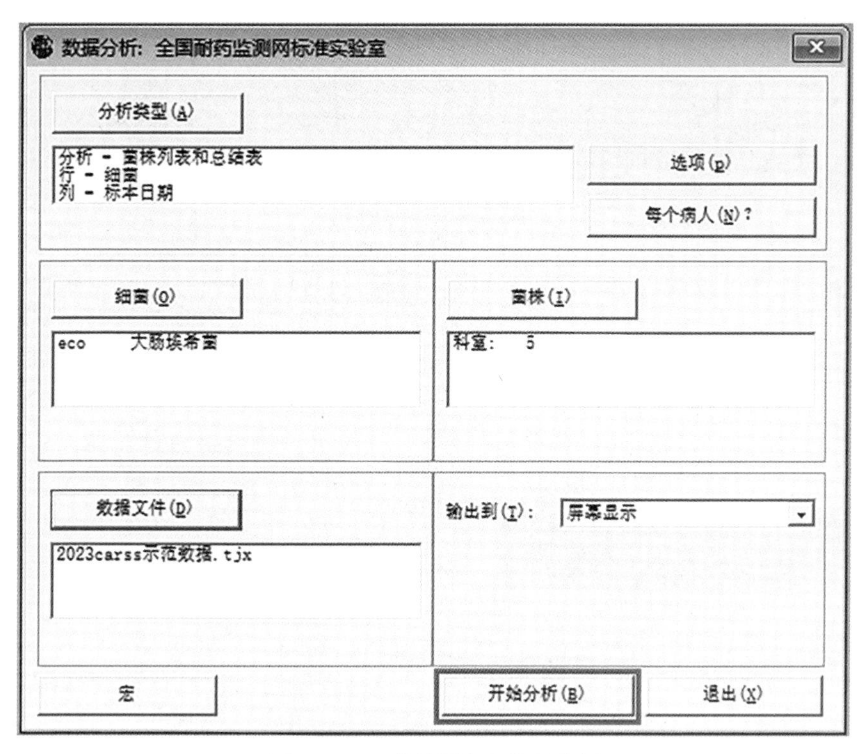

图10-58 菌株列表和总结分析

点击“开始分析”进行数据分析，结果如图10-59。

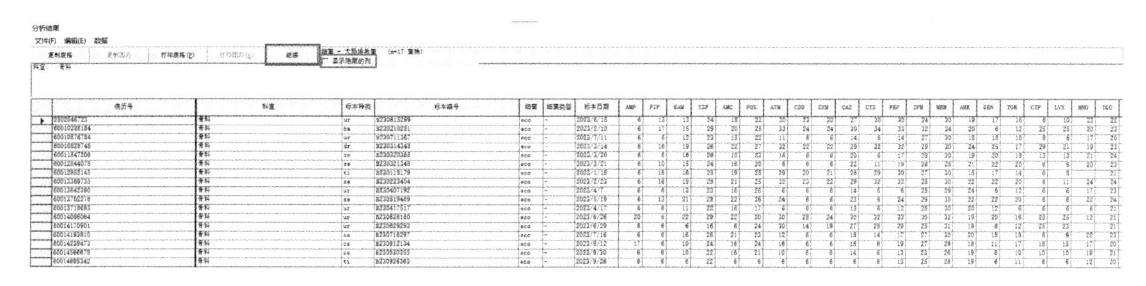

图10-59 菌株列表和总结分析

可见符合条件的大肠埃希菌已罗列在图10-59中，勾选框中的“显示隐藏的列”可获取更详细信息，点击框中的“继续”，可见总结表如图10-60。

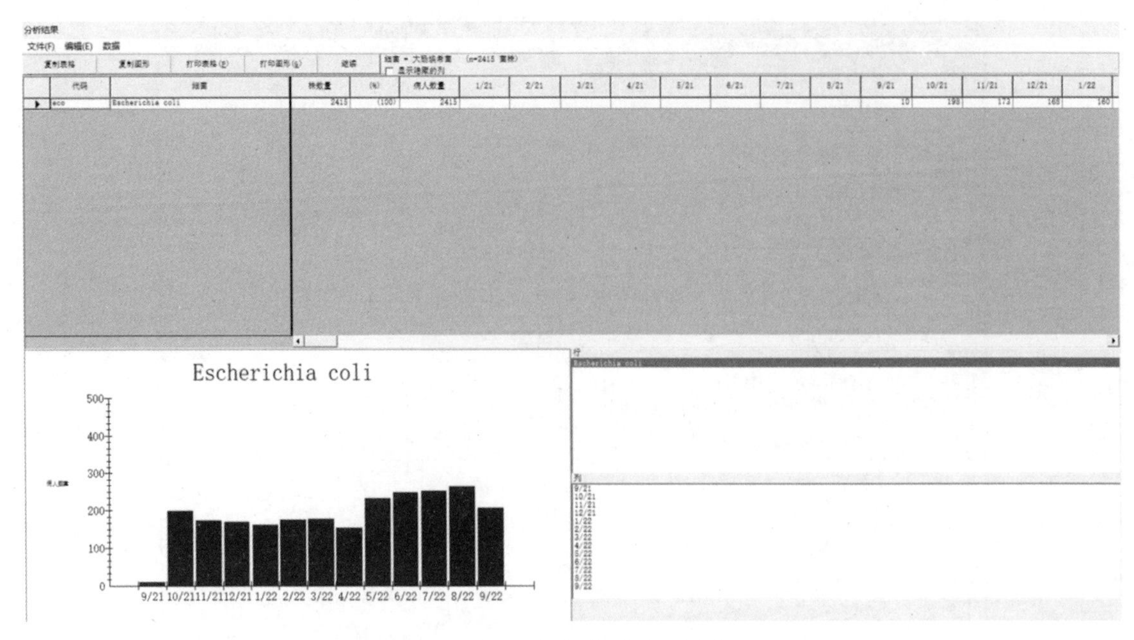

图10-60　菌株列表和总结分析

汇总表的形式多样，可根据需要自行选择，设置位置已在上文描述。

（二）耐药、中敏、敏感率和检测结果

主要用于统计细菌对抗菌药物的敏感率和耐药率，是统计细菌耐药监测报告最常用的功能之一。下面将演示年龄≥25岁患者中肺炎克雷伯菌和大肠埃希菌耐药性分析（图10-61~图10-66）。

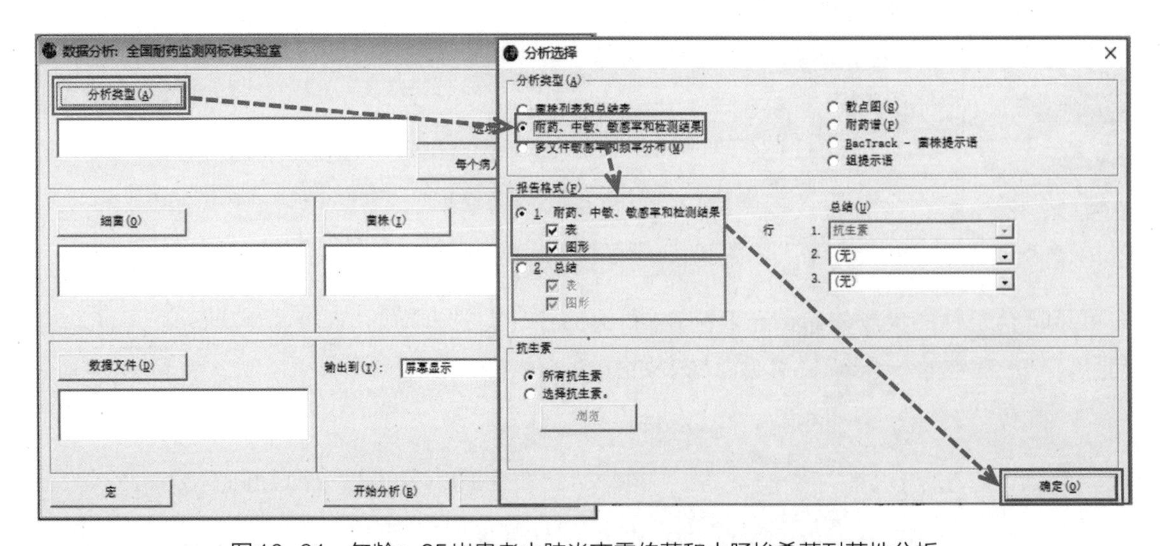

图10-61　年龄≥25岁患者中肺炎克雷伯菌和大肠埃希菌耐药性分析

点击“分析类型”在弹框中选择“耐药、中敏、敏感率和检测结果”，并选取报告格式。

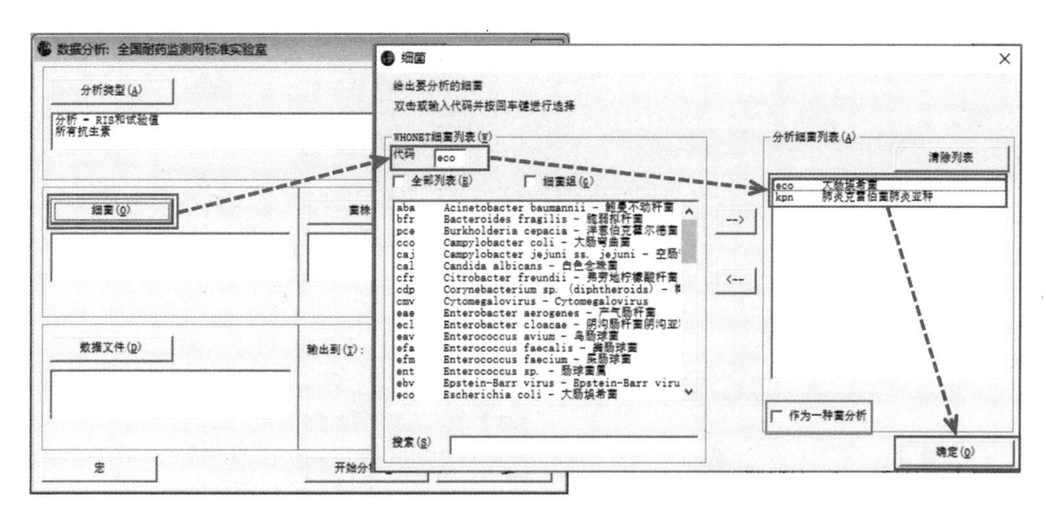

图10-62　年龄≥25岁患者中肺炎克雷伯菌和大肠埃希菌耐药性分析

点击“细菌”并在弹框的代码中分别输入“eco”和“kpn”并按下回车键以选择肺炎克雷伯菌和大肠埃希菌（勾选框内“作为一种菌分析”，上述两种菌将作为一种菌分析，否则会单独对二者进行药敏分析）。

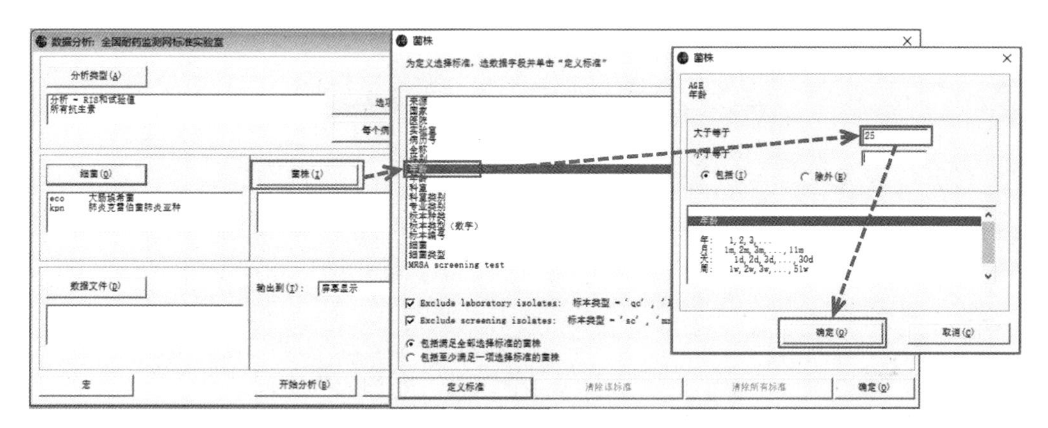

图10-63　年龄≥25岁患者中肺炎克雷伯菌和大肠埃希菌耐药性分析

点击“菌株”在弹框中选择“年龄”，填入年龄“25”。

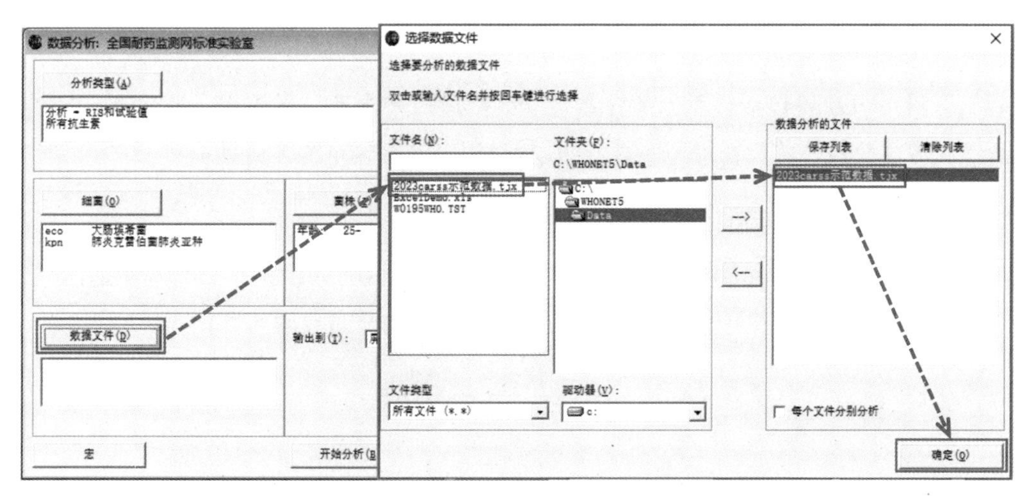

图10-64　年龄≥25岁患者中肺炎克雷伯菌和大肠埃希菌耐药性分析

选择源数据点击“开始分析”，可见肺炎克雷伯菌分析结果如图10-65。

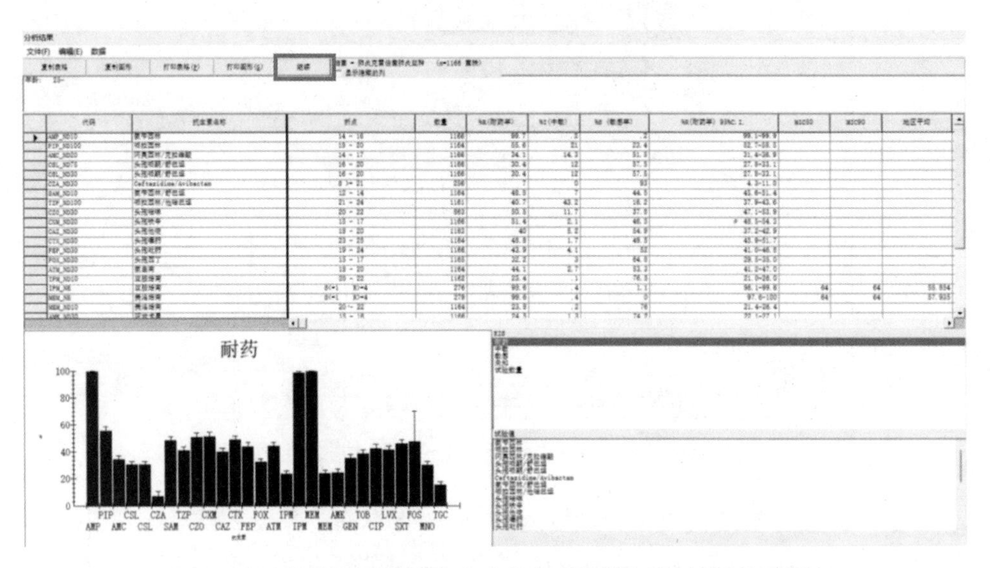

图10-65　年龄≥25岁患者中肺炎克雷伯菌和大肠埃希菌耐药性

点击“继续”即显示大肠埃希菌耐药性分析结果，如图10-66。

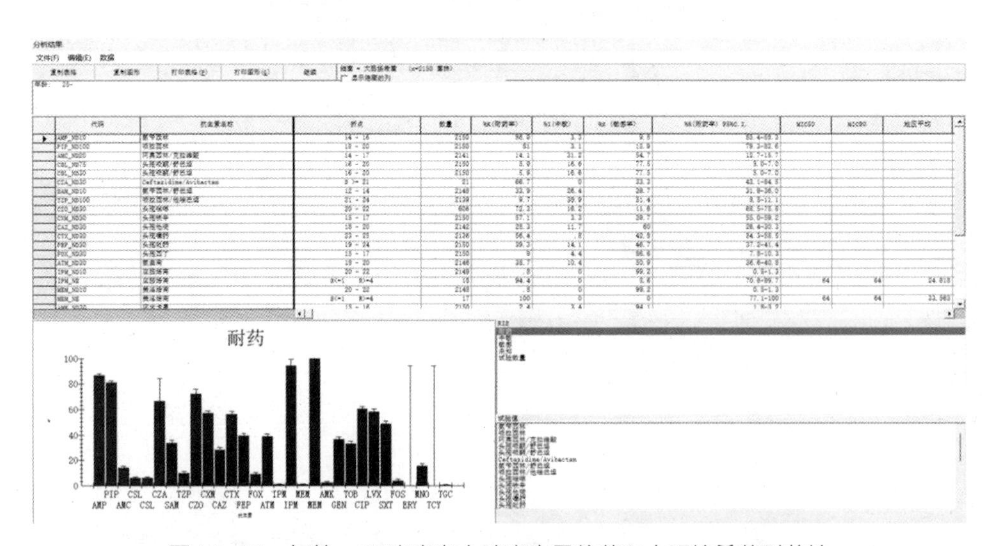

图10-66　年龄≥25岁患者中肺炎克雷伯菌和大肠埃希菌耐药性

在表格区域可以获得包括折点、菌株数量、耐药率、中介率、敏感率、MIC50、MIC90、MIC范围，图形区域可获得抗菌药物耐药率直方图以及MIC/KB值分布图等信息。

（三）多文件敏感率和频率分布

该功能主要用于多个文件数据之间的比较。图10-67~图10-69示范了2023年CARSS监测网示例数据与2022年CARSS监测网示例数据中金黄色葡萄球菌的分布及耐药性比对。

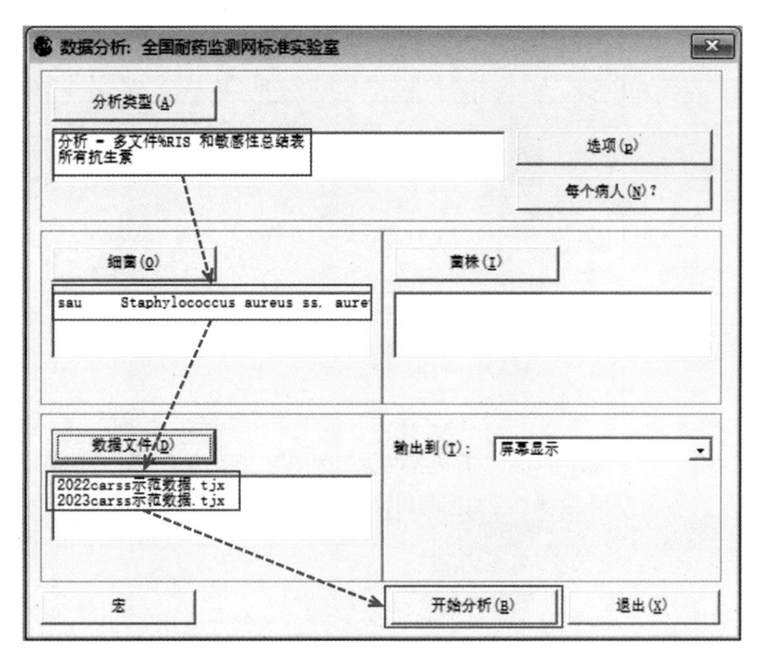

图10-67 2023年CARSS监测网示例数据与2022年CARSS监测网示例数据中金黄色葡萄球菌的分布及耐药性比对

“分析类型”选择“多文件敏感率和频率分布”；“细菌”选择金黄色葡萄球菌；“数据文件”选择要分析的两个源数据；点击“开始分析”，结果如图10-68。

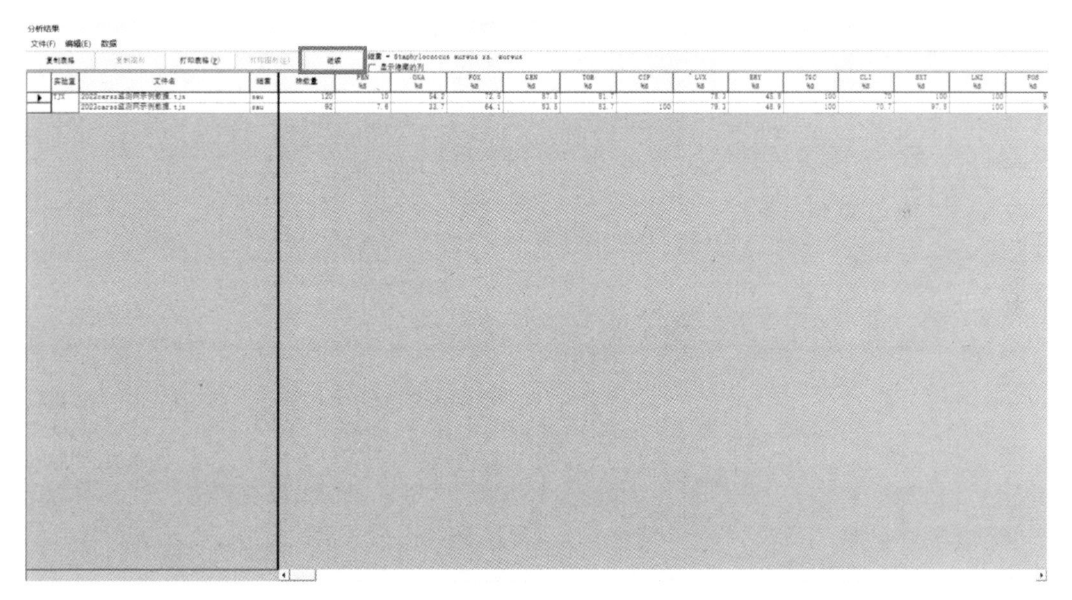

图10-68 2023年CARSS监测网示例数据与2022年CARSS监测网示例数据中金黄色葡萄球菌的分布及耐药性比对

点击“继续”查看总结表如图10-69。

分析结果

文件(F) 编辑(E) 数据

复制表格 复制图形 打印表格(P) 打印图形(G) 继续 细菌 - Staphylococcus aureus ss. aureus

显示隐藏的列

代码	抗生素名称	实验室	文件名	折点	数量	%R(耐药率)	%I(中敏)	%S(敏感率)	%R(耐药率) 95%C.I.
CIP_ND5	环丙沙星	TJX	2023carss监测网示例数据.tjx	16 - 20	1	0	0	100	0.0-94.5
CLI_ND2	克林霉素	TJX	2022carss监测网示例数据.tjx	15 - 20	120	25	5	70	17.7-33.9
	克林霉素	TJX	2023carss监测网示例数据.tjx	15 - 20	92	27.2	2.2	70.7	18.7-37.6
ERY_ND15	红霉素	TJX	2022carss监测网示例数据.tjx	14 - 22	120	52.5	1.7	45.8	43.2-61.6
	红霉素	TJX	2023carss监测网示例数据.tjx	14 - 22	92	44.6	6.5	48.9	34.4-55.3
FOS_ND200	磷霉素	TJX	2022carss监测网示例数据.tjx	13 - 15	120	2.5	0	97.5	0.6-7.7
	磷霉素	TJX	2023carss监测网示例数据.tjx	13 - 15	90	3.3	0	96.7	0.9-10.1
FOX_ND30	头孢西丁	TJX	2022carss监测网示例数据.tjx	S >= 22	120	27.5	0	72.5	19.9-36.5
	头孢西丁	TJX	2023carss监测网示例数据.tjx	S >= 22	92	35.9	0	64.1	26.4-46.6
GEN_ND10	庆大霉素	TJX	2022carss监测网示例数据.tjx	13 - 14	120	12.5	0	87.5	7.4-20.1
	庆大霉素	TJX	2023carss监测网示例数据.tjx	13 - 14	91	16.5	0	83.5	9.8-26.1
LNZ_ND30	利奈唑胺	TJX	2022carss监测网示例数据.tjx	S >= 21	120	0	0	100	0.0-3.9
	利奈唑胺	TJX	2023carss监测网示例数据.tjx	S >= 21	92	0	0	100	0.0-5.0
LVX_ND5	左旋氧氟沙星	TJX	2022carss监测网示例数据.tjx	16 - 18	120	21.7	0	78.3	14.9-30.3
	左旋氧氟沙星	TJX	2023carss监测网示例数据.tjx	16 - 18	92	20.7	0	79.3	13.2-30.7
OXA_ND1	苯唑西林	TJX	2022carss监测网示例数据.tjx	S >= 18	120	45.8	0	54.2	36.8-55.1
	苯唑西林	TJX	2023carss监测网示例数据.tjx	S >= 18	92	66.3	0	33.7	55.6-75.6
PEN_ND10	青霉素G	TJX	2022carss监测网示例数据.tjx	S >= 29	120	90	0	10	82.8-94.5
	青霉素G	TJX	2023carss监测网示例数据.tjx	S >= 29	92	92.4	0	7.6	84.5-96.6
RIF_ND5	利福平	TJX	2022carss监测网示例数据.tjx	17 - 19	118	2.5	.8	96.6	0.6-7.7
	利福平	TJX	2023carss监测网示例数据.tjx	17 - 19	89	2.2	2.2	95.5	0.4-8.6
SXT_ND1.2	复方新诺明	TJX	2022carss监测网示例数据.tjx	11 - 15	120	0	0	100	0.0-3.9
	复方新诺明	TJX	2023carss监测网示例数据.tjx	11 - 15	92	2.2	0	97.8	0.4-8.4
TGC_ND15	替加环素	TJX	2022carss监测网示例数据.tjx	S >= 19	119	0	0	100	0.0-3.9
	替加环素	TJX	2023carss监测网示例数据.tjx	S >= 19	92	0	0	100	0.0-5.0
TOB_ND10	妥布霉素	TJX	2022carss监测网示例数据.tjx	13 - 14	120	18.3	0	81.7	12.1-26.6
	妥布霉素	TJX	2023carss监测网示例数据.tjx	13 - 14	92	16.3	0	83.7	9.7-25.8
VAN_NE	万古霉素	TJX	2022carss监测网示例数据.tjx	S<=2 R>=16	120	0	0	100	0.0-3.9
	万古霉素	TJX	2023carss监测网示例数据.tjx	S<=2 R>=16	92	0	0	100	0.0-5.0

图10-69　2023年CARSS监测网示例数据与2022年CARSS监测网示例数据中金黄色葡萄球菌的分布及耐药性比对

（四）散点图

1.比较两种抗菌药物的抗菌活性

可有效地指导选用抗菌药进行治疗、发现药敏试验中的错误结果或少见罕见耐药表型，如图10-70和图10-71，查看2023年CARSS耐药监测网示范数据中肺炎克雷伯菌中头孢他啶（CAZ）、环丙沙星（CIP）的耐药性比较。

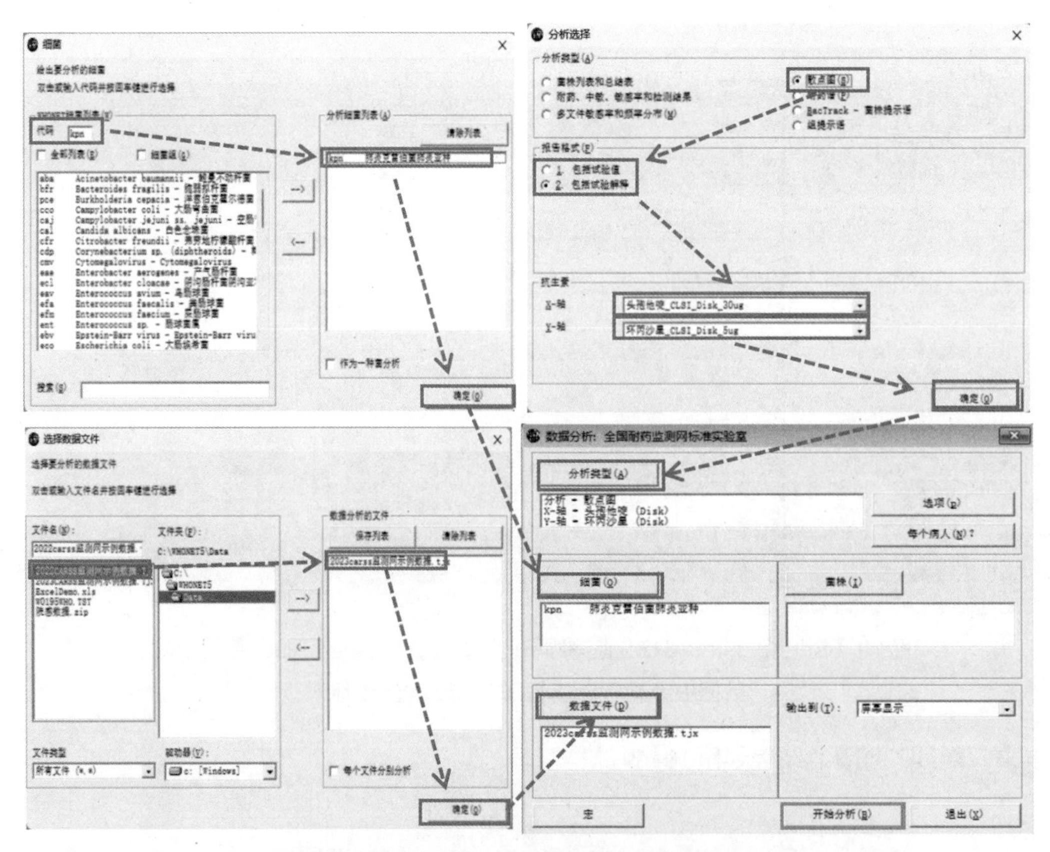

图10-70　2023年2023年CARSS耐药监测网示范数据中肺炎克雷伯菌中头孢他啶（CAZ）、环丙沙星（CIP）的耐药性比较

“分析类型”选择“散点图”，选择“报告格式”中的“2.包括实验解释”，抗生素选择头孢他啶与环丙沙星；“细菌”选择肺炎克雷伯菌；“数据文件”选择2023CARSS监测网示例数据；点击框中的“开始分析”结果如图10-71。

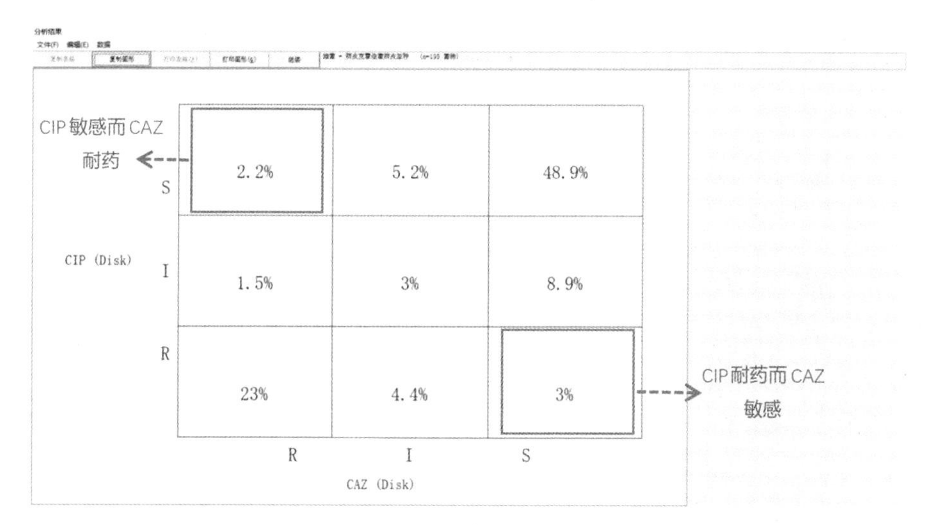

图10-71　肺炎克雷伯菌中头孢他啶（CAZ）、环丙沙星（CIP）的耐药性比较结果

可见CIP敏感而CAZ耐药的肺炎克雷伯菌占总数的2.2%；CIP耐药而CAZ敏感的肺炎克雷伯菌占3%。

2.比较同一种药物两种不同试验方法的药敏试验结果

同一种药物两种不同试验方法的药敏试验结果，用于研究不同试验方法结果的可比性，实验权威参考机构通常通过上述比较，确定初始临界浓度，如比较头孢他啶（CAZ）纸片法和MIC法的药敏结果，见图10-72和图10-73。

按照图10-72中的设置可以将抗生素选择为“头孢他啶_CLSI_MIC”和“头孢他啶_CLSI_Disk_30ug”。

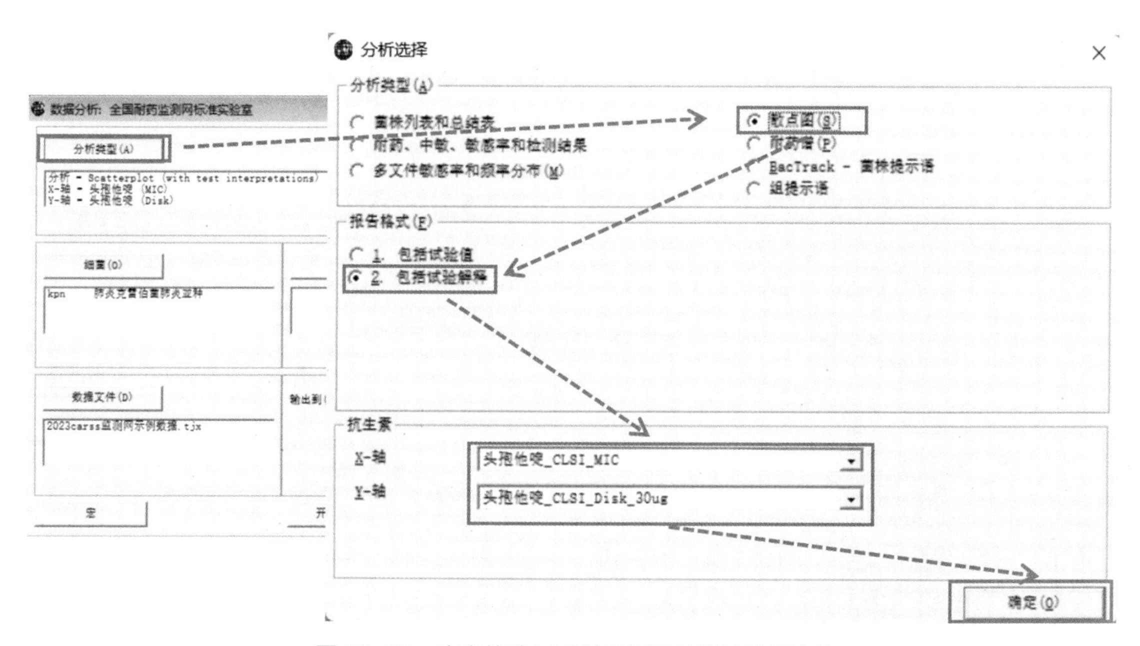

图10-72　头孢他啶MIC法和纸片扩散法结果比较

分析后可得到图10-73结果。

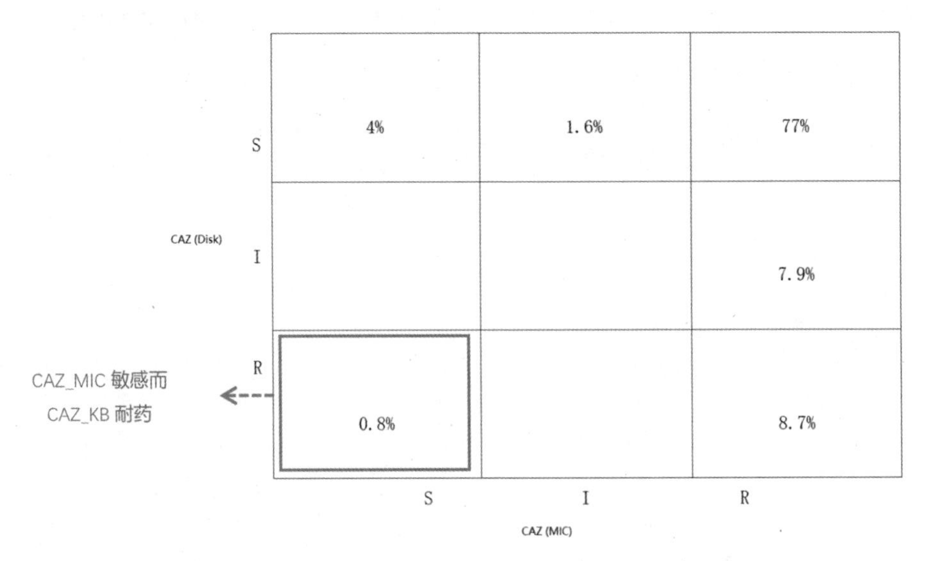

图10-73 头孢他啶MIC法和纸片扩散法结果比较

可见CAZ_MIC敏感而CAZ_KB耐药的肺炎克雷伯菌占0.8%（示例数据不反映实际情况）。

（五）耐药谱

可根据预先设置好的"耐药谱"，将数据中的特定细菌分为不同的耐药表型，此功能主要用于流行病学分析、识别引起医院感染暴发的菌株及罕见的耐药表型等。图10-74示范大肠埃希菌耐药谱分析。

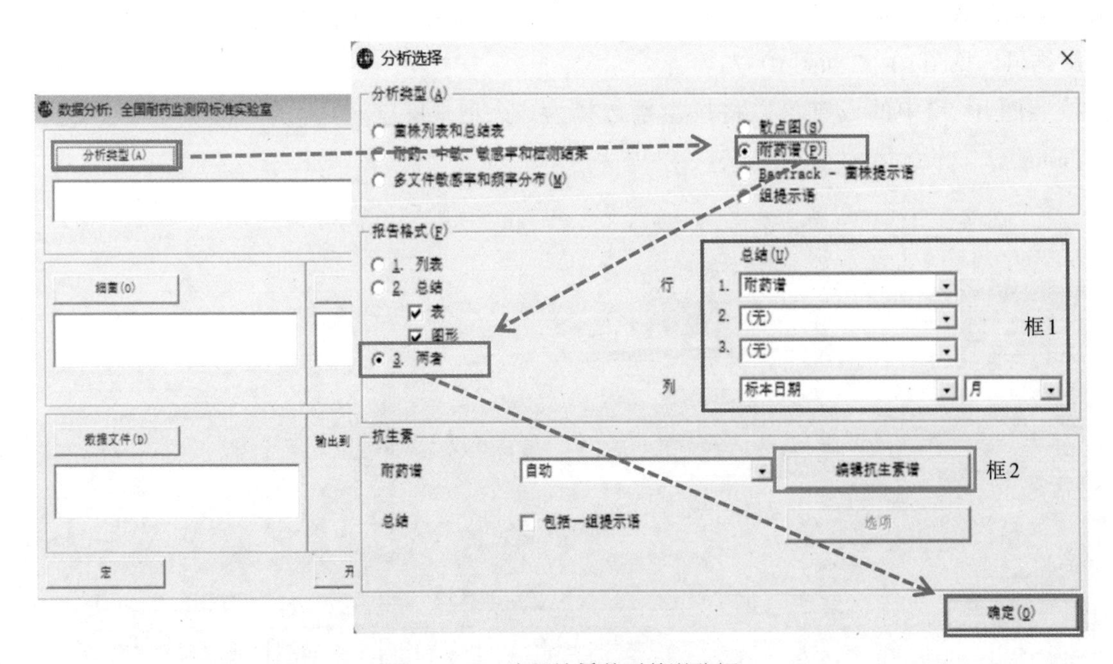

图10-74 大肠埃希菌耐药谱分析

点击"分析类型"，在弹框中选择"耐药谱"，报告格式选择"两者"（框1中可设置总结表形式，框2中可设置耐药谱的抗生素谱和补充抗生素），见图10-75。

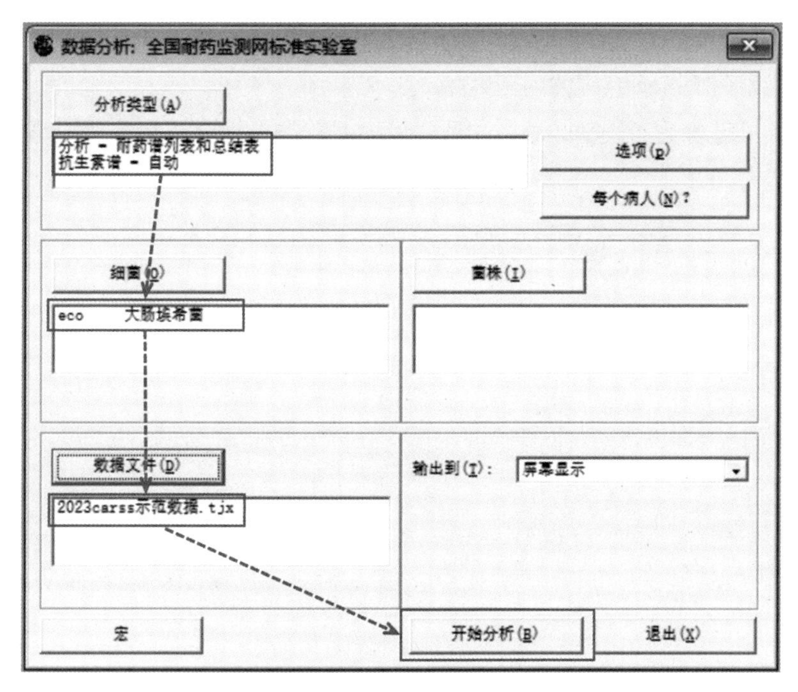

图10-75　大肠埃希菌耐药谱分析

“细菌”选择大肠埃希菌，“数据文件”选择相应源数据，点击“开始分析”结果见图10-76。

分析结果

文件(F)　编辑(E)　数据

复制表格　复制图形　打印表格(P)　打印图形(G)　继续　细菌 - 大肠埃希菌　(n=562 菌株)　显示隐藏的列

字母 - 耐药或中敏；空间 - 敏感；- - 未做实验；? - 不能判断；A - SAM 12 - 14；C - CAZ 18 - 20；F - CTX 23 - 25；I - IPM 20 - 22；M - MEM 20 - 22

鉴定号	科室	标本编号	标本日期	标本类型	细菌	细菌类型	抗生素谱	耐药谱	MDR
60015096033	sis	B231228019	2023/12/28	dr	eco	-	ACFIM	SAM CAZ CTX IPM MEM	MDR
60014396187	nep	B231103038	2023/11/3	ur	eco	-	ACFIM	SAM CAZ CTX IPM MEM	MDR
60014579693	ped	B231218205	2023/12/18	ur	eco	-	ACFIM	SAM CAZ CTX IPM MEM	MDR
60014676719	icu	B231030021	2023/10/30	ab	eco	-	ACFIM	SAM CAZ CTX IPM MEM	MDR
60014693707	uro	B231109118	2023/11/9	ur	eco	-	ACFIM	SAM CAZ CTX IPM MEM	MDR
60014884330	nsu	C231227572	2023/12/27	bl	eco	-	ACFIM	SAM CAZ CTX IPM MEM	MDR
60014112766	out	B231211272	2023/12/11	ur	eco	-	ACFIM	SAM CAZ CTX IPM MEM	MDR
60015092382	hem	B231212649	2023/12/12	ur	eco	-	ACF	SAM CAZ CTX	MDR
60010616932	tsu	B231112174	2023/11/12	ur	eco	-	ACF	SAM CAZ CTX	MDR
60014502585	uro	B231107351	2023/11/7	ur	eco	-	ACF	SAM CAZ CTX	MDR
60015152528	out	B231220503	2023/12/20	ur	eco	-	ACF	SAM CAZ CTX	MDR
60015149208	car	C231219605	2023/12/19	bl	eco	-	ACF	SAM CAZ CTX	MDR
60015135336	uro	B231220095	2023/12/20	ur	eco	-	ACF	SAM CAZ CTX	MDR
60015131096	icu	B231216334	2023/12/16	ur	eco	-	ACF	SAM CAZ CTX	MDR
60015128728	bps	B231219042	2023/12/19	dr	eco	-	ACF	SAM CAZ CTX	MDR
60015053726	uro	B231211227	2023/12/11	ur	eco	-	ACF	SAM CAZ CTX	MDR
60015106126	uro	B231213219	2023/12/13	ur	eco	-	ACF	SAM CAZ CTX	MDR
60015105945	picu	B231216044	2023/12/16	ur	eco	-	ACF	SAM CAZ CTX	MDR
60015095541	sis	B231209034	2023/12/9	ab	eco	-	ACF	SAM CAZ CTX	MDR
60014960091	idi	B231112217	2023/11/12	ps	eco	-	ACF	SAM CAZ CTX	MDR
60015077756	icu	B231217022	2023/12/17	ur	eco	-	ACF	SAM CAZ CTX	MDR
60015062910	nep	B231204396	2023/12/4	ur	eco	-	ACF	SAM CAZ CTX	MDR
60015060447	idi	C231202013	2023/12/2	bl	eco	-	ACF	SAM CAZ CTX	MDR
60015054945	out	B231213023	2023/12/13	ur	eco	-	ACF	SAM CAZ CTX	MDR
60014967189	gas	C231207109	2023/12/7	bl	eco	-	ACF	SAM CAZ CTX	MDR
60015050645	owa	B231206380	2023/12/6	ur	eco	-	ACF	SAM CAZ CTX	MDR
60015040655	uro	B231222137	2023/12/22	ur	eco	-	ACF	SAM CAZ CTX	MDR
60015037382	uro	B231128176	2023/11/28	ur	eco	-	ACF	SAM CAZ CTX	MDR
60015033393	uro	B231211102	2023/12/11	ur	eco	-	ACF	SAM CAZ CTX	MDR

图10-76　大肠埃希菌耐药谱分析

可以看到框中的“抗生素谱”一列中，每一抗菌药由一个字母表示，通常为该抗菌药的首位字母，如A=氨苄西林/舒巴坦，C=头孢他啶，F=头孢噻肟，I=亚胺培南和M=美罗培南等。若首位字母重复，则选取次位字母表示，以此类推。如组合“PCFIM”可代表氨苄西林/舒巴坦、头孢他啶、头孢噻肟、亚胺培南和美罗培南。在某一菌株的耐药分析组合中，若包含一个字母，表示该菌株对此抗菌药耐药或中介；空白表示菌株对该抗菌药敏感，而破折号则表示未测试该抗菌药。如应用上述抗菌药组合，其结果为“PCF-IM”，即表示菌株氨苄西林/舒巴坦、头孢他啶、头孢噻肟、亚胺培南和美罗培南耐药或中介，未测试氨曲南。另外，破折号也可能是未输入该抗菌药的折点，导致WHONET无法解释定性或定量结果。“耐药谱”一列为系统根据预设的耐药谱和每株大肠埃希菌的具体耐药情况而判定的耐药表型。

点击“继续”可见各耐药表型的总结（形式可根据需求自行设置），结果见图10-77。

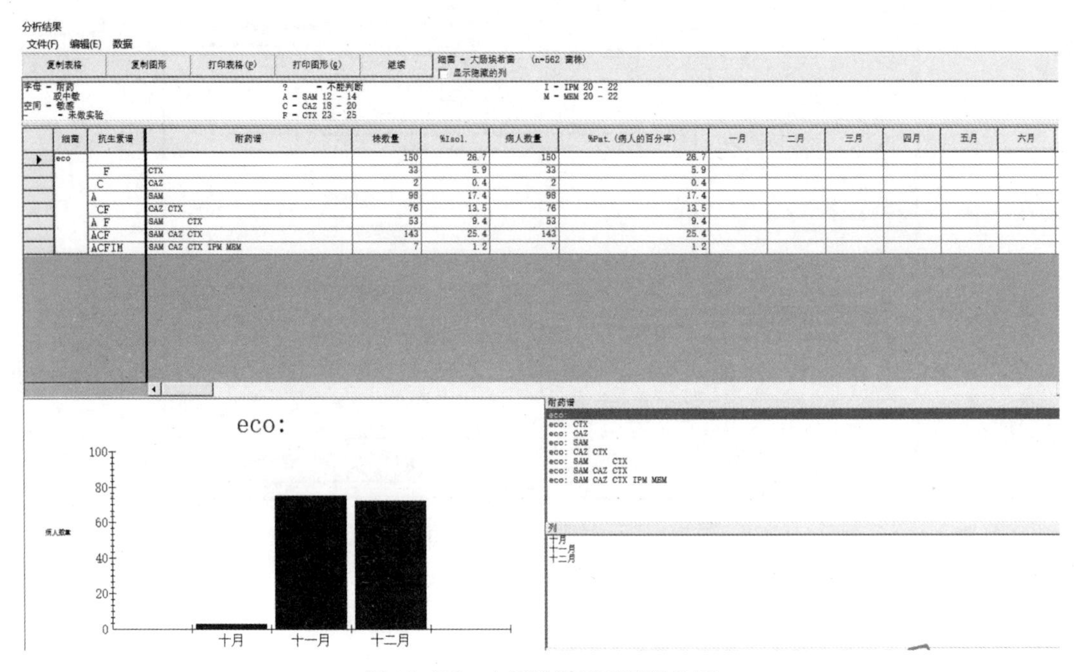

图10-77 大肠埃希菌耐药谱分析

总结中可见各耐药表型所占比例及具体菌株数量，通过点击红框中的耐药谱，能在左侧以柱状图的形式查看所选耐药表型在各月份的分布（如有其他需求，可另行选择其他总结表形式）。

（六）BacTrack-菌株提示语

BacTrack主要用于自动检测有问题的病原菌、感染暴发及存在的质量控制问题，它采用统计学的方法，以当地实验室数据为基础建立具有本地特色的“专家规则”。当输入细菌信息时，WHONET 会自动将输入的信息与已建立的“专家规则”进行比较，若发现输入的信息有异常，会自动显示异常信息提示，使微生物学专家和感染控制人员可及时发现潜在的实验问题、不常见的耐药表型、可疑的细菌以及可能存在的暴发流行，从而为及时采取干预措施提供依据。

例如，在已建立的“专家规则”中，记录了所有金黄色葡萄球菌都对万古霉素敏感，无耐药株。当人为错误输入万古霉素对金黄色葡萄球菌的MIC值为32μg/mL，即耐药时，系统立即提示“这是一个重要发现，确认不是实验错误”（图10-78）。

图10-78 BacTrack提示

一般情况下，BacTrack 功能未开启，如需使用此项功能，需先建立词库（即根据本地数据创建的“专家规则”）。可按图10-79步骤进行。

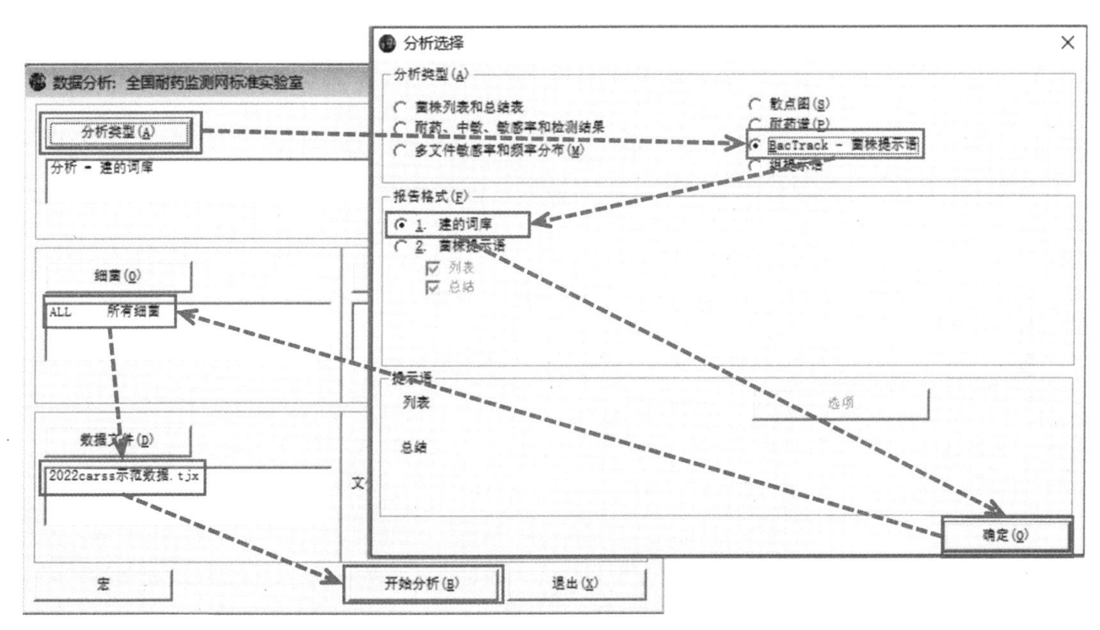

图10-79 建立词库

（1）在“分析选择”页面点击“BacTrack-菌株提示语”，报告格式处点击“建的词库”，点击确定退出。

（2）然后根据需要选择相应的细菌或所有的细菌以及相应的数据库文件。

（3）BacTrack 自动将建好的词库文件放至WHONET程序的安装目录下。词库文件建好后并不立即发挥作用，只有再输入细菌药敏试验结果等信息时才会发挥提示功能。

二、细节设置

（一）选项

当数据中的某一种抗生素使用了多种方法进行检测（如同时使用Etest法，MIC法及KB法），进行耐药性分析前可对分析选项进行设置（图10-80~图10-82）。

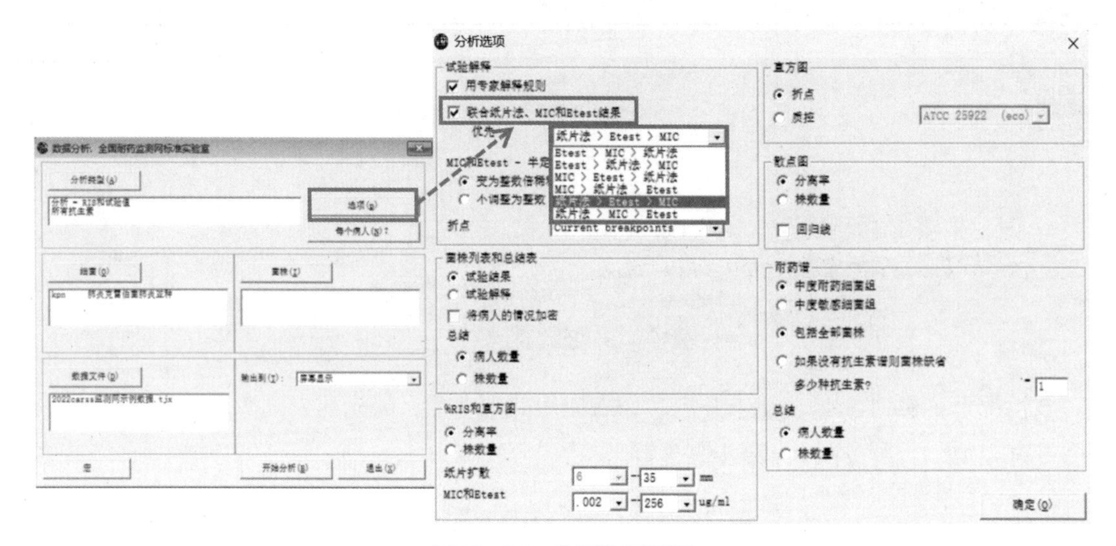

图10-80　分析选项设置

点击“选项”，并在弹框中勾选“联合纸片法，MIC和Etest结果”，并选择优先度（如“Etest>MIC>纸片法”，可根据需求选择），此时进行分析就能得到图10-81结果。

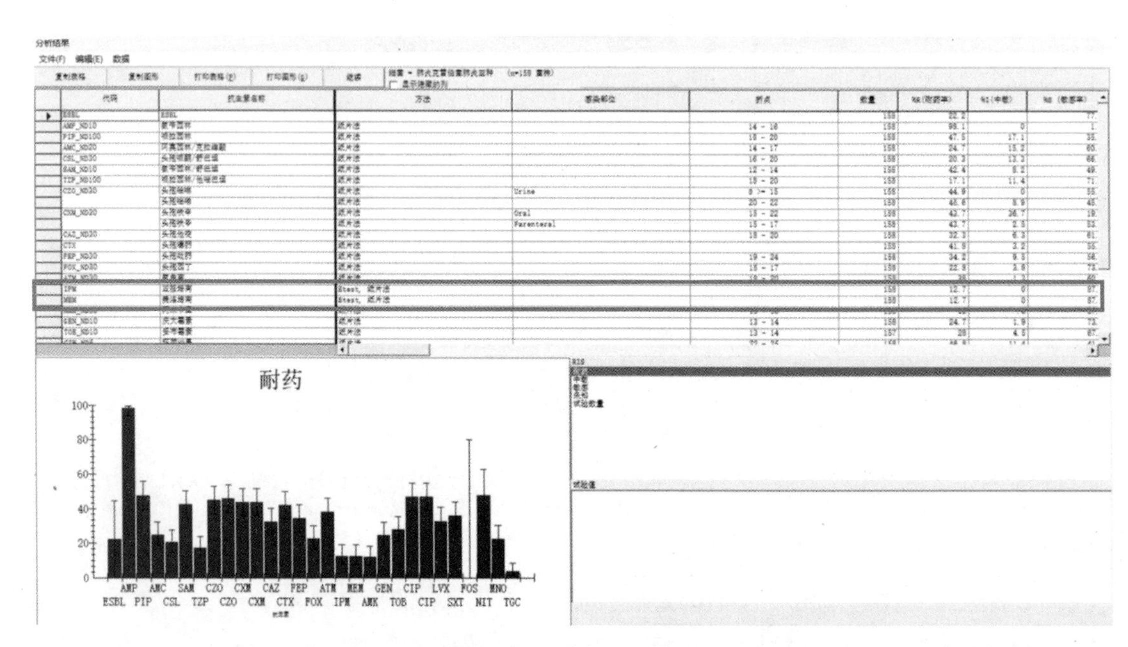

图10-81　分析选项设置

系统对同时使用了多种检测方法的抗生素结果进行合并（如表中的亚胺培南与美罗培南），如果未勾选“联合纸片法，MIC和Etest结果”，进行分析将会得到图10-82结果。

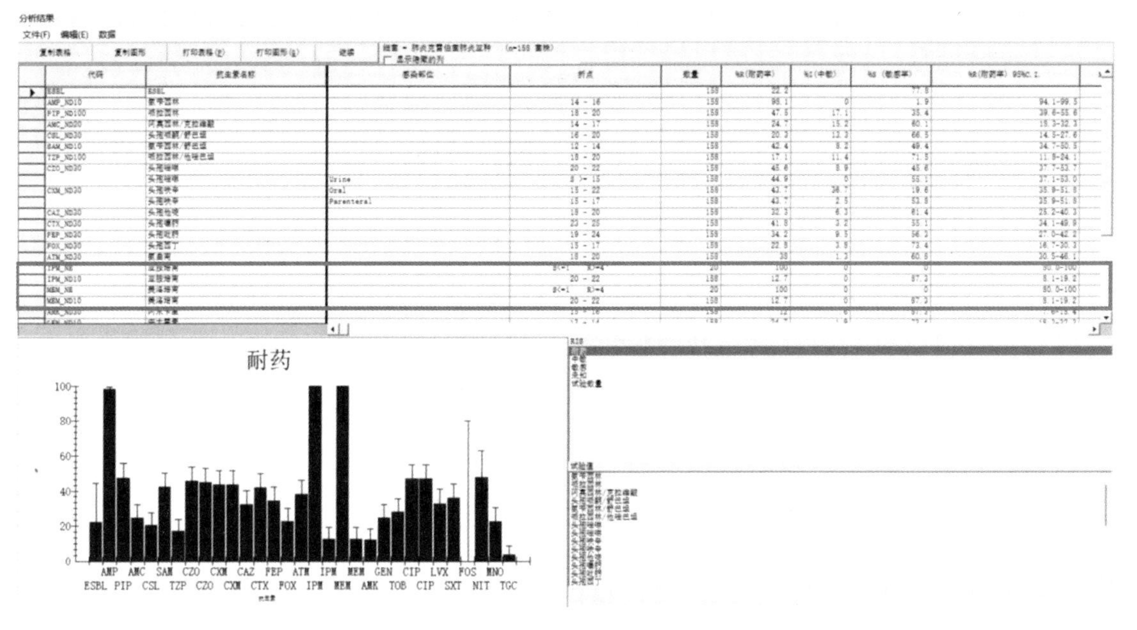

图10-82　分析选项设置

此时系统分别显示亚胺培南和美罗培南的KB法与Etest法结果。

（二）每个病人

当同一病人分离出多株相同细菌时，我们可以使用此功能进行菌株初步筛选（图10-83）。

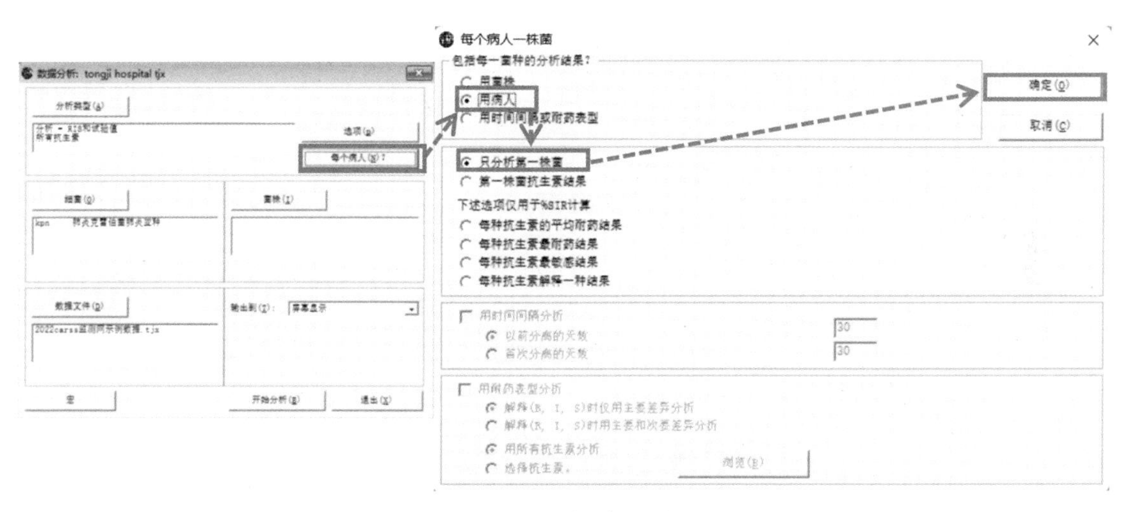

图10-83　选择每个病人

在实际工作中使用最多的设置为选择“同病人”“只分析第一株菌”，也可以根据实际需求选择“用菌株”等。

（三）选择细菌

默认状态下，WHONET软件的“细菌”窗口只罗列了少数常见的细菌名称，若需列出全部细菌名称，需勾选“全部列表”。此外，为方便统计分析，软件还将同一类或菌属的菌株进行归类，如大类的“革兰氏阳性细菌”和“革兰氏阴性细菌”，次类的“所有肠杆菌科细菌”和“所有非发酵G^-杆菌”以及小分类的“不动杆菌属”“克雷伯菌属”“假单胞菌属”“葡萄球菌属”和“肠球菌属”等。实际应用时，如需统计所有肠杆菌科细菌对抗菌药的耐药率，可勾选“细菌组”，然后双击选择“所有肠杆菌科细菌”即可，而无需从“全部列表”中将每一肠杆菌细菌进行逐一选择，如图10-84。

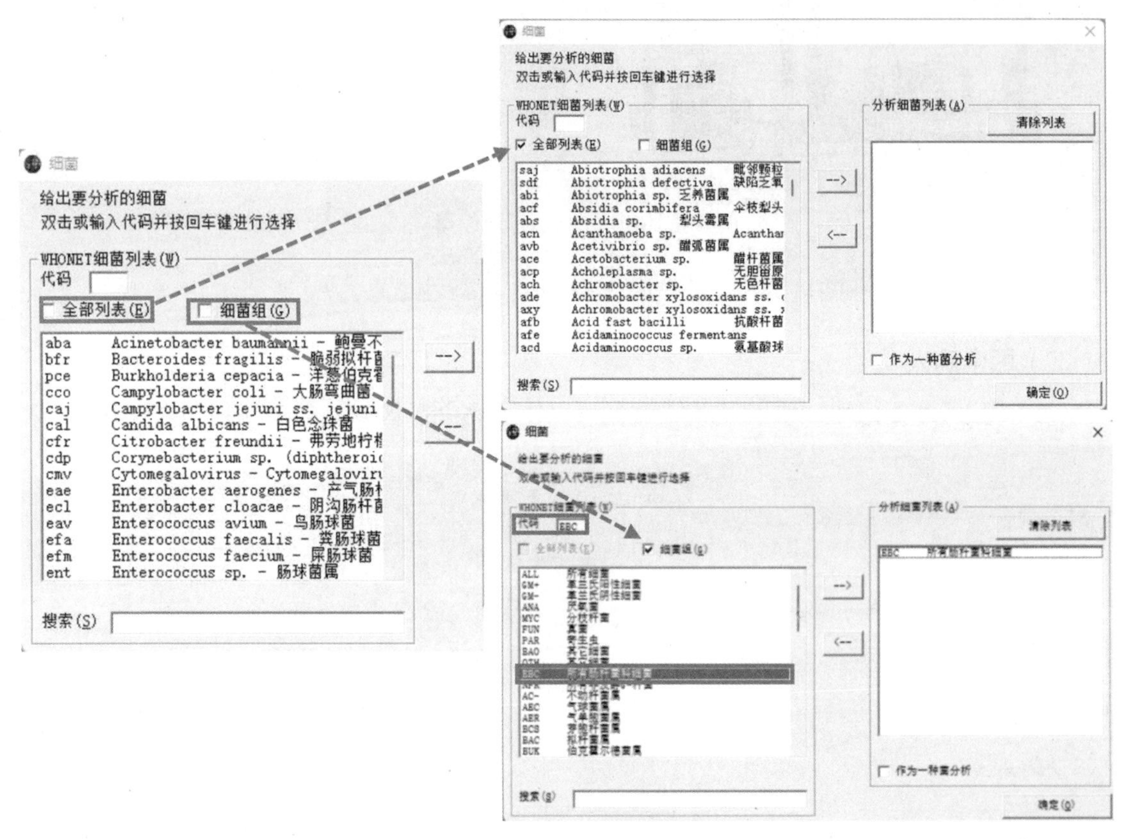

图10-84　选择细菌

（四）菌株

使用“菌株”功能筛选细菌，若选中两种及以上条件（如超广谱β-内酰胺酶阳性及氨苄西林纸片法耐药），则需勾选“包括满足全部选择标准的菌株”和“包括至少满足一项选择标准的菌株”选项，如图10-85。

（1）勾选“包括满足全部选择标准的菌株”则纳入同时满足上述两种条件的细菌。

（2）勾选“包括至少满足一项选择标准的菌株”则纳入满足其中一种条件的细菌。

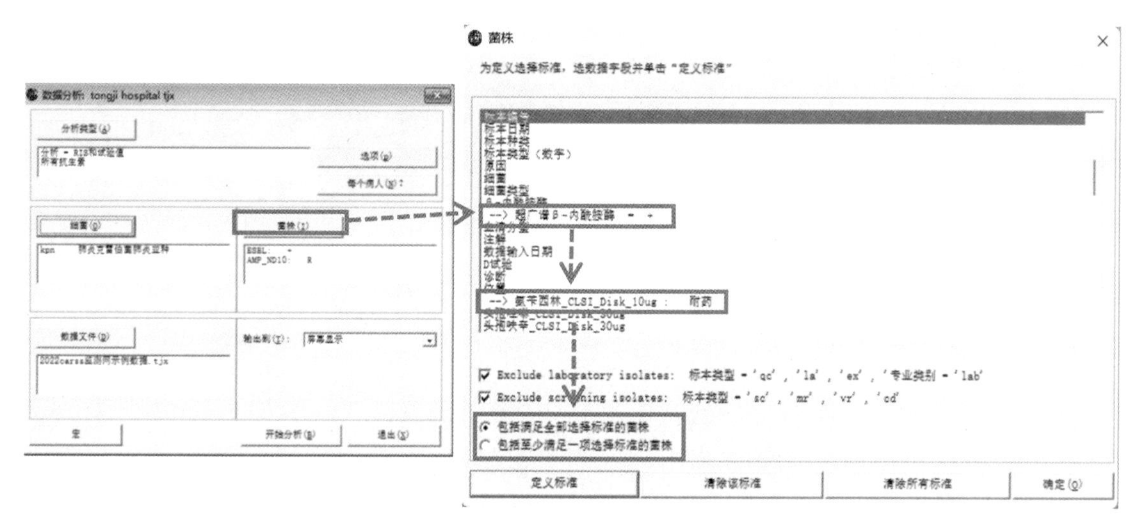

图10-85 菌株功能选择

(五)宏的使用

当设置好各项条件后想要保存此种设置，方便下次使用直接调用，而不用重新设置时，可以使用“宏”；图10-86示范设置一个分析CRKPN耐药性的宏。

设置好所需分析条件后，点击“宏”，在弹框中点击“新数据”，输入宏的名称，点击保存即可。

当需要再次使用“CRKPN宏”时，可进行图10-87操作。

点击“宏”，在弹框中选择需要的宏，再点击“量”即可使用。

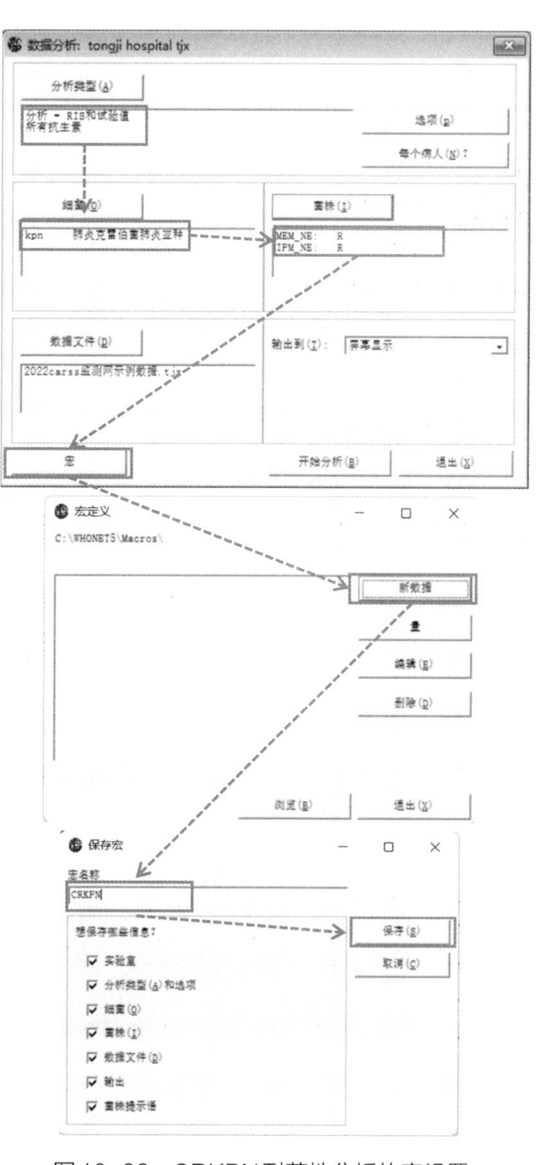

图10-86 CRKPN耐药性分析的宏设置

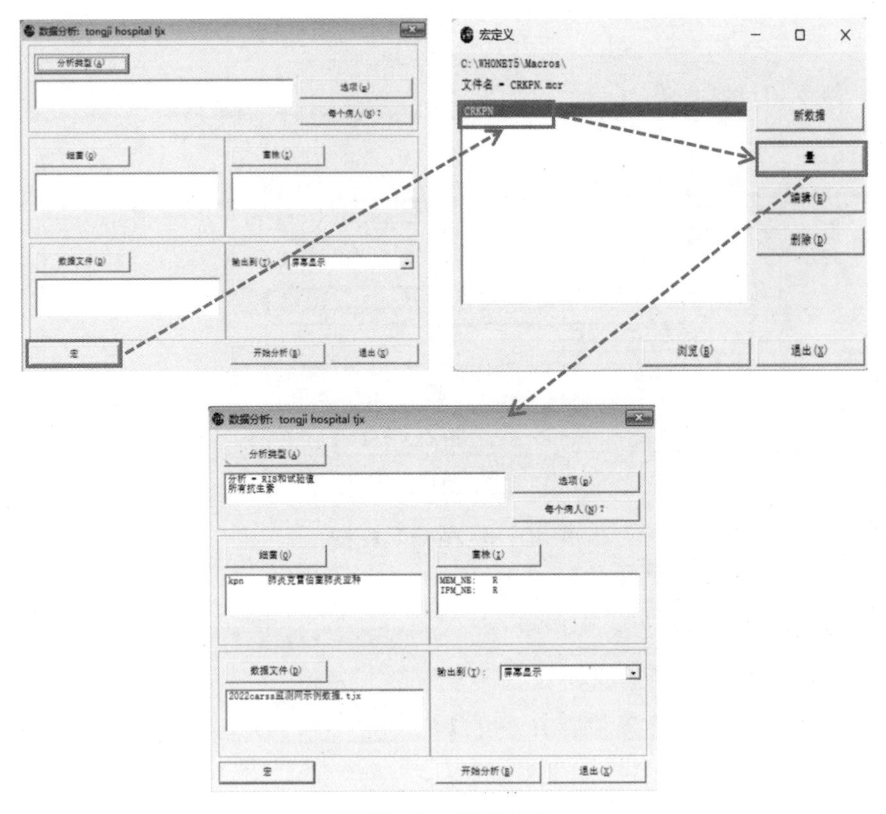

图10-87　宏的使用

（六）分析后数据的保存

对于分析后所得的列表和图形，可以通过点击框中的“复制表格”和“复制图形”来粘贴到Excel及Word中如图10-88。

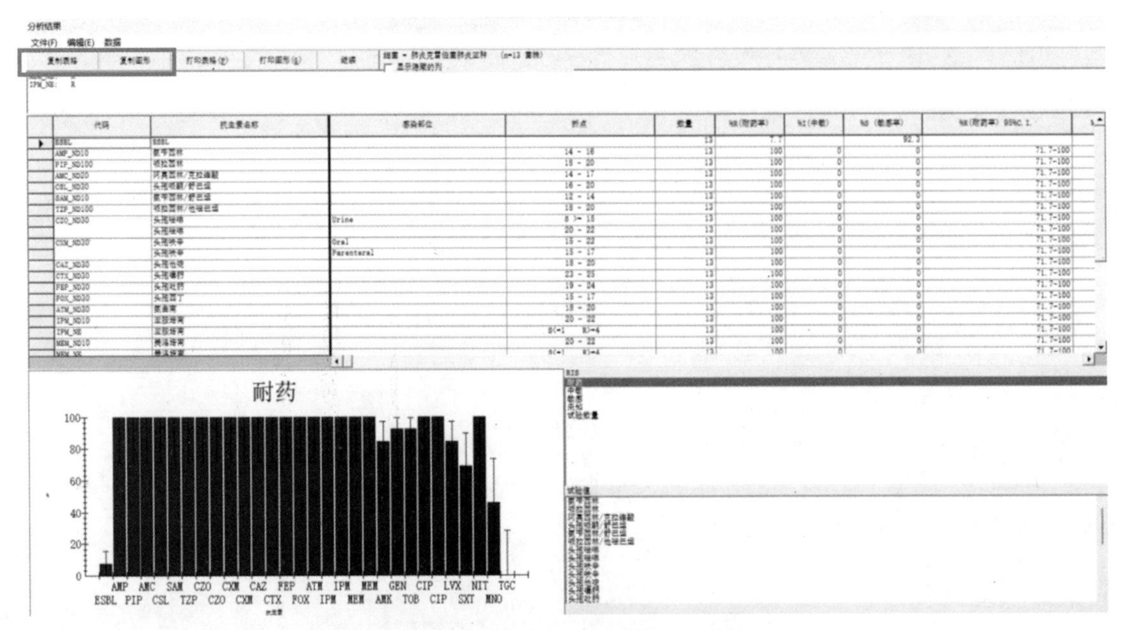

图10-88　复制分析后的表格和图形

也可以点击框中的“文件”，选择“保存表格”或“保存图形”如图10-89。

数据量比较大时建议使用第二种方式保存表格或图形。

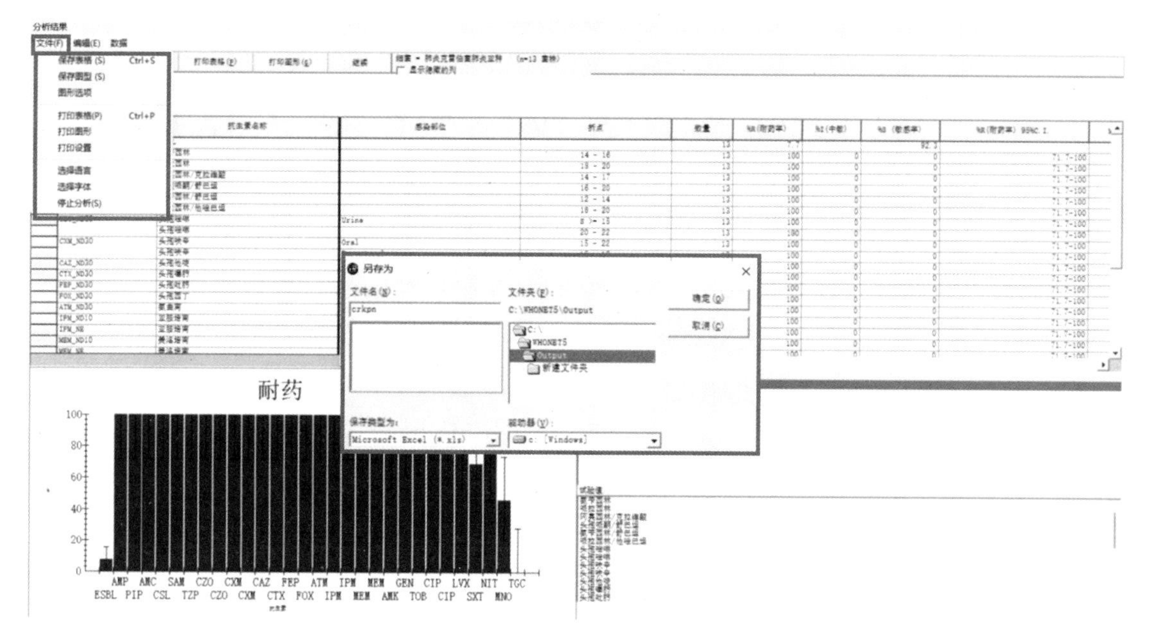

图10-89 保存分析后的表格和图形

第十一章 细菌耐药监测结果的报告和应用

细菌耐药监测结果是卫生行政管理部门制定抗微生物药物相关政策、临床抗感染性疾病经验性治疗以及医院感染控制措施的制定和实施的重要科学参考依据。因此，准确统计分析、报告和解读细菌耐药性监测数据尤为重要。本章旨在为全国细菌耐药监测网点医院提供细菌耐药监测结果的报告和解读建议。

第一节 细菌耐药监测结果报告

细菌耐药监测结果的报告主要涉及抗微生物药物谱（包括病原谱）的分析。所谓抗微生物药物谱，即对一定时期、一定范围（可为一个或数个科室、病区、医疗机构、行政区域，特定疾病等）内的抗微生物药物敏感性试验结果进行分析而产生的报告，反映对常规测试的每种抗微生物药物敏感的特定菌种（属）或菌群分离株（每名患者）的百分比。如果仅纳入单个患者分离的特定菌种（属/群）的首次分离株的药敏结果，则可在没有确定敏感性结果时用于来院治疗的新患者的用药参考，即为临床医生在初始感染治疗中经验性选择抗微生物药物提供指导。不过，此类报告可能无法揭示某些新出现的耐药性趋势，因此不能替代对所有抗微生物药物敏感性试验数据的深入分析，因其来源于每个患者治疗过程中获得的所有抗微生物药物敏感性试验结果。对于旨在指导抗微生物药物经验性选择以外的报告（如确定耐药性的出现或为公共卫生举措提供抗微生物耐药性趋势），其他分析方法更为适宜，因此可根据不同目的进行细菌耐药数据分析。本节以仅纳入单个患者身上分离的特定菌种（属/群）的首次分离株的耐药性监测报告为例进行阐述。

一、常规抗微生物药物谱分析基本原则

影响抗微生物药物谱的因素包括患者群体、实验室培养习惯和能力、AST和报告程序，以及抗微生物药物耐药菌引起的短暂暴发。就抗微生物药物谱分析而言，建议抗微生物药物谱分析及报告至少遵循国家对各级医院进行季报告、年度报告等的要求；分析范围仅限诊断分离株（不包括主动监测分离株）；纳入经审核的最终测试结果；消除重复性，无论标本来源及抗微生物药敏结果，均仅纳入菌种、患者和（或）分析期间的首次分离株；仅分析菌株数量不少于30株的菌种，不足30株时不纳入或合并数据进行分析；针对待分析的菌株群体，常规抗微生物药物的敏感率（%S）可通过报告结果进行计算，对于应用选择性报告规则的药物，通过可能被抑制的抗微生物药物进行计算；避免纳入仅针对耐药菌株进行选择性试验的补充抗微生物药物结果；所报告的%S

应不包括中介率（%I）、剂量依赖性敏感率（%SDD）和耐药率（%R）。

除以上建议外，还应考虑一些特殊情况，例如，对于肺炎链球菌与青霉素、头孢噻肟、头孢曲松及（或）头孢吡肟，应采用脑膜炎与非脑膜炎折点分别列出其敏感率（%S），青霉素还可考虑采用口服折点计算%S；对于金黄色葡萄球菌，应列出所有分离株的敏感率%S，并区分甲氧西林耐药金黄色葡萄球菌（MRSA）和甲氧西林敏感金黄色葡萄球菌（MSSA）；若对特定标本来源的分离株进行特定药物测试（如尿液分离株测试呋喃妥因），则应仅考虑分析尿液分离株抗微生物药物谱。

在解释AST产生的MIC或抑菌圈直径时，需根据抗微生物药物及微生物种类的相应折点进行。强烈建议实验室随时更新折点，因为随着时间的推移，折点的修订可能对患者的安全、疗效以及公共卫生关注的抗微生物药物耐药性问题产生影响。目前，我国实验室主要参照CLSI指南，同时也可从美国FDA的敏感性试验解释标准（STIC）网站和欧洲抗菌药物敏感性试验委员会（EUCAST）网站获取相关信息。在某些情况下，这些折点可能与CLSI的折点存在差异。在解释用于分析抗微生物药物谱的数据时，了解所应用的折点至关重要。

二、常规抗微生物药物谱分析

（一）数据

1.数据审核

在对每位患者的分离菌鉴定及抗微生物药物敏感性试验结果进行分析并纳入抗微生物药物谱报告之前，应对其进行审核。许多实验室信息管理系统（LIS）和商业AST仪器数据管理系统搭载了专家系统等软件，能自动审查所有结果的合理性，并提示用户核实异常结果。CLSI M100文件中的附录A列出了在报告前需确认结果的具体建议，实验室应予以遵循。

2.数据分析频率

为确保将最新数据作为临床经验性抗微生物药物治疗的参考，建议至少每年进行一次数据分析。当出现大量分离菌株、新型抗微生物药物上市或发生其他重要的临床变化时可以增加分析频率。然而，需注意的是，频繁的数据分析可能受季节性耐药率变化及分离菌株数量较少而导致测量结果不精确（偏移）的影响。

3.纳入分析的微生物种类及数量

从仅限为诊断目的采集的患者标本中分离的菌株数据。来自监测培养物，如万古霉素耐药肠球菌（VRE）、MRSA和CRE的主动筛查、环境培养或其他非患者来源的菌株数据不应纳入分析。在依据抗微生物药物谱指导临床初始感染经验性抗微生物治疗时，应仅纳入在抗微生物药物谱分析时段（如一年）内单个患者给定菌种（具有AST结果）的首次分离株，而与标本来源、标本类型、抗微生物药物敏感性或其他表型特征（如生物型）无关。同一菌种的多个分离株可能来自同一患者的连续培养物，这些分离株可能代表亦或不代表相同菌株。在特定时间框架的累积敏感率分析中，纳入来自单个患者的多个分离株可能会导致数据偏差。

推荐纳入常规抗微生物药物谱分析的细菌包括。

（1）革兰阳性菌：①金黄色葡萄球菌、MRSA、MSSA。②凝固酶阴性葡萄球菌、MRCNS、MSCNS。③肠球菌属、粪肠球菌、屎肠球菌。④肺炎链球菌。⑤草绿色链球菌群。⑥无乳链球菌。

（2）革兰阴性菌：流感嗜血杆菌；肠杆菌目细菌：①大肠埃希菌。②肺炎克雷伯菌。③产气克雷伯菌。④产酸克雷伯菌。⑤阴沟肠杆菌复合群。⑥弗劳地柠檬酸杆菌复合群。⑦奇异变形杆菌。⑧普罗威登斯菌属。⑨黏质沙雷菌。⑩沙门菌属；非发酵菌：①铜绿假单胞菌。②鲍曼不动杆菌复合群。③嗜麦芽窄食单胞菌。

仅当菌株数在30株或30株以上时，才进行统计分析。当菌株数量少于30株时，不进行敏感性统计或采取以下几种处理方式：

（1）将该细菌连续12个月以上的数据进行合并。将每年度每位患者首次分离的菌纳入分析，同时在抗微生物药物谱中添加脚注，提示为多年合并数据。

（2）在适用的情况下，可将同一属内的菌种数据进行合并（如合并所有柠檬酸杆菌属）。

（3）扩大区域，如可将某一地理区域内若干具备可比性的医疗机构数据进行整合。

（4）可提供已发表且来源可靠的摘要和指南数据，同时注明数据来源（如从公共卫生资源获取淋病奈瑟菌的敏感率数据）。

（二）纳入分析的抗微生物药物

1.纳入分析的抗微生物药物

仅应包含待分析菌种（属、目或群）的常规测试药物。实验室通常会对来自特定菌种（属、目或群）的所有分离株进行抗微生物药物的测试（参见全国细菌耐药监测技术方案）。当分析仅用于治疗尿路感染的抗微生物药物（如呋喃妥因）时，建议仅对尿液分离株进行相关分析，并仅在尿液分离株报告该药物。如果实验室根据感染部位选择性地测试抗微生物药物（如仅对非呼吸道分离株测试达托霉素或仅对尿液分离的大肠埃希菌测试磷霉素），应添加脚注备注，说明检测的分离株数量和选择性报告的参数。

2.替代药物

当使用替代药物进行抗微生物药物敏感性试验时，应仅报告其所替代药物的试验结果。例如，当采用头孢西丁作为甲氧西林耐药金黄色葡萄球菌（MRSA）的替代检测药物时，应报告苯唑西林的敏感率，而非头孢西丁的敏感率。同样，在利用苯唑西林纸片扩散法作为青霉素敏感肺炎链球菌的替代检测药物时，应报告青霉素的敏感率数据，而非苯唑西林的敏感率。若头孢唑林被用作替代药物预测口服头孢菌素类对尿液中大肠埃希菌、肺炎克雷伯菌或奇异变形杆菌的敏感性时，则可在抗微生物药物谱中列出“头孢唑林”“口服头孢菌素类”或相应医疗机构可获取的特定口服头孢菌素类。根据方法不同，可能需要备注来详细解释数据。

3.补充药物

一些实验室可能仅对某些多重（广泛）耐药分离株测试某些抗微生物药物，或仅应医生要求测试某些特定抗微生物药物，这些补充药物的检测结果不应纳入常规抗微生物药物谱中。例如，在铜绿假单胞菌对1级和2级所有抗微生物药物都耐药时，对其他抗微生物药物（如头孢洛扎/他唑巴坦、黏菌素）进行测试。同样，碳青霉烯类耐药肠杆菌目细菌（CRE）可用于测试新型β-内酰胺类复合制剂（如头孢他啶/阿维巴坦、美罗培南/韦博巴坦、亚胺培南/瑞来巴坦）或黏菌素。

（三）计算

仅计算对抗微生物药物敏感的菌株百分比，中介或SDD结果不应纳入敏感率（%S）统计。对于特定细菌/抗微生物药物组合的敏感、SDD、中介、耐药和非敏感解释主要以CLSI M100为依据。但对于某些细菌/抗微生物药物组合，正确的结果解释需结合MIC或抑菌圈直径以外的试验结果，例如，葡萄球菌属、肺炎链球菌或β溶血性链球菌群的分离株对红霉素耐药和克林霉素敏感，但可证明会诱导克林霉素耐药。这些情况下，计算%S需要对试验结果进行解释。测试分离株总数（*N*）包括敏感、SDD、中介、耐药或非敏感分离株。需要使用当前的分析折点和规则进行计算。

（四）特殊细菌抗微生物药物谱的分析和选择标准

1.肺炎链球菌

（1）青霉素：对于脑脊液分离株，采用脑膜炎折点计算并报告%S。对于非脑脊液分离株，采用脑膜炎和非脑膜炎折点分别计算和报告%S。若需青霉素V（口服青霉素）的数据，可使用口服青霉素折点计算并报告%S。

（2）头孢噻肟和头孢曲松：对于脑脊液分离株，采用脑膜炎折点计算并报告%S。对于非脑脊液分离株，采用脑膜炎和非脑膜炎折点分别计算和报告%S。

（3）头孢吡肟：对于脑脊液分离株，采用脑膜炎折点计算并报告%S。对于非脑脊液分离株，采用脑膜炎和非脑膜炎折点分别计算和报告%S。

2.金黄色葡萄球菌

除报告所有金黄色葡萄球菌的结果之外，还应分别分析并报告MRSA和MSSA结果。表11-1所示实例中，MRSA（*N*=358）和MSSA（*N*=810）的分离株总数超过所有金黄色葡萄球菌（*N*=1166）的分离株数。造成这一差异的原因是对所有金黄色葡萄球菌、MRSA和MSSA数据进行了单独分析，而患者的首次分离株包含在三个独立的分析中。例如，在分析过程（如一年）中，2名患者同时具备MRSA与MSSA分离株。

表11-1 金黄色葡萄球菌、MRSA和MSSA的抗微生物药物谱（S%）

抗微生物药物 \ 细菌	金黄色葡萄球菌（*N*=1166）	MRSA（*N*=358）	MSSA（*N*=810）
苯唑西林	68.9	0	100
青霉素	7.8	0	11.2
红霉素	46.9	24.9	56.5
克林霉素	71.0	42.5	83.4
甲氧苄啶/磺胺甲噁唑	98.8	98.0	99.1
左氧氟沙星	79.5	54.1	90.8
庆大霉素	86.9	67.3	95.6
利奈唑胺	100	100	100
万古霉素	100	100	100

3.肠球菌属

由于粪肠球菌与屎肠球菌的敏感性存在差异，应分别进行分析，并对所有肠球菌属进行整体分析。在高水平氨基糖苷类耐药试验中，应在抗微生物谱中添加脚注，标注高浓度庆大霉素和高浓度链霉素均耐药的百分比（%R）（表11-2）。

表11-2 肠球菌属抗微生物药物谱（%S）

抗微生物药物 \ 细菌	肠球菌属（N=1307）	粪肠球菌[a]（N=722）	屎肠球菌[b]（N=509）
青霉素	57.7	94.2	6.9
氨苄西林	60.3	96.8	8.3
万古霉素	99.0	100	99.2
利奈唑胺	98.8	98.2	99.6
高浓度庆大霉素	89.3	91.6	84.9
高浓度链霉素	87.1	92.8	67.9

注：a. 4%对高浓度庆大霉素和高浓度链霉素均耐药
b. 7%对高浓度庆大霉素和高浓度链霉素均耐药

三、常规抗微生物谱分析和报告中的特殊情况

（一）剂量依赖性敏感

对于具有SDD折点的抗微生物药物，可以使用多种表格形式报告数据（如肠杆菌目和头孢吡肟、金黄色葡萄球菌和头孢洛林、屎肠球菌和达托霉素）。

（1）单独列出%S和%S+剂量依赖性敏感百分比（%SDD）（表11-3）。

（2）单独列出%S和%SDD。

（3）在脚注中列出%S和%SDD。

表11-3 报告%SDD的抗微生物药物谱（%S）

细菌	菌株数量	头孢吡肟[a]	头孢吡肟 %S+%SDD[a]	左氧氟沙星	美罗培南
阴沟肠杆菌复合群	523	78.2	85.2	90.1	99.0

注：a. 头孢吡肟敏感折点MICs ≤ 2μg/mL是基于1g q8h或2g q12h给药方案；7%分离株为SDD，SDD折点MICs 4~8μg/mL是基于2g q8h给药方案

（二）中介

该类别有双重含义。符号^表示药物可在尿液中浓缩。中介类别包括对试验方法固有变异性的缓冲区，以防止较小且不受控制的技术因素导致解释上的显著差异，特别是对于毒性范围较窄的药物。是否将I^纳入常规抗微生物谱分析，取决于各医疗机构对该解释类别的应用，以及是否希望传达关于药物在经验性治疗中潜在效用的信息。例如，报告阿莫西林/克拉维酸与I^治疗大肠埃希菌尿液分离株的结果表明，该药物可考虑用于治疗非复杂性尿路感染患者。在常规抗微生物药物谱中，可以增加一列，说明对阿莫西林/克拉维酸敏感的菌株百分比。

根据感染部位（全身或尿液）的不同，头孢唑林有两组折点用于解释大肠埃希菌、肺炎克雷伯菌和奇异变形杆菌的MIC和纸片扩散法结果。头孢唑林（MIC ≤ 2μg/mL）适用于使用注射头孢唑林治疗由大肠埃希菌、肺炎克雷伯菌和奇异变形杆菌引起的非复杂性尿路感染以外的感染患者。头孢唑林（MIC ≤ 16μg/mL）适用于使用头孢唑林治疗由大肠埃希菌、肺炎克雷伯菌和奇异变形杆菌引起的非复杂性尿路的感染患者。

此外，CLSI M100还列出了头孢唑林作为口服头孢菌素类替代药物用于治疗由大肠埃希菌、

肺炎克雷伯菌和奇异变形杆菌引起的非复杂性尿路感染时的另一组折点（MIC ≤ 16μg/mL），与治疗非复杂性尿路感染患者的预测折点一致。表11-4以两组折点为例，报道了头孢唑林的%S数据。

表11-4　应用不同折点的头孢唑林抗微生物药物谱（%S）

细菌	菌株数量	氨苄西林	头孢唑林（全身性）[a]	头孢唑林（尿液）[b]	美罗培南
大肠埃希菌	1200	12.1	10.1	27.4	99.4

注：a.头孢唑林（全身性）的敏感折点MIC ≤ 2μg/mL是基于2g q8h的给药方案，适用于非复杂性尿路感染以外的感染

b.头孢唑林（尿液）的敏感折点MIC ≤ 16μg/mL是基于1g q12h的给药方案，同时还可以预测用于治疗由大肠埃希菌、肺炎克雷伯菌和奇异变形杆菌引起的非复杂性尿路感染的口服头孢菌素类药物，包括头孢克洛、头孢地尼、头孢泊肟、头孢丙烯、头孢呋辛、头孢氨苄和氯碳头孢的结果。使用头孢唑林作为替代药物预测头孢地尼、头孢泊肟和头孢呋辛的耐药性时，可能高估其耐药性。因此，当头孢唑林耐药时，若需使用这些药物进行治疗，应单独对其进行检测

（三）折点更新

CLSI和其他折点设置组织会定期更新折点，实验室可能在抗微生物药物谱分析的不同时间实施这些新的折点。如果更新涉及折点降低，则在应用修改后的折点时，%S值可能会更低。为了能够准确地分析与折点修订相关的数据，需要保存MIC或抑菌圈直径的实测值，并在分析时使用当前折点重新解释结果。当折点发生变化时，必须向抗微生物药物谱使用者（主要是临床医生）告知数据分析和报告中发生的变化。

折点更新可能导致先前被解释为敏感、SDD、中介或耐药的超出范围值的折点无法按照新折点进行解释。例如，美罗培南与肠杆菌目细菌，原先折点为S ≤ 4μg/mL、I=8μg/mL和R ≥ 16μg/mL，而当前折点为S ≤ 1μg/mL、I=2μg/mL和R ≥ 4μg/mL。折点更新前，MIC ≤ 2μg/mL被解释为敏感，而依据更新后的判定折点，无法确切判断MIC ≤ 2μg/mL的分离株是否对美罗培南敏感还是中介。如果实验室执行新折点，那么应该使用更新后的折点重新分析整个数据。

（四）测试药物的变化

实验室可通过采用各类抗微生物药物板条，对来自不同菌属或感染部位的分离株进行测试。抗微生物药物谱中列出的分离株数量（N），应依据测试细菌与抗微生物药物组合的最高数量来确定。若部分分离株（如尿液分离株）未对所有抗微生物药物进行测试，可能需单独报告。例如，表11-5与表11-6在革兰阴性菌的非尿液板条同时测试环丙沙星和左氧氟沙星，但在尿液板条上仅测试环丙沙星。此时，环丙沙星的%S高于左氧氟沙星的%S，因为左氧氟沙星仅测试非尿液大肠埃希菌分离株，后者数量较少，且相对于尿液分离株更为耐药。若仅考虑非尿液分离株，两种药物表现出相同的活性。因此，在所有分离株的结果中添加一个脚注（表11-5），同时列出两类分离株的结果（表11-6）。

表11-5　环丙沙星和左氧氟沙星抗微生物药物谱（%S）

细菌	菌株数量	氨苄西林	环丙沙星	左氧氟沙星[a]	哌拉西林/他唑巴坦	亚胺培南
大肠埃希菌，所有	2300	10.1	58.2	43.4	87.3	99.1

注：a.仅对非尿液分离株进行了测试（N=256）。该药物敏感性不宜与其他抗微生物药物进行比较，因为其他药物在所有菌株（包括尿液和非尿液分离株）中进行了测试

表11-6　环丙沙星和左氧氟沙星抗微生物药物谱（%S）

细菌	菌株数量	氨苄西林	环丙沙星	左氧氟沙星[a]	哌拉西林/他唑巴坦	亚胺培南
大肠埃希菌，所有	2300	10.1	58.2	–	87.3	99.1
大肠埃希菌，非尿液	256	5.6	46.5	43.4	84.5	99.4
大肠埃希菌，尿液	2190	13.1	60.2	–	88.9	100

由于医疗机构抗微生物药物处方的变化、AST制造商更换测试板条上的药物或实验室使用其他测试板条，实验室常规测试的抗微生物药物种类会在分析期间发生变化。当发生这些变化时，可对现有数据进行分析，并将%S结果用脚注突出显示，表明已经对有限数量的分离株进行了测试，如表11-7中的头孢吡肟所示。

表11-7　常规测试药物种类变化的标示

细菌	菌株数量	氨苄西林	头孢曲松	头孢吡肟*	哌拉西林/他唑巴坦	亚胺培南
大肠埃希菌	350	12.3	51.5	60.9	87.3	98.8
肺炎克雷伯菌	290	R	69.8	73.5	70.3	87.3
阴沟肠杆菌	50	R	61.7	76.9	68.2	92.5

注：*实验室于2023年8月开始检测头孢吡肟。头孢吡肟的敏感性不应与其他药物进行比较，因为头孢吡肟没有在所有分离株中进行测试

四、特定抗微生物药物谱分析

特定抗微生物药物谱分析与常规抗微生物药物谱分析的差异主要体现在数据提取和分层统计，其目的在于解答特定临床问题，或为特定患者群体及感染类型的经验性抗微生物治疗提供依据。此类报告通常包含每位患者在每个分析阶段首次分离株的结果，根据报告目标，也可能包含其他分离株的数据。

（一）按不同参数对抗微生物药物谱数据进行分层

每个医疗机构可以根据不同的参数（如患者来源、患者年龄、感染部位、感染类型）对抗微生物药物敏感性试验数据进行分层。在对数据分层前，应评估是否有必要针对机构当前临床需求进行其他的数据分层。应提供足够数量的分离株，以确保不同分层参数下%S统计（至少30株）的可靠性。

分层数据分析结果可呈现在抗微生物药物谱中，亦可单独报告给特定使用者（如特定科室的临床医生）。在分析特定数据如血培养分离菌时，仅将每位患者血液中相同菌种的首次分离株纳入分析，而不将分析期间从患者其他部位分离的相同菌种纳入分析。

1.按照科室或病区进行划分

根据患者所在位置（如ICU、门诊、急诊、非ICU住院；或呼吸科、消化科、感染科、儿科等）进行分层。在报告中，需预先确定涵盖的患者类型（如ICU报告聚焦于ICU患者数据；非ICU住院患者报告涵盖除ICU患者外的所有住院患者数据；门诊报告涉及门诊患者数据，急诊报告则包含急诊患者数据）。不同科室或病区的抗微生物药物谱有助于制定相应科室或病区的感染患者经验性抗微生物治疗方案（如ICU患者的呼吸机相关肺炎治疗方案）。

2.按照标本类型划分

根据标本类型（如尿液、血液、呼吸道等）进行分层。此类报告应仅包含针对特定感染经验性治疗的抗微生物药物（如尿液分离株报告应仅涉及用于治疗尿路感染患者的抗微生物药物）。

3.按临床服务或患者群体划分

根据临床服务（如内科或外科专业）或特定患者群体（如手术、儿童、移植患者等）进行分层。

4.根据细菌的耐药性特征

根据特定细菌的耐药性特征进行分层。该报告对多重耐药菌（MDROs，如MRSA、VRE、碳青霉烯类耐药鲍曼不动杆菌/铜绿假单胞菌/大肠埃希菌/肺炎克雷伯菌、三代头孢菌素耐药的大肠埃希菌或肺炎克雷伯菌等）特别有用。

（二）重点关注耐药菌在抗微生物药物谱中的流行情况

1.分析重点关注耐药菌的百分比

全国细菌耐药监测网重点关注的耐药菌包括甲氧西林耐药金黄色葡萄球菌（MRSA）、甲氧西林耐药凝固酶阴性葡萄球菌（MRCNS）、万古霉素耐药屎肠球菌（VREM）、万古霉素耐药粪肠球菌（VREA）、耐青霉素肺炎链球菌［非脑脊液标本，PRSP（nm）］、红霉素耐药肺炎链球菌（ERSP）、碳青酶烯类耐药鲍曼不动杆菌（亚胺培南、美罗培南任一耐药，CR-ABA）、碳青酶烯类耐药铜绿假单孢菌（亚胺培南、美罗培南任一耐药,CR-PAE）、碳青酶烯类耐药大肠埃希菌（亚胺培南、美罗培南、厄他培南任一耐药，CR-ECO）、三代头孢耐药大肠埃希菌（头孢噻肟、头孢曲松任一种耐药，CTX/CRO-R-ECO）、喹诺酮类耐药大肠埃希菌（QNR-ECO）、碳青酶烯类耐药肺炎克雷伯菌（亚胺培南、美罗培南、厄他培南任一耐药，CRKPN）、三代头孢耐药肺炎克雷伯菌（头孢噻肟、头孢曲松任一耐药，CTX/CRO-R-KPN）。

2.对多重耐药菌的分析

在出现多重耐药菌（MDROs）的医疗机构中，分析耐药模式或耐药机制的数据具有一定价值。由于大多数产超广谱β-内酰胺酶（ESBLs）和（或）碳青霉烯酶（如肺炎克雷伯菌碳青霉烯酶KPCs）的肺炎克雷伯菌对多种抗微生物药物具有耐药性，仅对所有肺炎克雷伯菌菌株进行分析不能可靠地反映多重耐药肺炎克雷伯菌的敏感性结果。通过对分离菌株更精确的评估，可以准确判断多重耐药菌株的存在与否，如表11-8所示。如果对MDROs亚群中的所有分离株测试特定抗微生物药物（如对所有产KPC或CRE测试头孢他啶/阿维巴坦），则可在报告中添加头孢他啶/阿维巴坦的%S，或在脚注中列出针对产KPC或CRE菌株头孢他啶/阿维巴坦的%S。

表11-8 基于耐药机制的肺炎克雷伯菌抗微生物药物谱数据分析

细菌	菌株数量	阿米卡星	头孢曲松	哌拉西林/他唑巴坦	SMZ	美罗培南	头孢他啶/阿维巴坦
肺炎克雷伯菌，所有	25100	88.2	69.8	70.3	73.0	89.0	-
碳青霉烯类耐药肺炎克雷伯菌[a]	3010	18.6	0	0	30.5	0	99.0
碳青霉烯类敏感肺炎克雷伯菌	21700	97.9	80.0	80.1	79.1	100	-

注：a.表中碳青霉烯类耐药肺炎克雷伯菌均为产KPC的菌株

五、数据、数据分析及报告的局限性

（一）临床培养标本的送检和质量

敏感率是根据从患者标本中分离菌株的药敏试验结果计算得出的，该指标体现了医疗机构的送检意识和标本质量，包括患者选择、标本采集和运送的规范程度。当临床标本不能真正反映患者的感染时，分离菌株的敏感率则无法有效指导抗微生物药物治疗，导致治疗效果不佳或者治疗方式不当。在评估敏感性差异时，需考虑疑似感染患者抗微生物药物治疗前未常规送检，仅对既往抗微生物药物治疗失败和（或）具有长期病史的住院患者频繁的采样送检，这可能导致敏感率的偏差；不同病区在标本采集及标本质量方面的差异。

（二）短暂暴发

在特定场景下，导致短暂暴发的病原体可能对抗微生物药物谱中的%S产生显著影响。例如，某外科病房遭遇碳青霉烯类耐药弗劳地柠檬酸杆菌暴发，波及10名患者。在此之前，该医疗机构从未分离过碳青霉烯类耐药弗劳地柠檬酸杆菌，对美罗培南的敏感率为100%。由于该医疗机构每年分离的弗劳地柠檬酸杆菌数量（按每名患者首次分离株计算）通常为30株，因此，与暴发相关的10株分离菌对最终的%S统计有较大影响。若从该医疗机构的其他病区分离出20株对碳青霉烯类敏感的菌株，则美罗培南的%S仅为66%，而这一情况在该医疗机构中实属罕见。在进行以指导初始感染的经验性治疗决策为目标的抗微生物药物谱分析时，可以选择排除特定高耐药菌株的暴发数据，因为这类菌株可能会误导初始感染的经验治疗决策。也可以选择在报告中加入脚注，说明纳入这些数据的影响，从而纳入暴发分离株的结果。比较同一医疗机构往年的结果或当地其他机构同期的结果，有助于发现%S数据的变化和短暂暴发，这对确定调查方向具有重要意义。

本书附件6提供了2023年××医院细菌耐药监测报告示例。

第二节　细菌耐药监测结果应用

细菌耐药监测结果可应用于多个领域（图11-1），为临床感染性疾病经验性治疗提供循证支持，并通过推动感染性疾病指南的更新，从而指导临床实施更为科学有效的经验性治疗。深入了解常见医院感染病原菌的发生率和耐药状况，精确识别医院获得性感染的暴发，协助制定医院感染防控策略及评估有效性。关注病原菌的耐药变化，并结合抗微生物药物应用状况进行分析，为卫生行政管理部门制定抗微生物药物相关政策提供科学依据。揭示临床微生物实验室检测流程中的不足，为实验室质量提升提供方向。为新型抗微生物药物研发提供方向，以应对多重耐药菌等临床挑战。药物研究与开发耗时较长，可能出现药物上市即失去临床价值的风险。为避免此类情况，降低药物研发风险，制药企业需掌握细菌耐药变化趋势，从过往细菌耐药监测中预测未来变化，包括病原构成和耐药状况等。通过耐药监测，可发现特殊耐药菌及其耐药机制，这些特殊耐药机制也可能成为药物研发的新靶点。

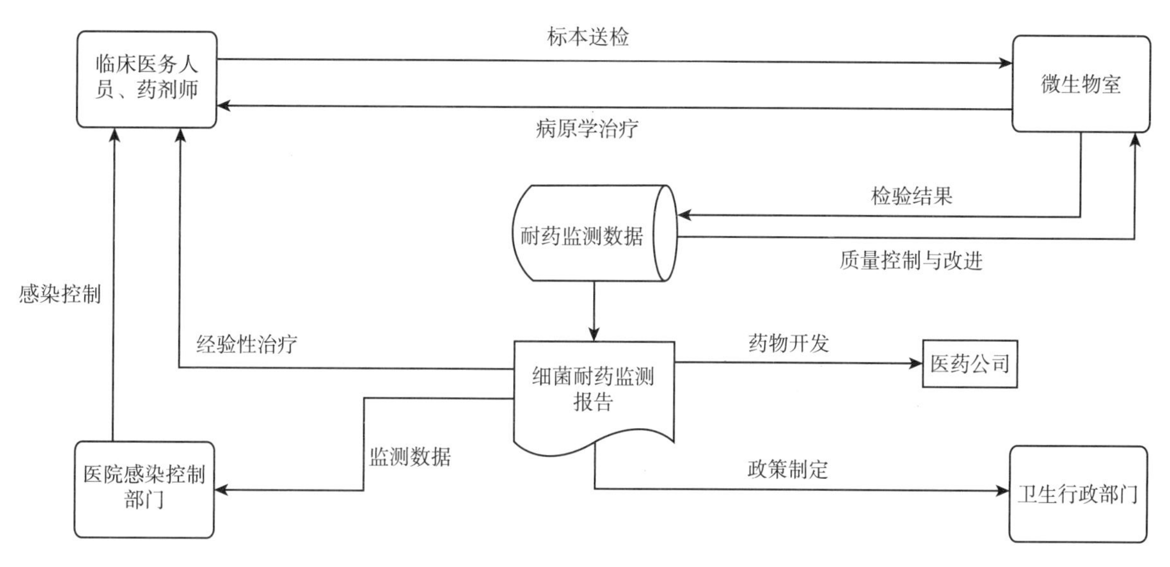

图11-1　细菌耐药监测结果的应用

一、细菌耐药监测结果在临床诊疗中的应用

在感染性疾病的临床诊疗过程中，医生常需要在获取病原微生物检测结果之前采取经验性治疗方式。经验性治疗以科学循证医学为基础，通常是在标本采集后，综合分析患者病史、临床特点，包括病原体构成和耐药性变化，并实施治疗。细菌耐药监测结果能够提供不同感染部位、不同人群、不同病区的病原体构成、抗微生物药物敏感性和细菌耐药性变化等信息，帮助医生更精准地选择合适的抗微生物药物，提高感染治疗效果。

例如，在某院综合ICU中，甲氧西林耐药金黄色葡萄球菌（MRSA）检出率高达27%。由于MRSA产生一种新的青霉素结合蛋白（PBP2a），对β-内酰胺药物亲和力较低，还能诱导*mecA*基因表达，因此往往需要选择如万古霉素、去甲万古霉素或替考拉宁等糖肽类药物进行治疗。

再如，2022年全国细菌耐药监测报告显示，按非脑膜炎（静脉用药）折点统计，青霉素耐药肺炎链球菌（PRSP）全国检出率平均为1.2%，与2021年持平，地区间差别较大，天津市最高，为5.2%，内蒙古自治区未检出。因此，青霉素目前仍为治疗肺炎链球菌非脑膜炎感染的有效药物。

在应用细菌耐药性监测报告时，需关注其局限性。例如，2023年某医院从伤口及脓液标本中分离出的前三名细菌分别为大肠埃希菌、金黄色葡萄球菌和肺炎克雷伯菌。根据感染部位不同，肺炎克雷伯菌在肝脓肿中占主导地位，大肠埃希菌和肠球菌属是腹腔感染引起的脓肿或其他器官穿刺液等标本中最常见的微生物，而金黄色葡萄球菌通常在皮肤和软组织感染引起的各种伤口脓液中占主导地位。造成这一结果的原因是，医院提交的细菌耐药监测数据中并未区分脓液的来源部位。在解析上述脓液标本分离菌时，应充分考虑脓液来源部位的影响。此外，标本的采集和运输、实验室的处理和报告流程等因素均可能对监测结果产生影响。以该医院血培养分离菌种分布为例，表皮葡萄球菌、人葡萄球菌和溶血葡萄球菌分别占据第二、四和六位。然而，这些在皮肤上常见的定植菌仅在少数情况下引发血液感染，大部分原因是皮肤污染导致的。这与网点医院未能严格执行双侧双套采血措施有关，也与实验室难以通过单瓶/单套送检中的SCN指标判断是否存在皮肤污染有关。

标准治疗指南（Standard Therapeutic Guideline，STG）与处方集（Formulary）是合理用药的基本技术规范。制定并颁布STG与处方集是WHO推荐的促进合理用药的措施之一。特别由于抗微生物药物临床应用广泛，各专业医生对感染性疾病治疗的认识存在差异。在感染性疾病STG的制定中须参考细菌耐药监测结果，并根据耐药性变化适时更新STGs并调整处方集中的药物。例如，我国的国家抗微生物治疗指南、社区获得性肺炎治疗指南、重症肺炎治疗指南等，都离不开细菌耐药监测结果的支持，这些结果提供了病原菌分布、耐药现状、抗微生物药物敏感率等详细数据，如淋病奈瑟菌感染的经验性治疗从青霉素变更为第三代头孢菌素，都是耐药监测结果的具体应用。值得注意的是，盲目照搬指南是不适宜的，需充分了解本机构或本病区细菌耐药状况、抗微生物药物品种等特点，以便为患者制定个体化的治疗方案。

二、细菌耐药监测结果在医院感染控制中的应用

临床微生物检验的及时预警和报告是获得医院感染暴发信息的重要途径之一，包括特定病原微生物和（或）特殊耐药菌的异常检出，以及细菌耐药监测数据分析的异常发现等。特定病原微生物和（或）特殊耐药菌的异常检出能够及时提示医院感染暴发，而细菌耐药监测数据分析的异常发现属于回顾性分析，对医院感染暴发的预警相对比较滞后，但对医院感染控制措施的制定及有效性评估具有重要价值。

通过细菌耐药监测，分析重点科室的标本分布、主要来源标本分离的细菌分布、主要分离细菌的耐药性及多重耐药菌检出率，掌握细菌耐药性变迁及特殊耐药菌流行状态，并对定期公布的数据进行动态分析，及时发现医院感染异常情况并及时干预，避免医院感染聚集或暴发事件的发生。下面介绍某医院ICU以细菌耐药监测数据为线索，发现疑似医院感染暴发，结合临床微生物环境卫生学监测找到原因，控制疑似暴发并持续改进，形成医院感染管理制度的案例。

案例：某院以细菌耐药性监测数据分析推动医院感染控制持续改进

2021年5月某院院感科分析院内肺炎克雷伯菌耐药监测结果时（表11-9），对比2020年（图11-2）及2021年1季度（表11-10）肺炎克雷伯菌药敏分析数据，发现2021年5月肺炎克雷伯菌对碳青霉烯类的耐药率较1季度及2020年监测数据有所升高；与本院2015~2020年碳青霉烯类耐药肺炎克雷伯菌（CRKPN）检出率的趋势图比较（图11-3），高于近6年的最高值。

表11-9　2021年5月肺炎克雷伯菌药敏分析

抗微生物药物	数量（株）	耐药（%）	中介（%）	敏感（%）
头孢哌酮/舒巴坦	110	31.82	8.18	60.00
氨苄西林/舒巴坦	110	43.64	10.91	45.45
哌拉西林/他唑巴坦	111	29.73	5.41	64.86
头孢呋辛	110	51.82	2.73	45.45
头孢他啶	110	40.91	0.00	59.09
头孢曲松	112	51.79	0.00	48.21
头孢吡肟	112	33.93	3.57	62.50
头孢西丁	112	34.82	2.68	62.50

续表

抗微生物药物	数量（株）	耐药（%）	中介（%）	敏感（%）
亚胺培南	111	29.73	1.80	68.47
美洛培南	110	29.09	0.91	70.00
阿米卡星	112	24.11	0.00	75.89
庆大霉素	112	33.04	0.89	66.07
妥布霉素	111	27.93	8.11	63.96
环丙沙星	111	36.04	0.90	63.06
左旋氧氟沙星	112	33.93	0.89	65.18
甲氧苄啶/磺胺甲噁唑	112	38.39	0.00	61.61

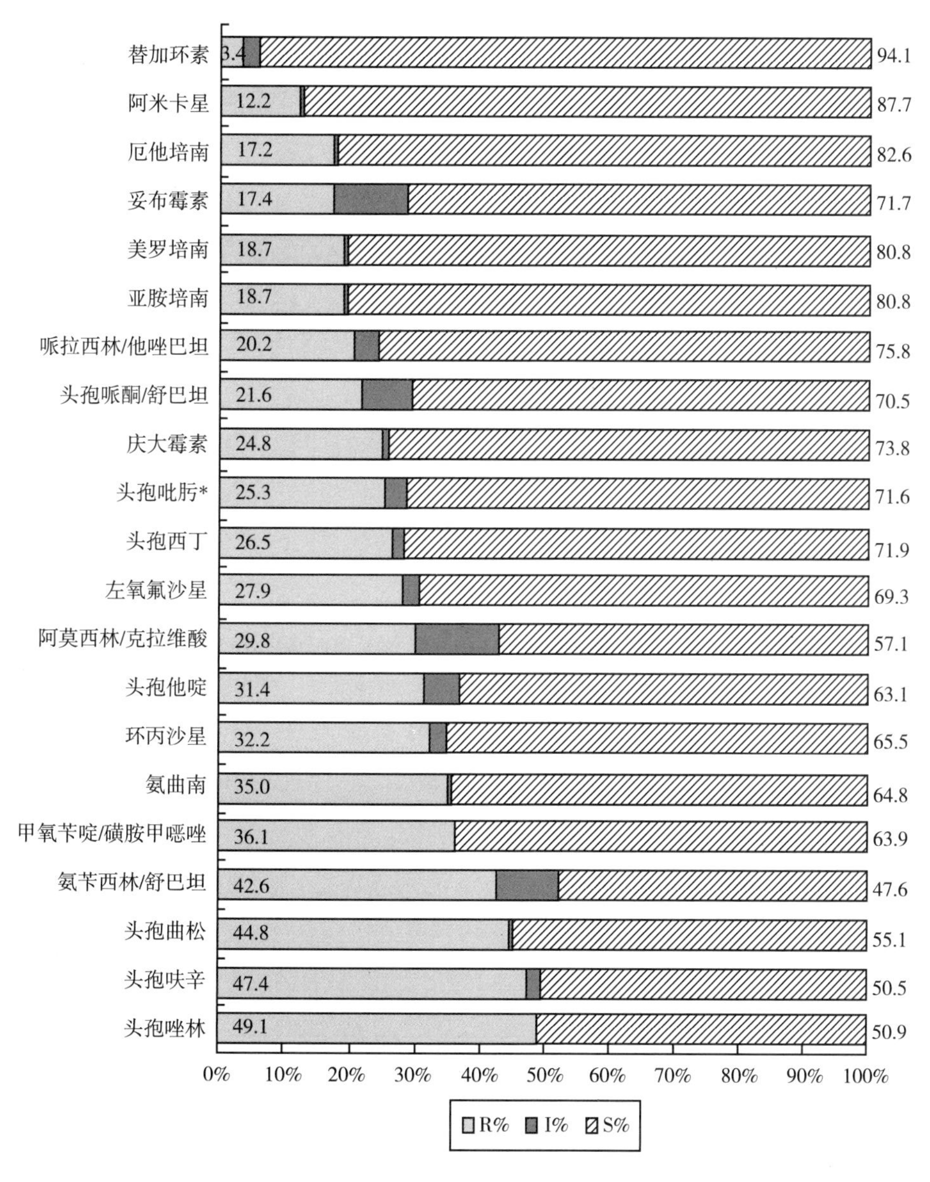

图11-2　2020年肺炎克雷伯菌（N=1015）药敏分析

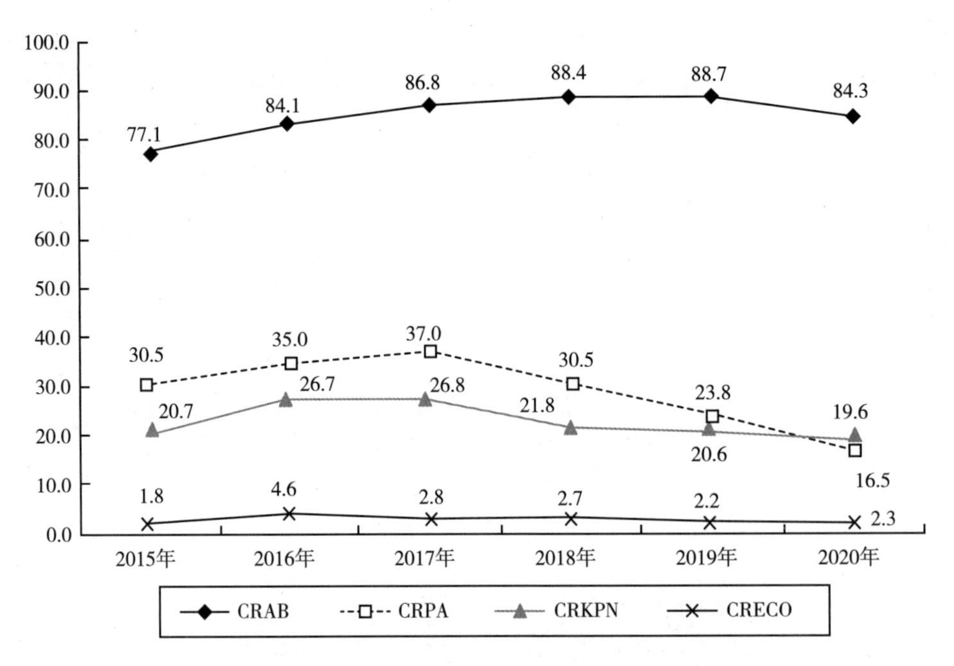

图11-3　2015~2020年多重耐药菌检出率变化

表11-10　2021年一季度肺炎克雷伯菌药敏分析

抗微生物药物	数量（株）	耐药（%）	中介（%）	敏感（%）
头孢哌酮/舒巴坦	308	25.65	8.44	65.91
氨苄西林/舒巴坦	308	42.53	8.12	49.35
哌拉西林/他唑巴坦	310	24.52	4.19	71.29
头孢呋辛	307	45.60	3.26	51.14
头孢他啶	307	33.22	2.93	63.84
头孢曲松	311	42.77	0.64	56.59
头孢吡肟	311	26.69	3.86	69.45
头孢西丁	308	31.82	2.60	65.58
亚胺培南	310	23.23	0.97	75.81
美洛培南	308	22.73	0.97	76.30
阿米卡星	311	18.97	0.00	81.03
庆大霉素	308	29.87	0.65	69.48
妥布霉素	310	23.55	8.39	68.06
环丙沙星	310	32.26	2.58	65.16
左旋氧氟沙星	311	28.94	1.93	69.13
甲氧苄啶/磺胺甲噁唑	311	34.41	0.00	65.59

进一步分析全院CRKPN检出科室分布，发现5月神经外科ICU有7名患者送检标本中检出25株CRKPN，占比最高，其他科室检出率正常，均为散发状态。院感科立即启动干预，流程如下：

1.院感科初步调查

院感科立刻对神经外科ICU聚集性检出CRKPN展开调查。初步总结如下：神经外科ICU同期

7名CRKPN患者中有4名在院感染CRKPN，患者有可疑相关性。其中首批患者18床谢××为神经外科普通病区××病区在4月13日检出CRKPN后转入神经外科ICU。该患者4月9日入院，昏迷状态、气管切开、双肺呼吸音粗、双下肺闻及少量湿啰音，入院诊断：颅骨缺省，脑积水，手术后状态，肺部感染。由于该患者入院时未做痰培养，且首次培养已经超过48h，故无法评估该患者CRKPN是医院获得还是社区获得；无外院检查报告，无法评估是否为外院获得。其他3名患者，均为首次、第二次入住神经外科ICU，均送检为其他病原菌感染，第三次（超过48h后）送检检出CRKPN，故判定为医院获得。

2.检出菌同源性推断

（1）时间相关性：检出时间集中，除首发病例谢××三次检出CRKPN时间分别为4月13日、4月15日和5月1日，其他患者检出时间集中为5月1日~5月7日。4名患者检出时间高度重叠。

（2）对检出的10株CRKPN进行药敏结果比对：基本一致，有可疑相关性。

谢××检出CRKPN药敏，只有替加环素敏感。

陈××检出CRKPN药敏，只有替加环素敏感和甲氧苄啶/磺胺甲噁唑敏感。

邓××检出CRKPN药敏，只有替加环素敏感和甲氧苄啶/磺胺甲噁唑敏感。

胡××检出CRKPN药敏，只有替加环素敏感和阿米卡星敏感。

（3）床位相关性：15~19床为连续床位分布，存在传播可能性。

3.现场干预

（1）现场调查：5月7日上午8点，专职感控人员到神经外科ICU跟组查房，重点观察医生查房手卫生状况。

①跟随医生组全程查房，过程中主要由上级医生查体、管床医生配合，管床医生到各病床更换塑料薄膜手套（代替手卫生），由于查体需要，上级医生的白大褂与患者及周围的环境高频接触。医生组在检查MDR（包括CRE）患者时未强化接触隔离，未穿隔离衣。

②手卫生：其他医生接触患者后基本能执行快速手消毒，但是消毒方法不能完全遵循6步手卫生方法，不能完全覆盖手部。查房结束后，立即对全组医生进行手卫生教育，强调手卫生的重要性。

③现场观察隔离措施执行情况，科室在CRKPN患者周围墙壁上悬挂可重复使用的隔离衣，护士在进行高风险操作（吸痰、翻身等）时已穿隔离衣。

（2）现场采样

①采样方法：使用无菌棉签蘸湿无菌0.9%氯化钠注射液后对采样部位进行大范围涂抹，现场接种到CRE选择性培养基上。

②为了评估神经外科ICU中CRE的污染状况，对重点床位14~20床进行采样，每个床单位均对床头桌（包括床头桌的血糖仪）和洗手水池进行采样。

③在查房结束时立刻进行随机手卫生采样，采样对象包括医生、护士和保洁人员。

④护士站电脑键盘、鼠标采样。

⑤医生办公室电脑键盘、鼠标采样。

⑥对移动B超机表面进行采样。

（3）采样结果：环境及手卫生采样标本合计22份，其中阳性标本6份，阳性率27.27%。

阳性结果如下：

①带组查房医生随机手采样：耐碳青霉烯类鲍曼不动杆菌（CRAB）。

②15床水池：耐碳青霉烯类铜绿假单胞菌（CRPA）、CRKPN。

③17床水池：CRPA、CRKPN。

④18床水池：CRAB、CRKPN。

⑤19床水池：CRAB、CRKPN。

⑥张××（保洁）随机手采样：CRPA。

结果评价：

①与患者高频接触的医生手部和白大褂容易被污染，可能成为传播途径、

②保洁人员手部有耐药菌污染，可能成为科室内耐药传播的途径。

③MDR感染的患者周围环境中，水池是重点污染部位，有大量耐药菌生长，可以在医务人员洗手时污染手部，再传播给患者。

4.改进建议

（1）加强医务人员手卫生监督管理。

（2）加强医务人员白大褂清洗管理。出现MDRO流行时，建议每日更换工作服或白大褂，并严格按照日常作息时间每周两次送洗。

（3）加强对MDRO患者隔离措施的管理，特别是CRE患者。建议配置一次性隔离衣，所有医务人员对患者进行高风险操作时须穿隔离衣。

（4）对科内所有水池进行去污染管理：每日白班（中午）使用500mg/L消毒毛巾一条对水池一体台面及柜门进行擦拭消毒，另取500mg/L消毒毛巾一条对水池内部进行擦拭消毒；每日晚班对水池（包括水池一体的台面）进行一次喷雾消毒，现配1000mg/L含氯消毒剂，使用喷壶喷洒，保证有效消毒时间>30min。

（5）加强对共用诊疗设备的清洁消毒管理。

（6）对MDRO患者的转入、转出应告知相关科室。

5.近期改进效果评价

改进建议下达后，院感科一方面对神经外科ICU干预措施的执行情况随机督导，对未达成管理目标的阶段召开科室医院感染管理委员会议，通报执行情况；另一方面，院感科指定专职人员每日对该科室检出病原体情况进行追踪，并对每一例检出CRKPN的患者进行个案调查，分析其与之前4例患者检出CRKPN患者的相关性。在随后的2周持续观察中，仍有3例患者检出CRKPN，其中1例判定为输入性感染，另外2例患者感染的CRKPN耐药谱与之前4例患者完全不一致，初步判断神经外科ICU疑似由CRKPN导致的医院感染暴发得到了有效控制。

6.远期干预效果评价

院感科持续每个月统计神经外科ICU送检标本检出CRKPN的情况，在6~8月中，CRKPN的检出率均已回落到第一季度的水平，证明已达到干预目标。

三、细菌耐药监测结果在抗微生物药物管理中的应用

从耐药监测中了解常用抗微生物药物的耐药性变迁，当某一细菌对抗微生物药物的耐药率超

过一定范围时，选择该类药物作为经验性治疗的有效性会明显降低，可在某些医院、某些科室停用一段时间，待其敏感性回升后再恢复使用，这就是临床常使用的抗微生物药物轮换策略。为此，一般采用抗微生物药物预警的方法提醒临床医生，避免选择此类药物作为经验疗法。同样，作为抗菌药物合理应用的管理措施，根据细菌耐药情况制定耐药预警报告，提高临床合理用药率，可以有效减少患者感染治疗失败的风险。

2008年，根据《卫生部全国细菌耐药监测2006-2007年度报告》的监测结果，卫生部发布了《卫生部办公厅关于进一步加强抗菌药物临床应用管理的通知》（卫办医发〔2008〕48号），旨在逐步建立抗菌药物临床应用预警机制，并采取相应的干预措施，具体内容包括：

①对细菌耐药率超过30%的抗菌药物，应将预警信息及时通报有关医疗机构和医务人员；

②对细菌耐药率超过40%的抗菌药物，应该慎重经验用药；

③对细菌耐药率超过50%的抗菌药物，应该参照药敏试验结果用药；

④对细菌耐药率超过75%的抗菌药物，应该暂停该类药物的临床应用，根据细菌耐药监测结果再决定是否恢复临床应用。

根据2016年全国细菌耐药监测报告（图11-4），亚胺培南耐药肺炎克雷伯菌自2013年的4.9%持续上升至2016年的8.2%。2017年，国家卫生计生委办公厅针对抗微生物药物临床应用管理中的薄弱环节，提出了七条要求。其中包括在制定抗微生物药物供应目录时，严格执行品种、品规规定，将碳青霉烯类抗菌药物注射剂型严格控制在三个品规以内。对接受特殊使用级抗菌药物治疗的住院患者，抗菌药物使用前微生物送检率应不低于80%。针对碳青霉烯类抗菌药物及替加环素等特殊使用级抗菌药物，首先实行专人专档管理。各临床科室在使用碳青霉烯类抗菌药物及替加环素时，需按照要求及时填报相关资料。医疗机构应指定专人定期收集、汇总本单位碳青霉烯类抗菌药物及替加环素使用情况信息表，并进行分析，针对性地采取措施，以有效控制碳青霉烯类抗微生物药物和替加环素的耐药现象。

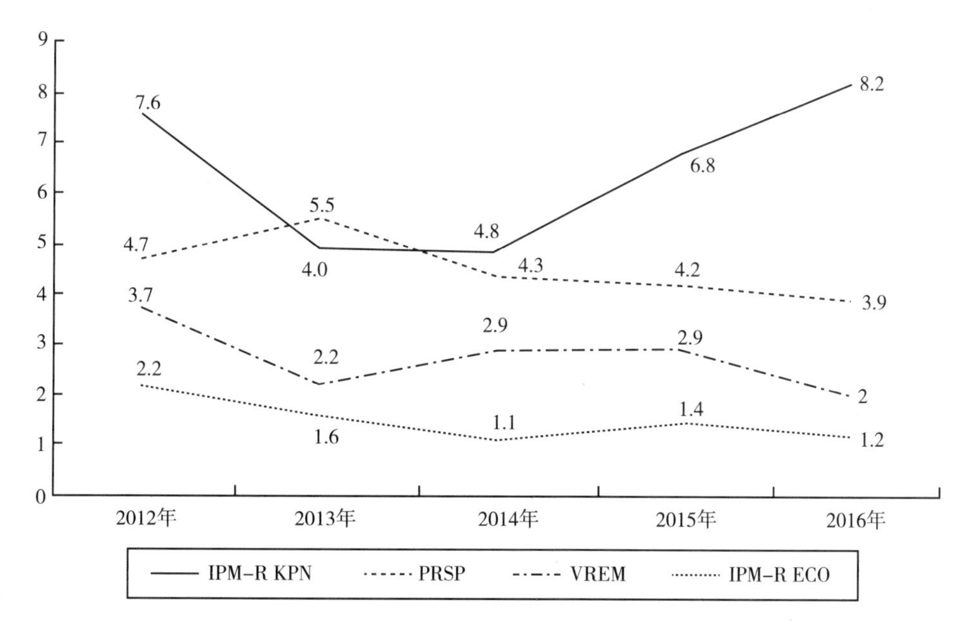

图11-4 2012~2016年特殊与重要耐药细菌检出率分析

附件

附件1：细菌字典（对应ORGANISM和ORG_TYPE字段）

数字代码	英文代码 ORGANISM	名称	细菌类型 ORG_TYPE
4	lbo	博兹曼荧光杆菌	-
5	bsa	A群β溶血链球菌（*Streptococcus*，beta-haem. Group A）	+
6	grd	D群沙门菌（D1，D2，D3）	-
7	gre	E群沙门菌（E1-E2-E3）	-
8	grg	G群沙门菌（O：13)(G1-G2）	-
9	leg	军团菌属（*Legionella* sp.）	-
31	gg1	G1群沙门菌（O：13，22）	-
32	gg2	G2群沙门菌（O：13，23）	-
33	bhm	霍氏鲍特菌（*Bordetella holmesii*）	-
37	haf	哈夫尼亚菌属（*Hafnia* sp.）	-
38	grc	C群沙门菌（C1-C4，C2-C3）	-
39	grb	B群沙门菌（O：4）	-
41	sun	未命名沙门菌（*Salmonella* unnamed）	-
42	spc	变形斑沙雷菌（*Serratia proteamaculans*）	-
44	scn	凝固酶阴性葡萄球菌（*Staphylococcus*，coagulase negative）	+
45	ral	罗尔斯顿菌属（*Ralstonia* sp.）	-
47	buk	伯克霍尔德菌属（*Burkholderia* sp.）	-
48	gc1	C1群沙门菌（O：7）	-
50	lma	麦凯克伦军团菌（*Legionella maceachernii*）	-
52	lmc	麦克达德军团菌（*Legionella micdadei*）	-
53	tal	军团菌属（*Legionella* sp.）	-
55	apl	胸膜肺炎放线杆菌（*Haemophilus pleuropneumoniae*）	-
56	acb	放线杆菌属（*Actinobacillus* sp.）	-
59	clr	海鸟弯曲菌（*Campylobacter laridis*）	-
60	cap	二氧化碳嗜纤维菌属（*Capnocytophaga* sp.）	-
62	chb	金黄杆菌属（*Chryseobacterium* sp.）	-
64	sid	产吲哚萨顿菌（*Suttonella indologenes*）	-
65	sut	萨顿菌属（*Suttonella* sp.）	-
66	eet	肠产毒型大肠埃希菌[*Escherichia coli*，enterotoxigenic(ETEC)]	-
67	eei	肠侵袭型大肠埃希菌[*Escherichia coli*，enteroinvasive(EIEC)]	-
68	ppm	类鼻疽伯克霍尔德菌（*Burkholderia pseudomallei*）	-
70	ste	窄食单胞菌属（*Stenotrophomonas* sp.）	-

续表

数字代码	英文代码 ORGANISM	中文名称	细菌类型 ORG_TYPE
73	ef4	类巴斯德菌［*Pasteurella*-like（CDC EF-4）］	-
74	e4a	动物口腔奈瑟球菌（*Neisseria animaloris*）	-
75	e4b	动物咬伤奈瑟球菌（*Neisseria zoodegmatis*）	-
76	oen	酒球菌属（*Oenococcus* sp.）	+
79	dei	异常球菌属（*Deinococcus* sp.）	+
80	cam	弯曲菌属（*Campylobacter* sp.）	-
82	chm	色杆菌属（*Chromobacterium* sp.）	-
84	cor	棒杆菌属（*Corynebacterium* sp.）	+
87	ha-	嗜血杆菌属（*Haemophilus* sp.）	-
90	meb	甲基杆菌属（*Methylobacterium* sp.）	-
91	mic	微球菌属（*Micrococcus* sp.）	+
93	och	苍白杆菌属（*Ochrobactrum* sp.）	-
96	oan	人苍白杆菌（*Ochrobactrum anthropi*）	-
98	ps-	假单胞菌属（*Pseudomonas* sp.）	-
100	se-	沙雷菌属（*Serratia* sp.）	-
101	shi	志贺菌属（*Shigella* sp.）	-
102	snd	志贺菌，非痢疾志贺菌（*Shigella*，non-dysenteriae）	-
103	sta	葡萄球菌属（*Staphylococcus* sp.）	+
104	sdo	道恩链球菌（*Streptococcus downei*）	+
105	str	链球菌属（*Streptococcus* sp.）	+
106	br-	布鲁菌属（*Brucella* sp.）	-
107	157	大肠埃希菌O157：H7（*Escherichia coli* O157：H7）	-
108	d01	痢疾志贺菌血清1型（*Shigella dysenteriae* serotype 1）	-
109	sd1	痢疾志贺菌1型（*Shigella dysenteriae* Type 1）	-
110	d02	痢疾志贺菌血清2型（*Shigella dysenteriae* serotype 2）	-
111	d03	痢疾志贺菌血清3型（*Shigella dysenteriae* serotype 3）	-
112	d04	痢疾志贺菌血清4型（*Shigella dysenteriae* serotype 4）	-
113	d05	痢疾志贺菌血清5型（*Shigella dysenteriae* serotype 5）	-
114	d06	痢疾志贺菌血清6型（*Shigella dysenteriae* serotype 6）	-
115	d07	痢疾志贺菌血清7型（*Shigella dysenteriae* serotype 7）	-
116	d08	痢疾志贺菌血清8型（*Shigella dysenteriae* serotype 8）	-
117	d09	痢疾志贺菌血清9型（*Shigella dysenteriae* serotype 9）	-
118	d10	痢疾志贺菌血清10型（*Shigella dysenteriae* serotype 10）	-
119	d15	痢疾志贺菌血清15型（*Shigella dysenteriae* serotype 15）	-
120	f01	福氏志贺菌血清1型（*Shigella flexneri* serotype 1）	-
121	f1a	福氏志贺菌1a血清型（*Shigella flexneri* serotype 1a）	-
122	f1b	福氏志贺菌1b血清型（*Shigella flexneri* serotype 1b）	-
123	f02	福氏志贺菌血清2型（*Shigella flexneri* serotype 2）	-

续表

数字代码	英文代码 ORGANISM	中文名称	细菌类型 ORG_TYPE
124	f2a	福氏志贺菌2a血清型（*Shigella flexneri* serotype 2a）	−
125	f2b	福氏志贺菌2b血清型（*Shigella flexneri* serotype 2b）	−
126	f03	福氏志贺菌血清3型（*Shigella flexneri* serotype 3）	−
127	f3a	福氏志贺菌3a血清型（*Shigella flexneri* serotype 3a）	−
128	f3b	福氏志贺菌3b血清型（*Shigella flexneri* serotype 3b）	−
129	f04	福氏志贺菌血清4型（*Shigella flexneri* serotype 4）	−
130	f4a	福氏志贺菌4a血清型（*Shigella flexneri* serotype 4a）	−
131	f4b	福氏志贺菌4b血清型（*Shigella flexneri* serotype 4b）	−
132	f05	福氏志贺菌血清5型（*Shigella flexneri* serotype 5）	−
133	f06	福氏志贺菌血清6型（*Shigella flexneri* serotype 6）	−
134	b01	鲍氏志贺菌血清1型（*Shigella boydii* serotype 1）	−
135	b02	鲍氏志贺菌血清2型（*Shigella boydii* serotype 2）	−
136	b03	鲍氏志贺菌血清3型（*Shigella boydii* serotype 3）	−
137	b04	鲍氏志贺菌血清4型（*Shigella boydii* serotype 4）	−
138	b05	鲍氏志贺菌血清5型（*Shigella boydii* serotype 5）	−
139	b06	鲍氏志贺菌血清6型（*Shigella boydii* serotype 6）	−
140	b07	鲍氏志贺菌血清7型（*Shigella boydii* serotype 7）	−
141	b08	鲍氏志贺菌血清8型（*Shigella boydii* serotype 8）	−
142	b09	鲍氏志贺菌血清9型（*Shigella boydii* serotype 9）	−
143	b10	鲍氏志贺菌血清10型（*Shigella boydii* serotype 10）	−
144	b11	鲍氏志贺菌血清11型（*Shigella boydii* serotype 11）	−
145	b12	鲍氏志贺菌血清12型（*Shigella boydii* serotype 12）	−
146	b13	鲍氏志贺菌血清13型（*Shigella boydii* serotype 13）	−
147	b14	鲍氏志贺菌血清14型（*Shigella boydii* serotype 14）	−
148	b15	鲍氏志贺菌血清15型（*Shigella boydii* serotype 15）	−
149	fla	黄杆菌属（*Flavobacterium* sp.）	−
150	nmo	脑膜炎奈瑟菌其他血清型（*Neisseria meningitidis*，other serogroups）	−
152	139	霍乱弧菌O139血清型（*Vibrio cholerae* O139）	−
154	bsb	B群β溶血链球菌（*Streptococcus*，beta-haem. Group B）	+
155	noc	诺卡菌属（*Nocardia* sp.）	+
156	hku	孔兹创伤球菌（*Helcococcus kunzii*）	+
157	hec	创伤球菌属（*Helcococcus* sp.）	+
158	4c2	少见贪铜菌（*Cupriavidus pauculus*）	−
159	sc+	凝固酶阳性葡萄球菌（*Staphylococcus*，coagulase positive）	+
160	pab	类芽孢杆菌属（*Paenibacillus* sp.）	+
163	mib	微杆菌属（*Microbacterium* sp.）	+
165	sdy	停乳链球菌（*Streptococcus dysgalactiae*）	+
167	mah	曼海姆菌属	−

续表

数字代码	英文代码 ORGANISM	中文名称	细菌类型 ORG_TYPE
169	pha	溶血曼海姆菌（*Mannheimia haemolytica*）	–
170	jav	爪哇沙门菌	–
171	kol	口金菌（*Kingella oralis*）	–
174	alc	产碱杆菌属（*Alcaligenes* sp.）	–
176	aec	气球菌属（*Aerococcus* sp.）	+
177	aer	气单胞菌属（*Aeromonas* sp.）	–
178	agr	根瘤菌属（*Agrobacterium* sp.）	–
179	aly	小链菌属（*Alysiella* sp.）	–
183	arb	隐秘杆菌属（*Arcanobacterium* sp.）	+
186	bd–	鲍特菌属（*Bordetella* sp.）	–
187	e26	类鲍特菌（*Bordetella*–like species）	–
190	tsk	冢村菌属（*Tsukamurella* sp.）	+
194	car	心杆菌属（*Cardiobacterium* sp.）	–
195	chr	金色单胞菌属（*Chryseomonas* sp.）	–
196	hel	螺杆菌属（*Helicobacter* sp.）	–
197	sph	鞘氨醇单胞菌属（*Sphingomonas* sp.）	–
198	myr	类香味菌属（*Myroides* sp.）	–
199	plc	动球菌属（*Planococcus* sp.）	+
201	com	丛毛单胞菌属（*Comamonas* sp.）	–
202	det	嗜皮菌属（*Dermatophilus* sp.）	+
205	eik	艾肯菌属（*Eikenella* sp.）	–
207	emp	稳杆菌属（*Empedobacter* sp.）	–
209	bud	布戴约维采菌属（*Budvicia* sp.）	–
210	bua	布丘菌属（*Buttiauxella* sp.）	–
211	ced	西地西菌属（*Cedecea* sp.）	–
212	ci–	柠檬酸杆菌属（*Citrobacter* sp.）	–
213	edw	爱德华菌属（*Edwardsiella* sp.）	–
214	erw	欧文菌属（*Erwinia* sp.）	–
215	esc	埃希菌属（*Escherichia* sp.）	–
216	o26	大肠埃希菌O26血清型（*Escherichia coli* O26）	–
217	111	大肠埃希菌O111血清型（*Escherichia coli* O111）	–
218	ewi	爱文菌属（*Ewingella* sp.）	–
219	gor	戈登菌属（*Gordona* sp.）	+
220	sah	糖多孢菌属（*Saccharopolyspora* sp.）	+
221	kl–	克雷伯菌属（*Klebsiella* sp.）	–
222	klu	克吕沃菌属（*Kluyvera* sp.）	–
223	moe	米勒菌属（*Moellerella* sp.）	–
224	lem	勒米诺菌属（*Leminorella* sp.）	–

续表

数字代码	英文代码 ORGANISM	中文名称	细菌类型 ORG_TYPE
225	pr-	变形杆菌属（*Proteus* sp.）	-
226	prv	普罗威登斯菌属（*Providencia* sp.）	-
227	bcx	洋葱伯克霍尔德菌复合群（*Burkholderia cepacia* complex）	-
228	gc2	C2群沙门菌（O：6，8）	-
229	ros	玫瑰单胞菌属（*Roseomonas* sp.）	-
230	ber	伯杰菌属（*Bergeyella* sp.）	-
231	flu	荧光杆菌属（*Fluoribacter* sp.）	-
232	tat	塔特姆菌属（*Tatumella* sp.）	-
233	yer	耶尔森菌属（*Yersinia* sp.）	-
235	yok	预研菌属（*Yokenella* sp.）	-
236	ery	丹毒丝菌属（*Erysipelothrix* sp.）	+
237	lit	利斯顿菌属（*Listonella* sp.）	-
238	phb	发光杆菌属（*Photobacterium* sp.）	-
239	flv	黄单胞菌属（*Flavimonas* sp.）	-
240	fra	弗郎西斯菌属（*Francisella* sp.）	-
241	gar	加德纳菌属（*Gardnerella* sp.）	+
243	kin	金菌属（*Kingella* sp.）	-
244	koc	考克菌属（*Kocuria* sp.）	+
245	lat	乳球菌属（*Lactococcus* sp.）	+
247	leu	明串珠菌属（*Leuconostoc* sp.）	+
248	lis	李斯特菌属（*Listeria* sp.）	+
254	mo-	莫拉菌属（*Moraxella* sp.）	-
256	ne-	奈瑟菌属（*Neisseria* sp.）	-
257	nod	拟诺卡菌属（*Nocardiopsis* sp.）	+
258	oli	寡源杆菌属（*Oligella* sp.）	-
259	pas	巴斯德菌属（*Pasteurella* sp.）	-
260	ple	邻单胞菌属（*Plesiomonas* sp.）	-
262	psy	嗜冷杆菌属（*Psychrobacter* sp.）	-
263	rhd	红球菌属（*Rhodococcus* sp.）	+
268	sim	西蒙斯菌属（*Simonsiella* sp.）	-
270	spb	鞘氨醇杆菌属（*Sphingobacterium* sp.）	-
271	stp	链霉菌属（*Streptomyces* sp.）	+
274	tay	泰勒菌属（*Taylorella* sp.）	-
277	vi-	弧菌属（*Vibrio* sp.）	-
278	wee	威克斯菌属（*Weeksella* sp.）	-
280	xan	黄单胞菌属（*Xanthomonas* sp.）	-
281	ren	肾杆菌属（*Renibacterium* sp.）	+
282	aub	金杆菌属（*Aureobacterium* sp.）	+

续表

数字代码	英文代码 ORGANISM	中文名称	细菌类型 ORG_TYPE
289	exi	微小杆菌属（*Exiguobacterium* sp.）	+
291	cel	厄氏菌属（*Oerskovia* sp.）	+
292	arc	弓形菌属（*Arcobacter* sp.）	–
294	cox	考克斯体属（*Coxiella* sp.）	–
295	bar	巴尔通体属（*Bartonella* sp.）	–
296	ehr	埃里希体属（*Ehrlichia* sp.）	–
297	chl	衣原体属（*Chlamydia* sp.）	–
298	ori	东方体属（*Orientia* sp.）	–
300	aun	脲气球菌（*Aerococcus urinae*）	+
301	lps	假肠膜明串珠菌（*Leuconostoc pseudomesenteroides*）	+
302	pai	乳酸片球菌（*Pediococcus acidilactici*）	+
303	pdn	有害片球菌（*Pediococcus damnosus*）	+
304	pdx	糊精片球菌（*Pediococcus dextrinicus*）	+
305	ppv	小片球菌（*Pediococcus parvulus*）	+
306	ppo	戊糖片球菌（*Pediococcus pentosaceus*）	+
307	map	链球菌，微需氧（*Streptococcus*，microaerophilic）	+
308	cao	拥挤棒杆菌（*Corynebacterium accolens*）	+
309	cf1	CDC *Coryneform* Group F–1	+
310	cg2	麦金利棒状杆菌（*Corynebacterium macginleyi*）	+
311	ci1	CDC *Coryneform* Group I–1	+
313	ce3	西地西菌 3（*Cedecea* sp. 3）	–
314	ce5	西地西菌 5（*Cedecea* sp. 5）	–
316	mmo	摩根摩根菌摩根亚种（*Morganella morganii* ss. *morganii*）	–
317	msb	摩根摩根菌塞氏亚种（*Morganella morganii* ss. *sibonii*）	–
318	trb	特拉布尔斯菌属（*Trabulsiella* sp.）	–
320	tgu	关岛特拉布尔斯菌［*Trabulsiella guamensis*（CDC Enteric Group 90）］	–
321	atr	肠棕气单胞菌（*Aeromonas trota*）	–
322	ply	淋巴管巴斯德菌（*Pasteurella lymphangitidis*）	–
323	nfr	非发酵革兰阴性杆菌（*Non–fermenting gram negative rods*）	–
326	spa	少动鞘氨醇单胞菌（*Sphingomonas paucimobilis*）	–
327	bba	杆状巴尔通体（*Bartonella bacilliformis*）	–
378	apy	化脓特储珀菌（*Trueperella pyogenes*）	+
387	ead	大肠埃希菌（产碱殊异株）［*Escherichia coli*（alkalescens–dispar）］	–
388	vx1	非 O1，非 O139 群霍乱弧菌（*Vibrio cholerae* non O1，non O139）	–
389	vhi	霍乱弧菌 O1 群彦岛型（*Vibrio cholerae* O1 Hikojima）	–
390	vin	霍乱弧菌 O1 群稻叶型（*Vibrio cholerae* O1 Inaba）	–
391	gc4	C4 群沙门菌（O：7，14）	–
392	ge2	E2 群沙门菌（O：3，15）	–

续表

数字代码	英文代码 ORGANISM	中文名称	细菌类型 ORG_TYPE
393	ge3	E3群沙门菌（O：3，15，14）	-
397	dpi	懒惰狡诈颗粒菌（*Dolosigranulum pigrum*）	+
398	dol	狡诈颗粒菌（*Dolosigranulum* sp.）	+
401	cmc	麦金利棒杆菌（*Corynebacterium macginleyi*）	+
406	sga	鸡白痢沙门菌（*Salmonella* Pullorum）	-
407	svc	鼠伤寒沙门菌哥本哈根变种（*Salmonella* Typhimurium var. Copenhagen）	-
410	mor	摩根菌属（*Morganella* sp.）	-
417	g64	沙门菌64型	-
418	sal	沙门菌属（*Salmonella* sp.）	-
419	sro	沙门菌属（粗糙型）[*Salmonella* sp.（*rough*）]	-
420	sno	沙门菌，未分型（*Salmonella*，nontypable）	-
421	snt	非伤寒沙门菌（*Salmonella*，non-Typhi）	-
422	xtp	非伤寒/非副伤寒沙门菌（*Salmonella*，non-Typhi/non-Paratyphi）	-
437	bcs	芽孢杆菌属（*Bacillus* sp.）	+
440	chd	*Chlamydophila* sp.	-
443	abi	乏养菌属（*Abiotrophia* sp.）	+
458	pdm	美人鱼发光杆菌美人鱼亚种（*Vibrio damsela*）	-
459	alo	差异球菌属（*Alloiococcus* sp.）	+
460	aoi	耳炎差异球菌（*Alloiococcus otitidis*）	+
461	so1	气味沙雷菌1（*Serratia odorifera* 1）	-
464	ari	肠沙门氏菌亚利桑那亚种（*Salmonella enterica* ss. *arizonae*）	-
466	g61	沙门菌61型	-
467	g63	沙门菌63型	-
469	sht	沙门菌4亚型	-
471	sbg	沙门菌5亚型	-
473	sdi	沙门菌3b亚型	-
475	ssl	沙门菌2亚型	-
477	sec	沙门菌1亚型	-
478	gro	O群沙门菌	-
479	sii	肠沙门菌印度亚种［*Salmonella enterica* ss. *indica*（Subgroup Ⅵ）］	-
483	b16	鲍氏志贺菌血清16型（*Shigella boydii* serotype 16）	-
484	b17	鲍氏志贺菌血清17型（*Shigella boydii* serotype 17）	-
485	b18	鲍氏志贺菌血清18型（*Shigella boydii* serotype 18）	-
486	d11	痢疾志贺菌血清11型（*Shigella dysenteriae* serotype 11）	-
487	d12	痢疾志贺菌血清12型（*Shigella dysenteriae* serotype 12）	-
488	d14	痢疾志贺菌血清14型（*Shigella dysenteriae* serotype 14）	-
489	d13	痢疾志贺菌血清13型（*Shigella dysenteriae* serotype 13）	-
490	f4c	福氏志贺菌4c血清型（*Shigella flexneri* serotype 4c）	-

续表

数字代码	英文代码 ORGANISM	中文名称	细菌类型 ORG_TYPE
491	f5a	福氏志贺菌5a血清型（*Shigella flexneri* serotype 5a）	–
492	eep	肠致病型大肠埃希菌［*Escherichia coli*，enteropathogenic（EPEC）］	–
493	149	大肠埃希菌O149（*Escherichia coli* O149）	–
494	of4	大肠埃希菌O149：F4（*Escherichia coli* O149：F4）	–
495	eeh	肠出血型大肠埃希菌［*Escherichia coli*，enterohemorrhagic（EHEC）］	–
496	103	大肠埃希菌O103（*Escherichia coli* O103）	–
497	145	大肠埃希菌O145（*Escherichia coli* O145）	–
504	ant	固氮弓形菌（*Arcobacter nitrofigilis*）	–
506	ade	反硝化无色杆菌（*Alcaligenes xylosoxidans* ss. denitrificans）	–
509	axy	木糖氧化无色杆菌（*Alcaligenes xylosoxidans*）	–
513	ach	无色杆菌属（*Achromobacter* sp.）	–
515	c58	达尔豪斯艾弗里菌（*Averyella dalhousiensis*）	–
516	eo3	CDC EO-3	–
519	cac	食酸代尔夫特菌（*Pseudomonas acidovorans*）	–
520	aus	耳棒杆菌（*Corynebacterium auris*）	+
521	cgy	解葡萄糖苷棒杆菌（*Corynebacterium glucuronolyticum*）	+
524	dho	人皮杆菌（*Dermabacter hominis*）	+
525	der	皮杆菌属（*Dermabacter* sp.）	+
526	bdo	狡诈伯克霍尔德菌［*Burkholderia dolosa*（genomovar Ⅵ）］	–
527	bub	乌汶伯克霍尔德菌［*Burkholderia ubonensis*（genomovar Ⅹ）］	–
528	bvt	*Burkholderia vietnamiensis*（genomovar Ⅴ）	–
530	gsa	血液球链菌（*Globicatella sanguis*）	+
531	glo	球链菌属（*Globicatella* sp.）	+
532	mcc	巨型球菌属（*Macrococcus* sp.）	+
533	mba	树状微杆菌（*Microbacterium arborescens*）	+
534	nfv	黄色奈瑟菌（*Neisseria flava*）	–
535	npe	深黄奈瑟菌（*Neisseria perflava*）	–
536	nsb	浅黄奈瑟菌（*Neisseria subflava*）	–
537	vog	霍乱弧菌O1群小川型（*Vibrio cholerae* O1 Ogawa）	–
538	eo2	CDC EO-2	–
539	reu	杀虫罗尔斯顿菌（*Ralstonia euphora*）	–
543	atu	放射杆菌根瘤菌（*Rhizobium radiobacter*）	–
544	rzo	根瘤菌属（*Rhizobium* sp.）	–
545	ro5	玫瑰单胞菌基因种5（*Roseomonas genomospecies* 5）	–
546	rot	罗氏菌属（*Rothia* sp.）	+
547	tur	苏黎世菌属（*Turicella* sp.）	+
548	tot	耳炎苏黎世菌（*Turicella otitidis*）	+
568	kte	土生拉乌尔菌（*Raoultella terrigena*）	–

续表

数字代码	英文代码 ORGANISM	中文名称	细菌类型 ORG_TYPE
571	kpl	植生拉乌尔菌（*Raoultella planticola*）	–
572	bam	双面伯克霍尔德菌（*Burkholderia ambifaria*）	–
574	scl	解酪蛋白巨型球菌（*Macrococcus caseolyticus*）	+
576	btb	稳定伯克霍尔德菌（*Burkholderia stabilis*）	–
577	gai	爱知戈登菌（*Gordona aichiensis*）	+
582	kor	解鸟氨酸拉乌尔菌（*Raoultella ornitholytica*）	–
583	egv	浅黄肠球菌（*Enterococcus gilvus*）	+
584	bnc	新洋葱伯克霍尔德菌（*Burkholderia cenocepacia*）	–
585	epa	苍白肠球菌（*Enterococcus pallens*）	+
589	cgr	肉芽肿克雷伯菌（*Klebsiella granulomatis*）	–
591	rao	拉乌尔菌属（*Raoultella* sp.）	–
595	crg	银色棒杆菌（*Corynebacterium argentoratense*）	+
597	cpc	粪球菌属（*Coprococcus* sp.）	+
598	bah	*Burkholderia anthina*（genomovar Ⅷ）	–
599	sbt	*Salmonella subterranea*	–
604	gne	革兰阴性肠道菌（Gram negative enteric organism）	–
605	svi	草绿色链球菌，α 溶血（*Streptococcus viridans*，alpha-hem.）	+
606	ped	片球菌属（*Pediococcus* sp.）	+
607	stb	链杆菌属（*Streptobacillus* sp.）	–
616	sbo	牛链球菌（*Streptococcus bovis*）	+
617	sb1	牛链球菌Ⅰ型（*Streptococcus bovis* Ⅰ）	+
618	sb2	牛链球菌Ⅱ型（*Streptococcus bovis* Ⅱ）	+
619	sbv	牛变种链球菌（*Streptococcus bovis*-variant）	+
622	sgy	解没食子酸链球菌（*Streptococcus gallolyticus* ss. *gallolyticus*）	+
623	pec	溶果胶杆菌属（*Pectobacterium* sp.）	–
630	evi	绒毛肠球菌（*Enterococcus villorum*）	+
631	ean	驴肠球菌（*Enterococcus asini*）	+
633	asb	温和气单胞菌（*Aeromonas veronii* biovar sobria）	–
639	fme	脑膜败血伊丽莎白金菌（*Flavobacterium meningosepticum*）	–
640	avv	维龙气单胞菌维龙生物型（*Aeromonas veronii* biovar veronii）	–
641	alm	交替单胞菌属（*Alteromonas* sp.）	–
643	gte	土戈登菌（*Gordona terrae*）	+
644	elz	伊丽莎白金菌属（*Elizabethkingia* sp.）	–
646	mvi	*Moritella viscosa*	–
647	moi	黏性弧菌（*Vibrio viscosis*）	–
651	lan	鳗利斯顿菌（*Listonella anguillarum*）	–
653	smg	黏滑罗氏菌（*Rothia mucilaginosa*）	+
655	c4c	*Ralstonia paucula*	–

续表

数字代码	英文代码 ORGANISM	中文名称	细菌类型 ORG_TYPE
656	bro	索丝菌属（*Brochothrix* sp.）	+
659	hit	嗜组织菌属（*Histophilus* sp.）	−
661	clv	棍状杆菌属（*Clavibacter* sp.）	+
662	cay	显核菌属（*Caryophanon* sp.）	+
671	hso	*Histophilus somni*	−
674	cmg	密歇根棍状杆菌密歇根亚种（*Corynebacterium michiganense*）	+
678	def	代尔夫特菌属（*Delftia* sp.）	−
681	sgu	副血链球菌（*Streptococcus parasanguinis*）	+
682	spu	*Streptococcus pasteurianus*	+
696	c60	CDC Enteric Group 60	−
697	c63	CDC Enteric Group 63	−
698	c64	CDC Enteric Group 64	−
699	c68	CDC Enteric Group 68	−
700	c69	CDC Enteric Group 69	−
704	smu	变异链球菌（*Streptococcus mutans*）	+
705	ajo	约氏不动杆菌（*Acinetobacter johnsonii*）	−
707	lok	橡树岭军团菌（*Legionella oakridgensis*）	−
710	sfi	无花果沙雷菌（*Serratia ficaria*）	−
717	pst	斯氏普罗威登斯菌（*Providencia stuartii*）	−
718	psu	尿素阳性斯氏普罗威登斯菌（*Providencia stuartii* urea +）	−
721	tpt	痰塔特姆菌（*Tatumella ptyseos*）	−
723	pga	多杀巴斯德菌鸡杀亚种（*Pasteurella multocida* ss. *gallicida*）	−
726	aur	脲放线杆菌（*Pasteurella ureae*）	−
728	cop	哥本哈根沙门菌（*Salmonella* Copenhagen）	−
731	slo	伦敦沙门菌（*Salmonella* London）	−
732	cle	拉氏西地西菌（*Cedecea lapagei*）	−
736	ent	肠球菌属（*Enterococcus* sp.）	+
737	pau	圣保罗沙门菌（*Salmonella* Saintpaul）	−
738	bln	迟缓芽胞杆菌（*Bacillus lentus*）	+
739	lir	以色列军团菌（*Legionella israelensis*）	−
748	pts	龟巴斯德菌（*Pasteurella testudinis*）	−
749	bre	短杆菌属（*Brevibacterium* sp.）	+
757	boc	黄褐二氧化碳嗜纤维菌（*Capnocytophaga ochracea*）	−
758	eho	保科爱德华菌（*Edwardsiella hoshinae*）	−
759	shd	宋内志贺菌（*Shigella sonnei*）	−
760	s01	Ⅰ型宋内志贺菌（*Shigella sonnei* Form Ⅰ）	−
761	s02	Ⅱ型宋内志贺菌（*Shigella sonnei* Form Ⅱ）	−
762	thm	汤普逊沙门菌（*Salmonella* Thompson）	−

续表

数字代码	英文代码 ORGANISM	中文名称	细菌类型 ORG_TYPE
771	bpe	百日咳鲍特菌（*Bordetella pertussis*）	-
773	egg	日沟维多源杆菌（*Pluralibacter gergoviae*）	-
775	hes	切斯特沙门菌（*Salmonella* Chester）	-
776	sat	伤寒沙门菌（*Salmonella* Typhi）	-
782	cdt	白喉棒杆菌（*Corynebacterium diphtheriae*）	+
783	cdp	棒杆菌属（类白喉）[*Corynebacterium* sp.（*diphtheroids*）]	+
786	svr	韦尔肖沙门菌（*Salmonella* Virchow）	-
790	cfr	弗劳地柠檬酸杆菌（*Citrobacter freundii*）	-
791	g56	沙门菌56型［*Salmonella* Group 56（O：56）］	-
792	vfu	弗尼斯弧菌（*Vibrio furnissii*）	-
793	bvc	乳酪短杆菌（*Brevibacterium casei*）	+
796	spg	巴拉圭链霉菌（*Streptomyces paraguayensis*）	+
803	vho	霍利斯格利蒙菌（*Vibrio hollisae*）	-
806	cho	人心杆菌（*Cardiobacterium hominis*）	-
808	lau	*Legionella interrogans* serovar autumnalis	-
809	lba	*Legionella interrogans* serovar ballum	-
810	lbt	*Legionella interrogans* serovar bataviae	-
811	lcc	*Legionella interrogans* serovar canicola	-
812	lgp	*Legionella interrogans* serovar grippotyphosa	-
813	lic	*Legionella interrogans* serovar icterohaemorr	-
814	aan	无硝不动杆菌（*Acinetobacter anitratus*）	-
815	ac-	不动杆菌属（*Acinetobacter* sp.）	-
816	pcn	犬巴斯德菌（*Pasteurella canis*）	-
817	acy	嗜低温弓形菌（*Arcobacter cryaerophilus*）	-
819	sui	猪链球菌（*Streptococcus suis*）	+
820	sba	巴雷利沙门菌（*Salmonella* Bareilly）	-
821	sgl	鸡葡萄球菌（*Staphylococcus gallinarum*）	+
822	lwa	沃斯沃军团菌（*Legionella wadsworthii*）	-
825	ske	肯塔基沙门菌（*Salmonella* Kentucky）	-
826	pot	*Salmonella* Potsdam	-
827	gm+	革兰阳性菌（Gram positive bacteria）	+
829	chy	豚肠弯曲菌（*Campylobacter hyointestinalis*）	-
831	ave	维龙气单胞菌（*Aeromonas veronii*）	-
851	swd	波茨坦沙门菌（*Salmonella* Wandsworth）	-
853	smb	姆班达卡沙门菌（*Salmonella* Mbandaka）	-
856	scu	肉葡萄球菌（*Staphylococcus carnosus*）	+
857	spn	肺炎链球菌（*Streptococcus pneumoniae*）	+
859	raq	水生拉恩菌（*Rahnella aquatilis*）	-

续表

数字代码	英文代码 ORGANISM	中文名称	细菌类型 ORG_TYPE
860	sfr	野鼠链球菌（*Streptococcus ferus*）	+
863	ema	病臭肠球菌（*Enterococcus malodoratus*）	+
864	yin	中间耶尔森菌（*Yersinia intermedia*）	-
865	hmu	红嘴鸥螺杆菌（*Helicobacter mustelae*）	-
866	sod	气味沙雷菌（*Serratia odorifera*）	-
868	bbr	支气管炎鲍特菌（*Bordetella bronchiseptica*）	-
870	srt	鼠链球菌（*Streptococcus rattus*）	+
871	ssm	索马里链霉菌（*Streptomyces somaliensis*）	+
872	cvi	紫色色杆菌（*Chromobacterium violaceum*）	-
877	oul	解脲寡源杆菌（*Oligella ureolytica*）	-
882	vip	副溶血弧菌（*Vibrio parahaemolyticus*）	-
883	vmi	拟态弧菌（*Vibrio mimicus*）	-
888	cpd	假白喉棒杆菌（*Corynebacterium pseudodiphtheriticum*）	+
901	sub	乳房链球菌（*Streptococcus uberis*）	+
903	bfi	坚实芽孢杆菌（*Bacillus firmus*）	+
907	aju	琼氏不动杆菌（*Acinetobacter junii*）	-
908	lst	斯太格尔沃特军团菌（*Legionella steigerwaltii*）	-
911	psp	多杀巴斯德菌败血亚种（*Pasteurella multocida* subsp. *Septica*）	-
914	ecl	阴沟肠杆菌（*Enterobacter cloacae*）	-
921	cpt	鹦鹉热嗜衣原体（*Chlamydophila psittaci*）	-
927	nda	达松威尔拟诺卡菌（*Nocardiopsis dassonvillei*）	+
932	g58	沙门菌58型［*Salmonella* Group 58（O：58）］	-
933	smf	念珠状链杆菌（*Streptobacillus moniliformis*）	-
936	bpm	短小芽孢杆菌（*Bacillus pumilus*）	+
939	gol	黄金海岸沙门菌（*Salmonella* Goldcoast）	-
940	sbn	勃兰登堡沙门菌（*Salmonella* Brandenburg）	-
941	g53	沙门菌53型［*Salmonella* Group 53（O：53）］	-
945	ppg	穿孔素假单胞菌（*Pseudomonas pertucinogena*）	-
947	lru	红光军团菌（*Legionella rubrilucens*）	-
953	krn	肺炎克雷伯菌鼻硬结亚种（*Klebsiella pneumoniae* ss. *rhinoscleromatis*）	-
957	nme	脑膜炎奈瑟菌（*Neisseria meningitidis*）	-
958	lom	罗米他沙门菌（*Salmonella* Lomita）	-
960	rri	立氏立克次体（*Rickettsia rickettsii*）	-
962	sse	山夫登堡沙门菌（*Salmonella* Senftenberg）	-
964	laa	不同军团菌（*Legionella anisa*）	-
966	kpn	肺炎克雷伯菌（*Klebsiella pneumoniae*）	-
978	c2c	黄杆菌Ⅱc生物群（*Flavobacterium* group Ⅱ c）	-
979	c2e	黄杆菌Ⅱe生物群（*Flavobacterium* group Ⅱ e）	-

续表

数字代码	英文代码 ORGANISM	中文名称	细菌类型 ORG_TYPE
980	c2h	黄杆菌Ⅱh生物群（*Flavobacterium* group Ⅱh）	–
981	c2i	黄杆菌Ⅱi生物群（*Flavobacterium* group Ⅱi）	–
982	ear	美洲爱文菌（*Ewingella americana*）	–
986	prg	雷特格普罗威登斯菌（*Providencia rustigianii*）	–
990	mbv	牛莫拉菌（*Moraxella bovis*）	–
993	hne	幽门螺杆菌（*Helicobacter nemestrinae*）	–
995	shy	猪葡萄球菌（*Staphylococcus hyicus*）	+
996	sol	口腔链球菌（*Streptococcus oralis*）	+
999	smh	曼哈顿沙门菌（*Salmonella* Manhattan）	–
1015	ban	炭疽芽孢杆菌（*Bacillus anthracis*）	+
1020	sgm	非溶血链球菌［*Streptococcus*，non–haemolytic（gamma）］	+
1022	cbt	伯氏考克斯体（立克次体）（*Coxiella burnetii*）	–
1024	lbi	伯明翰军团菌（*Legionella birminghamensis*）	–
1026	sfa	法尔肯泽沙门菌（*Salmonella* Falkensee）	–
1054	slq	液化沙雷菌（*Serratia liquefaciens*）	–
1056	fmd	土拉热弗郎西斯菌中亚细亚亚种（*Francisella tularensis* ss. *mediasiatica*）	–
1059	bab	马耳他布鲁菌［*Brucella abortus*（melitensis）］	–
1061	bca	卡他莫拉菌［*Moraxella*（Branh.）catarrhalis］	–
1063	swo	沃信顿沙门菌（*Salmonella* Worthington）	–
1066	vel	霍乱弧菌埃尔托生物型（*Vibrio cholerae* El Tor）	–
1074	afa	香味类香味菌（*Alcaligenes odorans*）	–
1077	bsr	嗜热脂肪酸土杆菌（*Bacillus stearothermophilus*）	+
1082	sto	口腔球菌属（*Stomatococcus* sp.）	+
1083	bpa	副百日咳鲍特菌（*Bordetella parapertussis*）	–
1091	cxe	干燥棒杆菌（*Corynebacterium xerosis*）	+
1094	aeq	马驹放线杆菌马驹亚种（*Actinobacillus equuli*）	–
1095	grf	F群沙门菌［*Salmonella* Group F（O：11）］	–
1097	ehs	腺热埃里希体（*Ehrlichia sennetsu*）	–
1100	lga	加维乳球菌（*Lactococcus garvieae*）	+
1103	hag	埃及嗜血杆菌（*Haemophilus aegyptius*）	–
1104	ler	红色军团菌（*Legionella erythra*）	–
1105	seq	马葡萄球菌（*Staphylococcus equorum*）	+
1107	vme	梅奇尼克夫弧菌（*Vibrio metschnikovii*）	–
1109	rpw	普氏立克次体（*Rickettsia prowazekii*）	–
1114	spl	普城沙雷菌（*Serratia plymuthica*）	–
1117	hci	同性恋螺杆菌［*Helicobacter cinaedi*（CLO–1）］	–
1120	enp	超压莱略特菌（*Lelliottia nimipressuralis*）	–
1126	nas	星状诺卡菌（*Nocardia asteroides*）	+

续表

数字代码	英文代码 ORGANISM	中文名称	细菌类型 ORG_TYPE
1127	asa	杀鲑气单胞菌（*Aeromonas salmonicida*）	–
1129	rak	螨立克次体（*Rickettsia akari*）	–
1131	cda	戴维斯西地西菌（*Cedecea davisae*）	–
1133	eca	铅黄肠球菌（*Enterococcus casseliflavus*）	+
1134	ppl	类产碱假单胞菌（*Pseudomonas pseudoalcaligenes*）	–
1149	sac	丙型副伤寒沙门菌（*Salmonella* Paratyphi C）	–
1150	kcr	栖冷克吕沃菌（*Kluyvera cryocrescens*）	–
1152	soi	奥里翁沙门菌（*Salmonella* Orion）	–
1154	rco	斑疹热立克次体（*Rickettsia conorii*）	–
1155	sxy	木糖葡萄球菌（*Staphylococcus xylosus*）	+
1159	eas	阿氏肠杆菌（*Enterobacter asburiae*）	–
1162	sma	黏质沙雷菌（*Serratia marcescens*）	–
1165	squ	马链球菌马亚种（*Streptococcus equi* ss. *equi*）	+
1166	bmy	蕈状芽孢杆菌（*Bacillus mycoides*）	+
1169	clt	浅黄假单胞菌（*Pseudomonas luteola*）	–
1172	sgc	无乳链球菌（*Streptococcus agalactiae*）	+
1173	sly	非解乳链球菌（*Streptococcus alactolyticus*）	+
1180	sit	中间葡萄球菌（*Staphylococcus intermedius*）	+
1182	scc	大鼠链球菌（*Streptococcus cricetus*）	+
1183	vca	哈维弧菌（*Vibrio carchariae*）	–
1188	lcr	肠膜明串珠菌乳脂亚种（*Leuconostoc mesenteroides* ss. *cremoris*）	+
1191	ein	中间肠杆菌（*Enterobacter intermedius*）	–
1193	sbr	布灵得卢柏沙门菌（*Salmonella* Braenderup）	–
1201	rde	龋齿罗氏菌（*Rothia dentocariosa*）	+
1204	ngl	长奈瑟菌解糖亚种（*Neisseria elongata* ss. *glycolytica*）	–
1206	lmo	产单核细胞李斯特菌（*Listeria monocytogenes*）	+
1209	mpo	多态莫拉菌［*Moraxella mima polymorpha*（var. *oxidans*）］	–
1210	mpp	苯丙酮酸莫拉菌（*Moraxella phenylpyruvica*）	–
1211	mut	尿道莫拉菌（*Moraxella urethralis*）	–
1215	vci	辛辛那提弧菌（*Vibrio cincinnatiensis*）	–
1218	drb	德比沙门菌（*Salmonella* Derby）	–
1220	mwi	威斯康星米勒菌（*Moellerella wisconsensis*）	–
1222	sla	鸭沙门菌（*Salmonella* Anatum）	–
1226	nno	新形诺卡菌（*Nocardia nova*）	+
1227	bse	E群β-溶血链球菌（*Streptococcus*，beta–haem. Group E）	+
1228	emn	蒙氏肠球菌（*Enterococcus mundtii*）	+
1229	bcn	马耳他布鲁菌（*Brucella melitensis* biovar canis）	–
1232	lpa	巴黎军团菌（*Legionella parisiensis*）	–

续表

数字代码	英文代码 ORGANISM	中文名称	细菌类型 ORG_TYPE
1236	lla	乳酸乳球菌（*Streptococcus lactis*）	+
1237	psh	类志贺邻单胞菌（*Plesiomonas shigelloides*）	-
1238	ams	阿姆斯特丹沙门菌（*Salmonella* Amsterdam）	-
1240	ece	大仙人掌欧文菌（*Erwinia carnegieana*）	-
1241	ect	胡萝卜软腐病解果胶杆菌胡萝卜软腐亚种（*Erwinia carotovora*）	-
1248	pfl	荧光假单胞菌（*Pseudomonas fluorescens*）	-
1250	sko	科特布斯沙门菌（*Salmonella* Kottbus）	-
1252	ljr	约旦军团菌（*Legionella jordanis*）	-
1253	slx	列克星敦沙门菌（*Salmonella* Lexington）	-
1254	ssa	唾液链球菌（*Streptococcus salivarius*）	+
1255	spm	巴拿马沙门菌（*Salmonella* Panama）	-
1258	sur	头葡萄球菌解脲亚种（*Staphylococcus capitis* ss. *ureolyticus*）	+
1262	apk	类化脓储珀菌（*Trueperella* pyogenes-like bacteria）	+
1267	cco	大肠弯曲菌（*Campylobacter coli*）	-
1270	heq	马生殖器泰勒菌（*Taylorella equigenitalis*）	-
1271	kox	产酸克雷伯菌（*Klebsiella oxytoca*）	-
1282	acm	马杜拉放线菌属（*Actinomadura* sp.）	+
1293	ssn	血链球菌（*Streptococcus sanguis*）	+
1294	ss1	血链球菌Ⅰ型（*Streptococcus sanguis* Ⅰ）	+
1295	ss3	血链球菌Ⅲ型（*Streptococcus sanguis* Ⅲ）	+
1297	ss2	血链球菌Ⅱ型（*Streptococcus sanguis* Ⅱ）	+
1298	lse	*Listeria seeligeri*	+
1300	vfl	河流弧菌（*Vibrio fluvialis*）	-
1302	bav	鸟鲍特菌（*Bordetella avium*）	-
1306	lec	勒克菌属（*Leclercia* sp.）	-
1307	sha	痢疾志贺菌（*Shigella dysenteriae*）	-
1308	sn1	痢疾志贺菌非1型（*Shigella dysenteriae*，not Type 1）	-
1311	cts	睾丸酮丛毛单胞菌（*Pseudomonas testosteroni*）	-
1312	aso	温和气单胞菌（*Aeromonas sobria*）	-
1313	sso	表兄链球菌（*Streptococcus sobrinus*）	+
1315	szo	兽疫链球菌（*Streptococcus zooepidemicus*）	+
1317	san	咽峡炎链球菌（*Streptococcus anginosus*）	+
1318	so2	气味沙雷菌2（*Serratia odorifera* 2）	-
1321	hin	流感嗜血杆菌（*Haemophilus influenzae*）	-
1322	hxt	未分型流感嗜血杆菌［*Haemophilus influenzae*（not typable）］	-
1323	hxb	非b型流感嗜血杆菌［*Haemophilus influenzae*（not type b）］	-
1326	ahe	溶血棒杆菌（*Corynebacterium haemolyticum*）	+
1328	bbe	短小芽孢杆菌（*Bacillus brevis*）	+

续表

数字代码	英文代码 ORGANISM	中文名称	细菌类型 ORG_TYPE
1329	blt	侧孢短小芽孢杆菌（*Bacillus laterosporus*）	+
1330	bpn	泛酸枝芽孢杆菌（*Bacillus pantothenticus*）	+
1332	sho	人葡萄球菌人亚种（*Staphylococcus hominis* ss. *hominis*）	+
1333	snb	人葡萄球菌耐新生霉素败血亚种（*Staphylococcus hominis* ss. *novobiosepticus*）	+
1334	cbv	牛棒杆菌（*Corynebacterium bovis*）	+
1335	nco	空腔诺卡菌（*Nocardia coeliaca*）	+
1336	ppe	彭氏变形杆菌（*Proteus penneri*）	–
1337	lri	理查德勒米诺菌（*Leminorella richardii*）	–
1340	ssw	施瓦曾格隆德沙门菌（*Salmonella* Schwarzengrund）	–
1341	sai	耳葡萄球菌（*Staphylococcus auricularis*）	+
1346	val	溶藻弧菌（*Vibrio alginolyticus*）	–
1348	pvu	普通变形杆菌（*Proteus vulgaris*）	–
1351	pgl	鸡鸟杆菌（*Pasteurella gallinarum*）	–
1356	pag	产碱假单胞菌（*Pseudomonas alcaligenes*）	–
1361	mnl	不液化莫拉菌（*Moraxella nonliquefaciens*）	–
1362	edu	耐久肠球菌（*Enterococcus durans*）	+
1363	sor	奥兰宁堡沙门菌（*Salmonella* Oranienburg）	–
1365	psm	口巴斯德菌（*Pasteurella stomatis*）	–
1367	phe	亨巴赫普罗威登斯菌（*Providencia heimbachae*）	–
1370	mat	亚特兰大莫拉菌（*Moraxella atlantae*）	–
1379	sna	*Salmonella* Narashino	–
1388	mlu	藤黄微球菌（*Micrococcus luteus*）	+
1391	bsu	马耳他布鲁菌（*Brucella melitensis* biovar suis）	–
1393	lio	无害李斯特菌（*Listeria innocua*）	+
1396	rah	拉恩菌属（*Rahnella* sp.）	–
1397	erh	猪红斑丹毒丝菌（*Erysipelothrix rhusiopathiae*）	+
1399	nsi	干燥奈瑟菌（*Neisseria sicca*）	–
1401	shr	哈达尔沙门菌（*Salmonella* Hadar）	–
1402	eal	解淀粉欧文氏菌（*Erwinia amylovora*）	–
1403	sam	鼠伤寒沙门菌（*Salmonella* Typhimurium）	–
1404	104	鼠伤寒沙门氏菌 DT 104（*Salmonella* Typhimurium DT 104）	–
1405	crc	膀胱炎棒杆菌（*Corynebacterium cystitidis*）	+
1409	pre	雷极普罗威登斯菌（*Providencia rettgeri*）	–
1413	sad	少酸链球菌（*Streptococcus acidominimus*）	+
1420	fpl	土拉热弗郎西斯菌 B 型（*Francisella tularensis* Type B）	–
1421	hpi	副流感嗜血杆菌（*Haemophilus parainfluenzae*）	–
1424	sml	多食鞘氨醇杆菌（*Sphingobacterium multivorum*）	–
1431	sri	罗森沙门菌（*Salmonella* Rissen）	–

续表

数字代码	英文代码 ORGANISM	中文名称	细菌类型 ORG_TYPE
1432	ssi	模仿葡萄球菌（*Staphylococcus simulans*）	+
1435	lch	彻氏军团菌（*Legionella cherrii*）	–
1436	pae	铜绿假单胞菌（*Pseudomonas aeruginosa*）	–
1438	ecr	啮蚀艾肯菌（*Eikenella corrodens*）	–
1439	sts	猪伤寒沙门菌（*Salmonella* Typhisuis）	–
1444	evu	伤口埃希菌（*Escherichia vulneris*）	–
1445	smi	米猪伤寒沙门菌链球菌（*Streptococcus milleri*）	+
1448	skl	克氏葡萄球菌（*Staphylococcus kloosii*）	+
1449	ega	鹑鸡肠球菌（*Enterococcus gallinarum*）	+
1455	bs-	β-溶血链球菌（*Streptococcus*，beta–haemolytic）	+
1456	sxa	非A群β溶血链球菌［*Streptococcus*，beta–haemolytic（not Group A）］	+
1459	sbl	布洛克兰沙门菌（*Salmonella* Blockley）	–
1460	emk	伊米克沙门菌（*Salmonella* Emek）	–
1464	nel	长奈瑟菌长亚种（*Neisseria elongata* ss. *elongata*）	–
1465	ska	卡普士得沙门菌（*Salmonella* Kaapstad）	–
1466	yep	鼠疫耶尔森菌（*Yersinia pestis*）	–
1467	rrh	紫红红酵母（*Rhodococcus rhodochrous*）	+
1468	mip	小多胞菌属（*Micropolyspora* sp.）	+
1469	nla	乳糖奈瑟菌（*Neisseria lactamica*）	–
1471	hhe	溶血嗜血杆菌（*Haemophilus haemolyticus*）	–
1472	nca	犬奈瑟菌（*Neisseria canis*）	–
1474	liv	伊氏李斯特菌（*Listeria ivanovii*）	+
1475	cpb	假结核棒杆菌（*Corynebacterium pseudotuberculosis*）	+
1478	bon	波恩沙门菌（*Salmonella* Bonn）	–
1479	shc	鲍氏志贺菌（*Shigella boydii*）	–
1480	dxe	D群链球菌（非肠球菌）［*Streptococcus*，Group D（non–enterococcal）］	+
1482	cml	无丙二酸柠檬酸杆菌（*Citrobacter amalonaticus*）	–
1486	sru	深红沙雷菌（*Serratia rubidaea*）	–
1488	vvu	创伤弧菌（*Vibrio vulnificus*）	–
1490	sne	新港沙门菌（*Salmonella* Newport）	–
1493	scg	产色葡萄球菌（*Staphylococcus chromogenes*）	+
1494	edi	阴沟肠杆菌液化亚种（*Enterobacter dissolvens*）	–
1495	pg1	假单胞菌Ⅰ型（*Pseudomonas* sp. group 1）	–
1496	spo	浦那沙门菌（*Salmonella* Poona）	–
1497	bep	表皮短杆菌（*Brevibacterium epidermidis*）	+
1503	lad	非脱羧勒克菌（*Leclercia adecarboxylata*）	–
1504	g57	沙门菌57型［*Salmonella* Group 57（O：57）］	–
1506	smt	缓症链球菌（*Streptococcus mitis*）	+

续表

数字代码	英文代码 ORGANISM	中文名称	细菌类型 ORG_TYPE
1509	psz	斯氏假单胞菌（*Pseudomonas stutzeri*）	−
1510	cvb	类斯氏假单胞菌（*Pseudomonas stutzeri*-like）	−
1511	dco	刚果嗜皮菌（*Dermatophilus congolensis*）	+
1514	hfn	芬内尔螺杆菌［*Helicobacter fennelliae*（CLO-2）］	−
1516	api	皮埃肖无色杆菌（*Alcaligenes piechaudii*）	−
1520	c4d	类假单胞菌 2 型（*Pseudomonas*-like group 2）	−
1521	hpc	副兔嗜血杆菌（*Haemophilus paracuniculus*）	−
1525	kas	抗坏血酸克吕沃菌（*Kluyvera ascorbata*）	−
1527	en-	肠杆菌属（*Enterobacter* sp.）	−
1532	cmy	类真菌棒杆菌（*Corynebacterium mycetoides*）	+
1533	lcn	辛辛那提军团菌（*Legionella cincinnatiensis*）	−
1536	lha	哈开理军团菌（*Legionella hackeliae*）	−
1537	nbr	巴西诺卡菌（*Nocardia brasiliensis*）	+
1540	ehf	恰菲埃里希体（*Ehrlichia chaffeensis*）	−
1543	pme	门多萨假单胞菌（*Pseudomonas mendocina*）	−
1544	sti	豕链球菌（*Streptococcus porcinus*）	+
1546	not	豚鼠耳炎诺卡菌（*Nocardia otitidiscaviarum*）	+
1547	smc	猕猴链球菌（*Streptococcus macacae*）	+
1555	fho	土拉热弗朗西斯菌全北区亚种（*Francisella tularensis* ss. *holarctica*）	−
1558	cfv	胎儿弯曲菌性病亚种（*Campylobacter fetus* ss. *venerealis*）	−
1560	sep	表皮葡萄球菌（*Staphylococcus epidermidis*）	+
1565	ncr	肉色诺卡菌（*Nocardia carnea*）	+
1572	ssv	食神鞘氨醇杆菌（*Sphingobacterium spiritivorum*）	−
1575	crn	肾棒杆菌（*Corynebacterium renale*）	+
1577	ric	立克次体属（*Rickettsia* sp.）	−
1579	sdu	都柏林沙门菌（*Salmonella* Dublin）	−
1580	sin	中间链球菌（*Streptococcus intermedius*）	+
1583	eae	产气克雷伯菌（*Klebsiella aerogenes*）	−
1594	vo1	O1 群霍乱弧菌（*Vibrio cholerae* O1）	−
1599	sre	里丁沙门菌（*Salmonella* Reading）	−
1601	cjk	杰氏棒杆菌（*Corynebacterium jeikeium*）	+
1602	swa	沃氏葡萄球菌（*Staphylococcus warneri*）	+
1605	cst	纹带棒杆菌（*Corynebacterium striatum*）	+
1606	nde	反硝化伯杰菌（*Neisseria denitrificans*）	−
1607	cht	沙眼衣原体（*Chlamydia trachomatis*）	−
1608	pch	绿针假单胞菌（*Pseudomonas chlororaphis*）	−
1610	gva	阴道加德纳菌（*Haemophilus vaginalis*）	+
1611	yru	吕克尔耶尔森菌（*Yersinia ruckeri*）	−

续表

数字代码	英文代码 ORGANISM	中文名称	细菌类型 ORG_TYPE
1613	cfe	胎儿弯曲菌胎儿亚种（*Campylobacter fetus* ss. *fetus*）	–
1615	btu	苏云金芽孢杆菌（*Bacillus thuringiensis*）	+
1616	hdu	杜克嗜血杆菌（*Haemophilus ducreyi*）	–
1617	lsp	斯皮里特湖军团菌（*Legionella spiritensis*）	–
1618	koz	肺炎克雷伯菌臭鼻亚种（*Klebsiella ozaenae*）	–
1620	amd	中间气单胞菌（*Aeromonas media*）	–
1621	yen	小肠结肠炎耶尔森菌（*Yersinia enterocolitica*）	–
1622	hpr	副猪嗜血杆菌（*Haemophilus parasuis*）	–
1624	pav	鸟禽杆菌（*Avibacterium avium*）	–
1629	caq	水生棒杆菌（*Corynebacterium aquaticum*）	+
1639	cgi	牙龈二氧化碳嗜纤维菌（*Capnocytophaga gingivalis*）	–
1640	cj1	空肠弯曲菌生物1型（*Campylobacter jejuni* biotype 1）	–
1641	cj2	空肠弯曲菌生物2型（*Campylobacter jejuni* biotype 2）	–
1642	slv	利文斯通沙门菌（*Salmonella* Livingstone）	–
1643	npo	多糖奈瑟菌（*Neisseria polysaccharea*）	–
1652	lms	肠膜明串珠菌肠膜亚种（*Leuconostoc mesenteroides* ss. *mesenteroides*）	+
1654	soh	俄亥俄沙门菌（*Salmonella* Ohio）	–
1658	lgy	格氏李斯特菌（*Listeria grayi*）	+
1660	eic	鲶鱼爱德华菌（*Edwardsiella ictaluri*）	–
1663	ppu	恶臭假单胞菌（*Pseudomonas putida*）	–
1664	hfe	猫螺杆菌（*Helicobacter felis*）	–
1666	g52	*Salmonella* Group 52（O：52）	–
1667	smr	明斯特沙门菌（*Salmonella* Muenster）	–
1672	nci	灰质奈瑟菌（*Neisseria cinerea*）	–
1676	kur	库特菌属（*Kurthia* sp.）	+
1681	swy	韦布里齐沙门菌（*Salmonella* Weybridge）	–
1682	llc	乳明串珠菌（*Leuconostoc lactis*）	+
1683	bsh	球形赖氨酸杆菌（*Bacillus sphaericus*）	+
1684	cer	塞罗沙门菌（*Salmonella* Cerro）	–
1688	pim	静止嗜冷杆菌（*Psychrobacter immobilis*）	–
1694	ssr	松鼠葡萄球菌（*Staphylococcus sciuri*）	+
1695	sle	缓慢葡萄球菌（*Staphylococcus lentus*）	+
1697	hpg	类鹑鸡禽杆菌（*Avibacterium paragallinarum*）	–
1699	pam	多杀巴斯德菌多杀亚种（*Pasteurella multocida* ss. *multocida*）	–
1700	lgs	加氏乳杆菌（*Lactobacillus gasseri*）	+
1703	sou	*Salmonella* Ouakam	–
1705	sgi	*Salmonella* Give	–
1706	bci	环状芽孢杆菌（*Bacillus circulans*）	+

续表

数字代码	英文代码 ORGANISM	中文名称	细菌类型 ORG_TYPE
1708	shg	海德堡沙门菌（*Salmonella* Heidelberg）	-
1711	hha	嗜血红素嗜血杆菌（*Haemophilus haemoglobinophilus*）	-
1712	mos	奥斯陆莫拉菌（*Moraxella osloensis*）	-
1714	efe	弗格森埃希菌（*Escherichia fergusonii*）	-
1715	sae	阿尔莱特葡萄球菌（*Staphylococcus arlettae*）	+
1719	sqn	马肠链球菌（*Streptococcus equinus*）	+
1720	lsc	圣克鲁斯军团菌（*Legionella santicrucis*）	-
1721	bmt	马耳他布鲁菌（*Brucella melitensis*）	-
1725	pmi	奇异变形杆菌（*Proteus mirabilis*）	-
1726	sen	肠炎沙门菌（*Salmonella* Enteritidis）	-
1728	enh	海氏肠球菌（*Enterococcus hirae*）	+
1729	mex	扭脱甲基杆菌（*Methylobacterium extorquens*）	-
1736	lgr	格利蒙勒米诺菌（*Leminorella grimontii*）	-
1738	eta	迟钝爱德华菌（*Edwardsiella tarda*）	-
1741	bli	地衣芽孢杆菌（*Bacillus licheniformis*）	+
1745	bsg	G群β-溶血链球菌（*Streptococcus*，beta-haem. Group G）	+
1748	baq	水生布戴约维采菌（*Budvicia aquatica*）	-
1750	nfl	浅黄奈瑟菌（*Neisseria flavescens*）	-
1752	vic	霍乱弧菌（*Vibrio cholerae*）	-
1753	cdl	异型柠檬酸杆菌（*Citrobacter diversus*）	-
1754	c10	柠檬酸杆菌基因种10（*Citrobacter* genomospecies 10）	-
1755	c11	柠檬酸杆菌基因种11（*Citrobacter* genomospecies 11）	-
1756	ci9	柠檬酸杆菌基因种9（*Citrobacter* genomospecies 9）	-
1761	sct	星座链球菌（*Streptococcus constellatus*）	+
1766	sem	嗜虫沙雷菌（*Serratia entomophila*）	-
1767	hal	蜂房哈夫尼亚菌（*Hafnia alvei*）	-
1769	scp	山羊葡萄球菌（*Staphylococcus caprae*）	+
1771	aha	溶血不动杆菌（*Acinetobacter haemolyticus*）	-
1773	smn	慕尼黑沙门菌（*Salmonella* Muenchen）	-
1774	esa	坂崎克洛诺杆菌（*Cronobacter sakazakii*）	-
1775	nsu	微黄奈瑟菌（*Neisseria subflava*）	-
1776	fnv	新凶手弗朗西斯菌（*Francisella novicida*）	-
1778	ali	利尼埃放线杆菌（*Actinobacillus lignieresii*）	-
1779	efa	粪肠球菌（*Enterococcus faecalis*）	+
1783	sav	阿雷查瓦莱塔沙门菌（*Salmonella* Arechavaleta）	-
1790	kde	脱硝金菌（*Kingella denitrificans*）	-
1792	avi	浅绿气球菌（*Aerococcus viridans*）	+
1795	bmg	巨大芽孢杆菌（*Bacillus megaterium*）	+

续表

数字代码	英文代码 ORGANISM	中文名称	细菌类型 ORG_TYPE
1796	saa	甲型副伤寒沙门菌（*Salmonella* Paratyphi A）	−
1797	tns	*Salmonella* Tennessee	−
1800	pvo	家禽禽杆菌（*Avibacterium volantium*）	−
1807	spy	化脓链球菌（*Streptococcus pyogenes*）	+
1808	sch	猪霍乱沙门菌（*Salmonella* Choleraesuis）	−
1809	smo	蒙得维的亚沙门菌（*Salmonella* Montevideo）	−
1811	ntr	南非诺卡菌（*Nocardia transvalensis*）	+
1812	sag	阿哥纳沙门菌（*Salmonella* Agona）	−
1814	lwl	威氏李斯特菌（*Listeria welshimeri*）	+
1815	req	马红球菌（*Rhodococcus equi*）	+
1817	hpy	幽门螺杆菌（*Helicobacter pylori*）	−
1820	pda	咬伤巴斯德菌（*Pasteurella dagmatis*）	−
1821	gm−	革兰阴性菌（Gram negative bacteria）	−
1822	bcg	凝固芽孢杆菌（*Bacillus coagulans*）	+
1824	cpi	多毛棒杆菌（*Corynebacterium pilosum*）	+
1826	scr	乳酸乳球菌（*Streptococcus cremoris*）	+
1828	sli	利兹菲尔德沙门菌（*Salmonella* Litchfield）	−
1830	nmu	黏液奈瑟菌（*Neisseria mucosa*）	−
1832	ctg	土生丛毛单胞菌（*Comamonas terrigena*）	−
1834	sbm	病牛沙门菌（*Salmonella* Bovismorbificans）	−
1835	inf	婴儿沙门菌（*Salmonella* Infantis）	−
1836	brd	布雷登尼沙门菌（*Salmonella* Bredeney）	−
1839	aca	醋酸钙不动杆菌（*Acinetobacter calcoaceticus*）	−
1840	abx	鲍曼不动杆菌复合群（*Acinetobacter calcoaceticus-baumannii* complex）	−
1842	gnc	革兰阴性球菌（Gram negative cocci）	−
1843	gpc	革兰阳性球菌（Gram positive cocci）	+
1846	alw	鲁氏不动杆菌（*Acinetobacter lwoffii*）	−
1847	skd	凯道古沙门菌（*Salmonella* Kedougou）	−
1851	wvi	黏液威克斯菌（*Weeksella virosa*）	−
1853	shl	溶血葡萄球菌（*Staphylococcus haemolyticus*）	+
1854	bsf	F群β-溶血链球菌（*Streptococcus*，beta-haem. Group F）	+
1855	bsl	枯草芽孢杆菌（*Bacillus subtilis*）	+
1856	gpr	革兰阳性杆菌（Gram positive rods）	+
1857	cmi	极小棒杆菌（*Corynebacterium minutissimum*）	+
1864	cnt	西地西菌 4（*Cedecea* sp. 4）	−
1870	hpl	副溶血嗜沫嗜血杆菌（*Haemophilus paraphrohaemolyticus*）	−
1871	mla	腔隙莫拉菌（*Moraxella lacunata*）	−
1874	eam	河生肠杆菌（*Enterobacter amnigenus*）	−

续表

数字代码	英文代码 ORGANISM	中文名称	细菌类型 ORG_TYPE
1875	bce	蜡样芽孢杆菌（*Bacillus cereus*）	+
1879	yfr	弗雷德里克森耶尔森菌（*Yersinia frederiksenii*）	–
1881	nfa	皮疽诺卡菌（*Nocardia farcinica*）	+
1885	shb	福氏志贺菌（*Shigella flexneri*）	–
1887	pat	鸭鸡杆菌（*Gallibacterium anatis*）	–
1889	ehe	赫氏埃希菌（*Escherichia hermannii*）	–
1890	aeh	嗜水气单胞菌（*Aeromonas hydrophila*）	–
1891	pty	副伤寒沙门菌（*Salmonella* Paratyphi）	–
1892	sab	乙型副伤寒沙门菌（*Salmonella* Paratyphi B）	–
1894	pmy	产黏变形杆菌（*Proteus myxofaciens*）	–
1902	skr	克雷菲尔德沙门菌（*Salmonella* Krefeld）	–
1907	lde	肠膜明串珠菌葡聚糖亚种（*Leuconostoc mesenteroides* ss. *dextranicum*）	+
1909	pog	产气巴斯德菌（*Pasteurella aerogenes*）	–
1911	yro	罗德耶尔森菌（*Yersinia rohdei*）	–
1912	gnr	革兰阴性杆菌（Gram negative rods）	–
1915	lsh	赫伦荒原军团菌（*Legionella sainthelensi*）	–
1916	cmu	黏膜弯曲菌（*Campylobacter mucosalis*）	–
1921	ehc	犬埃里希体（*Ehrlichia canis*）	–
1923	eav	鸟肠球菌（*Enterococcus avium*）	+
1924	sjv	爪洼沙门菌（*Salmonella* Javiana）	–
1925	ssy	斯坦利沙门菌（*Salmonella* Stanley）	–
1929	acv	豚鼠气单胞菌（*Aeromonas caviae*）	–
1930	aja	让达气单胞菌（*Aeromonas jandaei*）	–
1932	cku	库切尔棒杆菌（*Corynebacterium kutscheri*）	+
1934	bsc	C群β-溶血链球菌（*Streptococcus*，beta–haem. Group C）	+
1941	yre	雷金斯堡预研菌［*Yokenella regensburgei*（Kos. trabulsii）］	–
1942	llo	长滩军团菌（*Legionella longbeachae*）	–
1943	cgm	谷氨酸棒杆菌（*Corynebacterium glutamicum*）	+
1945	lja	詹姆斯敦军团菌（*Legionella jamestowniensis*）	–
1947	hph	副溶血嗜血杆菌（*Haemophilus parahaemolyticus*）	–
1948	cas	生痰二氧化碳嗜纤维菌（*Capnocytophaga sputigena*）	–
1951	cmt	马特吕绍棒杆菌（*Corynebacterium matruchotii*）	+
1953	efm	屎肠球菌（*Enterococcus faecium*）	+
1955	amu	马杜拉马杜拉放线菌（*Actinomadura madurae*）	+
1957	our	尿道寡源杆菌（*Oligella urethralis*）	–
1960	kki	金氏金菌（*Kingella kingae*）	–
1962	yes	假结核耶尔森菌（*Yersinia pseudotuberculosis*）	–
1965	ykr	克里斯腾耶尔森菌（*Yersinia kristensenii*）	–

续表

数字代码	英文代码 ORGANISM	中文名称	细菌类型 ORG_TYPE
1966	pln	兰氏巴斯德菌（*Pasteurella langaa*）	−
1968	yal	阿尔多韦耶尔森菌（*Yersinia aldovae*）	−
1969	aba	鲍曼不动杆菌（*Acinetobacter baumannii*）	−
1973	ftu	土拉热弗朗西斯菌A型（*Francisella tularensis* Type A）	−
1974	cbb	唾液弯曲菌牛生物变种（*Campylobacter sputorum* ss. *bulbulus*）	−
1975	ebl	蟑螂西姆维尔菌（*Shimwellia blattae*）	−
1976	swe	韦太夫雷登沙门菌（*Salmonella* Weltevreden）	−
1977	ncb	革兰阴性球杆菌（Gram negative coccobacilli）	−
1978	pcb	革兰阳性球杆菌（Gram positive coccobacilli）	+
1980	cup	乌普萨拉弯曲菌（*Campylobacter upsaliensis*）	−
1981	cul	溃疡棒杆菌（*Corynebacterium ulcerans*）	+
1982	ybe	伯克韦尔耶尔森菌（*Yersinia bercovieri*）	−
1983	ymo	莫拉雷耶尔森菌（*Yersinia mollaretii*）	−
1984	eps	类鸟肠球菌（*Enterococcus pseudoavium*）	+
1985	era	棉子糖肠球菌（*Enterococcus raffinosus*）	+
1986	esh	解糖肠球菌（*Enterococcus saccharolyticus*）	+
1987	ese	杀鱼肠球菌（*Enterococcus seriolicida*）	+
1988	eso	孤立四联球菌（*Tetragenococcus solitarius*）	+
1989	hib	流感嗜血杆菌（b型）[*Haemophilus influenzae*（type b）]	−
1990	lbn	布吕嫩军团菌（*Legionella brunensis*）	−
1991	lge	吉斯特军团菌（*Legionella geestiae*）	−
1992	llg	兰斯格军团菌（*Legionella lansingensis*）	−
1993	lln	伦敦军团菌（*Legionella londoniensis*）	−
1994	lmr	摩拉维采军团菌（*Legionella moravica*）	−
1995	lna	水手军团菌（*Legionella nautarum*）	−
1996	lfr	嗜肺军团菌弗雷泽亚种（*Legionella pneumophila* ss. *fraseri*）	−
1997	lpc	嗜肺军团菌帕斯库亚种（*Legionella pneumophila* ss. *pascullei*）	−
1999	len	嗜肺军团菌嗜肺亚种（*Legionella pneumophila* ss. *pneumophila*）	−
2000	lqi	昆里万军团菌（*Legionella quinlivanii*）	−
2001	lsk	莎士比亚军团菌（*Legionella shakespearei*）	−
2002	ltu	图森军团菌（*Legionella tucsonensis*）	−
2003	lwo	沃斯利军团菌（*Legionella worsleiensis*）	−
2006	nma	脑膜炎奈瑟菌A血清型（*Neisseria meningitidis*，serogroup a）	−
2007	nmb	脑膜炎奈瑟菌B血清型（*Neisseria meningitidis*，serogroup b）	−
2008	nmc	脑膜炎奈瑟菌C血清型（*Neisseria meningitidis*，serogroup c）	−
2010	mme	嗜中温甲基杆菌（*Pseudomonas mesophilica*）	−
2011	sul	科氏葡萄球菌解脲亚种（*Staphylococcus cohnii* ss. *urealyticum*）	+
2012	slu	路邓葡萄球菌（*Staphylococcus lugdunensis*）	+

续表

数字代码	英文代码 ORGANISM	中文名称	细菌类型 ORG_TYPE
2013	stt	巴斯德葡萄球菌（*Staphylococcus pasteuri*）	+
2014	ssf	施氏葡萄球菌施氏亚种（*Staphylococcus schleiferi* ss. *schleiferi*）	+
2015	smp	糖单孢菌属（*Saccharomonospora* sp.）	+
2016	svd	绿色糖单孢菌（*Saccharomonospora viridis*）	+
2018	bhe	汉氏巴尔通体（罗卡利马体）(*Rochalimaea henselae*)	–
2020	bqu	五日热巴尔通体（*Rochalimaea quintana*）	–
2022	bvi	文森巴尔通体（*Rochalimaea vinsonii*）	–
2024	bez	伊丽莎白巴尔通体（*Rochalimaea elizabethae*）	–
2027	cpn	TWAR	–
2032	gra	A群沙门菌［*Salmonella* Group A（O：2）］	–
2033	gc3	C3群沙门菌［*Salmonella* Group C3（O：8）］	–
2034	gd1	D1群沙门菌［*Salmonella* Group D1（O：9）］	–
2035	gd2	D2群沙门菌［*Salmonella* Group D2（O：9，46）］	–
2036	gd3	D3群沙门菌［*Salmonella* Group D3（O：9，46，27）］	–
2037	ge1	E1群沙门菌［*Salmonella* Group E1（O：3，10）］	–
2038	ge4	E4群沙门菌［*Salmonella* Group E4（O：1，3，19）］	–
2039	grh	H群沙门菌［*Salmonella* Group H（O：6，14）］	–
2040	gri	I群沙门菌［*Salmonella* Group I（O：16）］	–
2041	grj	J群沙门菌［*Salmonella* Group J（O：17）］	–
2042	grk	K群沙门菌［*Salmonella* Group K（O：18）］	–
2043	grl	L群沙门菌［*Salmonella* Group L（O：21）］	–
2044	grm	M群沙门菌［*Salmonella* Group M（O：28）］	–
2045	grn	N群沙门菌［*Salmonella* Group N（O：30）］	–
2046	grp	P群沙门菌［*Salmonella* Group P（O：38）］	–
2047	grq	Q群沙门菌［*Salmonella* Group Q（O：39）］	–
2048	grr	R群沙门菌［*Salmonella* Group R（O：40）］	–
2049	grs	S群沙门菌［*Salmonella* Group S（O：41）］	–
2050	grt	T群沙门菌［*Salmonella* Group T（O：42）］	–
2051	gru	U群沙门菌［*Salmonella* Group U（O：43）］	–
2052	grv	V群沙门菌［*Salmonella* Group V（O：44）］	–
2053	grw	W群沙门菌［*Salmonella* Group W（O：45）］	–
2054	grx	X群沙门菌［*Salmonella* Group X（O：47）］	–
2055	gry	Y群沙门菌［*Salmonella* Group Y（O：48）］	–
2056	grz	Z群沙门菌［*Salmonella* Group Z（O：50）］	–
2057	g54	沙门菌54型［*Salmonella* Group 54（O：54）］	–
2058	g67	沙门菌67型［*Salmonella* Group 67（O：67）］	–
2059	ngo	淋病奈瑟菌（*Neisseria gonorrhoeae*）	–
2061	nko	柯霍奈瑟菌（*Neisseria kochii*）	–

续表

数字代码	英文代码 ORGANISM	中文名称	细菌类型 ORG_TYPE
2062	asu	猪放线杆菌（*Actinobacillus suis*）	-
2064	eco	大肠埃希菌（*Escherichia coli*）	-
2065	ssd	*Salmonella* Sandiego	-
2066	svg	弗吉尼亚沙门菌（*Salmonella* Virginia）	-
2067	sfo	居泉沙雷菌（*Serratia fonticola*）	-
2088	bhz	欣茨鲍特菌（*Bordetella hinzii*）	-
2090	tpm	少变冢村菌（*Tsukamurella paurometabolum*）	+
2091	bmb	迈克布瑞德短杆菌（*Brevibacterium mcbrellneri*）	+
2092	cjd	空肠弯曲菌德莱亚种（*Campylobacter jejuni* ss. *doylei*）	-
2094	caj	空肠弯曲菌空肠亚种（*Campylobacter jejuni* ss. *jejuni*）	-
2100	ccm	犬咬二氧化碳嗜纤维菌（*Capnocytophaga canimorsus*）	-
2102	ccy	狗咬二氧化碳嗜纤维菌（*Capnocytophaga cynodegmi*）	-
2104	cgn	颗粒二氧化碳嗜纤维菌（*Capnocytophaga granulosa*）	-
2105	chc	溶血二氧化碳嗜纤维菌（*Capnocytophaga haemolytica*）	-
2106	cd3	CDC DF-3	-
2107	hpu	幼禽螺杆菌（*Helicobacter pullorum*）	-
2109	fgl	黏金黄杆菌（*Flavobacterium gleum*）	-
2111	fin	产吲哚金黄杆菌（*Chryseobacterium indologenes*）	-
2114	fod	香味类香味菌（*Flavobacterium odoratum*）	-
2119	caf	非发酵棒杆菌（*Corynebacterium afermentans*）	+
2122	ci2	无枝菌酸棒杆菌（*Corynebacterium amycolatum*）	+
2123	cpq	接近棒杆菌（*Corynebacterium propinquum*）	+
2125	cd2	解脲棒杆菌（*Corynebacterium urealyticum*）	+
2127	ebr	短稳杆菌（*Flavobacterium breve*）	-
2136	gbr	支气管戈登菌（*Gordona bronchialis*）	+
2137	gbp	暗红戈登菌（*Gordona rubropertinctus*）	+
2138	gsu	痰戈登菌（*Gordona sputi*）	+
2141	mre	直杆糖多孢菌（*Saccharopolyspora rectivirgula*）	+
2142	pce	洋葱伯克霍尔德菌（*Burkholderia cepacia*）	-
2146	bgl	唐菖蒲伯克霍尔德菌（*Pseudomonas gladioli*）	-
2147	bma	鼻疽伯克霍尔德菌（*Burkholderia mallei*）	-
2149	bmu	*Burkholderia multivorans*（genomovar Ⅱ）	-
2150	bpy	*Burkholderia pyrrocinia*（genomovar Ⅸ）	-
2152	adf	德拉菲尔德食酸菌（*Pseudomonas delafieldii*）	-
2154	afc	速生食酸菌（*Pseudomonas facilis*）	-
2155	atm	中等食酸菌（*Acidovorax temperans*）	-
2160	pdi	缺陷短波单胞菌（*Pseudomonas diminuta*）	-
2162	pve	泡囊短波单胞菌（*Pseudomonas vesicularis*）	-

续表

数字代码	英文代码 ORGANISM	中文名称	细菌类型 ORG_TYPE
2165	pma	嗜麦芽窄食单胞菌（*Stenotrophomonas maltophilia*）	–
2170	spf	腐败希瓦菌（*Shewanella putrefaciens*）	–
2172	sbe	深海希瓦菌（*Shewanella benthica*）	–
2174	shn	羽田希瓦菌（*Shewanella hanedai*）	–
2175	rgi	吉拉尔玫瑰单胞菌（*Roseomonas gilardii*）	–
2176	rce	颈玫瑰单胞菌（*Roseomonas cervicalis*）	–
2177	rfa	巴西固氮螺菌（*Azospirillum brasilense*）	–
2179	sdf	缺陷乏养菌（*Streptococcus defectivus*）	+
2180	snv	营养变异链球菌（*Streptococcus*，nutritionally variant）	+
2183	wzo	动物溃疡伯杰菌（*Weeksella zoohelcum*）	–
2185	ldu	杜莫夫荧光杆菌（*Legionella dumoffii*）	–
2187	lgo	戈曼荧光杆菌（*Legionella gormanii*）	–
2188	ecc	盲肠肠球菌（*Enterococcus cecorum*）	+
2189	ecb	鸽肠球菌（*Enterococcus columbae*）	+
2190	eds	殊异肠球菌（*Enterococcus dispar*）	+
2192	esu	硫磺色肠球菌（*Enterococcus sulfureus*）	+
2195	fmz	水田鞘氨醇杆菌（*Sphingobacterium mizutae*）	–
2197	fph	蜃楼弗郎西斯菌（*Francisella philomiragia*）	–
2212	hac	伴放线凝聚杆菌（*Aggregatibacter actinomycetemcomitans*）	–
2214	kkr	克里斯廷考克菌（*Kocuria kristinae*）	+
2216	kro	玫瑰色考克菌（*Kocuria roseus*）	+
2218	kva	易变考克菌（*Micrococcus varians*）	+
2221	lqu	考特拉军团菌（*Legionella quateirensis*）	–
2228	lci	柠檬明串珠菌（*Leuconostoc citreum*）	+
2230	mxc	犬莫拉菌（*Moraxella canis*）	–
2245	ooe	酒酒球菌（*Oenococcus oeni*）	+
2248	nwe	韦弗奈瑟菌（*Neisseria weaveri*）	–
2251	nni	长奈瑟菌硝酸盐还原亚种（*Neisseria elongata* ss. *nitroreducens*）	–
2253	pbe	贝氏巴斯德菌（*Pasteurella bettyae*）	–
2254	pmr	麦氏巴斯德菌（*Pasteurella mairii*）	–
2255	ptr	海藻糖比贝尔施泰因菌（*Bibersteinia trehalosi*）	–
2259	for	栖稻假单胞菌（*Pseudomonas oryzihabitans*）	–
2266	fth	嗜温鞘氨醇杆菌（*Sphingobacterium thalpophilum*）	–
2267	sau	金黄色葡萄球菌（*Staphylococcus aureus*）	+
2270	sca	头葡萄球菌头亚种（*Staphylococcus capitis* ss. *capitis*）	+
2272	stc	科氏葡萄球菌科氏亚种（*Staphylococcus cohnii* ss. *cohnii*）	+
2273	sde	海豚葡萄球菌（*Staphylococcus delphini*）	+
2274	sfe	猫葡萄球菌（*Staphylococcus felis*）	+

续表

数字代码	英文代码 ORGANISM	中文名称	细菌类型 ORG_TYPE
2275	sms	蝇葡萄球菌（*Staphylococcus muscae*）	+
2276	sps	鱼发酵葡萄球菌（*Staphylococcus piscifermentans*）	+
2278	spv	小牛葡萄球菌（*Staphylococcus vitulinus*）	+
2279	ssb	腐生葡萄球菌牛亚种（*Staphylococcus saprophyticus* ss. *bovis*）	+
2280	sap	腐生葡萄球菌（*Staphylococcus saprophyticus*）	+
2283	slc	施氏葡萄球菌凝聚亚种（*Staphylococcus schleiferi* ss. *coagulans*）	+
2284	src	嵴链球菌（*Streptococcus crista*）	+
2286	sqm	停乳链球菌似马亚种（*Streptococcus dysgalactiae* subsp. *Equisimilis*）	+
2287	sgo	戈登链球菌（*Streptococcus gordonii*）	+
2288	sve	前庭链球菌（*Streptococcus vestibularis*）	+
2289	sgs	灰色链霉菌（*Streptomyces griseus*）	+
2296	ppi	皮氏罗尔斯顿菌（*Ralstonia pickettii*）	–
2297	mlq	昆虫微杆菌（*Microbacterium liquefaciens*）	+
2299	bal	蜂房类芽孢杆菌（*Paenibacillus alvei*）	+
2301	bmc	浸麻类芽孢杆菌（*Paenibacillus macerans*）	+
2303	bpo	多黏类芽孢杆菌（*Paenibacillus polymyxa*）	+
2351	bay	乙酰微小杆菌（*Exiguobacterium acetylicum*）	+
2353	cce	纤维化纤维素菌（*Oerskovia xanthineolytica*）	+
2355	otu	震颤厄氏菌（*Oerskovia turbata*）	+
2356	mim	蛾微杆菌（*Microbacterium imperiale*）	+
2357	abu	比茨莱弓形菌（*Arcobacter butzleri*）	–
2359	rja	日本立克次体（*Rickettsia japonica*）	–
2361	ots	恙虫病立克次体（*Rickettsia tsutsugamushi*）	–
2362	afo	布氏阿菲波菌（*Afipia broomeae*）	–
2363	afd	克利夫兰阿菲波菌（*Afipia clevelandensis*）	–
2364	apf	猫阿菲波菌（*Afipia felis*）	–
2365	afi	阿菲波菌属（*Afipia* sp.）	–
2380	c59	*Buttiauxella noackiae*	–
2381	cbk	布氏柠檬酸杆菌（*Citrobacter braakii*）	–
2382	cfa	法氏柠檬酸杆菌（*Citrobacter farmeri*）	–
2384	cdi	科氏柠檬酸杆菌（*Citrobacter koseri*）	–
2385	csk	塞德拉克柠檬酸杆菌（*Citrobacter sedlakii*）	–
2386	ea2	河生肠杆菌生物2型（*Enterobacter amnigenus* 2）	–
2387	g59	沙门菌59型［*Salmonella* Group 59（O：59）］	–
2388	cwe	沃克曼柠檬酸杆菌（*Citrobacter werkmanii*）	–
2389	cyo	杨氏柠檬酸杆菌（*Citrobacter youngae*）	–
2391	ecg	生癌肠杆菌（*Enterobacter taylorae*）	–
2392	ea1	河生肠杆菌1（*Enterobacter amnigenus*）	–

续表

数字代码	英文代码 ORGANISM	中文名称	细菌类型 ORG_TYPE
2394	ehm	霍尔姆肠杆菌（*Enterobacter hormaechei*）	–
2395	f5b	福氏志贺菌5b血清型（*Shigella flexneri* serotype 5b）	–
2397	pal	产碱普罗威登斯菌（*Providencia alcalifaciens*）	–
2398	g51	沙门菌51型［*Salmonella* Group 51（O：51）］	–
2399	g55	沙门菌55型［*Salmonella* Group 55（O：55）］	–
2400	g60	沙门菌60型［*Salmonella* Group 60（O：60）］	–
2401	g62	沙门菌62型［*Salmonella* Group 62（O：62）］	–
2402	g65	沙门菌65型［*Salmonella* Group 65（O：65）］	–
2403	g66	沙门菌66型［*Salmonella* Group 66（O：66）］	–
2404	sqv	食醌沙雷菌（*Serratia quinovora*）	–
2405	sgr	格利蒙斯沙雷菌（*Serratia grimesii*）	–
2407	eag	成团泛菌（*Pantoea agglomerans*）	–
2408	pan	泛菌属（*Pantoea* sp.）	–
2409	aeu	嗜矿泉气单胞菌（*Aeromonas eucrenophila*）	–
2412	ash	舒氏气单胞菌（*Aeromonas schubertii*）	–
2413	lpe	海利斯顿菌（*Listonella pelagia*）	–
2414	pdp	美人鱼发光杆菌杀鱼亚种（*Photobacterium damsela* ss. *piscicida*）	–
2415	acx	食酸菌属（*Acidovorax* sp.）	–
2416	brv	短波单胞菌属（*Brevundimonas* sp.）	–
2417	she	希瓦菌属（*Shewanella* sp.）	–
2418	ro4	玫瑰单胞菌基因种4（*Roseomonas* genomospecies 4）	–
2419	ro6	玫瑰单胞菌基因种6（*Roseomonas* genomospecies 6）	–
2420	saj	毗邻颗粒链菌（*Granulicatella adiacens*）	+
2421	gct	颗粒链菌属（*Granulicatella* sp.）	+
2423	hap	嗜沫凝聚杆菌（*Aggregatibacter aphrophilus*）	–
2424	hse	惰性凝聚杆菌（*Aggregatibacter segnis*）	–
2425	agt	凝聚杆菌属（*Aggregatibacter* sp.）	–
2426	bxx	鲍氏志贺菌，未定型（*Shigella boydii*，nontypable）	–
2427	dxx	痢疾志贺菌，未定型（*Shigella dysenteriae*，nontypable）	–
2428	fxx	福氏志贺菌，未定型（*Shigella flexneri*，nontypable）	–
2429	135	脑膜炎奈瑟菌，血清型W135（*Neisseria meningitidis*，serogroup W135）	–
2430	nmy	脑膜炎奈瑟菌，血清型Y（*Neisseria meningitidis*，serogroup Y）	–
2431	479	福氏志贺菌，血清型AA479（*Shigella flexneri*，serogroup AA479）	–
2432	fvx	福氏志贺菌，变种X（*Shigella flexneri*，variant X）	–
2433	fvy	福氏志贺菌，变种Y（*Shigella flexneri*，variant Y）	–
2434	k99	大肠埃希菌K99（*Escherichia coli* K99）	–
2435	1k1	大肠埃希菌O1：K1（*Escherichia coli* O1：K1）	–
2436	2k2	大肠埃希菌O2：K2（*Escherichia coli* O2：K2）	–

续表

数字代码	英文代码 ORGANISM	中文名称	细菌类型 ORG_TYPE
2437	788	大肠埃希菌O78：K80（*Escherichia coli* O78：K80）	−
2441	aov	*Salmonella* Abortusovis	−
2442	ind	*Salmonella* Indiana	−
2443	isa	*Salmonella* Isangi	−
2444	lar	*Salmonella* Larochelle	−
2445	atb	节杆菌属（*Arthrobacter* sp.）	+
2447	cem	纤维素菌属	+
2449	lef	利夫森菌属（*Leifsonia* sp.）	+
2450	apa	小不动杆菌（*Acinetobacter parvus*）	−
2451	apt	皮特不动杆菌	−
2452	pcu	副球菌属（*Paracoccus* sp.）	−
2455	cro	克洛诺杆菌属	−
2457	cuv	贪铜菌属（*Cupriavidus* sp.）	−
2459	dcc	皮生球菌属（*Dermacoccus* sp.）	+
2461	dni	西宫皮生球菌	+
2462	lys	赖氨酸杆菌属（*Lysinibacillus* sp.）	+
2471	atc	苏黎世放线菌（*Actinomyces turicensis*）	−
2472	crm	金色黏液棒杆菌（*Corynebacterium aurimucosum*）	+
2473	cye	科伊尔棒杆菌（*Corynebacterium coyleae*）	+
2474	cmf	产黏棒杆菌（*Corynebacterium mucifaciens*）	+
2475	mox	氧化微杆菌（*Microbacterium oxydans*）	+
2476	pvd	*Pseudomonas viridiflava*	−
2477	pdo	假肺炎链球菌（*Streptococcus pseudopneumoniae*）	+
2479	sia	婴儿链球菌（*Streptococcus infantarius*）	+
2480	cni	*Corynebacterium nigricans*）	+
2481	trl	储珀菌属（*Trueperella* sp.）	+
2482	tbn	伯纳德储珀菌（*Trueperella bernardiae*）	+
2484	eaa	肠聚集性大肠埃希菌（EAEC）[*Escherichia coli*，enteroaggregative（EAEC）]	−
2485	sth	*Streptococcus thoraltensis*	+
2486	psd	假中间葡萄球菌	+
2497	cpm	*Chlamydophila pecorum*	−
2500	o1k	大肠埃希菌O1K1（*Escherichia coli* O1K1）	−
2501	o2k	大肠埃希菌O2K2（*Escherichia coli* O2K2）	−
2502	o78	大肠埃希菌O78K80（*Escherichia coli* O78K80）	−
2513	orh	*Ornithobacterium rhinotracheale*	−
2514	pbl	*Paenibacillus larvae*	+
2522	ava	*Avibacterium* sp.	−
2525	mls	*Melissococcus* sp.	+
2526	orn	*Ornithobacterium* sp.	−

续表

数字代码	英文代码 ORGANISM	中文名称	细菌类型 ORG_TYPE
2528	rie	*Riemerella* sp.	–
2532	cya	*Chlamydophila abortus*	–
2533	cfl	*Chlamydophila felis*	–
2534	eru	*Cowdria ruminantium*	–
2535	mpl	*Streptococcus pluton Melissococcus plutonius*	+
2538	apg	*Avibacterium paragallinarum*	–
2540	ran	*Pfeifferella anatipestifer*	–
2541	aro	*Acinetobacter resistans*	–
2554	shf	*Streptococcus hyointestinalis*	+
2555	pnd	潘多拉菌属（*Pandoraea* sp.）	–
2556	aby	*Acinetobacter baylyi*	–
2558	ano	医院不动杆菌（*Acinetobacter nosocomialis*）	–
2559	asd	*Acinetobacter schindleri*	–
2560	aug	*Acinetobacter ursingii*	–
2562	lut	婴儿链球菌结肠亚种（*Streptococcus infantarius* sp. *Coli*）	+
2564	phs	豪氏变形杆菌（*Proteus hauseri*）	–
2565	pod	耳炎假单胞菌（*Pseudomonas otitidis*）	–
2570	aas	*Anaplasma* sp.	–
2571	aap	*Ehrlichia phagocytophilum*	–
2578	std	海豚链球菌（*Streptococcus iniae*）	+

附件2：标本代码对照字典（对应SPEC_TYPE与SPEC_CODE字段）

名称	标本数字代码 SPEC_CODE	英文代码 SPEC_TYPE	名称	标本数字代码 SPEC_CODE	英文代码 SPEC_TYPE
鼻	1	no	血液	12	bl
咽拭子	2	th	脑脊液	13	sf
痰	3	sp	肺	14	lu
支气管	4	br	腹水	15	ab
耳朵	5	ea	胃液	16	ga
眼	6	ey	排泄物	17	dr
口	7	mo	液体	18	fl
皮肤	8	sk	胆汁	19	bi
关节	9	jt	伤口	21	wd
导尿管尿	10	uc	外科手术伤口	22	sw
尿液	11	ur	脓肿	23	as

续表

名称	标本数字代码 SPEC_CODE	英文代码 SPEC_TYPE	名称	标本数字代码 SPEC_CODE	英文代码 SPEC_TYPE
脓	24	ps	骨髓	62	bm
羊水	25	am	支气管肺泡灌洗液	63	ba
气管	26	tr	胸水	64	pf
窦道	27	si	下呼吸道	65	rl
棉签	28	sb	上呼吸道	66	ru
抽吸液	29	at	气管抽出液	67	ta
抽吸液，针吸	30	fn	外部溃疡	68	ux
器官	31	og	内部溃疡	69	ui
宫颈	32	cx	筛查标本	70	sc
脐带	33	um	筛查MRSA	71	mr
阴道拭子	34	va	筛查VRE	72	vr
活检组织	35	bx	科研	73	rs
组织	36	ti	实验室	74	la
脑	37	bn	外部质控	75	ex
心脏	38	he	呼吸道	76	rp
心脏瓣膜	39	hv	溃疡	77	ul
肝脏	40	li	膀胱尿	78	ub
粪便	41	st	肾脏尿	79	uk
直肠拭子	42	re	耻骨弓上穿刺尿	80	ua
肌肉	43	mu	肾脏	81	ki
手	44	ha	子宫	82	ut
手臂	45	ar	十二指肠	83	du
腋窝	46	ax	纵隔膜	84	me
结膜拭子	47	co	囊	85	bu
中耳	48	em	囊肿	86	cy
外耳	49	eo	淋巴结	87	ln
瘘管	50	fi	腺体	88	gl
生殖器	51	gn	其他	89	ot
男性外生殖器	52	gm	导管	91	ca
女性外生殖器	53	gf	透析液	92	di
胎盘	54	pl	环境	93	en
乳房	55	bt	假体	94	pr
乳汁	56	mi	中央导管	95	cc
精液	57	sm	水	96	wa
尿道	58	ue	食物	97	fo
清洁中段尿	59	cv	不明	98	un
分泌物	60	se	质控	99	qc
骨	61	bo	头发	100	hr

续表

名称	标本数字代码 SPEC_CODE	英文代码 SPEC_TYPE	名称	标本数字代码 SPEC_CODE	英文代码 SPEC_TYPE
指甲	101	nl	培养基	140	cm
鼻咽拭子	102	np	前庭大腺囊肿	141	cb
足	103	ft	引流液	142	dn
尸检标本	104	au	心内膜	143	ec
异物	105	fb	附睾	144	ed
胎粪	106	mc	会厌	145	eg
子宫内避孕器	107	iu	食管	146	eh
前段尿	108	fv	输卵管	147	fa
脐部	109	us	疖	148	fu
菌株	110	is	胆囊	149	gb
腹部脓肿	111	ad	髋关节	150	hi
烧伤	112	bs	髋关节积液	151	hf
永久导管	113	cp	昆虫	152	it
角膜	114	cr	关节腔积液	153	jf
脓胸	115	ee	膝盖	154	kn
胸膜脓肿	116	ep	膝关节液	155	kf
硬膜下脓肿	117	es	喉	156	lx
人工心脏瓣膜	118	hp	唇	157	lp
mini 支气管肺泡灌洗液	119	mb	恶露	158	lo
起搏器	120	pm	卵巢	159	ov
胰腺	121	pn	阴茎	160	pe
心包液	122	pd	阴茎分泌物	161	pg
导管部位	123	cs	会阴	162	pi
人工骨	124	pb	血浆	163	pa
人工分流管	125	sh	前列腺	164	po
人工血管	126	pv	前列腺液	165	pu
保护性刷管	127	pc	直肠子宫窝（道格拉斯氏陷凹）	166	rc
扁桃体	128	tn	透明胶带测试寄生虫	167	tp
褥疮溃疡	129	ud	血清	168	sr
非导管尿	130	uz	分流液	169	su
尿，造瘘	131	uo	脾	170	sl
未知来源尿	132	uu	抗酸染色痰	171	sa
扁桃体周脓肿	133	pt	诱导痰	172	in
牙科脓肿	134	de	吞线试验检测寄生虫	173	sg
直肠周围脓肿	135	ac	睾丸	174	te
皮肤脓肿	136	ak	牙齿	175	to
阑尾	137	ap	蠕虫	176	wo
外周导管	138	ch	胸部伤口	177	wt

续表

名称	标本数字代码 SPEC_CODE	英文代码 SPEC_TYPE	名称	标本数字代码 SPEC_CODE	英文代码 SPEC_TYPE
腹部	178	an	筛查艰难拟梭菌	187	cd
血管	179	bv	腹股沟	188	gr
头	181	hd	腹股沟三角区	189	ig
唾液腺	182	sv	脐带导管	190	cu
腿	183	lg	糖尿病足	191	fd
颈	184	nk	胃造口部位	329	gs
神经	185	nv	臀部	330	bk
盆腔	186	lv			

附件3：抗微生物药物字典

抗微生物药物代码	英文名称	中文名称	标准字段名
AMC	Amoxicillin/Clavulanic acid	阿莫西林/克拉维酸	AMC_ND20、AMC_NM
AMK	Amikacin	阿米卡星	AMK_ND30、AMK_NM
AMP	Ampicillin	氨苄西林	AMP_ND10、AMP_NM
AMX	Amoxicillin	阿莫西林	AMX_ND25、AMX_ND30、AMX_NM
ATM	Aztreonam	氨曲南	ATM_ND30、ATM_NM
AZM	Azithromycin	阿奇霉素	AZM_ND15、AZM_NM
CAZ	Ceftazidime	头孢他啶	CAZ_ND30、CAZ_NM
CEC	Cefaclor	头孢克洛	CEC_ND30、CEC_NM
CEP	Cephalothin	头孢噻吩	CEP_ND30
CFP	Cefoperazone	头孢哌酮	CFP_ND75、CFP_NM
CHL	Chloramphenicol	氯霉素	CHL_ND30、CHL_NM
CIP	Ciprofloxacin	环丙沙星	CIP_ND5、CIP_NM
CLI	Clindamycin	克林霉素	CLI_ND2、CLI_NM
CRB	Carbenicillin	羧苄西林	CRB_ND100
CRO	Ceftriaxone	头孢曲松	CRO_ND30、CRO_NM、CRO_NE
CSL	Cefoperazone/Sulbactam	头孢哌酮/舒巴坦	CSL_ND30、CSL_ND75、CSL_NDXX、CSL_NM
CTT	Cefotetan	头孢替坦	CTT_ND30、CTT_NM
CTX	Cefotaxime	头孢噻肟	CTX_ND30、CTX_NE、CTX_NM
CXM	Cefuroxime	头孢呋辛	CXM_ND30、CXM_NM
CZO	Cefazolin	头孢唑林	CZO_ND30、CZO_NM
CZX	Ceftizoxime	头孢唑肟	CZX_ND30
DOR	Doripenem	多尼培南	DOR_ND10、DOR_NM
DOX	Doxycycline	多西环素	DOX_ND30

续表

抗微生物药物代码	英文名称	中文名称	标准字段名
ERY	Erythromycin	红霉素	ERY_ND15、ERY_NM
ETP	Ertapenem	厄他培南	ETP_ND10、ETP_NM、ETP_NE
FEP	Cefepime	头孢吡肟	FEP_ND30、FEP_NM
FOS	Fosfomycin	磷霉素	FOS_ND200、FOS_NM
FOX	Cefoxitin	头孢西丁	FOX_ND30、FOX_NM
GEH	Gentamicin-High	高浓度庆大霉素	GEH_ND120、GEH_NM
GEN	Gentamicin	庆大霉素	GEN_ND10、GEN_NM
IPM	Imipenem	亚胺培南	IPM_ND10、IPM_NM、IPM_NE
LNZ	Linezolid	利奈唑胺	LNZ_ND30、LNZ_NM、LNZ_NE
LVX	Levofloxacin	左氧氟沙星	LVX_ND5、LVX_NM
MAN	Cefamandole	头孢孟多	MAN_ND30
MEM	Meropenem	美罗培南	MEM_ND10、MEM_NM、MEM_NE
MET	Methicillin	甲氧西林	MET_ND5、MET_NM
MEZ	Mezlocillin	美洛西林	MEZ_ND75
MFX	Moxifloxacin	莫西沙星	MFX_ND5、MFX_NM
MNO	Minocycline	米诺环素	MNO_ND30、MNO_NM
NET	Netilmicin	奈替米星	NET_ND30、NET_NM
NIT	Nitrofurantoin	呋喃妥因	NIT_ND300、NIT_NM
NOR	Norfloxacin	诺氟沙星	NOR_ND10
NOV	Novobiocin	新生霉素	NOV_ND5
OFX	Ofloxacin	氧氟沙星	OFX_ND5
OXA	Oxacillin	苯唑西林	OXA_ND1、OXA_NM
PEN	Penicillin G	青霉素 G	PEN_ND10、PEN_NE、PEN_NM
PIP	Piperacillin	哌拉西林	PIP_ND100、PIP_NM
POL	Polymixin B	多黏菌素 B	POL_ND300、POL_NM、POL_NE
QDA	Quinupristin/Dalfopristin	奎奴普丁/达福普汀	QDA_ND15、QDA_NM
RIF	Rifampin	利福平	RIF_ND5、RIF_NM
SAM	Ampicillin/Sulbactam	氨苄西林/舒巴坦	SAM_ND10、SAM_NM
SSS	Sulfonamides	磺胺类	SSS_ND200
STH	Streptomycin-High	高浓度链霉素	STH_ND300、STH_NM
STR	Streptomycin	链霉素	STR_ND10、STR_NM
SXT	Trimethoprim/ Sulfamethoxazole	甲氧苄啶/磺胺甲噁唑	SXT_ND1_2、SXT_NM
TCC	Ticarcillin/Clavulanic acid	替卡西林/克拉维酸	TCC_ND75、TCC_NM
TCY	Tetracycline	四环素	TCY_ND30、TCY_NM
TEC	Teicoplanin	替考拉宁	TEC_ND30、TEC_NM、TEC_NE
TGC	Tigecycline	替加环素	TGC_ND15、TGC_NM、TGC_NE
TIC	Ticarcillin	替卡西林	TIC_ND75、TIC_NM

续表

抗微生物药物代码	英文名称	中文名称	标准字段名
TOB	Tobramycin	妥布霉素	TOB_ND10、TOB_NM
TZP	Piperacillin/Tazobactam	哌拉西林/他唑巴坦	TZP_ND100、TZP_NM
VAN	Vancomycin	万古霉素	VAN_ND30、VAN_NE、VAN_NM
COL	Colistin	黏菌素	COL_NE、COL_NM
CZA	Ceftazidime/Avibactam	头孢他啶/阿维巴坦	CZA_ND30、CZA_NM、CZA_NE

附件4：标准专业类别字典（对应DEPARTMENT字段）

代码	名称	代码	名称
neu	神经内科	gyn	妇科
car	心内科	obs	产科
res	呼吸内科	ped	儿科
dis	消化内科	pes	小儿外科
end	内分泌内科	neo	新生儿科
hem	血液内科	oph	眼科
sct	干细胞移植病房	oto	耳鼻咽喉科
nep	肾脏内科	sto	口腔科
ger	老年病内科	der	皮肤性病科
rhe	风湿免疫科	inf	感染疾病科
med	（大）内科	chi	中医科
oim	其他内科	rad	放射治疗科
sur	外科	onc	肿瘤科
ort	骨科	eme	急诊科
urs	泌尿外科	out	门诊科
ces	胸外科	icu	重症医学科
cas	心脏外科	rcu	呼吸监护室
bus	整形烧伤外科	ccu	心脏监护室
nes	神经外科	pcu	儿科监护室
vas	介入血管外科	ncu	新生儿监护室
hep	肝胆外科	scu	外科监护室
gas	胃肠外科	nsu	神经外科监护室
hfs	手外科	nmu	神经内科监护室
ths	甲状腺外科	ecu	急诊监护室
brs	乳腺外科	reh	康复医学科
ots	其他外科	oth	其他
obg	妇产科		

附件5：科室分类字典（对应WARD_TYPE字段）

代码	含义	代码	含义
out	门诊病人	nur	家庭护理
in	住院病人	com	社区
inx	住院病人（非-ICD）	hos	其他医院
icu	重症监护病房	lab	实验室
int	过度监护病房	aba	Abattoir（屠宰场）
eme	急诊	vet	Veterinary clinic（兽医诊所）
far	Farm（农场）	zoo	Zoo（动物园）
fie	Field（野外）	mix	混合
sto	Store/Market（商店/超市）	unk	未知（不明来源）
res	Restaurant（饭店）	oth	其他

附件6：2023年某医疗机构细菌耐药监测报告示例

表格中列出了各菌种/属的抗微生物药物种类及敏感率，这些药物种类是根据2022年全国细菌耐药监测技术方案中不同菌属的必做和部分建议抗微生物药物而选择的。各网点医院可以根据本院实际检测的抗微生物药物种类进行分析。

2023年××医院细菌耐药监测报告

一、细菌来源、数量及种类

1.菌株数

以保留同一患者相同细菌第一株的原则剔除重复菌株后，2023年纳入分析的细菌总数为3500株，其中革兰阳性菌占29.7%（1040/3500），革兰阴性菌占70.3%（2460/3500），分离率排名前10位的细菌见表1。

革兰阳性菌分布见图1，分离率排名前五位的是：金黄色葡萄球菌380株（占革兰阳性菌36.5%）、粪肠球菌119株（占革兰阳性菌11.4%）、肺炎链球菌111株（占革兰阳性菌10.7%）、屎肠球菌93株（占革兰阳性菌8.9%）和无乳链球菌83株（占革兰阳性菌8.0%）。

革兰阴性菌分布见图2，分离率排名前五位的是：大肠埃希菌799株（占革兰阴性菌32.5%）、肺炎克雷伯菌465株（占革兰阴性菌18.9%）、铜绿假单胞菌305株（占革兰阴性菌12.4%）、鲍曼不动杆菌167株（占革兰阴性菌6.8%）和流感嗜血杆菌106株（占革兰阴性菌4.3%）。

表1　临床分离细菌的菌种分布

序号	细菌名称	株数	占比（%）
1	大肠埃希菌	799	22.8
2	肺炎克雷伯菌	465	13.3
3	金黄色葡萄球菌	380	10.9
4	铜绿假单胞菌	305	8.7
5	鲍曼不动杆菌	167	4.8
6	粪肠球菌	119	3.4
7	肺炎链球菌	111	3.2
8	流感嗜血杆菌	106	3.0
9	屎肠球菌	93	2.6
10	无乳链球菌	83	2.4
11	其他	872	24.9
合计		3500	100

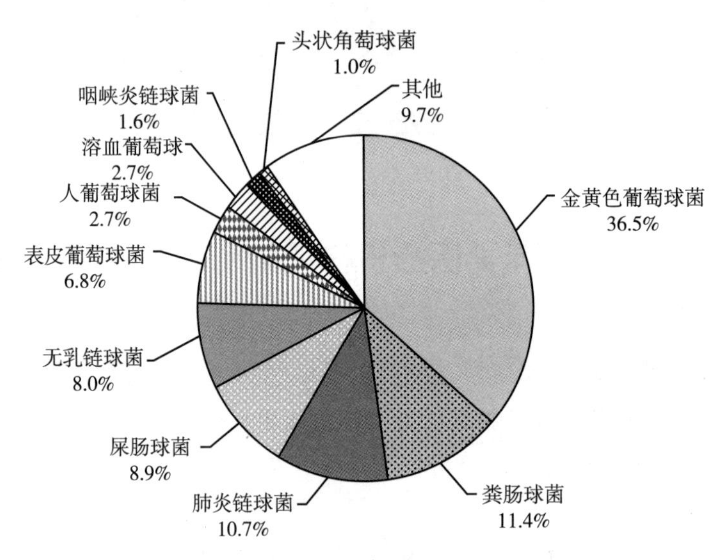

图1　革兰阳性菌分布

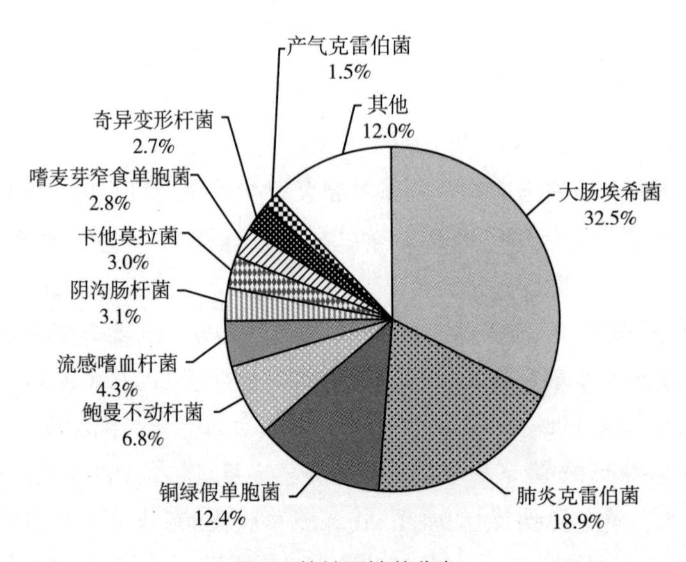

图2　革兰阴性菌分布

2.细菌标本来源

按不同标本种类分离的细菌数量及其所占百分比进行分析，主要标本来源包括痰（32.8%）、尿（24.4%）、血液（8.5%）和脓液（6.8%）等。不同标本构成情况见表2。

表2 临床分离细菌标本来源构成情况

序号	标本来源	株数	占比（%）
1	痰	1148	32.8
2	尿	854	24.4
3	血液	297	8.5
4	脓液	238	6.8
5	肺泡灌洗液	129	3.7
6	胆汁	63	1.8
7	腹水	53	1.5
8	粪便	21	0.6
9	脑脊液	11	0.3
10	胸水	11	0.3
11	其他	675	19.3
合计		3500	100

二、主要细菌对常见抗微生物药物的敏感率（小于30株细菌不进行敏感率统计）

1.革兰阳性菌对抗微生物药物的敏感率

金黄色葡萄球菌中MRSA的检出率为26.7%，对万古霉素和利奈唑胺敏感率均为100%；凝固酶阴性葡萄球菌中MRCNS的检出率为67.3%，对万古霉素敏感率为100%，对利奈唑胺的敏感率为98.8%。金黄色葡萄球菌和凝固酶阴性葡萄球菌对抗微生物药物的敏感性分别见表3和表4。

肠球菌属对氨苄西林、万古霉素和利奈唑胺的敏感率分别为61.2%、98.8%和97.2%；粪肠球菌对氨苄西林、万古霉素和利奈唑胺的敏感率分别为95.2%、99.7%和96.1%；屎肠球菌对氨苄西林、万古霉素和利奈唑胺的敏感率分别为15.1%、99.3%和98.2%。肠球菌属、粪肠球菌和屎肠球菌对抗微生物药物的敏感性见表5。

非脑脊液标本分离的肺炎链球菌对青霉素、红霉素和左氧氟沙星的敏感率分别为90.8%、1.5%和97.1%。非脑脊液标本分离的肺炎链球菌对抗微生物药物的敏感性见表6。

2.革兰阴性菌对抗微生物药物的敏感性

第三代头孢菌素（头孢噻肟或头孢曲松）、喹诺酮类及碳青霉烯类（亚胺培南或美罗培南）耐药大肠埃希菌的检出率分别为48.6%、50.2%和1.0%。大肠埃希菌对头孢他啶、头孢噻肟、亚胺培南、左氧氟沙星和阿米卡星的敏感率分别为71.1%、50.6%、98.8%、48.3%和97.7%。第三代头孢菌素（头孢噻肟或头孢曲松）及碳青霉烯类（亚胺培南或美罗培南）耐药肺炎克雷伯菌的检出率分别为28.5%和12.3%。肺炎克雷伯菌对头孢他啶、头孢噻肟、亚胺培南、左氧氟沙星和阿米卡星的敏感率分别为74.7%、73.3%、87.3%、76.4%和88.2%。阴沟肠杆菌对亚胺培南、左氧氟沙星和阿米卡星的敏感率分别为92.5%、82.0%和97.9%。肠杆菌目细菌对抗微生物药物的敏感性见表7~表10。

碳青霉烯类（亚胺培南或美罗培南）耐药铜绿假单胞菌的检出率为13.6%。铜绿假单胞菌对亚胺培南、美罗培南、头孢他啶、哌拉西林/他唑巴坦、阿米卡星和环丙沙星的敏感率率分别为83.1%、86.5%、85.5%、83.8%、95.9%和85.9%。碳青霉烯类（亚胺培南或美罗培南）耐药鲍曼不动杆菌的检出率为62.2%。鲍曼不动杆菌对亚胺培南、美罗培南、头孢他啶、头孢哌酮/舒巴坦、米诺环素、阿米卡星和左氧氟沙星的敏感率分别为37.4%、36.8%、35.5%、39.9%、68.2%、52.6%和37.0%。铜绿假单胞菌和鲍曼不动杆菌对抗微生物药物的敏感性见表11和表12。

流感嗜血杆菌对氨苄西林、阿奇霉素和左氧氟沙星的敏感率分别为22.6%、67.7%和97.8%。流感嗜血杆菌对抗菌药物的敏感性见表13。

3.临床常见耐药细菌检出率与全国平均值的比较

我院临床常见耐药细菌检出率与全国平均值的比较见图3。

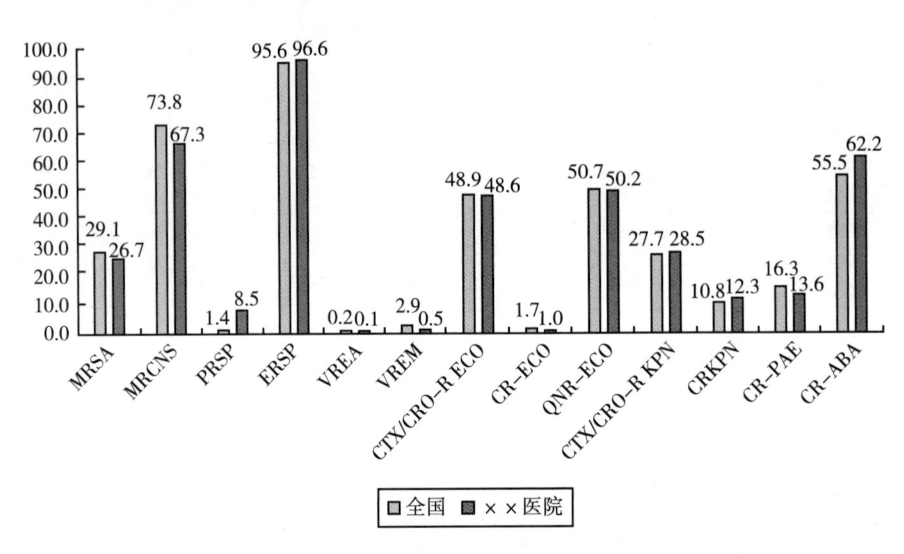

图3 ××医院与全国临床常见耐药细菌的检出率（%）

表3 金黄色葡萄球菌对抗微生物药物的敏感率（%S）

抗微生物药物	金黄色葡萄球菌（N=380）	MRSA（N=101）	MSSA（N=279）
青霉素G	7.8	0	10.5
苯唑西林	26.7	0	100
庆大霉素	87.7	73.6	92.9
利福平	96.9	91.9	98.8
左氧氟沙星	82.5	61.5	90.5
甲氧苄啶/磺胺甲噁唑	92.2	91.3	93.0
克林霉素	69.5	40.9	80.2
红霉素	47.0	23.8	55.5
利奈唑胺	100	100	100
万古霉素	100	100	100

表4 凝固酶阴性葡萄球菌对抗微生物药物的敏感率（%S）

抗微生物药物	凝固酶阴性葡萄球菌（N=125）	MRCNS（N=84）	MSCNS（N=41）
青霉素G	10.7	0	28.9
苯唑西林	67.3	0	100

续表

抗微生物药物	凝固酶阴性葡萄球菌（N=125）	MRCNS（N=84）	MSCNS（N=41）
庆大霉素	75.4	66.1	93.7
利福平	92.7	89.7	98.5
左氧氟沙星	52.0	34.8	86.1
甲氧苄啶/磺胺甲噁唑	71.4	64.8	87.9
克林霉素	57.8	48.1	77.6
红霉素	26.1	16.8	44.9
利奈唑胺	99.8	99.7	100
万古霉素	100	100	100

表5　肠球菌属对抗微生物药物的敏感率（%S）

抗微生物药物	肠球菌属（N=467）	粪肠球菌（N=119）	屎肠球菌（N=93）
氨苄西林	61.2	95.2	15.1
高浓度庆大霉素	68.7	67.3	67.9
高浓度链霉素	73.9	75.8	69.7
环丙沙星[a]	35.2	51.2	9.5
左氧氟沙星[a]	42.8	61.9	11.1
利奈唑胺	97.2	96.1	98.2
万古霉素	98.8	99.7	99.3

注：a.仅尿液分离株

表6　肺炎链球菌对抗微生物药物的敏感率（N=111，%S）

抗微生物药物	%S
青霉素（脑膜炎折点）	23.7
青霉素（非脑膜炎折点）	90.8
青霉素（口服折点）	23.7
左氧氟沙星	97.1
莫西沙星	98.4
甲氧苄啶/磺胺甲噁唑	24.7
克林霉素	6.9
红霉素	1.5

注：本表所列肺炎链球菌（N=111）均为非脑脊液分离株

表7　大肠埃希菌对抗微生物药物的敏感率（N=799，%S）

抗微生物药物	%S
阿米卡星	97.7
庆大霉素	68.9
氨苄西林	13.9
阿莫西林/克拉维酸	69.5
氨苄西林/舒巴坦	46.8
哌拉西林/他唑巴坦	87.3
头孢哌酮/舒巴坦	90.4
头孢唑林（全身性）[a]	15.1

续表

抗微生物药物	%S
头孢唑林（尿液）[b]	46.0
头孢呋辛	47.2
头孢噻肟	50.6
头孢他啶	71.1
头孢吡肟	60.9
氨曲南	64.6
亚胺培南	98.8
美罗培南	98.9
环丙沙星	46.4
左氧氟沙星	48.3
甲氧苄啶/磺胺甲噁唑	53.6

注：a.为非尿液分离株的敏感性。头孢唑林（全身性）的敏感折点MIC≤2μg/mL是基于2g q8h的给药方案，用于非复杂性尿路感染以外的感染

b.为尿液分离株的敏感性。头孢唑林（尿液）的敏感折点MIC≤16μg/mL是基于1g q12h的给药方案，同时还可以预测用于治疗由大肠埃希菌、肺炎克雷伯菌和奇异变形杆菌引起的非复杂性尿路感染的口服头孢菌素类药物包括头孢克洛、头孢地尼、头孢泊肟、头孢丙烯、头孢呋辛、头孢氨苄和氯碳头孢的结果。在使用头孢唑林作为替代药物时，可能对头孢地尼、头孢泊肟和头孢呋辛的耐药性评估存在过高现象，当头孢唑林试验呈现耐药性时，若需进行治疗，请参考头孢地尼、头孢泊肟和头孢呋辛实际药敏试验结果

表8　肺炎克雷伯菌对抗微生物药物的敏感率（%S）

抗微生物药物	肺炎克雷伯菌（*N*=465）	CRKPN[a]（*N*=57）	CSKPN（*N*=408）
阿米卡星	88.2	18.6	98.0
庆大霉素	81.4	14.8	90.3
阿莫西林/克拉维酸	74.2	0.9	83.0
氨苄西林/舒巴坦	66.1	1.3	74.7
哌拉西林/他唑巴坦	70.3	1.7	80.3
头孢哌酮/舒巴坦	80.0	1.7	92.2
头孢呋辛	66.2	0.7	75.4
头孢曲松	69.8	0.9	80.1
头孢噻肟	73.3	1.1	80.2
头孢他啶	74.7	1.8	85.3
头孢吡肟	73.5	1.7	83.9
头孢西丁	79.8	1.8	89.6
氨曲南	74.7	2.9	84.5
亚胺培南	87.3	2.3	100
美罗培南	87.0	1.9	100
环丙沙星	72.8	4.2	83.5
左氧氟沙星	76.4	5.1	86.8
甲氧苄啶/磺胺甲噁唑	73.0	31.5	79.2
头孢他啶/阿维巴坦	–	98.3	–

注：a.CRKPN指对亚胺培南或美罗培南耐药的肺炎克雷伯菌

"–"表示未测试

表9　阴沟肠杆菌对抗微生物药物的敏感率（N=76，%S）

抗微生物药物	%S
阿米卡星	97.9
庆大霉素	86.4
哌拉西林/他唑巴坦	68.2
头孢哌酮/舒巴坦	79.2
头孢曲松	61.7
头孢噻肟	61.1
头孢他啶	67.5
头孢吡肟	76.9
氨曲南	70.5
亚胺培南	92.5
美罗培南	94.7
环丙沙星	78.9
左氧氟沙星	82.0
甲氧苄啶/磺胺甲噁唑	78.2

表10　肠道外分离的沙门菌属对抗微生物药物的敏感率（N=45，%S）

抗微生物药物	%S
氨苄西林	23.7
头孢曲松	74.8
头孢噻肟	72.0
左氧氟沙星	33.8
甲氧苄啶/磺胺甲噁唑	61.7
氯霉素	52.4

注：此表所列均为非伤寒沙门菌

表11　铜绿假单胞菌对抗微生物药物的敏感率（%S）

抗微生物药物	铜绿假单胞菌（N=305）	CRPAE[a]（N=41）	CSPAE（N=264）
阿米卡星	95.9	87.1	97.4
庆大霉素	91.5	76.1	94.3
妥布霉素	94.9	82.3	97.2
哌拉西林	80.1	44.5	86.9
哌拉西林/他唑巴坦	83.8	49.0	90.3
头孢哌酮/舒巴坦	81.7	46.2	88.5
头孢他啶	85.5	56.3	91.0
头孢吡肟	85.4	55.9	90.8
氨曲南	71.5	33.0	78.4
亚胺培南	83.1	5.1	100
美罗培南	86.5	12.9	100

续表

抗微生物药物	铜绿假单胞菌（N=305）	CRPAE[a]（N=41）	CSPAE（N=264）
环丙沙星	85.9	61.6	90.2
左氧氟沙星	81.5	52.7	86.9
多黏菌素B	–	98.0	–

注：a.CRPAE指对亚胺培南或美罗培南耐药的铜绿假单胞菌
“–”表示未测试

表12 鲍曼不动杆菌对抗微生物药物的敏感率（%S）

抗微生物药物	鲍曼不动杆菌（N=167）	CRABA（N=104）	CSABA（N=63）
阿米卡星	52.6	25.6	97.0
庆大霉素	36.9	4.1	90.4
妥布霉素	41.1	11.7	96.9
氨苄西林/舒巴坦	37.5	4.2	92.6
哌拉西林/他唑巴坦	35.2	0.8	93.0
头孢哌酮/舒巴坦	39.9	8.2	97.5
头孢他啶	35.5	1.7	91.9
头孢吡肟	35.7	1.5	92.8
亚胺培南	37.4	0.3	100
美罗培南	36.8	0.2	100
环丙沙星	36.0	2.1	93.6
左氧氟沙星	37.0	3.1	94.6
多黏菌素B	98.4	98.3	98.6
米诺环素	68.2	52.3	97.8
替加环素	73.4	61.8	98.8

表13 流感嗜血杆菌对抗微生物药物的敏感率（N=106，%S）

抗微生物药物	%S
氨苄西林	22.6
氨苄西林/舒巴坦	66.2
头孢呋辛	51.0
头孢曲松	95.7
头孢克洛	48.4
左氧氟沙星	97.8
甲氧苄啶/磺胺甲噁唑	35.0
阿奇霉素	67.7

参考文献

［1］北京医学会检验分会. 感染性眼病的病原微生物实验室诊断专家共识［J］. 中华检验医学杂志，2022，45（1）：14–23.

［2］陈东科. 加强形态学检查提高细菌鉴定的准确性［J］. 实验与检验医学，2012，30（5）：419–421.

［3］陈东科，孙长贵. 临床微生物学检验图谱［M］. 北京：人民卫生电子音像出版社有限公司，2016.

［4］陈东科，孙长贵. 实用临床微生物学检验与图谱［M］. 北京：人民卫生出版社，2011.

［5］陈东科，孙长贵. 微生物图片拍摄技术的应用探讨［J］. 临床检验杂志，2017，35（10）：729–735.

［6］高铎，李欣南，韩镌竹，等. 动物源细菌耐药性的形成、影响、现状及建议［J］. 饲料博览，2021（12）：7–12，18.

［7］瞿介明，曹彬. 中国成人社区获得性肺炎诊断和治疗指南（2016年版）［J］. 中华结核和呼吸杂志，2016（4）：241–242.

［8］李刚，赵梅，周晓燕，等. 加强临床微生物实验室与临床的沟通［J］. 中华临床感染病杂志，2015，8（4）：365–370.

［9］刘昌孝. 全球关注：重视抗生素发展与耐药风险的对策［J］. 中国抗生素杂志，2019，44（1）：1–8.

［10］全国细菌耐药监测网. 全国细菌耐药监测网2014–2019年细菌耐药性监测报告［J］. 中国感染控制杂志，2021，20（1）：15–31.

［11］任南. 实用医院感染监测方法与技术［M］. 长沙：湖南科学技术出版社，2012.

［12］尚红. 全国临床检验操作规程［M］. 4版. 北京：人民卫生出版社，2015.

［13］汪复，张婴元. 抗菌药物临床应用指南（第3版）［M］. 北京：人民卫生出版社，2020.

［14］王辉. 临床微生物学手册［M］. 12版. 北京：中华医学电子音像出版社，2021.

［15］王辉，马筱玲，宁永忠，等. 细菌与真菌涂片镜检和培养结果报告规范专家共识［J］. 中华检验医学杂志，2017，40（1）：17–30.

［16］王辉. 细菌与真菌涂片镜检和培养结果报告规范专家共识［J］. 中华检验医学杂志，2017，40（1）：17–30.

［17］杨景云. 医学微生态学［M］. 北京：中国医药科技出版社，1997.

［18］詹姆斯 H. 约根森，迈克尔 A. 普法勒. 临床微生物学手册［M］. 11版. 王辉，马筱玲，钱渊，等译. 北京：中华医学电子音像出版社，2017.

［19］张秀荣. 肠道菌群粪便涂片检查图谱［M］. 北京：人民军医出版社，2000.

［20］中华医学会呼吸病学分会. 肺部感染性疾病支气管肺泡灌洗病原体检测中国专家共识（2017

年版）[J]. 中华结核和呼吸杂志，2017，40（8）：578-583.

[21] 中华预防医学会医院感染控制分会. 临床微生物标本采集和送检指南 [J]. 中华医院感染学杂志，2018，28（20）：9.

[22] 周越，杨瑶瑶，张龠，等. 基于中国背景的细菌耐药所致健康和经济负担的系统评价 [J]. 中国药房，2021，32（20）：2543-2550.

[23] 2019 Antibacterial agents in clinical development：an analysis of the antibacterial clinical development pipeline [J]. Geneva：World Health Organization，2019.

[24] Abellan-Schneyder I，Matchado M S，Reitmeier S，et al. Primer，pipelines，parameters：issues in 16S rRNA gene sequencing [J]. Msphere，2021，6（1）：10.1128/msphere. 01202-20.

[25] Amsterdam D.，J. Barenfanger，J. Campos，et al. Sautter Cumitech 41，Detection and Prevention of Clinical Microbiology Laboratory-Associated Errors [M]. Washington，D.C：James W. Snyder & ASM Press，2004.

[26] AMY L. LEBER. Clinical Microbiology Procedures Handbook [M]. Fourth Edition. ASM Press，2016.

[27] Antimicrobial Resistance Collaborators. Global burden of bacterial antimicrobial resistance in 2019：a systematic analysis [J]. Lancet，2022，12，399（10325）：629-655.

[28] Australian Commission on Safety and Quality in Health Care. AURA 2023：fifth Australian report onantimicrobial use and resistance in human health [J]. Sydney：ACSQHC，2023.

[29] Azoulay E，Russell L，Louw A V D，et al. Diagnosis of severe respiratory infections in immunocompromised patients [J].Intensive Care Med，2020（2）.

[30] Berhanu G，Dula T Types. Importance and Limitations of DNA Microarray [J]. Global Journal Of Biotechnology & Biochemistry，2020，15（2）：25-31.

[31] Bodilsen J，Søgaard K K，Nielsen H，et al. Brain abscess and risk of cancer：a nationwide population-based cohort study [J]. Neurology，2022，99（8）：e835-e842.

[32] Brown J R，Bharucha T，Breuer J. Encephalitis diagnosis using metagenomics：application of next generation sequencing for undiagnosed cases [J]. Journal of infection，2018，76（3）：225-240.

[33] Bush K，Jacoby GA. Updated functional classification of beta-lactamases [J].Antimicrob Agents Chemother，2010，54（3）：969-976.

[34] Bush K. The ABCD's of beta-lactamase nomenclature [J]. J Infect Chemother，2013，19（4）：549-559.

[35] Carey RB，Bhattacharyya S，Kehl SC，et al.Implementing a quality management system in the medical microbiology laboratory [J]. Clin Microbiol Rev，2018，31：e00062-17.

[36] Chang-Hui Shen. Amplification of Nucleic Acids [J]. Diagnostic Molecular Biology，2019，215-247.

[37] Chaves F，Garnacho-Montero J，DEL POZO J L，et al. Diagnosis and treatment of catheter-related bloodstream infection：Clinical guidelines of the Spanish Society of Infectious Diseases and Clinical Microbiology and（SEIMC）and the Spanish Society of Spanish Society of Intensive and Critical Care Medicine and Coronary Units（SEMICYUC）[J]. Medicina intensiva，2018，42（1）：5-36.

[38] Chávez V. Sources of pre-analytical，analytical and post-analytical errors in the microbiology laboratory [M] //Accurate results in the clinical laboratory. Elsevier，2019：377-384.

[39] CLSI.Methods for Dilution Antimicrobial Susceptibility Tests for Bacteria That Grow Aerobically [M]. 12nd ed. CLSI supplement M100. Wayne，PA：Clinical and Laboratory Standards Institute，2024.

[40] CLSI. Performance Standards for Antimicrobial Disk Susceptibility Tests [M]. 14th ed. CLSI

supplement M100. Wayne, PA: Clinical and Laboratory Standards Institute, 2024.

[41] CLSI.Performance Standards for Antimicrobial Susceptibility Testing [M] .34th ed.CLSI M100. Wayne, PA: Clinical and Laboratory Standards Institute, 2024.

[42] Deepachandi B, Weerasinghe S, Soysa P, et al. A highly sensitive modified nested PCR to enhance case detection in leishmaniasis [J] . BMC Infect Dis, 2019, 19: 623.

[43] Dhingra S, Rahman NAA, Peile E, et al. Microbial Resistance Movements: An Overview of Global Public Health Threats Posed by Antimicrobial Resistance, and How Best to Counter [J] . Front Public Health, 2020, 4, 8: 535668.

[44] Fauci A, Kasper D. Harrison's Infectious Diseases, 2/E [M] .McGraw-Hill Medical, 2013.

[45] Ginsberg D A, Boone T B, Cameron A P, et al. The AUA/SUFU guideline on adult neurogenic lower urinary tract dysfunction: diagnosis and evaluation [J] . The Journal of urology, 2021, 206 (5): 1097-1105.

[46] Gu W, Miller S, Chiu C Y. Clinical metagenomic next-generation sequencing for pathogen detection [J] . Annual Review of Pathology: Mechanisms of Disease, 2019, 14: 319-338.

[47] Habib G, Lancellotti P, Antunes M J, et al. 2015 ESC guidelines for the management of infective endocarditis: the task force for the management of infective endocarditis of the European Society of Cardiology (ESC) endorsed by: European Association for Cardio-Thoracic Surgery (EACTS), the European Association of Nuclear Medicine (EANM) [J] . European heart journal, 2015, 36 (44): 3075-3128.

[48] Heather J M, Chain B.The sequence of sequencers: The history of sequencing DNA [J] . Genomics, 2016, 107 (1): 1-8.

[49] Ilyas M. Next-generation sequencing in diagnostic pathology [J] . Pathobiology, 2017, 84 (6): 292-305.

[50] Kim D, Yoon EJ, Hong JS, et al. Major Bloodstream Infection-Causing Bacterial Pathogens and Their Antimicrobial Resistance in South Korea, 2017-2019: Phase I Report From Kor-GLASS [J] . Front Microbiol, 2022, 6, 12: 799084.

[51] Li J S, Sexton D J, Mick N, et al. Proposed modifications to the Duke criteria for the diagnosis of infective endocarditis [J] . Clinical infectious diseases, 2000, 30 (4): 633-638.

[52] Long S. Digital PCR: Methods and applications in infectious diseases [J] . Methods, 2022: 1-4.

[53] M100-S27. Performance standards for antimicrobial susceptibility testing [J] . Clinical and Laboratory Standards Institute. 2022.

[54] Matheson E M, Bragg S W, Blackwelder R S. Diabetes-related foot infections: diagnosis and treatment [J] . American family physician, 2021, 104 (4): 386-394.

[55] Mermel L A, Allon M, Bouza E, et al. Clinical practice guidelines for the diagnosis and management of intravascular catheter-related infection: 2009 Update by the Infectious Diseases Society of America [J] . Clinical infectious diseases, 2009, 49 (1): 1-45.

[56] Nelson RE, Hatfield KM, Wolford H, et al. National Estimates of Healthcare Costs Associated With Multidrug-Resistant Bacterial Infections Among Hospitalized Patients in the United States [J] . Clin Infect Dis, 2021, 29, 72 (1): S17-S26.

[57] Nelson RE, Hyun D, Jezek A, et al. Mortality, Length of Stay, and Healthcare Costs Associated With Multidrug-Resistant Bacterial Infections Among Elderly Hospitalized Patients in the United States [J] . Clin Infect Dis, 2022, 23, 74 (6): 1070-1080.

[58] Perrone G, Sartelli M, Mario G, et al. Management of intra–abdominal–infections: 2017 World Society of Emergency Surgery guidelines summary focused on remote areas and low–income nations [J] . International Journal of Infectious Diseases, 2020, 99: 140–148.

[59] Ramirez MS, Tolmasky ME. Aminoglycoside modifying enzymes [J] .Drug Resist Updat, 2010, 13 (6): 151–171.

[60] Shane A L, Mody R K, Crump J A, et al. 2017 Infectious Diseases Society of America clinical practice guidelines for the diagnosis and management of infectious diarrhea [J] . Clinical Infectious Diseases, 2017, 65 (12): e45–e80.

[61] Shi Y, Huang Y, Zhang T T, et al. Chinese guidelines for the diagnosis and treatment of hospital–acquired pneumonia and ventilator–associated pneumonia in adults (2018 Edition) [J] . Journal of thoracic disease, 2019, 11 (6): 2581.

[62] Shulman S T, Bisno A L, Clegg H W, et al. Clinical practice guideline for the diagnosis and management of group A streptococcal pharyngitis: 2012 update by the Infectious Diseases Society of America [J] . Clinical infectious diseases, 2012, 55 (10): e86–e102.

[63] Solomkin J S, Mazuski J E, Bradley J S, et al. Diagnosis and management of complicated intra–abdominal infection in adults and children: guidelines by the Surgical Infection Society and the Infectious Diseases Society of America [J] . Surgical infections, 2010, 11 (1): 79–109.

[64] Souza G, Almeida A, Farias A, et al. Development and Evaluation of a Single Tube Nested PCR Based Approach (STNPCR) for the Diagnosis of Plague [J] . Adv Exp Med Biol, 2007, 603: 351–359.

[65] Tunkel A R, Hartman B J, Kaplan S L, et al. Practice guidelines for the management of bacterial meningitis [J] . Clinical infectious diseases, 2004, 39 (9): 1267–1284.

[66] Van de Beek D, Cabellos C, Dzupova O, et al. ESCMID Study Group for Infections of the Brain (ESGIB) [J] . Clin Microbiol Infect, 2016, 22 (3): S37–62.

[67] Veron L, Mailler S, Girard V, et al. Rapid urine preparation prior to identification of uropathogens by MALDI–TOF MS [J] . European Journal of Clinical Microbiology & Infectious Diseases, 2015, 34: 1787–1795.

[68] Weinstein M P, Towns M L, Quartey S M, et al. The Clinical Significance of Positive Blood Cultures in the 1990s: A Prospective Comprehensive Evaluation of the Microbiology, Epidemiology, and Outcome of Bacteremia and Fungemia in Adults [J] .Clinical Infectious Diseases, 1997 (4): 584–602.

[69] Wiltgen M, Tilz G. DNA microarray analysis: Principles and clinical impact [J] . Hematology, 2007, 12 (4): 271–287.

[70] Yang K, Xiao T, Shi Q, et al. Socioeconomic burden of bloodstream infections caused by carbapenem–resistant and carbapenem–susceptible Pseudomonas aeruginosa in China [J] . J Glob Antimicrob Resist, 2021, 26: 101–107.

[71] Zhu Y, Xiao T, Wang Y, et al. Socioeconomic Burden of Bloodstream Infections Caused by Carbapenem–Resistant Enterobacteriaceae [J] . Infect Drug Resist, 2021, 14: 5385–5393.